Traffic Safety Manager

최신판

양재호의
도로 교통
안전관리자

과목별 핵심이론 + 100% 기출문제

교통공학박사 **양재호** 著

- 선택과목(자동차공학, 교통사고 조사분석개론, 교통심리학) 모두 수록
- 각 문제별 명료한 해설 첨부
- 동영상강의 선택 가능

동영상 강의

인터넷 카페

TranBooks

이 책의 특징

도로교통안전관리자 시험은 문제은행 시험으로, 전체 문제가 정해져 있고 그중에서 무작위로 출제됩니다. 따라서 **기출문제를 어떻게 공부하느냐**가 최대의 관건입니다.

이 책은 기출문제를 토대로 한 실전문제로 이루어져 있어 출제유형을 제대로 파악할 수 있습니다. 간략한 해설을 앞에서 문장형식으로 제공하고 있으므로 한번 쭉 읽어보고 바로 문제풀이에 들어가시는 방식으로 공부하시면 됩니다. 문제마다 간단하고 명쾌한 해설을 달아서 문제만 읽는 그 자체로도 공부가 되도록 하였으며, 따분한 이론 설명은 과감히 삭제하였습니다.

법규 과목의 경우는 법 조항 순서대로 문제를 정렬하여 한번 공부하고 나면 머릿속에 깔끔하게 정리될 수 있도록 구성하였습니다.

트랜스에듀에서 제공되는 동영상 강의와 병행하여 학습하신다면 쉽고 빠르게 합격 가능하실 것입니다.

트랜스에듀 〉 강의실 〉 도로교통안전관리자

http://transedu.net/study/class_list.asp?categbn=83

온라인 카페도 운영되고 있습니다. 학습 중 궁금한 점이나 접수방법 등 세부적인 사항까지 많은 분들이 함께 정보를 공유하고 있습니다.

네이버 〉 도로교통안전관리자

https://cafe.naver.com/trafficsafetymanager

저자의 글

도로교통안전관리자 수험서는 공학적인 내용을 전달하여야 할 뿐만 아니라 법규, 정비, 심리에 이르는 다양한 지식을 가지고 있어야 쓸 수 있는 책이기에 처음 집필을 시작할 때부터 어려운 과정의 연속이었습니다.

그렇지만 하나하나 연구하고 채워나가며 책을 쓰는 동안 이 책을 공부하게 될 미래의 교통안전관리자 여러분의 모습이 점점 또렷이 머릿속에 그려지는 것을 느끼게 되었고, 그러한 모습을 바탕으로 보다 쉽고 빠르게 독자분들이 이 책의 내용을 이해하는 방법이 없을까를 계속적으로 고민하게 되었습니다.

그러한 인고의 과정에서 나온 책이기에 어떤 책보다 더 애정이 가고 관심이 가는 책이 바로 이 책입니다.

아무쪼록 이 책을 학습하는 모든 분들이 큰 어려움 없이 쉽게 자격을 취득할 수 있었으면 하는 바람 간절합니다.

짧은 주기를 가지고 지속적으로 업데이트하면서 늘 최신의 상태를 유지하여 대한민국 최고의 도로교통안전관리자 수험서로 자리매김할 수 있도록 관리하겠습니다.

이 글을 읽는 여러분의 합격을 기원합니다.

감사합니다.

저자 공학박사 양 재 호

1. 도로교통안전관리자 소개

■ 도로교통안전관리자 자격시험이란?

교통안전에 관한 전문적인 지식과 기술을 가진 자에게 자격을 부여하여 운수업체 등에서 교통안전업무를 전담케 함으로 교통사고를 미연에 방지하고 국민의 생명과 재산 보호에 기여토록 하기 위해 시행하는 시험

■ 교통안전관리자 자격시험의 실시

시험일정	해당월 마지막주 (2월, 4월, 6월, 8월, 10월, 12월)	유의 사항	- 선착순 접수(동일 분야 중복접수 불가) - 접수내역(시험장소, 일정, 과목 등) 변경은 접수기간 내에 1회만 가능 - 현장 접수와 온라인 접수 모두 실시간 예약 공석 내에서 가능 - 현장 접수의 경우, 공석이 있을 시 시험 전일 18시까지 접수 가능 (단, 시험일 1일전~6일전 기간 현장접수건은 취소, 환불 및 변경 불가)
접수기간	접수시작일로부터 시험 7일전 18:00까지		
시험장소	한국교통안전공단 전국 14개 CBT시험장		
접수방법	온라인 또는 현장접수		
시험분야	도로, 철도, 항공, 항만, 삭도		
합격자 발표	시험 종료 직후	준비물	신분증, 수수료, 후견등기사항부존재증명서 1부 구비

■ 시험과목

구분	1회차(오전)	2회차(오후)	3회차(오후)	과목	문항수 (배점)	비고
1교시	09:20~10:10 (50분)	13:20~14:10 (50분)	16:20~17:10 (50분)	교통법규	50문항 (2점)	도로, 삭도 교통안전법 : 20문제 기타법규 : 30문제
휴식	10:10~10:30 (20분)	14:10~14:30 (20분)	17:10~17:30 (20분)		-	
2교시	10:30~11:45 (75분)	14:30~15:45 (75분)	17:30~18:45 (75분)	교통안전관리론 분야별필수과목 선택과목	각 25문항 (4점)	과목당 25분 면제과목을 제외한 본인응시 과목만 응시 후 퇴실

■ 교통안전관리자 시험과목 (교통안전법 시행령 별표 6) 법적근거

자격종류	필수과목	선택과목
도로 교통안전관리자	교통법규(교통안전법, 자동차관리법, 도로교통법) 교통안전관리론 자동차정비	자동차공학 교통사고 조사분석개론 교통심리학 중 택1

교통법규는 법·시행령·시행규칙 모두 포함
(법규과목의 시험범위는 시험 시행일 기준으로 시행되는 법령에서 출제됨)
교통안전법은 총칙, 제3장 및 제5장 이하의 규정 중
교통수단운영자에게 적용되는 규정과 관련된 사항만을 말함

■ 컴퓨터에 의한 시험 시행

[응시제한 및 부정행위 처리]
시험 시작시간 이후에 시험장에 도착한 사람은 응시 불가
시험 도중 무단으로 퇴장한 사람은 재입장 할 수 없으며 해당 시험 종료처리
부정행위 또는 주의사항이나 시험감독의 지시에 따르지 아니하는 사람은
즉각 퇴장조치 및 무효처리 하며,
향후 2년간 공단에서 시행하는 자격시험의 응시자격 정지

■ 합격기준

「교통안전법 시행규칙」 제20조(합격자 결정)
응시과목마다 40% 이상을 얻고, 총점의 60% 이상 획득

「교통안전관리자 자격시험 사무편람」 제27조(합격자 결정)
시험은 과목별 100점을 만점으로 하고 각 과목당 총점 40점 이상을 득점하고,
전 과목 총점평균 60점 이상을 득점한 자

■ 자격증 취득 방법

단계	구분	내용
1단계	응시 조건 및 시험 일정 확인	❶ 자격제한 : 없음 단, 교통안전법 제53조(교통안전 관리자의 고용 등) 제3항 각 호의 어느 하나에 해당 하는 자는 교통안전 관리자가 될 수 없음 1. 피성년후견인 또는 피한정후견인 2. 금고 이상의 실형을 선고받고 그 집행이 종료(집행이 종료된 것으로 보는 경우를 포함한다)되거나 집행이 면제된 날부터 2년이 지나지 아니한 자 3. 금고 이상의 형의 집행유예를 선고받고 그 유예기간 중에 있는 자 4. 교통안전법 제54조의 규정에 따라 교통안전관리자 자격의 취소처분을 받은 날부터 2년이 지나지 아니한 자. 다만, 제54조제1항제1호 중 제53조제3항제1호에 해당하여 자격이 취소된 경우는 제외한다. ❷ 연간시험일정 확인(접수시간 및 시험일)
2단계	시험 접수	❶ 인터넷 · 방문 접수 : 모든 응시자 현장 방문접수 시에는 응시 인원마감 등으로 시험 접수가 불가할 수도 있사오니 가급적 인터넷으로 시험 접수현황을 확인하시고 방문해주시기 바랍니다. ❷ 시험응시 수수료 : 20,000원
3단계	시험 응시	❶ 각 지역본부 시험장 (시험시작 30분 전까지 입실) ❷ 교시별 시험과목 · 1교시 - 1회차 09:20~10:10 / 2회차 13:20~14:10 / 3회차 16:20~17:10 (50분) → 교통법규(교통안전법, 자동차관리법, 도로교통법), 총 50문항 / 문항당 2점 · 2교시 - 1회차 10:30~11:45 / 2회차 14:30~15:45 / 3회차 17:30~18:45 (75분) → 교통안전관리론, 자동차정비, 선택과목(자동차공학, 교통사고조사분석개론, 교통심리학 중 택 1), 각 25문항 / 문항당 4점
4단계	자격증 교부	❶ 시험종료 즉시 결과확인 ❷ 신청대상: 응시과목마다 40%이상을 얻고, 총점의 60%이상을 획득한 자 ❸ 자격증 신청 방법 : 인터넷·방문신청 ❹ 자격증 교부 수수료 : 20,000원(인터넷의 경우 우편료 포함하여 온라인 결제) ❺ 신청서류 : 교통안전관리자 자격증 발급신청서 1부(인터넷 신청의 경우 생략) ❻ 자격증 인터넷 신청 : 신청일로부터 5~10일 이내 수령가능(토·일, 공휴일 제외) ❼ 자격증 방문 발급 : 한국 교통안전공단 전국 14개 지역별 접수·교부장소 ❽ 준비물: 신분증(모바일 운전면허증 제외), 후견등기사항부존재증명서, 수수료

■ 교통안전관리자 취득 대상자
차량 등의 안전한 운행 또는 운항을 위해 교통안전 전문가(교통안전담당자 등)가 되려는 자

■ 교통안전관리자 자격시험 근거자료
교통안전법 제53조(교통안전관리자 자격의 취득 등)
교통안전법 시행령 제41조의2(교통안전관리자 자격의 종류)
교통안전법 시행령 제42조(교통안전관리자 시험의 실시)
교통안전법 시행령 제43조(시험의 일부 면제 등)

■ 응시자격
제한없음

■ 결격사유 안내(자격증 발급일을 기준으로 적용)
교통안전법 제53조(교통안전관리자의 고용 등) 제3항 각 호의 어느 하나에 해당하는 자는 교통안전관리자가 될 수 없음
1. 피성년후견인 또는 피한정후견인
2. 금고 이상의 실형을 선고받고 그 집행이 종료 (집행이 종료된 것으로 보는 경우를 포함)되거나 면제된 날부터 2년이 경과되지 아니한 자
3. 금고 이상의 형의 집행유예 선고를 받고 그 유예기간 중에 있는 자
4. 제54조의 규정에 따라 교통안전관리자 자격의 취소처분을 받은 날부터 2년이 경과되지 아니한 자. 다만, 피성년후견인 또는 피한정후견인에 해당하여 자격이 취소된 경우는 제외

■ 문제출제 방법 : 문제은행방식
문제은행 방식이란? 다량의 문항분석 카드를 체계적으로 분류·정리·보관해 놓은 뒤 랜덤하게 문제를 출제하는 방식

■ 시험문제 공개 여부(비공개)
문제은행 방식으로 운영되기 때문에 시험문제를 공개할 경우, 반복 출제되는 문제들을 선택하여 단순 암기 위주의 시험 준비로 변할 우려가 있으므로 공개하지 않음.

■ 응시 및 채점 방법
CBT 방식 문제가 랜덤하게 개인별 컴퓨터로 전송되어 프로그램 상에서 정답을 체크하여 응시하고, 컴퓨터 프로그램에서 자동적으로 정확하게 채점하여 결과를 표출

목차

1. 교통 법규

　1-1. 교통안전법
　　이론 …………………………………………………… 10
　　문제해설 ……………………………………………… 29

　1-2. 자동차관리법
　　이론 …………………………………………………… 85
　　문제해설 ……………………………………………… 110

　1-3. 도로교통법
　　이론 …………………………………………………… 159
　　문제해설 ……………………………………………… 193

2. 교통안전 관리론
　이론 ……………………………………………………… 269
　문제해설 ………………………………………………… 301

3. 자동차정비
　이론 ……………………………………………………… 359
　문제해설 ………………………………………………… 380

4. 선택과목

　4-1. 자동차공학
　　이론 …………………………………………………… 422
　　문제해설 ……………………………………………… 447

　4-2. 교통사고 조사분석개론
　　이론 …………………………………………………… 491
　　문제해설 ……………………………………………… 510

　4-3. 교통심리학
　　이론 …………………………………………………… 540
　　문제해설 ……………………………………………… 559

이론 및 문제해설

1. 교통법규
   1-1. 교통안전법
   1-2. 자동차관리법
   1-3. 도로교통법

2. 교통안전관리론

3. 자동차정비

4. 선택과목
   4-1. 자동차공학
   4-2. 교통사고 조사분석개론
   4-3. 교통심리학

동영상 강의

인터넷 카페

1. 교통법규

[교통안전법]

01. 교통안전법 제1조(목적)
이 법은 교통안전에 관한 국가 또는 지방자치단체의 <u>의무·추진체계 및 시책 등을 규정</u>하고 이를 <u>종합적·계획적으로 추진</u>함으로써 <u>교통안전 증진</u>에 이바지함을 목적으로 한다.

02. 교통안전법 제2조(정의)
 1. "<u>교통수단</u>"
  가. 차마 또는 노면전차, 철도차량 또는 궤도에 의하여 교통용으로 사용되는 용구 등 육상교통용으로 사용되는 모든 운송수단(이하 "차량"이라 한다)
  나. 선박 등 수상 또는 수중의 항행에 사용되는 모든 운송수단(이하 "선박"이라 한다)
  다. 항공기 등 항공교통에 사용되는 모든 운송수단(이하 "항공기"라 한다)
 2. "<u>교통시설</u>"이라 함은 도로·철도·궤도·항만·어항·수로·공항·비행장 등 교통수단의 운행·운항 또는 항행에 필요한 시설과 그 시설에 부속되어 사람의 이동 또는 교통수단의 원활하고 안전한 운행·운항 또는 항행을 보조하는 교통안전표지·교통관제시설·항행안전시설 등의 시설 또는 공작물을 말한다.
 3. "<u>교통체계</u>"라 함은 사람 또는 화물의 이동·운송과 관련된 활동을 수행하기 위하여 개별적으로 또는 서로 유기적으로 연계되어 있는 교통수단 및 교통시설의 이용·관리·운영체계 또는 이와 관련된 산업 및 제도 등을 말한다.
 4. "<u>교통사업자</u>"라 함은 교통수단·교통시설 또는 교통체계를 운행·운항·설치·관리 또는 운영 등을 하는 자로서 다음 각 목의 어느 하나에 해당하는 자를 말한다.
  가. 여객자동차운수사업자, 화물자동차운수사업자, 철도사업자, 항공운송사업자, 해운업자 등 교통수단을 이용하여 운송 관련 사업을 영위하는 자(이하 "교통수단운영자"라 한다)
  나. 교통시설을 설치·관리 또는 운영하는 자(이하 "교통시설설치·관리자"라 한다)
  다. 교통수단운영자 및 교통시설설치·관리자 외에 교통수단 제조사업자, 교통관련 교육·연구·조사기관 등 교통수단·교통시설 또는 교통체계와 관련된 영리적·비영리적 활동을 수행하는 자
 5. "<u>지정행정기관</u>"이라 함은 교통수단·교통시설 또는 교통체계의 운행·운항·설치 또는 운영 등에 관하여 지도·감독을 행하거나 관련 법령·제도를 관장하는 중앙행정기관으로서 대통령령으로 정하는 행정기관을 말한다.

교통안전법 시행령 제2조(지정행정기관)
지정행정기관은 다음 각 호와 같다.
1. 기획재정부   2. 교육부   3. 법무부   4. 행정안전부
5. 문화체육관광부 6. 농림축산식품부 7. 산업통상자원부 8. 보건복지부
8의2. 환경부   9. 고용노동부   10. 여성가족부   11. 국토교통부
12. 해양수산부   12의2. 삭제 〈2017. 7. 26.〉   13. 경찰청
14. 국무총리가 지정하는 중앙행정기관

6. "**교통행정기관**"이라 함은 법령에 의하여 교통수단·교통시설 또는 교통체계의 운행·운항·설치 또는 운영 등에 관하여 교통사업자에 대한 지도·감독을 행하는 지정행정기관의 장, 특별시장·광역시장·도지사·특별자치도지사 또는 시장·군수·구청장을 말한다.
8. "**교통수단안전점검**"이란 교통행정기관이 소관 교통수단에 대하여 교통안전에 관한 위험요인을 조사·점검 및 평가하는 모든 활동을 말한다.
9. "**교통시설안전진단**"이란 교통안전진단기관이 교통시설에 대하여 교통안전에 관한 위험요인을 조사·측정 및 평가하는 모든 활동을 말한다.

03. 교통안전법 제3조(국가 등의 의무)
① 국가는 교통안전에 관한 **종합적인 시책을 수립하고 이를 시행**하여야 한다.
② 지방자치단체는 그 관할구역 내의 **교통안전에 관한 시책을 해당 지역의 실정에 맞게 수립하고 이를 시행**하여야 한다.
③ 국가 및 지방자치단체는 지역개발·교육·문화 및 법무 등에 관한 계획 및 정책을 수립하는 경우에는 **교통안전에 관한 사항을 배려**하여야 한다.

04. 교통안전법 제12조(교통안전에 관한 주요 정책 등 심의)
교통안전에 관한 주요 정책과 국가교통안전기본계획 등은 **국가교통위원회**에서 심의한다.

05. 교통안전법 제13조(지역별 교통안전에 관한 주요 정책 심의)
① 지역별 교통안전에 관한 주요 정책과 제17조에 따른 지역교통안전기본계획은 **지방교통위원회** 및 시·군·구 교통안전정책심의위원회에서 심의한다.

06. 교통안전법 제15조(국가교통안전기본계획)
① **국토교통부장관**은 교통안전에 관한 기본계획을 **5년** 단위로 **수립하여야 한다.**
③ **지정행정기관의 장은 소관별 교통안전에 관한 계획안을 국토교통부장관에게 제출하여야 한다.**
④ **국토교통부장관**은 제출받은 소관별 교통안전에 관한 계획안을 종합·조정하여 국가교통안전기본계획안을 작성한 후 국가교통위원회의 심의를 거쳐 이를 **확정한다.**

교통안전법 시행령 제5조(권고 및 보고)
① 국가교통위원회의 위원장은 국가교통안전기본계획 및 국가교통안전시행계획을 추진하기 위하여 필요한 사항과 새로운 정책을 실시할 것을 **지정행정기관의 장**에게 권고할 수 있다.

교통안전법 시행령 제10조(국가교통안전기본계획의 수립)
① 국토교통부장관은 국가교통안전기본계획의 수립 또는 변경을 위한 **지침을 작성**하여 계획연도 시작 **전전년도 6월 말**까지 지정행정기관의 장에게 **통보**하여야 한다.
② 지정행정기관의 장은 **소관별 교통안전에 관한 계획**안을 작성하여 계획연도 시작 **전년도 2월 말**까지 국토교통부장관에게 **제출**하여야 한다.
③ 국토교통부장관은 법 제15조제4항에 따라 제2항의 소관별 교통안전에 관한 계획안을 종합·조정하여 계획연도 시작 전년도 6월 말까지 **국가교통안전기본계획을 확정**하여야 한다. 소관별 교통안전에 관한 계획안을 종합·조정하는 경우에는 다음 각 호의 사항을 검토하여야 한다.
 1. 정책목표   2. 정책과제의 추진시기
 3. 투자규모   4. 정책과제의 추진에 필요한 해당 기관별 협의사항
④ 국토교통부장관은 제3항에 따라 국가교통안전기본계획을 확정한 경우에는 확정한 날부터 **20일 이내**에 지정행정기관의 장과 시·도지사에게 이를 **통보**하여야 한다.

07.

교통안전법 제16조(국가교통안전시행계획)
① **지정행정기관의 장**은 국가교통안전기본계획을 집행하기 위하여 매년 소관별 **교통안전시행계획안을 수립**하여 이를 국토교통부장관에게 제출하여야 한다.

교통안전법 시행령 제12조(국가교통안전시행계획의 수립)
① 지정행정기관의 장은 다음 연도의 소관별 교통안전시행계획안을 수립하여 **매년 10월 말**까지 국토교통부장관에게 제출하여야 한다.
② 국토교통부장관은 소관별 교통안전시행계획안을 종합·조정할 때에는 다음 각 호의 사항을 검토하여야 한다.
 1. 국가교통안전기본계획과의 부합 여부
 2. 기대 효과
 3. 소요예산의 확보 가능성

08.

교통안전법 제17조(지역교통안전기본계획)
① 시·도지사는 국가교통안전기본계획에 따라 시·도의 교통안전에 관한 기본계획을 5년 단위로 수립하여야 하며, 시장·군수·구청장은 시·도교통안전기본계획에 따라 시·군·구의 교통안전에 관한 기본계획을 **5년** 단위로 수립하여야 한다.

② **국토교통부장관** 또는 시·도지사는 **시·도교통안전기본계획** 또는 시·군·구교통안전기본계획의 **수립에 관한 지침을 작성**하여 **시·도지사 및 시장·군수·구청장에게 통보할 수 있다.**

③ 시·도지사가 시·도교통안전기본계획을 수립한 때에는 지방교통위원회의 심의를 거쳐 이를 확정하고, **시장·군수·구청장이 시·군·구교통안전기본계획을 수립**한 때에는 **시·군·구교통안전위원회의 심의를 거쳐 이를 확정**한다.

④ 시·도지사는 제3항의 규정에 따라 시·도교통안전기본계획을 확정한 때에는 **국토교통부장관에게 제출한 후 이를 공고**하여야 하며, 시장·군수·구청장은 제3항의 규정에 따라 시·군·구교통안전기본계획을 확정한 때에는 **시·도지사에게 제출한 후 이를 공고**하여야 한다.

⑤ 제3항 및 제4항의 규정은 **지역교통안전기본계획의 변경에 관하여 이를 준용**한다. 다만, **국토교통부령으로 정하는 경미한 사항을 변경하는 경우에는 그러하지 아니하다.**

09. 제4차 지역교통안전기본계획 수립지침(2020.12, 국토교통부)

1-3-3. 교통안전문제는 **지역주민**의 일상적인 교통생활 과정에서 발생하므로, 지역교통안전기본계획은 이를 해결하기 위하여 **지방자치단체**가 체계적으로 대응할 수 있어야 한다.

2-3-1. 내용적 범위
1) 교통시설 : 도로 및 도시철도 시설과 그 부속 시설
 (1) **시장·군수·구청장은 고속도로 및 일반국도의 관할 교통행정기관과 협의하여 교통안전대책을 계획에 반영**한다.

10. 교통안전법 제18조(지역교통안전시행계획)

① **시·도지사 및 시장·군수·구청장**은 소관 지역교통안전기본계획을 집행하기 위하여 시·도교통안전시행계획과 시·군·구교통안전시행계획을 **매년 수립·시행**하여야 한다.

② 시·도지사는 시·도교통안전시행계획을 수립한 때에는 **국토교통부장관**에게 제출한 후 이를 공고하여야 하며, 시장·군수·구청장은 시·군·구교통안전시행계획을 수립한 때에는 시·도지사에게 제출한 후 이를 공고하여야 한다.

교통안전법 시행령 제14조(지역교통안전시행계획의 수립 등)
 ① 시·도지사등은 각각 다음 연도의 <u>시·도교통안전시행계획 또는 시·군·구교통안전시행계획을 **12월** 말까지 수립</u>하여야 한다.

교통안전법 시행규칙 제3조(지역교통안전시행계획의 추진실적에 포함되어야 하는 세부사항 등)

① 시·도교통안전시행계획 또는 시·군·구교통안전시행계획의 추진실적에 포함되어야 하는 세부사항은 다음 각 호와 같다.
  3. **교통사고 현황 및 분석**
   가. **연간 교통사고 발생건수 및 사상자 내역**
    1) **교통수단의 종류별 사고의 건수와 그 원인**

11. 교통안전법 제21조(교통시설설치·관리자등의 교통안전관리규정)
① 교통시설설치·관리자 및 교통수단운영자는 그가 설치·관리하거나 운영하는 교통시설 또는 교통수단과 관련된 교통안전을 확보하기 위하여 다음 각 호의 사항을 포함한 규정을 정하여 관할교통행정기관에 제출하여야 한다.
  1. **교통안전의 경영지침**에 관한 사항
  2. **교통안전목표 수립**에 관한 사항
  3. **교통안전 관련 조직**에 관한 사항
  4. **교통안전담당자 지정**에 관한 사항

교통안전법 시행령 제17조(교통안전관리규정의 제출시기)
① 교통시설설치·관리자등이 교통안전관리규정을 제출하여야 하는 시기는 다음 각 호의 구분에 따른다.
  1. **교통시설설치·관리자** : 별표 1 제1호의 어느 하나에 해당하게 된 날부터 **6개월 이내**

교통안전법 시행령 제19조(교통안전관리규정의 검토 등)
② 제1항에 따른 교통안전관리규정에 대한 검토 결과는 다음 각 호와 같이 구분한다.
  1. **적합** : 교통안전에 필요한 조치가 구체적이고 명료하게 규정되어 있어 교통시설 또는 교통수단의 안전성이 충분히 확보되어 있다고 인정되는 경우
  2. **조건부 적합** : 교통안전의 확보에 중대한 문제가 있지는 아니하지만 부분적으로 보완이 필요하다고 인정되는 경우
  3. **부적합** : 교통안전의 확보에 중대한 문제가 있거나 교통안전관리규정 자체에 근본적인 결함이 있다고 인정되는 경우

교통안전관리규정 심사지침 제8조(심사결과의 조치)
② 제1항에 따른 심사결과는 별표 5의 배점표에 따라 다음과 같이 판정한다.
  1. 안전관리규정의 적정성 검토결과
   가. **90점 이상** : 적합. 다만, 계량목표가 정해지지 않았거나 교육계획을 수립하지 아니한 경우에는 조건부 적합판정을 한다.
   나. **70점 이상 90점 미만** : 조건부 적합
   다. **70점 미만** : 부적합

교통안전법 시행규칙 제5조(교통안전관리규정 준수 여부의 확인·평가)
① 교통안전관리규정 준수 여부의 확인·평가는 교통안전관리규정을 제출한 날을 기준으로 매 5년이 지난 날의 전후 100일 이내에 실시한다.

교통안전관리규정 심사지침 제5조(안전관리규정의 제출기관 및 방법 등)
① 교통시설설치·관리자등은 안전관리규정을 작성하여 다음 각 호의 한국교통안전공단의 본사 또는 지역본부에 안전관리규정을 전자적 처리가 가능한 방법으로 제출 또는 전송하거나, 전자적 처리가 불가능한 경우에는 안전관리규정 2부를 문서로 작성하여 제출하여야 한다.
 2. 고속버스운송사업을 하는 자 및 교통시설설치·관리자 : 공단 본사

교통안전관리규정 심사지침 제12조(안전관리규정의 변경에 따른 절차)
① 교통시설설치·관리자 등은 다음 각 호의 어느 하나에 해당하는 사유로 안전관리규정을 변경해야 하는 경우에는 변경한 날부터 3월 이내에 변경된 안전관리규정을 공단에 제출하여야 한다.
 1. 공단이 교통안전관리규정의 준수여부에 대한 확인·평가결과 중요한 항목에 대한 안전관리규정의 준수가 어렵다는 의견에 따라 변경하는 경우
 2. 교통수단안전점검 또는 교통시설안전진단 실시결과 안전관리규정의 변경이 필요하다는 권고를 받고 변경하는 경우
 3. 중대한 교통사고의 발생 등으로 안전관리규정의 중요한 항목을 변경하는 경우

12. 교통안전법 시행령 제19조의2(교통안전 체험시설의 설치 기준 등)
① 국가 및 시·도지사등은 어린이, 노인 및 장애인의 교통안전 체험을 위한 교육시설을 설치할 때에는 다음 각 호의 설치 기준 및 방법에 따른다.
 1. 어린이등이 교통사고 예방법을 습득할 수 있도록 교통의 위험상황을 재현할 수 있는 영상장치 등 시설·장비를 갖출 것
 2. 어린이등이 자전거를 운전할 때 안전한 운전방법을 익힐 수 있는 체험시설을 갖출 것
 3. 어린이등이 교통시설의 운영체계를 이해할 수 있도록 보도·횡단보도 등의 시설을 관계 법령에 맞게 배치할 것

13. 교통안전법 제33조(교통수단안전점검)
① 교통행정기관은 주기적으로 또는 수시로 교통수단안전점검을 실시할 수 있다.
④ 사업장을 출입하여 검사하려는 경우에는 출입·검사 7일 전까지 통지하여야 한다.

교통안전법 시행령 제20조(교통수단안전점검의 대상 등)
 1. 여객자동차운송사업자가 보유한 자동차 및 그 운영에 관련된 사항
 3. 건설기계사업자가 보유한 건설기계 및 그 운영에 관련된 사항

5. 도시철도운영자가 보유한 철도차량 및 그 운영에 관련된 사항
6. 항공운송사업자가 보유한 항공기 및 그 운영에 관련된 사항

교통안전법 시행령 제20조(교통수단안전점검의 대상 등)
③ 법 제33조제6항에서 "대통령령으로 정하는 기준 이상의 교통사고"란 다음 각 호의 어느 하나에 해당하는 교통사고를 말한다.
1. 1건의 사고로 사망자가 1명 이상 발생한 교통사고
2. 1건의 사고로 중상자가 2명 이상 발생한 교통사고
3. 자동차를 20대 이상 보유한 제2항 각 호의 어느 하나에 해당하는 자의 별표 3의2에 따른 교통안전도 평가지수가 국토교통부령으로 정하는 기준을 초과하여 발생한 교통사고

④ 법 제33조에 따른 교통수단안전점검의 항목은 다음 각 호와 같다.
1. 교통수단의 교통안전 위험요인 조사
2. 교통안전 관계 법령의 위반 여부 확인
3. 교통안전관리규정의 준수 여부 점검
4. 그 밖에 국토교통부장관이 관계 교통행정기관의 장과 협의하여 정하는 사항

교통안전법 시행령 [별표 3의2] 교통안전도 평가지수(제20조제3항제3호 관련)

$$교통안전도\ 평가지수 = \frac{(교통사고발생건수 \times 0.4) \times (교통사고사상자수 \times 0.6)}{자동차\ 등록(면허)\ 대수} \times 10$$

비고
1. 교통사고는 직전연도 1년간의 교통사고를 기준으로 하며, 다음 각 목과 같이 구분한다.
   가. 사망사고 : 교통사고가 주된 원인이 되어 교통사고 발생 시부터 30일 이내에 사람이 사망한 사고
   나. 중상사고 : 교통사고로 인하여 다친 사람이 의사의 최초 진단 결과 3주 이상의 치료가 필요한 상해를 입은 사고
   다. 경상사고 : 교통사고로 인하여 다친 사람이 의사의 최초 진단 결과 5일 이상 3주 미만의 치료가 필요한 상해를 입은 사고
2. 교통사고 발생건수 및 교통사고 사상자 수 산정 시 경상사고 1건 또는 경상자 1명은 '0.3', 중상사고 1건 또는 중상자 1명은 '0.7', 사망사고 1건 또는 사망자 1명은 '1'을 각각 가중치로 적용하되, 교통사고 발생건수의 산정 시, 하나의 교통사고로 여러 명이 사망 또는 상해를 입은 경우에는 가장 가중치가 높은 사고를 적용한다.
   → 부상자 기준은 없다.
3. 자동차 등록(면허) 대수가 변동되었을 때의 교통안전도 평가지수 계산은 다음 계산식에 따른다.

$$\frac{변동전(교통사고\ 발생건수 \times 0.4)+(교통사고\ 사상자수 \times 0.6)}{변동\ 전\ 자동차\ 등록(면허)\ 대수} \times 10$$
$$+\frac{변동후(교통사고\ 발생건수 \times 0.4)+(교통사고\ 사상자수 \times 0.6)}{변동\ 후\ 자동차\ 등록(면허)\ 대수} \times 10$$

교통안전법 시행규칙 제6조(교통수단안전점검 대상이 되는 자동차 등)
① 영 제20조제1항제7호에서 "국토교통부령으로 정하는 어린이 통학버스 및 위험물 운반자동차 등 교통수단안전점검이 필요하다고 인정되는 자동차"란 다음 각 호의 자동차를 말한다.
 6. 피견인자동차와 긴급자동차를 제외한 **최대적재량 8톤 이상의 화물자동차**

교통안전법 시행규칙 제7조의2(교통안전도 평가지수)
영 제20조제3항제3호에서 "국토교통부령으로 정하는 기준"이란 다음 각 호와 같다.
 1. 자동차를 20대 이상 보유하여 여객자동차운송사업의 면허를 받거나 등록을 한 자
  가. **시내버스운송사업, 농어촌버스운송사업, 특수여객자동차운송사업 및 마을버스 운송사업의 경우 : 2.5**
  나. **시외버스운송사업 및 일반택시운송사업의 경우 : 2**
  다. 전세버스운송사업의 경우 : 1
 2. 자동차를 20대 이상 보유하여 **일반화물자동차운송사업의 허가를 받은 자 : 1**

교통안전법 시행규칙 제7조의3(특별실태조사의 대상 등)
① **특별실태조사는 교통문화지수가 하위 100분의 20 이내인 시·군·구를 대상으로 한다.**

교통수단안전점검·평가지침
제2장 운수산업 교통수단안전점검 제2절 점검의 준비(제2장)
2.4 운수산업 교통수단안전점검에 필요한 자료의 준비
2.4.2 자료 목록
나. **운전종사자 관련서류**(운송사업자에 한한다)
1) **운전자 명부**
2) 이력서
3) 경력증명서
4) 신규취업자 교육 수료증(여객자동차 운전종사자에 한한다)
5) **건강검진결과**
6) **운전적성정밀검사 결과**
7) 그 밖에 운수업체가 운전자 채용 시 지정하는 서류

14. 교통안전법 시행령 제26조(교통시설안전진단보고서)
    법 제34조제2항, 제4항 및 제6항에 따른 교통시설안전진단보고서에는 다음 각 호의 사항이 포함되어야 한다.
    1. <u>교통시설안전진단을 받아야 하는 자의 명칭 및 소재지</u>
    2. 교통시설안전진단 대상의 종류
    3. <u>교통시설안전진단의 실시기간과 실시자</u>
    4. <u>교통시설안전진단 대상의 상태 및 결함 내용</u>
    5. 교통안전진단기관의 권고사항
    6. 그 밖에 교통안전관리에 필요한 사항

15. 교통안전법 제35조의2(교통안전 우수사업자 지정 등)
    ① 국토교통부장관은 교통안전수준을 높이고 **교통사고 감소에 기여한** 교통수단운영자를 교통안전 우수사업자로 지정할 수 있다.
    ② 교통행정기관은 제1항에 따라 지정을 받은 자에 대하여 교통수단안전점검을 면제하는 등 국토교통부령으로 정하는 지원을 할 수 있다.
    ③ 국토교통부장관은 제1항에 따라 지정을 받은 자가 다음 각 호의 어느 하나에 해당하는 경우에는 지정을 취소할 수 있다. 다만, <u>제1호에 해당하는 경우에는 지정을 취소</u>하여야 한다.
    1. <u>거짓이나 그 밖의 부정한 방법으로 제1항에 따른 지정을 받은 경우</u>
    2. 국토교통부령으로 정하는 기준 이상의 교통사고를 일으킨 경우

16. 교통안전법 제39조(교통안전진단기관의 등록 등)
    ① <u>교통시설안전진단을 실시하려는 자는 **시·도지사**에게 등록하여야 한다.</u>

    교통안전법 시행령 제32조(교통안전진단기관의 등록 등)
    ③ 시·도지사는 제2항에 따른 등록신청을 받은 경우에는 제1항의 요건을 갖추었는지를 검토한 후 다음 각 호의 구분에 따라 교통안전진단기관으로 등록하여야 한다.
    1. <u>도로분야</u>
    2. <u>철도분야</u>
    3. <u>공항분야</u>

    교통안전법 시행령 [별표 4] 〈개정 2017. 9. 19.〉
    교통시설안전진단에 필요한 전문인력 인정기준(제32조제1항제1호 및 제33조 관련)
    다음 각 목의 해당 분야별로 책임교통안전진단사는 1명 이상, 교통안전진단사는 2명 이상, <u>보조요원은 2명 이상</u>의 전문인력을 각각 보유하여야 한다.

교통안전법 시행규칙 [별표 1] 교통시설안전진단 측정장비(제11조 관련)

분야	장비명
도로	1. **노면 미끄럼 저항 측정기**　　2. 반사성능 측정기　　3. **조도계(照度計)** 4. 평균휘도계[광원(光源) 단위 면적당 밝기의 평균 측정기] 5. 거리 및 경사 측정기　　6. 속도 측정장비　　7. 계수기(計數器) 8. 워킹메저(walking-measure)　　9. **위성항법장치(GPS)** 10. 그 밖의 부대설비(컴퓨터 포함) 및 프로그램
철도	해당 없음
항공	해당 없음

교통안전법 제41조(결격사유)
다음 각 호의 어느 하나에 해당하는 자는 교통안전진단기관으로 등록할 수 없다.
 1. **피성년후견인 또는 피한정후견인**
 2. **파산선고를 받고 복권되지 아니한 자**
 3. **이 법을 위반하여 징역형의 실형을 선고받고 그 집행이 종료되거나 집행이 면제된 날부터 2년이 지나지 아니한 자**
 4. **이 법을 위반하여 징역형의 집행유예를 선고받고 그 유예기간 중에 있는 자**

교통안전법 시행규칙 [별표 1의2] 행정처분의 세부기준(제14조의2 관련)
2. 개별기준

위반사항	관련조항	행정처분기준		
		1차 위반	2차 위반	3차 이상 위반
바. 법 제39조제2항에 따른 등록기준에 미달하게 된 때	법 제43조 제6호	**업무정지 3개월**	업무정지 6개월	등록취소
사. 교통시설안전진단을 실시할 자격이 없는 자로 하여금 교통시설안전진단을 수행하게 한 때	법 제43조 제7호	업무정지 3개월	**업무정지 6개월**	등록취소

교통안전법 제47조(교통안전진단기관에 대한 지도·감독)
② 출입·검사를 하는 경우에는 검사일 **7일** 전까지 검사일시·검사이유 및 검사내용 등을 포함한 검사계획을 교통안전진단기관에 통지하여야 한다.

교통안전진단지침
제1장 도로분야 교통시설안전진단 제1절 일반사항
 1.2 적용범위
  이 장은 **설계단계**, **개시 전 단계**, **운영단계**의 도로에 대한 도로안전진단에 적용한다.
 제3절 진단의 실시
 3.2.9 진단보고서 작성내용
  가. 서론

1) 위치도(축척 : **2만5천분의 1** 내지 5만분의 1)
2) 진단실시자 명단
3) 진단결과 요약문

17. 교통안전법 시행령 제35조의2(이행결과보고서의 제출)
    법 제49조제3항에 따라 이행계획서를 제출한 관계행정기관의 장은 같은 조 제4항에 따라 이행계획서를 제출한 날부터 90일이 되는 날(**이행계획서에서 정한 이행완료일이 이행계획서를 제출한 날부터 90일이 되는 날** 이후인 경우에는 이행계획서에서 정한 **이행완료일부터 30일이 되는 날**)까지 이행결과보고서를 교통행정기관 등에 제출해야 한다.

18. 교통안전법 시행령 [별표 5] 〈개정 2010.6.29.〉
    교통사고원인조사의 대상(제37조제1항 관련)

대상도로	대상구간
최근 3년간 다음 각 호의 어느 하나에 해당하는 교통사고가 발생하여 해당 구간의 교통시설에 문제가 있는 것으로 의심되는 도로 1. 사망사고 3건 이상 2. 중상사고 이상의 교통사고 10건 이상	1. 교차로 또는 횡단보도 및 그 경계선으로부터 150m까지의 도로 지점 2. 「국토의 계획 및 이용에 관한 법률」 제6조제1호에 따른 도시지역의 경우에는 600m, 도시지역 외의 경우에는 1,000m의 도로 구간

    교통사고원인조사지침 제5조(사고누적지점·구간 선정)
    ① 사고누적지점·구간의 선정기준은 최근 3년 동안 사망사고 3건 이상 또는 중상사고 이상의 교통사고 10건 이상 발생한 지점·구간으로 한다.
    ② 국토교통부장관은 사고누적지점·구간을 선정하여 도로관리청에 제공할 수 있다.
    ③ 사고누적지점·구간이 다음 각 호의 어느 하나에 해당하는 경우에는 그 다음 연도의 교통사고 원인조사 대상에서 제외할 수 있다.
      1. 교통사고 원인조사 실시 또는 개선안 이행
      2. "사고 잦은 곳 개선사업" 실시
      3. "위험도로 개량사업" 실시

19. 교통안전법 시행령 제39조(교통사고관련자료등을 보관·관리하는 자)
    법 제51조제2항에서 "대통령령이 정하는 자"란 다음 각 호의 자를 말한다.
      1. 한국교통안전공단   2. 한국도로교통공단
      3. 한국도로공사   4. 손해보험협회에 소속된 손해보험회사
      5. 여객자동차운송사업의 면허를 받거나 등록을 한 자
      6. 「여객자동차 운수사업법」 제61조에 따른 공제조합
      7. 화물자동차운수사업자로 구성된 협회가 설립한 연합회

교통안전법 시행령 제41조(교통안전정보관리체계의 공유절차·방법 등)
① 법 제51조제1항에 따라 <u>교통사고관련자료등을 보관·관리하는 자는 교통안전정보관리체계와 연계하여 이를 공유하여야 한다.</u>

교통안전법 제52조(교통안전정보관리체계의 구축 등)
① 교통행정기관의 장은 교통시설·교통수단 및 교통체계의 안전과 관련된 제반 교통안전에 관한 정보와 교통사고관련자료등을 통합적으로 유지·관리할 수 있도록 **교통안전정보관리체계를 구축·관리하여야 한다.**

20. 교통안전법 제53조(교통안전관리자 자격의 취득 등)
③ 다음 각 호의 어느 하나에 해당하는 자는 교통안전관리자가 될 수 없다.
 1. 피성년후견인 또는 피한정후견인
 2. 금고 이상의 실형을 선고받고 그 집행이 종료되거나 집행이 면제된 날부터 2년이 지나지 아니한 자
 3. **금고 이상의 형의 집행유예를 선고받고 그 유예기간 중에 있는 자**
 4. 교통안전관리자 자격의 취소처분을 받은 날부터 2년이 지나지 아니한 자.

교통안전법 시행령 제41조의2(교통안전관리자 자격의 종류)
 법 제53조제1항에 따른 교통안전관리자 자격의 종류는 다음 각 호와 같다.
 1. **도로**교통안전관리자   2. **철도**교통안전관리자
 3. **항공**교통안전관리자   4. **항만**교통안전관리자
 5. 삭도교통안전관리자

교통안전법 시행령 [별표 7]
교통안전관리자 시험의 일부 면제 대상자와 면제되는 시험과목 (제43조제1항 관련)

종류	면제대상자	면제되는 시험과목
1. 도 로 교 통 안 전 관 리 자	가. 석사학위 이상 소지자로서 대학 또는 대학원에서 시험과목과 같은 과목(「학점인정 등에 관한 법률」 제7조에 따라 학점으로 인정받은 과목을 포함한다. 이하 같다)을 B학점 이상으로 이수한 자	시험과목과 같은 과목(**교통법규는 제외**한다. 이하 같다)
	나. 다음 중 어느 하나에 해당하는 자 1) 「국가기술자격법」에 따른 자동차정비산업기사 또는 건설기계정비산업기사 이상의 자격이 있는 자 2) 「국가기술자격법」에 따른 자동차정비기능사·자동차체수리기능사 또는 건설기계정비기능사 이상의 자격이 있는 자 중 해당 분야의 실무에 3년 이상 종사한 자 3) 「국가기술자격법」에 따른 산업안전산업기사 이상의 자격이 있는 자	선택과목 및 국가자격 시험과목 중 필수과목과 같은 과목(**교통법규는 제외**한다. 이하 같다)

교통안전법 시행규칙 제18조(시험실시계획의 수립 등)
② 한국교통안전공단은 시험을 시행하려면 **시험 시행일 90일 전까지** 시험일정과 응시과목 등 시험의 시행에 필요한 사항을 「신문 등의 진흥에 관한 법률」 제9조 제1항에 따라 보급지역을 전국으로 하여 등록한 일간신문 및 한국교통안전공단 인터넷 홈페이지에 공고하여야 한다.

교통안전법 제53조의2(부정행위자에 대한 제재)
② 제1항에 따라 시험이 정지되거나 무효로 된 사람은 그 처분이 있은 날부터 <u>**2년간 시험에 응시할 수 없다.**</u>

교통안전법 제54조(교통안전관리자 자격의 취소 등)
① <u>**시·도지사**</u>는 교통안전관리자가 다음 제1호 및 제2호의 어느 하나에 해당하는 때에는 그 <u>**자격을 취소**</u>하여야 하며, 제3호에 해당하는 때에는 교통안전관리자의 자격을 취소하거나 1년 이내의 기간을 정하여 해당 자격의 정지를 명할 수 있다.
1. 제53조제3항 각 호의 어느 하나에 해당하게 된 때
2. 거짓이나 그 밖의 부정한 방법으로 교통안전관리자 자격을 취득한 때
3. 교통안전관리자가 직무를 행하면서 고의 또는 중대한 과실로 인하여 교통사고를 발생하게 한 때

교통안전법 시행규칙 제26조(자격의 취소 등)
① 법 제54조제2항에 따른 교통안전관리자 자격의 취소 또는 정지처분의 통지에는 다음 각 호의 사항이 포함되어야 한다.
1. <u>자격의 취소 또는 정지처분의 사유</u>
2. <u>자격의 취소 또는 정지처분에 대하여 불복하는 경우 불복신청의 절차와 기간 등</u>
3. <u>교통안전관리자 자격증명서의 반납에 관한 사항</u>

교통안전법 시행규칙 [별표 3] 행정처분의 세부기준(제27조 관련)
2. 위반행위별 처분기준

위반행위	관련 법조문	행정처분기준		
		1차위반	2차위반	3차위반
다. 교통안전관리자가 직무를 행함에 있어서 고의 또는 중대한 과실로 인하여 교통사고를 발생하게 한 때	법 제54조 제1항 제3호	자격정지 (30일)	**자격정지 (60일)**	자격취소

21. 교통안전법 제54조의2(교통안전담당자의 지정 등)
① 대통령령으로 정하는 교통시설설치·관리자 및 교통수단운영자는 다음 각 호의 어느 하나에 해당하는 사람을 교통안전담당자로 지정하여 직무를 수행하게 하여야 한다.
  1. 제53조에 따라 **교통안전관리자 자격을 취득한 사람**
  2. 대통령령으로 정하는 자격을 갖춘 사람

교통안전법 시행령 제44조(교통안전담당자의 지정)
② 법 제54조의2제1항제2호에서 "대통령령으로 정하는 자격을 갖춘 사람"이란 다음 각 호의 어느 하나에 해당하는 사람을 말한다.
  1. **「산업안전보건법」에 따른 안전관리자**
  2. **「자격기본법」에 따른 민간자격으로서 국토교통부장관이 교통사고 원인의 조사·분석과 관련된 것으로 인정하는 자격을 갖춘 사람**
③ 교통시설설치·관리자등은 법 제54조의2제1항에 따라 교통안전담당자를 지정 또는 지정해지하거나 교통안전담당자가 퇴직한 경우에는 지체 없이 그 사실을 관할 교통행정기관에 알리고, 지정해지 또는 퇴직한 날부터 **30일 이내**에 다른 교통안전담당자를 지정해야 한다.

22. 교통안전법 시행령 제44조의2(교통안전담당자의 직무)
① 교통안전담당자의 직무는 다음 각 호와 같다.
  1. 교통안전관리규정의 시행 및 그 **기록의 작성·보존**
  2. **교통수단의 운행·운항 또는 항행** 또는 교통시설의 운영·관리와 관련된 **안전점검의 지도·감독**
  3. **교통시설의 조건 및 기상조건에 따른 안전 운행등에 필요한 조치**
  4. 법 제24조제1항에 따른 운전자등의 운행등 중 근무상태 파악 및 교통안전 교육·훈련의 실시
  5. **교통사고 원인 조사·분석 및 기록 유지**
  6. **운행기록장치 및 차로이탈경고장치 등의 점검 및 관리**
③ 교통안전담당자는 교통안전을 위해 필요하다고 인정하는 경우에는 다음 각 호의 조치를 교통시설설치·관리자등에게 요청해야 한다. 다만, 교통안전담당자가 교통시설설치·관리자등에게 필요한 조치를 요청할 시간적 여유가 없는 경우에는 직접 필요한 조치를 하고, 이를 교통시설설치·관리자등에게 보고해야 한다.
  1. 국토교통부령으로 정하는 교통수단의 운행등의 계획 변경
  2. **교통수단의 정비**
  3. **운전자등의 승무계획 변경**
  4. 교통안전 관련 시설 및 장비의 설치 또는 보완
  5. **교통안전을 해치는 행위를 한 운전자등에 대한 징계 건의**

23. 교통안전법 시행령 제44조의3(교통안전담당자에 대한 교육)
    ① 교통시설설치·관리자등은 법 제54조의2제2항에 따라 교통안전담당자로 하여금 다음 각 호의 구분에 따른 교육을 받도록 해야 한다.
     1. **신규교육** : 교통안전담당자의 직무를 시작한 날부터 **6개월 이내에 1회**
     2. **보수교육** : 교통안전담당자의 직무를 시작한 날이 속하는 연도를 기준으로 **2년마다 1회**
    ② 제1항제1호에 따른 **신규교육은 16시간**으로, 같은 항 제2호에 따른 **보수교육은 회당 8시간**으로 한다.
    ③ 제1항 각 호에 따른 교육은 다음 각 호의 기관(이하 이 조에서 "**교통안전담당자 교육기관**"이라 한다)이 실시한다.
     1. **한국교통안전공단**
     2. 「여객자동차 운수사업법」 제25조제3항에 따른 운수종사자 연수기관
    ⑤ **국토교통부장관**은 교육일정 및 장소 등이 포함된 다음 연도 교육계획을 매년 12월 31일까지 고시해야 한다.
    ⑥ **교통안전담당자 교육기관은 전년도 교육인원 및 수료자 명단 등 교육 실적을 매년 2월 말일까지 국토교통부장관에게 제출해야 한다.**
    ⑦ 제1항부터 제6항까지에서 규정한 사항 외에 구체적인 교육 과목·내용 및 그 밖에 교육에 필요한 사항은 국토교통부장관이 정하여 고시한다.

    교통안전법 시행령 [별표 8의2]
    교통안전담당자를 지정해야 하는 교통시설설치·관리자 및 교통수단운영자의 범위와 교통안전담당자의 지정 인원(제44조제1항 관련)

사업 구분		교통안전담당자 지정 인원
1. 교통시설 설치·관리자	가. 「한국도로공사법」에 따른 **한국도로공사** 나. 「도로법」 제2조제1호 및 제2호에 따른 도로 및 도로부속물에 대해 「사회기반시설에 대한 민간투자법」에 따른 민간투자사업을 시행하고, 같은 법 제24조에 따라 이를 관리·운영하는 법인 다. 「도로법」 제36조에 따라 도로관리청의 허가를 받아 도로공사를 시행하거나 유지하는 자로서 도로관리청이 아닌 자 라. 「유료도로법」 제6조에 따라 유료도로를 신설 또는 개축해 통행료를 받는 비도로관리청	**1명** 이상

    교통안전법 시행규칙 제29조의2(교통안전담당자 교육신청)
    영 제44조의3제1항에 따라 법 제54조의2제2항에 따른 교통안전담당자에 대한 교육을 받으려는 사람은 별지 제18호서식의 **교통안전담당자 교육신청서**를 **한국교통안전공단**에 제출해야 한다.

24. 교통안전법 제55조(운행기록장치의 장착 및 운행기록의 활용 등)
① 다음 각 호의 어느 하나에 해당하는 자는 그 운행하는 차량에 국토교통부령으로 정하는 기준에 적합한 운행기록장치를 장착하여야 한다. 다만, 소형 화물차량 등 국토교통부령으로 정하는 차량은 그러하지 아니하다.
  1. **여객자동차 운송사업자**
  2. **화물자동차 운송사업자** 및 **화물자동차 운송가맹사업자**
  3. 어린이통학버스(제1호에 따라 운행기록장치를 장착한 차량은 제외한다) 운영자
② 제1항에 따라 운행기록장치를 장착하여야 하는 자(이하 "운행기록장치 장착의무자"라 한다)는 운행기록장치에 기록된 운행기록을 **대통령령으로 정하는 기간 동안 보관**하여야 하며, 교통행정기관이 제출을 요청하는 경우 이에 따라야 한다. 다만, **대통령령으로 정하는 운행기록장치 장착의무자**는 교통행정기관의 제출 요청과 관계없이 운행기록을 **주기적으로 제출**하여야 한다. 이 경우 운행기록장치 장착의무자는 운행기록장치에 기록된 운행기록을 임의로 조작하여서는 아니 된다.
④ 교통행정기관은 다음 각 호의 조치를 제외하고는 제3항에 따른 분석결과를 이용하여 운행기록장치 장착의무자 및 차량운전자에게 이 법 또는 다른 법률에 따른 허가·등록의 취소 등 **어떠한 불리한 제재나 처벌을 하여서는 아니 된다.**
  1. 제33조제1항 및 제6항에 따른 **교통수단안전점검의 실시**
  3. **교통수단** 및 교통수단운영체계의 **개선 권고**
  4. **최소휴게시간, 연속근무시간** 및 **속도제한장치 무단해제 확인**

교통안전법 시행령 제45조(운행기록장치의 장착시기 및 보관기간)
② 법 제55조제2항에서 "대통령령으로 정하는 기간"은 **6개월**로 한다.
③ 법 제55조제2항 단서에서 "대통령령으로 정하는 운행기록장치 장착의무자"란 다음 각 호의 자를 말한다.
  1. 「여객자동차 운수사업법」 제4조에 따라 면허를 받은 **노선 여객자동차운송사업자**
  2. 「화물자동차 운수사업법」 제3조에 따라 허가를 받은 **화물자동차 운송사업자** 및 같은 법 제29조에 따라 허가를 받은 **화물자동차 운송가맹사업자**

교통안전법 시행령 제3조(운행기록장치의 장착 비용 지원)
① 국가 및 지방자치단체는 법 제9조제2항에 따라 법 제55조제1항에 따른 **운행기록장치를 장착하여야 하는 자**에게 운행기록장치의 장착 비용을 지원하기 위하여 예산의 범위에서 **필요한 자금을 보조하거나 융자할 수 있다.**

교통안전법 시행규칙 제30조(운행기록의 보관 및 제출방법 등)
④ **한국교통안전공단**은 운행기록장치 장착의무자가 제출한 운행기록을 점검하고 다음 각 호의 항목을 분석하여야 한다.

1. 과속　　　　2. 급감속　　　　3. 급출발
4. 회전　　　　5. 앞지르기　　　6. 진로변경

⑤ 운행기록의 분석 결과는 다음 각 호의 자동차·운전자·교통수단운영자에 대한 교통안전 업무 등에 활용되어야 한다.
 1. 자동차의 운행관리　　　　2. **차량운전자에 대한 교육·훈련**
 3. **교통수단운영자의 교통안전관리**　4. **운행계통 및 운행경로 개선**
 5. 그 밖에 교통수단운영자의 교통사고 예방을 위한 교통안전정책의 수립

교통안전법 시행규칙 [별표 4]
운행기록장치가 갖추어야 하는 장치 및 기능의 기준(제29조의3제1항 관련)
1. 장치 및 기능

장치	기능
나. 기억장치	1) 1초 단위의 데이터를 6개월 이상 기록·저장할 수 있을 것 2) **외부에서 입력하는 데이터를 저장할 수 있을 것**
바. 그 밖의 장치(운행기록장치에서 가목부터 마목까지의 장치를 제외한 장치를 말한다)	1) **차량속도의 검출**이 가능할 것 2) **기기 및 통신상태의 오류 검출**이 가능할 것

자동차 운행기록 및 장치에 관한 관리지침 제8조(운행기록장치 및 운행기록의 점검 등)
② 공단은 운송사업자의 운행기록장치 및 운행기록(이하 "운행기록등"이라 한다)에 대한 다음 각 호의 사항을 점검할 수 있다.
1. **운행기록의 조작 및 교정인자의 위·변조 여부**
2. **운행기록장치의 미작동 및 오류발생 여부**
3. **운행기록장치의 오류발생 사유조사**
4. 운행기록장치에 별표 2의 표기순서에 적합한 운행기록 저장여부
5. 그 밖에 운행기록등에 문제가 있다고 판단되는 사항의 확인

자동차 운행기록 및 장치에 관한 관리지침 제13조(분석결과 활용)
교통행정기관, 공단 및 운송사업자는 운행기록의 분석결과를 다음 각 호의 교통안전 관련업무에 한정하여 활용하여야 한다.
1. **자동차의 운행관리**　　　　2. 운전자에 대한 교육·훈련
3. **운전자의 운전습관 교정**　　4. 운송사업자의 교통안전관리 개선
5. 교통수단 및 운행체계의 개선
6. **교통행정기관의 운행계통 및 운행경로 개선**
7. **최소휴게시간, 연속근무시간 및 속도제한장치 무단해제 확인**
8. 그 밖에 사업용 자동차의 교통사고 예방을 위한 교통안전정책의 수립

자동차 운행기록 및 장치에 관한 관리지침 [별표 1] 운행기록장치의 세부기준(제3조 관련)
4. 장치의 기능
 사. 교정인자 입력 등
  (2) **분당회전수(RPM) 데이터**는 엔진에서 RPM 계기판으로 올라오는 최종 신호를 확인하여 교정인자로 신호수(pulse/1회전)를 입력할 수 있어야 하며, 입력된 정보는 사용자 및 제3자가 임의로 위·변조할 수 없도록 설계·제작되어야 한다.(선택사양)

25. 교통안전법 시행규칙 제30조의2(차로이탈경고장치의 장착)
① 법 제55조의2에서 "국토교통부령으로 정하는 차량"이란 **길이 9미터 이상의 승합자동차 및 차량총중량 20톤을 초과하는 화물·특수자동차**를 말한다.

26. 교통안전법 시행규칙 [별표 7]
교통안전체험 연구·교육시설의 교육과정 등(제31조제2항관련)
2. 심화교육(16시간)

교육과목	교육내용	교육방법	교육시간
(9) 야간운행 특성	○ **보행자 시인성**(視認性) ○ **증발·현혹현상** ○ **착각 현상**	자동차 실습 교육	120분

27. 교통안전법 시행규칙 제31조의2(중대 교통사고의 기준 및 교육실시)
② 법 제56조의2제2항에서 "**중대 교통사고**"란 차량운전자가 교통수단운영자의 차량을 운전하던 중 **1건의 교통사고로 8주 이상의 치료**를 요하는 의사의 진단을 받은 피해자가 발생한 사고를 말한다.
③ 차량운전자는 제2항에 따른 중대 교통사고가 발생하였을 때에는 「도로교통법」 제54조제6항에 따른 교통사고조사에 대한 결과를 통지 받은 날부터 **60일 이내**에 교통안전 체험교육을 받아야 한다. 다만, 각 호에 해당하는 차량운전자의 경우에는 각 호에서 정한 기간 내에 교육을 받아야 한다.

28. 교통안전법 시행령 제47조(교통문화지수의 조사 항목 등)
① 법 제57조제1항에 따른 교통문화지수의 조사 항목은 다음 각 호와 같다.
  1. **운전행태**   2. **교통안전**   3. **보행행태**(도로교통분야로 한정한다)
  4. 그 밖에 국토교통부장관이 필요하다고 인정하여 정하는 사항

29. 교통안전법 시행규칙 [별표 8] 교통안전 실태점검 항목(제31조의8제4항 관련)
2. 일반사항

점검 대상	점검 항목
바. 교차로	교차로 면적의 적정 여부

30. 교통안전법 제61조(청문)

시·도지사는 다음 각 호의 어느 하나에 해당하는 처분을 하고자 하는 경우에는 청문을 실시하여야 한다.

1. 제43조에 따른 **교통안전진단기관 등록의 취소**
2. 제54조제1항의 규정에 따른 **교통안전관리자 자격의 취소**

31. 교통안전법 제63조(벌칙)

다음 각 호의 어느 하나에 해당하는 자는 **2년 이하의 징역 또는 2천만원 이하의 벌금**에 처한다.

5. 제58조의 규정을 위반하여 **직무상 알게 된 비밀을 타인에게 누설하거나 직무상 목적 외에 이를 사용한 자**

교통안전법 제65조(과태료)

① 다음 각 호의 어느 하나에 해당하는 자에게는 **1천만원 이하의 과태료**를 부과한다.

2. 제34조제5항에 따른 **교통시설안전진단을 받지 아니하거나 교통시설안전진단보고서를 거짓으로 제출한 자**

② 다음 각 호의 어느 하나에 해당하는 자에게는 **500만원 이하의 과태료**를 부과한다.

5. 제40조제2항에 따른 **신고를 하지 아니하고 교통시설안전진단 업무를 휴업·재개업 또는 폐업하거나 거짓으로 신고한 자**
7. 제47조제1항의 규정에 따른 점검·검사를 거부·기피·방해하거나 질문에 대하여 거짓으로 진술한 자

③ 제1항 및 제2항의 규정에 따른 과태료는 대통령령으로 정하는 바에 따라 **국토교통부장관, 교통행정기관 또는 시장·군수·구청장이 부과·징수**한다.

교통안전법 시행령 [별표 9] 과태료의 부과기준(제49조 관련)
2. 개별기준

위반행위	근거 법조문	과태료 금액		
		1차	2차	3차 이상
라. 법 제34조제5항에 따른 교통시설안전진단을 받지 않거나 교통시설안전진단보고서를 거짓으로 제출한 경우	법 제65조 제1항제2호	600만원		
거. 법 제55조제2항 후단을 위반하여 운행기록장치에 기록된 운행기록을 임의로 조작한 경우	법 제65조 제1항 제3호의2	100만원		

[교통안전법]

문제 01 교통안전법의 궁극적 목적으로 맞는 것은?

① 국민경제 향상   ② 공공복리의 증진
③ 사회복지의 제고   ④ 교통안전 증진

해설 교통안전법 제1조(목적)
이 법은 교통안전에 관한 국가 또는 지방자치단체의 의무·추진체계 및 시책 등을 규정하고 이를 종합적·계획적으로 추진함으로써 **교통안전 증진**에 이바지함을 목적으로 한다.

문제 02 교통안전법의 목적으로 적절하지 않은 것은?

① 의무·추진체계 및 시책 등을 규정   ② 시책 등을 종합적·계획적으로 추진
③ 자동차의 성능 및 안전을 확보함   ④ 교통안전 증진에 이바지함

해설 교통안전법 제1조(목적)
이 법은 교통안전에 관한 국가 또는 지방자치단체의 **의무·추진체계 및 시책 등을 규정**하고 이를 **종합적·계획적으로 추진**함으로써 **교통안전 증진에 이바지함**을 목적으로 한다.

문제 03 교통안전법상의 용어설명 중 틀린 것은?

① 교통수단 – 차량, 선박, 항공기 등
② 교통시설 – 교통수단의 운행, 운항, 항행에 필요한 시설과 그 시설에 부속된 교통안전표지, 교통관제시설, 항행안전시설 등의 시설, 공작물
③ 교통사업자 – 교통수단, 교통시설, 교통체계를 운행, 운항, 설치, 관리, 운영 등을 하는 자로서 영리적 활동만을 수행하는 자
④ 교통행정기관 – 법령에 의해 교통수단,교통시설,교통체계의 운행,운항,설치, 운영 등에 관해 교통사업자에 대한 지도,감독을 행하는 지정 행정기관의 장,시,도지사, 시장,군수,구청장

해설 교통안전법 제2조(정의) 이 법에서 사용하는 용어의 뜻은 다음과 같다. 〈개정 2023. 8. 16.〉
1. "**교통수단**"이라 함은 사람이 이동하거나 화물을 운송하는데 이용되는 것으로서 다음 각 목의 어느 하나에 해당하는 운송수단을 말한다.

정답 01 ④   02 ③   03 ③

가. 「도로교통법」에 의한 차마 또는 노면전차, 「철도산업발전 기본법」에 의한 철도차량 또는 「궤도운송법」에 따른 궤도에 의하여 교통용으로 사용되는 용구 등 육상교통용으로 사용되는 모든 운송수단(이하 "**차량**"이라 한다)
나. 「해사안전기본법」에 의한 선박 등 수상 또는 수중의 항행에 사용되는 모든 운송수단(이하 "**선박**"이라 한다)
다. 「항공안전법」에 의한 항공기 등 항공교통에 사용되는 모든 운송수단(이하 "**항공기**"라 한다)
→ ①
2. "**교통시설**"이라 함은 도로·철도·궤도·항만·어항·수로·공항·비행장 등 교통수단의 운행·운항 또는 항행에 필요한 시설과 그 시설에 부속되어 사람의 이동 또는 교통수단의 원활하고 안전한 운행·운항 또는 항행을 보조하는 교통안전표지·교통관제시설·항행안전시설 등의 시설 또는 공작물을 말한다. → ②
4. "**교통사업자**"라 함은 교통수단·교통시설 또는 교통체계를 운행·운항·설치·관리 또는 운영 등을 하는 자로서 다음 각 목의 어느 하나에 해당하는 자를 말한다.
다. 교통수단운영자 및 교통시설설치·관리자 외에 교통수단 제조사업자, 교통관련 교육·연구·조사기관 등 교통수단·교통시설 또는 교통체계와 관련된 **영리적·비영리적 활동을 수행하는 자** → ③
6. "**교통행정기관**"이라 함은 법령에 의하여 교통수단·교통시설 또는 교통체계의 운행·운항·설치 또는 운영 등에 관하여 교통사업자에 대한 지도·감독을 행하는 지정행정기관의 장, 특별시장·광역시장·도지사·특별자치도지사 또는 시장·군수·구청장(자치구의 구청장을 말한다. 이하 같다)을 말한다. → ④

문제 04 **교통안전법상 교통수단을 규정하지 않은 법은?**

① 항공안전법
② 철도산업발전기본법
③ 궤도운송법
④ 항만운송사업법

해설 교통안전법 제2조(정의) 이 법에서 사용하는 용어의 뜻은 다음과 같다. 〈개정 2023. 8. 16.〉
1. "**교통수단**"이라 함은 사람이 이동하거나 화물을 운송하는데 이용되는 것으로서 다음 각 목의 어느 하나에 해당하는 운송수단을 말한다.
가. 「도로교통법」에 의한 차마 또는 노면전차, **「철도산업발전 기본법」**에 의한 철도차량 또는 **「궤도운송법」**에 따른 궤도에 의하여 교통용으로 사용되는 용구 등 육상교통용으로 사용되는 모든 운송수단(이하 "차량"이라 한다)
나. 「해사안전기본법」에 의한 선박 등 수상 또는 수중의 항행에 사용되는 모든 운송수단(이하 "선박"이라 한다)
다. **「항공안전법」**에 의한 항공기 등 항공교통에 사용되는 모든 운송수단(이하 "항공기"라 한다)
→ 항만운송사업법은 교통수단을 규정하고 있지 않다.

정답 04 ④

문제 05 다음 중 교통시설에 속하지 않는 것은?

① 교통안전표지
② 교통관제시설
③ 항행안전시설
④ 도로교통법에 의한 차마

해설 교통안전법 제2조(정의) 이 법에서 사용하는 용어의 뜻은 다음과 같다. 〈개정 2023. 8. 16.〉
2. "**교통시설**"이라 함은 도로·철도·궤도·항만·어항·수로·공항·비행장 등 교통수단의 운행·운항 또는 항행에 필요한 시설과 그 시설에 부속되어 사람의 이동 또는 교통수단의 원활하고 안전한 운행·운항 또는 항행을 보조하는 **교통안전표지·교통관제시설·항행안전시설** 등의 시설 또는 공작물을 말한다.

문제 06 사람 또는 화물의 이동·운송과 관련된 활동을 수행하기 위하여 개별적으로 또는 서로 유기적으로 연계되어 있는 교통수단 및 교통시설의 이용·관리·운영체계 또는 이와 관련된 산업 및 제도 등을 말하는 것은?

① 교통시설
② 교통수단
③ 교통체계
④ 교통사업자

해설 교통안전법 제2조(정의) 이 법에서 사용하는 용어의 뜻은 다음과 같다. 〈개정 2023. 8. 16.〉
3. "**교통체계**"라 함은 사람 또는 화물의 이동·운송과 관련된 활동을 수행하기 위하여 개별적으로 또는 서로 유기적으로 연계되어 있는 교통수단 및 교통시설의 이용·관리·운영체계 또는 이와 관련된 산업 및 제도 등을 말한다.

문제 07 다음 중 교통안전법상의 교통사업자에 해당하지 않는 자는?

① 교통수단운영자
② 교통운전자
③ 교통시설설치·관리자
④ 교통수단 제조사업자

해설 교통안전법 제2조(정의) 이 법에서 사용하는 용어의 뜻은 다음과 같다. 〈개정 2023. 8. 16.〉
4. "**교통사업자**"라 함은 교통수단·교통시설 또는 교통체계를 운행·운항·설치·관리 또는 운영 등을 하는 자로서 다음 각 목의 어느 하나에 해당하는 자를 말한다.
  가. 여객자동차운수사업자, 화물자동차운수사업자, 철도사업자, 항공운송사업자, 해운업자 등 교통수단을 이용하여 운송 관련 사업을 영위하는 자(이하 "**교통수단운영자**"라 한다)
  나. 교통시설을 설치·관리 또는 운영하는 자(이하 "**교통시설설치·관리자**"라 한다)
  다. 교통수단운영자 및 교통시설설치·관리자 외에 **교통수단 제조사업자**, 교통관련 교육·연구·조사기관 등 교통수단·교통시설 또는 교통체계와 관련된 영리적·비영리적 활동을 수행하는 자

정답 05 ④ 06 ③ 07 ②

문제 08 **다음 중 교통사업자에 속하지 않는 것은?**

① 교통수단운영자 ② 교통수단 제조사업자
③ 교통수단 정비사업자 ④ 교통관련 교육 · 연구 · 조사기관

해설 교통안전법 제2조(정의) 이 법에서 사용하는 용어의 뜻은 다음과 같다. 〈개정 2023. 8. 16.〉
4. "**교통사업자**"라 함은 교통수단 · 교통시설 또는 교통체계를 운행 · 운항 · 설치 · 관리 또는 운영 등을 하는 자로서 다음 각 목의 어느 하나에 해당하는 자를 말한다.
가. 여객자동차운수사업자, 화물자동차운수사업자, 철도사업자, 항공운송사업자, 해운업자 등 교통수단을 이용하여 운송 관련 사업을 영위하는 자(이하 "**교통수단운영자**"라 한다)
나. 교통시설을 설치 · 관리 또는 운영하는 자(이하 "교통시설설치 · 관리자"라 한다)
다. 교통수단운영자 및 교통시설설치 · 관리자 외에 **교통수단 제조사업자, 교통관련 교육 · 연구 · 조사기관** 등 교통수단 · 교통시설 또는 교통체계와 관련된 영리적 · 비영리적 활동을 수행하는 자

문제 09 **다음 중 교통사업자 중에서 교통수단 운영자에 해당되지 않는 자는 누구인가?**

① 교통시설설치 · 관리자 ② 여객자동차운수사업자
③ 화물자동차운수사업자 ④ 철도사업자

해설 교통안전법 제2조(정의) 이 법에서 사용하는 용어의 뜻은 다음과 같다. 〈개정 2023. 8. 16.〉
4. "교통사업자"라 함은 교통수단 · 교통시설 또는 교통체계를 운행 · 운항 · 설치 · 관리 또는 운영 등을 하는 자로서 다음 각 목의 어느 하나에 해당하는 자를 말한다.
가. **여객자동차운수사업자**, **화물자동차운수사업자**, **철도사업자**, 항공운송사업자, 해운업자 등 교통수단을 이용하여 운송 관련 사업을 영위하는 자(이하 "**교통수단운영자**"라 한다)
나. 교통시설을 설치 · 관리 또는 운영하는 자(이하 "**교통시설설치 · 관리자**"라 한다)
다. 교통수단운영자 및 교통시설설치 · 관리자 외에 교통수단 제조사업자, 교통관련 교육 · 연구 · 조사기관 등 교통수단 · 교통시설 또는 교통체계와 관련된 영리적 · 비영리적 활동을 수행하는 자

문제 10 **다음 중 지정행정기관에 속하는 것과 속하지 않는 것의 개수로 맞게 연결된 것은?**

| 법무부 , 기획예산처, 경찰청, 산업통상자원부, 보건복지부, 산업자원부, 문화체육관광부, 고용노동부 |

① 8개, 0개 ② 7개, 1개
③ 6개, 2개 ④ 5개, 3개

● 정답 08 ③ 09 ① 10 ③

1. 교통법규 - 1. 교통안전법

해설 교통안전법 제2조(정의) 이 법에서 사용하는 용어의 뜻은 다음과 같다. 〈개정 2023. 8. 16.〉
5. "지정행정기관"이라 함은 교통수단·교통시설 또는 교통체계의 운행·운항·설치 또는 운영 등에 관하여 지도·감독을 행하거나 관련 법령·제도를 관장하는 「정부조직법」에 의한 중앙행정기관으로서 대통령령으로 정하는 행정기관을 말한다.

교통안전법 시행령 제2조(지정행정기관) 「교통안전법」 제2조제5호에 따른 지정행정기관은 다음 각 호와 같다. 〈개정 2017. 9. 19.〉
1. 기획재정부   2. 교육부   3. **법무부**   4. 행정안전부
5. **문화체육관광부**   6. 농림축산식품부   7. **산업통상자원부**   8. **보건복지부**
8의2. 환경부   9. **고용노동부**   10. 여성가족부   11. 국토교통부
12. 해양수산부   12의2. 삭제 〈2017. 7. 26.〉   13. **경찰청**
14. 국무총리가 교통안전정책상 특히 필요하다고 인정하여 지정하는 중앙행정기관
[전문개정 2008. 2. 29.]
→ 기획예산처와 산업자원부는 지정행정기관에 포함되어있지 않다.

문제 11 교통행정기관이 아닌 것은?

① 지정행정기관의 장
② 시,도지사
③ 시장, 군수, 구청장
④ 특별행정기관

해설 교통안전법 제2조(정의) 이 법에서 사용하는 용어의 뜻은 다음과 같다. 〈개정 2023. 8. 16.〉
6. "**교통행정기관**"이라 함은 법령에 의하여 교통수단·교통시설 또는 교통체계의 운행·운항·설치 또는 운영 등에 관하여 교통사업자에 대한 지도·감독을 행하는 **지정행정기관의 장**, 특별시장·광역시장·도지사·특별자치도지사(이하 "**시·도지사**"라 한다) 또는 **시장·군수·구청장**(자치구의 구청장을 말한다. 이하 같다)을 말한다.

문제 12 교통수단안전점검이란 교통행정기관이 교통안전법이나 관계법령에 따라 소관 교통수단에 대하여 교통안전에 관한 위험요인을 (　)하는 모든 활동이다. (　)안에 들어갈 알맞은 말은?

① 이용·안전·점검
② 운영·이용·안전
③ 조사·안전·이용
④ 조사·점검·평가

해설 교통안전법 제2조(정의) 이 법에서 사용하는 용어의 뜻은 다음과 같다.
8. "**교통수단안전점검**"이란 교통행정기관이 이 법 또는 관계법령에 따라 소관 교통수단에 대하여 교통안전에 관한 위험요인을 **조사·점검 및 평가**하는 모든 활동을 말한다.

정답   11 ④   12 ④

문제 13 육상교통·해상교통 또는 항공교통의 안전과 관련된 조사·측정·평가업무를 전문적으로 수행하는 교통안전진단기관이 교통시설에 대하여 교통안전에 관한 위험요인을 조사·측정 및 평가하는 모든 활동을 무엇이라 하는가?

① 교통안전관리
② 교통안전사업
③ 교통수단안전점검
④ 교통시설안전진단

해설 교통안전법 제2조(정의) 이 법에서 사용하는 용어의 뜻은 다음과 같다.
9. "**교통시설안전진단**"이란 육상교통·해상교통 또는 항공교통의 안전과 관련된 조사·측정·평가업무를 전문적으로 수행하는 교통안전진단기관이 교통시설에 대하여 교통안전에 관한 위험요인을 조사·측정 및 평가하는 모든 활동을 말한다.

문제 14 다음 중 교통안전법상의 국가나 지자체의 의무사항이 아닌 것은?

① 안전운항 의무
② 교통안전시책의 수립, 시행 의무
③ 교통안전 종합시책의 수립, 시행 의무
④ 교통안전사항의 배려 의무

해설 교통안전법 제3조(국가 등의 의무)
① 국가는 국민의 생명·신체 및 재산을 보호하기 위하여 교통안전에 관한 **종합적인 시책을 수립하고 이를 시행**하여야 한다. → ③
② 지방자치단체는 주민의 생명·신체 및 재산을 보호하기 위하여 그 관할구역 내의 **교통안전에 관한 시책을 해당 지역의 실정에 맞게 수립하고 이를 시행**하여야 한다. 〈개정 2020. 6. 9.〉 → ②
③ 국가 및 지방자치단체는 제1항 및 제2항의 규정에 따른 교통안전에 관한 시책을 수립·시행하는 것 외에 지역개발·교육·문화 및 법무 등에 관한 계획 및 정책을 수립하는 경우에는 **교통안전에 관한 사항을 배려**하여야 한다. → ④
→ 교통안전법상 국가나 지자체의 의무사항에 안전운항 의무는 나와있지 않다.

문제 15 다음 중 교통안전법상 교통안전에 관한 주요 정책과 국가교통안전기본계획 등을 심의하는 위원회는 어느 것인가?

① 국가교통위원회
② 국가교통안전정책심의위원회
③ 국가교통안전정책실무위원회
④ 지역교통안전정책심의위원회

해설 교통안전법 제12조(교통안전에 관한 주요 정책 등 심의)
교통안전에 관한 주요 정책과 제15조에 따른 국가교통안전기본계획 등은 「국가통합교통체계효율화법」 제106조에 따른 **국가교통위원회**에서 심의한다.

정답 13 ④ 14 ① 15 ①

문제 16. 다음 중 교통안전법상 지역별 교통안전에 관한 주요 정책과 지역간 교통안전기본계획 등을 심의하는 위원회는 어느 것인가?

① 국가교통위원회   ② 국가교통안전정책심의위원회
③ 국가교통안전정책실무위원회   ④ 지방교통위원회

해설 교통안전법 제13조(지역별 교통안전에 관한 주요 정책 심의)
① 지역별 교통안전에 관한 주요 정책과 제17조에 따른 지역교통안전기본계획은 「국가통합교통체계효율화법」 제110조에 따른 **지방교통위원회** 및 시장·군수·구청장 소속으로 설치하는 시·군·구 교통안전정책심의위원회에서 심의한다. 〈개정 2012. 6. 1.〉

문제 17. 다음 중 교통안전법상의 국가교통안전기본계획의 수립 의무자는?

① 건설교통부장관   ② 국토교통부장관   ③ 국무총리   ④ 시,도지사

해설 교통안전법 제15조(국가교통안전기본계획)
① **국토교통부장관**은 국가의 전반적인 교통안전수준의 향상을 도모하기 위하여 교통안전에 관한 기본계획을 5년 단위로 **수립하여야 한다.** 〈개정 2008. 2. 29., 2013. 3. 23.〉

문제 18. 국가의 전반적인 교통안전수준의 향상을 도모하기 위하여 교통안전에 대한 기본계획을 몇 년 단위로 수립하여야 하는가?

① 매년   ② 1년   ③ 5년   ④ 10년

해설 교통안전법 제15조(국가교통안전기본계획)
① 국토교통부장관은 국가의 전반적인 교통안전수준의 향상을 도모하기 위하여 교통안전에 관한 기본계획을 **5년** 단위로 수립하여야 한다. 〈개정 2008. 2. 29., 2013. 3. 23.〉

문제 19. 국가교통안전기본계획은 몇 년 단위로 수립되어야 하나?

① 1년   ② 2년   ③ 3년   ④ 5년

해설 교통안전법 제15조(국가교통안전기본계획)
① 국토교통부장관은 국가의 전반적인 교통안전수준의 향상을 도모하기 위하여 교통안전에 관한 기본계획을 **5년** 단위로 수립하여야 한다. 〈개정 2008. 2. 29., 2013. 3. 23.〉

정답 16 ④   17 ②   18 ③   19 ④

문제 20 지정행정기관의 장이 소관별 교통안전에 관한 계획안을 작성하여 국토교통부장관에게 제출하여야 하는 계획은?

① 국가교통안전기본계획
② 국가교통안전시행계획
③ 지역교통안전기본계획
④ 지역교통안전시행계획

해설 교통안전법 제15조(**국가교통안전기본계획**)
③ 국토교통부장관은 국가교통안전기본계획의 수립을 위하여 지정행정기관별로 추진할 교통안전에 관한 주요 계획 또는 시책에 관한 사항이 포함된 지침을 작성하여 지정행정기관의 장에게 통보하여야 하며, **지정행정기관의 장은 통보받은 지침에 따라 소관별 교통안전에 관한 계획안을 국토교통부장관에게 제출**하여야 한다. 〈개정 2008. 2. 29., 2013. 3. 23.〉

문제 21 국가교통안전기본계획은 누가 수립·확정하는가?

① 국토교통부장관
② 시,도지사
③ 특별시장
④ 경찰청장

해설 교통안전법 제15조(국가교통안전기본계획)
④ **국토교통부장관**은 제3항에 따라 제출받은 소관별 교통안전에 관한 계획안을 종합·조정하여 국가교통안전기본계획안을 작성한 후 국가교통위원회의 심의를 거쳐 이를 **확정한다**.
〈개정 2008. 2. 29., 2009. 4. 22., 2013. 3. 23., 2020. 6. 9.〉

문제 22 국가교통위원회의 위원장은 국가교통안전기본계획 및 국가교통안전시행계획을 추진하기 위하여 필요한 사항과 교통사고를 방지하기 위한 새로운 정책을 실시할 것을 누구에게 권고할 수 있는가?

① 대통령
② 국토교통부장관
③ 지정행정기관의 장
④ 경찰청장

해설 교통안전법 시행령 제5조(권고 및 보고)
① 국가교통위원회의 위원장은 국가교통안전기본계획 및 국가교통안전시행계획을 추진하기 위하여 필요한 사항과 교통사고를 방지하기 위한 새로운 정책을 실시할 것을 **지정행정기관의 장**에게 권고할 수 있다.

정답 20 ①   21 ①   22 ③

문제 23 다음 중 교통안전법상의 국가교통안전기본계획의 수립절차에 대한 과정을 바르게 배열한 것은?

① 지침의 작성,통보 〉 소관별 계획안의 제출 〉 확정계획의 통보,공고 〉 국가교통안전기본계획안의 작성,확정
② 소관별 계획안의 제출 〉 지침의 작성,통보 〉 국가교통안전기본계획안의 작성,확정 〉 확정계획의 통보,공고
③ 지침의 작성,통보 〉 확정계획의 통보,공고 〉 국가교통안전기본계획안의 작성,확정 〉 소관별 계획안의 제출
④ 지침의 작성,통보 〉 소관별 계획안의 제출 〉 국가교통안전기본계획안의 작성,확정 〉 확정계획의 통보,공고

해설 교통안전법 시행령 제10조(국가교통안전기본계획의 수립)
① 법 제15조제3항에 따라 국토교통부장관은 국가교통안전기본계획의 수립 또는 변경을 위한 **지침을 작성**하여 계획연도 시작 전전년도 6월 말까지 지정행정기관의 장에게 **통보**하여야 한다. 〈개정 2013. 3. 23.〉
② 지정행정기관의 장은 수립지침에 따라 **소관별 교통안전에 관한 계획안**을 작성하여 계획연도 시작 전년도 2월 말까지 국토교통부장관에게 **제출**하여야 한다. 〈개정 2013. 3. 23.〉
③ 국토교통부장관은 법 제15조제4항에 따라 제2항의 소관별 교통안전에 관한 계획안을 종합·조정하여 계획연도 시작 전년도 6월 말까지 **국가교통안전기본계획을 확정**하여야 한다. 소관별 교통안전에 관한 계획안을 종합·조정하는 경우에는 다음 각 호의 사항을 검토하여야 한다. 〈개정 2013. 3. 23.〉
 1. 정책목표   2. 정책과제의 추진시기
 3. 투자규모   4. 정책과제의 추진에 필요한 해당 기관별 협의사항
④ 국토교통부장관은 제3항에 따라 국가교통안전기본계획을 확정한 경우에는 확정한 날부터 20일 이내에 지정행정기관의 장과 시·도지사에게 이를 **통보**하여야 한다. 〈개정 2013. 3. 23.〉

문제 24 국토교통부장관은 국가교통안전기본계획을 수립하고자 할 때 국가교통안전기본계획의 수립 또는 변경을 위한 지침을 작성하여 지정행정기관에게 통보하여야 하는 기간으로 맞는 것은?

① 시작 전전년도 6월 말   ② 시작 전년도 6월 말
③ 시작 전전년도 2월 말   ④ 시작 전년도 2월 말

해설 교통안전법 시행령 제10조(국가교통안전기본계획의 수립)
① 법 제15조제3항에 따라 국토교통부장관은 국가교통안전기본계획의 수립 또는 변경을 위한 지침을 작성하여 계획연도 시작 **전전년도 6월 말**까지 지정행정기관의 장에게 **통보**하여야 한다. 〈개정 2013. 3. 23.〉

정답 23 ④   24 ①

문제 25 국토교통부장관은 국가교통안전기본계획을 확정한 경우에는 확정한 날부터 얼마의 기간 이내에 이를 지정행정기관의 장과 시·도지사에세 통보하여야 하는가?

① 20일 이내　② 30일 이내　③ 10일 이내　④ 15일 이내

해설　교통안전법 시행령 제10조(국가교통안전기본계획의 수립)
④ 국토교통부장관은 제3항에 따라 국가교통안전기본계획을 확정한 경우에는 확정한 날부터 **20일 이내**에 지정행정기관의 장과 시·도지사에게 이를 통보하여야 한다.
〈개정 2008. 2. 29., 2013. 3. 23.〉

문제 26 교통안전법상 국가교통안전시행계획의 수립 의무자는?

① 국토교통부장관　② 지정행정기관의 장
③ 한국도로공사　④ 한국교통안전공단

해설　교통안전법 제16조(국가교통안전시행계획)
① **지정행정기관의 장**은 국가교통안전기본계획을 집행하기 위하여 매년 소관별 **교통안전시행계획안을 수립**하여 이를 국토교통부장관에게 제출하여야 한다.
〈개정 2013. 3. 23.〉

문제 27 국가교통안전시행계획의 경우 언제까지 확정하여야 하는가?

① 1월 말　② 2월 말　③ 10월 말　④ 12월 말

해설　교통안전법 시행령 제12조(국가교통안전시행계획의 수립)
① 법 제16조제1항에 따라 지정행정기관의 장은 다음 연도의 소관별 교통안전시행계획안을 수립하여 매년 **10월 말**까지 국토교통부장관에게 제출하여야 한다.
〈개정 2008. 2. 29., 2013. 3. 23.〉

문제 28 국토교통부장관이 국가교통안전시행계획을 수립할 때 소관별 교통안전시행계획안을 종합·조정하는 경우 검토할 사항이 아닌 것은?

① 국가교통안전기본계획과의 부합 여부　② 기대 효과
③ 소요예산의 확보 가능성　④ 정책의 추진의지

정답　25 ①　26 ②　27 ③　28 ④

해설 교통안전법 시행령 제12조(국가교통안전시행계획의 수립)
② 국토교통부장관은 법 제16조제2항에 따라 소관별 교통안전시행계획안을 종합·조정할 때에는 다음 각 호의 사항을 검토하여야 한다. 〈개정 2008. 2. 29., 2013. 3. 23.〉
1. 국가교통안전기본계획과의 부합 여부
2. 기대 효과
3. 소요예산의 확보 가능성

문제 29 지역교통안전기본계획에 관련된 내용으로 틀린 것은?

① 국토교통부 장관은 시,도교통안전기본계획의 수립에 대한 지침을 시·도지사에게 통보할 수 있다.
② 시장·군수·구청장이 시·군·구교통안전기본계획을 수립한 때에는 시·군·구 교통안전위원회의 심의를 거쳐 이를 확정하여야 한다.
③ 경미한 사항을 변경하는 경우에는 지역교통안전기본계획의 변경에 관하여 준용하는 사항에서 제외한다.
④ 시·군·구교통안전기본계획의 수립은 3년 단위로 이루어진다.

해설 교통안전법 제17조(지역교통안전기본계획)
① 시·도지사는 국가교통안전기본계획에 따라 시·도의 교통안전에 관한 기본계획을 5년 단위로 수립하여야 하며, 시장·군수·구청장은 시·도교통안전기본계획에 따라 시·군·구의 교통안전에 관한 기본계획을 5년 단위로 수립하여야 한다. → ④
② 국토교통부장관 또는 시·도지사는 시·도교통안전기본계획 또는 시·군·구교통안전기본계획의 수립에 관한 지침을 작성하여 시·도지사 및 시장·군수·구청장에게 통보할 수 있다. 〈개정 2008. 2. 29., 2013. 3. 23., 2017. 1. 17.〉 → ①
③ 시·도지사가 시·도교통안전기본계획을 수립한 때에는 지방교통위원회의 심의를 거쳐 이를 확정하고, 시장·군수·구청장이 시·군·구교통안전기본계획을 수립한 때에는 시·군·구교통안전위원회의 심의를 거쳐 이를 확정한다. 〈개정 2012. 6. 1.〉 → ②
⑤ 제3항 및 제4항의 규정은 지역교통안전기본계획의 변경에 관하여 이를 준용한다. 다만, 국토교통부령으로 정하는 경미한 사항을 변경하는 경우에는 그러하지 아니하다. 〈개정 2008. 2. 29., 2013. 3. 23., 2020. 6. 9.〉 → ③

문제 30 다음 중 지역교통안전기본계획의 수립절차로 맞는 것은?

① 지침의 작성,시달 〉 시·도 교통안전기본계획의 수립 〉 시·군·구, 또는 지방교통위원회 심의 〉 확정 〉 시·도지사 또는 국토교통부장관에게 제출 〉 공고
② 지침의 작성,시달 〉 시·도 교통안전기본계획의 수립 〉 시·군·구 또는 지방교통위원회 심의 〉 시·도지사 또는 국토교통부장관에게 제출 〉 공고

정답 29 ④ 30 ①

③ 지침의 작성,시달 〉 지방자치단체별 계획안 제출 〉 시·도교통안전기본계획의 수립 〉 시·군·구 또는 지방교통위원회 심의 〉 시·도지사 또는 국토교통부장관에게 제출 〉 공고

④ 지침의 작성,시달 〉 지방자치단체별 계획안 제출 〉 시·도교통안전기본계획의 수립 〉 시·군·구 또는 지방교통위원회 심의 〉 시,도지사 또는 국토교통부장관에게 제출 〉 공고

해설 교통안전법 제17조(지역교통안전기본계획)
② 국토교통부장관 또는 시·도지사는 시·도교통안전기본계획 또는 시·군·구교통안전기본계획의 수립에 관한 **지침을 작성**하여 시·도지사 및 시장·군수·구청장에게 **통보**할 수 있다. 〈개정 2008. 2. 29., 2013. 3. 23., 2017. 1. 17.〉
③ 시·도지사가 **시·도교통안전기본계획을 수립**한 때에는 **지방교통위원회의 심의**를 거쳐 이를 확정하고, 시장·군수·구청장이 **시·군·구교통안전기본계획을 수립**한 때에는 **시·군·구교통안전위원회의 심의**를 거쳐 이를 확정한다. 〈개정 2012. 6. 1.〉
④ 시·도지사는 제3항의 규정에 따라 시·도교통안전기본계획을 확정한 때에는 **국토교통부장관에게 제출한 후 이를 공고**하여야 하며, 시장·군수·구청장은 제3항의 규정에 따라 시·군·구교통안전기본계획을 확정한 때에는 **시·도지사에게 제출한 후 이를 공고**하여야 한다. 〈개정 2008. 2. 29., 2013. 3. 23.〉

문제 31 지역교통안전기본계획의 지위와 성격에 대한 설명으로 틀린 것은?

① 교통안전 문제는 전국민의 일상적인 교통 생활 과정에서 발생하므로, 지역교통안전기본계획은 이를 해결하기 위하여 국가교통위원회가 체계적으로 대응할 수 있어야 한다.
② 지역교통안전기본계획은 정부가 개발한 교통안전계획과 정책에 따라, 실제 집행은 지역 현장에서 이루어지도록 지방자치단체가 필요한 조치를 할 수 있어야 한다.
③ 지역교통안전기본계획은 해당 지역의 교통안전에 대한 중·장기 종합정책 방향이 제시되어야 한다.
④ 지역교통안전기본계획을 수립할 경우에는 상위 계획과 조화를 이루어야 한다.

해설 제4차 지역교통안전기본계획 수립지침(2020.12, 국토교통부)
제3절 지역교통안전기본계획의 지위와 성격
1-3-1. 국가교통안전기본계획 등 상위계획의 내용을 수용 → ④ 하여 시·도 또는 시·군·구가 지향하여야 할 바람직한 교통안전관리체계를 제시하고 장기적인 교통안전시책을 제시하는 정책계획이다. 지역교통안전기본계획을 수립할 경우에는 상위계획과 조화를 이루어야 한다.

정답 31 ①

1-3-2. 지역교통안전기본계획은 해당 지역의 교통안전에 관한 중장기 종합정책 방향이 제시되어야 한다. → ③
1-3-3. **교통안전문제는 지역주민의** 일상적인 교통생활 과정에서 발생하므로, 지역교통안전기본계획은 이를 해결하기 위하여 **지방자치단체가** 체계적으로 대응할 수 있어야 한다. → ①
1-3-4. 지역교통안전기본계획은 정부가 개발한 교통안전계획과 정책에 따라, 실제 집행은 지역 현장에서 이루어지도록 지방자치단체가 필요한 조치를 할 수 있어야 한다. → ②

문제 32 지역교통안전기본계획의 수립 범위에 대한 내용으로 맞는 것은?

① 교통 시설의 대상으로는 도로 및 일반철도시설과 그 부속 시설이 포함된다.
② 시장·군수·구청장은 고속도로 및 일반국도의 관할 교통행정기관과 협의하여 교통안전 대책을 계획에 반영한다.
③ 일반철도 부문의 경우 해당 지역의 '철도안전종합계획'이 수립되어 있을 경우에는 이를 활용한다.
④ 교통 수단으로는 자동차, 일반철도 차량, 농기계, 건설기계, 자전거 등이 해당한다.

해설 제4차 지역교통안전기본계획 수립지침(2020.12, 국토교통부)
제2장 지역교통안전기본계획의 수립범위
제3절 계획의 수립범위
2-3-1. 내용적 범위
1) 교통시설 : 도로 및 **도시철도** 시설과 그 부속 시설 → ①
 (1) **시장·군수·구청장은 고속도로 및 일반국도의 관할 교통행정기관과 협의하여 교통안전 대책을 계획에 반영한다.** → ②
 (2) **도시철도** 부문의 경우 해당 지역의 「철도안전종합계획」이 수립되어 있을 경우에는 이를 활용한다. → ③
2) 교통수단 : 자동차, **이륜차, 도시철도차량**, 농기계, 건설기계, 자전거 등 → ④
3) 운송사업자 : 지방자치단체의 관리·감독을 받는 운송사업자의 주사무소가 위치한 지역의 여객 또는 화물자동차운수회사
4) 제도 : 지방자치단체가 추진하는 각종 정책·제도·계획 등
5) 교통운영체계 : ITS, 교통관제, BIS 등

문제 33 지역교통안전시행계획과 관계없는 것은?

① 시·도지사
② 시장·군수·구청장
③ 국토교통부 장관
④ 지정행정기관장

정답 32 ② 33 ④

해설 교통안전법 제18조(지역교통안전시행계획)
① **시·도지사 및 시장·군수·구청장**은 소관 지역교통안전기본계획을 집행하기 위하여 시·도교통안전시행계획과 시·군·구교통안전시행계획(이하 "지역교통안전시행계획"이라 한다)을 매년 수립·시행하여야 한다.
② 시·도지사는 시·도교통안전시행계획을 수립한 때에는 **국토교통부장관**에게 제출한 후 이를 공고하여야 하며, 시장·군수·구청장은 시·군·구교통안전시행계획을 수립한 때에는 시·도지사에게 제출한 후 이를 공고하여야 한다. 〈개정 2013. 3. 23.〉

문제 34 시·도 교통안전시행계획과 시·군·구교통안전시행계획을 몇 년 마다 수립·시행하여야 하는가?

① 6개월
② 매년
③ 5년
④ 10년

해설 교통안전법 제18조(지역교통안전시행계획)
① 시·도지사 및 시장·군수·구청장은 소관 지역교통안전기본계획을 집행하기 위하여 **시·도교통안전시행계획과 시·군·구교통안전시행계획을 매년 수립·시행하여야 한다.**

문제 35 시·도지사 등은 다음 연도의 시·도 교통안전시행계획을 언제까지 수립해야 하는가?

① 1월 말
② 2월 말
③ 11월 말
④ 12월 말

해설 교통안전법 시행령 제14조(지역교통안전시행계획의 수립 등)
① 법 제18조제1항에 따라 시·도지사등은 각각 다음 연도의 **시·도교통안전시행계획** 또는 시·군·구교통안전시행계획을 **12월 말까지 수립하여야** 한다.

문제 36 다음 중 지역교통안전시행계획의 추진실적 내용 중 교통사고현황 내용에 속하지 않는 것은?

① 교통사고 현황 및 분석
② 중대한 교통사고로 인한 손해배상액 및 그 내역
③ 교통수단의 종류별 사고의 건수와 그 원인
④ 연간 교통사고 발생건수 및 사상자 내역

정답 34 ② 35 ④ 36 ②

해설 교통안전법 시행규칙 제3조(지역교통안전시행계획의 추진실적에 포함되어야 하는 세부사항 등)
① 「교통안전법 시행령」 제14조제3항에 따라 시·도교통안전시행계획 또는 시·군·구교통안전시행계획의 추진실적에 포함되어야 하는 세부사항은 다음 각 호와 같다. 〈개정 2010. 6. 30.〉
1. 지역교통안전시행계획의 단위 사업별 추진실적(예산사업에는 사업량과 예산집행실적을 포함하고, 계획미달사업에는 그 사유와 대책을 포함한다)
2. 지역교통안전시행계획의 추진상 문제점 및 대책
3. **교통사고 현황 및 분석** → ①
 가. **연간 교통사고 발생건수 및 사상자 내역** → ④
 나. 교통수단별·교통시설별(관리청이 다른 경우 따로 구분한다) 교통안전정책 목표 달성 여부
 다. 교통약자에 대한 교통안전정책 목표 달성 여부
 라. 교통사고의 분석 및 대책
  1) **교통수단의 종류별 사고의 건수와 그 원인** → ③
  2) 유형별 사고의 건수와 그 원인
  3) 월별·요일별·시간별 및 장소별 사고의 건수와 그 원인
  4) 교통수단의 운전자와 피해자의 성별 및 연령층별로 구분한 사고의 건수와 그 원인
  5) 그 밖에 교통사고의 원인 분석에 필요한 사항
  6) 각 유형별 교통사고 예방 대책
 마. 법 제57조에 따른 교통문화지수 향상을 위한 노력
 바. 그 밖에 지역교통안전 수준의 향상을 위하여 각 지역별로 추진한 시책의 실적

문제 37 교통시설설치·관리자 등의 교통안전관리규정에 포함하여야 할 사항으로 틀린 것은?

① 교통안전의 경영지침에 관한 사항
② 시설 안전관리자 선임에 관한 사항
③ 교통안전목표 수립에 관한 사항
④ 교통안전 관련 조직에 관한 사항

해설 교통안전법 제21조(교통시설설치·관리자등의 교통안전관리규정)
① 대통령령으로 정하는 교통시설설치·관리자 및 교통수단운영자는 그가 설치·관리하거나 운영하는 교통시설 또는 교통수단과 관련된 교통안전을 확보하기 위하여 다음 각 호의 사항을 포함한 규정을 정하여 관할교통행정기관에 제출하여야 한다. 이를 변경한 때에도 또한 같다. 〈개정 2017. 12. 26., 2020. 6. 9.〉
1. **교통안전의 경영지침에 관한 사항** → ①
2. **교통안전목표 수립에 관한 사항** → ③
3. **교통안전 관련 조직에 관한 사항** → ④
4. 제54조의2에 따른 교통안전담당자 지정에 관한 사항
5. 안전관리대책의 수립 및 추진에 관한 사항
6. 그 밖에 교통안전에 관한 중요 사항으로서 대통령령으로 정하는 사항

정답 37 ②

문제 38 다음 중 교통안전법상의 교통안전관리규정에 포함될 사항이 아닌 것은?

① 교통안전의 경영지침에 관한 사항
② 교통안전목표 수립에 관한 사항
③ 지역교통안전시행계획의 단위 사업별 추진실적
④ 교통안전담당자 지정에 관한 사항

해설 교통안전법 제21조(교통시설설치·관리자등의 교통안전관리규정)
① 대통령령으로 정하는 교통시설설치·관리자 및 교통수단운영자는 그가 설치·관리하거나 운영하는 교통시설 또는 교통수단과 관련된 교통안전을 확보하기 위하여 다음 각 호의 사항을 포함한 규정을 정하여 관할교통행정기관에 제출하여야 한다. 이를 변경한 때에도 또한 같다. 〈개정 2017. 12. 26., 2020. 6. 9.〉
1. **교통안전의 경영지침에 관한 사항** → ①
2. **교통안전목표 수립에 관한 사항** → ②
3. 교통안전 관련 조직에 관한 사항
4. 제54조의2에 따른 **교통안전담당자 지정에 관한 사항** → ④
5. 안전관리대책의 수립 및 추진에 관한 사항
6. 그 밖에 교통안전에 관한 중요 사항으로서 대통령령으로 정하는 사항

문제 39 교통시설설치·관리자가 교통안전관리규정을 제출하여야 하는 시기는?

① 3개월 이내   ② 6개월 이내   ③ 9개월 이내   ④ 1년 이내

해설 교통안전법 시행령 제17조(교통안전관리규정의 제출시기)
① 교통시설설치·관리자등이 법 제21조제1항에 따른 교통안전관리규정을 제출하여야 하는 시기는 다음 각 호의 구분에 따른다. 〈개정 2008. 2. 29., 2013. 3. 23.〉
1. 교통시설설치·관리자 : 별표 1 제1호의 어느 하나에 해당하게 된 날부터 **6개월 이내**
2. 교통수단운영자 : 별표 1 제2호의 어느 하나에 해당하게 된 날부터 1년의 범위에서 국토교통부령으로 정하는 기간 이내

문제 40 교통안전관리규정의 검토 간 '검토 결과'의 유형이 아닌 것은?

① 적합   ② 조건부 적합   ③ 부적합   ④ 부분 적합

해설 교통안전법 시행령 제19조(교통안전관리규정의 검토 등)
② 제1항에 따른 교통안전관리규정에 대한 검토 결과는 다음 각 호와 같이 구분한다.
1. **적합** : 교통안전에 필요한 조치가 구체적이고 명료하게 규정되어 있어 교통시설 또는 교통수단의 안전성이 충분히 확보되어 있다고 인정되는 경우

정답 38 ③   39 ②   40 ④

2. **조건부 적합** : 교통안전의 확보에 중대한 문제가 있지는 아니하지만 부분적으로 보완이
   필요하다고 인정되는 경우
3. **부적합** : 교통안전의 확보에 중대한 문제가 있거나 교통안전관리규정 자체에 근본적인
   결함이 있다고 인정되는 경우

문제 41 교통안전관리규정의 적정성 및 준수여부를 심사한 후 판정 기준으로 틀린 것은?

① 적합   ② 조건부 적합   ③ 부적합   ④ 조건부 부적합

해설 교통안전관리규정 심사지침 [시행 2021. 9. 7.] 제8조(심사결과의 조치)
① 공단은 제7조에 따라 안전관리규정의 적정성 및 준수여부를 심사한 후 다음 각 호와 같이
   구분하여 판정하여야 한다.
1. 적합 : 교통안전에 필요한 조치가 구체적이고 명료하게 규정되어 있어 교통시설 또는 교통
   수단에 대한 안전성이 충분히 확보되어 있다고 인정되는 경우
2. 조건부 적합 : 교통안전의 확보에 중대한 문제가 있지는 아니하지만 부분적으로 보완이 필
   요하다고 인정되는 경우
3. 부적합 : 교통안전의 확보에 중대한 문제가 있거나 안전관리규정 자체에 근본적인 결함이
   있다고 인정되는 경우

문제 42 교통안전관리규정의 적정성 검토 결과 '적합'의 심사 결과 기준 점수는?

① 60점 이상   ② 70점 이상   ③ 80점 이상   ④ 90점 이상

해설 교통안전관리규정 심사지침 제8조(심사결과의 조치) [시행 2021. 9. 7.]
② 제1항에 따른 심사결과는 별표 5의 배점표에 따라 다음과 같이 판정한다.
1. 안전관리규정의 적정성 검토결과
   가. **90점 이상** : 적합. 다만, 계량목표가 정해지지 않았거나 교육계획을 수립하지 아니한 경
       우에는 조건부 적합판정을 한다.
   나. 70점 이상 90점 미만 : 조건부 적합
   다. 70점 미만 : 부적합

문제 43 교통안전관리규정은 제출한 날을 기준으로 몇 년이 지난 날의 전후로 실시하는가?

① 매년   ② 1년   ③ 3년   ④ 5년

해설 교통안전법 시행규칙 제5조(교통안전관리규정 준수 여부의 확인·평가)
① 법 제21조제3항에 따른 교통안전관리규정 준수 여부의 확인·평가는 영 제17조제1항에
   따라 교통안전관리규정을 제출한 날을 기준으로 매 **5년**이 지난 날의 전후 100일 이내에
   실시한다. 〈개정 2016. 12. 30.〉

정답 41 ④   42 ④   43 ④

문제 44 교통안전관리규정 준수 여부의 확인·평가는 교통안전관리규정을 제출한 날을 기준으로 매 5년이 지난 날의 전후 몇 일 이내에 실시하는가?

① 100일　　　② 60일　　　③ 40일　　　④ 30일

해설 교통안전법 시행규칙 제5조(교통안전관리규정 준수 여부의 확인·평가)
① 법 제21조제3항에 따른 교통안전관리규정 준수 여부의 확인·평가는 영 제17조제1항에 따라 교통안전관리규정을 제출한 날을 기준으로 매 5년이 지난 날의 전후 100일 이내에 실시한다. 〈개정 2016. 12. 30.〉

문제 45 다음 확인, 평가, 수립 등의 시기, 기간이 5년이 아닌 경우는?

① 교통안전관리규정 준수 여부의 확인평가 기준
② 교통안전관리자 시험 면제관련 실무 경력기간
③ 교통사고 관련자료 보관기간
④ 국가교통안전기본계획 수립 단위

해설 교통안전법 시행규칙 제5조(교통안전관리규정 준수 여부의 확인·평가)
① 법 제21조제3항에 따른 교통안전관리규정 준수 여부의 확인·평가는 영 제17조제1항에 따라 교통안전관리규정을 제출한 날을 기준으로 매 5년이 지난 날의 전후 100일 이내에 실시한다. 〈개정 2016. 12. 30.〉 → ①

교통안전법 시행령 [별표 7] 〈개정 2017. 9. 19.〉
교통안전관리자 시험의 일부 면제 대상자와 면제되는 시험과목 (제43조제1항 관련)

종류	면제대상자	면제되는 시험과목
1. 도로 교통 안전 관리 자	나. 다음 중 어느 하나에 해당하는 자 1) 「국가기술자격법」에 따른 자동차정비산업기사 또는 건설기계정비산업기사 이상의 자격이 있는 자 2) 「국가기술자격법」에 따른 자동차정비기능사·자동차차체수리기능사 또는 건설기계정비기능사 이상의 자격이 있는 자 중 해당 분야의 실무에 3년 이상 종사한 자 3) 「국가기술자격법」에 따른 산업안전산업기사 이상의 자격이 있는 자	선택과목 및 국가자격 시험과목 중 필수과목과 같은 과목(교통법규는 제외한다. 이하 같다)

→ ②

교통안전법 시행령 제38조(교통사고관련자료등의 보관·관리)
① 법 제51조제1항·제2항에 따라 교통사고와 관련된 자료·통계 또는 정보(이하 "교통사고관련자료등"이라 한다)를 보관·관리하는 자는 교통사고가 발생한 날부터 5년간 이를 보관·관리하여야 한다. → ③

교통안전법 제15조(국가교통안전기본계획)
① 국토교통부장관은 국가의 전반적인 교통안전수준의 향상을 도모하기 위하여 교통안전에 관한 기본계획을 5년 단위로 수립하여야 한다. 〈개정 2013. 3. 23.〉 → ④

정답 44 ①　 45 ②

1. 교통법규 - 1. 교통안전법

문제 46 고속버스 운송사업을 하는 자가 교통안전관리규정을 제출하여야 하는 기관은?

① 한국교통안전공단 본부 ② 한국교통안전공단 지사
③ 국토교통부 ④ 도로교통공단 본부

해설 교통안전관리규정 심사지침 제5조(안전관리규정의 제출기관 및 방법 등)
① 교통시설설치·관리자등은 안전관리규정을 작성하여 다음 각 호의 **한국교통안전공단의 본사 또는 지역본부**에 안전관리규정을 전자적 처리가 가능한 방법으로 제출 또는 전송하거나, 전자적 처리가 불가능한 경우에는 안전관리규정 2부를 문서로 작성하여 제출하여야 한다. 변경 또는 보완하는 경우에는 그 변경 또는 보완하는 부분에 한한다.
  1. 고속버스운송사업을 제외한 여객자동차운송사업 또는 화물자동차운송사업을 하는 자 : 공단 지역본부
  2. **고속버스운송사업을 하는 자** 및 교통시설설치·관리자 : **공단 본사**
  3. 삭도사업자 : 공단 본사

문제 47 변경한 날로부터 소정의 기간 이내에 변경된 교통안전관리규정을 제출하여야 하는 규정 변경 사유에 해당하지 않는 것은?

① 중요한 항목에 대한 교통안전관리규정의 준수가 어렵다는 의견에 따라 변경하는 경우
② 교통안전점검 또는 교통안전진단 실시 결과 교통안전관리규정의 변경이 필요하다고 권고를 받고 변경하는 경우
③ 교통안전관리규정의 준수가 어렵다는 판단은 교통안전관리규정의 준수 여부에 대한 확인·평가의 결과에서 기인한다.
④ 경상 이상의 교통사고 발생 등으로 안전관리규정의 중요한 항목을 변경하는 경우

해설 교통안전관리규정 심사지침 [시행 2021. 9. 7.]
제12조(안전관리규정의 변경에 따른 절차)
① 교통시설설치·관리자 등은 다음 각 호의 어느 하나에 해당하는 사유로 안전관리규정을 변경해야 하는 경우에는 변경한 날부터 3월 이내에 변경된 안전관리규정을 공단에 제출하여야 한다.
  1. 공단이 교통안전관리규정의 준수여부에 대한 확인·평가결과 중요한 항목에 대한 안전관리규정의 준수가 어렵다는 의견에 따라 변경하는 경우 → ①, ③
  2. 교통수단안전점검 또는 교통시설안전진단 실시결과 안전관리규정의 변경이 필요하다는 권고를 받고 변경하는 경우 → ②
  3. **중대한 교통사고의 발생 등으로 안전관리규정의 중요한 항목을 변경하는 경우** → ④
  ※ 중대한 교통사고 : 교통안전법 시행령 제36조(중대한 교통사고 등) 조항에 의거 교통시설 또는 교통수단의 결함으로 사망사고 또는 중상사고(의사의 최초진단결과 3주 이상의 치료가 필요한 상해를 입은 사람이 있는 사고를 말한다.)가 발생했다고 추정되는 교통 사고를 말한다. 〈개정 2020. 11. 24.〉

정답 46 ① 47 ④

문제 48 **교통안전 체험시설에서 교육하거나 체험하는 내용이 아닌 것을 고르시오.**

① 교통의 위험상황을 재현할 수 있는 영상장치
② 자전거를 운전할 때 안전한 운전방법을 익힐 수 있는 체험시설
③ 교통시설의 운영체계를 이해할 수 있도록 하는 보도·횡단보도 등의 시설
④ 교통사고 예방법을 습득할 수 있도록 자동차를 운전해보는 체험시설

해설 교통안전법 시행령 제19조의2(교통안전 체험시설의 설치 기준 등)
① 국가 및 시·도지사등은 법 제23조제3항에 따라 어린이, 노인 및 장애인의 교통안전 체험을 위한 교육시설을 설치할 때에는 다음 각 호의 설치 기준 및 방법에 따른다.
1. 어린이등이 교통사고 예방법을 습득할 수 있도록 **교통의 위험상황을 재현할 수 있는 영상장치** 등 시설·장비를 갖출 것 → ①
2. 어린이등이 **자전거를 운전할 때 안전한 운전방법을 익힐 수 있는 체험시설**을 갖출 것 → ②
3. 어린이등이 **교통시설의 운영체계를 이해할 수 있도록 보도·횡단보도 등의 시설**을 관계 법령에 맞게 배치할 것 → ③
4. 교통안전 체험시설에 설치하는 교통안전표지 등이 관계 법령에 따른 기준과 일치할 것

문제 49 **교통수단안전점검을 실시하는 주체는?**

① 한국교통안전공단　　② 국토교통부 장관
③ 교통행정기관　　　　④ 지정행정기관

해설 교통안전법 제33조(교통수단안전점검)
① **교통행정기관**은 소관 교통수단에 대한 교통안전 실태를 파악하기 위하여 주기적으로 또는 수시로 교통수단안전점검을 실시할 수 있다.

문제 50 **교통수단안전점검을 위해 교통수단운영자의 사업장에 출입하여 검사하려는 경우에는 출입·검사 며칠 전까지 통지하여야 하는가?(단, 증거인멸 등으로 검사의 목적을 달성할 수 없다고 판단되는 경우는 제외한다.)**

① 1일전　　② 3일전　　③ 5일전　　④ 7일전

해설 교통안전법 제33조(교통수단안전점검)
④ 제3항에 따라 사업장을 출입하여 검사하려는 경우에는 출입·검사 7일 전까지 검사일시·검사이유 및 검사내용 등을 포함한 검사계획을 교통수단운영자에게 통지하여야 한다. 다만, 증거인멸 등으로 검사의 목적을 달성할 수 없다고 판단되는 경우에는 검사일에 검사계획을 통지할 수 있다.

정답 48 ④　49 ③　50 ④

문제 51 교통수단안전점검의 대상이 아닌 것은?

① 여객자동차운송사업자가 보유한 자동차 및 그 운영에 관련된 사항
② 도시철도운영자가 보유한 철도차량 및 그 운영에 관련된 사항
③ 항공운송사업자가 보유한 항공기 및 그 운영에 관련된 사항
④ 선박운영사업자가 보유한 선박 및 그 운영에 관련된 사항

해설 교통안전법 시행령 제20조(교통수단안전점검의 대상 등) 〈개정 2017. 9. 19.〉
① 법 제33조제1항에 따른 교통수단안전점검의 대상은 다음 각 호와 같다.
  1. 「여객자동차 운수사업법」에 따른 **여객자동차운송사업자가 보유한 자동차 및 그 운영에 관련된 사항** → ①
  2. 「화물자동차 운수사업법」에 따른 화물자동차 운송사업자가 보유한 자동차 및 그 운영에 관련된 사항
  3. 「건설기계관리법」에 따른 건설기계사업자가 보유한 건설기계 및 그 운영에 관련된 사항
  4. 「철도사업법」에 따른 철도사업자 및 전용철도운영자가 보유한 철도차량 및 그 운영에 관련된 사항
  5. 「도시철도법」에 따른 **도시철도운영자가 보유한 철도차량 및 그 운영에 관련된 사항** → ②
  6. 「항공사업법」에 따른 **항공운송사업자가 보유한 항공기 및 그 운영에 관련된 사항** → ③
  7. 그 밖에 국토교통부령으로 정하는 어린이 통학버스 및 위험물 운반자동차 등 교통수단안전점검이 필요하다고 인정되는 자동차 및 그 운영에 관련된 사항

문제 52 교통안전점검분야의 대상이 아닌 것은?

① 화물자동차 운송사업자가 보유한 자동차 및 그 운영에 관련된 사항
② 해운운송사업자가 보유한 해운운송수단 및 그 운영에 관련된 사항
③ 건설기계사업자가 보유한 건설기계 및 그 운영에 관련된 사항
④ 도시철도운영자가 보유한 철도차량 및 그 운영에 관련된 사항

해설 교통안전법 시행령 제20조(교통수단안전점검의 대상 등)
① 법 제33조제1항에 따른 교통수단안전점검의 대상은 다음 각 호와 같다. 〈개정 2017. 9. 19.〉
  1. 「여객자동차 운수사업법」에 따른 여객자동차운송사업자가 보유한 자동차 및 그 운영에 관련된 사항
  2. 「화물자동차 운수사업법」에 따른 **화물자동차 운송사업자가 보유한 자동차 및 그 운영에 관련된 사항** → ①
  3. 「건설기계관리법」에 따른 **건설기계사업자가 보유한 건설기계 및 그 운영에 관련된 사항** → ③
  4. 「철도사업법」에 따른 철도사업자 및 전용철도운영자가 보유한 철도차량 및 그 운영에 관련된 사항
  5. 「도시철도법」에 따른 **도시철도운영자가 보유한 철도차량 및 그 운영에 관련된 사항** → ④
  6. 「항공사업법」에 따른 항공운송사업자가 보유한 항공기 및 그 운영에 관련된 사항

정답 51 ④   52 ②

7. 그 밖에 국토교통부령으로 정하는 어린이 통학버스 및 위험물 운반자동차 등 교통수단안전점검이 필요하다고 인정되는 자동차 및 그 운영에 관련된 사항

문제 53 교통수단 안전점검을 실시하여야 하는 경우가 아닌 것은?

① 1건의 사고로 경상자가 5명 이상 발생한 교통사고
② 1건의 사고로 사망자가 1명 이상 발생한 교통사고
③ 1건의 사고로 중상자가 2명 이상 발생한 교통사고
④ 자동차를 20대 이상 보유한 자의 교통안전도 평가지수가 국토교통부령으로 정하는 기준을 초과하여 발생한 교통사고

해설 교통안전법 시행령 제20조(교통수단안전점검의 대상 등)
③ 법 제33조제6항에서 "대통령령으로 정하는 기준 이상의 교통사고"란 다음 각 호의 어느 하나에 해당하는 교통사고를 말한다. 〈개정 2017. 9. 19., 2021. 7. 20.〉
1. 1건의 사고로 사망자가 1명 이상 발생한 교통사고 → ②
2. 1건의 사고로 중상자가 2명 이상 발생한 교통사고 → ③
3. 자동차를 20대 이상 보유한 제2항 각 호의 어느 하나에 해당하는 자의 별표 3의2에 따른 교통안전도 평가지수가 국토교통부령으로 정하는 기준을 초과하여 발생한 교통사고 → ④

문제 54 '대통령령으로 정하는 기준 이상의 교통사고'란 1건의 사고로 중상자가 몇 명 이상이 발생한 사고를 말하는가? (단, 2021년 07월 개정 기준)

① 5명 이상 ② 4명 이상 ③ 3명 이상 ④ 2명 이상

해설 교통안전법 시행령 제20조(교통수단안전점검의 대상 등)
③ 법 제33조제6항에서 "대통령령으로 정하는 기준 이상의 교통사고"란 다음 각 호의 어느 하나에 해당하는 교통사고를 말한다. 〈개정 2017. 9. 19., 2021. 7. 20.〉
2. 1건의 사고로 중상자가 2명 이상 발생한 교통사고

문제 55 다음 중 교통안전법상의 교통수단안전점검의 항목에 해당되지 않는 것은?

① 국가교통안전시행계획의 준수여부 점검
② 교통안전 관계 법령의 위반 여부 확인
③ 교통수단의 교통안전 위험요인 조사
④ 교통안전관리규정의 준수 여부 점검

정답 53 ① 54 ④ 55 ①

해설 교통안전법 시행령 제20조(교통수단안전점검의 대상 등)
④ 법 제33조에 따른 교통수단안전점검의 항목은 다음 각 호와 같다. 〈개정 2017. 9. 19.〉
  1. 교통수단의 교통안전 위험요인 조사 → ③
  2. 교통안전 관계 법령의 위반 여부 확인 → ②
  3. 교통안전관리규정의 준수 여부 점검 → ④
  4. 그 밖에 국토교통부장관이 관계 교통행정기관의 장과 협의하여 정하는 사항

문제 56 교통수단안전점검의 항목이 아닌 것은?

① 교통수단의 교통안전 위험 요인 조사
② 교통안전 관계 법령의 위반 여부 확인
③ 국토교통부 장관이 관계 지정행정기관장과 협의하여 정하는 사항
④ 교통안전관리규정의 준수 여부 점검

해설 교통안전법 시행령 제20조(교통수단안전점검의 대상 등)
④ 법 제33조에 따른 교통수단안전점검의 항목은 다음 각 호와 같다. 〈개정 2017. 9. 19.〉
  1. 교통수단의 교통안전 위험요인 조사 → ①
  2. 교통안전 관계 법령의 위반 여부 확인 → ②
  3. 교통안전관리규정의 준수 여부 점검 → ④
  4. 그 밖에 국토교통부장관이 관계 교통행정기관의 장과 협의하여 정하는 사항 → ③

문제 57 교통안전점검에 대한 내용 중 일정 기간 점검을 실시하게 하여야 하는 교통안전도 평가지수의 산정 대상 기간은?

① 지난 6개월간의 기준
② 지난 1년간의 기준
③ 지난 2년간의 기준
④ 지난 3년간의 기준

해설 교통안전법 시행령 [별표 3의2] 〈개정 2024. 7. 16.〉
교통안전도 평가지수(제20조제3항제3호 관련) 비고
  1. 교통사고는 **직전연도 1년간의** 교통사고를 기준으로 하며, 다음 각 목과 같이 구분한다.
    가. 사망사고 : 교통사고가 주된 원인이 되어 교통사고 발생 시부터 30일 이내에 사람이 사망한 사고
    나. 중상사고 : 교통사고로 인하여 다친 사람이 의사의 최초 진단 결과 3주 이상의 치료가 필요한 상해를 입은 사고
    다. 경상사고 : 교통사고로 인하여 다친 사람이 의사의 최초 진단 결과 5일 이상 3주 미만의 치료가 필요한 상해를 입은 사고

정답 56 ③   57 ②

문제 58 교통사고 사망사고의 '행정적 기준'은?

① 3일 이내 사망   ② 1개월 이내 사망
③ 3개월 이내 사망   ④ 1년 이내 사망

해설 교통안전법 시행령 [별표 3의2] 〈개정 2024. 7. 16.〉
교통안전도 평가지수(제20조제3항제3호 관련)
비고
1. 교통사고는 직전연도 1년간의 교통사고를 기준으로 하며, 다음 각 목과 같이 구분한다.
    가. 사망사고 : 교통사고가 주된 원인이 되어 교통사고 발생 시부터 **30일 이내**에 사람이 사망한 사고
    나. 중상사고 : 교통사고로 인하여 다친 사람이 의사의 최초 진단 결과 3주 이상의 치료가 필요한 상해를 입은 사고
    다. 경상사고 : 교통사고로 인하여 다친 사람이 의사의 최초 진단 결과 5일 이상 3주 미만의 치료가 필요한 상해를 입은 사고

문제 59 교통안전도 평가지수에서 교통사고 발생건수 및 교통사고 사상자 수 산정 시 중상자 1명의 가중치는?

① 0.3   ② 0.5   ③ 0.7   ④ 0.9

해설 교통안전법 시행령 [별표 3의2] 〈개정 2024. 7. 16.〉
교통안전도 평가지수(제20조제3항제3호 관련) 비고
2. 교통사고 발생건수 및 교통사고 사상자 수 산정 시 경상사고 1건 또는 경상자 1명은 '0.3', 중상사고 1건 또는 중상자 1명은 '0.7', 사망사고 1건 또는 사망자 1명은 '1'을 각각 가중치로 적용하되, 교통사고 발생건수의 산정 시, 하나의 교통사고로 여러 명이 사망 또는 상해를 입은 경우에는 가장 가중치가 높은 사고를 적용한다.

문제 60 교통사고 발생건수 및 교통사고 사상자 수 산정시 사고의 종류별 가중치가 잘못 연결된 것은?

① 부상자 1명 : 0.1   ② 경상자 1명 : 0.3
③ 중상자 1명 : 0.7   ④ 사망자 1명 : 1.0

정답 58 ②   59 ③   60 ①

해설 교통안전법 시행령 [별표 3의2] 교통안전도 평가지수(제20조제3항제3호 관련)
비고 2. 교통사고 발생건수 및 교통사고 사상자 수 산정 시 경상사고 1건 또는 경상자 1명은 '0.3', 중상사고 1건 또는 중상자 1명은 '0.7', 사망사고 1건 또는 사망자 1명은 '1'을 각각 가중치를 적용하되, 교통사고 발생건수의 산정 시, 하나의 교통사고로 여러 명이 사망 또는 상해를 입은 경우에는 가장 가중치가 높은 사고를 적용한다.
→ 부상자 기준은 없다. → ①

문제 61 교통수단안전점검 대상 중 피견인자동차와 긴급자동차를 제외한 화물자동차의 경우 최대 적재량의 기준은?

① 5톤 이상　　　② 8톤 이상　　　③ 11.5톤 이상　　　④ 20톤 이상

해설 교통안전법 시행규칙 제6조(교통수단안전점검 대상이 되는 자동차 등)
① 영 제20조제1항제7호에서 "국토교통부령으로 정하는 어린이 통학버스 및 위험물 운반자동차 등 교통수단안전점검이 필요하다고 인정되는 자동차"란 다음 각 호의 자동차를 말한다.
1. 「도로교통법」 제2조제23호에 따른 어린이통학버스
2. 「고압가스 안전관리법 시행령」 제2조에 따른 고압가스를 운송하기 위하여 필요한 탱크를 설치한 화물자동차(그 화물자동차가 피견인자동차인 경우에는 연결된 견인자동차를 포함한다)
3. 「위험물안전관리법 시행령」 제3조에 따른 지정수량 이상의 위험물을 운반하기 위하여 필요한 탱크를 설치한 화물자동차(그 화물자동차가 피견인자동차인 경우에는 연결된 견인자동차를 포함한다)
4. 「화학물질관리법」 제2조제7호에 따른 유해화학물질을 운반하기 위하여 필요한 탱크를 설치한 화물자동차(그 화물자동차가 피견인자동차인 경우에는 연결된 견인자동차를 포함한다)
5. 쓰레기 운반전용의 화물자동차
6. 피견인자동차와 긴급자동차를 제외한 최대적재량 **8톤** 이상의 화물자동차

문제 62 일반 화물자동차 운송사업의 허가를 받은 자의 교통안전도 평가 지수는?

① 1　　　② 1.5　　　③ 2　　　④ 2.5

해설 교통안전법 시행규칙 제7조의2(교통안전도 평가지수)
영 제20조제3항제3호에서 "국토교통부령으로 정하는 기준"이란 다음 각 호와 같다.
1. 자동차를 20대 이상 보유하여 「여객자동차 운수사업법」 제4조에 따른 여객자동차운송사업의 면허를 받거나 등록을 한 자
　가. 시내버스운송사업, 농어촌버스운송사업, 특수여객자동차운송사업 및 마을버스운송사업의 경우 : 2.5
　나. 시외버스운송사업 및 일반택시운송사업의 경우 : 2
　다. 전세버스운송사업의 경우 : 1
2. 자동차를 20대 이상 보유하여 「화물자동차 운수사업법」 제3조에 따라 **일반화물자동차 운송사업의 허가를 받은 자 : 1**

● 정답　61 ②　62 ①

문제 63 다음 중 교통안전도 평가지수가 다른 하나는?

① 시내버스운송사업   ② 농어촌버스운송사업
③ 마을버스운송사업   ④ 시외버스운송사업

> **해설** 교통안전법 시행규칙 제7조의2(교통안전도 평가지수)
> 영 제20조제3항제3호에서 "국토교통부령으로 정하는 기준"이란 다음 각 호와 같다.
> 1. 자동차를 20대 이상 보유하여 「여객자동차 운수사업법」 제4조에 따른 여객자동차운송사업의 면허를 받거나 등록을 한 자
>   가. **시내버스운송사업**, **농어촌버스운송사업**, 특수여객자동차운송사업 및 **마을버스운송사업**의 경우 : **2.5**
>   나. **시외버스운송사업** 및 일반택시운송사업의 경우 : **2**
>   다. 전세버스운송사업의 경우 : 1

문제 64 교통안전도 평가지수 산정식으로 맞는 것은?

① $\dfrac{(교통사고발생건수 \times 0.4) \times (교통사고 사상자수 \times 0.6)}{자동차 등록(면허) 대수} \times 10$

② $\dfrac{(교통사고발생건수 \times 0.6) \times (교통사고 사상자수 \times 0.4)}{자동차 등록(면허) 대수} \times 10$

③ $\dfrac{(교통사고발생건수 \times 0.4) \times (교통사고 사상자수 \times 0.6)}{자동차 등록(면허) 대수} \times 100$

④ $\dfrac{(교통사고발생건수 \times 0.6) \times (교통사고 사상자수 \times 0.4)}{자동차 등록(면허) 대수} \times 100$

> **해설** 교통안전법 시행령 [별표 3의2] 교통안전도 평가지수(제20조제3항제3호 관련)
> $$교통안전도 평가지수 = \dfrac{(교통사고발생건수 \times 0.4) \times (교통사고 사상자수 \times 0.6)}{자동차 등록(면허) 대수} \times 10$$

문제 65 교통안전도를 평가하기 위한 자료가 아닌 것은?

① 교통사고 발생건수   ② 교통사고 사상자 수
③ 자동차등록(면허) 대수   ④ 교통수단 전손률

> **해설** 교통안전법 시행령 [별표 3의2] 교통안전도 평가지수(제20조제3항제3호 관련)
> $$교통안전도 평가지수 = \dfrac{(교통사고발생건수 \times 0.4) \times (교통사고 사상자수 \times 0.6)}{자동차 등록(면허) 대수} \times 10$$

• 정답 63 ④   64 ①   65 ④

문제 66 교통안전도 평가지수를 산정하는 교통사고 발생 관련 건수 외의 중요한 지표는?

① 전년도 운수사업체 교통사고 발생 지표
② 지역별 교통문화지수
③ 운수종사자 인원수
④ 자동차 등록 대수

해설 교통안전법 시행령 [별표 3의2] 〈개정 2024. 7. 16.〉
교통안전도 평가지수(제20조제3항제3호 관련)
3. **자동차 등록(면허) 대수가 변동**되었을 때의 교통안전도 평가지수 계산은 다음 계산식에 따른다.

$$\frac{변동전(교통사고 발생건수 \times 0.4) + (교통사고 사상자수 \times 0.6)}{변동 전 자동차등록(면허) 대수} \times 10$$
$$+ \frac{변동후(교통사고 발생건수 \times 0.4) + (교통사고 사상자수 \times 0.6)}{변동 후 자동차등록(면허) 대수} \times 10$$

문제 67 운수 산업의 교통수단안전점검에 필요한 자료 중 운전종사자와 관련된 서류로 잘못된 것은?

① 신규 취업자 교육 수료증
② 운전자 명부
③ 운전적성정밀검사 결과
④ 건강검진 결과

해설 교통수단안전점검·평가지침 [시행 2024. 10. 8.]
제2장 운수산업 교통수단안전점검 제2절 점검의 준비(제2장)
2.4 운수산업 교통수단안전점검에 필요한 자료의 준비
2.4.2 자료 목록
나. 운전종사자 관련서류(운송사업자에 한한다)
1) **운전자 명부** → ②
2) 이력서
3) 경력증명서
4) 신규취업자 교육 수료증(여객자동차 운전종사자에 한한다)
5) **건강검진 결과** → ④
6) **운전적성정밀검사 결과** → ③
7) 그 밖에 운수업체가 운전자 채용 시 지정하는 서류

정답 66 ④   67 ①

문제 68 교통 특별실태조사 대상으로 맞는 것은?

① 교통문화지수가 하위 100분의 10 이내인 시·군·구
② 교통문화지수가 하위 100분의 20 이내인 시·군·구
③ 교통문화지수가 하위 100분의 30 이내인 시·군·구
④ 교통문화지수가 하위 100분의 40 이내인 시·군·구

해설 교통안전법 시행규칙 제7조의3(특별실태조사의 대상 등)
① 법 제33조의2제1항에 따른 특별실태조사는 법 제57조제1항에 따른 **교통문화지수가 하위 100분의 20 이내인 시**(「제주특별자치도 설치 및 국제자유도시 조성을 위한 특별법」 제10조제2항에 따른 행정시를 포함한다)·군·구를 대상으로 한다. 〈개정 2018. 4. 25.〉

문제 69 교통안전 특별실태조사를 하는 경우는?

① 교통사고지수가 하위 20% 이내일 경우
② 교통사고지수가 하위 10% 이내일 경우
③ 교통문화지수가 하위 20% 이내일 경우
④ 교통문화지수가 하위 10% 이내일 경우

해설 교통안전법 시행규칙 제7조의3(특별실태조사의 대상 등)
① 법 제33조의2제1항에 따른 특별실태조사는 법 제57조제1항에 따른 **교통문화지수가 하위 100분의 20 이내인 시**(「제주특별자치도 설치 및 국제자유도시 조성을 위한 특별법」 제10조제2항에 따른 행정시를 포함한다)·군·구를 대상으로 한다. 〈개정 2018. 4. 25.〉

문제 70 교통안전진단보고서에 포함된 사항이 아닌 것은?

① 교통안전진단을 받아야 하는 자의 명칭 및 소재지
② 교통안전진단의 실시기간과 실시자
③ 교통안전진단 방법 및 절차에 관한 사항
④ 교통안전진단 대상의 상태 및 결함 내용

해설 교통안전법 시행령 제26조(교통시설안전진단보고서)
법 제34조제2항, 제4항 및 제6항에 따른 교통시설안전진단보고서에는 다음 각 호의 사항이 포함되어야 한다. 〈개정 2012. 9. 7., 2017. 9. 19.〉
 1. **교통시설안전진단을 받아야 하는 자의 명칭 및 소재지** → ①
 2. 교통시설안전진단 대상의 종류
 3. **교통시설안전진단의 실시기간과 실시자** → ②

정답 68 ② 69 ③ 70 ③

4. **교통시설안전진단 대상의 상태 및 결함 내용** → ④
5. 교통안전진단기관의 권고사항
6. 그 밖에 교통안전관리에 필요한 사항

문제 71 교통안전 우수사업자 지정에 대한 설명으로 맞는 것은?

① 국토교통부장관은 교통안전수준을 높이고 교통문화지수 및 교통안전도 지수의 향상에 기여한 교통수단 운영자를 교통안전 우수사업자로 지정할 수 있다.
② 거짓이나 그 밖의 부정한 방법으로 교통안전 우수사업자 지정을 받은 경우, 청문을 거쳐 지정을 취소할 수 있다.
③ 최근 3년간 화물자동차의 정비 불량에 의한 중대한 교통사고를 야기하였을 경우에는 반드시 지정을 취소하여야 한다.
④ 교통행정기관은 교통안전 우수사업자로 지정을 받은 자에 대하여 교통수단 안전점검을 면제할 수 있다.

해설 교통안전법 제35조의2(교통안전 우수사업자 지정 등)
① 국토교통부장관은 교통안전수준을 높이고 **교통사고 감소에 기여한** 교통수단운영자를 교통안전 우수사업자로 지정할 수 있다. 〈개정 2013. 3. 23.〉 → ①
② 교통행정기관은 제1항에 따라 지정을 받은 자에 대하여 **교통수단안전점검을 면제**하는 등 국토교통부령으로 정하는 지원을 할 수 있다. 〈개정 2013. 3. 23., 2017. 1. 17.〉 → ④
③ 국토교통부장관은 제1항에 따라 지정을 받은 자가 다음 각 호의 어느 하나에 해당하는 경우에는 **지정을 취소**할 수 있다. 다만, 제1호에 해당하는 경우에는 지정을 취소하여야 한다.
  1. 거짓이나 그 밖의 부정한 방법으로 제1항에 따른 지정을 받은 경우 → ②
  2. 국토교통부령으로 정하는 기준 이상의 교통사고를 일으킨 경우
→ ② : 청문 불필요, 반드시 취소하여야 한다, ③ : 해당 조항 없음

문제 72 교통안전진단 지침에서 언급하는 진단의 종류가 아닌 것은?

① 설계 단계 도로 안전진단
② 개시 전 단계 도로 안전진단
③ 개시 후 단계 도로 안전진단
④ 운영 단계 도로 안전진단

해설 교통안전진단지침 [시행 2025. 1. 3.]
제1장 도로분야 교통시설안전진단 제1절 일반사항
1.2 적용범위
이 장은 **설계단계**, **개시 전 단계**, **운영단계**의 도로에 대한 도로안전진단에 적용한다.

정답 71 ④ 72 ③

문제 73 교통안전진단보고서에 진단의 개요를 쉽게 알 수 있도록 첨부하여야 하는 위치도의 축적은?

① 20,000분의 1 ② 25,000분의 1
③ 30,000분의 1 ④ 40,000분의 1

해설 교통안전진단지침 [시행 2025. 1. 3.]
제3절 진단의 실시
3.2.9 진단보고서 작성내용
가. 서론
1) 위치도(축척 : **2만5천분의 1** 내지 5만분의 1)
2) 진단실시자 명단
3) 진단결과 요약문

문제 74 다음 중 교통안전법상 교통안전진단을 실시하고자 하는 자가 등록하여야하는 대상은?

① 건설교통부장관 ② 국토교통부장관
③ 시장·군수·구청장 ④ 시·도지사

해설 교통안전법 제39조(교통안전진단기관의 등록 등)
① 교통시설안전진단을 실시하려는 자는 **시·도지사**에게 등록하여야 한다. 이 경우 시·도지사는 국토교통부령으로 정하는 바에 따라 교통안전진단기관등록증을 발급하여야 한다. 〈개정 2008. 2. 29., 2012. 6. 1., 2013. 3. 23., 2017. 1. 17.〉

문제 75 교통시설 안전진단에 관하여 시행하는 교육 시간은?

① 30시간 이상 ② 40시간 이상 ③ 60시간 이상 ④ 70시간 이상

해설 교통안전법 시행규칙 제10조(교통시설안전진단을 하려는 자의 교육·훈련)
① 영 제32조제1항제1호에서 "국토교통부령으로 정하는 교통시설안전진단 교육·훈련과정을 마친 자"란 다음 각 호의 기관이 교통시설안전진단에 관하여 시행하는 **40시간 이상**의 교육·훈련 중 어느 하나의 것을 받은 자를 말한다. 〈개정 2024. 8. 16.〉
1. 「한국교통안전공단법」에 따른 한국교통안전공단
2. 「한국도로교통공단법」에 따른 한국도로교통공단
3. 「철도산업발전기본법」 제13조의2에 따른 철도협회

정답 73 ② 74 ④ 75 ②

문제 76 교통안전진단기관의 등록을 필요로 하는 교통 분야가 아닌 것은?

① 도로 분야
② 철도 분야
③ 항만 분야
④ 공항 분야

해설 교통안전법 시행령 제32조(교통안전진단기관의 등록 등)
③ 시·도지사는 제2항에 따른 등록신청을 받은 경우에는 제1항의 요건을 갖추었는지를 검토한 후 다음 각 호의 구분에 따라 교통안전진단기관으로 등록하여야 한다. 〈개정 2017. 9. 19.〉
1. **도로분야**
2. **철도분야**
3. **공항분야**

문제 77 교통안전진단기관의 등록 분야가 아닌 것은?

① 도로
② 철도
③ 공항
④ 삭도

해설 교통안전법 시행령 제32조(교통안전진단기관의 등록 등)
③ 시·도지사는 제2항에 따른 등록신청을 받은 경우에는 제1항의 요건을 갖추었는지를 검토한 후 다음 각 호의 구분에 따라 교통안전진단기관으로 등록하여야 한다. 〈개정 2017. 9. 19.〉
1. **도로분야**
2. **철도분야**
3. **공항분야**

문제 78 교통시설 안전진단에 필요한 전문인력 중 보조요원은 기본적으로 몇 명 이상을 두어야 하는가?

① 3명 이상
② 4명 이상
③ 1명 이상
④ 2명 이상

해설 교통안전법 시행령 [별표 4] 〈개정 2017. 9. 19.〉
교통시설안전진단에 필요한 전문인력 인정기준(제32조제1항제1호 및 제33조 관련)
다음 각 목의 해당 분야별로 책임교통안전진단사는 1명 이상, 교통안전진단사는 2명 이상, **보조요원은 2명 이상**의 전문인력을 각각 보유하여야 한다. 이 경우 교통안전진단사를 갈음하여 책임교통안전진단사를 두거나, 보조요원을 갈음하여 책임교통안전진단사나 교통안전진단사를 두는 경우에는 전문인력 인정기준에 적합한 것으로 본다.

정답 76 ③   77 ④   78 ④

문제 79. 교통시설 안전진단 측정 장비가 아닌 것은?

① 노면 미끄럼 저항 측정기
② 야간 시인성 계수 측정기
③ 위성항법장치(GPS)
④ 조도계

해설 교통안전법 시행규칙 [별표 1] 〈개정 2021. 8. 27.〉
교통시설안전진단 측정장비(제11조 관련)

분야	장비명
도로	1. **노면 미끄럼 저항 측정기** 2. 반사성능 측정기 3. **조도계(照度計)** 4. 평균휘도계[광원(光源) 단위 면적당 밝기의 평균 측정기] 5. 거리 및 경사 측정기 6. 속도 측정장비 7. 계수기(計數器) 8. 워킹메저(walking-measure) 9. **위성항법장치(GPS)** 10. 그 밖의 부대설비(컴퓨터 포함) 및 프로그램
철도	해당 없음
항공	해당 없음

비고 : 위 표에 따른 교통시설안전진단 측정장비는 임대한 경우를 포함한다.

문제 80. 교통안전법상 교통안전진단을 실시하고자 하는 자의 등록 결격 사유에 해당되지 않는 것은?

① 피성년후견인 또는 피한정후견인
② 이 법을 위반하여 징역형의 집행유예 선고를 받고 그 유예기간이 경과된 자
③ 파산선고를 받고 복권되지 아니한 자
④ 이 법을 위반하여 징역형의 실형을 선고받고 그 집행이 종료되거나 면제된 날부터 2년이 경과되지 아니한자

해설 교통안전법 제41조(결격사유)
다음 각 호의 어느 하나에 해당하는 자는 교통안전진단기관으로 등록할 수 없다.
〈개정 2015. 12. 29., 2017. 1. 17., 2020. 6. 9.〉
1. 피성년후견인 또는 피한정후견인 → ①
2. 파산선고를 받고 복권되지 아니한 자 → ③
3. 이 법을 위반하여 징역형의 실형을 선고받고 그 집행이 종료되거나 집행이 면제된 날부터 2년이 지나지 아니한 자 → ④
4. 이 법을 위반하여 징역형의 집행유예를 선고받고 그 유예기간 중에 있는 자 → ②
5. 제43조에 따라 교통안전진단기관의 등록이 취소된 후 2년이 지나지 아니한 자. 다만, 제43조제3호 중 제41조제1호 및 제2호에 해당하여 등록이 취소된 경우는 제외한다.
6. 임원 중에 제1호부터 제5호까지의 어느 하나에 해당하는 자가 있는 법인

정답 79 ② 80 ②

문제 81 교통안전진단기관이 등록기준에 미달하게 된 경우 행정처분은? (단, 1차 위반의 경우)

① 업무정지 1개월 ② 업무정지 2개월 ③ 업무정지 3개월 ④ 업무정지 6개월

해설 교통안전법 시행규칙 [별표 1의2] 〈신설 2018. 1. 12.〉
행정처분의 세부기준(제14조의2 관련)
2. 개별기준

위반사항	관련조항	행정처분기준		
		1차 위반	2차 위반	3차 이상 위반
바. 법 제39조제2항에 따른 등록기준에 미달하게 된 때	법 제43조 제6호	업무정지 3개월	업무정지 6개월	등록취소

문제 82 교통시설 안전진단을 실시할 자격이 없는 자로 하여금 교통시설안전진단을 수행하게 한 경우 행정처분은? (단, 2차 위반의 경우)

① 업무정지 1개월 ② 업무정지 3개월 ③ 업무정지 6개월 ④ 등록 취소

해설 교통안전법 시행규칙 [별표 1의2] 〈신설 2018. 1. 12〉
행정처분의 세부기준(제14조의2 관련)
2. 개별기준

위반사항	관련조항	행정처분기준		
		1차 위반	2차 위반	3차 이상 위반
사. 교통시설안전진단을 실시할 자격이 없는 자로 하여금 교통시설안전진단을 수행하게 한 때	법 제43조 제7호	업무정지 3개월	업무정지 6개월	등록취소

문제 83 시·도지사는 교통안전진단기관이 교통시설안전진단 업무를 적절하게 수행하고 있는지의 여부 등을 확인하기 위하여 소속 공무원으로 하여금 관련서류 그 밖의 물건을 점검·검사하게 할 수 있다. 이러한 출입·검사를 하는 경우에는 검사일 몇 일 전까지 교통안전진단기관에 검사계획을 통지하여야 하는가? (단, 증거인멸 등으로 검사의 목적을 달성할 수 없거나 긴급한 사정이 있는 경우는 제외한다.)

① 3일 ② 5일 ③ 7일 ④ 10일

정답 81 ③ 82 ③ 83 ③

해설 교통안전법 제47조(교통안전진단기관에 대한 지도·감독)
② 제1항에 따라 **출입·검사를 하는 경우에는 검사일 7일 전까지** 검사일시·검사이유 및 검사 내용 등을 포함한 검사계획을 교통안전진단기관에 통지하여야 한다. 다만, 증거인멸 등으로 검사의 목적을 달성할 수 없거나 긴급한 사정이 있는 경우에는 검사일에 검사계획을 통지할 수 있다. 〈개정 2017. 1. 17., 2020. 6. 9.〉

문제 84
교통사고 조사 등의 이행 결과 보고서의 경우 이행계획서를 제출한 시점으로부터 언제까지 이를 제출하여야 하는가? (단, 기존에 제시된 이행계획서 제출 시점 기준 이후가 이행 완료일이 되는 경우)

① 10일　　② 20일　　③ 30일　　④ 60일

해설 교통안전법 시행령 제35조의2(이행결과보고서의 제출)
법 제49조제3항에 따라 이행계획서를 제출한 관계행정기관의 장은 같은 조 제4항에 따라 이행계획서를 제출한 날부터 90일이 되는 날(이행계획서에서 정한 이행완료일이 이행계획서를 제출한 날부터 90일이 되는 날 이후인 경우에는 이행계획서에서 정한 **이행완료일부터 30일이 되는 날**)까지 이행결과보고서를 **교통행정기관 등에** 제출해야 한다. 다만, 부득이한 사유로 그 기한까지 이행결과보고서를 제출할 수 없는 경우에는 교통행정기관 등과 협의하여 제출 기한을 연기할 수 있다. [본조신설 2020. 5. 19.]

문제 85
교통사고 원인 조사의 대상 중 옳은 것은?

① 최근 1년간 1건의 사망사고, 5건의 중상사고
② 최근 3년간 3건의 사망사고, 10건의 중상사고
③ 최근 5년간 5건의 사망사고, 15건의 중상사고
④ 최근 7년간 7건의 사망사고, 20건의 중상사고

해설 교통안전법 시행령 [별표 5] 〈개정 2010.6.29.〉
교통사고원인조사의 대상(제37조제1항 관련)

대상도로	대상구간
<u>최근 3년간</u> 다음 각 호의 어느 하나에 해당하는 교통사고가 발생하여 해당 구간의 교통시설에 문제가 있는 것으로 의심되는 도로 1. <u>사망사고 3건 이상</u> 2. <u>중상사고 이상의 교통사고 10건 이상</u>	1. 교차로 또는 횡단보도 및 그 경계선으로부터 150m까지의 도로 지점 2. 「국토의 계획 및 이용에 관한 법률」 제6조제1호에 따른 도시지역의 경우에는 600m, 도시지역 외의 경우에는 1,000m의 도로 구간

정답　84 ③　85 ②

문제 86 교통사고 원인조사의 대상에 포함되는 경상 이상의 교통사고는 몇 건 이상이어야 하는가?

① 해당 사항 없음　② 3건 이상　③ 5건 이상　④ 10건 이상

해설 ■ 교통안전법 시행령 [별표 5] 〈개정 2010.6.29.〉
교통사고원인조사의 대상(제37조제1항 관련)

대상도로	대상구간
최근 3년간 다음 각 호의 어느 하나에 해당하는 교통사고가 발생하여 해당 구간의 교통시설에 문제가 있는 것으로 의심되는 도로 1. 사망사고 3건 이상 2. 중상사고 이상의 교통사고 10건 이상	1. 교차로 또는 횡단보도 및 그 경계선으로부터 150m까지의 도로 지점 2. 「국토의 계획 및 이용에 관한 법률」 제6조제1호에 따른 도시지역의 경우에는 600m, 도시지역 외의 경우에는 1,000m의 도로 구간

→ 문제의 보기에 경상사고 내용이 없으므로 해당 사항 없음이 정답이 된다.

문제 87 교통사고 원인조사의 대상에 대한 내용으로 적절한 것은?

① 원인조사를 하여야 하는 대상 구간에서 음주운전이나 무면허 운전 등 운전자의 과실로 교통사고가 발생한 것이 명백한 경우에도 대상 기준을 적용하도록 한다.
② 교통사고 원인조사 대상으로 선정된 구간에 교통 시설 개선 사업을 실시한 경우에는 그 다음 연도의 교통사고 원인조사 대상에서 제외한다.
③ 교차로나 횡단보도를 포함하는 도로 지점에서 교통사고 원인조사를 실시한 경우에는 이를 포함하는 도로 구간에서 교통사고 원인조사를 반드시 실시하여야 한다.
④ 기본적으로 대상 도로는 사망사고 5건 이상, 중상 사고 이상의 교통사고 10건 이상이 된다.

해설 교통사고원인조사지침 [시행 2018. 12. 13.]
제5조(사고누적지점·구간 선정)
① 사고누적지점·구간의 선정기준은 최근 3년 동안 사망사고 3건 이상 또는 중상사고 이상의 교통사고 10건 이상 발생한 지점·구간으로 한다.
② 국토교통부장관은 사고누적지점·구간을 선정하여 도로관리청에 제공할 수 있다.
③ 사고누적지점·구간이 다음 각 호의 어느 하나에 해당하는 경우에는 그 다음 연도의 교통사고 원인조사 대상에서 제외할 수 있다.
 1. 교통사고 원인조사 실시 또는 개선안 이행 → ②
 2. "사고 잦은 곳 개선사업" 실시
 3. "위험도로 개량사업" 실시

정답 86 ①　87 ②

문제 88 교통사고관련자료 등을 보관·관리하는 자가 될 수 없는 기관은?

① 한국도로공사
② 한국교통안전공단
③ 화물자동차운송사업자
④ 여객자동차운송사업자

해설 교통안전법 시행령 제39조(교통사고관련자료등을 보관·관리하는 자)
법 제51조제2항에서 "대통령령이 정하는 자"란 다음 각 호의 자를 말한다. 〈개정 2024. 7. 23.〉
1. 「한국교통안전공단법」에 따른 **한국교통안전공단**
2. 「한국도로교통공단법」에 따른 한국도로교통공단
3. 「한국도로공사법」에 따른 **한국도로공사**
4. 「보험업법」 제175조에 따라 설립된 손해보험협회에 소속된 손해보험회사
5. 「여객자동차 운수사업법」 제4조에 따라 **여객자동차운송사업의 면허를 받거나 등록을 한 자**
6. 「여객자동차 운수사업법」 제61조에 따른 공제조합
7. 「화물자동차 운수사업법」 제35조에 따라 화물자동차운수사업자로 구성된 협회가 설립한 연합회

문제 89 교통사고 관련자료 보관, 관리 주체가 아닌 것은?

① 한국도로공사
② 여객자동차 운송사업자
③ 한국교통안전공단
④ 화물자동차 운송사업자

해설 교통안전법 시행령 제39조(교통사고관련자료등을 보관·관리하는 자)
법 제51조제2항에서 "대통령령이 정하는 자"란 다음 각 호의 자를 말한다. 〈개정 2024. 7. 23.〉
1. 「한국교통안전공단법」에 따른 **한국교통안전공단**
2. 「한국도로교통공단법」에 따른 한국도로교통공단
3. 「한국도로공사법」에 따른 **한국도로공사**
4. 「보험업법」 제175조에 따라 설립된 손해보험협회에 소속된 손해보험회사
5. 「여객자동차 운수사업법」 제4조에 따라 **여객자동차운송사업의 면허를 받거나 등록을 한 자**
6. 「여객자동차 운수사업법」 제61조에 따른 공제조합
7. 「화물자동차 운수사업법」 제35조에 따라 화물자동차운수사업자로 구성된 협회가 설립한 연합회

문제 90 교통사고 관련 자료보관 해당자가 아닌 것은?

① 한국도로공사
② 한국교통안전공단
③ 교통수단운영자
④ 여객자동차운송사업자

해설 교통안전법 시행령 제39조(교통사고관련자료등을 보관·관리하는 자)
법 제51조제2항에서 "대통령령이 정하는 자"란 다음 각 호의 자를 말한다. 〈개정 2024. 7. 23.〉

정답 88 ③ 89 ④ 90 ③

1. 「한국교통안전공단법」에 따른 **한국교통안전공단**
2. 「한국도로교통공단법」에 따른 한국도로교통공단
3. 「한국도로공사법」에 따른 **한국도로공사**
4. 「보험업법」 제175조에 따라 설립된 손해보험협회에 소속된 손해보험회사
5. 「여객자동차 운수사업법」 제4조에 따라 **여객자동차운송사업의 면허를 받거나 등록을 한 자**
6. 「여객자동차 운수사업법」 제61조에 따른 공제조합
7. 「화물자동차 운수사업법」 제35조에 따라 화물자동차운수사업자로 구성된 협회가 설립한 연합회

문제 91 교통안전정보관리체계의 공유 절차 및 방법 등에 대한 내용으로 맞는 것은?

① 한국교통안전공단 이사장은 교통안전정보관리체계를 공유하기 위하여 교통안전정보관리체계공유그룹(이하 공유 그룹)을 설치하여 운영할 수 있다.
② 공유 그룹은 교통사고 관련자료 등의 공유 항목과 그 범위, 이용 방식 등 공유에 필요한 사항을 정할 수 있다.
③ 교통안전정보관리체계의 및 공유 등에 필요한 세부사항은 국토교통부 장관이 지정행정기관장과 협의하여 정할 수 있다.
④ 교통사고 관련자료 등을 보관·관리하는 자는 교통안전정보관리체계와 연계하여 이를 공유하여야 한다.

해설 교통안전법 시행령 제41조(교통안전정보관리체계의 공유절차·방법 등)
① 법 제51조제1항에 따라 **교통사고 관련자료 등을 보관·관리하는 자는 교통안전정보관리체계와 연계하여 이를 공유하여야 한다.**
② 국토교통부장관은 교통안전정보관리체계를 공유하기 위하여 교통안전정보관리체계협의회를 설치하여 운영할 수 있다. 〈개정 2013. 3. 23.〉
③ 협의회는 교통사고관련자료등의 공유 항목과 그 범위, 이용방식 등 공유에 필요한 사항을 정할 수 있다.
④ 제1항부터 제3항까지의 규정 외에 교통안전정보관리체계의 공유 및 협의회의 설치·운영에 필요한 세부사항은 국토교통부장관이 관계 교통행정기관의 장과 협의하여 따로 정한다.
① → 이사장이 아니라 국토교통부장관이며, 공유그룹이 아니라 협의회이다.
② → 공유그룹이 아니라 협의회이다.
③ → 지정행정기관장이 아니라 관계교통행정기관의 장이다.

문제 92 교통시설, 교통수단 및 교통체계의 안전과 관련된 제반 교통안전에 관한 정보와 교통사고 관련 자료를 통합적으로 유지, 관리할 목적으로 만들어진 것은?

① 교통안전정보관리체계   ② 교통안전정책심의기구
③ 교통안전 특별실태조사   ④ 교통안전 시범도시

정답 91 ④   92 ①

해설 교통안전법 제52조(교통안전정보관리체계의 구축 등)
① 교통행정기관의 장은 교통시설·교통수단 및 교통체계의 안전과 관련된 제반 교통안전에 관한 정보와 교통사고관련자료등을 통합적으로 유지·관리할 수 있도록 **교통안전정보관리체계를 구축·관리하여야 한다.**

문제 93 교통안전관리자의 결격사유에 해당하지 않는 것은?

① 피성년후견인 또는 피한정후견인
② 금고 이상의 형의 집행유예 선고를 받고 그 유예기간 중에 있거나 유예기간 경과 후 2년이 되지 아니한 자
③ 금고 이상의 실형을 선고받고 그 집행이 종료되거나 집행이 면제된 날부터 2년이 경과되지 아니한 자
④ 교통안전관리자 자격의 취소처분을 받은 날부터 2년이 경과되지 아니한 자

해설 교통안전법 제53조(교통안전관리자 자격의 취득 등)
③ 다음 각 호의 어느 하나에 해당하는 자는 교통안전관리자가 될 수 없다.
1. 피성년후견인 또는 피한정후견인
2. 금고 이상의 실형을 선고받고 그 집행이 종료되거나 집행이 면제된 날부터 2년이 지나지 아니한 자
3. **금고 이상의 형의 집행유예를 선고받고 그 유예기간 중에 있는 자** → ③
4. 교통안전관리자 자격의 취소처분을 받은 날부터 2년이 지나지 아니한 자.
→ 금고 이상의 형의 집행유예 선고를 받고 유예기간 경과 후 2년이 되지 아니한 자에 대한 내용은 없다.

문제 94 교통안전관리자의 종류에는 도로, 철도, ( ), 항만, 삭도 교통안전관리자가 있다. ( )안에 들어갈 교통안전관리자는?

① 공항   ② 항공   ③ 비행   ④ 해운

해설 교통안전법 시행령 제41조의2(교통안전관리자 자격의 종류)
법 제53조제1항에 따른 교통안전관리자 자격의 종류는 다음 각 호와 같다.
1. 도로교통안전관리자
2. 철도교통안전관리자
3. **항공교통안전관리자**
4. 항만교통안전관리자
5. 삭도교통안전관리자

정답 93 ③ 94 ②

문제 95 교통안전관리자의 범위가 아닌 것은?

① 도로 ② 철도 ③ 항만 ④ 해양

> **해설** 교통안전법 시행령 제41조의2(교통안전관리자 자격의 종류)
> 법 제53조제1항에 따른 교통안전관리자 자격의 종류는 다음 각 호와 같다.
> 1. 도로교통안전관리자   2. 철도교통안전관리자
> 3. 항공교통안전관리자   4. 항만교통안전관리자
> 5. 삭도교통안전관리자

문제 96 교통안전관리자 자격의 종류에 해당하지 않는 것은?

① 철도교통안전관리자   ② 항만교통안전관리자
③ 도로교통안전관리자   ④ 해상교통안전관리자

> **해설** 교통안전법 시행령 제41조의2(교통안전관리자 자격의 종류)
> 법 제53조제1항에 따른 교통안전관리자 자격의 종류는 다음 각 호와 같다.
> 1. 도로교통안전관리자   2. 철도교통안전관리자
> 3. 항공교통안전관리자   4. 항만교통안전관리자
> 5. 삭도교통안전관리자

문제 97 다음 중 교통안전관리자의 면제과목이 아닌 것은?

① 교통법규   ② 교통안전관리론   ③ 자동차정비   ④ 선택과목

> **해설** 교통안전법 시행령 [별표 7] 〈개정 2017. 9. 19.〉
> 교통안전관리자 시험의 일부 면제 대상자와 면제되는 시험과목 (제43조제1항 관련)

종류	면제대상자	면제되는 시험과목
1. 도 로 교 통 안 전 관 리 자	가. 석사학위 이상 소지자로서 대학 또는 대학원에서 시험과목과 같은 과목(「학점인정 등에 관한 법률」 제7조에 따라 학점으로 인정받은 과목을 포함한다. 이하 같다)을 B학점 이상으로 이수한 자	시험과목과 같은 과목(**교통법규는 제외**한다. 이하 같다)
	나. 다음 중 어느 하나에 해당하는 자 1) 「국가기술자격법」에 따른 자동차정비산업기사 또는 건설기계정비산업기사 이상의 자격이 있는 자 2) 「국가기술자격법」에 따른 자동차정비기능사·자동차차체수리기능사 또는 건설기계정비기능사 이상의 자격이 있는 자 중 해당 분야의 실무에 3년 이상 종사한 자 3) 「국가기술자격법」에 따른 산업안전산업기사 이상의 자격이 있는 자	선택과목 및 국가자격시험과목 중 필수과목과 같은 과목(**교통법규는 제외**한다. 이하 같다)

정답 95 ④   96 ④   97 ①

문제 98 교통안전관리자 자격시험의 시행일로부터 얼마 전까지 시험 일정 및 응시 과목 등 시험의 시행에 필요한 사항을 공고하여야 하는가?

① 30일 전   ② 40일 전   ③ 60일 전   ④ 90일 전

> **해설** 교통안전법 시행규칙 제18조(시험실시계획의 수립 등)
> ② 한국교통안전공단은 시험을 시행하려면 시험 시행일 **90일 전**까지 시험일정과 응시과목 등 시험의 시행에 필요한 사항을 「신문 등의 진흥에 관한 법률」 제9조제1항에 따라 보급지역을 전국으로 하여 등록한 일간신문 및 한국교통안전공단 인터넷 홈페이지에 공고하여야 한다.

문제 99 교통안전관리자 시험에서 부정행위를 한 사람은 정지나 무효 처분이 있은 날부터 얼마동안 응시가 제한되는가?

① 1년   ② 2년   ③ 3년   ④ 5년

> **해설** 교통안전법 제53조의2(부정행위자에 대한 제재)
> ② 제1항에 따라 시험이 정지되거나 무효로 된 사람은 그 처분이 있은 날부터 **2년간** 제53조 제2항에 따른 시험에 응시할 수 없다.

문제 100 교통안전관리자 자격을 취소할 수 있는 기관은?

① 국토교통부장관   ② 시·도지사
③ 시장·군수·구청장   ④ 한국교통안전공단

> **해설** 교통안전법 제54조(교통안전관리자 자격의 취소 등)
> ① **시·도지사**는 교통안전관리자가 다음 제1호 및 제2호의 어느 하나에 해당하는 때에는 그 **자격을 취소**하여야 하며, 제3호에 해당하는 때에는 교통안전관리자의 자격을 취소하거나 1년 이내의 기간을 정하여 해당 자격의 정지를 명할 수 있다. 〈개정 2020. 6. 9.〉
> 1. 제53조제3항 각 호의 어느 하나에 해당하게 된 때
> 2. 거짓이나 그 밖의 부정한 방법으로 교통안전관리자 자격을 취득한 때
> 3. 교통안전관리자가 직무를 행하면서 고의 또는 중대한 과실로 인하여 교통사고를 발생하게 한 때

문제 101 교통안전관리자 자격의 취소 시, 자격증명서를 누구에게 반납하여야 하는가?

① 시·도경찰청장   ② 한국교통안전공단 이사장
③ 시·도지사   ④ 국토교통부 장관

정답 98 ④   99 ②   100 ②   101 ③

> **해설** 교통안전법 제54조(교통안전관리자 자격의 취소 등)
> ① **시·도지사**는 교통안전관리자가 다음 제1호 및 제2호의 어느 하나에 해당하는 때에는 그 **자격을 취소**하여야 하며, 제3호에 해당하는 때에는 교통안전관리자의 자격을 취소하거나 1년 이내의 기간을 정하여 해당 자격의 정지를 명할 수 있다. 〈개정 2020. 6. 9.〉
> 1. 제53조제3항 각 호의 어느 하나에 해당하게 된 때
> 2. 거짓이나 그 밖의 부정한 방법으로 교통안전관리자 자격을 취득한 때
> 3. 교통안전관리자가 직무를 행하면서 고의 또는 중대한 과실로 인하여 교통사고를 발생하게 한 때

문제 102 교통안전관리자 자격의 취소 또는 정지 처분 시 통지하여야 하는 사항이 아닌 것은?

① 교통안전관리자 자격증명서의 반납 또는 회복에 관한 사항
② 자격의 취소 또는 정지 처분의 사유
③ 자격의 취소 또는 정지 처분 불복 신청 기간
④ 자격의 취소 또는 정지 처분 불복 신청의 절차

> **해설** 교통안전법 시행규칙 제26조(자격의 취소 등)
> ① 법 제54조제2항에 따른 교통안전관리자 자격의 취소 또는 정지처분의 통지에는 다음 각 호의 사항이 포함되어야 한다.
> 1. <u>자격의 취소 또는 정지처분의 사유</u> → ②
> 2. <u>자격의 취소 또는 정지처분에 대하여 불복하는 경우 불복신청의 절차와 기간 등</u> → ③, ④
> 3. **교통안전관리자 자격증명서의 반납에 관한 사항** → ①
> → '회복에 관한 사항'은 통지하여야 하는 사항에 포함되어 있지 않다.

문제 103 교통안전관리자가 고의 또는 중대한 과실로 인하여 교통사고를 발생하게 한 경우 행정처분은? (단, 2차 위반의 경우)

① 자격정지 30일　② 자격정지 60일　③ 자격정지 90일　④ 자격 취소

> **해설** 교통안전법 시행규칙 [별표 3] 〈개정 2019. 1. 18〉
> 행정처분의 세부기준(제27조 관련)
> 2. 위반행위별 처분기준

위반행위	관련 법조문	행정처분기준		
		1차위반	2차위반	3차위반
다. 교통안전관리자가 직무를 행함에 있어서 고의 또는 중대한 과실로 인하여 교통사고를 발생하게 한 때	법 제54조 제1항 제3호	자격정지 (30일)	**자격정지 (60일)**	자격취소

정답 102 ①　103 ②

문제 104 다음 중 교통안전담당자로 지정할 수 없는 자는?

① 「산업안전보건법」에 따른 안전관리자
② 「자격기본법」에 따른 민간자격으로서 국토교통부장관이 교통사고 원인의 조사·분석과 관련된 것으로 인정하는 자격을 갖춘 사람
③ 대형운전면허증을 취득한 후 20년이 경과한 사람
④ 교통안전관리자 자격을 취득한 사람

> **해설** 교통안전법 제54조의2(교통안전담당자의 지정 등)
> ① 대통령령으로 정하는 교통시설설치·관리자 및 교통수단운영자는 다음 각 호의 어느 하나에 해당하는 사람을 교통안전담당자로 지정하여 직무를 수행하게 하여야 한다.
>   1. 제53조에 따라 **교통안전관리자 자격을 취득한 사람** → ④
>   2. 대통령령으로 정하는 자격을 갖춘 사람
> 교통안전법 시행령 제44조(교통안전담당자의 지정)
> ② 법 제54조의2제1항제2호에서 "대통령령으로 정하는 자격을 갖춘 사람"이란 다음 각 호의 어느 하나에 해당하는 사람을 말한다. 〈개정 2019. 12. 24.〉
>   1. 「**산업안전보건법**」에 따른 안전관리자 → ①
>   2. 「**자격기본법**」에 따른 민간자격으로서 국토교통부장관이 교통사고 원인의 조사·분석과 관련된 것으로 인정하는 자격을 갖춘 사람 → ②

문제 105 교통시설설치·관리자 등은 교통안전담당자가 퇴직한 경우에는 몇 일 이내에 다른 교통안전담당자를 지정해야 하는가?

① 10일　　② 14일　　③ 30일　　④ 100일

> **해설** 교통안전법 시행령 제44조(교통안전담당자의 지정)
> ③ 교통시설설치·관리자등은 법 제54조의2제1항에 따라 교통안전담당자를 지정 또는 지정해지하거나 교통안전담당자가 퇴직한 경우에는 지체 없이 그 사실을 관할 교통행정기관에 알리고, 지정해지 또는 퇴직한 날부터 **30일** 이내에 다른 교통안전담당자를 지정해야 한다.

문제 106 교통안전관리자의 직무에 맞지 않는 것은?

① 교통안전관리규정의 시행 및 제출
② 교통수단의 운행·운항 안전점검의 지도·감독
③ 교통시설의 조건 및 기상조건에 따른 안전 운행등에 필요한 조치
④ 교통사고 원인 조사·분석 및 기록유지

정답　104 ③　105 ③　106 ①

해설 교통안전법 시행령 제44조의2(교통안전담당자의 직무)
① 교통안전담당자의 직무는 다음 각 호와 같다. 〈개정 2018. 12. 24.〉
  1. **교통안전관리규정의 시행 및 그 기록의 작성·보존** → ①
  2. **교통수단의 운행·운항** 또는 항행 또는 교통시설의 운영·관리와 **관련된 안전점검의 지도·감독** → ②
  3. **교통시설의 조건 및 기상조건에 따른 안전 운행등에 필요한 조치** → ③
  4. 법 제24조제1항에 따른 운전자등의 운행등 중 근무상태 파악 및 교통안전 교육·훈련의 실시
  5. **교통사고 원인 조사·분석 및 기록 유지** → ④
  6. 운행기록장치 및 차로이탈경고장치 등의 점검 및 관리
→ 교통안전관리규정의 '제출'은 직무에 포함되어 있지 않다.

문제 107 교통안전관리자의 직무가 아닌 것은?

① 교통수단의 운행·운항 또는 항행과 관련된 안전점검의 지도 및 감독
② 교통사고 사고원인조사·분석 및 기록 유지
③ 교통안전진단의 결과 평가
④ 교통안전관리규정의 시행 및 그 기록의 작성·보존

해설 교통안전법 시행령 제44조의2(교통안전담당자의 직무)
① 교통안전담당자의 직무는 다음 각 호와 같다. 〈개정 2018. 12. 24.〉
  1. **교통안전관리규정의 시행 및 그 기록의 작성·보존** → ④
  2. **교통수단의 운행·운항 또는 항행** 또는 교통시설의 운영·관리와 **관련된 안전점검의 지도·감독** → ①
  3. 교통시설의 조건 및 기상조건에 따른 안전 운행등에 필요한 조치
  4. 법 제24조제1항에 따른 운전자등의 운행등 중 근무상태 파악 및 교통안전 교육·훈련의 실시
  5. **교통사고 원인 조사·분석 및 기록 유지** → ②
  6. 운행기록장치 및 차로이탈경고장치 등의 점검 및 관리
→ '교통안전진단의 결과 평가'는 국토교통부장관이 하는 일이다.

문제 108 교통안전관리자의 업무가 아닌 것은?

① 운행기록장치 및 차로이탈경고장치 등의 점검 및 관리
② 교통시설의 조건 및 기상조건에 따른 안전 운행등에 필요한 조치
③ 교통사고 원인 조사·분석 및 기록 유지
④ 사원의 급여관리

해설 교통안전법 시행령 제44조의2(교통안전담당자의 직무)
① 교통안전담당자의 직무는 다음 각 호와 같다. 〈개정 2018. 12. 24.〉
  1. 교통안전관리규정의 시행 및 그 기록의 작성·보존

정답 107 ③　108 ④

2. 교통수단의 운행·운항 또는 항행 또는 교통시설의 운영·관리와 관련된 안전점검의 지도·감독
3. **교통시설의 조건 및 기상조건에 따른 안전 운행등에 필요한 조치** → ②
4. 법 제24조제1항에 따른 운전자등의 운행등 중 근무상태 파악 및 교통안전 교육·훈련의 실시
5. **교통사고 원인 조사·분석 및 기록 유지** → ③
6. **운행기록장치 및 차로이탈경고장치 등의 점검 및 관리** → ①

문제 109 교통안전관리자는 교통사고를 방지하기 위하여 필요하다고 인정하는 경우에는 필요한 조치를 교통수단 운영자에게 요청하여야 한다. 이러한 조치에 해당되지 않는 것은?

① 교통수단의 정비
② 교통안전을 해치는 행위를 한 운전자등에 대한 징계 건의
③ 운전자등의 승무계획 변경
④ 교통안전관리규정의 시행 및 그 기록의 작성, 보존

해설 교통안전법 시행령 제44조의2(교통안전담당자의 직무)
③ 교통안전담당자는 교통안전을 위해 필요하다고 인정하는 경우에는 다음 각 호의 조치를 교통시설설치·관리자등에게 요청해야 한다. 다만, 교통안전담당자가 교통시설설치·관리자 등에게 필요한 조치를 요청할 시간적 여유가 없는 경우에는 직접 필요한 조치를 하고, 이를 교통시설설치·관리자등에게 보고해야 한다. 〈개정 2018. 12. 24.〉
1. 국토교통부령으로 정하는 교통수단의 운행등의 계획 변경
2. **교통수단의 정비** → ①
3. **운전자등의 승무계획 변경** → ③
4. 교통안전 관련 시설 및 장비의 설치 또는 보완
5. **교통안전을 해치는 행위를 한 운전자등에 대한 징계 건의** → ②
→ '교통안전관리규정의 시행 및 그 기록의 작성, 보존'은 교통안전담당자의 '직무'에 해당한다.

문제 110 교통안전담당자의 신규 교육 주기는?

① 직무 시작일로부터 6개월 이내에 1회
② 직무 시작일로부터 1년 이내에 1회
③ 직무 시작일로부터 2년 이내에 1회
④ 직무 시작일로부터 1년 이내에 2회

해설 교통안전법 시행령 제44조의3(교통안전담당자에 대한 교육)
① 교통시설설치·관리자등은 법 제54조의2제2항에 따라 교통안전담당자로 하여금 다음 각 호의 구분에 따른 교육을 받도록 해야 한다. 〈개정 2024. 4. 9.〉
1. **신규교육** : 교통안전담당자의 직무를 시작한 날부터 **6개월 이내에 1회**
2. 보수교육 : 교통안전담당자의 직무를 시작한 날이 속하는 연도를 기준으로 2년마다 1회

정답 109 ④ 110 ①

문제 111 교통안전담당자의 교육에 대한 내용으로 맞는 것은?

① 보수교육의 경우 교통안전담당자의 직무를 시작한 날이 속하는 연도를 기준으로 1년마다 1회 교육을 받아야 한다.
② 교통안전담당자의 신규 교육은 12시간으로, 보수교육은 회당 6시간으로 한다.
③ 한국교통안전공단은 다음 연도 교육 일정 및 장소 등 계획을 수립하여 매년 10월 30일까지 국토교통부 장관에게 제출한 후 11월 31일까지 교통시설 설치·관리자 등에게 알려야 한다.
④ 한국교통안전공단은 전년도 교육인원 및 수료자 명단 등 교육 실적을 매년 2월 말일까지 국토교통부장관에게 제출해야 한다.

해설 교통안전법 시행령 제44조의3(교통안전담당자에 대한 교육)
① 교통시설설치·관리자등은 법 제54조의2제2항에 따라 교통안전담당자로 하여금 다음 각 호의 구분에 따른 교육을 받도록 해야 한다. 〈개정 2024. 4. 9.〉
 1. 신규교육 : 교통안전담당자의 직무를 시작한 날부터 6개월 이내에 1회
 2. 보수교육 : 교통안전담당자의 직무를 시작한 날이 속하는 연도를 기준으로 **2년마다 1회** → ①
② 제1항제1호에 따른 **신규교육은 16시간으로,** 같은 항 제2호에 따른 **보수교육은 회당 8시간**으로 한다. 〈개정 2024. 4. 9.〉 → ②
③ 제1항 각 호에 따른 교육은 다음 각 호의 기관(이하 이 조에서 "교통안전담당자 교육기관"이라 한다)이 실시한다. 〈개정 2024. 4. 9.〉
 1. 한국교통안전공단
 2. 「여객자동차 운수사업법」 제25조제3항에 따른 운수종사자 연수기관
④ 제1항에도 불구하고 교육대상자가 질병·부상 등으로 입원해 있는 등 정해진 기간 안에 교육을 받을 수 없는 부득이한 사유가 있는 경우에는 국토교통부장관이 정하는 바에 따라 6개월의 범위에서 교육을 연기할 수 있다. 〈신설 2024. 11. 12.〉
⑤ **국토교통부장관은** 교육일정 및 장소 등이 포함된 다음 연도 교육계획을 매년 12월 31일까지 고시해야 한다. 〈개정 2024. 4. 9., 2024. 11. 12.〉 → ③
⑥ **교통안전담당자 교육기관은 전년도 교육인원 및 수료자 명단 등 교육 실적을 매년 2월 말일까지 국토교통부장관에게 제출해야 한다.** 〈신설 2024. 11. 12.〉 → ④
⑦ 제1항부터 제6항까지에서 규정한 사항 외에 구체적인 교육 과목·내용 및 그 밖에 교육에 필요한 사항은 국토교통부장관이 정하여 고시한다. 〈개정 2024. 4. 9., 2024. 11. 12.〉
→ 교통안전담당자 교육기관은 한국교통안전공단과 운수종사자 연수기관이 될 수 있으므로 ④번이 정답이다.

문제 112 한국도로공사에서 선임, 지정하여야 하는 교통안전담당자의 인원은 몇 명 이상인가?

① 지역 지사 등에 따라 다르다. ② 1명
③ 2명   ④ 4명

정답 111 ④   112 ②

해설 교통안전법 시행령 [별표 8의2] 〈개정 2024. 7. 16.〉
교통안전담당자를 지정해야 하는 교통시설설치·관리자 및 교통수단운영자의 범위와 교통안전담당자의 지정 인원(제44조제1항 관련)

사업 구분		교통안전 담당자 지정 인원
1. 교통시설 설치 · 관리자	가. 「한국도로공사법」에 따른 **한국도로공사** 나. 「도로법」 제2조제1호 및 제2호에 따른 도로 및 도로부속물에 대해 「사회기반시설에 대한 민간투자법」에 따른 민간투자사업을 시행하고, 같은 법 제24조에 따라 이를 관리·운영하는 법인 다. 「도로법」 제36조에 따라 도로관리청의 허가를 받아 도로공사를 시행하거나 유지하는 자로서 도로관리청이 아닌 자 라. 「유료도로법」 제6조에 따라 유료도로를 신설 또는 개축해 통행료를 받는 비도로관리청	**1명 이상**

문제 113 교통안전담당자 교육 신청서의 경우 누구에게 제출하여야 하는가?

① 도로교통공단
② 한국교통안전공단
③ 국토교통부
④ 행정안전부

해설 교통안전법 시행규칙 제29조의2(교통안전담당자 교육신청)
영 제44조의3제1항에 따라 법 제54조의2제2항에 따른 교통안전담당자에 대한 교육을 받으려는 사람은 별지 제18호서식의 **교통안전담당자 교육신청서를 한국교통안전공단**에 제출해야 한다. 〈개정 2024. 11. 29.〉

문제 114 운행기록장치 장착의무 사업자가 아닌 것은?

① 여객자동차 운송사업자
② 여객자동차 대여사업자
③ 화물자동차 운송사업자
④ 화물자동차 운송가맹사업자

해설 교통안전법 제55조(운행기록장치의 장착 및 운행기록의 활용 등)
① 다음 각 호의 어느 하나에 해당하는 자는 그 운행하는 차량에 국토교통부령으로 정하는 기준에 적합한 운행기록장치를 장착하여야 한다. 다만, 소형 화물차량 등 국토교통부령으로 정하는 차량은 그러하지 아니하다. 〈개정 2013. 3. 23., 2020. 6. 9.〉
1. 「여객자동차 운수사업법」에 따른 **여객자동차 운송사업자**
2. 「화물자동차 운수사업법」에 따른 **화물자동차 운송사업자** 및 **화물자동차 운송가맹사업자**
3. 「도로교통법」 제52조에 따른 어린이통학버스(제1호에 따라 운행기록장치를 장착한 차량은 제외한다) 운영자

● 정답 113 ②   114 ②

문제 115 운행기록장치의 장착을 의무화할 경우, 이에 따른 비용을 보조하거나 융자할 수 있는 대상에 해당하지 않는 것은?

① 여객자동차 운수사업법에 따른 여객자동차운송사업자
② 화물자동차 운수사업법에 따른 화물자동차 운송가맹사업자
③ 도로교통법에 따른 자동차운전학원(전문학원 포함)의 교육/검정용 차량
④ 도로교통법에 따른 어린이통학버스(단, 여객자동차운송사업자의 자격으로서 운행기록장치를 장착한 경우는 제외) 운영자

해설 교통안전법 제55조(운행기록장치의 장착 및 운행기록의 활용 등)
① 다음 각 호의 어느 하나에 해당하는 자는 그 운행하는 차량에 국토교통부령으로 정하는 기준에 적합한 운행기록장치를 장착하여야 한다. 다만, 소형 화물차량 등 국토교통부령으로 정하는 차량은 그러하지 아니하다. 〈개정 2013. 3. 23., 2020. 6. 9.〉
1. 「여객자동차 운수사업법」에 따른 여객자동차 운송사업자 → ①
2. 「화물자동차 운수사업법」에 따른 화물자동차 운송사업자 및 화물자동차 운송가맹사업자 → ②
3. 「도로교통법」 제52조에 따른 어린이통학버스(제1호에 따라 운행기록장치를 장착한 차량은 제외한다) 운영자 → ④

교통안전법 시행령 제3조(운행기록장치의 장착 비용 지원)
① 국가 및 지방자치단체는 법 제9조제2항에 따라 법 제55조제1항에 따른 운행기록장치를 장착하여야 하는 자에게 운행기록장치의 장착 비용을 지원하기 위하여 예산의 범위에서 필요한 자금을 보조하거나 융자할 수 있다.

문제 116 운행기록장치 데이터의 보관기간은?

① 3개월
② 6개월
③ 1년
④ 3년

해설 교통안전법 제55조(운행기록장치의 장착 및 운행기록의 활용 등)
② 제1항에 따라 운행기록장치를 장착하여야 하는 자(이하 "운행기록장치 장착의무자"라 한다)는 운행기록장치에 기록된 운행기록을 대통령령으로 정하는 기간 동안 보관하여야 하며, 교통행정기관이 제출을 요청하는 경우 이에 따라야 한다. 다만, 대통령령으로 정하는 운행기록장치 장착의무자는 교통행정기관의 제출 요청과 관계없이 운행기록을 주기적으로 제출하여야 한다. 이 경우 운행기록장치 장착의무자는 운행기록장치에 기록된 운행기록을 임의로 조작하여서는 아니 된다. 〈개정 2017. 3. 21., 2017. 10. 24., 2020. 6. 9.〉
교통안전법 시행령 제45조(운행기록장치의 장착시기 및 보관기간)
② 법 제55조제2항에서 "대통령령으로 정하는 기간"은 **6개월**로 한다.

정답 115 ③   116 ②

문제 117 운행기록 제출 요구를 하지 않아도 제출해야 하는 자가 아닌 것은?

① 노선 여객자동차운송사업자
② 화물자동차 운송사업자
③ 화물자동차 운송가맹사업자
④ 어린이통학버스 운영자

해설 교통안전법 제55조(운행기록장치의 장착 및 운행기록의 활용 등)
② 제1항에 따라 운행기록장치를 장착하여야 하는 자는 운행기록장치에 기록된 운행기록을 대통령령으로 정하는 기간 동안 보관하여야 하며, 교통행정기관이 제출을 요청하는 경우 이에 따라야 한다. 다만, 대통령령으로 정하는 운행기록장치 장착의무자는 교통행정기관의 제출 요청과 관계없이 운행기록을 주기적으로 제출하여야 한다. 이 경우 운행기록장치 장착의무자는 운행기록장치에 기록된 운행기록을 임의로 조작하여서는 아니 된다. 〈개정 2020. 6. 9.〉

교통안전법 시행령 제45조(운행기록장치의 장착시기 및 보관기간)
③ 법 제55조제2항 단서에서 "대통령령으로 정하는 운행기록장치 장착의무자"란 다음 각 호의 자를 말한다. 〈신설 2018. 4. 24., 2024. 4. 9.〉
 1. 「여객자동차 운수사업법」 제4조에 따라 면허를 받은 **노선 여객자동차운송사업자** → ①
 2. 「화물자동차 운수사업법」 제3조에 따라 허가를 받은 **화물자동차 운송사업자** → ② 및 같은 법 제29조에 따라 허가를 받은 **화물자동차 운송가맹사업자** → ③

문제 118 운행기록 분석결과의 사용처가 아닌 것은?

① 교통수단안전점검의 실시
② 교통수단의 개선 권고
③ 과속, 과태료 부과
④ 최소휴게시간, 연속근무시간 확인

해설 교통안전법 제55조(운행기록장치의 장착 및 운행기록의 활용 등)
④ 교통행정기관은 다음 각 호의 조치를 제외하고는 제3항에 따른 분석결과를 이용하여 운행기록장치 장착의무자 및 차량운전자에게 이 법 또는 다른 법률에 따른 허가·등록의 취소 등 어떠한 불리한 제재나 처벌을 하여서는 아니 된다. 〈개정 2017. 1. 17.〉
 1. 제33조제1항 및 제6항에 따른 **교통수단안전점검의 실시** → ①
 3. **교통수단 및 교통수단운영체계의 개선 권고** → ②
 4. **최소휴게시간, 연속근무시간** 및 속도제한장치 무단해제 **확인** → ④

문제 119 운행기록 분석결과에 활용되지 않는 것은?

① 차량운전자에 대한 교육·훈련
② 교통법규를 어긴 자에 대한 처벌
③ 교통수단운영자의 교통안전관리
④ 운행계통 및 운행경로 개선

정답 117 ④ 118 ③ 119 ②

해설 교통안전법 제55조(운행기록장치의 장착 및 운행기록의 활용 등)
④ 교통행정기관은 다음 각 호의 조치를 제외하고는 제3항에 따른 분석결과를 이용하여 운행기록장치 장착의무자 및 차량운전자에게 이 법 또는 다른 법률에 따른 허가·등록의 취소 등 어떠한 불리한 제재나 **처벌을 하여서는 아니 된다.** 〈개정 2017. 1. 17.〉
1. 제33조제1항 및 제6항에 따른 교통수단안전점검의 실시
3. 교통수단 및 교통수단운영체계의 개선 권고
4. 최소휴게시간, 연속근무시간 및 속도제한장치 무단해제 확인

교통안전법 시행규칙 제30조(운행기록의 보관 및 제출방법 등)
⑤ 운행기록의 분석 결과는 다음 각 호의 자동차·운전자·교통수단운영자에 대한 교통안전 업무 등에 활용되어야 한다. 〈개정 2010. 6. 30., 2018. 4. 25.〉
1. 자동차의 운행관리
2. **차량운전자에 대한 교육·훈련** → ①
3. **교통수단운영자의 교통안전관리** → ③
4. **운행계통 및 운행경로 개선** → ④
5. 그 밖에 교통수단운영자의 교통사고 예방을 위한 교통안전정책의 수립

문제 120 운행기록장치 장착 의무자가 제출한 운행기록을 점검하는 주체는?

① 도로교통공단 ② 한국교통안전공단
③ 교통안전담당자 ④ 국토교통부 장관

해설 교통안전법 시행규칙 제30조(운행기록의 보관 및 제출방법 등)
④ **한국교통안전공단**은 운행기록장치 장착의무자가 제출한 운행기록을 점검하고 다음 각 호의 항목을 분석하여야 한다. 〈개정 2010. 6. 30., 2018. 4. 25.〉
1. 과속   2. 급감속   3. 급출발
4. 회전   5. 앞지르기 6. 진로변경

문제 121 운행기록장치가 갖추어야 하는 기능으로 잘못된 것은?

① 차량 속도의 검출 ② 외부에서 입력하는 데이터를 저장
③ 초당 엔진 회전수의 감지 ④ 기기 및 통신 상태의 오류 검출

해설 교통안전법 시행규칙 [별표 4] 〈개정 2021. 11. 26.〉
운행기록장치가 갖추어야 하는 장치 및 기능의 기준(제29조의3제1항 관련)
1. 장치 및 기능

장치	기능
나. 기억장치	1) 1초 단위의 데이터를 6개월 이상 기록·저장할 수 있을 것 2) <u>외부에서 입력하는 데이터를 저장할 수 있을 것</u> → ②
바. 그 밖의 장치(운행기록장치에서 가목부터 마목까지의 장치를 제외한 장치를 말한다)	1) <u>차량속도의 검출</u>이 가능할 것 → ① 2) <u>기기 및 통신상태의 오류 검출</u>이 가능할 것 → ④

정답 120 ②　121 ③

자동차 운행기록 및 장치에 관한 관리지침 [별표 1] 운행기록장치의 세부기준(제3조 관련)
4. 장치의 기능
  사. 교정인자 입력 등
   (2) **분당회전수(RPM) 데이터** → ③ 는 엔진에서 RPM 계기판으로 올라오는 최종 신호를 확인하여 교정인자로 신호수(pulse/1회전)를 입력할 수 있어야 하며, 입력된 정보는 사용자 및 제3자가 임의로 위·변조할 수 없도록 설계·제작되어야 한다. (선택사항)

문제 122 운행기록의 제출 방법 등과 관련하여 '운행기록장치 및 운행기록의 점검 등'에 대한 내용으로 틀린 것은?

① 운행기록의 조작 및 교정인자의 위·변조 여부
② 운행기록장치의 미작동 및 오류 발생 여부
③ 운행기록장치의 오류 발생 사유 조사
④ 운행기록장치 펌웨어의 보안 및 결함 점검

해설 자동차 운행기록 및 장치에 관한 관리지침 [시행 2021. 11. 26.]
제8조(운행기록장치 및 운행기록의 점검 등)
② 공단은 운송사업자의 운행기록장치 및 운행기록(이하 "운행기록등"이라 한다)에 대한 다음 각 호의 사항을 점검할 수 있다.
1. **운행기록의 조작 및 교정인자의 위·변조 여부** → ①
2. **운행기록장치의 미작동 및 오류발생 여부** → ②
3. **운행기록장치의 오류발생 사유조사** → ③
4. 운행기록장치에 별표 2의 표기순서에 적합한 운행기록 저장여부
5. 그 밖에 운행기록등에 문제가 있다고 판단되는 사항의 확인

문제 123 운행기록장치 분석 결과의 활용 범주가 아닌 것은?

① 운전자의 운전 습관 교정
② 자동차의 운행 관리
③ 지정행정기관의 운행계통 및 운행경로 개선
④ 최소 휴게시간, 연속 근무시간 및 속도제한장치 무단해제 확인

해설 자동차 운행기록 및 장치에 관한 관리지침 제13조(분석결과 활용) [시행 2021. 11. 26.]
교통행정기관, 공단 및 운송사업자는 운행기록의 분석결과를 다음 각 호의 교통안전 관련업무에 한정하여 활용하여야 한다.
1. **자동차의 운행관리** → ②
2. 운전자에 대한 교육·훈련
3. **운전자의 운전습관 교정** → ①
4. 운송사업자의 교통안전관리 개선
5. 교통수단 및 운행체계의 개선
6. **교통행정기관의 운행계통 및 운행경로 개선** → ③

정답 122 ④   123 ③

7. 최소휴게시간, 연속근무시간 및 속도제한장치 무단해제 확인 → ④
8. 그 밖에 사업용 자동차의 교통사고 예방을 위한 교통안전정책의 수립
→ "지정행정기관"이라 함은 교통수단·교통시설 또는 교통체계의 운행·운항·설치 또는 운영 등에 관하여 지도·감독을 행하거나 관련 법령·제도를 관장하는 「정부조직법」에 의한 **중앙행정기관**으로서 대통령령으로 정하는 행정기관을 말한다.
→ "교통행정기관"이라 함은 법령에 의하여 교통수단·교통시설 또는 교통체계의 운행·운항·설치 또는 운영 등에 관하여 교통사업자에 대한 지도·감독을 행하는 **지정행정기관의 장, 특별시장·광역시장·도지사·특별자치도지사 또는 시장·군수·구청장**(자치구의 구청장을 말한다. 이하 같다)을 말한다.

문제 124. 차로이탈 경고장치 대상차량의 길이와 총중량은?

① 길이 9m 이상의 승합자동차 및 차량총중량 10톤 초과 화물·특수자동차
② 길이 9m 이상의 승합자동차 및 차량총중량 20톤 초과 화물·특수자동차
③ 길이 12m 이상의 승합자동차 및 차량총중량 10톤 초과 화물·특수자동차
④ 길이 12m 이상의 승합자동차 및 차량총중량 20톤 초과 화물·특수자동차

해설 교통안전법 시행규칙 제30조의2(차로이탈경고장치의 장착)
① 법 제55조의2에서 "국토교통부령으로 정하는 차량"이란 **길이 9미터 이상의 승합자동차 및 차량총중량 20톤을 초과하는 화물·특수자동차**를 말한다. 다만, 다음 각 호의 어느 하나에 해당하는 자동차는 제외한다. 〈개정 2018. 1. 5., 2019. 1. 18.〉
1. 「자동차관리법 시행규칙」 별표 1 제2호에 따른 덤프형 화물자동차
2. 피견인자동차
3. 「자동차 및 자동차부품의 성능과 기준에 관한 규칙」 제28조에 따라 입석을 할 수 있는 자동차
4. 그 밖에 자동차의 구조나 운행여건 등으로 설치가 곤란하거나 불필요하다고 국토교통부장관이 인정하는 자동차

문제 125. 차로이탈장치 적용 차종은 운행 중인 길이 (   )m 이상 승합차와 차량 총 중량 (   )톤 초과 화물 및 특수자동차가 장착 의무 대상이다. 다음 (   )안에 맞는 정답은?

① 9, 20   ② 11, 20   ③ 20, 9   ④ 20, 11

해설 교통안전법 시행규칙 제30조의2(차로이탈경고장치의 장착)
① 법 제55조의2에서 "국토교통부령으로 정하는 차량"이란 길이 **9미터** 이상의 승합자동차 및 차량총중량 **20톤**을 초과하는 화물·특수자동차를 말한다. 다만, 다음 각 호의 어느 하나에 해당하는 자동차는 제외한다.

정답 124 ②   125 ①

문제 126 교통안전체험 연구·교육 시설의 교육 과정 중 '야간 운행 특성'에 대한 교육 내용에 포함되지 않는 것은?

① 보행자 시인성 ② 증발·현혹 현상
③ 운전자 감각 변화 ④ 착각 현상

해설 교통안전법 시행규칙 [별표 7] 〈개정 2021. 8. 27.〉
교통안전체험 연구·교육시설의 교육과정 등(제31조제2항관련)
2. 심화교육(16시간)

교육과목	교육내용	교육방법	교육시간
(9) 야간운행 특성	○ 보행자 시인성(視認性) → ① ○ 증발·현혹현상 → ② ○ 착각 현상 → ④	자동차 실습 교육	120분

문제 127 교통안전법에서 정하는 중대 교통사고란?

① 1건의 교통사고로 8주 이상 치료를 요하는 사고
② 1건의 교통사고로 16주 이상 치료를 요하는 사고
③ 1건의 교통사고로 24주 이상 치료를 요하는 사고
④ 1건의 교통사고로 32주 이상 치료를 요하는 사고

해설 교통안전법 시행규칙 제31조의2(중대 교통사고의 기준 및 교육실시)
② 법 제56조의2제2항에서 "**중대 교통사고**"란 차량운전자가 교통수단운영자의 차량을 운전하던 중 1건의 교통사고로 8주 이상의 치료를 요하는 의사의 진단을 받은 피해자가 발생한 사고를 말한다.

문제 128 8주 이상의 치료를 요하는 중대 교통사고를 낸 가해자는 몇 일 이내에 교통안전 체험교육을 받아야하는가?

① 20일 ② 40일 ③ 60일 ④ 80일

해설 교통안전법 시행규칙 제31조의2(중대 교통사고의 기준 및 교육실시)
② 법 제56조의2제2항에서 "중대 교통사고"란 차량운전자가 교통수단운영자의 차량을 운전하던 중 1건의 교통사고로 8주 이상의 치료를 요하는 의사의 진단을 받은 피해자가 발생한 사고를 말한다.
③ 차량운전자는 제2항에 따른 중대 교통사고가 발생하였을 때에는 「도로교통법」제54조제6항에 따른 교통사고조사에 대한 결과를 통지 받은 날부터 **60일** 이내에 교통안전 체험교육을

● 정답 126 ③ 127 ① 128 ③

받아야 한다. 다만, 각 호에 해당하는 차량운전자의 경우에는 각 호에서 정한 기간 내에 교육을 받아야 한다. 〈개정 2018. 1. 5.〉
1. 해당 차량운전자가 중대 교통사고 발생에 따른 구속 또는 금고 이상의 실형을 선고받고 그 형이 집행 중인 경우에는 석방 또는 그 집행이 종료되거나 집행을 받지 아니하기로 확정된 날부터 60일 이내
2. 해당 차량운전자가 중대 교통사고 발생에 따른 상해를 받아 치료를 받아야 하는 경우에는 치료가 종료된 날부터 60일 이내
3. 중대 교통사고로 인하여 운전면허가 취소 또는 정지된 차량운전자의 경우에는 운전면허를 다시 취득하거나 정지기간이 만료되어 운전할 수 있는 날부터 60일 이내

문제 129 중대 교통사고를 야기한 사업용 운전자가 교통사고 조사에 대한 결과를 통지받았을 경우 결과 통지 시점으로부터 얼마의 기간 이내에 교통안전 체험교육을 받아야 하는가?

① 60일 이내
② 40일 이내
③ 30일 이내
④ 20일 이내

해설 교통안전법 시행규칙 제31조의2(중대 교통사고의 기준 및 교육실시)
③ 차량운전자는 제2항에 따른 중대 교통사고가 발생하였을 때에는 「도로교통법」 제54조제6항에 따른 교통사고조사에 대한 결과를 통지 받은 날부터 **60일 이내**에 교통안전 체험교육을 받아야 한다. 다만, 각 호에 해당하는 차량운전자의 경우에는 각 호에서 정한 기간 내에 교육을 받아야 한다. 〈개정 2018. 1. 5.〉

문제 130 다음 중 교통안전법상의 교통문화지수의 조사항목에 해당되지 않는 것은?

① 교통안전교육
② 교통안전
③ 보행행태(도로교통분야로 한정)
④ 운전행태

해설 교통안전법 시행령 제47조(교통문화지수의 조사 항목 등)
① 법 제57조제1항에 따른 교통문화지수의 조사 항목은 다음 각 호와 같다.
〈개정 2008. 2. 29., 2013. 3. 23.〉
1. **운전행태** → ④
2. **교통안전** → ②
3. **보행행태(도로교통분야로 한정한다)** → ③
4. 그 밖에 국토교통부장관이 필요하다고 인정하여 정하는 사항

정답 129 ① 130 ①

문제 131 교통안전 실태점검 항목 중 '교차로'의 점검 사항은?

① 교차로의 종류에 따른 교통상충의 정도
② 교차로에 설치된 교통안전표지의 타당성
③ 교차로 면적의 적정성 여부
④ 노면 유도선 설치의 타당성

해설   교통안전법 시행규칙 [별표 8] 〈개정 2024. 11. 29.〉
교통안전 실태점검 항목(제31조의8제4항 관련)
2. 일반사항

점검 대상	점검 항목
바. 교차로	교차로 면적의 적정 여부

문제 132 다음 중 청문을 실시하여야 하는 경우는?

① 국토교통부장관 또는 지정행정기관의 장은 이 법에 따른 권한의 일부를 대통령령으로 정하는 바에 따라 소속 기관의 장 또는 시·도지사에게 위임하는 경우
② 교통안전관리자 자격의 취소와 교통안전진단기관 등록을 취소하려는 경우
③ 국토교통부장관 또는 지정행정기관의 장으로부터 위임받은 권한의 일부를 국토교통부장관 또는 지정행정기관의 장의 승인을 얻어 시장·군수·구청장에게 재위임하는 경우
④ 교통시설안전진단을 실시하려는 자가 시·도지사에게 등록하는 경우

해설   교통안전법 제61조(청문)
시·도지사는 다음 각 호의 어느 하나에 해당하는 처분을 하고자 하는 경우에는 청문을 실시하여야 한다. 〈개정 2008. 2. 29., 2012. 6. 1., 2017. 1. 17.〉
 1. 제43조에 따른 **교통안전진단기관 등록의 취소**
 2. 제54조제1항의 규정에 따른 **교통안전관리자 자격의 취소**

문제 133 다음 중 교통안전법상의 과태료의 부과대상자가 아닌 자는?

① 신고를 하지 아니하고 교통안전진단업무를 휴업·재개업 또는 폐업하거나 거짓으로 신고한 일반교통안전진단기관
② 점검·검사를 거부·기피·방해하거나 질문에 대하여 거짓으로 진술한 교통안전진단기관

정답 131 ③   132 ②   133 ④

③ 교통안전진단을 받지 아니하거나 교통안전진단보고서를 거짓으로 제출한 자
④ 직무상 비밀을 타인에게 누설하거나 직무상 목적외에 이를 사용한자

해설 교통안전법 제65조(과태료)
① 다음 각 호의 어느 하나에 해당하는 자에게는 1천만원 이하의 **과태료**를 부과한다. 〈개정 2020. 6. 9.〉
  2. 제34조제5항에 따른 **교통시설안전진단을 받지 아니하거나 교통시설안전진단보고서를 거짓으로 제출한 자** → ③
② 다음 각 호의 어느 하나에 해당하는 자에게는 500만원 이하의 **과태료**를 부과한다. 〈개정 2024. 1. 23.〉
  5. 제40조제2항에 따른 **신고를 하지 아니하고 교통시설안전진단 업무를 휴업·재개업 또는 폐업하거나 거짓으로 신고한 자** → ①
  7. 제47조제1항의 규정에 따른 **점검·검사를 거부·기피·방해하거나 질문에 대하여 거짓으로 진술한 자** → ②

교통안전법 제63조(벌칙)
다음 각 호의 어느 하나에 해당하는 자는 2년 이하의 징역 또는 2천만원 이하의 **벌금**에 처한다. 〈개정 2020. 6. 9.〉
  5. 제58조의 규정을 위반하여 직무상 알게 된 비밀을 타인에게 누설하거나 직무상 목적 외에 이를 사용한 자
→ 직무상 비밀을 타인에게 누설하거나 직무상 목적외에 이를 사용한자는 '과태료'가 아닌 '징역 혹은 벌금'에 처한다.

문제 134 과태료를 부과할 수 없는 자는?

① 국토교통부장관
② 시장
③ 한국교통안전공단 이사장
④ 도지사

해설 교통안전법 제65조(과태료)
③ 제1항 및 제2항의 규정에 따른 과태료는 대통령령으로 정하는 바에 따라 **국토교통부장관**, **교통행정기관** 또는 **시장**·군수·구청장이 부과·징수한다. 〈개정 2020. 6. 9.〉
교통안전법 제2조(정의) 이 법에서 사용하는 용어의 뜻은 다음과 같다. 〈개정 2023. 8. 16.〉
  6. "**교통행정기관**"이라 함은 법령에 의하여 교통수단·교통시설 또는 교통체계의 운행·운항·설치 또는 운영 등에 관하여 교통사업자에 대한 지도·감독을 행하는 지정행정기관의 장, 특별시장·광역시장·**도지사**·특별자치도지사(이하 "시·도지사"라 한다) 또는 시장·군수·구청장(자치구의 구청장을 말한다. 이하 같다)을 말한다.

정답 134 ③

문제 135 교통시설 안전진단을 받지 아니하거나 교통시설 안전진단 보고서를 거짓으로 제출한 경우, 부과되는 과태료는?

① 300만원　　② 500만원　　③ 600만원　　④ 1천만원

해설 교통안전법 시행령 [별표 9] 〈개정 2024. 7. 16.〉
과태료의 부과기준(제49조 관련)
2. 개별기준

위반행위	근거 법조문	과태료 금액		
		1차	2차	3차 이상
라. 법 제34조제5항에 따른 교통시설안전진단을 받지 않거나 교통시설안전진단보고서를 거짓으로 제출한 경우	법 제65조 제1항제2호	600만원		

문제 136 운행기록장치의 운행기록을 임의로 조작한 경우, 부과되는 과태료는?

① 50만원　　② 100만원　　③ 150만원　　④ 300만원

해설 교통안전법 시행령 별표 9 〈개정 2024. 7. 16〉
과태료의 부과기준(제49조 관련)

위반행위	근거 법조문	과태료 금액		
		1차	2차	3차 이상
거. 법 제55조제2항 후단을 위반하여 운행기록장치에 기록된 운행기록을 임의로 조작한 경우	법 제65조 제1항제3호의2	100만원		

정답　135 ③　136 ②

[자동차 관리법]

01. 자동차관리법 제1조(목적)
이 법은 자동차의 등록, 안전기준, **자기인증**, 제작결함 시정, 점검, **정비, 검사** 및 자동차관리사업 등에 관한 사항을 정하여 **자동차를 효율적으로 관리**하고 자동차의 성능 및 안전을 확보함으로써 공공의 복리를 증진함을 목적으로 한다.

02. 자동차관리법 제2조(정의) 이 법에서 사용하는 용어의 뜻은 다음과 같다.
1. "**자동차**"란 원동기에 의하여 육상에서 이동할 목적으로 제작한 용구 또는 이에 견인되어 육상을 이동할 목적으로 제작한 용구(이하 "피견인자동차"라 한다)를 말한다. 다만, 대통령령으로 정하는 것은 제외한다.
2. "**운행**"이란 사람 또는 화물의 운송 여부와 관계없이 자동차를 그 용법(用法)에 따라 사용하는 것을 말한다.
4. "**형식**"이란 자동차의 구조와 장치에 관한 형상, 규격 및 성능 등을 말한다.
5. "**폐차**"란 자동차를 해체하여 국토교통부령으로 정하는 자동차의 장치를 그 성능을 유지할 수 없도록 압축·파쇄(破碎) 또는 절단하거나 자동차를 해체하지 아니하고 바로 압축·파쇄하는 것을 말한다.
6. "**자동차관리사업**"이란 **자동차매매업**·**자동차정비업** 및 **자동차해체재활용업**을 말한다.
10. "**사고기록장치**"란 자동차의 충돌 등 국토교통부령으로 정하는 사고 전후 일정한 시간 동안 자동차의 운행정보를 저장하고 저장된 정보를 확인할 수 있는 장치 또는 기능을 말한다.
12. "**표준정비시간**"이란 자동차정비사업자 단체가 정하여 공개하고 사용하는 정비 작업별 평균 정비시간을 말한다.

03. 자동차관리법 제3조(자동차의 종류)
① 자동차는 다음 각 호와 같이 구분한다.
1. **승용자동차** : **10인 이하를 운송하기에 적합하게 제작된 자동차**
2. **승합자동차** : **11인 이상을 운송하기에 적합하게 제작된 자동차**. 다만, 다음 각 목의 어느 하나에 해당하는 자동차는 승차인원과 관계없이 이를 승합자동차로 본다.
　가. 내부의 특수한 설비로 인하여 승차인원이 10인 이하로 된 자동차
　나. 국토교통부령으로 정하는 경형자동차로서 승차인원이 10인 이하인 전방조종 자동차
　다. 삭제 〈2019.8.27.〉
　　→ 2019.8.27.부로 **캠핑용자동차 또는 캠핑용 트레일러 조항이 삭제**되었다.

3. 화물자동차 : 화물을 운송하기에 적합한 화물적재공간을 갖추고, 화물적재공간의 총적재화물의 무게가 운전자를 제외한 승객이 승차공간에 모두 탑승했을 때의 승객의 무게보다 많은 자동차
4. **특수자동차** : **다른 자동차를 견인하거나 구난작업 또는 특수한 용도로 사용하기에 적합하게 제작된 자동차**로서 승용자동차·승합자동차 또는 화물자동차가 아닌 자동차
5. 이륜자동차 : 총배기량 또는 정격출력의 크기와 관계없이 1인 또는 2인의 사람을 운송하기에 적합하게 제작된 이륜의 자동차 및 그와 유사한 구조로 되어 있는 자동차

자동차관리법 시행규칙 [별표 1] 자동차의 종류(제2조관련)
1. 규모별 세부기준

종류	경형		소형	중형	대형
	초소형	일반형			
승합 자동차	배기량이 1,000시시 (전기자동차의 경우 최고출력이 80킬로와트) 미만이고, 길이 3.6미터·너비 1.6미터·높이 2.0미터 이하인 것		승차정원이 15인 이하이고, 길이 4.7미터·너비 1.7미터·높이 2.0미터 이하인 것	승차정원이 16인 이상 35인 이하이거나, 길이·너비·높이 중 어느 하나라도 소형을 초과하고, 길이가 9미터 미만인 것	승차정원이 36인 이상이거나, 길이·너비·높이 모두 소형을 초과하고, 길이가 9미터 이상인 것
화물 자동차	배기량이 250시시 (전기자동차의 경우 최고출력이 15킬로와트) 이하이고, 길이 3.6미터·너비 1.5미터·높이 2.0미터 이하인 것		배기량이 1,000시시 (전기자동차의 경우 최고출력이 80킬로와트) 미만이고, 길이 3.6미터·너비 1.6미터·높이 2.0미터 이하인 것	최대 적재량이 1톤 이하이고, 총중량이 3.5톤 이하인 것	최대 적재량이 1톤 초과 5톤 미만이거나, 총중량이 3.5톤 초과 10톤 미만인 것
이륜 자동차	배기량이 50시시 미만 (최고출력 4킬로와트 이하)인 것		배기량이 125시시 이하(최고출력 11킬로와트 이하)인 것	배기량이 125시시 초과 260시시 이하(최고출력 11킬로와트 초과 15킬로와트 이하)인 것	배기량이 260시시 (최고출력 15킬로와트)를 초과하는 것

→ 소형 이륜자동차는 배기량이 125cc '이하'인 것을 말한다.
→ 승합자동차 - 대형 : 승차정원이 36인 이상이거나, 길이·너비·높이 모두 소형을 초과하고, 길이가 9미터 이상인 것

2. 유형별 세부기준

종류	유형별	세부기준
승합자동차	일반형	주목적이 여객운송용인 것
	특수형	특정한 용도(장의·헌혈·구급·보도·**캠핑** 등)를 가진 것
화물자동차	일반형	보통의 화물운송용인 것
	덤프형	적재함을 원동기의 힘으로 기울여 적재물을 중력에 의하여 쉽게 미끄러뜨리는 구조의 화물운송용인 것
	밴형	지붕구조의 덮개가 있는 화물운송용인 것
	특수용도형	특정한 용도를 위하여 특수한 구조로 하거나, 기구를 장치한 것으로서 위 어느 형에도 속하지 아니하는 화물운송용인 것

자동차관리법 시행규칙 [별표 1] 자동차의 종류(제2조관련)

※ 비고
 1. 위 표 제1호 및 제2호에 따른 화물자동차 및 이륜자동차의 범위는 다음 각 목의 기준에 따른다.
    가. 화물자동차 : 화물을 운송하기 적합하게 바닥 면적이 최소 2제곱미터 이상(소형·경형화물자동차로서 이동용 음식판매 용도인 경우에는 0.5제곱미터 이상, 그 밖에 초소형 화물자동차 및 특수용도형인 경형 화물자동차는 1제곱미터 이상을 말한다)인 화물적재공간을 갖춘 자동차로서 다음 각 호의 1에 해당하는 자동차
     1) 승차공간과 화물적재공간이 분리되어 있는 자동차로서 **화물적재공간의 윗부분이 개방된 구조의 자동차, 유류·가스 등을 운반하기 위한 적재함을 설치한 자동차** 및 **화물을 싣고 내리는 문을 갖춘 적재함이 설치된 자동차**(구조·장치의 변경을 통하여 화물적재공간에 덮개가 설치된 자동차를 포함한다)
     2) 승차공간과 화물적재공간이 동일 차실내에 있으면서 화물의 이동을 방지하기 위해 칸막이벽을 설치한 자동차로서 화물적재공간의 바닥면적이 승차공간의 바닥면적(운전석이 있는 열의 바닥면적을 포함한다)보다 넓은 자동차
     3) 화물을 운송하는 기능을 갖추고 자체적하 기타 작업을 수행할 수 있는 설비를 함께 갖춘 자동차

04. 자동차관리법 제4조의2(자동차정책기본계획의 수립)
① 국토교통부장관은 자동차를 효율적으로 관리하고 안전도를 높이기 위하여 **자동차 정책기본계획**을 **5년**마다 수립·시행하여야 한다.
② 기본계획에는 다음 각 호의 사항이 포함되어야 한다.
 1. 자동차 관련 기술발전 전망과 **자동차 안전 및 관리 정책의 추진방향**
 2. 제29조에 따른 자동차안전기준 등의 연구개발·기반조성 및 국제조화에 관한 사항
 3. **자동차 안전도 향상에 관한 사항**
 4. **자동차 관리제도 및 소비자 보호에 관한 사항**

4의2. 커넥티드자동차 등 신기술이 적용된 자동차의 자동차검사기준 마련, 안전관리 및 자동차검사 관련 기술·기기의 연구·개발·보급에 관한 사항
5. 그 밖에 자동차 안전 및 관리를 위하여 필요한 사항

05. 자동차등록령 제14조(채권자대위에 따른 신청)
채권자가 「민법」 제404조에 따라 채무자를 대위하여 등록을 신청하는 경우에는 신청서에 다음 각 호의 사항을 적어 서명하거나 날인하고, 그 대위의 원인을 증명하는 서류를 첨부하여야 한다.
  1. **채권자 및 채무자의 성명 또는 명칭**
  2. **채권자 및 채무자의 주소**
  3. **채권자대위의 원인**

06. 자동차관리법 시행령 제3조(자동차의 차령기산일)
자동차의 차령기산일은 다음 각호의 구분에 의한다.
  1. **제작연도에 등록된 자동차 : 최초의 신규등록일**
  2. **제작연도에 등록되지 아니한 자동차 : 제작연도의 말일**

07. 자동차관리법 제6조(자동차 소유권 변동의 효력)
자동차 소유권의 득실변경(得失變更)은 등록을 하여야 그 효력이 생긴다.

08. 자동차관리법 제9조(신규등록의 거부)
시·도지사는 다음 각 호의 어느 하나에 해당하는 경우에는 신규등록을 거부하여야 한다.
  1. 해당 자동차의 취득에 관한 **정당한 원인행위가 없거나** 등록 신청 사항에 거짓이 있는 경우
  2. 제22조에 따른 자동차의 차대번호(車臺番號) 또는 원동기형식의 표기가 없거나 이들 표기가 제30조제4항에 따른 자동차자기인증표시 또는 제43조제3항에 따른 신규검사증명서에 적힌 것과 다른 경우
  3. 「여객자동차 운수사업법」에 따른 여객자동차 운수사업 및 「화물자동차 운수사업법」에 따른 화물자동차 운수사업의 면허·등록·인가 또는 신고 내용과 다르게 사업용 자동차로 등록하려는 경우
  4. 「액화석유가스의 안전관리 및 사업법」 제28조에 따른 액화석유가스의 연료사용 제한 규정을 위반하여 등록하려는 경우
  5. 「대기환경보전법」 제48조 및 「소음·진동관리법」 제31조에 따른 제작차 인증을 받지 아니한 자동차 또는 제동장치에 석면을 사용한 자동차를 등록하려는 경우
  6. 미완성자동차

09. 자동차관리법 시행규칙 제3조(자동차등록번호판의 부착방법)
법 제10조제1항 본문에 따른 자동차등록번호판은 자동차의 앞쪽과 뒷쪽에 다음 각호의 기준에 적합하게 부착하여야 한다. 다만, 피견인자동차의 앞쪽에는 등록번호판을 부착하지 아니할 수 있다.
1. **차량중심선을 기준으로 등록번호판의 좌우가 대칭이 될 것**. 다만, 자동차의 구조 및 성능상 차량중심선에 부착하는 것이 곤란한 경우에는 그러하지 아니하다.
2. 자동차의 앞쪽과 뒷쪽에서 볼 때에 **차체의 다른 부분이나 장치등에 의하여 등록번호판이 가리워지지 아니할 것**
3. 뒷쪽 등록번호판의 부착위치는 차체의 뒷쪽 끝으로부터 **65센티미터** 이내일 것. 다만, 자동차의 구조 및 성능상 차체의 뒷쪽 끝으로부터 65센티미터 이내로 부착하는 것이 곤란한 경우에는 그러하지 아니하다.
4. 그 밖에 국토교통부장관이 정하여 고시하는 부착 방법

자동차관리법 시행규칙 제4조(봉인의 위치등)
① 법 제10조제1항 본문의 규정에 의한 봉인은 자동차의 뒷면에 붙인 등록번호판 **왼쪽의 접합부분**에 하여야 한다.

자동차관리법 시행규칙 제5조의2(외부장치용 등록번호판의 부착 등)
① 법 제10조제7항 전단에서 "자전거 운반용 부착장치 등 국토교통부령으로 정하는 외부장치"란 다음 각 호의 요건을 모두 갖춘 외부장치를 말한다.
1. 자동차의 외부에 손쉽게 탈·부착이 가능한 장치일 것
2. 영 제8조제2항제10호에 따른 승차장치 및 물품적재장치를 이용하여 운반할 수 없는 자전거 등 이동을 목적으로 제작된 기구를 안전하게 운반하기 위한 보조 장치일 것
3. 외부장치용 등록번호판을 부착할 수 있는 장치가 외부장치에 고정되어 있을 것
4. 자동차의 **뒤쪽**에서 볼 때 외부장치 및 기구에 의하여 외부장치용 등록번호판이 가려지지 않을 것

자동차 등록번호판 등의 기준에 관한 고시 제4조(번호판의 색상)
③ 임시운행허가번호판은 흰색바탕에 검은색문자로 하고 **3mm폭**의 적색사선을 긋는다.

자동차 등록번호판 등의 기준에 관한 고시 6조의2(등록번호판 부착 방법 등)
③ 등록번호판은 아래 기준에 적합한 위치에 부착하여야 한다.
1. **자동차의 중심선을 기준으로 등록번호판의 중심이 10cm 이상 벗어나지 않아야 함**. 다만, 자동차의 구조 및 성능상 차량중심선에 부착하는 것이 곤란한 경우에는 차량중심선에 가까운 위치에 부착할 것
2. **번호판의 상단부를 기준으로 지면에서 1.2m 이내의 높이**. 다만, 1.2m 이내의 설치가 곤란한 경우에는 **가능한 잘 보이는 위치에 부착할 것**

④ **등록번호판의 부착 각도**는 아래 기준에 적합하여야 한다.
  1. 자동차의 진행방향 중심선을 기준하여 직각으로 부착하고, 지면과 수평되어야 하며, 각각의 **기울기 허용오차는 ±5° 이내**일 것
  2. 등록번호판의 수직방향 기울기는 등록번호판 상단의 높이가 지상으로부터 1.2m 이하인 경우에는 아래쪽 방향(등록번호판이 지면을 바라보는 방향)으로 5° 이내, 위쪽 방향으로 30° 이내이어야 하며, 지상으로부터 1.2m를 초과하는 경우에는 아래쪽 방향으로 15° 이내, 위쪽 방향으로 5° 이내로 부착할 것

10. 자동차관리법 제11조(변경등록)
① 자동차 소유자는 등록원부의 기재 사항이 변경(제12조에 따른 이전등록 및 제13조에 따른 말소등록에 해당되는 경우는 제외한다)된 경우에는 대통령령으로 정하는 바에 따라 시·도지사에게 변경등록을 신청하여야 한다. 다만, 대통령령으로 정하는 경미한 등록 사항을 변경하는 경우에는 그러하지 아니하다.

자동차등록령 제22조(변경등록 신청)
① 변경등록은 그 사유가 발생한 날부터 **30일 이내**에 등록관청에 신청하여야 한다.

11. 자동차관리법 제12조(이전등록)
① 등록된 자동차를 양수받는 자는 대통령령으로 정하는 바에 따라 시·도지사에게 자동차 소유권의 **이전등록**을 신청하여야 한다.

자동차등록령 제26조(이전등록 신청)
① 이전등록은 다음 각 호의 구분에 따른 기간에 등록관청에 신청하여야 한다.
  1. 매매의 경우 : 매수한 날부터 15일 이내
  2. 증여의 경우 : 증여를 받은 날부터 20일 이내
  3. 상속의 경우 : 상속개시일이 속하는 달의 말일부터 **6개월** 이내
  4. 그 밖의 사유로 인한 소유권이전의 경우 : 사유가 발생한 날부터 15일 이내

상속에 따른 자동차 이전등록 안내절차 고시
등록관청은 자동차소유자 중 사망자가 발생한 경우 사망자신고일로부터 60일 이내에 그 사망자의 사망당시의 주소지로 다음 각 호의 사항을 통지할 수 있다.
1. 상속에 따른 이전등록 **신청 기간**
2. 상속에 따른 이전등록 **신청장소**, 담당자 연락처 및 구비서류
3. **상속순위** 등 그 밖에 등록관청에서 필요하다고 인정하는 사항

12. 자동차등록법 제13조(말소등록)
① 자동차 소유자는 등록된 자동차가 다음 각 호의 어느 하나의 사유에 해당하는 경우에는 대통령령으로 정하는 바에 따라 자동차등록증, 등록번호판을 반납하고 시·도지사에게 말소등록을 신청하여야 한다. 다만, 제7호 및 제8호의 사유에 해당되는 경우에는 말소등록을 신청할 수 있다.
   1. 제53조에 따라 **자동차해체재활용업을 등록한 자**(이하 "자동차해체재활용업자"라 한다)에게 **폐차를 요청한 경우**
   2. **자동차제작·판매자등에게 반품한 경우**(제47조의2의 교환 또는 환불 요구에 따라 반품된 경우를 포함한다)
   3. 「여객자동차 운수사업법」에 따른 차령(車齡)이 초과된 경우
   4. 「여객자동차 운수사업법」 및 「화물자동차 운수사업법」에 따라 면허·등록·인가 또는 신고가 실효(失效)되거나 취소된 경우
   5. 천재지변·교통사고 또는 화재로 자동차 본래의 기능을 회복할 수 없게 되거나 멸실된 경우
   6. **자동차를 수출하는 경우**
   7. 제14조의 압류등록을 한 후에도 환가(換價) 절차 등 후속 강제집행 절차가 진행되고 있지 아니하는 차량 중 차령 등 대통령령으로 정하는 기준에 따라 환가가치가 남아 있지 아니하다고 인정되는 경우. 이 경우 시·도지사가 해당 자동차 소유자로부터 말소등록 신청을 접수하였을 때에는 즉시 그 사실을 압류등록을 촉탁(囑託)한 법원 또는 행정관청과 등록원부에 적힌 이해관계인에게 알려야 한다.
   8. 자동차를 교육·연구의 목적으로 사용하는 등 대통령령으로 정하는 사유에 해당하는 경우
③ 시·도지사는 다음 각 호의 어느 하나에 해당하는 경우에는 직권으로 말소등록을 할 수 있다.
   1. 제1항과 제2항에 따라 **말소등록을 신청하여야 할 자가 신청하지 아니한 경우**
   2. **자동차의 차대가 등록원부상의 차대와 다른 경우**
   3. 제24조의2제2항 또는 제37조제3항에 따른 **자동차 운행정지 명령에도 불구하고 해당 자동차를 계속 운행하는 경우**
   4. 제26조에 따라 자동차를 폐차한 경우
   5. **속임수나 그 밖의 부정한 방법으로 등록된 경우**
   6. 「자동차손해배상 보장법」 제6조제3항에 따른 **의무보험 가입명령을 이행하지 아니한 지 1년 이상 경과한 경우**
⑦ 자동차 소유자는 다음 각 호의 어느 하나에 해당하는 경우에는 대통령령으로 정하는 바에 따라 시·도지사에게 **말소등록을 신청할 수 있다.**
   1. **본인이 소유하는 자동차를 도난당한 경우**
   2. 본인이 소유하는 자동차를 횡령 또는 편취당한 경우

자동차등록령 제31조(말소등록 신청)
⑦ 법 제13조제7항에 따라 말소등록을 신청하려는 자는 국토교통부령으로 정하는 신청서에 다음 각 호의 어느 하나에 해당하는 서류를 첨부하여야 한다.
 1. 본인이 소유하는 자동차를 도난당한 경우 : 관할 경찰서장이 발급한 도난신고확인서
 2. 본인이 소유하는 자동차를 횡령 또는 편취당한 경우 : 관할 경찰서장이 발급한 사건사고사실확인원
⑧ 등록관청은 제7항제2호에 따라 말소등록을 신청받은 경우 말소등록 예정일을 명시하여 그 1개월 전까지 해당 자동차를 횡령 또는 편취한 것으로 신고된 자에게 말소등록이 신청된 사실을 알려야 한다.

13. 자동차관리법 제16조(자동차등록번호의 부여)
시·도지사는 자동차를 신규등록한 경우에는 그 자동차의 등록번호를 부여하고, 용도 변경 등 대통령령으로 정하는 사유가 발생한 경우에는 그 등록번호를 변경하여 부여한다.

14. 자동차 차대번호 등의 운영에 관한 규정
제2조(정의) 이 규정에서 사용하는 용어의 정의는 다음과 같다.
 6. "고유 각인"이란 규칙 제14조제2항의 규정에 의한 표기시행자(이하 "표기시행자"라 한다) 또는 규칙 제16조의 규정에 의한 **지정표기시행자**(이하 "**한국교통안전공단**"이라 한다)가 차대번호 또는 원동기형식을 정정한 때 사용하는 각인으로서 각인대장에 등록된 것을 말한다. 다만, 한국교통안전공단의 경우에는 제8호의 종부호 각인을 말한다.
제4조(국가공통부호등) 규칙 제14조제1항제2호의 규정에 의한 국가공통부호는 다음과 같다.

표기내용	표기부호		
	첫째자리	둘째자리	셋째자리
승용자동차	K	L	9
승합자동차	K	M	9
화물자동차	K	N	9
특수자동차	K	P	9
이륜자동차	K	R	9

15. 자동차관리법 제24조의2(자동차의 운행정지 등)
② **시·도지사** 또는 **시장·군수·구청장**은 제1항의 요건에 해당하지 아니한 자가 정당한 사유 없이 자동차를 운행하는 경우 다음 각 호의 어느 하나에 따라 해당 **자동차의 운행정지를 명할 수 있다.**

1. 자동차 소유자의 동의 또는 요청
2. 수사기관의 장의 요청. 다만, 수사기관의 장이 제2조제3호에 따른 자동차사용자가 아닌 자가 자동차를 운행하는 사실을 확인한 경우로 한정한다.

16. 자동차관리법 제25조(자동차의 운행 제한)
   ① 국토교통부장관은 다음 각 호의 어느 하나에 해당하는 사유가 있다고 인정되면 미리 경찰청장과 협의하여 자동차의 운행 제한을 명할 수 있다.
   1. **전시·사변 또는 이에 준하는 비상사태의 대처**
   2. **극심한 교통체증 지역의 발생 예방 또는 해소**
   2의2. 제31조제1항에 따른 결함이 있는 자동차의 운행으로 인한 화재사고가 반복적으로 발생하여 공중(公衆)의 안전에 심각한 위해를 끼칠 수 있는 경우
   3. **대기오염 방지나 그 밖에 대통령령으로 정하는 사유**

17. 자동차관리법 제26조(자동차의 강제 처리)
   ① 자동차(자동차와 유사한 외관 형태를 갖춘 것을 포함한다. 이하 이 조에서 같다)의 소유자 또는 점유자는 다음 각 호의 어느 하나에 해당하는 행위를 하여서는 아니 된다.
   1. 자동차를 일정한 장소에 고정시켜 운행 외의 용도로 사용하는 행위
   2. 자동차를 도로에 계속하여 방치하는 행위
   3. **정당한 사유 없이 자동차를 타인의 토지에 대통령령으로 정하는 기간 이상 방치하는 행위**

18. 자동차관리법 시행령 제7조(임시운행의 허가 등)
   ① 시·도지사는 다음 각 호의 어느 하나에 해당하는 경우에는 법 제27조제1항에 따른 임시운행허가를 할 수 있다.
   1. 법 제8조 및 제13조제8항·제10항에 따른 **신규등록신청을 위하여 자동차를 운행하려는 경우**
   ② 제1항에 따른 임시운행허가기간은 다음 각 호의 구분에 따른다.
   1. **제1항제1호·제3호·제7호부터 제9호까지 및 제12호에 해당하는 경우 : 10일 이내**
   1의2. 제1항제2호에 해당하는 경우 : 20일 이내
   2. 제1항제4호·제10호 및 제13호에 해당하는 경우: 40일 이내
   4. 제1항제11호에 해당하는 경우 : 2년(제1항제11호마목의 경우에는 5년)의 범위에서 해당 시험·연구에 소요되는 기간

19. 자동차관리법 시행규칙 제26조의4(임시운행 자율주행자동차의 변경사항 등 보고)
   ① 법 제27조제5항에서 "주요장치 및 기능의 변경 사항, 운행기록 등 운행에 관한 정보 및 교통사고와 관련한 정보 등 국토교통부령으로 정하는 사항"이란 다음 각 호의 사항을 말한다.

2. 운행기록 등 운행에 관한 정보
   가. **누적 주행거리**
   나. **운전자가 의도하지 않은 자율주행기능의 해제**
   다. **보험가입에 관한 사항**

20. 자동차관리법 시행령 제8조(자동차의 구조 및 장치)
② 다음 각호의 **자동차의 장치**는 법 제29조제1항의 규정에 의한 안전기준에 적합하여야 한다.
1. 원동기(동력발생장치) 및 동력전달장치   2. 주행장치   3. 조종장치
4. 조향장치   5. **제동장치**   6. 완충장치
7. 연료장치 및 전기·전자장치   8. 차체 및 차대
9. 연결장치 및 견인장치   10. 승차장치 및 물품적재장치
11. 창유리   12. 소음방지장치   13. 배기가스발산방지장치
14. 전조등, 번호등, 후미등, 제동등, 차폭등, 후퇴등 및 그 밖의 등화장치
15. 경음기 및 그 밖의 경보장치   16. 방향지시등 및 그 밖의 지시장치
17. **후사경**, 창닦이기 및 그 밖에 시야를 확보하는 장치
17의2. 후방 영상장치 및 후진경고음 발생장치 18. 속도계, 주행거리계 및 그 밖의 계기
19. **소화기** 및 그 밖의 방화장치   20. 내압용기 및 그 부속장치
21. 그 밖에 자동차의 안전운행에 필요한 장치로서 국토교통부령으로 정하는 장치

21. 자동차관리법 시행령 제8조의2(**자동차부품**)
법 제29조제2항에서 "대통령령으로 정하는 부품·장치 또는 보호장구"(이하 "자동차부품"이라 한다)란 다음 각 호의 것을 말한다.
1. 브레이크호스   2. 좌석안전띠   3. 국토교통부령으로 정하는 등화장치
4. **후부반사기**   5. 후부안전판   6. **창유리**   7. **안전삼각대**
8. **후부반사판**   9. **후부반사지**   10. 브레이크라이닝
11. 휠   12. **반사띠**   13. 저속차량용 후부표시판
14. 전기자동차에 사용되는 구동축전지

22. 자동차관리법 시행규칙 제30조의2(캠핑용자동차)
법 제29조제3항에서 "국토교통부령으로 정하는 캠핑용자동차"란 다음 각 호의 시설을 갖춘 자동차로서 캠핑에 사용하기 위한 자동차를 말한다.
1. 「자동차 및 자동차부품의 성능과 기준에 관한 규칙」 제18조의4에 따른 취침시설
2. 다음 각 목의 어느 하나에 해당하는 시설
   가. **취사시설**   나. **세면시설**   다. 개수대
   라. 탁자(탈부착이 가능한 탁자를 포함한다)
   마. **화장실 또는 이동용 변기를 설치할 수 있는 독립공간**

23. 자동차관리법 시행규칙 제36조(기술검토 신청 등)
① 제35조제2항에 따라 기술검토를 받으려는 자동차제작자등은 별지 제20호서식의 기술검토신청서에 다음 각 호의 서류를 첨부하여 성능시험대행자에게 제출해야 한다.
 1. 별지 제25호서식의 **자동차제원표**
 2. <u>자동차의 외관도(특수용도형 화물자동차 및 특수자동차의 경우에는 적재장치 또는 특수장치의 구성도를 **포함한다**)</u>
 3. **차대번호 표기내용 또는 표기시행계획(해당하는 경우에 한한다)**
 4. **자기인증표시의 내용 및 부착방법**
 5. 법 제33조제5항에 따라 제공받은 미완성자동차의 안전기준 적합 여부 등에 대한 정보(미완성자동차를 이용하여 자동차를 제작·조립하는 경우로 한정한다)
 6. 제39조의4제3항에 따른 소량생산 자동차 인정 확인서 및 제작자가 제39조의5제2항의 자기인증 방법에 따라 안전기준에 적합함을 확인한 서류(법 제30조제5항 후단에 따라 기술검토를 신청하는 경우로 한정한다)
 7. 별지 제26호의12서식의 핵심장치등의 안전성인증서(안전성인증을 받은 경우에 한정한다) 또는 별지 제26호의13서식의 핵심장치등의 제원관리번호 통보서(법 제30조의7제1항 단서에 따라 안전성인증을 받은 것으로 보는 경우에 한정한다)

24. 자동차 및 자동차부품의 인증 및 조사 등에 관한 규정 제7조의3(자기인증적합조사 방법 등)
① <u>자기인증적합조사 방법은「자동차 및 자동차부품의 성능과 기준에 관한 규칙」및「자동차 및 자동차부품의 성능과 기준 시행세칙」등에 규정된 시험 및 검사방법에 따른다.</u> 이 경우 각각의 시험(선행시험과 후행시험) 단계간의 연계성을 고려하여 시험이 경제적이고 효율적으로 진행될 수 있도록 계획을 수립하여 시행해야 한다.
② <u>성능시험대행자는 자동차제작자등 또는 부품제작자등이 해당 자동차의 자기인증적합조사 시험준비 및 진행과정 등에 참관을 요청할 경우 참관하게 할 수 있다.</u>
③ <u>자동차제작자등 또는 부품제작자등은 제2항에 따라 참관을 하는 경우 성능시험대행자에게 참관사실 확인서를 제출해야 한다.</u>
④ 성능시험대행자는 규칙 제40조의2 또는 제40조의10에 따라 자동차제작자등 또는 부품제작자등에게 자기인증적합조사에 필요한 자료를 요청하는 경우에는 자료의 종류를 구체적으로 명시하여 요청해야 한다.
⑤ <u>성능시험대행자는 자기인증적합조사를 하는 과정에서 안전기준 제35조에 따른 소음방지장치 및 안전기준 제36조에 따른 배기가스발산방지장치의 기준 적합여부를 확인하려는 경우 환경부장관과 협의하여 각각「소음·진동관리법 시행령」제6조 및「대기환경보전법 시행령」제48조에 따른 **수시검사** 결과를 활용한다.</u>
⑥ 성능시험대행자는 자동차부품에 대한 자기인증적합조사를 하는 과정에서 직접 보유한 시험시설을 사용할 수 없는 경우, 제6조의3에 따라 확인된 시험시설 및 제6조의4에 따라 지정된 시험시설을 이용하여 부품자기인증적합조사를 시행할 수 있다.

25. 자동차 및 자동차부품의 인증 및 조사 등에 관한 규정
    제7조의7(제작결함 예비조사 방법)
    ④ <u>성능시험대행자는 **120일** 이내 기간 동안 예비조사를 실시하고</u> 예비조사를 완료한 때에는 기술위원회의 심의를 거친 후 15일 이내에 그 결과를 국토교통부장관에게 보고해야 한다. 다만, 성능시험대행자가 추가 자료 검토 등이 필요하여 예비조사 기간을 연장하려는 경우에는 기술위원회 심의를 거친 후 15일 이내에 그 결과를 국토교통부장관에게 보고하고, 예비조사의 진행상황을 매월 20일까지 국토교통부장관에게 보고해야 한다.

26. 자동차관리법 시행령 제8조의5(자동차 사고조사를 위한 제공요청 대상 자료의 범위)
    ① 성능시험대행자는 법 제31조의3제1항에 따른 사고조사를 하는 경우 같은 조 제5항에 따라 다음 각 호의 구분에 따른 자료의 제공을 요청할 수 있다.
    1. **지방자치단체가 보유한 지방자치단체가 설치·운영하는 영상정보처리기기로 촬영된 자동차 사고 영상**
    2. 경찰청이 보유한 교통사고 조사 결과
    3. **소방청이 보유한** 「소방기본법」 제29조에 따른 **화재조사 결과**
    4. 「보험업법」에 따른 보험회사가 작성·보유한 자동차사고 조사자료 및 보험처리 이력에 관한 자료
    5. **환경부가 보유한** 「대기환경보전법」 제51조제1항에 따른 **결함확인검사 자료**
       같은 법 제51조제5항에 따른 결함시정에 관한 계획, 같은 법 제53조제1항에 따른 결함시정 현황 및 부품결함 현황 등의 자료
    6. 그 밖에 교통사고에 관련된 자료로서 자동차 사고조사를 위해 필요한 자료

27. 자동차관리법 제34조(자동차의 튜닝)
    ① 자동차소유자가 국토교통부령으로 정하는 항목에 대하여 튜닝을 하려는 경우에는 **시장·군수·구청장의 승인을 받아야 한다.**
    ② 제1항에 따라 튜닝 승인을 받은 자는 자동차정비업자 또는 국토교통부령으로 정하는 **자동차제작자등으로부터 튜닝 작업**을 받아야 한다. 이 경우 자동차제작자등의 튜닝 작업 범위는 국토교통부령으로 정한다.

    자동차관리법 시행규칙 제55조(튜닝의 승인대상 및 승인기준 등)
    ① 법 제34조제1항에서 "국토교통부령으로 정하는 항목에 대하여 튜닝을 하려는 경우"란 다음 각 호의 구조·장치를 튜닝하는 경우를 말한다. 다만, 범퍼의 외관이나 법 제34조의3에 따라 인증을 받은 튜닝부품 등 국토교통부장관이 정하여 고시하는 경미한 구조·장치로 튜닝하는 경우는 제외한다.
    1. 영 제8조제1항제1호 및 제3호의 사항과 관련된 **자동차의 구조**
    2. 영 제8조제2항제1호·제2호(차축으로 한정한다)·제4호·제5호·제7호(연료장치

및 고전원전기장치로 한정한다)부터 제10호까지 · 제12호부터 제14호까지 · 제20호 및 제21호의 **장치**

자동차관리법 시행령 제8조(자동차의 구조 및 장치)
① 다음 각호의 1에 해당하는 사항과 관련된 자동차의 구조는 법 제29조제1항의 규정에 의한 안전기준에 적합하여야 한다.
1. **길이 · 너비 및 높이**   2. 최저지상고   3. 총중량   4. 중량분포
5. 최대안전경사각도   6. 최소회전반경   7. 접지부분 및 접지압력
② 다음 각호의 자동차의 장치는 법 제29조제1항의 규정에 의한 안전기준에 적합하여야 한다.
1. **원동기**(동력발생장치) 및 동력전달장치   2. 주행장치   3. 조종장치
4. 조향장치   5. **제동장치**   6. 완충장치
7. 연료장치 및 전기 · 전자장치   8. 차체 및 차대
9. 연결장치 및 견인장치   10. 승차장치 및 물품적재장치
11. 창유리   12. 소음방지장치   13. 배기가스발산방지장치
14. 전조등, 번호등, 후미등, 제동등, 차폭등, 후퇴등 및 그 밖의 등화장치
15. 경음기 및 그 밖의 경보장치   16. 방향지시등 및 그 밖의 지시장치
17. 후사경, 창닦이기 및 그 밖에 시야를 확보하는 장치
17의2. 후방 영상장치 및 후진경고음 발생장치
18. 속도계, 주행거리계 및 그 밖의 계기
19. 소화기 및 그 밖의 방화장치   20. 내압용기 및 그 부속장치
21. 그 밖에 자동차의 안전운행에 필요한 장치로서 국토교통부령으로 정하는 장치

자동차관리법 시행규칙 제55조(튜닝의 승인대상 및 승인기준 등)
② 한국교통안전공단은 제1항에 따른 튜닝승인신청을 받은 경우에는 튜닝 후의 구조 또는 장치가 안전기준 그 밖에 다른 법령에 따라 자동차의 안전을 위하여 적용해야 하는 기준에 적합한 경우에만 승인해야 한다. 다만, **다음 각 호의 어느 하나에 해당하는 튜닝은 승인을 해서는 안 된다.**
1. 제작허용총중량(제작허용총중량이 없는 경우에는 차대 또는 차체가 동일한 자동차로 자기인증되어 제원이 통보된 차종의 총중량을 말한다. 이하 같다)을 넘어서 **총중량을 증가시키는 튜닝**
3. 법 제3조제1항 각 호에 따른 **자동차의 종류가 변경되는 튜닝**. 다만, **다음 각 목의 어느 하나에 해당하는 경우는 제외**한다.
   가. **승용자동차와 동일한 차체 및 차대로 제작된 승합자동차의 좌석장치를 제거하여 승용자동차로 튜닝**하는 경우(**튜닝하기 전의 상태로 회복하는 경우를 포함**한다)
   나. 화물자동차를 특수자동차로 튜닝하거나 **특수자동차를 화물자동차로 튜닝**하는 경우
4. **튜닝전보다 성능 또는 안전도가 저하될 우려가 있는 경우의 튜닝**

자동차관리법 시행규칙 제56조(튜닝의 승인신청 등)
③ 제2항에 따라 자동차의 튜닝 승인을 받은 자는 자동차정비업자 또는 법 제34조제2항 전단에 따른 자동차제작자등으로부터 튜닝과 그에 따른 정비(법 제34조제2항 전단에 따른 자동차제작자등의 경우에는 튜닝만 해당한다)를 받고 튜닝 승인을 받은 날부터 45일 이내에 법 제43조제1항제3호의 튜닝검사를 받아야 한다.

자동차 튜닝에 관한 규정 별표 1. 경미한 구조·장치(제4조제1항 관련)

구분	구조·장치 등
조향장치	• 직경이 동일한 핸들, 핸들손잡이, 레버손잡이
연료장치 및 전기·전자장치	• 연료절감장치
승차장치 및 물품적재장치	• 화물자동차의 적재함 내부 칸막이 및 선반, 밴형 화물자동차 적재장치의 창유리, 픽업덮개 제거, 화물차 난간대 제거, 롤바(픽업형에 한함), 픽업형 난간대 • 입석을 할 수 있는 승합자동차의 손잡이대 및 손잡이
길이·너비 및 높이	• 길이 : 플라스틱 재질의 보조범퍼, 차체 후부에 탈부착하는 자전거 캐리어 • 너비 : 승하차용 보조발판(최외측으로부터 좌,우 각각 50mm이내), 그늘막(좌, 우 각각 125mm 이내) • 높이 : 포장탑(경·소형 화물자동차), 화물자동차 바람막이, 적재함 전면 지지대(차체높이 300mm까지), 포장보관대, 루프캐리어, 수하물 운반구(천정절개형 제외), 차체 상부에 탈부착 하는 자전거캐리어, 스키캐리어, 루프탑바이저, 안테나, 컨버터블탑용 롤바, 유리지지대(경·소형 화물자동차), 루프탑텐트, 그늘막, 교통단속용 적외선 조명장치, 환기장치, 무시동 히터, 무시동 에어컨, 태양전지판, 여객자동차운수사업법에서 정하고 있는 택시표시등

자동차 튜닝에 관한 규정 별표 2. 튜닝승인 세부기준(제5조 관련) 2. 세부기준
구조 및 장치 : **길이·너비 및 높이, 원동기 및 동력전달장치, 주행장치(차축에 한함), 제동장치**, 연료장치, 연결 및 견인장치, 차대 및 차체, 승차장치, 물품적재장치, 소음방지장치, 배기가스발산장치, 조향장치

자동차관리법 제34조의2(튜닝 자동차의 안전성 확보)
① 국토교통부장관은 자동차의 튜닝에 따른 안전성 확보를 위하여 다음 각 호를 시행할 수 있다.
 1. 자동차의 튜닝에 따른 안전성 확보를 위한 **조사·연구 및 장비개발**
 1의2. 자동차 튜닝 분야의 전문적인 기술 또는 기능을 보유한 인력(이하 "**자동차 튜닝전문인력**"이라 한다)의 양성 및 튜닝 관련 교육 프로그램의 개발·보급
 3. 그 밖에 국토교통부장관이 필요하다고 인정하는 사항

자동차관리법 제35조(자동차의 무단 해체·조작 금지)
누구든지 다음 각 호의 어느 하나에 해당하는 경우를 제외하고는 국토교통부령으로

정하는 장치를 자동차에서 해체하거나 조작[자동차의 최고속도를 제한하는 장치 또는 운전자를 지원하는 조향장치(이동방향의 결정을 주로 담당하는 조향장치에 추가되어 운전자의 조향을 보조해주는 장치를 말한다. 이하 같다)를 조작(造作)하는 경우에 한정한다]하여서는 아니 된다.
1. <u>자동차의 점검·정비 또는 튜닝을 하려는 경우</u>
2. <u>폐차하는 경우</u>
3. <u>교육·연구의 목적으로 사용하는 등 국토교통부령으로 정하는 사유에 해당되는 경우</u>

28. 자동차관리법 시행규칙 제57조의2(저속전기자동차의 기준)
법 제35조의2에서 "국토교통부령으로 정하는 최고속도 및 차량중량 이하의 자동차"란 **최고속도가 매시 60킬로미터를 초과하지 않고, 차량 총중량이 1,361킬로그램을 초과하지 않는** 전기자동차를 말한다.

29. 자동차관리법 제35조의8(내압용기의 재검사)
① 내압용기가 장착된 자동차의 소유자는 제34조 및 제43조제1항제3호에 따라 내압용기 장착에 대한 튜닝을 마친 후 또는 제35조의7제1항 본문에 따라 내압용기장착검사를 받거나 같은 항 단서에 따라 자동차자기인증을 한 후 다음 각 호의 구분에 따라 그 내압용기에 대하여 국토교통부장관이 실시하는 검사(이하 "내압용기재검사"라 한다)를 제44조제1항에 따라 자동차검사를 대행하는 자(이하 "자동차검사대행자"라 한다)에게 받아야 한다. 다만, 액화석유가스를 연료로 사용하는 자동차의 경우에는 제43조제1항제2호에 따른 정기검사 또는 제43조의2제1항에 따른 종합검사로 내압용기재검사를 갈음한다.
1. 내압용기 <u>정기검사</u> : 국토교통부령으로 정하는 기간이 지날 때마다 실시하는 검사
2. 내압용기 <u>수시검사</u> : 손상의 발생, 내압용기검사 각인 또는 표시의 훼손, 충전할 고압가스 종류의 변경, 그 밖에 국토교통부령으로 정하는 사유가 발생한 경우에 실시하는 검사

자동차관리법 시행령 제9조의2(내압용기재검사 비용의 지원)
① 국토교통부장관은 법 제35조의8제5항에 따라 다음 각 호의 비용을 법 제44조제1항에 따라 자동차검사를 대행하는 자(이하 "자동차검사대행자"라 한다)에게 지원할 수 있다.
1. 법 제35조의8제1항 본문에 따른 내압용기재검사(이하 "내압용기재검사"라 한다)에 <u>필요한 시설, 장비 및 인력에 드는 비용</u>
2. 내압용기재검사와 관련된 <u>조사, 연구 및 전산 관련 시설에 드는 비용</u>
3. 내압용기의 <u>파기 및 각인에 드는 비용</u>
4. 그 밖에 내압용기재검사의 효율적 수행 및 관리를 위하여 <u>국토교통부장관이 필요하다고 인정하는 비용</u>

자동차관리법 시행규칙 제57조의14(내압용기 정기검사 및 수시검사)
① 법 제35조의8제1항제1호에서 "국토교통부령으로 정하는 기간"이란 다음 각 호의 어느 하나에 해당하는 날부터 <u>비사업용 승용자동차의 경우에는 4년</u>, **그 밖의 자동차의 경우에는 3년**의 기간을 말한다. 다만, 해당 자동차에 장착된 내압용기의 정기검사 유효기간이 각각 다른 경우에는 가장 먼저 도래하는 정기검사 유효기간에 따른다.
  1. 법 제35조의7에 따른 내압용기 장착검사를 받은 경우 : 신규등록한 날
  2. 법 제35조의8제1항제1호에 따른 정기검사를 받은 경우 : 다음 각 목의 구분에 따른 날
   가. 내압용기 정기검사의 기간 이내에 정기검사를 받은 경우 : 정기검사 유효기간 만료일의 다음날
   나. 가목 외의 기간에 정기검사를 받은 경우 : 정기검사를 받은 날의 다음날
  3. 법 제35조의8제1항제2호에 따른 수시검사를 받은 경우 : 수시검사를 받은 날
  4. 법 제43조제1항제3호에 따른 구조변경검사를 받은 경우 : 구조변경검사를 받은 날

30. 자동차 및 자동차부품의 성능과 기준에 관한 규칙 제54조(속도계 및 주행거리계)
② 다음 각 호의 자동차에는 <u>최고속도제한장치를 설치</u>하여야 한다.
  1. 승합자동차(제2조제32호에 따른 어린이운송용 승합자동차를 포함한다)
  2. **차량총중량이 3.5톤을 초과하는 화물자동차**·특수자동차(피견인자동차를 연결하는 견인자동차를 포함한다)
  3. 「고압가스 안전관리법 시행령」 제2조의 규정에 의한 고압가스를 운송하기 위하여 필요한 탱크를 설치한 화물자동차(피견인자동차를 연결한 경우에는 이를 연결한 견인자동차를 포함한다)
  4. 저속전기자동차
③ 제2항의 규정에 의한 최고속도제한장치는 자동차의 최고속도가 다음 각호의 기준을 초과하지 아니하는 구조이어야 한다.
  1. 제2항제1호의 규정에 의한 자동차 : 매시 110킬로미터
  2. **제2항제2호** 및 제3호의 규정에 의한 자동차 : **매시 90킬로미터**
  3. 제2항제4호에 따른 저속전기자동차 : 매시 60킬로미터

31. 자동차관리법 시행규칙 제68조(정밀도검사의 대상·기준등)
① 법 제40조제1항의 규정에 의한 정밀도검사를 받아야 하는 기계·기구는 다음 각 호와 같다.
  1. **제동시험기**   2. **전조등시험기**   3. 사이드슬립측정기
  4. 속도계시험기   5. **택시미터주행검사기**   6. 가스누출감지기

32. 자동차관리법 제43조(자동차검사)
① 자동차 소유자는 해당 자동차에 대하여 다음 각 호의 구분에 따라 국토교통부령으로 정하는 바에 따라 국토교통부장관이 실시하는 검사를 받아야 한다.

1. 신규검사 : 신규등록을 하려는 경우 실시하는 검사
2. 정기검사 : 신규등록 후 일정 기간마다 정기적으로 실시하는 검사
3. 튜닝검사 : 제34조에 따라 자동차를 튜닝한 경우에 실시하는 검사
4. 임시검사 : 이 법 또는 이 법에 따른 명령이나 자동차 소유자의 신청을 받아 비정기적으로 실시하는 검사
5. <u>수리검사</u> : <u>전손 처리 자동차를 수리한 후 운행하려는 경우에 실시하는 검사</u>

자동차관리법 시행규칙 제74조(검사의 유효기간)
③ 제77조제2항의 규정에 의한 <u>정기검사의 기간중에 정기검사를 받아 합격한 자동차의 검사유효기간</u>은 제2항의 규정에 불구하고 **종전 검사유효기간만료일의 다음날**부터 기산한다.

자동차관리법 시행규칙 [별표 15의2] 자동차검사의 유효기간(제74조제1항 관련)

구분				검사 유효기간
차종	사업용 구분	규모	차령	
화물 자동차	사업용	경형·소형	모든 차령	1년(신조차로서 법 제43조제5항에 따라 신규검사를 받은 것으로 보는 자동차의 최초 검사 유효기간은 2년)
		중형	차령이 5년 이하인 경우	1년
			차령이 5년 초과인 경우	6개월
		대형	<u>차령이 2년 이하인 경우</u>	<u>1년</u>
			<u>차령이 2년 초과인 경우</u>	<u>6개월</u>

자동차관리법 시행규칙 제76조(신규검사의 신청)
<u>신규검사를 받고자 하는 자는 **신규검사신청서**에 **자동차 제원표**를 첨부하여 자동차 검사대행자에게 제출하고 해당 자동차를 그 **자동차의 출처를 증명하는** 서류와 함께 제시하여야 한다.</u>

자동차관리법 시행규칙 제77조(정기검사의 신청 등)
② <u>정기검사의 기간은 검사유효기간만료일 전 90일부터 **후 31일까지**로 하며</u>, 이 기간 내에 정기검사에서 적합판정을 받은 경우에는 검사유효기간만료일에 정기검사를 받은 것으로 본다.

자동차관리법 시행규칙 제77조의2(검사기간 경과의 통지)
시·도지사는 등록된 자동차 중 제77조제2항 및 제3항에 따른 정기검사기간이 지난 자동차를 조사하여 그 기간이 경과한 날부터 10일 이내와 20일 이내에 각각 그 소유자에게 다음 각 호의 사항을 우편 또는 휴대전화를 이용한 문자메시지로 통지해야 한다.

1. **정기검사기간이 지난 사실**
2. **정기검사의 유예가 가능한 사유 및 그 신청방법**
3. **정기검사를 받지 아니하는 경우에 부과되는 과태료의 금액 및 근거 법규**

자동차관리법 시행규칙 제79조의2(수리검사의 신청 등)
법 제43조제1항제5호에 따른 수리검사를 받으려는 자는 별지 제47호서식의 자동차검사신청서에 다음 각 호의 서류를 첨부하여 자동차검사대행자에게 제출하고 해당 자동차를 제시해야 한다. 다만, 제4호부터 제6호까지의 서류는 자동차검사대행자가 제출을 요구하는 경우에만 해당 서류를 첨부해야 한다.

2. 자동차정비업자가 발급한 별지 제89호의2서식의 **자동차점검·정비명세서**(전손 처리된 이후의 수리에 관한 자동차점검·정비명세서를 말한다)
3. 다음 각 목의 구조 또는 장치에 판금, 절단 또는 용접 작업을 한 경우 해당 구조 또는 장치의 **방청(녹 방지) 또는 실링(sealing) 작업 전 사진**(등록번호판이 함께 촬영된 사진이어야 하며, 해당 구조 또는 장치에 부품 교체가 있는 경우 교체부품의 사진이 포함되어야 한다)
   가. 크로스멤버   나. 사이드멤버   다. 휠하우스   라. 대쉬패널
   마. 플로어패널   바. 패키지트레이   사. 차대
4. **보험회사가 발급한 전손 처리에 관한 확인서**(사고일자, 사고원인 및 고장 또는 파손이 된 구조나 장치의 명칭이 기재된 것을 말한다)
5. 휠얼라인먼트 측정 결과
6. 손상된 구조 또는 장치(제3호 각 목의 구조 또는 장치는 제외한다)에 대한 수리 전 사진

자동차관리법 시행규칙 제80조(검사의 실시등)
① 제76조부터 제79조까지 및 제79조의2에 따른 검사신청을 받은 자동차검사대행자 또는 지정정비사업자는 제73조에 따라 검사를 실시하고, 법 제43조제2항 및 법 제45조제6항에 따라 확인한 검사결과를 별지 제48호서식의 자동차검사표에 기록하고 이를 작성일부터 **2년간 보관**하여야 한다. 다만, 그 결과를 자동차검사 전산정보처리조직에 입력하는 경우에는 그러하지 아니하다.

자동차관리법 시행규칙 제80조(검사의 실시등)
② 자동차검사대행자 또는 지정정비사업자는 제1항에 따른 검사결과에 대하여 적합 여부를 판정해야 한다. 이 경우 정기검사 또는 수리검사를 실시한 결과 적합하지 않은 사항이 있는 경우에는 해당 사항이 **다음 각 호의 어느 하나에 해당하지 않으면 적합 판정을 하고 해당 자동차소유자에게 그 시정을 권고할 수 있다.**
  12. 등화장치
   가. **전조등·방향지시등·번호등·후미등 및 제동등의 점등상태 불량** 또는 등색과 설치상태의 기준 부적합, 택시표시등의 자동점등상태 불량

나. 전조등의 전조등시험기에 의한 검사결과 기준미달
다. 차량총중량 7.5톤 이상인 화물자동차와 특수자동차 뒷면의 후부반사판 또는 후부반사지 미설치(설치상태의 불량을 포함한다)
라. 안전기준에 위배되는 등화설치

자동차관리법 시행규칙 제81조(재검사)
① 법 제43조에 따른 검사결과 제80조에 따라 부적합 판정을 받은 자동차의 소유자가 재검사를 받으려는 경우에는 다음 각 호의 구분에 따른 기간 내에 해당 자동차를 검사한 자동차검사대행자 또는 지정정비사업자에게 자동차기능종합진단서와 자동차를 제시해야 한다.
  3. <u>수리검사 : 자동차기능종합진단서를 발급받은 날부터 **30일 이내**</u>

33. 자동차관리법 제43조의2(자동차종합검사)
① 「대기환경보전법」 제63조제1항에 따른 운행차 배출가스 정밀검사 시행지역에 등록한 자동차 소유자 및 「대기관리권역의 대기환경개선에 관한 특별법」 제26조제1항에 따른 특정경유자동차 소유자는 정기검사와 「대기환경보전법」 제63조제1항에 따라 실시하는 배출가스 정밀검사(이하 "정밀검사"라 한다) 또는 「대기관리권역의 대기환경개선에 관한 특별법」 제26조제2항에 따른 특정경유자동차 배출가스 검사(이하 "특정경유자동차검사"라 한다)를 통합하여 국토교통부장관과 환경부장관이 공동으로 다음 각 호에 대하여 실시하는 자동차종합검사(이하 "종합검사"라 한다)를 받아야 한다. 종합검사를 받은 경우에는 정기검사, 정밀검사 및 특정경유자동차검사를 받은 것으로 본다.
  1. 자동차의 동일성 확인 및 <u>**배출가스 관련 장치 등의 작동 상태 확인을 관능검사**(官能檢查, 사람의 감각기관으로 자동차의 상태를 확인하는 검사) **및 기능검사로 하는 공통 분야**</u>
  2. <u>**자동차 안전검사 분야**</u>
  3. <u>**자동차 배출가스 정밀검사 분야**</u>

자동차종합검사의 시행 등에 관한 규칙 [별표 1] 종합검사의 대상과 유효기간(제8조 관련)

검사 대상				검사 유효기간
차종	사업용 구분	규모	대상 차령	
승합자동차	비사업용	경형·소형	차령이 4년 초과인 자동차	<u>1년</u>
	사업용			<u>1년</u>
화물자동차	비사업용	경형·소형	차령이 4년 초과인 자동차	<u>1년</u>
	사업용			<u>1년</u>

자동차관리법 제45조의2(종합검사 지정정비사업자의 지정 등)
① 국토교통부장관은 종합검사를 효율적으로 하기 위하여 필요하다고 인정하면 **환경부장관과 협의**하여 자동차정비업자 중 일정한 시설과 기술인력을 확보한 자를 자동차종합검사 지정정비사업자(이하 "종합검사지정정비사업자"라 한다)로 지정하여 종합검사(그 결과의 통지를 포함한다)를 하게 할 수 있다.
② 종합검사지정정비사업자로 지정 받으려는 자동차정비업자는 **공동부령**으로 정하는 바에 따라 국토교통부장관에게 지정을 신청하여야 한다. 지정 받은 사항 중 **공동부령**으로 정하는 중요한 사항을 변경할 때에도 또한 같다. 다만, 공동부령으로 정하는 중요한 사항을 제외한 사항을 변경할 때에는 국토교통부장관에게 신고하여야 한다.
③ 종합검사지정정비사업자가 갖추어야 할 시설, 장비, 인력기준, 지정 절차 및 검사 업무의 범위 등에 필요한 사항은 **공동부령**으로 정한다.

34. 자동차관리법 제47조(택시미터의 검정 등)
⑤ 국토교통부장관은 택시미터전문검정기관이 다음 각 호의 어느 하나에 해당하는 경우에는 그 지정을 취소하거나 <u>**6개월 이내**의 기간을 정하여 그 업무의 전부 또는 일부의 정지를 명할 수 있다.</u> 다만, 제1호 및 제8호에 해당하는 경우에는 그 지정을 취소하여야 한다.
 1. 거짓이나 그 밖의 부정한 방법으로 지정을 받은 경우
 2. 업무와 관련하여 부정한 금품을 수수하거나 그 밖의 부정한 행위를 한 경우
 3. **자산상태의 불량 등의 사유로 그 업무를 계속하는 것이 적합하지 아니하다고 인정될 경우**
 4. 제4항에서 준용되는 제45조제2항에 따른 시설·장비 등의 지정기준에 미달한 경우
 5. 제40조제1항에 따른 정밀도검사를 받지 아니한 검정용기계·기구로 검사를 한 경우 및 정확성이 확인되지 아니한 검정용기계·기구를 사용하여 검정을 한 경우
 6. 제72조제1항에 따른 보고를 하지 아니하거나 거짓으로 보고한 경우
 7. 제72조제2항에 따른 검사를 거부·방해 또는 기피하거나, 질문에 응하지 아니하거나 거짓으로 답변한 경우
 8. 이 조에 따른 업무정지명령을 위반하여 업무정지기간 중에 검정업무를 한 경우

35. 자동차관리법 제53조(자동차관리사업의 등록 등)
① <u>자동차관리사업을 하려는 자는 국토교통부령으로 정하는 바에 따라 **시장·군수·구청장**에게 등록하여야 한다.</u> 등록 사항을 변경하려는 경우에도 또한 같다. 다만, 대통령령으로 정하는 경미한 등록 사항을 변경하는 경우에는 그러하지 아니하다.

자동차관리법 시행령 제12조(자동차정비업의 세분)
① 법 제53조제2항에 따른 자동차정비업의 종류는 다음 각 호와 같이 세분한다.

1. **자동차종합정비업**　　　　2. 소형자동차종합정비업
3. **자동차전문정비업**　　　　4. **원동기전문정비업**

36. 자동차관리법 시행규칙 제134조(자동차정비업자의 사후관리등)
① 정비업자가 법 제58조제5항제7호에 따라 해야 하는 사후관리사항은 다음 각 호와 같다.
　2. 점검·정비의 잘못으로 인하여 다음 각 목의 구분에 따른 기간중에 발생하는 고장등에 대한 무상점검·정비
　　가. 차령 1년미만 또는 주행거리 2만킬로미터이내의 자동차
　　　　: 점검·정비일부터 **90일이내**
　　나. 차령 3년미만 또는 주행거리 6만킬로미터이내의 자동차
　　　　: 점검·정비일부터 60일이내
　　다. 차령 3년 이상 또는 주행거리 6만킬로미터 이상의 자동차
　　　　: 점검·정비일부터 30일이내
④ 원동기정비업자는 원동기의 재생정비를 시행한 경우 정비의뢰자에게 별지 제92호서식의 **재생정비사실확인서를 발급**하여야 한다.

37. 자동차관리법 시행령 제13조의6(온라인 자동차 매매정보제공의 등록기준 등)
① 법 제65조의2제1항 전단에서 "대통령령으로 정하는 등록기준"이란 다음 각 호의 기준을 말한다.
　1. **호스트서버의 용량 : 10기가바이트 이상**일 것
　2. **호스트서버의 이용계약 기간 : 1년 이상**일 것
　3. 이용약관 : 온라인 자동차 매매정보제공을 이용하는 과정에서 발생할 수 있는 이용자의 피해에 대한 보상 방안과 거래 신뢰도 확보 방안을 모두 포함할 것
　4. 이용자 불만 접수 창구개설 : 자동차 소유자 및 자동차매매업자가 자동차 매매정보를 이용하는 과정에서 발생할 수 있는 불만사항을 인터넷 홈페이지와 유선전화를 통하여 온라인 자동차 매매정보제공자에게 직접 **제기할 수 있는 창구를 개설할 것**

38. 자동차관리법 시행령 제13조의11(자동차서비스복합단지 개발사업의 시행자)
① 법 제68조의11제2호에서 "대통령령으로 정하는 기관"이란 다음 각 호의 기관을 말한다.
1. 「한국토지주택공사법」에 따른 한국토지주택공사
2. 「한국수자원공사법」에 따른 **한국수자원공사**
3. 「한국도로공사법」에 따른 한국도로공사
4. 「한국철도공사법」에 따른 한국철도공사
5. 「국가철도공단법」에 따른 국가철도공단
6. 「한국공항공사법」에 따른 **한국공항공사**
7. 「인천국제공항공사법」에 따른 인천국제공항공사
8. 「항만공사법」에 따른 항만공사

9. **한국교통안전공단**
10. 「제주특별자치도 설치 및 국제자유도시 조성을 위한 특별법」에 따른 제주국제 자유도시 개발센터
11. 「중소기업진흥에 관한 법률」에 따른 중소벤처기업진흥공단

39. 자동차관리법 시행령 제14조(전산자료의 이용)
① 법 제69조제2항의 규정에 의한 전산자료중 자동차소유자의 인적사항등 개인정보가 포함된 자료를 이용하고자 하는 자(관계중앙행정기관의 장을 제외한다)는 다음 각 호의 사항을 기재한 신청서를 관계중앙행정기관의 장에게 제출하여야 한다. 이 경우 신청할 수 있는 전산자료는 필요한 최소한의 범위에 한하여야 하며, 자동차등록원부를 그 공부의 형태대로 복제하거나 전산자료 자체의 제공을 신청할 수 없다.
1. **자료이용의 목적 및 근거**   2. **자료의 범위**
3. **자료의 제공방식 · 보관기관** 및 안전관리대책 등

40. 자동차관리법 시행령 제14조(전산자료의 이용)
② 제1항의 규정에 의한 신청을 받은 관계중앙행정기관의 장은 다음 각호의 사항을 심사한 후 그 심사결과를 <u>신청을 받은 날부터</u> **30일 이내**에 신청인에게 통보하여야 한다.
1. 신청내용의 타당성 · 적합성 및 공익성   2. 개인의 사생활 침해여부
3. 자료의 목적외 사용방지 및 안전관리대책

41. 자동차관리법 제70조(자동차관리의 특례)
① 다음 각 호의 자동차에 대한 등록(이륜자동차의 경우에는 사용신고를 말한다) · 자동차자기인증 · 부품자기인증 · 점검 · 정비 · 검사 · 폐차 · 등록번호판에 관하여는 이 법의 규정에도 불구하고 국토교통부령으로 정하는 바에 따른다.
1. **대한민국 주재 외교관이 소유하는 자동차**
2. 대한민국 주재 미합중국 군대의 구성원 · 군무원 또는 그들의 가족이 사적 용도로 사용하는 자동차
3. 국제연합 또는 이에 준하는 국제기구의 직원이 소유하는 자동차
4. 도로교통에 관한 협약의 당사국 국민(내국인은 제외한다)이 소유하는 자동차 중 국내에서 운행하는 자동차 및 우리나라에 등록된 자동차 중 도로교통에 관한 협약의 당사국(우리나라는 제외한다)에서 운행하는 자동차
5. **「관세법」에 따라 다시 수출할 것을 조건으로 일시 수입되는 자동차**
6. 국가 안보 및 치안 유지를 위하여 특히 필요하다고 인정하여 국토교통부령으로 정하는 자동차
7. 도로(「도로법」에 따른 도로와 그 밖에 일반 교통에 사용하는 구역을 말한다) 외의 장소에서만 사용하는 자동차
8. **수출용으로 제작 · 조립한 자동차**

42. 자동차관리법 제74조(과징금의 부과)
① 국토교통부장관, 시·도지사, 시장·군수·구청장은 제21조, 제45조의3제1항, 제47조제5항, 제51조의4제1항 또는 제66조제1항에 해당되어 해당 등록번호판발급대행자, 자동차검사대행자, 종합검사대행자, 택시미터전문검정기관, 이륜자동차검사대행자, 이륜자동차지정정비사업자 또는 자동차관리사업자에 대한 업무 또는 사업정지처분(이하 "정지처분"이라 한다)을 하여야 하는 경우로서 그 정지처분이 일반 이용자 등에게 심한 불편을 주거나 그 밖에 공익을 해칠 우려가 있을 때에는 대통령령으로 정하는 바에 따라 정지처분을 갈음하여 **1천만원 이하의 과징금을 부과할 수 있다.** 다만, 종합검사와 관련된 종합검사대행자의 정지처분을 갈음하는 경우에는 5천만원 이하의 과징금을 부과할 수 있다.

자동차관리법 시행령 제15조(과징금의 부과·징수)
② 제1항에 따른 통지를 받은 자는 국토교통부장관, 시·도지사, 시장·군수 또는 구청장이 지정하는 수납기관에 납부통지일부터 **20일 이내에 과징금을 납부해야 한다.**

43. 자동차관리법 제74조의2(손해배상)
② 제1항에도 불구하고 자동차제작자등이나 부품제작자등이 결함을 알면서도 이를 은폐·축소 또는 거짓으로 공개하거나 제31조제1항에 따라 지체 없이 시정하지 아니하여 생명, 신체 및 재산에 중대한 손해를 입은 자가 있는 경우에는 그 자에게 발생한 손해의 5배를 넘지 아니하는 범위에서 배상책임을 진다.
④ 법원은 제2항의 배상액을 정할 때에는 다음 각 호의 사항을 고려하여야 한다.
 1. **고의성의 정도**
 2. **해당 결함으로 인하여 발생한 손해의 정도**
 3. 해당 자동차나 자동차부품을 판매하여 취득한 경제적 이익
 4. 해당 결함으로 인하여 자동차제작자등이나 부품제작자등이 형사처벌 또는 행정처분을 받은 경우 그 형사처벌 또는 행정처분의 정도
 5. **해당 자동차나 자동차부품의 공급이 지속된 기간 및 공급규모**
 6. **자동차제작자등이나 부품제작자등의 재산상태**
 7. 자동차제작자등이나 부품제작자등이 피해구제를 위하여 노력한 정도

44. 자동차관리법 시행령 제19조(업무의 위탁)
① 국토교통부장관은 법 제77조제5항에 따라 법 제23조제1항 단서 및 제23조제2항에 따른 업무를 <u>자동차검사대행자</u> 및 법 제51조의2제1항에 따른 이륜자동차검사대행자로 지정받은 <u>한국교통안전공단에 **위탁**</u>한다.

45. 자동차관리법 제78조(벌칙)

다음 각 호의 어느 하나에 해당하는 자는 **10년 이하의 징역 또는 1억원 이하의 벌금**에 처한다.

1. 제31조제1항(제52조에서 준용하는 경우를 포함한다)을 위반하여 결함을 은폐·축소 또는 거짓으로 공개하거나 결함사실을 안 날부터 지체 없이 그 결함을 시정하지 아니한 자
2. 제71조제1항을 위반하여 <u>자동차등록증 등을 위조·변조한 자</u> 또는 부정사용한 자와 위조·변조 된 것을 매매, 매매 알선, 수수(收受) 또는 사용한 자

자동차관리법 제78조의2(벌칙)

다음 각 호의 어느 하나에 해당하는 자는 **5년 이하의 징역 또는 5천만원 이하의 벌금**에 처한다.

1. 제44조의2 또는 제45조의2에 따른 **지정을 받지 아니하고 자동차종합검사를 한 자**
2. 제30조에 따라 자동차자기인증을 한 자동차의 전기·전자장치를 훼손할 목적으로 프로그램을 개발하거나 유포한 자

46. 자동차관리법 제84조(과태료)

① 다음 각 호의 어느 하나에 해당하는 자에게는 2천만원 이하의 과태료를 부과한다.
 1. 제27조제5항을 위반하여 <u>**자율주행자동차의 운행 및 교통사고 등에 관한 정보를 국토교통부장관에게 보고하지 아니하거나 거짓으로 보고한 자**</u>
 2. 제31조제8항에 따른 보고를 하지 아니하거나 거짓으로 보고를 한 자
 3. 제33조제3항 및 제4항(제52조에서 준용하는 경우를 포함한다)을 위반하여 자료를 제출하지 아니하거나 거짓으로 제출한 자

③ 다음 각 호의 어느 하나에 해당하는 자에게는 **300만원 이하의 과태료**를 부과한다.
 1. 제10조제4항을 위반하여 **자동차등록번호판을 부착하지 아니한 자동차를 운행한 자**

자동차관리법 시행령 [별표 2] 과태료의 부과기준(제20조 관련)

2. 개별기준

위반행위	근거 법조문	과태료 금액 (만원)		
		1차	2차	3차 이상
바. 법 제10조제4항(같은 조 제7항에서 준용하는 경우를 포함한다)을 위반하여 **자동차등록번호판을 부착하지 않은 자동차를 운행한 경우**(법 제27조제2항에 따른 임시운행허가번호판을 붙인 경우는 제외한다)	법 제84조 제3항 제1호	<u>50</u>	150	<u>250</u>
2) 등록신청대행기간이 지난 경우	법 제84조 제4항 제1호·제5호			
가) 경과 기간이 10일 이내인 경우		5		

위반행위	근거 법조문	과태료 금액 (만원)		
		1차	2차	3차 이상
법 제43조제1항제2호에 따른 정기검사 또는 법 제43조의2제1항에 따른 종합검사를 받지 않은 경우	법제84조제4항제15호의4 및 제15호의5			
1) 검사 지연기간이 **30일 이내**인 경우		4		
2) 검사 지연기간이 30일 초과 114일 이내인 경우		4만원에 31일째부터 계산하여 3일 초과 시마다 2만원을 더한 금액		
3) 검사 지연기간이 115일 이상인 경우		60		

[자동차관리법]

문제 01 다음 중 자동차 관리법 목적에 해당되지 않는 것은?

① 자동차의 효율적인 관리
② 자동차의 자기인증
③ 자동차의 정비, 검사
④ 자동차 운행자의 이익보호

> **해설** 자동차관리법 제1조(목적)
> 이 법은 자동차의 등록, 안전기준, **자기인증** → ②, 제작결함 시정, 점검, **정비, 검사** → ③ 및 자동차관리사업 등에 관한 사항을 정하여 **자동차를 효율적으로 관리** → ① 하고 자동차의 성능 및 안전을 확보함으로써 공공의 복리를 증진함을 목적으로 한다.

문제 02 다음 중 자동차관리법상의 용어가 다른 것은?

① 자동차란 원동기에 의하여 육상에서 이동할 목적으로 제작한 용구 또는 이에 견인되어 육상을 이동할 목적으로 제작한 용구를 말한다.
② 운행이란 사람 또는 화물의 운송 여부에 관계없이 자동차를 그 용법에 따라 사용하는 것을 말한다.
③ 구조란 자동차의 구조와 장치에 관한 형상, 규격 및 성능 등을 말한다.
④ 폐차란 자동차를 해체하여 국토교통부령으로 정하는 자동차의 장치를 그 성능을 유지할 수 없도록 압축, 파쇄 또는 절단하거나 해제하지 아니하고 바로 압축, 파쇄하는 것을 말한다.

> **해설** 자동차관리법 제2조(정의)
> 이 법에서 사용하는 용어의 뜻은 다음과 같다. 〈개정 2023. 8. 16.〉
> 1. "자동차"란 원동기에 의하여 육상에서 이동할 목적으로 제작한 용구 또는 이에 견인되어 육상을 이동할 목적으로 제작한 용구(이하 "피견인자동차"라 한다)를 말한다. 다만, 대통령령으로 정하는 것은 제외한다.
> 2. "운행"이란 사람 또는 화물의 운송 여부와 관계없이 자동차를 그 용법(用法)에 따라 사용하는 것을 말한다.
> 4. "**형식**"이란 자동차의 구조와 장치에 관한 형상, 규격 및 성능 등을 말한다. → ③
> 5. "폐차"란 자동차를 해체하여 국토교통부령으로 정하는 자동차의 장치를 그 성능을 유지할 수 없도록 압축·파쇄(破碎) 또는 절단하거나 자동차를 해체하지 아니하고 바로 압축·파쇄하는 것을 말한다.

● 정답 01 ④ 02 ③

1. 교통법규 - 2. 자동차관리법

문제 03 자동차관리법상의 '정의'에 기술된 내용이 아닌 것은?

① 형식　　② 기준정비시간　　③ 운행　　④ 사고기록장치

해설 자동차관리법 제2조(정의)
이 법에서 사용하는 용어의 뜻은 다음과 같다. 〈개정 2024. 2. 13.〉
2. "**운행**"이란 사람 또는 화물의 운송 여부와 관계없이 자동차를 그 용법(用法)에 따라 사용하는 것을 말한다. → ③
4. "**형식**"이란 자동차의 구조와 장치에 관한 형상, 규격 및 성능 등을 말한다. → ①
10. "**사고기록장치**"란 자동차의 충돌 등 국토교통부령으로 정하는 사고 전후 일정한 시간 동안 자동차의 운행정보를 저장하고 저장된 정보를 확인할 수 있는 장치 또는 기능을 말한다. → ④
12. "**표준정비시간**"이란 자동차정비사업자 단체가 정하여 공개하고 사용하는 정비작업별 평균 정비시간을 말한다.
→ 표준정비시간은 정의되어 있으나, 기준정비시간은 정의되어 있지 않다.

문제 04 자동차 관리사업에 해당하지 않는 것은?

① 자동차정비업　　② 자동차해체재활용업
③ 자동차검사업　　④ 자동차매매업

해설 자동차관리법 제2조(정의)
이 법에서 사용하는 용어의 뜻은 다음과 같다. 〈개정 2023. 8. 16.〉
6. "자동차관리사업"이란 **자동차매매업**·**자동차정비업** 및 **자동차해체재활용업**을 말한다.

문제 05 자동차 매매업, 정비업, 해체재활용업은 어떤 사업에 속하는가?

① 자동차제조사업　　② 자동차수출입업
③ 자동차정비사업　　④ 자동차관리사업

해설 자동차관리법 제2조(정의)
이 법에서 사용하는 용어의 뜻은 다음과 같다. 〈개정 2023. 8. 16.〉
6. "**자동차관리사업**"이란 자동차매매업·자동차정비업 및 자동차해체재활용업을 말한다.

문제 06 10인 이하를 운송하기에 적합하게 제작된 자동차를 무엇이라 하는가?

① 승합자동차　　② 승용자동차　　③ 특수자동차　　④ 이륜자동차

정답　03 ②　04 ③　05 ④　06 ②

해설 자동차관리법 제3조(자동차의 종류)
① 자동차는 다음 각 호와 같이 구분한다. 〈개정 2020. 6. 9.〉
1. **승용자동차 : 10인 이하를 운송하기에 적합하게 제작된 자동차**
2. 승합자동차 : 11인 이상을 운송하기에 적합하게 제작된 자동차. 다만, 다음 각 목의 어느 하나에 해당하는 자동차는 승차인원과 관계없이 이를 승합자동차로 본다.
   가. 내부의 특수한 설비로 인하여 승차인원이 10인 이하로 된 자동차
   나. 국토교통부령으로 정하는 경형자동차로서 승차인원이 10인 이하인 전방조종자동차
   다. 삭제 〈2019. 8. 27.〉
3. 화물자동차 : 화물을 운송하기에 적합한 화물적재공간을 갖추고, 화물적재공간의 총적재화물의 무게가 운전자를 제외한 승객이 승차공간에 모두 탑승했을 때의 승객의 무게보다 많은 자동차
4. 특수자동차 : 다른 자동차를 견인하거나 구난작업 또는 특수한 용도로 사용하기에 적합하게 제작된 자동차로서 승용자동차·승합자동차 또는 화물자동차가 아닌 자동차
5. 이륜자동차 : 총배기량 또는 정격출력의 크기와 관계없이 1인 또는 2인의 사람을 운송하기에 적합하게 제작된 이륜의 자동차 및 그와 유사한 구조로 되어 있는 자동차

문제 07 다음 중 승합자동차로 보기 어려운 것은?

① 11인 이상을 운송하기에 적합하게 제작된 자동차
② 내부의 특수한 설비로 인하여 승차인원이 10인 이하로 된 자동차
③ 국토교통부령으로 정하는 경형자동차로서 승차인원이 10인 이하인 전방조종자동차
④ 캠핑용자동차 또는 캠핑용 트레일러

해설 자동차관리법 제3조(자동차의 종류)
① 자동차는 다음 각 호와 같이 구분한다.
   2. 승합자동차 : 11인 이상을 운송하기에 적합하게 제작된 자동차. → ① 다만, 다음 각 목의 어느 하나에 해당하는 자동차는 승차인원과 관계없이 이를 승합자동차로 본다.
      가. 내부의 특수한 설비로 인하여 승차인원이 10인 이하로 된 자동차 → ②
      나. 국토교통부령으로 정하는 경형자동차로서 승차인원이 10인 이하인 전방조종자동차 → ③
      다. 삭제 〈2019.8.27.〉 → 2019.8.27.부로 **캠핑용자동차 또는 캠핑용 트레일러 조항이 삭제**되었다.

문제 08 자동차의 종류 중 승합자동차가 아닌 것은?

① 내부의 특수한 설비로 인하여 승차인원이 10인 이하로 된 자동차
② 국토교통부령으로 정하는 경형자동차로서 승차인원이 10인 이하인 전방조종자동차

정답 07 ④   08 ④

③ 11인 이상을 운송하기에 적합하게 제작된 자동차
④ 다른 자동차를 견인하거나 구난작업 또는 특수한 용도로 사용하기에 적합하게 제작된 자동차

해설 자동차관리법 제3조(자동차의 종류)
① 자동차는 다음 각 호와 같이 구분한다. 〈개정 2020. 6. 9.〉
  1. 승용자동차 : 10인 이하를 운송하기에 적합하게 제작된 자동차
  2. 승합자동차 : 11인 이상을 운송하기에 적합하게 제작된 자동차. → ③ 다만, 다음 각 목의 어느 하나에 해당하는 자동차는 승차인원과 관계없이 이를 승합자동차로 본다.
    가. 내부의 특수한 설비로 인하여 승차인원이 10인 이하로 된 자동차 → ①
    나. 국토교통부령으로 정하는 경형자동차로서 승차인원이 10인 이하인 전방조종자동차 → ②
    다. 삭제 〈2019. 8. 27.〉
  3. 화물자동차 : 화물을 운송하기에 적합한 화물적재공간을 갖추고, 화물적재공간의 총적재화물의 무게가 운전자를 제외한 승객이 승차공간에 모두 탑승했을 때의 승객의 무게보다 많은 자동차
  4. **특수자동차** : **다른 자동차를 견인하거나 구난작업 또는 특수한 용도로 사용하기에 적합하게 제작된 자동차** → ④ 로서 승용자동차·승합자동차 또는 화물자동차가 아닌 자동차
  5. 이륜자동차 : 총배기량 또는 정격출력의 크기와 관계없이 1인 또는 2인의 사람을 운송하기에 적합하게 제작된 이륜의 자동차 및 그와 유사한 구조로 되어 있는 자동차

문제 09 대형승합차의 기준으로 맞는 것은?
① 길이 8m에 35인승 이상의 차량
② 길이 8m에 36인승 이상의 차량
③ 길이 9m에 35인승 이상의 차량
④ 길이 9m에 36인승 이상의 차량

해설 자동차관리법 시행규칙 [별표 1] 〈개정 2024. 1. 31.〉
자동차의 종류(제2조관련)
1. 규모별 세부기준

종류	경형		소형	중형	대형
	초소형	일반형			
승합 자동차	배기량이 1,000시시(전기자동차의 경우 최고출력이 80킬로와트) 미만이고, 길이 3.6미터·너비 1.6미터·높이 2.0미터 이하인 것		승차정원이 15인 이하이고, 길이 4.7미터·너비 1.7미터·높이 2.0미터 이하인 것	승차정원이 16인 이상 35인 이하이거나, 길이·너비·높이 중 어느 하나라도 소형을 초과하고, 길이가 9미터 미만인 것	**승차정원이 36인 이상**이거나, 길이·너비·높이 모두 소형을 초과하고, **길이가 9미터 이상**인 것

→ 승합자동차 - 대형 : **승차정원이 36인 이상**이거나, 길이·너비·높이 모두 소형을 초과하고, **길이가 9미터 이상**인 것

정답 09 ④

문제 10 **일반형 승합자동차로 보기 어려운 것은?**

① 캠핑용 자동차
② 경형자동차로서 승차인원이 10인 이하인 전방조종자동차
③ 내부의 특수한 설비로 인하여 승차인원이 10인 이하로 된 자동차
④ 11인 이상을 운송하기에 적합하게 제작된 자동차

해설 자동차관리법 제3조(자동차의 종류)
① 자동차는 다음 각 호와 같이 구분한다. 〈개정 2020. 6. 9.〉
 1. 승용자동차 : 10인 이하를 운송하기에 적합하게 제작된 자동차
 2. 승합자동차 : 11인 이상을 운송하기에 적합하게 제작된 자동차. → ④ 다만, 다음 각 목의 어느 하나에 해당하는 자동차는 승차인원과 관계없이 이를 승합자동차로 본다.
  가. 내부의 특수한 설비로 인하여 승차인원이 10인 이하로 된 자동차 → ③
  나. 국토교통부령으로 정하는 경형자동차로서 승차인원이 10인 이하인 전방조종자동차 → ②
  다. 삭제 〈2019. 8. 27.〉
자동차관리법 시행규칙 [별표 1] 〈개정 2024. 1. 31.〉 자동차의 종류(제2조관련)
2. 유형별 세부기준

종류	유형별	세부기준
승합자동차	일반형	주목적이 여객운송용인 것
	특수형	특정한 용도(장의·헌혈·구급·보도·**캠핑** 등)를 가진 것 → ①

문제 11 **자동차관리법상의 '대형 화물자동차'의 총중량 기준은?**

① 10톤 이상　　② 12톤 이상　　③ 5톤 이상　　④ 8톤 이상

해설 자동차관리법 시행규칙 [별표 1] 〈개정 2024. 1. 31.〉
자동차의 종류(제2조관련)
1. 규모별 세부기준

종류	경형		소형	중형	대형
	초소형	일반형			
화물자동차	배기량이 250시시(전기자동차의 경우 최고출력이 15킬로와트) 이하이고, 길이 3.6미터·너비 1.5미터·높이 2.0미터 이하인 것	배기량이 1,000시시(전기자동차의 경우 최고출력이 80킬로와트) 미만이고, 길이 3.6미터·너비 1.6미터·높이 2.0미터 이하인 것	최대적재량이 1톤 이하이고, 총중량이 3.5톤 이하인 것	최대적재량이 1톤 초과 5톤 미만이거나, 총중량이 3.5톤 초과 10톤 미만인 것	최대적재량이 5톤 이상이거나, **총중량이 10톤 이상**인 것

정답 10 ①　11 ①

1. 교통법규 - 2. 자동차관리법

문제 12 다음 중 자동차관리법상 화물자동차의 유형별 세부기준에 해당되지 않는 것은?

① 특수작업형　　② 덤프형　　③ 밴형　　④ 특수용도형

해설 자동차관리법 시행규칙 [별표 1] 〈개정 2024. 1. 31.〉
자동차의 종류(제2조관련)
2. 유형별 세부기준

종류	유형별	세부기준
화물 자동차	일반형	보통의 화물운송용인 것
	덤프형	적재함을 원동기의 힘으로 기울여 적재물을 중력에 의하여 쉽게 미끄러뜨리는 구조의 화물운송용인 것
	밴형	지붕구조의 덮개가 있는 화물운송용인 것
	특수용도형	특정한 용도를 위하여 특수한 구조로 하거나, 기구를 장치한 것으로서 위 어느 형에도 속하지 아니하는 화물운송용인 것

문제 13 경형 화물자동차로서 이동용 음식 판매 용도의 경우 화물을 운송하기에 적합한 바닥 면적의 기준은?

① 0.35㎡ 이상　　② 0.5㎡ 이상　　③ 1㎡ 이상　　④ 2㎡ 이상

해설 자동차관리법 시행규칙 [별표 1] 〈개정 2024. 1. 31.〉
자동차의 종류(제2조관련)
※ 비고
1. 위 표 제1호 및 제2호에 따른 화물자동차 및 이륜자동차의 범위는 다음 각 목의 기준에 따른다.
   가. 화물자동차 : 화물을 운송하기 적합하게 바닥 면적이 최소 2제곱미터 이상(소형·**경형화물자동차로서 이동용 음식판매 용도인 경우에는 0.5제곱미터 이상**, 그 밖에 초소형 화물자동차 및 특수용도형인 경형 화물자동차는 1제곱미터 이상을 말한다)인 화물적재공간을 갖춘 자동차로서 다음 각 호의 1에 해당하는 자동차

문제 14 화물자동차에 대한 설명으로 틀린 것은?

① 화물을 싣고 내리는 문을 갖춘 적재함이 설치된 자동차
② 화물적재공간의 윗부분이 개방된 구조의 자동차
③ 유류·가스 등을 운반하기 위한 적재함을 설치한 자동차
④ 다른 자동차를 견인하거나 구난작업 또는 특수한 작업을 수행하기에 적합하게 제작된 자동차

정답 12 ①　13 ②　14 ④

해설 자동차관리법 시행규칙 [별표 1] 〈개정 2024. 1. 31.〉
자동차의 종류(제2조관련)
※ 비고
1. 위 표 제1호 및 제2호에 따른 화물자동차 및 이륜자동차의 범위는 다음 각 목의 기준에 따른다.
   가. 화물자동차 : 화물을 운송하기 적합하게 바닥 면적이 최소 2제곱미터 이상(소형·경형화물자동차로서 이동용 음식판매 용도인 경우에는 0.5제곱미터 이상, 그 밖에 초소형 화물자동차 및 특수용도형인 경형 화물자동차는 1제곱미터 이상을 말한다)인 화물적재공간을 갖춘 자동차로서 다음 각 호의 1에 해당하는 자동차
   1) 승차공간과 화물적재공간이 분리되어 있는 자동차로서 **화물적재공간의 윗부분이 개방된 구조의 자동차, 유류·가스 등을 운반하기 위한 적재함을 설치한 자동차** 및 **화물을 싣고 내리는 문을 갖춘 적재함이 설치된 자동차**(구조·장치의 변경을 통하여 화물적재공간에 덮개가 설치된 자동차를 포함한다)
   2) 승차공간과 화물적재공간이 동일 차실내에 있으면서 화물의 이동을 방지하기 위해 칸막이벽을 설치한 자동차로서 화물적재공간의 바닥면적이 승차공간의 바닥면적(운전석이 있는 열의 바닥면적을 포함한다)보다 넓은 자동차
   3) 화물을 운송하는 기능을 갖추고 자체적하 기타 작업을 수행할 수 있는 설비를 함께 갖춘 자동차
   → ④는 '특수자동차'에 대한 설명이다.

문제 15 이륜자동차의 구분으로 옳지 않은 것은?

① 경형 : 배기량이 50cc 미만
② 소형 : 배기량이 125cc 미만
③ 중형 : 배기량이 125cc 초과 260cc 미만
④ 대형 : 배기량이 260cc 초과

해설 자동차관리법 시행규칙 [별표 1] 〈개정 2024. 1. 31.〉
자동차의 종류(제2조관련)
1. 규모별 세부기준

종류	경형		소형	중형	대형
	초소형	일반형			
이륜자동차	배기량이 50시시 미만(최고출력 4킬로와트 이하)인 것	배기량이 125시시 이하(최고출력 11킬로와트 이하)인 것	배기량이 125시시 초과 260시시 이하(최고출력 11킬로와트 초과 15킬로와트 이하)인 것	배기량이 260시시(최고출력 15킬로와트)를 초과하는 것

→ 소형 이륜자동차는 배기량이 125cc '이하'인 것을 말한다.

문제 16 자동차정책기본계획은 몇 년 단위로 수립 및 시행하는가?

① 1년　　② 2년　　③ 5년　　④ 10년

정답　15 ②　16 ③

> **해설** 자동차관리법 제4조의2(자동차정책기본계획의 수립)
> ① 국토교통부장관은 자동차를 효율적으로 관리하고 안전도를 높이기 위하여 **자동차정책기본계획을 5년마다 수립·시행**하여야 한다. 〈개정 2013. 3. 23.〉

문제 17 자동차 정책 기본계획의 수립주기로 옳은 것은?

① 10년　　　② 5년　　　③ 3년　　　④ 1년

> **해설** 자동차관리법 제4조의2(자동차정책기본계획의 수립)
> ① 국토교통부장관은 자동차를 효율적으로 관리하고 안전도를 높이기 위하여 **자동차정책기본계획을 5년마다 수립·시행**하여야 한다. 〈개정 2013. 3. 23.〉

문제 18 자동차정책기본계획에 포함되어야 할 사항이 아닌 것은?

① 자동차 안전 및 관리정책의 추진방향
② 자동차 안전도 향상에 관한 사항
③ 자동차 관리제도 및 소비자 보호에 관한 사항
④ 자동차 제작사의 연구개발에 관한 사항

> **해설** 자동차관리법 제4조의2(자동차정책기본계획의 수립)
> ② 기본계획에는 다음 각 호의 사항이 포함되어야 한다. 〈개정 2024. 2. 13.〉
> 1. 자동차 관련 기술발전 전망과 **자동차 안전 및 관리 정책의 추진방향** → ①
> 2. 제29조에 따른 자동차안전기준 등의 연구개발·기반조성 및 국제조화에 관한 사항
> 3. **자동차 안전도 향상에 관한 사항** → ②
> 4. **자동차 관리제도 및 소비자 보호에 관한 사항** → ③
> 4의2. 커넥티드자동차 등 신기술이 적용된 자동차의 자동차검사기준 마련, 안전관리 및 자동차검사 관련 기술·기기의 연구·개발·보급에 관한 사항 → ④
> 5. 그 밖에 자동차 안전 및 관리를 위하여 필요한 사항

문제 19 채권자대위에 따른 신청 시 대위의 원인을 증명하는 서류와 함께 포함되어야 하는 사항으로 적절하지 않은 것은?

① 채권자 및 채무자의 성명 또는 명칭
② 채권자 및 채무자의 주소
③ 채권자대위의 원인
④ 채권자 및 채무자의 신분

정답　17 ②　18 ④　19 ④

> **해설** 자동차등록령 제14조(채권자대위에 따른 신청)
> 채권자가 「민법」 제404조에 따라 채무자를 대위하여 등록을 신청하는 경우에는 신청서에 다음 각 호의 사항을 적어 서명하거나 날인하고, 그 대위의 원인을 증명하는 서류를 첨부하여야 한다.
> 1. **채권자 및 채무자의 성명 또는 명칭** → ①
> 2. **채권자 및 채무자의 주소** → ②
> 3. **채권자대위의 원인** → ③

문제 20 제작 연도에 등록된 자동차의 차령 기산일 기준은?

① 제작 연도의 초일 ② 제작 연도의 말일
③ 차량 출고일 ④ 최초의 신규등록일

> **해설** 자동차관리법 시행령 제3조(자동차의 차령기산일)
> 자동차의 차령기산일은 다음 각호의 구분에 의한다. 〈개정 2001. 3. 17.〉
> 1. **제작연도에 등록된 자동차 : 최초의 신규등록일**
> 2. 제작연도에 등록되지 아니한 자동차 : 제작연도의 말일

문제 21 제작연도에 등록되지 아니한 자동차의 차령기산일은?

① 최초의 신규등록일 ② 제작연도의 말일
③ 신차등록일 ④ 제작일

> **해설** 자동차관리법 시행령 제3조(자동차의 차령기산일)
> 자동차의 차령기산일은 다음 각호의 구분에 의한다. 〈개정 2001. 3. 17.〉
> 1. 제작연도에 등록된 자동차 : 최초의 신규등록일
> 2. **제작연도에 등록되지 아니한 자동차 : 제작연도의 말일**

문제 22 자동차 소유권의 득실변경(得失變更)은 (   )을 하여야 그 효력이 생기는가?

① 이전 ② 등록 ③ 운행 ④ 폐차

> **해설** 자동차관리법 제6조(자동차 소유권 변동의 효력)
> 자동차 소유권의 득실변경(得失變更)은 **등록**을 하여야 그 효력이 생긴다.

● 정답 20 ④ 21 ② 22 ②

문제 23 신규등록의 거부 사유에 해당되지 않는 것은?

① 해당 자동차의 취득에 관한 정당한 원인행위가 있는 경우
② 등록신청사항에 거짓이 있는 경우
③ 자동차의 차대번호 또는 원동기형식의 표기가 없는 경우
④ 「화물자동차운수사업법」에 따른 화물자동차운수사업의 면허·등록·인가 또는 신고 내용과 다르게 사업용자동차로 등록하려는 경우

해설 자동차관리법 제9조(신규등록의 거부)
시·도지사는 다음 각 호의 어느 하나에 해당하는 경우에는 신규등록을 거부하여야 한다. 〈개정 2009. 6. 9., 2015. 1. 28., 2015. 12. 29.〉
1. 해당 자동차의 취득에 관한 정당한 원인행위가 <u>없거나</u> 등록 신청 사항에 거짓이 있는 경우 → ①
2. 제22조에 따른 자동차의 차대번호(車臺番號) 또는 원동기형식의 표기가 없거나 → ③ 이들 표기가 제30조제4항에 따른 자동차자기인증표시 또는 제43조제3항에 따른 <u>신규검사 증명서에 적힌 것과 다른 경우</u> → ②
3. 「여객자동차 운수사업법」에 따른 여객자동차 운수사업 및 「<u>화물자동차 운수사업법</u>」에 따른 화물자동차 운수사업의 면허·등록·인가 또는 신고 내용과 다르게 사업용 자동차로 <u>등록하려는 경우</u> → ④
4. 「액화석유가스의 안전관리 및 사업법」 제28조에 따른 액화석유가스의 연료사용제한 규정을 위반하여 등록하려는 경우
5. 「대기환경보전법」 제48조 및 「소음·진동관리법」 제31조에 따른 제작차 인증을 받지 아니한 자동차 또는 제동장치에 석면을 사용한 자동차를 등록하려는 경우
6. 미완성자동차

문제 24 자동차 뒷쪽 등록번호판은 차체의 뒷쪽 끝으로부터 몇 cm 이내에 부착해야 하는가?

① 55cm ② 65cm ③ 75cm ④ 85cm

해설 자동차관리법 시행규칙 제3조(자동차등록번호판의 부착방법)
법 제10조제1항 본문에 따른 자동차등록번호판은 자동차의 앞쪽과 뒷쪽에 다음 각호의 기준에 적합하게 부착하여야 한다. 다만, 피견인자동차의 앞쪽에는 등록번호판을 부착하지 아니할 수 있다. 〈개정 2015. 7. 7., 2018. 1. 18.〉
1. 차량중심선을 기준으로 등록번호판의 좌우가 대칭이 될 것. 다만, 자동차의 구조 및 성능상 차량중심선에 부착하는 것이 곤란한 경우에는 그러하지 아니하다.
2. 자동차의 앞쪽과 뒷쪽에서 볼 때에 차체의 다른 부분이나 장치등에 의하여 등록번호판이 가리워지지 아니할 것
3. <u>뒷쪽 등록번호판의 부착위치는</u> 차체의 뒷쪽 끝으로부터 **65센티미터** 이내일 것. 다만, 자동차의 구조 및 성능상 차체의 뒷쪽 끝으로부터 65센티미터 이내로 부착하는 것이 곤란한 경우에는 그러하지 아니하다.
4. 그 밖에 국토교통부장관이 정하여 고시하는 부착 방법

정답 23 ①   24 ②

문제 25 자동차등록번호판 부착방법으로 틀린 것은?

① 차량중심선을 기준으로 등록번호판의 좌우가 대칭이 될 것
② 차체의 다른 부분이나 장치등에 의하여 등록번호판이 가리워지지 아니할 것
③ 뒷쪽 등록번호판의 부착위치는 차체의 뒷쪽 끝으로부터 65센티미터 이내일 것
④ 봉인은 자동차의 뒷면에 붙인 등록번호판 오른쪽의 접합부분에 하여야 한다.

해설 자동차관리법 시행규칙 제3조(자동차등록번호판의 부착방법)
법 제10조제1항 본문에 따른 자동차등록번호판은 자동차의 앞쪽과 뒷쪽에 다음 각호의 기준에 적합하게 부착하여야 한다. 다만, 피견인자동차의 앞쪽에는 등록번호판을 부착하지 아니할 수 있다.
1. <u>차량중심선을 기준으로 등록번호판의 좌우가 대칭이 될 것.</u> → ① 다만, 자동차의 구조 및 성능상 차량중심선에 부착하는 것이 곤란한 경우에는 그러하지 아니하다.
2. 자동차의 앞쪽과 뒷쪽에서 볼 때 <u>차체의 다른 부분이나 장치등에 의하여 등록번호판이 가리워지지 아니할 것</u> → ②
3. <u>뒷쪽 등록번호판의 부착위치는 차체의 뒷쪽 끝으로부터 65센티미터 이내일 것.</u> → ③
    다만, 자동차의 구조 및 성능상 차체의 뒷쪽 끝으로부터 65센티미터 이내로 부착하는 것이 곤란한 경우에는 그러하지 아니하다.
4. 그 밖에 국토교통부장관이 정하여 고시하는 부착 방법

자동차관리법 시행규칙 제4조(봉인의 위치등)
① 법 제10조제1항 본문의 규정에 의한 <u>봉인은 자동차의 뒷면에 붙인 등록번호판 왼쪽의 접합부분</u>에 하여야 한다. → ④

문제 26 외부장치용 등록번호판의 부착 등에 대한 내용으로 틀린 것은?

① 자동차의 외부에 손쉽게 탈·부착이 가능한 장치일 것
② 승차장치 및 물품 적재 장치를 이용하여 운반할 수 없는 자전거 등 이동을 목적으로 제작된 기구를 안전하게 운반하기 위한 보조장치일 것
③ 자동차의 앞쪽에서 볼 때 외부장치 및 기구에 의하여 외부장치용 등록번호판이 가려지지 아니할 것
④ 외부장치용 등록번호판을 부착할 수 있는 장치가 외부장치에 고정되어 있을 것

해설 자동차관리법 시행규칙 제5조의2(외부장치용 등록번호판의 부착 등)
① 법 제10조제7항 전단에서 "자전거 운반용 부착장치 등 국토교통부령으로 정하는 외부장치"란 다음 각 호의 요건을 모두 갖춘 외부장치를 말한다. 〈개정 2025. 2. 18.〉
1. <u>자동차의 외부에 손쉽게 탈·부착이 가능한 장치일 것</u> → ①
2. 영 제8조제2항제10호에 따른 <u>승차장치 및 물품적재장치를 이용하여 운반할 수 없는 자전거 등 이동을 목적으로 제작된 기구를 안전하게 운반하기 위한 보조 장치일 것</u> → ②

정답 25 ④ 26 ③

3. 외부장치용 등록번호판을 부착할 수 있는 장치가 외부장치에 고정되어 있을 것 → ④
4. 자동차의 **뒤쪽**에서 볼 때 외부장치 및 기구에 의하여 외부장치용 등록번호판이 가려지지 않을 것 → ③

문제 27 자동차 등록번호판의 부착에 대한 내용으로 맞는 것은?

① 등록번호판의 부착 각도의 경우 기본적인 기울기 허용 오차는 ±10° 이내이어야 한다.
② 자동차의 중심선을 기준으로 등록번호판의 중심이 15cm 이상 벗어나지 않아야 한다.
③ 번호판의 상단부를 기준으로 지면에서 1.2m 이내의 높이에 부착한다.
④ 번호판의 상단부를 기준으로 지면에서 1.2m 이내의 설치가 곤란한 경우에는 앞범퍼 및 뒷범퍼 각각의 정중앙에 부착하도록 한다.

해설 자동차 등록번호판 등의 기준에 관한 고시
제6조의2(등록번호판 부착 방법 등)
③ 등록번호판은 아래 기준에 적합한 위치에 부착하여야 한다.
1. 자동차의 중심선을 기준으로 등록번호판의 중심이 **10cm** 이상 벗어나지 않아야 함. 다만, 자동차의 구조 및 성능상 차량중심선에 부착하는 것이 곤란한 경우에는 차량중심선에 가까운 위치에 부착할 것 → ②
2. **번호판의 상단부를 기준으로 지면에서 1.2m 이내의 높이**. 다만, 1.2m 이내의 설치가 곤란한 경우에는 **가능한 잘 보이는 위치에 부착할 것** → ③, ④
④ **등록번호판의 부착 각도**는 아래 기준에 적합하여야 한다.
1. 자동차의 진행방향 중심선을 기준하여 직각으로 부착하고, 지면과 수평되어야 하며, 각각의 **기울기 허용오차는 ±5° 이내일 것** → ①
2. 등록번호판의 수직방향 기울기는 등록번호판 상단의 높이가 지상으로부터 1.2m 이하인 경우에는 아래쪽 방향(등록번호판이 지면을 바라보는 방향)으로 5° 이내, 위쪽 방향으로 30° 이내이어야 하며, 지상으로부터 1.2m를 초과하는 경우에는 아래쪽 방향으로 15° 이내, 위쪽 방향으로 5° 이내로 부착할 것

문제 28 임시 운행 허가 번호판의 적색 사선의 규격은?

① 1mm   ② 2mm   ③ 3mm   ④ 4mm

해설 자동차 등록번호판 등의 기준에 관한 고시
제4조(번호판의 색상)
③ 임시운행허가번호판은 흰색바탕에 검은색문자로 하고 **3mm폭의 적색사선**을 긋는다.

정답 27 ③   28 ③

문제 29 자동차의 기재 사항 변경되었을 때는 무슨 등록을 해야 하나?

① 변경　　　② 신규　　　③ 이전　　　④ 말소

해설 자동차관리법 제11조(변경등록)
① 자동차 소유자는 등록원부의 기재 사항이 변경된 경우에는 대통령령으로 정하는 바에 따라 시·도지사에게 **변경등록**을 신청하여야 한다. 다만, 대통령령으로 정하는 경미한 등록 사항을 변경하는 경우에는 그러하지 아니하다.

문제 30 자동차 소유자는 등록원부의 기재 사항이 변경된 경우에는 그 사유가 발생한 날부터 몇 일 이내에 등록관청에 신청하여야 하는가? (단, 이전등록 및 말소등록에 해당되는 경우는 제외한다)

① 30일 이내　　　② 50일 이내　　　③ 60일 이내　　　④ 90일 이내

해설 자동차관리법 제11조(변경등록)
① 자동차 소유자는 등록원부의 기재 사항이 변경(제12조에 따른 이전등록 및 제13조에 따른 말소등록에 해당되는 경우는 제외한다)된 경우에는 대통령령으로 정하는 바에 따라 시·도지사에게 변경등록을 신청하여야 한다. 다만, 대통령령으로 정하는 경미한 등록 사항을 변경하는 경우에는 그러하지 아니하다.
자동차등록령 제22조(변경등록 신청)
① 변경등록은 그 사유가 발생한 날부터 **30일** 이내에 등록관청에 신청하여야 한다.

문제 31 자동차 소유권이 변경되었다. 어떤 등록을 해야 효력을 발생하는가?

① 변경　　　② 신규　　　③ 이전　　　④ 말소

해설 자동차관리법 제12조(이전등록)
① 등록된 자동차를 양수받는 자는 대통령령으로 정하는 바에 따라 시·도지사에게 자동차 소유권의 **이전등록**을 신청하여야 한다.

문제 32 다음 중 이전등록 신청기간이 다른 것은?

① 매매의 경우: 매수한 날부터 15일 이내
② 증여의 경우 : 증여를 받은 날 부터 20일 이내
③ 상속의 경우 : 상속개시일이 속하는 달의 말일부터 3개월 이내
④ 그 밖의 사유로 인한 소유권이전의 경우 : 사유가 발생한 날부터 15일 이내

정답　29 ①　30 ①　31 ③　32 ③

해설 자동차등록령 제26조(이전등록 신청)
① 이전등록은 다음 각 호의 구분에 따른 기간에 등록관청에 신청하여야 한다. 〈개정 2013. 12. 17.〉
  1. 매매의 경우 : 매수한 날부터 15일 이내 → ①
  2. 증여의 경우 : 증여를 받은 날부터 20일 이내 → ②
  3. 상속의 경우 : 상속개시일이 속하는 달의 말일부터 **6개월** 이내 → ③
  4. 그 밖의 사유로 인한 소유권이전의 경우 : 사유가 발생한 날부터 15일 이내 → ④

문제 33 상속에 따른 자동차 이전등록 안내 절차에 고시하는 내용이 아닌 것은?

① 상속 순위
② 신청 장소
③ 신청 기간
④ 상속 및 피상속인 거주지 주소

해설 상속에 따른 자동차 이전등록 안내절차 고시
등록관청은 자동차소유자 중 사망자가 발생한 경우 사망자신고일로부터 60일 이내에 그 사망자의 사망당시의 주소지로 다음 각 호의 사항을 통지할 수 있다.
  1. 상속에 따른 이전등록 **신청 기간** → ③
  2. 상속에 따른 이전등록 **신청장소**, 담당자 연락처 및 구비서류 → ②
  3. **상속순위** 등 그 밖에 등록관청에서 필요하다고 인정하는 사항 → ①

문제 34 다음 중 말소등록 사유에 해당하지 않는 것은?

① 자동차를 수출하는 경우
② 등록자동차의 정비 또는 개조를 위한 해체
③ 자동차 제작, 판매자 등에게 반품하는 경우
④ 자동차 해체 재활용업자에게 폐차를 요청한 경우

해설 자동차등록법 제13조(말소등록)
① 자동차 소유자(재산관리인 및 상속인을 포함한다. 이하 이 조에서 같다)는 등록된 자동차가 다음 각 호의 어느 하나의 사유에 해당하는 경우에는 대통령령으로 정하는 바에 따라 자동차등록증, 등록번호판을 반납하고 시·도지사에게 말소등록(이하 "말소등록"이라 한다)을 신청하여야 한다. 다만, 제7호 및 제8호의 사유에 해당되는 경우에는 말소등록을 신청할 수 있다. 〈개정 2017. 10. 24., 2024. 2. 20.〉
  1. 제53조에 따라 **자동차해체재활용업을 등록한 자**(이하 "자동차해체재활용업자"라 한다)에게 **폐차를 요청한 경우** → ④
  2. **자동차제작·판매자등에게 반품한 경우**(제47조의2의 교환 또는 환불 요구에 따라 반품된 경우를 포함한다) → ③
  3. 「여객자동차 운수사업법」에 따른 차령(車齡)이 초과된 경우
  4. 「여객자동차 운수사업법」 및 「화물자동차 운수사업법」에 따라 면허·등록·인가 또는 신고가 실효(失效)되거나 취소된 경우

정답 33 ④   34 ②

5. 천재지변·교통사고 또는 화재로 자동차 본래의 기능을 회복할 수 없게 되거나 멸실된 경우
6. **자동차를 수출하는 경우** → ①
7. 제14조의 압류등록을 한 후에도 환가(換價) 절차 등 후속 강제집행 절차가 진행되고 있지 다고 인정되는 경우. 이 경우 시·도지사가 해당 자동차 소유자로부터 말소등록 신청을 접수하였을 때에는 즉시 그 사실을 압류등록을 촉탁(囑託)한 법원 또는 행정관청과 등록원부에 적힌 이해관계인에게 알려야 한다.아니하는 차량 중 차령 등 대통령령으로 정하는 기준에 따라 환가가치가 남아 있지 아니하
8. 자동차를 교육·연구의 목적으로 사용하는 등 대통령령으로 정하는 사유에 해당하는 경우

문제 35 자동차를 직권 말소를 할 수 없는 경우는?

① 말소등록을 신청하여야 할 자가 신청하지 않은 경우
② 속임수나 그 밖의 부정한 방법으로 등록된 경우
③ 자동차의 차대가 등록원부의 차대와 다른 경우
④ 자동차를 교육, 연구의 목적으로 사용하는 등 대통령령으로 정하는 사유에 해당하는 경우

해설 자동차관리법 제13조(말소등록)
③ 시·도지사는 다음 각 호의 어느 하나에 해당하는 경우에는 직권으로 말소등록을 할 수 있다. 〈개정 2015. 8. 11., 2021. 4. 13., 2021. 12. 7.〉
1. 제1항과 제2항에 따라 **말소등록을 신청하여야 할 자가 신청하지 아니한 경우** → ①
2. **자동차의 차대가 등록원부상의 차대와 다른 경우** → ③
3. 제24조의2제2항 또는 제37조제3항에 따른 자동차 운행정지 명령에도 불구하고 해당 자동차를 계속 운행하는 경우
4. 제26조에 따라 자동차를 폐차한 경우
5. **속임수나 그 밖의 부정한 방법으로 등록된 경우** → ②
6. 「자동차손해배상 보장법」 제6조제3항에 따른 의무보험 가입명령을 이행하지 아니한 지 1년 이상 경과한 경우
→ 자동차를 교육, 연구의 목적으로 사용하는 등 대통령령으로 정하는 사유가 해당하는 경우는 '직권 말소'가 아닌 '말소등록을 할 수 있는 경우'이다.

문제 36 다음 중 시·도지사가 직권으로 말소등록을 할 수 없는 경우는?

① 의무보험 가입명령을 이행하지 아니한 지 6개월 이상 경과한 경우
② 자동차를 폐차한 경우
③ 자동차 운행정지 명령에도 불구하고 해당 자동차를 계속 운행하는 경우
④ 말소등록을 신청하여야 할 자가 신청하지 아니한 경우

정답 35 ④   36 ①

해설 자동차관리법 제13조(말소등록)
③ 시·도지사는 다음 각 호의 어느 하나에 해당하는 경우에는 직권으로 말소등록을 할 수 있다.
1. 제1항과 제2항에 따라 **말소등록을 신청하여야 할 자가 신청하지 아니한 경우** → ④
2. 자동차의 차대가 등록원부상의 차대와 다른 경우
3. 제24조의2제2항 또는 제37조제3항에 따른 **자동차 운행정지 명령에도 불구하고 해당 자동차를 계속 운행하는 경우** → ③
4. 제26조에 따라 **자동차를 폐차한 경우** → ②
5. 속임수나 그 밖의 부정한 방법으로 등록된 경우
6. 「자동차손해배상 보장법」 제6조제3항에 따른 **의무보험 가입명령을 이행하지 아니한 지 1년 이상 경과한 경우** → ①

문제 37 자동차 도난시 해야 하는 것은?

① 신규등록   ② 변경등록   ③ 이전등록   ④ 말소등록

해설 자동차관리법 제13조(말소등록)
⑦ 자동차 소유자는 다음 각 호의 어느 하나에 해당하는 경우에는 대통령령으로 정하는 바에 따라 시·도지사에게 **말소등록**을 신청할 수 있다. 〈개정 2015. 12. 29., 2019. 8. 27.〉
1. **본인이 소유하는 자동차를 도난당한 경우**
2. 본인이 소유하는 자동차를 횡령 또는 편취당한 경우

문제 38 등록관청은 소유하고 있는 자동차를 횡령 또는 편취당한 것으로 신고된 자에게 얼마 전까지 말소등록이 신청된 사실을 알려야 하는가?

① 14일 전   ② 20일 전   ③ 1개월 전   ④ 3개월 전

해설 자동차등록령 제31조(말소등록 신청)
⑦ 법 제13조제7항에 따라 말소등록을 신청하려는 자는 국토교통부령으로 정하는 신청서에 다음 각 호의 어느 하나에 해당하는 서류를 첨부하여야 한다. 〈개정 2020. 2. 25.〉
1. 본인이 소유하는 자동차를 도난당한 경우 : 관할 경찰서장이 발급한 도난신고확인서
2. 본인이 소유하는 자동차를 횡령 또는 편취당한 경우 : 관할 경찰서장이 발급한 사건사고사실확인원
⑧ 등록관청은 제7항제2호에 따라 말소등록을 신청받은 경우 말소등록 예정일을 명시하여 그 **1개월 전까지** 해당 자동차를 횡령 또는 편취한 것으로 신고된 자에게 말소등록이 신청된 사실을 알려야 한다. 〈신설 2016. 12. 30., 2020. 2. 25.〉

정답 37 ④   38 ③

문제 39 다음 중 신규등록된 자동차의 등록번호를 부여하는 자는?

① 국토교통부장관 ② 시 · 도지사
③ 관할 경찰서장 ④ 시장 · 군수 · 구청장

해설 자동차관리법 제16조(자동차등록번호의 부여)
시 · 도지사는 자동차를 신규등록한 경우에는 그 자동차의 등록번호를 부여하고, 용도변경 등 대통령령으로 정하는 사유가 발생한 경우에는 그 등록번호를 변경하여 부여한다.

문제 40 자동차관리법상 국토교통부 장관이 지정한 차대번호 지정표기시행자는?

① 시 · 도지사 ② 한국교통안전공단
③ 자동차 제작자 ④ 자동차 사업자

해설 자동차 차대번호 등의 운영에 관한 규정
제2조(정의) 이 규정에서 사용하는 용어의 정의는 다음과 같다.
6. "고유 각인"이란 규칙 제14조제2항의 규정에 의한 표기시행자(이하 "표기시행자"라 한다) 또는 규칙 제16조의 규정에 의한 **지정표기시행자**(이하 "**한국교통안전공단**"이라 한다)가 차대번호 또는 원동기형식을 정정한 때 사용하는 각인으로서 각인대장에 등록된 것을 말한다. 다만, 한국교통안전공단의 경우에는 제8호의 종부호 각인을 말한다.

문제 41 자동차 차대번호의 국가공통부호 중 모든 자동차 종류의 첫째 자리 부호는?

① J ② K ③ L ④ P

해설 자동차 차대번호 등의 운영에 관한 규정
제4조(국가공통부호등) 규칙 제14조제1항제2호의 규정에 의한 국가공통부호는 다음과 같다.

표기내용	표기부호		
	첫째자리	둘째자리	셋째자리
승용자동차	K	L	9
승합자동차	K	M	9
화물자동차	K	N	9
특수자동차	K	P	9
이륜자동차	K	R	9

정답 39 ② 40 ② 41 ②

문제 42 운행정지 명령 대상인 자동차를 확인하는 주체가 아닌 것은?

① 시장·군수·구청장
② 제주특별자치도지사
③ 시·도지사
④ 국토교통부 장관

해설 자동차관리법 제24조의2(자동차의 운행정지 등)
② **시·도지사** 또는 **시장·군수·구청장**은 제1항의 요건에 해당하지 아니한 자가 정당한 사유 없이 자동차를 운행하는 경우 다음 각 호의 어느 하나에 따라 해당 **자동차의 운행정지를 명할 수 있다.** 〈개정 2018. 2. 21.〉
1. 자동차 소유자의 동의 또는 요청
2. 수사기관의 장의 요청. 다만, 수사기관의 장이 제2조제3호에 따른 자동차사용자가 아닌 자가 자동차를 운행하는 사실을 확인한 경우로 한정한다.

문제 43 자동차의 운행정지에 관여할 수 있는 자는?

① 국토교통부장관
② 시·도지사 또는 시장·군수·구청장
③ 지정행정기관의 장
④ 한국교통안전공단 이사장

해설 자동차관리법 제24조의2(자동차의 운행정지 등)
② **시·도지사** 또는 **시장·군수·구청장**은 제1항의 요건에 해당하지 아니한 자가 정당한 사유 없이 자동차를 운행하는 경우 다음 각 호의 어느 하나에 따라 해당 자동차의 운행정지를 명할 수 있다. 〈개정 2018. 2. 21.〉
1. 자동차 소유자의 동의 또는 요청
2. 수사기관의 장의 요청. 다만, 수사기관의 장이 제2조제3호에 따른 자동차사용자가 아닌 자가 자동차를 운행하는 사실을 확인한 경우로 한정한다.

문제 44 다음 중 자동차의 운행제한사유에 해당되지 않는 것은?

① 극심한 교통체증 지역의 발생 예방 또는 해소
② 대기오염 방지나 그 밖에 대통령령으로 정하는 사유
③ 교통사고의 발생이 빈번한 곳에서의 운행의 경우
④ 전시·사변 또는 이에 준하는 비상사태의 대처

해설 자동차관리법 제25조(자동차의 운행 제한)
① 국토교통부장관은 다음 각 호의 어느 하나에 해당하는 사유가 있다고 인정되면 미리 경찰청장과 협의하여 자동차의 운행 제한을 명할 수 있다. 〈개정 2013. 3. 23., 2020. 2. 4.〉
1. **전시·사변 또는 이에 준하는 비상사태의 대처** → ④
2. **극심한 교통체증 지역의 발생 예방 또는 해소** → ①

정답 42 ④   43 ②   44 ③

2의2. 제31조제1항에 따른 결함이 있는 자동차의 운행으로 인한 화재사고가 반복적으로 발생하여 공중(公衆)의 안전에 심각한 위해를 끼칠 수 있는 경우
3. **대기오염 방지나 그 밖에 대통령령으로 정하는 사유** → ②

문제 45 다음 중 자동차관리법상 강제처리 대상인 행위는?

① 자동차를 매각 또는 폐차하는 행위
② 자동차를 무단으로 해체하는 행위
③ 정당한 사유 없이 자동차를 타인의 토지에 방치하는 행위
④ 차대번호를 고의로 지운 행위

해설 자동차관리법 제26조(자동차의 강제 처리)
① 자동차(자동차와 유사한 외관 형태를 갖춘 것을 포함한다. 이하 이 조에서 같다)의 소유자 또는 점유자는 다음 각 호의 어느 하나에 해당하는 행위를 하여서는 아니 된다. 〈개정 2019. 8. 27.〉
1. 자동차를 일정한 장소에 고정시켜 운행 외의 용도로 사용하는 행위
2. 자동차를 도로에 계속하여 방치하는 행위
3. **정당한 사유 없이 자동차를 타인의 토지에 대통령령으로 정하는 기간 이상 방치하는 행위**

문제 46 다음 중 강제 처리 대상이 되는 자동차는?

① 공장이나 작업장에서 작업용으로 사용하는 자동차
② 대형사고를 일으킨 자동차
③ 임의 구조변경이나 개조된 자동차
④ 정당한 사유없이 타인의 토지에 방치한 자동차

해설 자동차관리법 제26조(자동차의 강제 처리)
① 자동차(자동차와 유사한 외관 형태를 갖춘 것을 포함한다. 이하 이 조에서 같다)의 소유자 또는 점유자는 다음 각 호의 어느 하나에 해당하는 행위를 하여서는 아니 된다. 〈개정 2019. 8. 27.〉
1. 자동차를 일정한 장소에 고정시켜 운행 외의 용도로 사용하는 행위
2. 자동차를 도로에 계속하여 방치하는 행위
3. **정당한 사유 없이 자동차를 타인의 토지에 대통령령으로 정하는 기간 이상 방치하는 행위**

문제 47 신규등록신청을 위하여 자동차를 운행하려는 경우 임시운행허가 기간은?

① 10일   ② 15일   ③ 30일   ④ 45일

> **해설** 자동차관리법 시행령 제7조(임시운행의 허가 등)
> ① 시·도지사는 다음 각 호의 어느 하나에 해당하는 경우에는 법 제27조제1항에 따른 임시운행허가를 할 수 있다. 〈개정 2025. 2. 7.〉
> 1. 법 제8조 및 제13조제8항·제10항에 따른 **신규등록신청을 위하여 자동차를 운행하려는 경우**
> ② 제1항에 따른 임시운행허가기간은 다음 각 호의 구분에 따른다. 〈개정 2021. 10. 14.〉
> 1. 제1항제1호·제3호·제7호부터 제9호까지 및 제12호에 해당하는 경우 : **10일 이내**
> 1의2. 제1항제2호에 해당하는 경우 : 20일 이내
> 2. 제1항제4호·제10호 및 제13호에 해당하는 경우: 40일 이내
> 3. 삭제〈2002. 12. 31.〉
> 4. 제1항제11호에 해당하는 경우 : 2년(제1항제11호마목의 경우에는 5년)의 범위에서 해당 시험·연구에 소요되는 기간

문제 48 임시 운행 자율주행 자동차의 변경사항 등의 보고에 관한 내용 중 운행기록 등 운행에 관한 정보에 포함되지 않는 것은?

① 누적 주행거리
② 운전자가 의도하지 않은 자율주행 기능의 해제
③ 사고기록의 저장 정보
④ 보험 가입에 관한 사항

> **해설** 자동차관리법 시행규칙 제26조의4(임시운행 자율주행자동차의 변경사항 등 보고)
> ① 법 제27조제5항에서 "주요장치 및 기능의 변경 사항, 운행기록 등 운행에 관한 정보 및 교통사고와 관련한 정보 등 국토교통부령으로 정하는 사항"이란 다음 각 호의 사항을 말한다. 〈개정 2023. 10. 31.〉
> 2. 운행기록 등 운행에 관한 정보
> 가. **누적 주행거리** → ①
> 나. **운전자가 의도하지 않은 자율주행기능의 해제** → ②
> 다. **보험가입에 관한 사항** → ④

문제 49 자동차의 장치가 아닌 것은?

① 후사경   ② 총중량   ③ 제동장치   ④ 소화기

정답 47 ①   48 ③   49 ②

해설 자동차관리법 시행령 제8조(자동차의 구조 및 장치)
② 다음 각호의 **자동차의 장치**는 법 제29조제1항의 규정에 의한 안전기준에 적합하여야 한다. 〈개정 2008. 2. 29., 2013. 3. 23., 2015. 10. 13., 2024. 1. 9.〉
1. 원동기(동력발생장치) 및 동력전달장치   2. 주행장치   3. 조종장치
4. 조향장치   5. **제동장치**   6. 완충장치
7. 연료장치 및 전기·전자장치   8. 차체 및 차대
9. 연결장치 및 견인장치   10. 승차장치 및 물품적재장치
11. 창유리   12. 소음방지장치   13. 배기가스발산방지장치
14. 전조등, 번호등, 후미등, 제동등, 차폭등, 후퇴등 및 그 밖의 등화장치
15. 경음기 및 그 밖의 경보장치   16. 방향지시등 및 그 밖의 지시장치
17. **후사경**, 창닦이기 및 그 밖에 시야를 확보하는 장치
17의2. 후방 영상장치 및 후진경고음 발생장치   18. 속도계, 주행거리계 및 그 밖의 계기
19. **소화기** 및 그 밖의 방화장치   20. 내압용기 및 그 부속장치
21. 그 밖에 자동차의 안전운행에 필요한 장치로서 국토교통부령으로 정하는 장치

문제 50 자동차관리법상의 '자동차 부품'이 아닌 것은?

① 창유리   ② 후부 반사기   ③ 에이 필러   ④ 반사띠

해설 자동차관리법 시행령 제8조의2(자동차부품)
법 제29조제2항에서 "대통령령으로 정하는 부품·장치 또는 보호장구"(이하 "자동차부품"이라 한다)란 다음 각 호의 것을 말한다. 〈개정 2013. 3. 23., 2015. 10. 13., 2025. 2. 7.〉
1. 브레이크호스   2. 좌석안전띠   3. 국토교통부령으로 정하는 등화장치
4. **후부반사기**   5. 후부안전판   6. **창유리**   7. 안전삼각대
8. 후부반사판   9. 후부반사지   10. 브레이크라이닝   11. 휠
12. **반사띠**   13. 저속차량용 후부표시판
14. 전기자동차에 사용되는 구동축전지

문제 51 자동차 부품이 아닌 것은?

① 타이어   ② 후부반사판   ③ 후부반사지   ④ 안전삼각대

해설 자동차관리법 시행령 제8조의2(자동차부품)
법 제29조제2항에서 "대통령령으로 정하는 부품·장치 또는 보호장구"(이하 "자동차부품"이라 한다)란 다음 각 호의 것을 말한다. 〈개정 2013. 3. 23., 2015. 10. 13., 2025. 2. 7.〉
1. 브레이크호스   2. 좌석안전띠   3. 국토교통부령으로 정하는 등화장치
4. 후부반사기   5. 후부안전판   6. 창유리   7. **안전삼각대**
8. **후부반사판**   9. **후부반사지**   10. 브레이크라이닝   11. 휠
12. 반사띠   13. 저속차량용 후부표시판
14. 전기자동차에 사용되는 구동축전지

정답 50 ③   51 ①

문제 52 캠핑용 자동차가 갖추어야 할 자동차관리법상에서 제시하는 시설로 틀린 것은?

① 취사시설
② 탁자(탈부착이 가능한 탁자는 제외)
③ 세면시설
④ 화장실 또는 이동용 변기를 설치할 수 있는 독립공간

해설 자동차관리법 시행규칙 제30조의2(캠핑용자동차)
법 제29조제3항에서 "국토교통부령으로 정하는 캠핑용자동차"란 다음 각 호의 시설을 갖춘 자동차로서 캠핑에 사용하기 위한 자동차를 말한다. 〈개정 2024. 2. 16.〉
 1. 「자동차 및 자동차부품의 성능과 기준에 관한 규칙」 제18조의4에 따른 취침시설
 2. 다음 각 목의 어느 하나에 해당하는 시설
  가. **취사시설** → ①   나. **세면시설** → ③   다. 개수대
  라. 탁자(탈부착이 가능한 탁자를 포함한다)
  마. **화장실 또는 이동용 변기를 설치할 수 있는 독립공간** → ④

문제 53 기술검토를 받고자 하는 제작자가 기술검토 신청서에 첨부하여야 하는 항목으로 틀린 것은?

① 자동차의 외관도(특수용도형 화물자동차 및 특수자동차의 경우에는 적재 장치 또는 특수 장치의 구성도를 제외한다)
② 차대번호 표기 내용 또는 표기 시행계획(해당하는 경우에 한한다)
③ 자동차제원표
④ 자기인증표시 내용 및 부착 방법

해설 자동차관리법 시행규칙 제36조(기술검토 신청 등)
 ① 제35조제2항에 따라 기술검토를 받으려는 자동차제작자등은 별지 제20호서식의 기술검토신청서에 다음 각 호의 서류를 첨부하여 성능시험대행자에게 제출해야 한다. 〈개정 2025. 2. 18.〉
 1. 별지 제25호서식의 **자동차제원표** → ③
 2. 자동차의 외관도(특수용도형 화물자동차 및 특수자동차의 경우에는 적재장치 또는 특수장치의 구성도를 **포함한다**) → ①
 3. **차대번호 표기내용 또는 표기시행계획(해당하는 경우에 한한다)** → ②
 4. **자기인증표시의 내용 및 부착방법** → ④
 5. 법 제33조제5항에 따라 제공받은 미완성자동차의 안전기준 적합 여부 등에 대한 정보(미완성자동차를 이용하여 자동차를 제작·조립하는 경우로 한정한다)
 6. 제39조의4제3항에 따른 소량생산 자동차 인정 확인서 및 제작자가 제39조의5제2항의 자기인증 방법에 따라 안전기준에 적합함을 확인한 서류(법 제30조제5항 후단에 따라 기술검토를 신청하는 경우로 한정한다)

정답 52 ②   53 ①

7. 별지 제26호의12서식의 핵심장치등의 안전성인증서(안전성인증을 받은 경우에 한정한다) 또는 별지 제26호의13서식의 핵심장치등의 제원관리번호 통보서(법 제30조의7제1항 단서에 따라 안전성인증을 받은 것으로 보는 경우에 한정한다)

문제 54 자기인증적합조사 방법 등에 대한 내용으로 틀린 것은?

① 자기인증적합조사 방법은 자동차 및 부품의 성능 및 기준과 관련된 관계 법령에서 규정된 시험 및 검사 방법에 따른다.
② 성능시험대행자는 자동차제작자등 또는 부품제작자등이 해당 자동차의 자기인증적합조사 시험 준비 및 진행 과정 등에 참관을 요청할 경우 참관하게 할 수 있다.
③ 자동차제작자등 또는 부품 제작자등은 참관을 하는 경우 성능시험대행자에게 참관사실 확인서를 제출해야 한다.
④ 성능시험대행자는 자기인증적합조사를 하는 과정에서 소음방지장치 및 배기가스발산방지장치의 기준 적합 여부를 확인하려는 경우 환경부 장관과 협의하여 '소음진동방지관리법' 및 '대기환경보전법'의 제반 관련 법령에 따른 특별검사 결과를 활용한다.

해설 자동차 및 자동차부품의 인증 및 조사 등에 관한 규정 제7조의3(자기인증적합조사 방법 등)
① 자기인증적합조사 방법은 「자동차 및 자동차부품의 성능과 기준에 관한 규칙」 및 「자동차 및 자동차부품의 성능과 기준 시행세칙」 등에 규정된 시험 및 검사방법에 따른다. → ①
이 경우 각각의 시험(선행시험과 후행시험) 단계간의 연계성을 고려하여 시험이 경제적이고 효율적으로 진행될 수 있도록 계획을 수립하여 시행해야 한다.
② 성능시험대행자는 자동차제작자등 또는 부품제작자등이 해당 자동차의 자기인증적합조사 시험준비 및 진행과정 등에 참관을 요청할 경우 참관하게 할 수 있다. → ②
③ 자동차제작자등 또는 부품제작자등은 제2항에 따라 참관을 하는 경우 성능시험대행자에게 참관사실 확인서를 제출해야 한다. → ③
④ 성능시험대행자는 규칙 제40조의2 또는 제40조의10에 따라 자동차제작자등 또는 부품제작자등에게 자기인증적합조사에 필요한 자료를 요청하는 경우에는 자료의 종류를 구체적으로 명시하여 요청해야 한다.
⑤ 성능시험대행자는 자기인증적합조사를 하는 과정에서 안전기준 제35조에 따른 소음방지장치 및 안전기준 제36조에 따른 배기가스발산방지장치의 기준 적합여부를 확인하려는 경우 환경부장관과 협의하여 각각 「소음·진동관리법 시행령」 제6조 및 「대기환경보전법 시행령」 제48조에 따른 <u>수시검사</u> 결과를 활용한다. → ④
⑥ 성능시험대행자는 자동차부품에 대한 자기인증적합조사를 하는 과정에서 직접 보유한 시험시설을 사용할 수 없는 경우, 제6조의3에 따라 확인된 시험시설 및 제6조의4에 따라 지정된 시험시설을 이용하여 부품자기인증적합조사를 시행할 수 있다.
→ ④ '특별검사' 결과를 활용하는 것이 아니라 수시검사 결과를 활용한다.

정답 54 ④

문제 55 자동차 제작 결함에 대한 예비조사 시 성능시험대행자의 경우 얼마 이내의 기간 동안 예비조사를 실시할 수 있는가?

① 120일 ② 180일 ③ 300일 ④ 330일

해설 자동차 및 자동차부품의 인증 및 조사 등에 관한 규정
제7조의7(제작결함 예비조사 방법)
④ 성능시험대행자는 **120일** 이내 기간 동안 예비조사를 실시하고 예비조사를 완료한 때에는 기술위원회의 심의를 거친 후 15일 이내에 그 결과를 국토교통부장관에게 보고해야 한다. 다만, 성능시험대행자가 추가 자료 검토 등이 필요하여 예비조사 기간을 연장하려는 경우에는 기술위원회 심의를 거친 후 15일 이내에 그 결과를 국토교통부장관에게 보고하고, 예비조사의 진행상황을 매월 20일까지 국토교통부장관에게 보고해야 한다.

문제 56 자동차 사고조사를 위한 제공 요청 대상 자료의 범위에 대한 내용으로 잘못된 것은?

① 시·도경찰청이 보유한 교통사고 조사 결과
② 지방자치단체가 보유한 지방자치단체가 설치·운영하는 영상정보처리기기로 촬영된 자동차 사고 영상
③ 소방청이 보유한 관계 법령에 따른 화재조사 결과
④ 환경부가 보유한 관계 법령에 따른 결함확인검사 자료

해설 자동차관리법 시행령 제8조의5(자동차 사고조사를 위한 제공요청 대상 자료의 범위)
① 성능시험대행자는 법 제31조의3제1항에 따른 사고조사를 하는 경우 같은 조 제5항에 따라 다음 각 호의 구분에 따른 자료의 제공을 요청할 수 있다.
  1. **지방자치단체가 보유한 지방자치단체가 설치·운영하는 영상정보처리기기로 촬영된 자동차 사고 영상** → ②
  2. 경찰청이 보유한 교통사고 조사 결과 → ①
  3. **소방청이 보유한**「소방기본법」제29조에 따른 **화재조사 결과** → ③
  4. 「보험업법」에 따른 보험회사가 작성·보유한 자동차사고 조사자료 및 보험처리 이력에 관한 자료
  5. **환경부가 보유한**「대기환경보전법」제51조제1항에 따른 **결함확인검사 자료**, → ④
     같은 법 제51조제5항에 따른 결함시정에 관한 계획, 같은 법 제53조제1항에 따른 결함시정 현황 및 부품결함 현황 등의 자료
  6. 그 밖에 교통사고에 관련된 자료로서 자동차 사고조사를 위해 필요한 자료
→ '시·도경찰청'이 아니라 '경찰청'이다.

문제 57 다음 중 자동차의 구조 · 장치를 변경하려는 경우 누구에게 승인을 받아야 하는가?

① 국토교통부장관
② 시장 · 군수 · 구청장
③ 교통안전공단 이사장
④ 시 · 도지사

해설 자동차관리법 제34조(자동차의 튜닝)
① 자동차소유자가 국토교통부령으로 정하는 항목에 대하여 튜닝을 하려는 경우에는 **시장 · 군수 · 구청장**의 승인을 받아야 한다.

자동차관리법 시행규칙 제55조(튜닝의 승인대상 및 승인기준 등)
① 법 제34조제1항에서 "국토교통부령으로 정하는 항목에 대하여 튜닝을 하려는 경우"란 다음 각 호의 구조 · 장치를 튜닝하는 경우를 말한다. 다만, 범퍼의 외관이나 법 제34조의3에 따라 인증을 받은 튜닝부품 등 국토교통부장관이 정하여 고시하는 경미한 구조 · 장치로 튜닝하는 경우는 제외한다. 〈개정 2024. 2. 16.〉
1. 영 제8조제1항제1호 및 제3호의 사항과 관련된 **자동차의 구조**
2. 영 제8조제2항제1호 · 제2호(차축으로 한정한다) · 제4호 · 제5호 · 제7호(연료장치 및 고전원전기장치로 한정한다)부터 제10호까지 · 제12호부터 제14호까지 · 제20호 및 제21호의 **장치**

문제 58 자동차 튜닝 절차가 맞는 것은?

① 승인신청 → 승인 → 튜닝작업 → 튜닝검사
② 승인신청 → 승인 → 튜닝검사 → 튜닝작업
③ 튜닝작업 → 튜닝검사 → 승인신청 → 승인
④ 튜닝검사 → 튜닝작업 → 승인신청 → 승인

해설 자동차관리법 제34조(자동차의 튜닝)
① 자동차소유자가 국토교통부령으로 정하는 항목에 대하여 튜닝을 하려는 경우에는 시장 · 군수 · 구청장의 **승인**을 받아야 한다.
② 제1항에 따라 튜닝 승인을 받은 자는 자동차정비업자 또는 국토교통부령으로 정하는 자동차제작자등으로부터 **튜닝 작업**을 받아야 한다. 이 경우 자동차제작자등의 튜닝 작업 범위는 국토교통부령으로 정한다. 〈신설 2015. 8. 11.〉

자동차관리법 시행규칙 제56조(튜닝의 승인신청 등)
③ 제2항에 따라 자동차의 튜닝 승인을 받은 자는 자동차정비업자 또는 법 제34조제2항 전단에 따른 자동차제작자등으로부터 튜닝과 그에 따른 정비(법 제34조제2항 전단에 따른 자동차제작자등의 경우에는 튜닝만 해당한다)를 받고 튜닝 승인을 받은 날부터 45일 이내에 법 제43조제1항제3호의 **튜닝검사**를 받아야 한다. 〈개정 2021. 12. 16.〉

정답 57 ②　58 ①

문제 59 다음 중 튜닝 대상이 아닌 것은?

① 길이·너비 및 높이
② 원동기
③ 제동장치
④ 현가장치

해설 자동차관리법 시행규칙 제55조(튜닝의 승인대상 및 승인기준 등)
① 법 제34조제1항에서 "국토교통부령으로 정하는 항목에 대하여 튜닝을 하려는 경우"란 다음 각 호의 구조·장치를 튜닝하는 경우를 말한다. 다만, 범퍼의 외관이나 법 제34조의 3에 따라 인증을 받은 튜닝부품 등 국토교통부장관이 정하여 고시하는 경미한 구조·장치로 튜닝하는 경우는 제외한다. 〈개정 2024. 2. 16.〉
  1. 영 제8조제1항제1호 및 제3호의 사항과 관련된 자동차의 구조
자동차관리법 시행령 제8조(자동차의 구조 및 장치)
① 다음 각호의 1에 해당하는 사항과 관련된 자동차의 구조는 법 제29조제1항의 규정에 의한 안전기준에 적합하여야 한다.
  1. **길이·너비 및 높이**   2. 최저지상고   3. 총중량   4. 중량분포
  5. 최대안전경사각도   6. 최소회전반경   7. 접지부분 및 접지압력
② 다음 각호의 자동차의 장치는 법 제29조제1항의 규정에 의한 안전기준에 적합하여야 한다. 〈개정 2008. 2. 29., 2013. 3. 23., 2015. 10. 13., 2024. 1. 9.〉
  1. **원동기**(동력발생장치) 및 동력전달장치   2. 주행장치   3. 조종장치
  4. 조향장치   5. **제동장치**   6. 완충장치
  7. 연료장치 및 전기·전자장치   8. 차체 및 차대
  9. 연결장치 및 견인장치   10. 승차장치 및 물품적재장치
  11. 창유리   12. 소음방지장치   13. 배기가스발산방지장치
  14. 전조등, 번호등, 후미등, 제동등, 차폭등, 후퇴등 및 그 밖의 등화장치
  15. 경음기 및 그 밖의 경보장치   16. 방향지시등 및 그 밖의 지시장치
  17. 후사경, 창닦이기 및 그 밖에 시야를 확보하는 장치
  17의2. 후방 영상장치 및 후진경고음 발생장치   18. 속도계, 주행거리계 및 그 밖의 계기
  19. 소화기 및 그 밖의 방화장치   20. 내압용기 및 그 부속장치
  21. 그 밖에 자동차의 안전운행에 필요한 장치로서 국토교통부령으로 정하는 장치
→ **현가장치는 나와있지 않다.**

문제 60 튜닝 승인 불가의 예외사항이 아닌 것은?

① 화물자동차를 특수자동차로 튜닝하는 경우
② 특수자동차를 화물자동차로 튜닝하는 경우
③ 승용자동차와 동일한 차체 및 차대로 제작된 승합자동차의 좌석장치를 제거하여 승용자동차로 튜닝
④ 튜닝전보다 성능 또는 안전도가 저하될 우려가 있는 경우의 튜닝

정답 59 ④   60 ④

> **해설** 자동차관리법 시행규칙 제55조(튜닝의 승인대상 및 승인기준 등)
> ② 한국교통안전공단은 제1항에 따른 튜닝승인신청을 받은 경우에는 튜닝 후의 구조 또는 장치가 안전기준 그 밖에 다른 법령에 따라 자동차의 안전을 위하여 적용해야 하는 기준에 적합한 경우에만 승인해야 한다. 다만, 다음 각 호의 어느 하나에 해당하는 튜닝은 **승인을 해서는 안 된다.** 〈개정 2024. 7. 10.〉
> 1. 제작허용총중량(제작허용총중량이 없는 경우에는 차대 또는 차체가 동일한 자동차로 자기인증되어 제원이 통보된 차종의 총중량을 말한다. 이하 같다)을 넘어서 총중량을 증가시키는 튜닝
> 2. 삭제 〈2024. 7. 10.〉※
> 3. 법 제3조제1항 각 호에 따른 자동차의 종류가 변경되는 튜닝. 다만, **다음 각 목의 어느 하나에 해당하는 경우는 제외**한다.
>   가. **승용자동차와 동일한 차체 및 차대로 제작된 승합자동차의 좌석장치를 제거하여 승용자동차로 튜닝**하는 경우(튜닝하기 전의 상태로 회복하는 경우를 포함한다) → ③
>   나. **화물자동차를 특수자동차로 튜닝하거나 특수자동차를 화물자동차로 튜닝**하는 경우 → ①, ②
> 4. 튜닝전보다 성능 또는 안전도가 저하될 우려가 있는 경우의 튜닝 → ④
> ※ '승차정원 또는 최대적재량의 증가를 가져오는 승차장치 또는 물품적재장치의 튜닝' 조항은 2024. 7. 10 부로 삭제되었다.

문제 61 다음 중 자동차 튜닝의 승인 대상으로 적절한 것?

① 총 중량이 증가되는 튜닝
② 승합자동차의 좌석장치를 제거하여 승용자동차로 튜닝하는 경우
③ 자동차의 종류가 변경되는 튜닝
④ 안전도가 저하될 우려가 있는 튜닝

> **해설** 자동차관리법 시행규칙 제55조(튜닝의 승인대상 및 승인기준 등)
> ② 한국교통안전공단은 제1항에 따른 튜닝승인신청을 받은 경우에는 튜닝 후의 구조 또는 장치가 안전기준 그 밖에 다른 법령에 따라 자동차의 안전을 위하여 적용해야 하는 기준에 적합한 경우에만 승인해야 한다. 다만, 다음 각 호의 어느 하나에 해당하는 튜닝은 **승인을 해서는 안 된다.** 〈개정 2024. 7. 10.〉
> 1. 제작허용총중량을 넘어서 총중량을 증가시키는 튜닝 → ①
> 2. 삭제 〈2024. 7. 10.〉
> 3. 법 제3조제1항 각 호에 따른 자동차의 종류가 변경되는 튜닝 → ③. 다만, 다음 각 목의 어느 하나에 해당하는 경우는 제외한다.
>   가. 승용자동차와 동일한 차체 및 차대로 제작된 **승합자동차의 좌석장치를 제거하여 승용자동차로 튜닝하는 경우(튜닝하기 전의 상태로 회복하는 경우를 포함한다)** → ② ※
>   나. 화물자동차를 특수자동차로 튜닝하거나 특수자동차를 화물자동차로 튜닝하는 경우
> 4. 튜닝전보다 성능 또는 안전도가 저하될 우려가 있는 경우의 튜닝 → ④
> ※ 튜닝을 승인해서는 안되는 경우의 예외이므로 승인 대상으로 적절하다.

정답 61 ②

문제 62 튜닝승인이 제한되는 것이 아닌 것은?

① 자동차의 종류가 변경되는 튜닝
② 총중량을 증가시키는 튜닝
③ 특수자동차를 화물자동차로 튜닝
④ 안전도가 저하될 우려가 있는 경우의 튜닝

해설 자동차관리법 시행규칙 제55조(튜닝의 승인대상 및 승인기준 등)
② 한국교통안전공단은 제1항에 따른 튜닝승인신청을 받은 경우에는 튜닝 후의 구조 또는 장치가 안전기준 그 밖에 다른 법령에 따라 자동차의 안전을 위하여 적용해야 하는 기준에 적합한 경우에만 승인해야 한다. 다만, 다음 각 호의 어느 하나에 해당하는 튜닝은 승인을 해서는 안 된다. 〈개정 2024. 7. 10.〉
1. 제작허용총중량을 넘어서 총중량을 증가시키는 튜닝 → ②
2. 삭제〈2024. 7. 10.〉
3. 법 제3조제1항 각 호에 따른 자동차의 종류가 변경되는 튜닝. → ① 다만, 다음 각 목의 어느 하나에 해당하는 경우는 제외한다.
  가. 승용자동차와 동일한 차체 및 차대로 제작된 승합자동차의 좌석장치를 제거하여 승용자동차로 튜닝하는 경우(튜닝하기 전의 상태로 회복하는 경우를 포함한다)
  나. 화물자동차를 특수자동차로 튜닝하거나 **특수자동차를 화물자동차로 튜닝**하는 경우 → ③ ※
4. 튜닝전보다 성능 또는 안전도가 저하될 우려가 있는 경우의 튜닝 → ④
※ 튜닝을 승인해서는 안되는 경우의 예외이므로 승인 대상으로 적절하다.

문제 63 자동차 튜닝 승인을 받은 자는 승인을 받은 날부터 며칠 이내로 튜닝검사를 받아야 하는가?

① 7일 ② 14일 ③ 30일 ④ 45일

해설 자동차관리법 시행규칙 제56조(튜닝의 승인신청 등)
③ 제2항에 따라 자동차의 튜닝 승인을 받은 자는 자동차정비업자 또는 법 제34조제2항 전단에 따른 자동차제작자등으로부터 튜닝과 그에 따른 정비(법 제34조제2항 전단에 따른 자동차제작자등의 경우에는 튜닝만 해당한다)를 받고 튜닝 승인을 받은 날부터 45일 이내에 법 제43조제1항제3호의 튜닝검사를 받아야 한다.

문제 64 튜닝의 경미한 변경에 해당하지 않는 것은?

① 직경이 동일한 핸들
② 연료절감장치의 장착
③ 화물차 난간대 제거
④ 적재함 전면 지지대 400mm 까지

정답 62 ③ 63 ④ 64 ④

해설 자동차 튜닝에 관한 규정 (별표 1) [시행 2024. 7. 15.]
경미한 구조 · 장치(제4조제1항 관련)

구분	구조·장치 등
조향장치	• 직경이 동일한 핸들, 핸들손잡이, 레버손잡이
연료장치 및 전기·전자장치	• 연료절감장치
승차장치 및 물품적재장치	• 화물자동차의 적재함 내부 칸막이 및 선반, 밴형 화물자동차 적재장치의 창유리, 픽업덮개 제거, 화물차 난간대 제거, 롤바(픽업형에 한함), 픽업형 난간대 • 입석을 할 수 있는 승합자동차의 손잡이대 및 손잡이
길이·너비 및 높이	• 길이 : 플라스틱 재질의 보조범퍼, 차체 후부에 탈부착하는 자전거 캐리어 • 너비 : 승하차용 보조발판(최외측으로부터 좌,우 각각 50mm이내), 그늘막 (좌, 우 각각 125mm 이내) • 높이 : 포장탑(경 · 소형 화물자동차), 화물자동차 바람막이, <u>적재함 전면 지지대(차체높이 **300mm까지**)</u>, 포장보관대, 루프캐리어, 수하물 운반구(천정절개형 제외), 차체 상부에 탈부착 하는 자전거캐리어, 스키캐리어, 루프탑바이저, 안테나, 컨버터블탑용 롤바, 유리지지대(경 · 소형 화물자동차), 루프탑텐트, 그늘막, 교통단속용 적외선 조명장치, 환기장치, 무시동 히터, 무시동 에어컨, 태양전지판, 여객자동차운수사업법에서 정하고 있는 택시표시등

문제 65 튜닝 대상이 아닌 것은?

① 길이·너비 및 높이
② 원동기 및 동력전달장치
③ 제동장치
④ 현가장치

해설 자동차 튜닝에 관한 규정 별표 2 튜닝승인 세부기준(제5조 관련) 2. 세부기준
구조 및 장치 : **길이·너비 및 높이, 원동기 및 동력전달장치**, 주행장치(차축에 한함), **제동장치**, 연료장치, 연결 및 견인장치, 차대 및 차체, 승차장치, 물품적재장치, 소음방지장치, 배기가스발산장치, 조향장치

문제 66 국토교통부장관이 자동차 튜닝에 따른 안전성 확보를 위하여 시행할 수 있는 것이 아닌 것은?

① 저속전기자동차에 대한 특례
② 조사 · 연구 및 장비개발
③ 자동차 튜닝전문인력의 양성
④ 튜닝 관련 교육 프로그램의 개발 · 보급

정답 65 ④ 66 ①

> **해설** 자동차관리법 제34조의2(튜닝 자동차의 안전성 확보)
> ① 국토교통부장관은 자동차의 튜닝에 따른 안전성 확보를 위하여 다음 각 호를 시행할 수 있다. 〈개정 2020. 4. 7.〉
> 1. 자동차의 튜닝에 따른 안전성 확보를 위한 **조사·연구 및 장비개발** → ②
> 1의2. 자동차 튜닝 분야의 전문적인 기술 또는 기능을 보유한 인력(이하 "**자동차 튜닝전문인력**"이라 한다)**의 양성** → ③ 및 **튜닝 관련 교육 프로그램의 개발·보급** → ④
> 3. 그 밖에 국토교통부장관이 필요하다고 인정하는 사항

문제 67 자동차의 해체·조작 금지 사항이 아닌 것은?

① 자동차의 점검·정비 또는 튜닝을 하려는 경우
② 폐차하는 경우
③ 교육·연구의 목적으로 사용하는 등 국토교통부령으로 정하는 사유에 해당되는 경우
④ 자동차를 검사하는 경우

> **해설** 자동차관리법 제35조(자동차의 무단 해체·조작 금지)
> 누구든지 다음 각 호의 어느 하나에 해당하는 경우를 제외하고는 국토교통부령으로 정하는 장치를 자동차에서 해체하거나 조작[자동차의 최고속도를 제한하는 장치 또는 운전자를 지원하는 조향장치(이동방향의 결정을 주로 담당하는 조향장치에 추가되어 운전자의 조향을 보조해주는 장치를 말한다. 이하 같다)를 조작(造作)하는 경우에 한정한다]하여서는 아니 된다. 〈개정 2013. 3. 23., 2014. 1. 7., 2017. 12. 26., 2024. 1. 9.〉
> 1. **자동차의 점검·정비 또는 튜닝을 하려는 경우** → ①
> 2. **폐차하는 경우** → ②
> 3. **교육·연구의 목적으로 사용하는 등 국토교통부령으로 정하는 사유에 해당되는 경우** → ③

문제 68 저속전기자동차의 기준으로 옳은 것은?

① 최고속도 40km/h 이하, 차량 총 중량 1,161킬로그램 이하
② 최고속도 50km/h 이하, 차량 총 중량 1,261킬로그램 이하
③ 최고속도 60km/h 이하, 차량 총 중량 1,361킬로그램 이하
④ 최고속도 70km/h 이하, 차량 총 중량 1,461킬로그램 이하

> **해설** 자동차관리법 시행규칙 제57조의2(저속전기자동차의 기준)
> 법 제35조의2에서 "국토교통부령으로 정하는 최고속도 및 차량중량 이하의 자동차"란 **최고속도가 매시 60킬로미터를 초과하지 않고, 차량 총중량이 1,361킬로그램을 초과하지 않는 전기자동차**를 말한다.

정답 67 ④ 68 ③

문제 69 저속전기자동차의 기준으로 옳은 것은?

① 최고속도 50km/h, 중량 1,061kg을 초과하지 않는 전기자동차
② 최고속도 60km/h, 중량 1,161kg을 초과하지 않는 전기자동차
③ 최고속도 50km/h, 중량 1,261kg을 초과하지 않는 전기자동차
④ 최고속도 60km/h, 중량 1,361kg을 초과하지 않는 전기자동차

해설 자동차관리법 시행규칙 제57조의2(저속전기자동차의 기준)
법 제35조의2에서 "국토교통부령으로 정하는 최고속도 및 차량중량 이하의 자동차"란 **최고속도가 매시 60킬로미터를 초과하지 않고, 차량 총중량이 1,361킬로그램을 초과하지 않는** 전기자동차를 말한다. 〈개정 2013. 3. 23.〉

문제 70 내압용기 재검사의 종류는?

① 특별 검사 ② 임시 검사 ③ 한정 검사 ④ 수시 검사

해설 자동차관리법 제35조의8(내압용기의 재검사)
① 내압용기가 장착된 자동차의 소유자는 제34조 및 제43조제1항제3호에 따라 내압용기 장착에 대한 튜닝을 마친 후 또는 제35조의7제1항 본문에 따라 내압용기장착검사를 받거나 같은 항 단서에 따라 자동차자기인증을 한 후 다음 각 호의 구분에 따라 그 내압용기에 대하여 국토교통부장관이 실시하는 검사를 제44조제1항에 따라 자동차검사를 대행하는 자에게 받아야 한다. 다만, 액화석유가스를 연료로 사용하는 자동차의 경우에는 제43조제1항제2호에 따른 정기검사 또는 제43조의2제1항에 따른 종합검사로 내압용기재검사를 갈음한다. 〈개정 2020. 6. 9.〉
1. 내압용기 정기검사 : 국토교통부령으로 정하는 기간이 지날 때마다 실시하는 검사
2. 내압용기 **수시검사** : 손상의 발생, 내압용기검사 각인 또는 표시의 훼손, 충전할 고압가스 종류의 변경, 그 밖에 국토교통부령으로 정하는 사유가 발생한 경우에 실시하는 검사

문제 71 내압용기 재검사 비용의 지원 대상이 아닌 것은?

① 시설, 장비 및 인력에 드는 비용
② 관련된 조사, 연구 및 전산 관련 시설에 드는 비용
③ 파기 및 각인에 드는 비용
④ 환경부 장관이 필요하다고 인정하는 비용

해설 자동차관리법 시행령 제9조의2(내압용기재검사 비용의 지원)
① 국토교통부장관은 법 제35조의8제5항에 따라 다음 각 호의 비용을 법 제44조제1항에 따라 자동차검사를 대행하는 자(이하 "자동차검사대행자"라 한다)에게 지원할 수 있다.

정답 69 ④ 70 ④ 71 ④

〈개정 2013. 3. 23.〉
1. 법 제35조의8제1항 본문에 따른 내압용기재검사(이하 "내압용기재검사"라 한다)에 필요한 **시설, 장비 및 인력에 드는 비용** → ①
2. 내압용기재검사와 **관련된 조사, 연구 및 전산 관련 시설에 드는 비용** → ②
3. 내압용기의 **파기 및 각인에 드는 비용** → ③
4. 그 밖에 내압용기재검사의 효율적 수행 및 관리를 위하여 **국토교통부장관**이 필요하다고 인정하는 비용 → ④

문제 72 CNG 버스의 내압용기 정기검사 유효기간은?

① 1년 ② 2년 ③ 3년 ④ 4년

해설 자동차관리법 시행규칙 제57조의14(내압용기 정기검사 및 수시검사)
① 법 제35조의8제1항제1호에서 "국토교통부령으로 정하는 기간"이란 다음 각 호의 어느 하나에 해당하는 날부터 비사업용 승용자동차의 경우에는 4년, **그 밖의 자동차의 경우에는 3년**의 기간을 말한다. 다만, 해당 자동차에 장착된 내압용기의 정기검사 유효기간이 각각 다른 경우에는 가장 먼저 도래하는 정기검사 유효기간에 따른다. 〈개정 2013. 3. 23.〉
1. 법 제35조의7에 따른 내압용기 장착검사를 받은 경우: 신규등록한 날
2. 법 제35조의8제1항제1호에 따른 정기검사를 받은 경우: 다음 각 목의 구분에 따른 날
 가. 내압용기 정기검사의 기간 이내에 정기검사를 받은 경우: 정기검사 유효기간 만료일의 다음날
 나. 가목 외의 기간에 정기검사를 받은 경우: 정기검사를 받은 날의 다음날
3. 법 제35조의8제1항제2호에 따른 수시검사를 받은 경우: 수시검사를 받은 날
4. 법 제43조제1항제3호에 따른 구조변경검사를 받은 경우: 구조변경검사를 받은 날
→ 내압용기 정기검사 유효기간은 비사업용 승용자동차는 4년, 그 밖의 자동차는 3년이다. CNG버스는 승합자동차에 해당하므로 3년이 된다.

문제 73 속도제한장치가 장착된 차량 총중량 3.5톤 초과 화물차의 최고속도는?

① 매시 60킬로미터 ② 매시 80킬로미터
③ 매시 90킬로미터 ④ 매시 110킬로미터

해설 자동차 및 자동차부품의 성능과 기준에 관한 규칙 제54조(속도계 및 주행거리계)
② 다음 각 호의 자동차에는 최고속도제한장치를 설치하여야 한다.
 1. 승합자동차(제2조제32호에 따른 어린이운송용 승합자동차를 포함한다)
 2. **차량총중량이 3.5톤을 초과하는 화물자동차**·특수자동차(피견인자동차를 연결하는 견인자동차를 포함한다)
 3. 「고압가스 안전관리법 시행령」 제2조의 규정에 의한 고압가스를 운송하기 위하여 필요한 탱크를 설치한 화물자동차(피견인자동차를 연결한 경우에는 이를 연결한 견인자동차를 포함한다)

정답 72 ③ 73 ③

4. 저속전기자동차
③ 제2항의 규정에 의한 최고속도제한장치는 자동차의 최고속도가 다음 각호의 기준을 초과하지 아니하는 구조이어야 한다.
1. 제2항제1호의 규정에 의한 자동차 : 매시 110킬로미터
2. **제2항제2호** 및 제3호의 규정에 의한 자동차 : **매시 90킬로미터**
3. 제2항제4호에 따른 저속전기자동차 : 매시 60킬로미터

문제 74 정밀도 검사의 대상이 아닌 것은?

① 제동시험기　　　　　　　　　② 전조등시험기
③ 타이어홈 깊이 측정기　　　　　④ 택시미터주행검사기

해설 자동차관리법 시행규칙 제68조(정밀도검사의 대상·기준등)
① 법 제40조제1항의 규정에 의한 정밀도검사를 받아야 하는 기계·기구는 다음 각호와 같다. 〈개정 2003. 1. 2.〉
1. **제동시험기**　　2. **전조등시험기**　　3. 사이드슬립측정기
4. 속도계시험기　　5. **택시미터주행검사기**　　6. 가스누출감지기

문제 75 전손처리 자동차를 수리한 후 운행하려 할 때 받아야 하는 검사는?

① 정기검사　　　　　　　　　　② 튜닝검사
③ 임시검사　　　　　　　　　　④ 수리검사

해설 자동차관리법 제43조(자동차검사)
① 자동차 소유자는 해당 자동차에 대하여 다음 각 호의 구분에 따라 국토교통부령으로 정하는 바에 따라 국토교통부장관이 실시하는 검사를 받아야 한다.
1. 신규검사 : 신규등록을 하려는 경우 실시하는 검사
2. 정기검사 : 신규등록 후 일정 기간마다 정기적으로 실시하는 검사
3. 튜닝검사 : 제34조에 따라 자동차를 튜닝한 경우에 실시하는 검사
4. 임시검사 : 이 법 또는 이 법에 따른 명령이나 자동차 소유자의 신청을 받아 비정기적으로 실시하는 검사
5. **수리검사** : 전손 처리 자동차를 수리한 후 운행하려는 경우에 실시하는 검사

문제 76 유효기간 이내 자동차검사시 차기검사일 기산일은?

① 검사 완료일　　　　　　　　　② 검사 완료일의 다음 날
③ 종전 검사유효기간만료일　　　④ 종전 검사유효기간만료일의 다음 날

정답 74 ③　75 ④　76 ④

해설 자동차관리법 시행규칙 제74조(검사의 유효기간)
③ 제77조제2항의 규정에 의한 정기검사의 기간중에 정기검사를 받아 합격한 자동차의 검사 유효기간은 제2항의 규정에 불구하고 종전 검사유효기간만료일의 다음날부터 기산한다.

문제 77 사업용대형화물자동차의 정기검사 유효기간으로 맞는 것은?

① 최초 4년, 매 2년 마다
② 최초 2년, 매 1년 마다
③ 차령 2년이내 매 1년 마다, 이후 매 6개월
④ 차령 5년이내 매 1년 마다, 이후 매 6개월

해설 자동차관리법 시행규칙 [별표 15의2] 〈개정 2024. 12. 17.〉
자동차검사의 유효기간(제74조제1항 관련)

구분				검사 유효기간
차종	사업용 구분	규모	차령	
화물 자동차	사업용	경형·소형	모든 차령	1년(신조차로서 법 제43조제5항에 따라 신규검사를 받은 것으로 보는 자동차의 최초 검사 유효기간은 2년)
		중형	차령이 5년 이하인 경우	1년
			차령이 5년 초과인 경우	6개월
		대형	차령이 2년 이하인 경우	1년
			차령이 2년 초과인 경우	6개월

문제 78 차령이 2년 초과인 사업용 대형 화물차 자동차검사 유효기한은?

① 2년 이내 ② 1년 초과 ③ 6개월 ④ 3개월

해설 자동차관리법 시행규칙 [별표 15의2] 〈개정 2024. 12. 17.〉
자동차검사의 유효기간(제74조제1항 관련)

구분				검사 유효기간
차종	사업용 구분	규모	차령	
화물 자동차	사업용	경형·소형	모든 차령	1년(신조차로서 법 제43조제5항에 따라 신규검사를 받은 것으로 보는 자동차의 최초 검사 유효기간은 2년)
		중형	차령이 5년 이하인 경우	1년
			차령이 5년 초과인 경우	6개월
		대형	차령이 2년 이하인 경우	1년
			차령이 2년 초과인 경우	6개월

정답 77 ③ 78 ③

문제 79 신규검사 신청시 제출하지 않아도 되는 서류는?

① 자동차 제원표
② 자동차의 출처를 증명하는 서류
③ 신규검사 신청서
④ 보험가입증명서

해설 자동차관리법 시행규칙 제76조(신규검사의 신청)
신규검사를 받고자 하는 자는 **신규검사신청서**에 **자동차 제원표**를 첨부하여 자동차검사대행자에게 제출하고 해당 자동차를 그 **자동차의 출처를 증명하는 서류**와 함께 제시하여야 한다.

문제 80 정기검사의 유효기간은 검사 유효기간 만료일 후 몇일 이내인가?

① 7일
② 10일
③ 15일
④ 31일

해설 자동차관리법 시행규칙 제77조(정기검사의 신청 등)
② 정기검사의 기간은 검사유효기간만료일 전 90일부터 후 **31일까지**로 하며, 이 기간내에 정기검사에서 적합판정을 받은 경우에는 검사유효기간만료일에 정기검사를 받은 것으로 본다.
〈개정 2003. 1. 2., 2009. 3. 30., 2024. 12. 17.〉

문제 81 시·도지사는 자동차 정기검사기간이 경과한 자동차의 소유자에게 우편 또는 휴대전화를 이용한 문자메세지로 통지해야 하는데, 통지 내용이 아닌 것은?

① 정기검사 기간이 지난 사실
② 해당 시·도의 정기검사를 받아야 할 잔여 차량 대수
③ 정기검사의 유예가 가능한 사유 및 그 신청방법
④ 정기검사를 받지 아니하는 경우에 부과되는 과태료의 금액 및 근거 법규

해설 자동차관리법 시행규칙 제77조의2(검사기간 경과의 통지)
시·도지사는 등록된 자동차 중 제77조제2항 및 제3항에 따른 정기검사기간이 지난 자동차를 조사하여 그 기간이 경과한 날부터 10일 이내와 20일 이내에 각각 그 소유자에게 다음 각 호의 사항을 우편 또는 휴대전화를 이용한 문자메시지로 통지해야 한다.
1. **정기검사기간이 지난 사실** → ①
2. **정기검사의 유예가 가능한 사유 및 그 신청방법** → ③
3. **정기검사를 받지 아니하는 경우에 부과되는 과태료의 금액 및 근거 법규** → ④

정답 79 ④　80 ④　81 ②

문제 82 수리검사를 받으려는 자가 자동차 검사자에게 제출해야 할 서류로 옳지 않은 것은? (단, 자동차검사대행자가 제출을 요구하는 경우에 첨부해야 할 서류도 포함한다.)

① 전손 처리된 이후의 수리에 관한 자동차점검·정비명세서
② 방청(녹 방지) 또는 실링(sealing) 작업 전 사진
③ 보험회사가 발급한 전손 처리에 관한 확인서
④ 자동차 등록증

해설 자동차관리법 시행규칙 제79조의2(수리검사의 신청 등)
법 제43조제1항제5호에 따른 수리검사를 받으려는 자는 별지 제47호서식의 자동차검사신청서에 다음 각 호의 서류를 첨부하여 자동차검사대행자에게 제출하고 해당 자동차를 제시해야 한다. 다만, 제4호부터 제6호까지의 서류는 자동차검사대행자가 제출을 요구하는 경우에만 해당 서류를 첨부해야 한다. 〈개정 2021. 8. 27., 2021. 10. 14.〉

1. 삭제 〈2021. 10. 14.〉
2. 자동차정비업자가 발급한 별지 제89호의2서식의 **자동차점검·정비명세서**(전손 처리된 이후의 수리에 관한 자동차점검·정비명세서를 말한다)
3. 다음 각 목의 구조 또는 장치에 판금, 절단 또는 용접 작업을 한 경우 해당 구조 또는 장치의 **방청(녹 방지) 또는 실링(sealing) 작업 전 사진**(등록번호판이 함께 촬영된 사진이어야 하며, 해당 구조 또는 장치에 부품 교체가 있는 경우 교체부품의 사진이 포함되어야 한다)
   가. 크로스멤버   나. 사이드멤버   다. 휠하우스   라. 대쉬패널
   마. 플로어패널   바. 패키지트레이   사. 차대
4. **보험회사가 발급한 전손 처리에 관한 확인서**(사고일자, 사고원인 및 고장 또는 파손이 된 구조나 장치의 명칭이 기재된 것을 말한다)
5. 휠얼라인먼트 측정 결과
6. 손상된 구조 또는 장치(제3호 각 목의 구조 또는 장치는 제외한다)에 대한 수리 전 사진

→ ④ **자동차등록증은 법 개정을 통해 2021. 10. 14일 부로 첨부 서류에서 삭제되었다.**

문제 83 튜닝 승인 신청서, 승인서 등 튜닝 승인과 관련된 서류의 보관 기간은?

① 1년   ② 2년   ③ 3년   ④ 5년

해설 자동차관리법 시행규칙 제80조(검사의 실시등)
① 제76조부터 제79조까지 및 제79조의2에 따른 검사신청을 받은 자동차검사대행자 또는 지정정비사업자는 제73조에 따라 검사를 실시하고, 법 제43조제2항 및 법 제45조제6항에 따라 확인한 검사결과를 별지 제48호서식의 자동차검사표에 기록하고 이를 작성일부터 **2년간 보관**하여야 한다. 다만, 그 결과를 자동차검사 전산정보처리조직에 입력하는 경우에는 그러하지 아니하다. 〈개정 1998. 5. 26., 2010. 2. 18., 2017. 2. 14., 2017. 10. 26.〉

정답 82 ④   83 ②

문제 84 점등상태가 불량하더라도 적합판정을 하고 이에 대한 시정을 권고할 수 있는 것은?

① 전조등　　② 안개등　　③ 번호등　　④ 방향지시등

해설 자동차관리법 시행규칙 제80조(검사의 실시등)
② 자동차검사대행자 또는 지정정비사업자는 제1항에 따른 검사결과에 대하여 적합 여부를 판정해야 한다. 이 경우 정기검사 또는 수리검사를 실시한 결과 적합하지 않은 사항이 있는 경우에는 해당 사항이 다음 각 호의 어느 하나에 **해당하지 않으면 적합 판정을 하고 해당 자동차소유자에게 그 시정을 권고**할 수 있다. 〈개정 2025. 2. 18.〉
12. 등화장치
　가. **전조등·방향지시등·번호등**·후미등 및 제동등의 **점등상태 불량** 또는 등색과 설치상태의 기준 부적합, 택시표시등의 자동점등상태 불량
　나. 전조등의 전조등시험기에 의한 검사결과 기준미달
　다. 차량총중량 7.5톤 이상인 화물자동차와 특수자동차 뒷면의 후부반사판 또는 후부반사지 미설치(설치상태의 불량을 포함한다)
　라. 안전기준에 위배되는 등화설치
→ **전조등**, **방향지시등**, **번호등**, 후미등, 제동등의 점등상태 불량에 해당하지 않아야 적합판정 하고 시정권고 할 수 있다. 안개등은 해당사항 없으므로 불량하더라도 적합판정 하고 시정을 권고할 수 있다.

문제 85 수리검사 부적합시 재검사는 자동차기능종합진단서를 발급받은 날부터 몇일 이내로 받아야 하는가?

① 10일　　② 14일　　③ 30일　　④ 50일

해설 자동차관리법 시행규칙 제81조(재검사)
① 법 제43조에 따른 검사결과 제80조에 따라 부적합 판정을 받은 자동차의 소유자가 재검사를 받으려는 경우에는 다음 각 호의 구분에 따른 기간 내에 해당 자동차를 검사한 자동차검사대행자 또는 지정정비사업자에게 자동차기능종합진단서와 자동차를 제시해야 한다.
3. 수리검사 : 자동차기능종합진단서를 발급받은 날부터 **30일 이내**

문제 86 자동차종합검사의 분야별 내용이 아닌 것은?

① 자동차의 개별성 확인을 하는 특수 분야
② 자동차 안전검사 분야
③ 자동차 배출 가스 정밀검사 분야
④ 배출 가스 관련 장치 등의 작동 상태 확인을 관능검사 및 기능검사로 하는 공통 분야

정답 84 ②　85 ③　86 ①

해설 자동차관리법 제43조의2(자동차종합검사)

① 「대기환경보전법」 제63조제1항에 따른 운행차 배출가스 정밀검사 시행지역에 등록한 자동차 소유자 및 「대기관리권역의 대기환경개선에 관한 특별법」 제26조제1항에 따른 특정경유자동차 소유자는 정기검사와 「대기환경보전법」 제63조제1항에 따라 실시하는 배출가스 정밀검사(이하 "정밀검사"라 한다) 또는 「대기관리권역의 대기환경개선에 관한 특별법」 제26조제2항에 따른 특정경유자동차 배출가스 검사(이하 "특정경유자동차검사"라 한다)를 통합하여 국토교통부장관과 환경부장관이 공동으로 다음 각 호에 대하여 실시하는 자동차종합검사(이하 "종합검사"라 한다)를 받아야 한다. 종합검사를 받은 경우에는 정기검사, 정밀검사 및 특정경유자동차검사를 받은 것으로 본다. 〈개정 2013. 3. 23., 2019. 4. 2.〉

1. 자동차의 동일성 확인 및 **배출가스 관련 장치 등의 작동 상태 확인을 관능검사**(官能檢査, 사람의 감각기관으로 자동차의 상태를 확인하는 검사) **및 기능검사로 하는 공통 분야** → ④
2. **자동차 안전검사 분야** → ②
3. **자동차 배출가스 정밀검사 분야** → ③

문제 87 경형, 소형의 승합 및 화물자동차에 대한 자동차 검사 유효기간은?

① 1년   ② 2년   ③ 3년   ④ 4년

해설 자동차종합검사의 시행 등에 관한 규칙 [별표 1] 〈개정 2023. 10. 31.〉
종합검사의 대상과 유효기간(제8조 관련)

검사 대상				검사 유효기간
차종	사업용 구분	규모	대상 차령	
승합자동차	비사업용	경형·소형	차령이 4년 초과인 자동차	1년
	사업용			1년
화물자동차	비사업용	경형·소형	차령이 4년 초과인 자동차	1년
	사업용			1년

문제 88 종합검사 지정정비사업자의 지정 등에 대한 내용으로 맞는 것은?

① 국토교통부 장관은 종합검사를 효율적으로 실시하기 위하여 필요하다고 인정하면 과학기술정보통신부 장관과 협의하여 자동차 정비업자 중 일정한 시설과 기술인력을 확보한 자를 자동차 종합검사 지정정비사업자로 지정하여 종합검사를 하게 할 수 있다.

② 종합검사지정정비사업사업자로 지정 받으려는 자동차정비업자는 국토교통부와 과학기술정보통신부의 공동 부령으로 정하는 바에 따라 국토교통부 장관에게 지정 신청을 하여야 한다.

정답 87 ① 88 ③

③ 종합검사지정정비사업자가 갖추어야 할 시설, 장비, 인력기준, 지정 절차 및 검사업무의 범위 등에 필요한 사항은 국토교통부와 자동차 종합검사와 관련된 정부 부처의 공동부령으로 정한다.
④ 지정 받은 사항 중 국토교통부와 과학기술정보통신부의 공동 부령으로 정하는 중요한 사항을 변경할 때에도 이를 국토교통부 장관에게 신청하여야 한다.

해설 자동차관리법 제45조의2(종합검사 지정정비사업자의 지정 등)
① 국토교통부장관은 종합검사를 효율적으로 하기 위하여 필요하다고 인정하면 **환경부장관과 협의**하여 자동차정비업자 중 일정한 시설과 기술인력을 확보한 자를 자동차종합검사 지정정비사업자(이하 "종합검사지정정비사업자"라 한다)로 지정하여 종합검사(그 결과의 통지를 포함한다)를 하게 할 수 있다. 〈개정 2013. 3. 23.〉 → ①
② 종합검사지정정비사업자로 지정 받으려는 자동차정비업자는 **공동부령**으로 정하는 바에 따라 국토교통부장관에게 지정을 신청하여야 한다. 지정 받은 사항 중 **공동부령**으로 정하는 중요한 사항을 변경할 때에도 또한 같다. 다만, 공동부령으로 정하는 중요한 사항을 제외한 사항을 변경할 때에는 국토교통부장관에게 신고하여야 한다. 〈신설 2019. 8. 27.〉
③ 종합검사지정정비사업자가 갖추어야 할 시설, 장비, 인력기준, 지정 절차 및 검사업무의 범위 등에 필요한 사항은 **공동부령**으로 정한다. 〈개정 2019. 8. 27.〉
→ ②, ④ 국토교통부와 '환경부'의 공동부령으로 정하는 바에 따라 지정 신청한다.
→ ③ '국토교통부와 자동차 종합검사와 관련된 정부 부처의 공동부령으로 정한다.'고 했으므로 공동부령은 국토교통부와 환경부로 볼 수 있어 정답이 된다.

문제 89 택시미터전문검정기관이 자산 상태 등의 불량으로 인하여 받는 업무정지 행정처분은?

① 6개월 이내   ② 3개월 이내   ③ 1개월 이내   ④ 20일 이내

해설 자동차관리법 제47조(택시미터의 검정 등)
⑤ 국토교통부장관은 택시미터전문검정기관이 다음 각 호의 어느 하나에 해당하는 경우에는 그 지정을 취소하거나 **6개월 이내**의 기간을 정하여 그 업무의 전부 또는 일부의 정지를 명할 수 있다. 다만, 제1호 및 제8호에 해당하는 경우에는 그 지정을 취소하여야 한다. 〈개정 2013. 3. 23.〉
1. 거짓이나 그 밖의 부정한 방법으로 지정을 받은 경우
2. 업무와 관련하여 부정한 금품을 수수하거나 그 밖의 부정한 행위를 한 경우
3. **자산상태의 불량 등의 사유로 그 업무를 계속하는 것이 적합하지 아니하다고 인정될 경우**
4. 제4항에서 준용되는 제45조제2항에 따른 시설·장비 등의 지정기준에 미달한 경우
5. 제40조제1항에 따른 정밀도검사를 받지 아니한 검정용기계·기구로 검사를 한 경우 및 정확성이 확인되지 아니한 검정용기계·기구를 사용하여 검정을 한 경우
6. 제72조제1항에 따른 보고를 하지 아니하거나 거짓으로 보고한 경우
7. 제72조제2항에 따른 검사를 거부·방해 또는 기피하거나, 질문에 응하지 아니하거나 거짓으로 답변한 경우
8. 이 조에 따른 업무정지명령을 위반하여 업무정지기간 중에 검정업무를 한 경우

정답 89 ①

문제 90 자동차관리사업은 누구에게 등록하는가?

① 시·도지사
② 시장·군수·구청장
③ 국토교통부장관
④ 지정행정기관의 장

해설 자동차관리법 제53조(자동차관리사업의 등록 등)
① 자동차관리사업을 하려는 자는 국토교통부령으로 정하는 바에 따라 **시장·군수·구청장**에게 **등록하여야 한다.** 등록 사항을 변경하려는 경우에도 또한 같다. 다만, 대통령령으로 정하는 경미한 등록 사항을 변경하는 경우에는 그러하지 아니하다. 〈개정 2013. 3. 23.〉

문제 91 자동차 정비업의 종류가 아닌 것은?

① 자동차전문정비업
② 원동기전문정비업
③ 자동차종합정비업
④ 튜닝전문정비업

해설 자동차관리법 시행령 제12조(자동차정비업의 세분)
① 법 제53조제2항에 따른 자동차정비업의 종류는 다음 각 호와 같이 세분한다.
1. **자동차종합정비업**
2. 소형자동차종합정비업
3. **자동차전문정비업**
4. **원동기전문정비업**

문제 92 자동차정비업이 아닌 것은?

① 자동차종합정비업
② 소형자동차종합정비업
③ 자동차전문대여업
④ 원동기전문정비업

해설 자동차관리법 시행령 제12조(자동차정비업의 세분)
① 법 제53조제2항에 따른 자동차정비업의 종류는 다음 각 호와 같이 세분한다. 〈개정 2013. 6. 17., 2015. 12. 10.〉
1. **자동차종합정비업**
2. **소형자동차종합정비업**
3. **자동차전문정비업**
4. **원동기전문정비업**

문제 93 튜닝의 승인이 불가한 사항 중 예외적으로 승인 가능한 사항은?

① 제작허용총중량을 넘어서 총중량을 증가시키는 튜닝
② 자동차의 종류가 변경되는 튜닝
③ 화물자동차를 특수자동차로 튜닝하거나 특수자동차를 화물자동차로 튜닝
④ 튜닝전보다 성능 또는 안전도가 저하될 우려가 있는 경우의 튜닝

정답 90 ② 91 ④ 92 ③ 93 ③

해설 자동차관리법 제55조(튜닝의 승인대상 및 승인기준 등)
② 한국교통안전공단은 제1항에 따른 튜닝승인신청을 받은 경우에는 튜닝 후의 구조 또는 장치가 안전기준 그 밖에 다른 법령에 따라 자동차의 안전을 위하여 적용해야 하는 기준에 적합한 경우에만 승인해야 한다. 다만, 다음 각 호의 어느 하나에 해당하는 튜닝은 승인을 해서는 안 된다.
1. 제작허용총중량을 넘어서 총중량을 증가시키는 튜닝 → ①
2. 삭제 〈2024. 7. 10.〉
3. 법 제3조제1항 각 호에 따른 자동차의 종류가 변경되는 튜닝. → ② 다만, 다음 각 목의 어느 하나에 해당하는 경우는 제외한다.
   가. 승용자동차와 동일한 차체 및 차대로 제작된 승합자동차의 좌석장치를 제거하여 승용자동차로 튜닝하는 경우(튜닝하기 전의 상태로 회복하는 경우를 포함한다)
   나. 화물자동차를 특수자동차로 튜닝하거나 특수자동차를 화물자동차로 튜닝하는 경우 → ③
4. 튜닝전보다 성능 또는 안전도가 저하될 우려가 있는 경우의 튜닝 → ④

문제 94 차령 1년 미만 또는 주행거리 2만 킬로미터 이내의 자동차가 점검·정비의 잘못으로 인하여 발생하는 고장등에 대한 무상점검·정비는 정비일부터 몇일 이내까지 사후관리를 받을 수 있는가?

① 30일 ② 60일 ③ 90일 ④ 120일

해설 자동차관리법 시행규칙 제134조(자동차정비업자의 사후관리등)
① 정비업자가 법 제58조제5항제7호에 따라 해야 하는 사후관리사항은 다음 각 호와 같다. 〈개정 2023. 6. 9.〉
2. 점검·정비의 잘못으로 인하여 다음 각 목의 구분에 따른 기간중에 발생하는 고장등에 대한 무상점검·정비
   가. 차령 1년미만 또는 주행거리 2만킬로미터이내의 자동차 : 점검·정비일부터 **90일**이내
   나. 차령 3년미만 또는 주행거리 6만킬로미터이내의 자동차 : 점검·정비일부터 60일이내
   다. 차령 3년 이상 또는 주행거리 6만킬로미터 이상의 자동차 : 점검·정비일부터 30일이내

문제 95 원동기 정비업자가 원동기의 재생정비를 시행한 경우 정비의뢰자에게 발급하여야 하는 것은?

① 품질보증서 ② 자동차관리사업등록증
③ 재생정비사실확인서 ④ 재생품 보증서

해설 자동차관리법 시행규칙 제134조(자동차정비업자의 사후관리등)
④ 원동기정비업자는 원동기의 재생정비를 시행한 경우 정비의뢰자에게 별지 제92호서식의 **재생정비사실확인서를 발급**하여야 한다.

정답 94 ③   95 ③

1. 교통법규 - 2. 자동차관리법

문제 96 온라인 자동차 매매정보제공의 등록기준 등에 대한 내용으로 맞는 것은?

① 이용자 불만 접수창구를 개설하여야 하며 이용 과정에서 발생할 수 있는 불만사항을 인터넷 홈페이지를 통하여 제기할 수 있는 창구로서 개설하여야 한다.
② 이용약관의 경우 온라인 자동차 매매정보제공을 이용하는 과정에서 발생할 수 있는 이용자의 피해에 대한 보상 방안을 우선적으로 포함하여야 한다.
③ 호스트 서버의 이용계약 기간은 2년 이상이어야 한다.
④ 호스트 서버의 용량은 10기가바이트 이상이어야 한다.

해설 자동차관리법 시행령 제13조의6(온라인 자동차 매매정보제공의 등록기준 등)
① 법 제65조의2제1항 전단에서 "대통령령으로 정하는 등록기준"이란 다음 각 호의 기준을 말한다.
  1. <u>호스트서버의 용량 : 10기가바이트 이상</u>일 것 → ④
  2. <u>호스트서버의 이용계약 기간 : **1년** 이상</u>일 것 → ③
  3. 이용약관 : 온라인 자동차 매매정보제공을 이용하는 과정에서 발생할 수 있는 이용자의 피해에 대한 보상 방안과 거래 신뢰도 확보 방안을 모두 포함할 것 → ②
  4. 이용자 불만 접수 창구개설 : 자동차 소유자 및 자동차매매업자가 자동차 매매정보를 이용하는 과정에서 발생할 수 있는 불만사항을 인터넷 홈페이지와 유선전화를 통하여 온라인 자동차 매매정보제공자에게 직접 제기할 수 있는 창구를 개설할 것 → ①

문제 97 자동차 서비스 복합단지 개발 사업의 시행자로 지정받을 수 있는 대상이 아닌 것은?

① 한국국토정보공사
② 한국수자원공사
③ 한국공항공사
④ 한국교통안전공단

해설 자동차관리법 시행령 제13조의11(자동차서비스복합단지 개발사업의 시행자)
① 법 제68조의11제2호에서 "대통령령으로 정하는 기관"이란 다음 각 호의 기관을 말한다. 〈개정 2018. 10. 23., 2019. 4. 2., 2020. 9. 10.〉
1. 「한국토지주택공사법」에 따른 한국토지주택공사
2. 「한국수자원공사법」에 따른 **한국수자원공사**
3. 「한국도로공사법」에 따른 한국도로공사
4. 「한국철도공사법」에 따른 한국철도공사
5. 「국가철도공단법」에 따른 국가철도공단
6. 「한국공항공사법」에 따른 **한국공항공사**
7. 「인천국제공항공사법」에 따른 인천국제공항공사
8. 「항만공사법」에 따른 항만공사
9. **한국교통안전공단**
10. 「제주특별자치도 설치 및 국제자유도시 조성을 위한 특별법」에 따른 제주국제자유도시 개발센터
11. 「중소기업진흥에 관한 법률」에 따른 중소벤처기업진흥공단

정답 96 ③　97 ①

문제 98 자동차 관리 업무 간 전산 자료의 이용 시 제출하여야 하는 신청서에 포함되어야 할 사항이 아닌 것은?

① 자료 이용의 목적 및 근거
② 자료의 범위
③ 유지 관리 대책
④ 자료의 제공 방식 및 보관 기관

> **해설** 자동차관리법 시행령 제14조(전산자료의 이용)
> ① 법 제69조제2항의 규정에 의한 전산자료중 자동차소유자의 인적사항등 개인정보가 포함된 자료를 이용하고자 하는 자(관계중앙행정기관의 장을 제외한다)는 다음 각호의 사항을 기재한 신청서를 관계중앙행정기관의 장에게 제출하여야 한다. 이 경우 신청할 수 있는 전산자료는 필요한 최소한의 범위에 한하여야 하며, 자동차등록원부를 그 공부의 형태대로 복제하거나 전산자료 자체의 제공을 신청할 수 없다.
> 1. **자료이용의 목적 및 근거** → ①
> 2. **자료의 범위** → ②
> 3. **자료의 제공방식·보관기관** → ④ 및 안전관리대책 등

문제 99 자동차 관리 업무 간 전산 자료의 이용 시 제출하여야 하는 신청서에 대한 심사 결과의 경우 신청을 받은 날로부터 얼마 이내에 신청인에게 통보하여야 하는가?

① 30일 이내 ② 40일 이내 ③ 60일 이내 ④ 제한 없음

> **해설** 자동차관리법 시행령 제14조(전산자료의 이용)
> ② 제1항의 규정에 의한 신청을 받은 관계중앙행정기관의 장은 다음 각호의 사항을 심사한 후 그 심사결과를 신청을 받은 날부터 **30일 이내**에 신청인에게 통보하여야 한다.
> 1. 신청내용의 타당성·적합성 및 공익성   2. 개인의 사생활 침해여부
> 3. 자료의 목적외 사용방지 및 안전관리대책

문제 100 자동차 중 특례 적용 자동차가 아닌 것은?

① 대한민국 주재 외교관이 소유하는 자동차
② 1인사업자 시내버스
③ 「관세법」에 따라 다시 수출할 것을 조건으로 일시 수입되는 자동차
④ 수출용으로 제작·조립한 자동차

> **해설** 자동차관리법 제70조(자동차관리의 특례)
> ① 다음 각 호의 자동차에 대한 등록(이륜자동차의 경우에는 사용신고를 말한다)·자동차자기인증·부품자기인증·점검·정비·검사·폐차·등록번호판에 관하여는 이 법의 규정에도 불구하고 국토교통부령으로 정하는 바에 따른다. 〈개정 2024. 3. 19.〉

정답 98 ③   99 ①   100 ②

1. 대한민국 주재 외교관이 소유하는 자동차 → ①
2. 대한민국 주재 미합중국 군대의 구성원·군무원 또는 그들의 가족이 사적 용도로 사용하는 자동차
3. 국제연합 또는 이에 준하는 국제기구의 직원이 소유하는 자동차
4. 도로교통에 관한 협약의 당사국 국민(내국인은 제외한다)이 소유하는 자동차 중 국내에서 운행하는 자동차 및 우리나라에 등록된 자동차 중 도로교통에 관한 협약의 당사국(우리나라는 제외한다)에서 운행하는 자동차
5. 「관세법」에 따라 다시 수출할 것을 조건으로 일시 수입되는 자동차 → ③
6. 국가 안보 및 치안 유지를 위하여 특히 필요하다고 인정하여 국토교통부령으로 정하는 자동차
7. 도로(「도로법」에 따른 도로와 그 밖에 일반 교통에 사용하는 구역을 말한다) 외의 장소에서만 사용하는 자동차
8. 수출용으로 제작·조립한 자동차 → ④

문제 101 자동차관리법상 부과되는 과징금의 최고 상한선은? (단, 종합검사와 관련된 종합검사대행자의 정지처분을 갈음하는 경우는 제외한다.)

① 1천만원 이하
② 2천만원 이하
③ 3천만원 이하
④ 5천만원 이하

해설 자동차관리법 제74조(과징금의 부과)
① 국토교통부장관, 시·도지사, 시장·군수·구청장은 제21조, 제45조의3제1항, 제47조제5항, 제51조의4제1항 또는 제66조제1항에 해당되어 해당 등록번호판발급대행자, 자동차검사대행자, 종합검사대행자, 택시미터전문검정기관, 이륜자동차검사대행자, 이륜자동차지정정비사업자 또는 자동차관리사업자에 대한 업무 또는 사업정지처분(이하 "정지처분"이라 한다)을 하여야 하는 경우로서 그 정지처분이 일반 이용자 등에게 심한 불편을 주거나 그 밖에 공익을 해칠 우려가 있을 때에는 대통령령으로 정하는 바에 따라 정지처분을 갈음하여 **1천만원 이하**의 과징금을 부과할 수 있다. 다만, 종합검사와 관련된 종합검사대행자의 정지처분을 갈음하는 경우에는 5천만원 이하의 과징금을 부과할 수 있다. 〈개정 2013. 3. 23., 2023. 9. 14.〉

문제 102 자동차 검사 등에 대한 과징금 납부 통지를 받았을 경우, 납부 통지일부터 얼마의 기간 내에 과징금을 납부해야 하는가?

① 7일 이내
② 20일 이내
③ 30일 이내
④ 40일 이내

해설 자동차관리법 시행령 제15조(과징금의 부과·징수)
② 제1항에 따른 통지를 받은 자는 국토교통부장관, 시·도지사, 시장·군수 또는 구청장이 지정하는 수납기관에 납부통지일부터 **20일 이내**에 과징금을 납부해야 한다. 〈개정 1999. 7. 29., 2008. 2. 29., 2013. 3. 23., 2023. 12. 12.〉

정답 101 ① 102 ②

문제 103 제작 결함으로 인하여 발생한 생명, 신체 및 재산상의 손해에 대한 책임에 대한 내용 중 배상액 결정(법원) 시의 고려할 사항으로 적절하지 않은 것은?

① 해당 결함으로 인하여 발생한 손해의 정도
② 해당 자동차나 자동차 부품의 공급이 지속된 기간
③ 개연성의 정도
④ 자동차제작자등이나 부품제작자등의 재산 상태

해설 자동차관리법 제74조의2(손해배상)
② 제1항에도 불구하고 자동차제작자등이나 부품제작자등이 결함을 알면서도 이를 은폐·축소 또는 거짓으로 공개하거나 제31조제1항에 따라 지체 없이 시정하지 아니하여 생명, 신체 및 재산에 중대한 손해를 입은 자가 있는 경우에는 그 자에게 발생한 손해의 5배를 넘지 아니하는 범위에서 배상책임을 진다. 〈신설 2020. 2. 4.〉
④ 법원은 제2항의 배상액을 정할 때에는 다음 각 호의 사항을 고려하여야 한다. 〈신설 2020. 2. 4.〉
1. 고의성의 정도 → ③
2. **해당 결함으로 인하여 발생한 손해의 정도** → ①
3. 해당 자동차나 자동차부품을 판매하여 취득한 경제적 이익
4. 해당 결함으로 인하여 자동차제작자등이나 부품제작자등이 형사처벌 또는 행정처분을 받은 경우 그 형사처벌 또는 행정처분의 정도
5. **해당 자동차나 자동차부품의 공급이 지속된 기간 및 공급규모** → ②
6. **자동차제작자등이나 부품제작자등의 재산상태** → ④
7. 자동차제작자등이나 부품제작자등이 피해구제를 위하여 노력한 정도

문제 104 자동차안전검사를 교통안전공단이 할 수 있는 근거는?

① 위탁   ② 양도   ③ 권한   ④ 위임

해설 자동차관리법 시행령 제19조(업무의 위탁)
① 국토교통부장관은 법 제77조제5항에 따라 법 제23조제1항 단서 및 제23조제2항에 따른 업무를 자동차검사대행자 및 법 제51조의2제1항에 따른 이륜자동차검사대행자로 지정받은 한국교통안전공단에 위탁한다. 〈개정 2025. 3. 14.〉

문제 105 자동차 등록증 등을 위조·변조한 자 또는 부정사용한 자와 위조·변조된 것을 매매, 매매알선, 수수 또는 사용한 자에 대한 벌칙은?

① 10년 이하의 징역 또는 1억원 이하의 벌금
② 10년 이하의 징역 또는 5천만원 이하의 벌금
③ 5년 이하의 징역 또는 5천만원 이하의 벌금
④ 5년 이하의 징역 또는 3천만원 이하의 벌금

정답 103 ③   104 ①   105 ①

해설 자동차관리법 제78조(벌칙)
다음 각 호의 어느 하나에 해당하는 자는 **10년 이하의 징역 또는 1억원 이하의 벌금**에 처한다. 〈개정 2011. 5. 24., 2015. 1. 6., 2015. 12. 29.〉
1. 제31조제1항(제52조에서 준용하는 경우를 포함한다)을 위반하여 결함을 은폐·축소 또는 거짓으로 공개하거나 결함사실을 안 날부터 지체 없이 그 결함을 시정하지 아니한 자
2. 제71조제1항을 위반하여 **자동차등록증 등을 위조·변조한 자** 또는 부정사용한 자와 위조·변조 된 것을 매매, 매매 알선, 수수(收受) 또는 사용한 자

문제 106 지정을 받지 아니하고 자동차 종합검사를 할 경우, 부과되는 벌칙은?

① 1년 이하의 징역 또는 1천만원 이하의 벌금
② 2년 이하의 징역 또는 2천만원 이하의 벌금
③ 3년 이하의 징역 또는 3천만원 이하의 벌금
④ 5년 이하의 징역 또는 5천만원 이하의 벌금

해설 자동차관리법 제78조의2(벌칙)
다음 각 호의 어느 하나에 해당하는 자는 **5년 이하의 징역 또는 5천만원 이하의 벌금**에 처한다. 〈개정 2015. 12. 29., 2016. 1. 28.〉
1. 제44조의2 또는 제45조의2에 따른 **지정을 받지 아니하고 자동차종합검사를 한 자**
2. 제30조에 따라 자동차자기인증을 한 자동차의 전기·전자장치를 훼손할 목적으로 프로그램을 개발하거나 유포한 자

문제 107 지정을 받지 아니하고 자동차 종합검사를 한 자에 대한 벌칙은?

① 3년 이하의 징역 또는 1천만원 이하의 벌금
② 3년 이하의 징역 또는 3천만원 이하의 벌금
③ 5년 이하의 징역 또는 3천만원 이하의 벌금
④ 5년 이하의 징역 또는 5천만원 이하의 벌금

해설 자동차관리법 제78조의2(벌칙)
다음 각 호의 어느 하나에 해당하는 자는 **5년 이하의 징역 또는 5천만원 이하의 벌금**에 처한다. 〈개정 2015. 12. 29., 2016. 1. 28.〉
1. 제44조의2 또는 제45조의2에 따른 **지정을 받지 아니하고 자동차종합검사를 한 자**
2. 제30조에 따라 자동차자기인증을 한 자동차의 전기·전자장치를 훼손할 목적으로 프로그램을 개발하거나 유포한 자

정답 106 ④   107 ④

문제 108 2천만원 이하의 과태료를 부과하여야 하는 경우는?

① 내압용기 안전기준에 적합하지 아니한 내압용기가 장착된 자동차를 운행하거나 운행하게 한 자
② 내압용기가 장착된 자동차의 사용정지 또는 제한 및 고압가스의 폐기 명령을 위반한 자
③ 자율주행 자동차의 운행 및 교통사고 등에 관한 정보를 국토교통부 장관에게 보고하지 아니하거나 거짓으로 보고한 자
④ 자동차의 말소등록 신청을 하지 아니한 자

해설 자동차관리법 제84조(과태료)
① 다음 각 호의 어느 하나에 해당하는 자에게는 2천만원 이하의 과태료를 부과한다. 〈신설 2020. 2. 4.〉
1. 제27조제5항을 위반하여 **자율주행자동차의 운행 및 교통사고 등에 관한 정보를 국토교통부 장관에게 보고하지 아니하거나 거짓으로 보고한 자**
2. 제31조제8항에 따른 보고를 하지 아니하거나 거짓으로 보고를 한 자
3. 제33조제3항 및 제4항(제52조에서 준용하는 경우를 포함한다)을 위반하여 자료를 제출하지 아니하거나 거짓으로 제출한 자

문제 109 자동차등록번호판을 부착하지 않았을 경우 과태료는 얼마 이하까지 부과하는가?

① 100만원 이하   ② 200만원 이하
③ 300만원 이하   ④ 400만원 이하

해설 자동차관리법 제84조(과태료)
③ 다음 각 호의 어느 하나에 해당하는 자에게는 **300만원 이하의 과태료**를 부과한다.
1. 제10조제4항을 위반하여 **자동차등록번호판을 부착하지 아니한 자동차를 운행한 자**

문제 110 자동차등록번호판을 부착하지 않은 자동차를 운행한 경우 1차 과태료 금액으로 옳은 것은?

① 50만원   ② 150만원   ③ 250만원   ④ 300만원

해설 자동차관리법 시행령 [별표 2] 〈개정 2025. 3. 14.〉
과태료의 부과기준(제20조 관련)
2. 개별기준

정답 108 ③   109 ③   110 ①

위반행위	근거 법조문	과태료 금액 (만원)		
		1차	2차	3차 이상
바. 법 제10조제4항(같은 조 제7항에서 준용하는 경우를 포함한다)을 위반하여 **자동차등록번호판을 부착하지 않은 자동차를 운행한 경우**(법 제27조제2항에 따른 임시운행허가번호판을 붙인 경우는 제외한다)	법 제84조 제3항 제1호	<u>50</u>	150	250

문제 111 자동차등록번호판을 부착하지 않은 자동차를 운행한 경우 과태료 최대 금액은?

① 100만원　　② 150만원　　③ 200만원　　④ 250만원

해설 자동차관리법 시행령 [별표 2] 〈개정 2025. 3. 14.〉
과태료의 부과기준(제20조 관련)
2. 개별기준

위반행위	근거 법조문	과태료 금액 (만원)		
		1차	2차	3차 이상
바. 법 제10조제4항(같은 조 제7항에서 준용하는 경우를 포함한다)을 위반하여 **자동차등록번호판을 부착하지 않은 자동차를 운행한 경우**(법 제27조제2항에 따른 임시운행허가번호판을 붙인 경우는 제외한다)	법 제84조 제3항 제1호	50	150	<u>250</u>

문제 112 자동차 등록신청 대행 기간이 경과한 지 10일 이내인 경우, 부과되는 과태료는?

① 2만원　　② 3만원　　③ 4만원　　④ 5만원

해설 자동차관리법 시행령 [별표 2] 〈개정 2025. 3. 14.〉
과태료의 부과기준(제20조 관련)
2. 개별기준

위반행위	근거 법조문	과태료 금액 (만원)		
		1차	2차	3차 이상
2) 등록신청대행기간이 지난 경우	법 제84조제4항 제1호 · 제5호			
가) 경과 기간이 10일 이내인 경우		<u>5</u>		

정답 111 ④　112 ④

문제 113 자동차 정기검사가 25일 늦어졌을 때 과태료는?

① 4만원   ② 25만원   ③ 28만원   ④ 60만원

해설 자동차관리법 시행령 [별표 2] 〈개정 2025. 3. 14.〉
과태료의 부과기준(제20조 관련)
2. 개별기준

위반행위	근거 법조문	과태료 금액 (만원)
법 제43조제1항제2호에 따른 정기검사 또는 법 제43조의2제1항에 따른 종합검사를 받지 않은 경우	법제84조제4항제15호의4 및 제15호의5	
1) 검사 지연기간이 **30일 이내**인 경우		4
2) 검사 지연기간이 30일 초과 114일 이내인 경우		4만원에 31일째부터 계산하여 3일 초과시마다 2만원을 더한 금액
3) 검사 지연기간이 115일 이상인 경우		60

→ 검사 지연기간이 25일이므로 30일 이내에 해당하여 4만원의 과태료가 부과된다.

문제 114 점검·정비의 잘못으로 인하여 발생한 고장 등에 대한 정비를 받으려고 한다. 차령이 1년 미만인 경우 사후관리 기간은?

① 30일 이내   ② 60일 이내   ③ 90일 이내   ④ 180일 이내

해설 자동차관리법 시행규칙 제134조(자동차정비업자의 사후관리등)
① 정비업자가 법 제58조제5항제7호에 따라 해야 하는 사후관리사항은 다음 각 호와 같다.
  1. 점검·정비견적서와 점검·정비내역의 기록 및 보존
  2. 점검·정비의 잘못으로 인하여 다음 각 목의 구분에 따른 기간중에 발생하는 고장등에 대한 무상점검·정비
    가. **차령 1년미만** 또는 주행거리 2만킬로미터이내의 자동차 : 점검·정비일부터 **90일이내**
    나. 차령 3년미만 또는 주행거리 6만킬로미터이내의 자동차 : 점검·정비일부터 60일이내
    다. 차령 3년이상 또는 주행거리 6만킬로미터 이상의 자동차 : 점검·정비일부터 30일이내

정답 113 ①   114 ③

[도로교통법]

01. 도로교통법 제1조(목적)
이 법은 도로에서 일어나는 **교통상의 모든 위험과 장해를 방지하고 제거하여 안전하고 원활한 교통을 확보**함을 목적으로 한다.

02. 도로교통법 제2조(정의) 이 법에서 사용하는 용어의 뜻은 다음과 같다.
3. "**고속도로**"란 자동차의 고속 운행에만 사용하기 위하여 지정된 도로를 말한다.
4. "**차도**"(車道)란 연석선(차도와 보도를 구분하는 돌 등으로 이어진 선을 말한다. 이하 같다), 안전표지 또는 그와 비슷한 인공구조물을 이용하여 경계(境界)를 표시하여 모든 차가 통행할 수 있도록 설치된 도로의 부분을 말한다.
6. "**차로**"란 차마가 한 줄로 도로의 정하여진 부분을 통행하도록 **차선(車線)으로 구분한 차도의 부분**을 말한다.
7. "**차선**"이란 차로와 차로를 구분하기 위하여 그 경계지점을 안전표지로 표시한 선을 말한다.
18. "**자동차**"란 철길이나 가설된 선을 이용하지 아니하고 원동기를 사용하여 운전되는 차(견인되는 자동차도 자동차의 일부로 본다)로서 다음 각 목의 차를 말한다.
가. 「자동차관리법」 제3조에 따른 다음의 자동차. 다만, 원동기장치자전거는 제외한다.
  1) **승용자동차**   2) **승합자동차**   3) **화물자동차**
  4) 특수자동차   5) 이륜자동차
나. 「건설기계관리법」 제26조제1항 단서에 따른 건설기계
19의2. "**개인형 이동장치**"란 제19호나목의 원동기장치자전거 중 시속 25킬로미터 이상으로 운행할 경우 전동기가 작동하지 아니하고 차체 중량이 30킬로그램 미만인 것으로서 행정안전부령으로 정하는 것을 말한다.
22. "**긴급자동차**"란 다음 각 목의 자동차로서 그 본래의 긴급한 용도로 사용되고 있는 자동차를 말한다.
  가. **소방차**   나. **구급차**   다. **혈액 공급차량**
  라. 그 밖에 대통령령으로 정하는 자동차
23. "**어린이통학버스**"란 다음 각 목의 시설 가운데 **어린이(13세 미만**인 사람을 말한다.)를 교육 대상으로 하는 시설에서 어린이의 통학 등에 이용되는 자동차와 「여객자동차 운수사업법」 제4조제3항에 따른 여객자동차운송사업의 한정면허를 받아 어린이를 여객대상으로 하여 운행되는 운송사업용 자동차를 말한다.
24. "**주차**"란 운전자가 승객을 기다리거나 화물을 싣거나 차가 고장 나거나 그 밖의 사유로 차를 계속 정지 상태에 두는 것 또는 운전자가 차에서 떠나서 즉시 그 차를 운전할 수 없는 상태에 두는 것을 말한다.

25. **"정차"**란 운전자가 **5분을 초과하지 아니하고** 차를 정지시키는 것으로서 주차 외의 정지 상태를 말한다.
26. **"운전"**이란 도로(제27조제6항제3호·제44조·제45조·제54조제1항·제148조·제148조의2 및 제156조제10호의 경우에는 도로 외의 곳을 포함한다)에서 차마 또는 노면전차를 그 본래의 사용방법에 따라 사용하는 것(조종 또는 자율주행시스템을 사용하는 것을 포함한다)을 말한다.
27. **"초보운전자"**란 <u>처음 운전면허를 받은 날</u>(처음 운전면허를 받은 날부터 2년이 지나기 전에 운전면허의 취소처분을 받은 경우에는 그 후 다시 운전면허를 받은 날을 말한다)**부터 2년이 지나지 아니한 사람**을 말한다. 이 경우 원동기장치자전거면허만 받은 사람이 원동기장치자전거면허 외의 운전면허를 받은 경우에는 처음 운전면허를 받은 것으로 본다.
28. **"서행"**(徐行)이란 운전자가 차 또는 노면전차를 즉시 정지시킬 수 있는 정도의 느린 속도로 진행하는 것을 말한다.

도로교통법 제11조(어린이 등에 대한 보호)
① 어린이의 보호자는 교통이 빈번한 도로에서 어린이를 놀게 하여서는 아니 되며, **영유아(6세 미만인 사람**을 말한다.)의 보호자는 교통이 빈번한 도로에서 영유아가 혼자 보행하게 하여서는 아니 된다.

도로교통법 시행령 제2조(긴급자동차의 종류)
① 「도로교통법」 제2조제22호라목에서 "대통령령으로 정하는 자동차"란 긴급한 용도로 사용되는 다음 각 호의 어느 하나에 해당하는 자동차를 말한다. 다만, **제6호부터 제11호까지의 자동차는 이를 사용하는 사람 또는 기관 등의 신청에 의하여 시·도경찰청장이 지정하는 경우로 한정**한다.
 1. 경찰용 자동차 중 범죄수사, 교통단속, 그 밖의 긴급한 경찰업무 수행에 사용되는 자동차
 2. 국군 및 주한 국제연합군용 자동차 중 군 내부의 질서 유지나 부대의 질서 있는 이동을 유도(誘導)하는 데 사용되는 자동차
 3. 수사기관의 자동차 중 범죄수사를 위하여 사용되는 자동차
 4. 다음 각 목의 어느 하나에 해당하는 시설 또는 기관의 자동차 중 도주자의 체포 또는 수용자, 보호관찰 대상자의 호송·경비를 위하여 사용되는 자동차
  가. 교도소·소년교도소 또는 구치소
  나. 소년원 또는 소년분류심사원   다. 보호관찰소
 5. 국내외 요인(要人)에 대한 경호업무 수행에 공무(公務)로 사용되는 자동차
 6. 전기사업, 가스사업, 그 밖의 공익사업을 하는 기관에서 위험 방지를 위한 **응급작업에 사용되는 자동차**
 7. 민방위업무를 수행하는 기관에서 긴급예방 또는 복구를 위한 출동에 사용되는 자동차

8. 도로관리를 위하여 사용되는 자동차 중 도로상의 위험을 방지하기 위한 응급작업에 사용되거나 운행이 제한되는 자동차를 단속하기 위하여 사용되는 자동차
9. 전신·전화의 수리공사 등 응급작업에 사용되는 자동차
10. 긴급한 우편물의 운송에 사용되는 자동차
11. 전파감시업무에 사용되는 자동차

도로교통법 시행규칙 제2조의3(개인형 이동장치의 기준)
법 제2조제19호의2에서 "행정안전부령으로 정하는 것"이란 다음 각 호의 어느 하나에 해당하는 것으로서 「전기용품 및 생활용품 안전관리법」 제15조제1항에 따라 안전확인의 신고가 된 것을 말한다.
1. **전동킥보드**
2. **전동이륜평행차**
3. **전동기의 동력만으로 움직일 수 있는 자전거**

도로교통법 시행규칙 제3조(긴급자동차의 지정신청 등)
② **시·도경찰청장**은 제1항의 신청에 의하여 긴급자동차의 지정을 하는 때에는 별지 제2호서식의 **긴급자동차지정증을 신청인에게 교부**하여야 한다.

03. 도로교통법 시행령 제4조(교통안전시설 관련 비용 부담의 사유)
법 제3조제4항에서 "대통령령으로 정하는 사유"란 다음 각 호의 어느 하나에 해당하는 것을 말한다.
1. 차 또는 노면전차의 운전 등 교통으로 인하여 사람을 사상(死傷)하거나 물건을 손괴하는 사고(이하 "교통사고"라 한다)가 발생한 경우
2. **분할할 수 없는** 화물의 수송 등을 위하여 신호기 및 안전표지(이하 "교통안전시설"이라 한다)를 이전하거나 철거하는 경우
3. 법 제68조제1항을 위반하여 교통안전시설을 철거·이전하거나 손괴한 경우
4. 도로관리청 등에서 도로공사 등을 위하여 무인(無人) 교통단속용 장비를 이전하거나 철거하는 경우
5. 그 밖에 고의 또는 과실로 무인 교통단속용 장비를 철거·이전하거나 손괴한 경우

04. 도로교통법 시행규칙 [별표 4] 신호등의 등화의 배열순서(제7조제2항 관련)

신호등 \ 배열	가로형 신호등	세로형 신호등
적색·황색·녹색화살표·녹색의 사색등화로 표시되는 신호등	좌로부터 적색·황색·녹색화살표·녹색의 순서로 한다. 좌로부터 적색·황색·녹색의 순서로 하고, 적색등화 아래에 녹색화살표 등화를 배열한다.	위로부터 **적색·황색·녹색화살표·녹색**의 순서로 한다.

도로교통법 시행규칙 제7조(신호등)
③ 제1항에 따른 신호등은 다음 각 호의 성능을 가져야 한다.
 1. 등화의 밝기는 낮에 150미터 앞쪽에서 식별할 수 있도록 할 것
 2. 등화의 빛의 발산각도는 사방으로 각각 45도 이상으로 할 것
 3. 태양광선이나 주위의 다른 빛에 의하여 그 표시가 방해받지 아니하도록 할 것

도로교통법 시행규칙 [별표 3]
신호등의 종류, 만드는 방식 및 설치·관리기준(제7조제1항 관련)
 1. 신호등의 종류, 만드는 방식 및 설치기준 - 비고
  가. 신호등 외함(外函)의 재료는 절연성(絶緣性)이 있는 재료로서 다음 표의 기준을 만족해야 하고, 외함의 규격은 가로 및 세로의 길이를 각각 355±5밀리미터로 한다.

인장강도(引張剛度)	충격강도	가열변형온도	난연성(難燃性)	전광선 투과율
45Mpa이상	6.3KJ/㎡이상	80℃이상	UL 94 V-2 등급 이상	0%

05. 도로교통법 시행규칙 제8조(안전표지)
① 법 제4조제1항에 따른 안전표지는 다음 각 호와 같이 구분한다.
 1. 주의표지 : 도로상태가 위험하거나 도로 또는 그 부근에 위험물이 있는 경우에 필요한 안전조치를 할 수 있도록 이를 도로사용자에게 알리는 표지
 2. 규제표지 : 도로교통의 안전을 위하여 각종 제한·금지 등의 규제를 하는 경우에 이를 도로사용자에게 알리는 표지
 3. 지시표지 : 도로의 통행방법·통행구분 등 도로교통의 안전을 위하여 필요한 지시를 하는 경우에 도로사용자가 이에 따르도록 알리는 표지
 4. 보조표지 : 주의표지·규제표지 또는 지시표지의 주기능을 보충하여 도로사용자에게 알리는 표지
 5. 노면표시 : 도로교통의 안전을 위하여 각종 주의·규제·지시 등의 내용을 노면에 기호·문자 또는 선으로 도로사용자에게 알리는 표지

도로교통법 시행규칙 [별표 6] 안전표지의 종류, 만드는 방식 및 설치·관리기준
(제8조제2항 및 제11조제1호관련)   3. 지시표지   나. 종류별기준

일련번호	종류	만드는 방식(단위 : 밀리미터)	표시하는 뜻	설치기준 및 장소
329	비보호 좌회전 표지		·진행신호시 반대방면에서 오는 차량에 방해가 되지 아니하도록 좌회전을 조심스럽게 할 수 있다는 것	·비보호 좌회전을 허용할 필요가 있다고 인정되는 장소에 설치

06. 도로교통법 제5조(신호 또는 지시에 따를 의무)
① 도로를 통행하는 보행자, 차마 또는 노면전차의 운전자는 <u>교통안전시설이 표시하는 신호 또는 지시</u>와 다음 각 호의 어느 하나에 해당하는 사람이 하는 신호 또는 지시를 따라야 한다.
1. 교통정리를 하는 **경찰공무원**(의무경찰을 포함한다. 이하 같다) 및 제주특별자치도의 자치경찰공무원(이하 "자치경찰공무원"이라 한다)
2. **경찰공무원**(자치경찰공무원을 포함한다. 이하 같다)**을 보조하는 사람**으로서 **대통령령으로 정하는 사람**(이하 "경찰보조자"라 한다)

도로교통법 시행령 제6조(경찰공무원을 보조하는 사람의 범위)
법 제5조제1항제2호에서 "대통령령으로 정하는 사람"이란 다음 각 호의 어느 하나에 해당하는 사람을 말한다.
 1. <u>모범운전자</u>
 2. <u>군사훈련 및 작전에 동원되는 부대의 이동을 유도하는 군사경찰</u>
 3. <u>본래의 긴급한 용도로 운행하는 소방차·구급차를 유도하는 소방공무원</u>

도로교통법 시행규칙 [별표 7]
경찰공무원등이 표시하는 수신호의 종류·표시방법 및 신호의 뜻(제9조관련)

구분	신호의 종류	표시의 방법	신호의 뜻
손으로 할 때	정지	팔을 수평선상 <u>45도</u>의 각도로 측면(전면 또는 다리와 상체만을 뒤로 돌리며 후면)으로 펴서 올리고 팔꿈치를 넓은 각도로 약간 굽혀 머리보다 높이 올린 손을 수직으로 하고 손바닥을 외측으로 향하게 하며 주목한다.	손바닥과 대면하여 주목을 받은 측의 보행자는 도로를 횡단하여서는 아니되고 차마는 정지선에 정지하여야 한다는 것
신호봉으로 할 때	정지	우측 팔꿈치를 옆구리에 가볍게 붙이고 신호봉을 잡은 손목을 상의 둘째단추 높이의 앞으로 올린 후 <u>신호봉을 안면 중앙의 수직선에서 45도</u> 각도(이하 같다)의 좌우로 흔든다. 다리와 상체만을 뒤로 돌리고 신호봉을 잡은 우측 손목을 어깨높이 45도 각도 앞으로 올리고 신호봉을 좌우로 흔든다. 상체만을 측면으로 돌리고 신호봉을 잡은 우측 손목을 어깨높이로 올리고 신호봉을 좌우로 흔든다.	좌우로 흔드는 신호봉 및 안면과 대면하는 보행자는 도로를 횡단하여서는 아니되고 차마는 정지선에 정지하여야 한다는 것

07. 도로교통법 제9조(행렬등의 통행)
① <u>학생의 대열과 그 밖에 보행자의 통행에 지장을 줄 우려가 있다고 인정하여 대통령령으로 정하는 사람이나 행렬</u>(이하 "행렬등"이라 한다)은 제8조제1항 본문에도 불구하고 차도로 통행할 수 있다. 이 경우 행렬등은 차도의 <u>우측</u>으로 통행하여야 한다.

② 행렬등은 사회적으로 중요한 행사에 따라 시가를 행진하는 경우에는 도로의 중앙을 통행할 수 있다.
③ 경찰공무원은 도로에서의 위험을 방지하고 교통의 안전과 원활한 소통을 확보하기 위하여 필요하다고 인정할 때에는 행렬등에 대하여 구간을 정하고 그 구간에서 행렬등이 도로 또는 차도의 우측(자전거도로가 설치되어 있는 차도에서는 자전거도로를 제외한 부분의 우측을 말한다)으로 붙어서 통행할 것을 명하는 등 필요한 조치를 할 수 있다.

도로교통법 시행령 제7조(차도를 통행할 수 있는 사람 또는 행렬)
법 제9조제1항 전단에서 "대통령령으로 정하는 사람이나 행렬"이란 다음 각 호의 어느 하나에 해당하는 사람이나 행렬을 말한다.
 1. 말·소 등의 큰 동물을 몰고 가는 사람
 2. **사다리, 목재, 그 밖에 보행자의 통행에 지장을 줄 우려가 있는 물건을 운반 중인 사람**
 3. **도로에서 청소나 보수 등의 작업을 하고 있는 사람**
 4. 군부대나 그 밖에 이에 준하는 단체의 행렬
 5. **기(旗) 또는 현수막 등을 휴대한 행렬**
 6. 장의(葬儀) 행렬

08. 어린이·노인 및 장애인 보호구역의 지정 및 관리에 관한 규칙 제2조(정의)
이 규칙에서 사용하는 용어의 뜻은 다음과 같다.
 2. "노인복지시설등"이란 다음 각 목의 어느 하나에 해당하는 시설 또는 장소를 말한다.
  가. 「노인복지법」 제31조에 따른 노인복지시설
  나. 「자연공원법」 제2조제1호에 따른 자연공원
  다. 「도시공원 및 녹지 등에 관한 법률」 제2조제3호에 따른 도시공원
  라. 「체육시설의 설치·이용에 관한 법률」 제6조에 따른 생활체육시설
  마. 그 밖에 노인이 자주 왕래하는 곳으로서 조례로 정하는 시설 또는 장소
 3. "장애인복지시설"이란 「장애인복지법」 제58조에 따른 장애인복지시설을 말한다.

노인복지법 제31조(노인복지시설의 종류) 노인복지시설의 종류는 다음 각호와 같다.
 1. 노인주거복지시설   2. **노인의료복지시설**   3. 노인여가복지시설
 4. 재가노인복지시설   5. 노인보호전문기관
 6. 노인일자리지원기관   7. 학대피해노인 전용쉼터

자연공원법 제2조(정의) 이 법에서 사용하는 용어의 뜻은 다음과 같다.
 1. "**자연공원**"이란 **국립공원**·도립공원·군립공원(郡立公園) 및 지질공원을 말한다.

장애인복지법 제58조(장애인복지시설)
① 장애인복지시설의 종류는 다음 각 호와 같다.
 1. 장애인 거주시설 : 거주공간을 활용하여 일반가정에서 생활하기 어려운 장애인에게 일정 기간 동안 거주·요양·지원 등의 서비스를 제공하는 동시에 지역사회생활을 지원하는 시설
 2. 장애인 지역사회재활시설 : 장애인을 전문적으로 상담·치료·훈련하거나 장애인의 일상생활, 여가활동 및 사회참여활동 등을 지원하는 시설
 3. **장애인 직업재활시설** : 일반 작업환경에서는 일하기 어려운 장애인이 특별히 준비된 작업환경에서 직업훈련을 받거나 직업 생활을 할 수 있도록 하는 시설
 4. 장애인 의료재활시설 : 장애인을 입원 또는 통원하게 하여 상담, 진단·판정, 치료 등 의료재활서비스를 제공하는 시설
 5. 그 밖에 대통령령으로 정하는 시설

09. 도로교통법 제13조의2(자전거등의 통행방법의 특례)
⑤ 자전거등의 운전자는 안전표지로 통행이 허용된 경우를 제외하고는 <u>**2대 이상**이 나란히 차도를 통행하여서는 아니 된다.</u>

10. 도로교통법 제14조(차로의 설치 등)
① <u>**시·도경찰청장**은 차마의 교통을 원활하게 하기 위하여 필요한 경우에는 도로에 행정안전부령으로 정하는 **차로를 설치할 수 있다.**</u> 이 경우 시·도경찰청장은 시간대에 따라 양방향의 통행량이 뚜렷하게 다른 도로에는 교통량이 많은 쪽으로 차로의 수가 확대될 수 있도록 신호기에 의하여 차로의 진행방향을 지시하는 가변차로를 설치할 수 있다.
③ 차로가 설치된 도로를 통행하려는 경우로서 차의 너비가 행정안전부령으로 정하는 차로의 너비보다 넓어 교통의 안전이나 원활한 소통에 지장을 줄 우려가 있는 경우 그 차의 운전자는 도로를 통행하여서는 아니 된다. 다만, 행정안전부령으로 정하는 바에 따라 그 차의 **출발지를 관할하는 경찰서장의 허가**를 받은 경우에는 그러하지 아니하다.

도로교통법 시행규칙 제15조(차로의 설치)
② 제1항에 따라 설치되는 <u>차로의 너비는 **3미터** 이상으로 하여야 한다.</u> 다만, 좌회전전용 차로의 설치 등 부득이하다고 인정되는 때에는 275센티미터 이상으로 할 수 있다.
③ 차로는 **횡단보도**·**교차로** 및 **철길건널목**에는 설치할 수 없다.

11. 도로교통법 시행규칙 [별표 9]
차로에 따른 통행차의 기준(제16조제1항 및 제39조제1항 관련)

도로		차로구분	통행할 수 있는 차종
고속도로	편도 3차로 이상	1차로	앞지르기를 하려는 승용자동차 및 앞지르기를 하려는 경형·소형·중형 승합자동차. 다만, 차량통행량 증가 등 도로상황으로 인하여 부득이하게 시속 80킬로미터 미만으로 통행할 수밖에 없는 경우에는 앞지르기를 하는 경우가 아니라도 통행할 수 있다.
		왼쪽 차로	**승용자동차** 및 **경형·소형·중형 승합자동차**
		오른쪽 차로	대형 승합자동차, **화물자동차**, 특수자동차, 법 제2조제18호나목에 따른 건설기계

12. 도로교통법 제15조(전용차로의 설치)
    ① <u>시장</u>등은 <u>원활한 교통을 확보하기 위하여 특히 필요한 경우에는 **시·도경찰청장**</u>이나 경찰서장과 협의하여 도로에 전용차로(차의 종류나 승차 인원에 따라 지정된 차만 통행할 수 있는 차로를 말한다. 이하 같다)를 설치할 수 있다.
    ② 전용차로의 종류, 전용차로로 통행할 수 있는 차와 그 밖에 전용차로의 운영에 필요한 사항은 대통령령으로 정한다.
    ③ 제2항에 따라 전용차로로 통행할 수 있는 차가 아니면 전용차로로 통행하여서는 아니 된다. 다만, 긴급자동차가 그 본래의 긴급한 용도로 운행되고 있는 경우 등 대통령령으로 정하는 경우에는 그러하지 아니하다.

13. 도로교통법 시행령 제10조의2(긴급한 용도 외에 경광등 등을 사용할 수 있는 경우)
    법 제2조제22호 각 목의 자동차 운전자는 법 제29조제6항 단서에 따라 해당 자동차를 그 본래의 긴급한 용도로 운행하지 아니하는 경우에도 다음 각 호의 어느 하나에 해당하는 경우에는 「자동차관리법」에 따라 해당 자동차에 설치된 경광등을 켜거나 사이렌을 작동할 수 있다.
    1. 소방차가 화재 예방 및 구조·구급 활동을 위하여 **순찰을 하는 경우**
    2. 법 제2조제22호 각 목에 해당하는 자동차가 그 본래의 긴급한 용도와 관련된 훈련에 참여하는 경우
    3. 제2조제1항제1호에 따른 자동차가 범죄 예방 및 <u>단속을 위하여 순찰을 하는 경우</u>

14. 도로교통법 시행규칙 제18조(버스전용차로 통행의 지정신청 등)
    ① 제3조의 규정은 영 별표 1의 <u>"고속도로 외의 도로"</u>에서의 버스전용차로 통행 지정 신청 등에 관하여 이를 준용한다.
    이 경우 "**긴급자동차**"는 "**버스전용차로통행 지정차**"로, "긴급자동차 지정신청서"는 "버스전용차로통행 지정신청서"로, "긴급자동차지정증"은 "버스전용차로통행 지정증"으로, "긴급자동차지정증 재교부신청서"는 "버스전용차로통행지정증 재교부신청서"로 보되, 버스전용차로통행 지정신청서는 별지 제7호서식에 의하고, 버스전용차로통행지정증 재교부신청서는 별지 제8호서식에 의하며, 버스전용차로통행 지정증은 별표 10에 의한다.

② **시·도경찰청장**은 제1항에 따른 신청에 따라 **버스전용차로 통행의 지정을 받은 차**가 다음 각 호의 어느 하나에 해당하는 경우에는 그 지정을 취소하여야 한다.
 1. 통학·통근용으로 사용하지 아니하게 된 경우
 2. 시·도경찰청장이 정한 기간이 종료된 경우
③ 시·도경찰청장은 제2항에 따라 버스전용차로 통행의 지정을 취소한 때에는 지체 없이 버스전용차로통행지정증을 회수하여야 한다.

도로교통법 시행령 [별표 1]
전용차로의 종류와 전용차로로 통행할 수 있는 차(제9조제1항 관련)

전용차로의 종류	통행할 수 있는 차	
	고속도로	고속도로 외의 도로
2. 다인승 전용차로	3명 이상 승차한 승용·승합자동차(다인승전용차로와 버스전용차로가 동시에 설치되는 경우에는 버스전용차로를 통행할 수 있는 차는 제외한다)	

도로교통법 제16조(노면전차 전용로의 설치 등)
① 시장등은 교통을 원활하게 하기 위하여 **노면전차 전용도로 또는 전용차로를 설치하려는 경우**에는 「도시철도법」 제7조제1항에 따른 도시철도사업계획의 승인 전에 다음 각 호의 사항에 대하여 **시·도경찰청장과 협의**하여야 한다. 사업 계획을 변경하려는 경우에도 또한 같다.
 1. **노면전차의 설치 방법 및 구간**
 2. 노면전차 전용로 내 교통안전**시설**의 설치
 3. 그 밖에 **노면전차 전용로의 관리에 관한 사항**

15. 도로교통법 시행규칙 제19조(자동차등과 노면전차의 속도)
① 법 제17조제1항에 따른 자동차등(개인형 이동장치는 제외한다. 이하 이 조에서 같다)과 노면전차의 도로 통행 속도는 다음 각 호와 같다. 〈개정 2020. 12. 31.〉
 1. 일반도로(고속도로 및 자동차전용도로 외의 모든 도로를 말한다)
  가. 「국토의 계획 및 이용에 관한 법률」 제36조제1항제1호가목부터 다목까지의 규정에 따른 주거지역·상업지역 및 공업지역의 일반도로에서는 매시 50킬로미터 이내. 다만, **시·도경찰청장이 원활한 소통을 위하여 특히 필요하다고 인정하여 지정한 노선 또는 구간에서는 매시 60킬로미터 이내**
  나. 가목 외의 일반도로에서는 매시 60킬로미터 이내. 다만, **편도 2차로 이상의 도로에서는 매시 80킬로미터 이내**
 2. 자동차전용도로에서의 **최고속도는 매시 90킬로미터, 최저속도는 매시 30킬로미터**
② 비·안개·눈 등으로 인한 거친 날씨에는 제1항에도 불구하고 다음 각 호의 기준

에 따라 감속 운행해야 한다. 다만, 경찰청장 또는 시·도경찰청장이 별표 6 I. 제1호타목에 따른 가변형 속도제한표지로 최고속도를 정한 경우에는 이에 따라야 하며, 가변형 속도제한표지로 정한 최고속도와 그 밖의 안전표지로 정한 최고속도가 다를 때에는 가변형 속도제한표지에 따라야 한다.
1. 최고속도의 100분의 20을 줄인 속도로 운행하여야 하는 경우
  가. **비가 내려 노면이 젖어있는 경우**
  나. **눈이 20밀리미터 미만 쌓인 경우**
2. 최고속도의 100분의 50을 줄인 속도로 운행하여야 하는 경우
  가. **폭우·폭설·안개 등으로 가시거리가 100미터 이내인 경우**
  나. **노면이 얼어 붙은 경우**
  다. **눈이 20밀리미터 이상 쌓인 경우**

16. 도로교통법 시행규칙 제20조(자동차를 견인할 때의 속도)
    견인자동차가 아닌 자동차로 다른 자동차를 견인하여 도로(고속도로를 제외한다)를 통행하는 때의 속도는 제19조에 불구하고 다음 각 호에서 정하는 바에 의한다.
    1. 총중량 2천킬로그램 미만인 자동차를 총중량이 그의 3배 이상인 자동차로 견인하는 경우에는 **매시 30킬로미터 이내**
    2. **제1호 외의 경우** 및 이륜자동차가 견인하는 경우에는 **매시 25킬로미터 이내**

17. 도로교통법 제19조(**안전거리** 확보 등)
    ① 모든 차의 운전자는 같은 방향으로 가고 있는 앞차의 뒤를 따르는 경우에는 **앞차가 갑자기 정지하게 되는 경우 그 앞차와의 충돌을 피할 수 있는 필요한 거리**를 확보하여야 한다.

18. 도로교통법 제20조(진로 양보의 의무)
    ① 모든 차(긴급자동차는 제외한다)의 운전자는 뒤에서 따라오는 차보다 느린 속도로 가려는 경우에는 도로의 우측 가장자리로 피하여 진로를 양보하여야 한다. 다만, 통행 구분이 설치된 도로의 경우에는 그러하지 아니하다.
    ② 좁은 도로에서 긴급자동차 외의 자동차가 서로 마주보고 진행할 때에는 <u>다음 각 호의 구분에 따른 자동차가 도로의 우측 가장자리로 피하여 진로를 양보</u>하여야 한다.
    1. 비탈진 좁은 도로에서 자동차가 서로 마주보고 진행하는 경우에는 **올라가는 자동차**
    2. 비탈진 좁은 도로 외의 좁은 도로에서 사람을 태웠거나 물건을 실은 자동차와 동승자(同乘者)가 없고 물건을 싣지 아니한 자동차가 서로 마주보고 진행하는 경우에는 동승자가 없고 물건을 싣지 아니한 자동차

19. 도로교통법 제21조(앞지르기 방법 등)
    ① 모든 차의 운전자는 다른 차를 앞지르려면 앞차의 **좌측**으로 통행하여야 한다.

20. 도로교통법 제22조(앞지르기 금지의 시기 및 장소)

① 모든 차의 운전자는 다음 각 호의 어느 하나에 해당하는 경우에는 앞차를 앞지르지 못한다.

  1. **앞차의 좌측에 다른 차가 앞차와 나란히 가고 있는 경우**
  2. 앞차가 다른 차를 앞지르고 있거나 앞지르려고 하는 경우

② 모든 차의 운전자는 다음 각 호의 어느 하나에 해당하는 다른 차를 앞지르지 못한다.

  1. 이 법이나 이 법에 따른 명령에 따라 **정지하거나 서행하고 있는 차**
  2. 경찰공무원의 지시에 따라 정지하거나 서행하고 있는 차
  3. **위험**을 방지하기 위하여 정지하거나 서행하고 있는 차

③ 모든 차의 운전자는 다음 각 호의 어느 하나에 해당하는 곳에서는 다른 차를 앞지르지 못한다.

  1. **교차로**   2. **터널 안**   3. **다리 위**
  4. 도로의 구부러진 곳, 비탈길의 고갯마루 부근 또는 **가파른 비탈길의 내리막** 등 시·도경찰청장이 도로에서의 위험을 방지하고 교통의 안전과 원활한 소통을 확보하기 위하여 필요하다고 인정하는 곳으로서 안전표지로 지정한 곳

21. 도로교통법 제25조(교차로 통행방법)

① 모든 차의 운전자는 **교차로에서 우회전을 하려는 경우에는 미리 도로의 우측 가장자리를 서행하면서 우회전하여야 한다.** 이 경우 우회전하는 차의 운전자는 신호에 따라 정지하거나 진행하는 보행자 또는 자전거등에 주의하여야 한다.

② 모든 차의 운전자는 교차로에서 **좌회전을 하려는 경우에는 미리 도로의 중앙선을 따라 서행하면서 교차로의 중심 안쪽을 이용하여 좌회전하여야 한다.** 다만, 시·도경찰청장이 교차로의 상황에 따라 특히 필요하다고 인정하여 지정한 곳에서는 교차로의 중심 바깥쪽을 통과할 수 있다.

④ 제1항부터 제3항까지의 규정에 따라 **우회전이나 좌회전을 하기 위하여 손이나 방향지시기 또는 등화로써 신호를 하는 차가 있는 경우에 그 뒤차의 운전자는 신호를 한 앞차의 진행을 방해하여서는 아니 된다.**

⑤ 모든 차 또는 노면전차의 운전자는 **신호기로 교통정리를 하고 있는 교차로에 들어가려는 경우에는 진행하려는 진로의 앞쪽에 있는 차 또는 노면전차의 상황에 따라 교차로(정지선이 설치되어 있는 경우에는 그 정지선을 넘은 부분을 말한다)에 정지하게 되어 다른 차 또는 노면전차의 통행에 방해가 될 우려가 있는 경우에는 그 교차로에 들어가서는 아니 된다.**

22. 도로교통법 제25조의2(회전교차로 통행방법)

① 모든 차의 운전자는 회전교차로에서는 반시계방향으로 통행하여야 한다.
② 모든 차의 운전자는 회전교차로에 진입하려는 경우에는 서행하거나 일시정지하여야 하며, **이미 진행하고 있는 다른 차가 있는 때에는 그 차에 진로를 양보하여야 한다.**

③ 제1항 및 제2항에 따라 회전교차로 통행을 위하여 손이나 방향지시기 또는 등화로써 신호를 하는 차가 있는 경우 그 뒤차의 운전자는 신호를 한 앞차의 진행을 방해하여서는 아니 된다.

23. 도로교통법 제26조(교통정리가 없는 교차로에서의 양보운전)
① 교통정리를 하고 있지 아니하는 교차로에 들어가려고 하는 차의 운전자는 **이미 교차로에 들어가 있는 다른 차가 있을 때에는 그 차에 진로를 양보하여야 한다.**
② 교통정리를 하고 있지 아니하는 교차로에 들어가려고 하는 차의 운전자는 그 차가 통행하고 있는 도로의 폭보다 교차하는 도로의 폭이 넓은 경우에는 서행하여야 하며, **폭이 넓은 도로로부터 교차로에 들어가려고 하는 다른 차가 있을 때에는 그 차에 진로를 양보하여야 한다.**
③ 교통정리를 하고 있지 아니하는 교차로에 동시에 들어가려고 하는 차의 운전자는 우측도로의 차에 진로를 양보하여야 한다.
④ **교통정리를 하고 있지 아니하는 교차로에서 좌회전하려고 하는 차의 운전자는 그 교차로에서 직진하거나 우회전하려는 다른 차가 있을 때에는 그 차에 진로를 양보하여야 한다.**

24. 도로교통법 제29조(긴급자동차의 우선 통행)
① 긴급자동차는 제13조제3항에도 불구하고 <u>긴급하고 부득이한 경우에는 도로의 중앙이나 좌측 부분을 통행할 수 있다.</u>
② 긴급자동차는 이 법이나 이 법에 따른 명령에 따라 정지하여야 하는 경우에도 불구하고 긴급하고 부득이한 경우에는 정지하지 아니할 수 있다.
③ 긴급자동차의 운전자는 제1항이나 제2항의 경우에 교통안전에 특히 주의하면서 통행하여야 한다.
④ <u>교차로나 그 부근에서 긴급자동차가 접근하는 경우에는 차마와 노면전차의 운전자는 교차로를 피하여 **일시정지**하여야 한다.</u>
⑤ <u>모든 차와 노면전차의 운전자는 제4항에 따른 곳 외의 곳에서 긴급자동차가 접근한 경우에는 긴급자동차가 우선통행할 수 있도록 **진로를 양보**하여야 한다.</u>
⑥ 제2조제22호 각 목의 자동차 운전자는 해당 자동차를 그 본래의 긴급한 용도로 운행하지 아니하는 경우에는 「자동차관리법」에 따라 설치된 경광등을 켜거나 사이렌을 작동하여서는 아니 된다. 다만, 대통령령으로 정하는 바에 따라 범죄 및 화재 예방 등을 위한 순찰·훈련 등을 실시하는 경우에는 그러하지 아니하다.

25. 도로교통법 제31조(서행 또는 일시정지할 장소)
① 모든 차 또는 노면전차의 운전자는 다음 각 호의 어느 하나에 해당하는 곳에서는 **서행**하여야 한다.
 1. **교통정리를 하고 있지 아니하는 교차로** 2. **도로가 구부러진 부근**

3. **비탈길의 고갯마루 부근** 4. **가파른 비탈길의 내리막**
  5. 시·도경찰청장이 도로에서의 위험을 방지하고 교통의 안전과 원활한 소통을 확보하기 위하여 필요하다고 인정하여 안전표지로 지정한 곳
② 모든 차 또는 노면전차의 운전자는 다음 각 호의 어느 하나에 해당하는 곳에서는 **일시정지하여야 한다.**
  1. 교통정리를 하고 있지 아니하고 좌우를 확인할 수 없거나 교통이 빈번한 교차로
  2. 시·도경찰청장이 도로에서의 위험을 방지하고 교통의 안전과 원활한 소통을 확보하기 위하여 필요하다고 인정하여 안전표지로 지정한 곳

26. 도로교통법 제32조(정차 및 주차의 금지)
모든 차의 운전자는 다음 각 호의 어느 하나에 해당하는 곳에서는 차를 정차하거나 주차하여서는 아니 된다. 다만, 이 법이나 이 법에 따른 명령 또는 경찰공무원의 지시를 따르는 경우와 위험방지를 위하여 일시정지하는 경우에는 그러하지 아니하다.
  1. **교차로·횡단보도·건널목**이나 보도와 차도가 구분된 도로의 보도(「주차장법」에 따라 차도와 보도에 걸쳐서 설치된 노상주차장은 제외한다)
  2. **교차로의 가장자리**나 도로의 모퉁이로부터 **5미터 이내**인 곳
  3. 안전지대가 설치된 도로에서는 그 **안전지대의 사방으로부터** 각각 **10미터 이내**인 곳
  4. **버스여객자동차의 정류지(停留地)임을 표시하는 기둥이나 표지판 또는 선이 설치된 곳으로부터 10미터 이내인 곳.** 다만, 버스여객자동차의 운전자가 그 버스여객자동차의 운행시간 중에 운행노선에 따르는 정류장에서 승객을 태우거나 내리기 위하여 차를 정차하거나 주차하는 경우에는 그러하지 아니하다.
  5. 건널목의 가장자리 또는 **횡단보도로부터 10미터 이내인 곳**
  6. 다음 각 목의 곳으로부터 **5미터 이내인 곳**
    가. 「소방기본법」 제10조에 따른 소방용수시설 또는 비상소화장치가 설치된 곳
    나. 「소방시설 설치 및 관리에 관한 법률」 제2조제1항제1호에 따른 소방시설로서 대통령령으로 정하는 시설이 설치된 곳
  7. 시·도경찰청장이 도로에서의 위험을 방지하고 교통의 안전과 원활한 소통을 확보하기 위하여 필요하다고 인정하여 지정한 곳
  8. 시장등이 제12조제1항에 따라 지정한 어린이 보호구역

27. 도로교통법 제33조(도로의 점용허가 등에 관한 통보)
② **「도로법」** 제76조에 따른 통행의 금지나 제한 또는 같은 **법 제77조에 따른 차량의 운행제한**을 한 도로관리청은 법 제70조제1항에 따라 경찰청장이나 관할 경찰서장에게 그 내용을 통보할 때에는 금지 또는 제한한 대상·구간·기간 및 그 이유를 명확하게 적은 문서로 하여야 한다.

도로법 제77조(차량의 운행 제한 및 운행 허가)
① 도로관리청은 도로 구조를 보전하고 도로에서의 차량 운행으로 인한 위험을 방지하기 위하여 필요하면 **대통령령**으로 정하는 바에 따라 도로에서의 차량 운행을 제한할 수 있다. 다만, 차량의 구조나 적재화물의 특수성으로 인하여 도로관리청의 허가를 받아 운행하는 차량의 경우에는 그러하지 아니하다.

도로법 시행령 제79조(차량의 운행 제한 등)
② 도로관리청이 법 제77조제1항에 따라 운행을 제한할 수 있는 차량은 다음 각 호와 같다.
1. **축하중(軸荷重)이 10톤을 초과하거나 총중량이 40톤을 초과하는 차량**
2. **차량의 폭이 2.5미터, 높이가 4.0미터(도로 구조의 보전과 통행의 안전에 지장이 없다고 도로관리청이 인정하여 고시한 도로의 경우에는 4.2미터), 길이가 16.7미터를 초과하는 차량**
3. **도로관리청이 특히 도로 구조의 보전과 통행의 안전에 지장이 있다고 인정하는 차량**

28. 도로교통법 시행령 제11조(정차 또는 주차의 방법 등)
① 차의 운전자가 법 제34조에 따라 지켜야 하는 정차 또는 주차의 방법 및 시간은 다음 각 호와 같다.
 1. 모든 차의 운전자는 도로에서 정차할 때에는 차도의 오른쪽 가장자리에 정차할 것. 다만, 차도와 보도의 구별이 없는 도로의 경우에는 도로의 오른쪽 가장자리로부터 중앙으로 50센티미터 이상의 거리를 두어야 한다.
 2. 여객자동차의 운전자는 승객을 태우거나 내려주기 위하여 정류소 또는 이에 준하는 장소에서 정차하였을 때에는 승객이 타거나 내린 즉시 출발하여야 하며 **뒤따르는 다른 차의 정차를 방해하지 아니할 것**
 3. 모든 차의 운전자는 도로에서 주차할 때에는 시·도경찰청장이 정하는 주차의 장소·시간 및 방법에 따를 것

29. 도로교통법 제35조(주차위반에 대한 조치)
① 다음 각 호의 어느 하나에 해당하는 사람은 제32조·제33조 또는 제34조를 위반하여 주차하고 있는 차가 교통에 위험을 일으키게 하거나 방해될 우려가 있을 때에는 차의 운전자 또는 관리 책임이 있는 사람에게 주차 방법을 변경하거나 그 곳으로부터 이동할 것을 명할 수 있다.
 1. **경찰공무원**
 2. 시장등(도지사를 포함한다. 이하 이 조에서 같다)이 대통령령으로 정하는 바에 따라 임명하는 **공무원**(이하 "시·군공무원"이라 한다)

② 경찰서장이나 시장등은 제1항의 경우 차의 운전자나 관리 책임이 있는 사람이 현장에 없을 때에는 도로에서 일어나는 위험을 방지하고 교통의 안전과 원활한 소통을 확보하기 위하여 필요한 범위에서 그 차의 주차방법을 직접 변경하거나 변경에 필요한 조치를 할 수 있으며, <u>부득이한 경우에는 관할 경찰서나 경찰서장 또는 시장등이 지정하는 곳으로 이동하게 할 수 있다.</u>

③ <u>경찰서장이나 시장등은 제2항에 따라 주차위반 차를 관할 경찰서나 경찰서장 또는 시장등이 지정하는 곳으로 이동시킨 경우에는 선량한 관리자로서의 주의의무를 다하여 보관하여야 하며,</u> 그 사실을 차의 사용자(소유자 또는 소유자로부터 차의 관리에 관한 위탁을 받은 사람을 말한다. 이하 같다)나 운전자에게 신속히 알리는 등 반환에 필요한 조치를 하여야 한다.

④ 제3항의 경우 <u>차의 사용자나 운전자의 성명·주소를 알 수 없을 때에는 대통령령으로 정하는 방법에 따라 공고하여야 한다.</u>

도로교통법 시행령 제13조(주차위반 차의 견인·보관 및 반환 등을 위한 조치)
③ 경찰서장, 도지사 또는 시장등은 <u>차를 견인하였을 때부터 24시간</u>이 경과되어도 이를 인수하지 아니하는 때에는 해당 차의 보관장소 등 행정안전부령이 정하는 사항을 해당 차의 사용자 또는 운전자에게 등기우편으로 통지하여야 한다.

도로교통법 시행규칙 제22조(주차위반차의 견인·보관 및 반환 등을 위한 조치 등)
③ 영 제13조제3항에 따라 차의 사용자 또는 운전자에게 통지하여야 할 사항은 다음 각 호와 같다.
 1. **<u>차의 등록번호·차종 및 형식</u>**
 2. **<u>위반장소</u>**
 3. **<u>보관한 일시 및 장소</u>**
 4. 통지한 날부터 1월이 지나도 반환을 요구하지 아니한 때에는 그 차를 매각 또는 폐차할 수 있다는 내용

도로교통법 시행규칙 [별표 11]
단속담당공무원의 교육내용과 교육방법(제21조제2항관련)

교육과목	교육내용	교육방법
2. 주·정차위반 단속실무	(1) 주·정차위반 운전자의 단속요령 (2) <u>과태료 부과 및 징수절차</u> (3) <u>대행법인의 업무대행</u> (4) <u>주·정차 위반차의 조치</u>	강의, 시청각 및 분임토의

30. 도로교통법 시행령 [별표 2] 신호의 시기 및 방법(제21조 관련)

신호를 하는 경우	신호를 하는 시기	신호의 방법
1. 좌회전·횡단·유턴 또는 같은 방향으로 진행하면서 진로를 왼쪽으로 바꾸려는 때	그 행위를 하려는 지점(좌회전할 경우에는 그 교차로의 가장자리)에 **이르기 전 30미터**(고속도로에서는 100미터) 이상의 지점에 이르렀을 때	왼팔을 수평으로 펴서 차체의 왼쪽 밖으로 내밀거나 오른팔을 차체의 오른쪽 밖으로 내어 팔꿈치를 굽혀 수직으로 올리거나 왼쪽의 방향지시기 또는 등화를 조작할 것
2. 우회전 또는 같은 방향으로 진행하면서 진로를 오른쪽으로 바꾸려는 때	그 행위를 하려는 지점(우회전할 경우에는 그 교차로의 가장자리)에 **이르기 전 30미터**(고속도로에서는 100미터) 이상의 지점에 이르렀을 때	오른팔을 수평으로 펴서 차체의 오른쪽 밖으로 내밀거나 왼팔을 차체의 왼쪽 밖으로 내어 팔꿈치를 굽혀 수직으로 올리거나 오른쪽의 방향지시기 또는 등화를 조작할 것

31. 도로교통법 시행령 제22조(운행상의 안전기준)
법 제39조제1항 본문에서 "대통령령으로 정하는 운행상의 안전기준"이란 다음 각 호를 말한다.
1. 자동차의 승차인원은 **승차정원 이내일 것**
4. 자동차(화물자동차, 이륜자동차 및 소형 3륜자동차만 해당한다)의 적재용량은 다음 각 목의 구분에 따른 기준을 넘지 아니할 것
다. **높이** : **화물자동차는 지상으로부터 4미터**(도로구조의 보전과 통행의 안전에 지장이 없다고 인정하여 고시한 도로노선의 경우에는 **4미터 20센티미터**), 소형 3륜자동차는 지상으로부터 2미터 50센티미터, 이륜자동차는 지상으로부터 2미터의 높이

32. 도로교통법 제43조(**무면허운전** 등의 금지)
누구든지 제80조에 따라 시·도경찰청장으로부터 **운전면허를 받지 아니하거나 운전면허의 효력이 정지된 경우**에는 자동차등을 운전하여서는 아니 된다.

33. 도로교통법 제44조(술에 취한 상태에서의 운전 금지)
④ 제1항에 따라 운전이 금지되는 술에 취한 상태의 기준은 운전자의 **혈중알코올농도가 0.03퍼센트 이상**인 경우로 한다.

34. 도로교통법 제46조의3(난폭운전 금지)
자동차등(개인형 이동장치는 제외한다)의 운전자는 다음 각 호 중 둘 이상의 행위를 연달아 하거나, 하나의 행위를 지속 또는 반복하여 다른 사람에게 위협 또는 위해를 가하거나 교통상의 위험을 발생하게 하여서는 아니 된다.
1. 제5조에 따른 신호 또는 지시 위반
2. 제13조제3항에 따른 **중앙선 침범**
3. 제17조제3항에 따른 속도의 위반

4. 제18조제1항에 따른 횡단·유턴·후진 금지 위반
   5. 제19조에 따른 안전거리 미확보, 진로변경 금지 위반, **급제동 금지 위반**
   6. 제21조제1항·제3항 및 제4항에 따른 앞지르기 방법 또는 앞지르기의 방해금지 위반
   7. 제49조제1항제8호에 따른 **정당한 사유 없는 소음 발생**
   8. 제60조제2항에 따른 고속도로에서의 앞지르기 방법 위반
   9. 제62조에 따른 고속도로등에서의 횡단·유턴·후진 금지 위반

35. 도로교통법 제49조(모든 운전자의 준수사항 등)
    ① 모든 차 또는 노면전차의 운전자는 다음 각 호의 사항을 지켜야 한다.
     2. 다음 각 목의 어느 하나에 해당하는 경우에는 <u>일시정지할 것</u>
      가. <u>어린이가 보호자 없이 도로를 횡단할 때,</u> 어린이가 도로에서 앉아 있거나 서 있을 때 또는 어린이가 도로에서 놀이를 할 때 등 어린이에 대한 교통사고의 위험이 있는 것을 발견한 경우

    도로교통법 시행령 제28조(자동차 창유리 가시광선 투과율의 기준)
    법 제49조제1항제3호 본문에서 "대통령령으로 정하는 기준"이란 다음 각 호를 말한다.
     1. <u>앞면 창유리 : 70퍼센트</u>
     2. <u>운전석 좌우 옆면 창유리 : 40퍼센트</u>

36. 도로교통법 시행령 제30조(경찰공무원이 제거한 불법부착장치의 반환 및 처리)
    ① 경찰서장 또는 제주특별자치도지사는 법 제49조제2항 후단에 따라 경찰공무원이 직접 제거한 같은 조 제1항제3호 및 제4호를 위반한 장치(이하 "불법부착장치"라 한다) 또는 그 매각대금을 반환하려는 경우에는 <u>반환받을 자의 성명·주소 및 주민(법인)등록번호를 확인</u>하여 그 자가 정당한 권리자임을 확인하여야 한다.
    ② <u>경찰서장 또는 제주특별자치도지사</u>는 제1항에 따라 <u>불법부착장치 또는 그 매각대금을 반환할 때에는 불법부착장치의 제거·운반·보관 또는 매각 등에 든 비용을 자동차의 소유자 또는 운전자로부터 징수할 수 있다.</u>
    ③ 경찰서장 또는 제주특별자치도지사는 법 제49조제2항 후단에 따라 불법부착장치를 제거한 날부터 6개월이 지나도 불법부착장치의 소유자 또는 운전자가 반환을 요구하지 아니하는 경우에는 그 불법부착장치를 매각하여 그 대금을 보관할 수 있다.
    ④ 제3항에 따른 <u>매각대금은 불법부착장치를 제거한 날부터 5년이 지나도 그 대금을 반환받을 사람을 알 수 없거나 불법부착장치의 소유자 또는 운전자가 반환을 요구하지 아니하는 경우에는 국고 또는 제주특별자치도의 금고에 귀속한다.</u>

37. 도로교통법 제50조(특정 운전자의 준수사항)
    ① 자동차(이륜자동차는 제외한다)의 운전자는 자동차를 운전할 때에는 좌석안전띠를 매어야 하며, 모든 좌석의 동승자에게도 좌석안전띠(영유아인 경우에는 유아보호

용 장구를 장착한 후의 좌석안전띠를 말한다. 이하 이 조 및 제160조제2항제2호에서 같다)를 **매도록 하여야 한다.** 다만, **질병 등으로 인하여 좌석안전띠를 매는 것이 곤란**하거나 행정안전부령으로 정하는 사유가 있는 경우에는 **그러하지 아니하다.**

도로교통법 시행규칙 제31조(좌석안전띠 미착용 사유)
법 제50조제1항 단서 및 법 제53조제2항 단서에 따라 좌석안전띠를 매지 아니하거나 승차자에게 좌석안전띠를 매도록 하지 아니하여도 되는 경우는 다음 각 호의 어느 하나에 해당하는 경우로 한다.
1. 부상·질병·장애 또는 임신 등으로 인하여 좌석안전띠의 착용이 적당하지 아니하다고 인정되는 자가 자동차를 운전하거나 승차하는 때
2. **자동차를 후진시키기 위하여 운전하는 때**
3. 신장·비만, 그 밖의 신체의 상태에 의하여 좌석안전띠의 착용이 적당하지 아니하다고 인정되는 자가 자동차를 운전하거나 승차하는 때
4. **긴급자동차가 그 본래의 용도로 운행되고 있는 때**
5. 경호 등을 위한 경찰용 자동차에 의하여 호위되거나 유도되고 있는 자동차를 운전하거나 승차하는 때
6. 「국민투표법」 및 공직선거관계법령에 의하여 국민투표운동·선거운동 및 국민투표·선거관리업무에 사용되는 자동차를 운전하거나 승차하는 때
7. **우편물의 집배, 폐기물의 수집 그 밖에 빈번히 승강하는 것을 필요로 하는 업무에 종사하는 자가 해당업무를 위하여 자동차를 운전하거나 승차하는 때**
8. 「여객자동차 운수사업법」에 의한 여객자동차운송사업용 자동차의 운전자가 승객의 주취·약물복용 등으로 좌석안전띠를 매도록 할 수 없거나 승객에게 좌석안전띠 착용을 안내하였음에도 불구하고 승객이 착용하지 않는 때

도로교통법 시행규칙 제32조(인명보호장구)
① 법 제50조제3항에서 "행정안전부령이 정하는 인명보호장구"라 함은 다음 각 호의 기준에 적합한 승차용 안전모를 말한다.
1. 좌우, 상하로 충분한 시야를 가질 것
2. **풍압에 의하여 차광용 앞창이 시야를 방해하지 아니할 것**
3. **청력에 현저하게 장애를 주지 아니할 것**
4. 충격 흡수성이 있고, 내관통성이 있을 것
5. 충격으로 쉽게 벗어지지 아니하도록 고정시킬 수 있을 것
6. **무게는 2킬로그램 이하일 것**
7. 인체에 상처를 주지 아니하는 구조일 것
8. **안전모의 뒷부분에는 야간운행에 대비하여 반사체가 부착되어 있을 것**

38. 도로교통법 제51조(어린이통학버스의 특별보호)
① 어린이통학버스가 도로에 정차하여 어린이나 영유아가 타고 내리는 중임을 표시하는 **점멸등** 등의 장치를 작동 중일 때에는 **어린이통학버스가 정차한 차로와 그 차로의 바로 옆 차로로 통행하는 차의 운전자**는 어린이통학버스에 이르기 전에 **일시정지하여 안전을 확인한 후 서행하여야 한다.**
② 제1항의 경우 **중앙선이 설치되지 아니한 도로와 편도 1차로인 도로에서는 반대방향에서 진행하는 차의 운전자**도 어린이통학버스에 이르기 전에 **일시정지**하여 안전을 확인한 후 서행하여야 한다.
③ 모든 차의 운전자는 어린이나 영유아를 태우고 있다는 표시를 한 상태로 도로를 통행하는 어린이통학버스를 앞지르지 못한다.

도로교통법 시행규칙 제34조(어린이통학버스로 사용할 수 있는 자동차)
법 제52조제3항에 따라 <u>어린이통학버스로 사용할 수 있는 자동차는 승차정원 **9인승**(어린이 1명을 승차정원 1명으로 본다) 이상의 자동차로 한다.</u> 이 경우, 「자동차관리법」 제34조에 따라 튜닝 승인을 받은 자가 9인승 이상의 승용자동차 또는 승합자동차를 장애아동의 승·하차 편의를 위하여 9인승 미만으로 튜닝한 경우 그 승용자동차 또는 승합자동차를 포함한다.

도로교통법 제53조의3(어린이통학버스 운영자 등에 대한 안전교육)
① 어린이통학버스를 운영하는 사람과 운전하는 사람 및 제53조제3항에 따른 보호자는 어린이통학버스의 안전운행 등에 관한 교육을 받아야 한다.
② 어린이통학버스 안전교육은 다음 각 호의 구분에 따라 실시한다.
 1. 신규 안전교육 : 어린이통학버스를 운영하려는 사람과 운전하려는 사람 및 제53조제3항에 따라 동승하려는 보호자를 대상으로 그 운영, 운전 또는 동승을 하기 전에 실시하는 교육
 2. **정기 안전교육** : 어린이통학버스를 계속하여 운영하는 사람과 운전하는 사람 및 제53조제3항에 따라 동승한 보호자를 대상으로 **2년마다 정기적으로 실시**하는 교육

39. 도로교통법 제54조(사고발생 시의 조치)
① 차 또는 노면전차의 운전 등 교통으로 인하여 사람을 사상하거나 물건을 손괴(이하 "교통사고"라 한다)한 경우에는 그 차 또는 노면전차의 운전자나 그 밖의 승무원(이하 "운전자등"이라 한다)은 즉시 정차하여 다음 각 호의 조치를 하여야 한다.
 1. **사상자를 구호하는 등 필요한 조치**
 2. 피해자에게 인적 사항(성명·전화번호·주소 등을 말한다. 이하 제148조 및 제156조제10호에서 같다) 제공
② 제1항의 경우 그 차 또는 노면전차의 운전자등은 경찰공무원이 현장에 있을 때에

는 그 경찰공무원에게, 경찰공무원이 현장에 없을 때에는 가장 가까운 국가경찰관서(지구대, 파출소 및 출장소를 포함한다. 이하 같다)에 다음 각 호의 사항을 지체 없이 신고하여야 한다. 다만, 차 또는 노면전차만 손괴된 것이 분명하고 도로에서의 위험방지와 원활한 소통을 위하여 필요한 조치를 한 경우에는 그러하지 아니하다.
1. 사고가 일어난 곳
2. 사상자 수 및 부상 정도
3. 손괴한 물건 및 손괴 정도
4. 그 밖의 조치사항 등

⑤ **긴급자동차**, 부상자를 운반 중인 차, **우편물자동차** 및 노면전차 등의 운전자는 긴급한 경우에는 동승자 등으로 하여금 제1항에 따른 조치나 제2항에 따른 신고를 하게 하고 운전을 계속할 수 있다.

40. 도로교통법 제59조(교통안전시설의 설치 및 관리)
① 고속도로의 관리자는 고속도로에서 일어나는 위험을 방지하고 교통의 안전과 원활한 소통을 확보하기 위하여 교통안전시설을 설치·관리하여야 한다. 이 경우 고속도로의 관리자가 교통안전시설을 설치하려면 **경찰청장**과 협의하여야 한다.

41. 도로교통법 제63조(통행 등의 금지)
자동차(이륜자동차는 긴급자동차만 해당한다) **외의 차마의 운전자** 또는 보행자는 고속도로등을 통행하거나 횡단하여서는 아니 된다.

42. 도로교통법 시행규칙 제40조(고장자동차의 표지)
① 법 제66조에 따라 자동차의 운전자는 고장이나 그 밖의 사유로 고속도로 또는 자동차전용도로(이하 "고속도로등"이라 한다)에서 자동차를 운행할 수 없게 되었을 때에는 다음 각 호의 표지를 설치하여야 한다.
1. 「자동차관리법 시행령」 제8조의2제7호, 「자동차 및 자동차부품의 성능과 기준에 관한 규칙」 제112조의8 및 별표 30의5에 따른 안전삼각대(국토교통부령 제386호 자동차 및 자동차부품의 성능과 기준에 관한 규칙 일부개정령 부칙 제6조에 따라 국토교통부장관이 정하여 고시하는 기준을 충족하도록 제작된 안전삼각대를 포함한다)
2. **사방 500미터 지점**에서 식별할 수 있는 **적색의 섬광신호·전기제등** 또는 **불꽃신호**. 다만, 밤에 고장이나 그 밖의 사유로 고속도로등에서 자동차를 운행할 수 없게 되었을 때로 한정한다.

43. 도로교통법 제69조(도로공사의 신고 및 안전조치 등)
① 도로관리청 또는 공사시행청의 명령에 따라 도로를 파거나 뚫는 등 공사를 하려는 사람(이하 이 조에서 "공사시행자"라 한다)은 공사시행 3일 전에 그 일시, 공사구간, 공사기간 및 시행방법, 그 밖에 필요한 사항을 관할 경찰서장에게 신고하여야 한다. 다만, 산사태나 수도관 파열 등으로 긴급히 시공할 필요가 있는 경우에는 그에 알맞

은 안전조치를 하고 공사를 시작한 후에 지체 없이 신고하여야 한다.
② 관할 경찰서장은 공사장 주변의 교통정체가 예상하지 못한 수준까지 현저히 증가하고, 교통의 안전과 원활한 소통에 미치는 영향이 중대하다고 판단하면 **해당 도로관리청**과 사전 협의하여 제1항에 따른 공사시행자에 대하여 공사시간의 제한 등 필요한 조치를 할 수 있다.
③ **공사시행자는 공사기간 중 차마의 통행을 유도하거나 지시 등을 할 필요가 있을 때에는 관할 경찰서장의 지시에 따라 교통안전시설을 설치하여야 한다.**
④ 공사시행자는 공사기간 중 공사의 규모, 주변 교통환경 등을 고려하여 필요한 경우 **관할 경찰서장**의 지시에 따라 안전요원 또는 안전유도 장비를 배치하여야 한다.
⑤ 제3항에 따른 교통안전시설 설치 및 제4항에 따른 안전요원 또는 안전유도 장비 배치에 필요한 사항은 행정안전부령으로 정한다.
⑥ 공사시행자는 공사로 인하여 교통안전시설을 훼손한 경우에는 행정안전부령으로 정하는 바에 따라 원상회복하고 그 결과를 관할 **경찰서장에게 신고하여야 한다.**

도로교통법 시행규칙 제43조(교통안전시설의 원상회복)
법 제69조제6항에 따라 공사시행자는 공사로 인하여 교통안전시설을 훼손한 때에는 부득이한 사유가 없는 한 해당공사가 끝난 날부터 **3일** 이내에 이를 원상회복하고 그 결과를 관할경찰서장에게 신고해야 한다.

44. 도로교통법 시행령 제36조(점유자등이 없는 경우의 조치)
① 경찰서장은 제34조제1항에 따라 공고를 한 날부터 6개월이 지나도 해당 인공구조물 등을 반환받을 점유자등을 알 수 없거나 점유자등이 반환을 요구하지 아니하는 경우에는 그 인공구조물 등을 매각하여 그 대금을 보관할 수 있다.
② 제1항에 따른 매각대금은 공고한 날부터 **5년**이 지나도 그 대금을 반환받을 자를 알 수 없거나 점유자등이 반환을 요구하지 아니하는 경우에는 국고에 귀속한다.

45. 도로교통법 제73조(교통안전교육)
⑤ 75세 이상인 사람으로서 운전면허를 받으려는 사람은 제83조제1항제2호와 제3호에 따른 시험에 응시하기 전에, 운전면허증 갱신일에 75세 이상인 사람은 운전면허증 갱신기간 이내에 각각 다음 각 호의 사항에 관한 교통안전교육을 받아야 한다.
 1. 노화와 안전운전에 관한 사항
 2. 약물과 운전에 관한 사항
 3. 기억력과 판단능력 등 인지능력별 대처에 관한 사항
 4. **교통관련 법령 이해에 관한 사항**

도로교통법 시행령 제38조(특별교통안전교육)
② 법 제73조제2항에 따른 특별교통안전 의무교육(이하 "특별교통안전 의무교육"이

라 한다) 및 같은 조 제3항에 따른 특별교통안전 권장교육(이하 "특별교통안전 권장교육"이라 한다)은 다음 각 호의 사항에 대하여 **강의·시청각교육** 또는 **현장체험교육** 등의 방법으로 **3시간 이상 48시간 이하**로 각각 실시한다.
1. 교통질서　　　2. 교통사고와 그 예방　　　3. 안전운전의 기초
4. 교통법규와 안전　　5. 운전면허 및 자동차관리
6. 그 밖에 교통안전의 확보를 위하여 필요한 사항
③ 특별교통안전 **의무교육** 및 특별교통안전 **권장교육**(이하 "특별교통안전교육"이라 한다)은 한국도로교통공단에서 실시한다.
④ 특별교통안전교육의 과목·내용·방법 및 시간 등에 관하여 필요한 사항은 행정안전부령으로 정한다.

도로교통법 시행령 제38조의2(긴급자동차 운전자에 대한 교통안전교육)
① 법 제73조제4항에서 "대통령령으로 정하는 사람"이란 다음 각 호의 어느 하나에 해당하는 사람을 말한다.
 1. 법 제2조제22호가목부터 다목까지의 규정에 해당하는 자동차의 운전자
 2. 제2조제1항 각 호에 해당하는 자동차의 운전자
② 법 제73조제4항에 따른 긴급자동차의 안전운전 등에 관한 교육(이하 "긴급자동차 교통안전교육"이라 한다)은 다음 각 호의 구분에 따라 실시한다.
 1. 신규 교통안전교육 : 최초로 긴급자동차를 운전하려는 사람을 대상으로 실시하는 교육
 2. **정기 교통안전교육** : **긴급자동차를 운전하는 사람을 대상으로 3년마다 정기적으로 실시하는 교육**. 이 경우 직전에 긴급자동차 교통안전교육을 받은 날부터 기산하여 3년이 되는 날이 속하는 해의 1월 1일부터 12월 31일 사이에 교육을 받아야 한다.
④ 긴급자동차 교통안전교육은 다음 각 호의 사항에 대하여 강의·시청각교육 등의 방법으로 제2항제1호에 따른 **신규 교통안전교육은 3시간** 이상, 같은 항 제2호에 따른 **정기 교통안전교육은 2시간** 이상 실시한다.
 1. 긴급자동차와 관련된 도로교통법령
 2. 긴급자동차의 주요 특성
 3. 긴급자동차 교통사고의 주요 사례
 4. 교통사고 예방 및 방어운전
 5. 긴급자동차 운전자의 마음가짐

도로교통법 시행규칙 제46조의2(긴급자동차 운전자에 대한 교통안전교육)
① 영 제38조의2에 따른 긴급자동차 운전자에 대한 <u>교통안전교육의 과목·내용·방법 및 시간은 별표 16*과 같다.</u>
② 영 제38조의2에 따른 <u>긴급자동차 교통안전교육을 실시함에 있어서는 한국도로교통공단에서 제작하고 **경찰청장**이 감수한 교재를 사용하여야 한다.</u>

③ **한국도로교통공단은 긴급자동차 교통안전교육에 관한 세부교육계획을 수립하여 경찰청장에게 승인을 받아야 한다.**
④ 한국도로교통공단은 긴급자동차 교통안전교육에 관한 교육일정을 기관 홈페이지를 통하여 공지하여야 한다.
⑤ **한국도로교통공단 이사장**과 영 제38조의2제3항 단서의 **국가기관 및 지방자치단체의 장**은 법 제73조제4항에 따른 교육을 받은 사람에 대하여 별지 제28호의2서식의 교육확인증을 발급하여야 한다.
⑥ 국가기관 및 지방자치단체의 장이 영 제38조의2제3항 단서에 따라 긴급자동차 교통안전교육을 실시한 경우에는 별지 제28호의3서식의 긴급자동차 교통안전교육 이수자 명단을 작성하여 한국도로교통공단에 통보하여야 한다.

※ 도로교통법 시행규칙 [별표 16]
교통안전교육의 과목·내용·방법 및 시간
(제46조제1항 · 제46조의2제1항 · 제46조의3제2항 및 제46조의4제1항 관련)

2. 특별교통안전교육
   가. 특별교통안전 의무교육

교육과정	교육 대상자	교육 시간	교육과목 및 내용	교육방법
음주운전 교육	(1) 음주운전이 원인이 되어 법 제73조제2항제1호부터 제3호까지에 해당하는 사람	최근 5년 동안 3번 이상 음주운전을 한 사람	**48시간** (12회, 회당 4시간)	○ 음주운전 위험요인 ○ 음주운전과 교통사고 ○ 안전운전과 교통법규 ○ 음주운전 성향 진단 및 해설 ○ 음주운전 가상체험 및 참여 ○ 행동변화를 위한 상담

3. 긴급자동차 교통안전교육

교육 대상자	교육 시간	교육과목 및 내용	교육방법
법 제73조 제4항에 해당하는 사람	**2시간** (3시간)	(1) 긴급자동차 관련 도로교통법령에 관한 내용 (2) 주요 긴급자동차 교통사고 사례 (3) 교통사고 예방 및 방어운전 (4) 긴급자동차 운전자의 마음가짐 (5) 긴급자동차의 주요 특성	강의 · 시청각 · 영화상영 등

1. 교육과목 · 내용 및 방법에 관한 그 밖의 세부내용은 한국도로교통공단이 정한다.
2. 위 표의 교육시간에서 괄호 안의 것은 신규 교통안전교육의 경우에 적용한다.

46. 도로교통법 제80조(운전면허)

② 시·도경찰청장은 운전을 할 수 있는 차의 종류를 기준으로 다음 각 호와 같이 운전면허의 범위를 구분하고 관리하여야 한다. 이 경우 운전면허의 범위에 따라 운전할 수 있는 차의 종류는 행정안전부령으로 정한다.

1. 제1종 운전면허
   가. 대형면허   나. 보통면허   다. 소형면허
   라. 특수면허
     1) **대형견인차면허** 2) **소형견인차면허** 3) **구난차면허**
2. 제2종 운전면허
   가. **보통면허**   나. **소형면허**   다. **원동기장치자전거면허**
3. 연습운전면허
   가. 제1종 보통연습면허   나. 제2종 보통연습면허

도로교통법 시행규칙 [별표 18] 운전할 수 있는 차의 종류(제53조 관련)

운전면허		운전할 수 있는 차량
종별	구분	
제2종	**보통면허**	1. 승용자동차 2. 승차정원 **10명 이하**의 승합자동차 3. 적재중량 **4톤 이하**의 화물자동차 4. 총중량 **3.5톤 이하**의 특수자동차 5. 원동기장치자전거
	소형면허	1. 이륜자동차(운반차를 포함한다) 2. 원동기장치자전거
	원동기장치자전거면허	원동기장치자전거

도로교통법 시행규칙 제55조(연습운전면허를 받은 사람의 준수사항)

법 제80조제2항제3호에 따른 연습운전면허를 받은 사람이 도로에서 주행연습을 하는 때에는 다음 각 호의 사항을 지켜야 한다.

1. 운전면허(연습하고자 하는 자동차를 운전할 수 있는 운전면허에 한한다)를 받은 날부터 **2년**이 경과된 사람(소지하고 있는 운전면허의 효력이 정지기간 중인 사람을 제외한다)과 함께 승차하여 그 사람의 지도를 받아야 한다.

도로교통법 시행령 제43조(운전면허시험의 실시)

① 법 제83조제1항 각 호 외의 부분 단서에서 "대통령령으로 정하는 운전면허시험"이란 원동기장치자전거면허를 위한 운전면허시험을 말한다.
② 법 제83조제1항 또는 제2항에 따른 운전면허시험에 응시하려는 사람은 행정안전부령으로 정하는 신청서를 한국도로교통공단에 제출하여야 한다. 다만, 제1항에 따른 원동기장치자전거 면허시험의 경우에는 그 응시지역을 관할하는 **시·도경찰청장**이나 **한국도로교통공단**에 제출하여야 한다.

도로교통법 시행령 제45조(자동차등의 운전에 필요한 적성의 기준)
① 법 제83조제1항제1호, 제87조제2항 및 제88조제1항에 따른 자동차등의 운전에 필요한 적성의 검사(이하 "적성검사"라 한다)는 다음 각 호의 기준을 갖추었는지에 대하여 실시한다. 다만, 제2호의 기준은 법 제87조제2항 및 제88조제1항에 따른 적성검사의 경우에는 적용하지 않고, 제3호의 기준은 제1종 운전면허 중 대형면허 또는 특수면허를 취득하려는 경우에만 적용한다.
  3. **55데시벨**(**보청기를 사용하는 사람은 40데시벨**)의 소리를 들을 수 있을 것

47. 도로교통법 시행규칙 제71조(도로주행시험에 사용되는 자동차의 요건)
도로주행시험에 사용되는 자동차는 다음 각 호의 요건을 갖추어야 한다.
  1. **시험관이 위험을 방지하기 위하여 사용할 수 있는 별도의 제동장치 등 필요한 장치를 할 것**
  2. 「교통사고처리 특례법」 제4조제2항에 따른 **요건을 충족하는 보험에 가입되어 있을 것**
  3. 별표 27에 따른 **도색과 표지를 할 것**

48. 도로교통법 시행규칙 제75조(군의 자동차운전 경험의 기준 등)
① 법 제84조제1항제4호에 따른 군복무 중 자동차등에 상응하는 군의 차를 운전한 경험이 있는 사람이란 군의 자동차 운전면허증을 교부받아 운전한 경험이 있는 사람으로서 현역복무 중이거나 군복무를 마치고 <u>전역한 후 **1년**이 경과되지 않은 사람</u>을 말한다.

49. 도로교통법 제87조(운전면허증의 갱신과 정기 적성검사)
① 운전면허를 받은 사람은 다음 각 호의 구분에 따른 기간 이내에 대통령령으로 정하는 바에 따라 시·도경찰청장으로부터 운전면허증을 갱신하여 발급받아야 한다.
  1. <u>최초의 운전면허증 갱신기간은 제83조제1항 또는 제2항에 따른 운전면허시험에 합격한 날부터 기산하여 **10년**(운전면허시험 합격일에 65세 이상 75세 미만인 사람은 5년, 75세 이상인 사람은 3년, 한쪽 눈만 보지 못하는 사람으로서 제1종 운전면허 중 보통면허를 취득한 사람은 3년)이 되는 날이 속하는 해의 1월 1일부터 12월 31일까지</u>
  2. <u>제1호 외의 운전면허증 갱신기간은 직전의 운전면허증 갱신일부터 기산하여 매 **10년**(직전의 운전면허증 갱신일에 65세 이상 75세 미만인 사람은 5년, 75세 이상인 사람은 3년, 한쪽 눈만 보지 못하는 사람으로서 제1종 운전면허 중 보통면허를 취득한 사람은 3년)이 되는 날이 속하는 해의 1월 1일부터 12월 31일까지</u>

도로교통법 시행령 제55조(운전면허증 갱신발급 및 정기 적성검사의 연기 등)
① 법 제87조제1항에 따라 운전면허증을 갱신하여 발급(법 제87조제2항에 따라 정기

적성검사를 받아야 하는 경우에는 정기 적성검사를 포함한다. 이하 이 조에서 같다)받아야 하는 사람이 다음 각 호의 어느 하나에 해당하는 사유로 운전면허증 갱신기간 동안에 운전면허증을 갱신하여 발급받을 수 없을 때에는 행정안전부령으로 정하는 바에 따라 운전면허증 갱신기간 이전에 미리 운전면허증을 갱신하여 발급받거나 행정안전부령으로 정하는 운전면허증 갱신발급 연기신청서에 연기 사유를 증명할 수 있는 서류를 첨부하여 시·도경찰청장(정기 적성검사를 받아야 하는 경우에는 한국도로교통공단을 포함한다. 이하 이 조에서 같다)에게 제출하여야 한다.
1. 해외에 체류 중인 경우
2. **재해 또는 재난을 당한 경우**
3. 질병이나 부상으로 인하여 거동이 불가능한 경우
4. 법령에 따라 신체의 자유를 구속당한 경우
5. 군 복무 중(「병역법」에 따라 의무경찰 또는 의무소방원으로 전환복무 중인 경우를 포함하고, 병으로 한정한다)이거나 「대체역의 편입 및 복무 등에 관한 법률」에 따라 대체복무요원으로 복무 중인 경우
6. 그 밖에 사회통념상 부득이하다고 인정할 만한 상당한 이유가 있는 경우

② 시·도경찰청장은 제1항에 따른 신청 사유가 타당하다고 인정할 때에는 운전면허증 갱신기간 이전에 미리 운전면허증을 갱신하여 발급하거나 3년 이내의 범위에서 운전면허증 갱신기간을 연기해야 한다.

③ 제2항에 따라 <u>운전면허증 갱신기간의 연기를 받은 사람은 그 사유가 없어진 날부터 3개월 이내에 운전면허증을 갱신하여 발급받아야 한다.</u>

도로교통법 시행규칙 제82조(정기적성검사의 신청 등)
② 제1항에 따라 신청을 받은 한국도로교통공단은 「전자정부법」 제36조에 따른 행정정보의 공동이용을 통하여 다음 각 호의 정보를 확인하여야 한다. 다만, 신청인이 해당 정보의 확인에 동의하지 아니하는 경우에는 관련 자료를 제출하도록 하여야 한다.
1. <u>적성검사를 신청한 날부터 **2년** 내에 실시한 「국민건강보험법」 제52조 또는 「의료급여법」 제14조에 따른 신청인의 건강검진 결과 내역 또는 「병역법」 제11조에 따른 신청인의 병역판정 신체검사 결과 내역 중 적성검사를 위하여 필요한 시력 또는 청력에 관한 정보</u>

50. 도로교통법 시행령 제56조(수시 적성검사)
① 법 제88조제1항에서 "안전운전에 장애가 되는 후천적 신체장애 등 대통령령으로 정하는 사유"란 다음 각 호의 어느 하나에 해당하는 경우를 말한다.
1. 법 제82조제1항제2호부터 제5호까지의 어느 하나에 해당하거나 그 밖에 안전운전에 장애가 되는 신체장애 등이 있다고 인정할 만한 상당한 이유가 있는 경우
2. 법 제89조에 따라 후천적 신체장애 등에 관한 개인정보가 경찰청장에게 통보된 경우

② 한국도로교통공단은 제1항에 따른 사유에 해당하여 수시 적성검사를 받아야 하는 사람에게 행정안전부령으로 정하는 바에 따라 그 사실을 등기우편 등으로 통지하여야 한다.
③ 제2항에 따른 통지를 받은 사람(이하 "수시적성검사대상자"라 한다)은 <u>한국도로교통공단이 정하는 날부터 **3개월** 이내에 수시 적성검사를 받아야 한다.</u>

도로교통법 시행령 제57조(수시 적성검사의 연기 등)
① 수시적성검사대상자는 다음 각 호의 어느 하나에 해당하는 사유로 수시 적성검사 기간 동안에 수시 적성검사를 받을 수 없을 때에는 행정안전부령으로 정하는 바에 따라 수시 적성검사 기간 이전에 미리 적성검사를 받거나 수시 적성검사 연기신청서에 <u>연기 사유를 증명할 수 있는 서류를 첨부하여 한국도로교통공단에 제출하여야 한다.</u>
 1. <u>해외에 체류 중인 경우</u>
 2. <u>재해 또는 재난을 당한 경우</u>
 3. <u>질병이나 부상으로 인하여 거동이 **불가능한** 경우</u>
 4. <u>법령에 따라 신체의 자유를 구속당한 경우</u>
 5. <u>**군 복무 중**(「병역법」에 따라 의무경찰 또는 의무소방원으로 전환복무 중인 경우를 포함하고, 사병으로 한정한다)인 경우</u>
 6. 그 밖에 사회통념상 부득이하다고 인정할 만한 상당한 이유가 있는 경우

도로교통법 시행규칙 제84조(수시 적성검사)
① 한국도로교통공단은 영 제56조제2항에 따라 <u>수시 적성검사를 받아야 하는 사람에게 수시 적성검사를 받아야 한다는 사실을 수시 적성검사 기간 **20일** 전까지 통지하여야 하며</u>, 수시 적성검사 기간에 수시 적성검사를 받지 아니한 사람에 대하여는 다시 수시 적성검사 기간을 지정하여 수시 적성검사 기간 20일 전까지 통지하여야 한다. 다만, 수시 적성검사 통지를 받을 사람의 주소 등을 통상적인 방법으로 확인할 수 없거나 통지서를 송달할 수 없는 경우에는 수시 적성검사를 받아야 하는 사람의 운전면허대장에 기재된 주소지를 관할하는 운전면허시험장의 게시판에 14일간 이를 공고함으로써 통지를 대신할 수 있다.

도로교통법 제89조(수시 적성검사 관련 개인정보의 통보)
① 제88조제1항에 따라 수시 적성검사를 받아야 하는 사람의 후천적 신체장애 등에 관한 개인정보를 가지고 있는 기관 가운데 대통령령으로 정하는 기관의 장은 수시 적성검사와 관련이 있는 개인정보를 경찰청장에게 통보하여야 한다.

도로교통법 시행령 제58조(수시 적성검사 관련 개인정보의 통보)
① 법 제89조제1항에서 "대통령령으로 정하는 기관의 장"이란 다음 각 호의 어느 하나에 해당하는 자를 말한다.

1. **병무청장**　　　　2. **보건복지부장관**
3. 특별시장·광역시장·도지사·특별자치도지사 또는 시장·군수·구청장(자치구의 구청장을 말한다. 이하 같다)
4. 육군참모총장, 해군참모총장, 공군참모총장 및 **해병대사령관**
5. 「산업재해보상보험법」에 따른 근로복지공단 이사장
6. 「보험업법」 제176조에 따른 보험요율 산출기관의 장
7. 「화물자동차 운수사업법」 제51조의2 또는 「여객자동차 운수사업법」 제61조에 따라 설립된 공제조합의 이사장
8. 「치료감호 등에 관한 법률」 제16조의2에 따른 치료감호시설의 장
9. 「국민연금법」에 따른 국민연금공단 이사장
10. 「국민건강보험법」에 따른 국민건강보험공단 이사장

51. 도로교통법 시행규칙 제88조(임시운전증명서)
① 법 제91조제1항에 따른 임시운전증명서는 별지 제79호서식에 의한다.
② 제1항에 따른 임시운전증명서의 유효기간은 **20일** 이내로 하되, 법 제93조에 따른 운전면허의 취소 또는 정지처분 대상자의 경우에는 40일 이내로 할 수 있다. 다만, 경찰서장이 필요하다고 인정하는 경우에는 그 유효기간을 1회에 한하여 20일의 범위에서 연장할 수 있다.

52. 도로교통법 제93조(운전면허의 취소·정지)
① 시·도경찰청장은 운전면허(조건부 운전면허는 포함하고, 연습운전면허는 제외한다. 이하 이 조에서 같다)를 받은 사람이 다음 각 호의 어느 하나에 해당하면 행정안전부령으로 정하는 기준에 따라 운전면허(운전자가 받은 모든 범위의 운전면허를 포함한다. 이하 이 조에서 같다)를 취소하거나 1년 이내의 범위에서 운전면허의 효력을 정지시킬 수 있다. 다만, 제2호, 제3호, 제7호, 제8호, 제8호의2, 제9호(정기 적성검사 기간이 지난 경우는 제외한다), 제14호, 제16호, **제17호**, 제20호부터 제23호까지의 **규정에 해당하는 경우에는 운전면허를 취소하여야 하고** (제8호의2에 해당하는 경우 취소하여야 하는 운전면허의 범위는 운전자가 거짓이나 그 밖의 부정한 수단으로 받은 그 운전면허로 한정한다), 제18호의 규정에 해당하는 경우에는 정당한 사유가 없으면 관계 행정기관의 장의 요청에 따라 운전면허를 취소하거나 1년 이내의 범위에서 정지하여야 한다.
17. 제1종 보통면허 및 제2종 보통면허를 받기 전에 연습운전면허의 취소 사유가 있었던 경우

도로교통법 제82조(운전면허의 결격사유)
② 다음 각 호의 어느 하나의 경우에 해당하는 사람은 해당 각 호에 **규정된 기간이 지나지 아니하면 운전면허를 받을 수 없다.** 다만, 다음 각 호의 사유로 인하여 벌

금 미만의 형이 확정되거나 선고유예의 판결이 확정된 경우 또는 기소유예나 「소년법」 제32조에 따른 보호처분의 결정이 있는 경우에는 각 호에 규정된 기간 내라도 운전면허를 받을 수 있다.
7. 제1호부터 제6호까지의 규정에 따른 경우가 아닌 다른 사유로 **운전면허가 취소된 경우에는 운전면허가 취소된 날부터 1년**(원동기장치자전거면허를 받으려는 경우에는 6개월로 하되, 제46조를 위반하여 운전면허가 취소된 경우에는 1년). 다만, 제93조제1항제9호의 사유로 운전면허가 취소된 경우에는 그러하지 아니하다.

도로교통법 시행규칙 [별표 28]
운전면허 취소·정지처분 기준(제91조제1항관련)
1. 일반기준
 다. 벌점 등 초과로 인한 운전면허의 취소·정지
 (1) 벌점·누산점수 초과로 인한 면허 취소
   1회의 위반·사고로 인한 벌점 또는 연간 누산점수가 다음 표의 벌점 또는 누산점수에 도달한 때에는 그 운전면허를 취소한다.

기간	벌점 또는 누산점수
<u>1년간</u>	<u>121점 이상</u>
2년간	201점 이상
3년간	271점 이상

2. <u>**취소처분 개별기준**</u>

일련번호	위반사항	적용법조 (도로교통법)	내용
1	교통사고를 일으키고 구호조치를 하지아니한 때	제93조	<u>교통사고로 사람을 죽게 하거나 다치게 하고, 구호조치를 하지 아니한 때</u>

3. <u>**정지처분 개별기준**</u>
 가. 이 법이나 이 법에 의한 명령을 위반한 때

위반사항	적용법조 (도로교통법)	벌점
8. 통행구분 위반(**중앙선 침범**에 한함)	제13조제3항	<u>30</u>
27. 안전운전 의무 위반	제48조	<u>10</u>
<u>**14. 신호·지시위반**</u>	제5조	<u>15</u>

 나. 자동차등의 운전 중 교통사고를 일으킨 때
 (1) 사고결과에 따른 벌점기준

구분		벌점	내용
인적피해 교통사고	사망 1명마다	90	사고발생 시부터 72시간 이내에 사망한 때
	<u>**중상 1명마다**</u>	<u>15</u>	3주 이상의 치료를 요하는 의사의 진단이 있는 사고
	<u>**경상 1명마다**</u>	<u>5</u>	3주 미만 5일 이상의 치료를 요하는 의사의 진단이 있는 사고
	<u>**부상신고 1명마다**</u>	<u>2</u>	5일 미만의 치료를 요하는 의사의 진단이 있는 사고

53. 도로교통법 시행규칙 별표 28. 운전면허 취소·정지처분 기준(제91조제1항관련)
   바. 처분기준의 감경
    (1) 감경사유
    (가) 음주운전으로 운전면허 취소처분 또는 정지처분을 받은 경우
     운전이 가족의 생계를 유지할 중요한 수단이 되거나, 모범운전자로서 처분당시 3년 이상 교통봉사활동에 종사하고 있거나, 교통사고를 일으키고 도주한 운전자를 검거하여 경찰서장 이상의 표창을 받은 사람으로서 다음의 어느 하나에 해당되는 경우가 없어야 한다.
      1) 혈중알코올농도가 0.1퍼센트를 초과하여 운전한 경우
      2) 음주운전 중 인적피해 교통사고를 일으킨 경우
      3) 경찰관의 음주측정요구에 불응하거나 도주한 때 또는 단속경찰관을 폭행한 경우
      4) 과거 5년 이내에 3회 이상의 인적피해 교통사고의 전력이 있는 경우
      5) 과거 5년 이내에 음주운전의 전력이 있는 경우

도로교통법 시행규칙 제96조(운전면허행정처분 이의심의위원회의 설치 및 운영)
② 심의위원회는 위원장을 포함한 7인의 위원으로 구성하되, 위원장은 시·도경찰청장이 지명하는 시·도경찰청의 과장급 경찰공무원(자치경찰공무원은 제외한다)이 되고, 위원은 교통전문가 등 민간인 중 시·도경찰청장이 위촉하는 3인과 시·도경찰청 소속 경정 이상의 경찰공무원(자치경찰공무원은 제외한다) 중 위원장이 지명하는 3인으로 한다. 이 경우 민간인 위원의 임기는 2년으로 하되, 연임할 수 있다.

도로교통법 시행규칙 제141조(교통안전심의위원회의 설치 등)
② 교통안전위원회는 위원장을 포함하여 25인 이상 30인 이내의 위원으로 구성하되, 위원장은 경찰청 소속 국장급 경찰공무원(자치경찰공무원은 제외한다)으로 하고, 위원은 도로교통안전 관련 분야의 지식과 경험이 풍부한 전문가 또는 공무원 중 경찰청장이 위촉 또는 임명하는 사람이 된다.

54. 도로교통법 제95조(운전면허증의 반납)
① 운전면허증을 받은 사람이 다음 각 호의 어느 하나에 해당하면 그 사유가 발생한 날부터 7일 이내(제4호 및 제5호의 경우 새로운 운전면허증을 받기 위하여 운전면허증을 제출한 때)에 주소지를 관할하는 시·도경찰청장에게 운전면허증을 반납(모바일운전면허증의 경우 전자적 반납을 포함한다. 이하 이 조에서 같다)하여야 한다.
 1. 운전면허 취소처분을 받은 경우
 2. 운전면허효력 정지처분을 받은 경우
 3. 운전면허증을 잃어버리고 다시 발급받은 후 그 잃어버린 운전면허증을 찾은 경우
 4. 연습운전면허증을 받은 사람이 제1종 보통면허증 또는 제2종 보통면허증을 받은 경우
 5. 운전면허증 갱신을 받은 경우

55. 도로교통법 제96조(국제운전면허증 또는 상호인정외국면허증에 의한 자동차등의 운전)
① <u>외국의 권한 있는 기관에서 제1호부터 제3호까지의 어느 하나에 해당하는 협약·협정 또는 약정에 따른 운전면허증(이하 "국제운전면허증"이라 한다) 또는 제4호에 따라 인정되는 외국면허증(이하 "상호인정외국면허증"이라 한다)을 발급받은 사람은</u> 제80조제1항에도 불구하고 국내에 입국한 날부터 **1년** 동안 그 국제운전면허증 또는 상호인정외국면허증으로 자동차등을 운전할 수 있다. 이 경우 운전할 수 있는 자동차의 종류는 그 국제운전면허증 또는 상호인정외국면허증에 기재된 것으로 한정한다.
 1. 1949년 제네바에서 체결된 「도로교통에 관한 협약」
 2. 1968년 비엔나에서 체결된 「도로교통에 관한 협약」
 3. 우리나라와 외국 간에 국제운전면허증을 상호 인정하는 협약, 협정 또는 약정
 4. 우리나라와 외국 간에 상대방 국가에서 발급한 운전면허증을 상호 인정하는 협약·협정 또는 약정

56. 도로교통법 시행규칙 제103조(기능교육용 자동차의 검사 등)
④ <u>기능교육용 자동차의 사용유효기간은 다음 각 호의 구분과 같다. 다만, 「자동차관리법」 제30조제3항에 따른 확인검사를 받은 자동차로서 제작·판매사로부터 출고한 후 3개월 이내에 시·도경찰청장에게 기능교육용 자동차로 확인신청을 한 자동차의 경우에는 다음 각 호의 구분에 불구하고 사용유효기간을 **4년**으로 한다.</u>
 1. 승용자동차 및 승용겸 화물자동차 : 2년
 2. 화물자동차 : 1년
 3. 승합자동차, 대형견인차, 소형견인차 및 구난차
  가. 차령 5년 이하 : 1년
  나. 차령 5년 초과 : 6개월
⑤ 기능교육용 이륜자동차 및 원동기장치자전거의 사용연한은 10년으로 한다.

도로교통법 시행규칙 제107조(교육과정의 운영기준 등)
① 학원 또는 전문학원을 설립·운영하는 자는 다음 각 호의 기준에 의하여 학과교육을 실시하여야 한다.
 1. 별표 32의 운전면허의 종별 교육과목 및 교육시간에 따라 교육을 실시할 것
 2. **교육시간**은 50분을 1시간으로 하되, 1일 1인당 **7시간**을 초과하지 아니할 것
 3. 응급처치교육은 응급의학 관련 의료인이나 응급구조사 또는 응급처치에 관한 지식과 경험이 있는 강사로 하여금 실시하게 할 것
② 학원 또는 전문학원을 설립·운영하는 자는 다음 각 호의 기준에 따라 **기능교육**을 실시하여야 한다.
 1. 별표 32의 운전면허의 종별 교육과목·교육시간 및 교육방법 등에 따라 단계적으로 교육을 실시할 것

2. 교육시간은 50분을 1시간으로 하되, 1일 1명당 **4시간**을 초과하지 아니할 것
3. 교육생을 2명 이상 승차시키지 아니할 것

④ 학원 또는 전문학원을 설립·운영하는 자는 다음 각 호의 기준에 따라 **도로주행교육**을 실시하여야 한다.
1. 운전면허 또는 연습운전면허를 받은 사람에 대하여 실시하되, 별표 32의 운전면허의 종별 교육과목·교육시간 및 교육방법 등에 따라 실시할 것
2. 기능교육을 담당하는 강사가 도로주행교육용 자동차에 같이 승차하여 지도하고, 교육생을 2명 이상 승차시키지 아니할 것
3. 교육시간은 50분을 1시간으로 하되, 1일 1명당 **4시간**을 초과하지 아니할 것. 다만, 운전면허를 받은 사람에 대하여는 그러하지 아니하다.
4. 제5호에 따라 지정된 도로에서 별표 32의 기준에 따라 교육을 실시할 것. 다만, 운전면허를 받은 사람에 대하여는 그러하지 아니하다.
5. 도로주행교육을 위한 도로의 지정에 관하여는 제124조제3항 및 제4항의 규정을 준용한다.

도로교통법 시행규칙 제123조(강사 또는 기능검정원의 자격취소·정지의 기준)
③ 시·도경찰청장이 제1항에 따라 강사 또는 기능검정원의 자격을 취소하거나 자격의 효력을 정지한 때에는 별지 제131호서식의 강사·기능검정원행정처분대장에 그 뜻을 기재하여야 하고, 제2항에 따라 강사등의 자격취소 또는 자격의 효력정지 처분 통지를 받은 사람은 통지를 받은 날부터 **10일** 이내에 그 자격증을 반납하여야 한다.

도로교통법 시행규칙 제126조의2(수강료조정위원회의 구성 및 운영)
② 조정위원회는 위원장 1인을 포함하여 **7인 이상 11인 이하**의 위원으로 구성한다.

57. 도로교통법 시행령 제83조(출석지시불이행자의 처리)
① 법 제138조제1항에 따라 출석지시서를 받은 사람은 출석지시서를 받은 날부터 **10일** 이내에 지정된 장소로 출석하여야 한다.

58. 도로교통법 시행규칙 제132조(수수료 징수의 대행)
② 제1항의 수수료징수대행인에게는 그 대행지역에 따라 다음 각 호의 비율에 의하여 대행수수료를 지급한다.
1. **서울특별시 : 수수료징수금액의 1천분의 30**
2. **서울특별시 외의 지역 : 수수료징수금액의 1천분의 40**

59. 도로교통법 시행규칙 제111조(장부 및 서류의 비치 등)
② 학원 또는 전문학원을 설립·운영하는 자는 문서의 발송·교부 또는 인증에 사용하기 위하여 한 변의 길이가 **3센티미터**인 정사각형의 직인을 갖추어 두어야 한다.

60. 도로교통법 제144조(교통안전수칙과 교통안전에 관한 교육지침의 제정 등)
① **경찰청장**은 다음 각 호의 사항이 포함된 **교통안전수칙을 제정하여 보급**하여야 한다.
  1. 도로교통의 안전에 관한 법령의 규정
  2. 자동차등의 취급방법, 안전운전 및 친환경 경제운전에 필요한 지식
  3. 긴급자동차에 길 터주기 요령
  4. 그 밖에 도로에서 일어나는 교통상의 위험과 장해를 방지·제거하여 교통의 안전과 원활한 소통을 확보하기 위하여 필요한 사항

61. 도로교통법 제148조(벌칙)
제54조제1항에 따른 <u>교통사고 발생 시의 조치를 하지 아니한 사람</u>(주·정차된 차만 손괴한 것이 분명한 경우에 제54조제1항제2호에 따라 피해자에게 인적 사항을 제공하지 아니한 사람은 제외한다)은 **5년 이하의 징역이나 1천500만원 이하의 벌금**에 처한다.

도로교통법 제152조(벌칙)
다음 각 호의 어느 하나에 해당하는 사람은 **1년 이하의 징역이나 300만원 이하의 벌금**에 처한다.
  1. 제43조를 위반하여 제80조에 따른 운전면허(원동기장치자전거면허는 제외한다. 이하 이 조에서 같다)를 받지 아니하거나(운전면허의 효력이 정지된 경우를 포함한다) 또는 제96조에 따른 국제운전면허증 또는 상호인정외국면허증을 받지 아니하고(운전이 금지된 경우와 유효기간이 지난 경우를 포함한다) 자동차를 운전한 사람
  1의2. 제50조의3제3항을 위반하여 조건부 운전면허를 발급받고 음주운전 방지장치가 설치되지 아니하거나 설치기준에 적합하지 아 니하게 설치된 자동차등을 운전한 사람
  2. 제56조제2항을 위반하여 운전면허를 받지 아니한 사람(운전면허의 효력이 정지된 사람을 포함한다)에게 자동차를 운전하도록 시킨 고용주등
  3. 거짓이나 그 밖의 부정한 수단으로 운전면허를 받거나 운전면허증 또는 운전면허증을 갈음하는 증명서를 발급받은 사람
  4. 제68조제2항을 위반하여 **교통에 방해가 될 만한 물건을 함부로 도로에 내버려둔 사람**
  5. 제76조제4항을 위반하여 교통안전교육강사가 아닌 사람으로 하여금 교통안전교육을 하게 한 교통안전교육기관의 장
  6. 제117조를 위반하여 유사명칭 등을 사용한 사람

62. 도로교통법 시행령 [별표 6]
과태료의 부과기준(제88조제4항 본문 관련)

위반행위 및 행위자	근거 법조문 (도로교통법)	과태료 금액
1. 법 제5조를 위반하여 신호 또는 지시를 따르지 않은 차 또는 노면전차의 고용주등	제160조제3항	1) 승합자동차등 : 8만원 2) **승용자동차등 : 7만원** 3) 이륜자동차등 : 5만원

63. 도로교통법 시행규칙 제148조(과태료 징수수수료)
영 제88조제8항에 따라 과태료의 징수를 차적지의 특별시장·광역시장·제주특별자치도지사 또는 구청장등에게 의뢰한 경우의 징수수수료는 **징수된 과태료의 100분의 30**으로 한다.

[도로교통법]

문제 01 도로교통법의 제정목적을 가장 올바르게 설명한 것은?

① 교통사고의 방지를 위한 종합적인 계획의 수립
② 자동차의 성능 및 안전을 확보함으로써 공공의 복리를 증진
③ 교통사고로 인한 피해의 신속한 회복을 촉진하고 국민 생활의 편익을 증진
④ 교통상의 모든 위험과 장애를 방지하고 제거하여 안전하고 원활한 교통확보

해설　도로교통법 제1조(목적)
　　　이 법은 도로에서 일어나는 **교통상의 모든 위험과 장해를 방지하고 제거하여 안전하고 원활한 교통을 확보**함을 목적으로 한다.

문제 02 다음 설명 중 틀린 것은?

① "고속도로"란 자동차의 고속 운행에만 사용하기 위하여 지정된 도로를 말한다.
② "차도"(車道)란 연석선, 안전표지 또는 그와 비슷한 인공구조물을 이용하여 경계(境界)를 표시하여 모든 차가 통행할 수 있도록 설치된 도로의 부분을 말한다.
③ "도로"란 차마가 한 줄로 도로의 정하여진 부분을 통행하도록 차선(車線)으로 구분한 차도의 부분을 말한다.
④ "차선"이란 차로와 차로를 구분하기 위하여 그 경계지점을 안전표지로 표시한 선을 말한다.

해설　도로교통법 제2조(정의) 이 법에서 사용하는 용어의 뜻은 다음과 같다.
　　3. "고속도로"란 자동차의 고속 운행에만 사용하기 위하여 지정된 도로를 말한다.
　　4. "차도"(車道)란 연석선(차도와 보도를 구분하는 돌 등으로 이어진 선을 말한다. 이하 같다), 안전표지 또는 그와 비슷한 인공구조물을 이용하여 경계(境界)를 표시하여 모든 차가 통행할 수 있도록 설치된 도로의 부분을 말한다.
　　6. **차로**"란 차마가 한 줄로 도로의 정하여진 부분을 통행하도록 차선(車線)으로 구분한 차도의 부분을 말한다. → ③
　　7. "차선"이란 차로와 차로를 구분하기 위하여 그 경계지점을 안전표지로 표시한 선을 말한다.

문제 03 다음 설명 중 틀린 것은?

① 자동차전용도로 : 자동차만 다닐 수 있도록 설치된 도로를 말한다.
② 차선 : 차로와 차로를 구분하기 위하여 그 경계지점을 안전표지로 표시한 선을 말한다.

정답　01 ④　02 ③　03 ③

③ 차로 : 차마가 한 줄로 도로의 정하여진 부분을 통행하도록 차로로 구분한 차도의 부분을 말한다.
④ 차도 : 연석선(차도와 보도를 구분하는 돌 등으로 이어진 선을 말한다. 이하 같다), 안전표지 또는 그와 비슷한 인공구조물을 이용하여 경계(境界)를 표시하여 모든 차가 통행할 수 있도록 설치된 도로의 부분을 말한다.

해설 도로교통법 제2조(정의) 이 법에서 사용하는 용어의 뜻은 다음과 같다. 〈개정 2023. 10. 24.〉
6. "차로"란 차마가 한 줄로 도로의 정하여진 부분을 통행하도록 **차선(車線)**으로 구분한 차도의 부분을 말한다. → ③

문제 04 자동차의 종류가 아닌 것은?

① 승용자동차
② 승합자동차
③ 화물자동차
④ 원동기장치자전거

해설 도로교통법 제2조(정의) 이 법에서 사용하는 용어의 뜻은 다음과 같다. 〈개정 2023. 10. 24.〉
18. "자동차"란 철길이나 가설된 선을 이용하지 아니하고 원동기를 사용하여 운전되는 차(견인되는 자동차도 자동차의 일부로 본다)로서 다음 각 목의 차를 말한다.
 가. 「자동차관리법」 제3조에 따른 다음의 자동차. 다만, 원동기장치자전거는 제외한다.
  1) **승용자동차** 2) **승합자동차** 3) **화물자동차**
  4) 특수자동차 5) 이륜자동차
 나. 「건설기계관리법」 제26조제1항 단서에 따른 건설기계
→ 원동기장치자전거는 '차'에 해당한다.

문제 05 PM(개인형 이동장치)의 종류가 아닌 것은?

① 전동 킥보드
② ATV
③ 전동이륜평행차
④ 전동기의 동력만으로 움직일 수 있는 자전거

해설 도로교통법 제2조(정의)
이 법에서 사용하는 용어의 뜻은 다음과 같다.
19의2. "개인형 이동장치"란 제19호나목의 원동기장치자전거 중 시속 25킬로미터 이상으로 운행할 경우 전동기가 작동하지 아니하고 차체 중량이 30킬로그램 미만인 것으로서 행정안전부령으로 정하는 것을 말한다.

정답 04 ④ 05 ②

도로교통법 시행규칙 제2조의3(개인형 이동장치의 기준)
법 제2조제19호의2에서 "행정안전부령으로 정하는 것"이란 다음 각 호의 어느 하나에 해당하는 것으로서 「전기용품 및 생활용품 안전관리법」 제15조제1항에 따라 안전확인의 신고가 된 것을 말한다.
1. **전동킥보드** → ①
2. **전동이륜평행차** → ③
3. **전동기의 동력만으로 움직일 수 있는 자전거** → ④

문제 06 긴급자동차의 종류가 아닌 것은?

① 소방차 ② 혈액공급차량 ③ 긴급 견인차량 ④ 구급차

해설 도로교통법 제2조(정의) 이 법에서 사용하는 용어의 뜻은 다음과 같다. 〈개정 2023. 10. 24.〉
22. "**긴급자동차**"란 다음 각 목의 자동차로서 그 본래의 긴급한 용도로 사용되고 있는 자동차를 말한다.
  가. **소방차** 나. **구급차** 다. **혈액 공급차량**
  라. 그 밖에 대통령령으로 정하는 자동차

문제 07 지방경찰청장으로부터 지정을 받아야 긴급자동차로 되는 것은?

① 교통단속 경찰 자동차
② 국군 및 주한 국제연합군용 긴급자동차에 유도되는 자동차
③ 소방차 및 구급차
④ 전기, 가스 등 응급작업용 자동차

해설 도로교통법 제2조(정의)
이 법에서 사용하는 용어의 뜻은 다음과 같다. 〈개정 2023. 10. 24.〉
22. "긴급자동차"란 다음 각 목의 자동차로서 그 본래의 긴급한 용도로 사용되고 있는 자동차를 말한다.
  가. 소방차 나. 구급차 다. 혈액 공급차량
  라. 그 밖에 대통령령으로 정하는 자동차

도로교통법 시행령 제2조(긴급자동차의 종류)
① 「도로교통법」 제2조제22호라목에서 "대통령령으로 정하는 자동차"란 긴급한 용도로 사용되는 다음 각 호의 어느 하나에 해당하는 자동차를 말한다. 다만, **제6호부터 제11호까지의 자동차는 이를 사용하는 사람 또는 기관 등의 신청에 의하여 시·도경찰청장이 지정하는 경우로 한정한다.** 〈개정 2020. 12. 31.〉
1. 경찰용 자동차 중 범죄수사, 교통단속, 그 밖의 긴급한 경찰업무 수행에 사용되는 자동차
2. 국군 및 주한 국제연합군용 자동차 중 군 내부의 질서 유지나 부대의 질서 있는 이동을 유도(誘導)하는 데 사용되는 자동차

정답 06 ③ 07 ④

3. 수사기관의 자동차 중 범죄수사를 위하여 사용되는 자동차
4. 다음 각 목의 어느 하나에 해당하는 시설 또는 기관의 자동차 중 도주자의 체포 또는 수용자, 보호관찰 대상자의 호송·경비를 위하여 사용되는 자동차
  가. 교도소·소년교도소 또는 구치소
  나. 소년원 또는 소년분류심사원
  다. 보호관찰소
5. 국내외 요인(要人)에 대한 경호업무 수행에 공무(公務)로 사용되는 자동차
6. 전기사업, 가스사업, 그 밖의 공익사업을 하는 기관에서 위험 방지를 위한 **응급작업에 사용되는 자동차**
7. 민방위업무를 수행하는 기관에서 긴급예방 또는 복구를 위한 출동에 사용되는 자동차
8. 도로관리를 위하여 사용되는 자동차 중 도로상의 위험을 방지하기 위한 응급작업에 사용되거나 운행이 제한되는 자동차를 단속하기 위하여 사용되는 자동차
9. 전신·전화의 수리공사 등 응급작업에 사용되는 자동차
10. 긴급한 우편물의 운송에 사용되는 자동차
11. 전파감시업무에 사용되는 자동차

문제 08 도로교통법상 어린이와 영유아의 나이 기준으로 옳은 것은?

① 어린이 : 만 10세 미만, 영유아 : 만 3세 미만
② 어린이 : 만 11세 미만, 영유아 : 만 4세 미만
③ 어린이 : 만 12세 미만, 영유아 : 만 5세 미만
④ 어린이 : 만 13세 미만, 영유아 : 만 6세 미만

해설 도로교통법 제2조(정의)
23. "어린이통학버스"란 다음 각 목의 시설 가운데 **어린이**(13세 미만인 사람을 말한다.)를 교육 대상으로 하는 시설에서 어린이의 통학 등에 이용되는 자동차와 「여객자동차 운수사업법」 제4조제3항에 따른 여객자동차운송사업의 한정면허를 받아 어린이를 여객대상으로 하여 운행되는 운송사업용 자동차를 말한다.
도로교통법 제11조(어린이 등에 대한 보호)
① 어린이의 보호자는 교통이 빈번한 도로에서 어린이를 놀게 하여서는 아니 되며, **영유아**(6세 미만인 사람을 말한다.)의 보호자는 교통이 빈번한 도로에서 영유아가 혼자 보행하게 하여서는 아니 된다.

문제 09 도로교통법상 '주차'와 '정차'는 몇 분을 기준으로 구분되는가?

① 5분   ② 7분   ③ 10분   ④ 15분

정답 08 ④ 09 ①

해설 도로교통법 제2조(정의)
이 법에서 사용하는 용어의 뜻은 다음과 같다. 〈개정 2023. 10. 24.〉
    24. "**주차**"란 운전자가 승객을 기다리거나 화물을 싣거나 차가 고장 나거나 그 밖의 사유로 차를 계속 정지 상태에 두는 것 또는 운전자가 차에서 떠나서 즉시 그 차를 운전할 수 없는 상태에 두는 것을 말한다.
    25. "**정차**"란 운전자가 5분을 초과하지 아니하고 차를 정지시키는 것으로서 주차 외의 정지 상태를 말한다.

문제 10 주차의 정의로 옳은 것은?

① 운전자가 승객을 기다리거나 화물을 싣거나 차가 고장 나거나 그 밖의 사유로 차를 계속 정지 상태에 두는 것 또는 운전자가 차에서 떠나서 즉시 그 차를 운전할 수 없는 상태에 두는 것을 말한다.
② 운전자가 5분을 초과하지 아니하고 차를 정지시키는 것을 말한다.
③ 차마 또는 노면전차를 그 본래의 사용방법에 따라 사용하는 것을 말한다.
④ 운전자가 차 또는 노면전차를 즉시 정지시킬 수 있는 정도의 느린 속도로 진행하는 것을 말한다.

해설 도로교통법 제2조(정의) 이 법에서 사용하는 용어의 뜻은 다음과 같다. 〈개정 2023. 10. 24.〉
    24. "**주차**"란 **운전자가 승객을 기다리거나 화물을 싣거나 차가 고장 나거나 그 밖의 사유로 차를 계속 정지 상태에 두는 것 또는 운전자가 차에서 떠나서 즉시 그 차를 운전할 수 없는 상태에 두는 것을 말한다.** → ①
    25. "**정차**"란 운전자가 5분을 초과하지 아니하고 차를 정지시키는 것으로서 주차 외의 정지 상태를 말한다. → ②
    26. "**운전**"이란 도로(제27조제6항제3호·제44조·제45조·제54조제1항·제148조·제148조의2 및 제156조제10호의 경우에는 도로 외의 곳을 포함한다)에서 차마 또는 노면전차를 그 본래의 사용방법에 따라 사용하는 것(조종 또는 자율주행시스템을 사용하는 것을 포함한다)을 말한다. → ③
    28. "**서행**(徐行)이란 운전자가 차 또는 노면전차를 즉시 정지시킬 수 있는 정도의 느린 속도로 진행하는 것을 말한다. → ④

문제 11 정차란 몇 분을 초과하지 않는 주차 이외의 상태를 말하는가?

① 1분   ② 3분   ③ 5분   ④ 10분

해설 도로교통법 제2조(정의) 이 법에서 사용하는 용어의 뜻은 다음과 같다.
    25. "**정차**"란 운전자가 **5분을 초과하지 아니하고 차를 정지시키는 것으로서 주차 외의 정지 상태를 말한다.**

정답 10 ① 11 ③

문제 12 '초보운전자'의 도로교통법상의 초보운전 기한은? (자동차 운전면허 취득 시점으로부터)

① 2년　　　　② 3년　　　　③ 6개월　　　　④ 1년

해설 도로교통법 제2조(정의) 이 법에서 사용하는 용어의 뜻은 다음과 같다. 〈개정 2023. 10. 24.〉
27. "**초보운전자**"란 처음 운전면허를 받은 날(처음 운전면허를 받은 날부터 2년이 지나기 전에 운전면허의 취소처분을 받은 경우에는 그 후 다시 운전면허를 받은 날을 말한다)부터 **2년이 지나지 아니한 사람**을 말한다. 이 경우 원동기장치자전거면허만 받은 사람이 원동기장치자전거면허 외의 운전면허를 받은 경우에는 처음 운전면허를 받은 것으로 본다.

문제 13 긴급자동차의 지정증을 교부하는 주체는?

① 시・도지사　　　　　　　　② 시장・군수・구청장
③ 시・도경찰청장　　　　　　④ 경찰청장

해설 도로교통법 시행규칙 제3조(긴급자동차의 지정신청 등)
② **시・도경찰청장**은 제1항의 신청에 의하여 긴급자동차의 지정을 하는 때에는 별지 제2호서식의 긴급자동차지정증을 신청인에게 교부하여야 한다. 〈개정 2020. 12. 31.〉

문제 14 교통안전시설 관련 비용 부담의 사유로 틀린 것은?

① 차 또는 노면전차의 운전 등 교통으로 인하여 사람을 사상하거나 물건을 손괴하는 사고가 발생한 경우
② 분할이 가능한 화물의 수송 등을 위하여 신호기 및 안전표지를 이전하거나 철거하는 경우
③ 도로에서의 금지 행위로 인하여 교통안전시설을 철거・이전하거나 손괴한 경우
④ 고의 또는 과실로 무인 교통단속용 장비를 철거・이전하거나 손괴한 경우

해설 도로교통법 시행령 제4조(교통안전시설 관련 비용 부담의 사유)
법 제3조제4항에서 "대통령령으로 정하는 사유"란 다음 각 호의 어느 하나에 해당하는 것을 말한다. 〈개정 2019. 3. 26., 2023. 6. 20.〉
1. 차 또는 노면전차의 운전 등 교통으로 인하여 사람을 사상(死傷)하거나 물건을 손괴하는 사고(이하 "교통사고"라 한다)가 발생한 경우 → ①
2. **분할할 수 없는** 화물의 수송 등을 위하여 신호기 및 안전표지(이하 "교통안전시설"이라 한다)를 이전하거나 철거하는 경우 → ②
3. 법 제68조제1항을 위반하여 교통안전시설을 철거・이전하거나 손괴한 경우 → ③
4. 도로관리청 등에서 도로공사 등을 위하여 무인(無人) 교통단속용 장비를 이전하거나 철거하는 경우
5. 그 밖에 고의 또는 과실로 무인 교통단속용 장비를 철거・이전하거나 손괴한 경우 → ④

정답　12 ①　13 ③　14 ②

문제 15 신호등을 종으로 배열했을 때 위로부터 등화의 순서를 바르게 나타낸 것은?

① 적색 – 황색 – 녹색화살표 – 녹색
② 녹색 – 황색 – 적색 – 녹색화살표
③ 적색 – 녹색 – 녹색화살표 – 황색
④ 녹색 – 녹색화살표 – 황색 – 녹색

해설 도로교통법 시행규칙 [별표 4] 〈개정 2024. 9. 20.〉
신호등의 등화의 배열순서(제7조제2항 관련)

신호등 \ 배열	가로형 신호등	세로형 신호등
적색·황색·녹색화살표·녹색의 사색등화로 표시되는 신호등	좌로부터 적색·황색·녹색화살표·녹색의 순서로 한다. 좌로부터 적색·황색·녹색의 순서로 하고, 적색등화 아래에 녹색화살표 등화를 배열한다.	위로부터 적색·황색·녹색화살표·녹색의 순서로 한다.

문제 16 신호등 밝기는 주간에 몇 m 전방에서 식별할 수 있도록 규정되어 있는가?

① 80m   ② 120m   ③ 150m   ④ 200m

해설 도로교통법 시행규칙 제7조(신호등)
③ 제1항에 따른 신호등은 다음 각 호의 성능을 가져야 한다.
 1. 등화의 밝기는 낮에 150미터 앞쪽에서 식별할 수 있도록 할 것
 2. 등화의 빛의 발산각도는 사방으로 각각 45도 이상으로 할 것
 3. 태양광선이나 주위의 다른 빛에 의하여 그 표시가 방해받지 아니하도록 할 것

문제 17 도로교통법상에서의 '신호등'의 등화 발산 각도는?

① 30도 이상   ② 45도 이상   ③ 60도 이상   ④ 75도 이상

해설 도로교통법 시행규칙 제7조(신호등)
③ 제1항에 따른 신호등은 다음 각 호의 성능을 가져야 한다.
 1. 등화의 밝기는 낮에 150미터 앞쪽에서 식별할 수 있도록 할 것
 2. 등화의 빛의 발산각도는 사방으로 각각 45도 이상으로 할 것
 3. 태양광선이나 주위의 다른 빛에 의하여 그 표시가 방해받지 아니하도록 할 것

정답 15 ① 16 ③ 17 ②

문제 18 신호등에 대한 설명 중 틀린 것은?

① 등화의 밝기는 낮에 100m 앞쪽에서 식별할 수 있도록 할 것
② 등화의 빛의 발산각도는 사방으로 각각 45도 이상으로 할 것
③ 태양광선이나 주위의 다른 빛에 의하여 그 표시가 방해받지 아니하도록 할 것
④ 신호등의 외함의 재료는 절연성이 있는 재료를 사용할 것

해설 도로교통법 시행규칙 제7조(신호등)
③ 제1항에 따른 신호등은 다음 각 호의 성능을 가져야 한다.
1. 등화의 밝기는 낮에 **150미터** 앞쪽에서 식별할 수 있도록 할 것
2. 등화의 빛의 발산각도는 사방으로 각각 45도 이상으로 할 것
3. 태양광선이나 주위의 다른 빛에 의하여 그 표시가 방해받지 아니하도록 할 것

도로교통법 시행규칙 [별표 3] 〈개정 2024. 9. 20.〉
신호등의 종류, 만드는 방식 및 설치·관리기준(제7조제1항 관련)
1. 신호등의 종류, 만드는 방식 및 설치기준
   비고
   가. 신호등 외함(外函)의 재료는 절연성(絶緣性)이 있는 재료로서 다음 표의 기준을 만족해야 하고, 외함의 규격은 가로 및 세로의 길이를 각각 355±5밀리미터로 한다.

인장강도(引張剛度)	충격강도	가열변형온도	난연성(難燃性)	전광선 투과율
45Mpa이상	6.3KJ/㎡이상	80℃이상	UL 94 V-2 등급 이상	0%

   비고 : 난연성 측정 기준인 UL은 미국 Underwriters Laboratory 기준을 말한다.

문제 19 신호등의 성능 기준 중 틀린 것은?

① 등화는 80 lux 이상이어야 한다.
② 등화의 밝기는 낮에 150미터 앞쪽에서 식별할 수 있도록 할 것.
③ 등화의 빛의 발산각도는 사방으로 각각 45도 이상으로 할 것
④ 태양광선이나 주위의 다른 빛에 의하여 그 표시가 방해받지 아니하도록 할 것

해설 도로교통법 시행규칙 제7조(신호등)
③ 제1항에 따른 신호등은 다음 각 호의 성능을 가져야 한다.
1. 등화의 밝기는 낮에 150미터 앞쪽에서 식별할 수 있도록 할 것
2. 등화의 빛의 발산각도는 사방으로 각각 45도 이상으로 할 것
3. 태양광선이나 주위의 다른 빛에 의하여 그 표시가 방해받지 아니하도록 할 것
→ 조도(lux)의 기준은 별도로 나와있지 않다.

정답 18 ① 19 ①

문제 20 안전표지의 종류가 아닌 것은?

① 주의표지　　② 지시표지　　③ 위험표지　　④ 보조표지

해설 도로교통법 시행규칙 제8조(안전표지)
① 법 제4조제1항에 따른 안전표지는 다음 각 호와 같이 구분한다. 〈개정 2019. 6. 14.〉
　1. **주의표지**
　　도로상태가 위험하거나 도로 또는 그 부근에 위험물이 있는 경우에 필요한 안전조치를 할 수 있도록 이를 도로사용자에게 알리는 표지
　2. 규제표지
　　도로교통의 안전을 위하여 각종 제한·금지 등의 규제를 하는 경우에 이를 도로사용자에게 알리는 표지
　3. **지시표지**
　　도로의 통행방법·통행구분 등 도로교통의 안전을 위하여 필요한 지시를 하는 경우에 도로사용자가 이에 따르도록 알리는 표지
　4. **보조표지**
　　주의표지·규제표지 또는 지시표지의 주기능을 보충하여 도로사용자에게 알리는 표지
　5. 노면표시
　　도로교통의 안전을 위하여 각종 주의·규제·지시 등의 내용을 노면에 기호·문자 또는 선으로 도로사용자에게 알리는 표지
② 제1항에 따른 안전표지의 종류, 만드는 방식 및 설치·관리기준은 별표 6과 같다. 〈개정 2019. 6. 14.〉

문제 21 도로상태가 위험하거나 도로 또는 그 부근에 위험물이 있는 경우에 필요한 안전조치를 할 수 있도록 이를 도로사용자에게 알리는 표지는?

① 주의표지　　② 규제표지　　③ 지시표지　　④ 보조표지

해설 도로교통법 시행규칙 제8조(안전표지)
① 법 제4조제1항에 따른 안전표지는 다음 각 호와 같이 구분한다. 〈개정 2019. 6. 14.〉
　1. **주의표지** : 도로상태가 위험하거나 도로 또는 그 부근에 위험물이 있는 경우에 필요한 안전조치를 할 수 있도록 이를 도로사용자에게 알리는 표지
　2. 규제표지 : 도로교통의 안전을 위하여 각종 제한·금지 등의 규제를 하는 경우에 이를 도로사용자에게 알리는 표지
　3. 지시표지 : 도로의 통행방법·통행구분 등 도로교통의 안전을 위하여 필요한 지시를 하는 경우에 도로사용자가 이에 따르도록 알리는 표지
　4. 보조표지 : 주의표지·규제표지 또는 지시표지의 주기능을 보충하여 도로사용자에게 알리는 표지
　5. 노면표시 : 도로교통의 안전을 위하여 각종 주의·규제·지시 등의 내용을 노면에 기호·문자 또는 선으로 도로사용자에게 알리는 표지

정답　20 ③　21 ①

문제 22 도로상태가 위험하거나 도로 또는 그 부근에 위험물이 있는 경우에 필요한 안전조치를 할 수 있도록 이를 도로사용자에게 알리는 표지는?

① 안내표지 ② 경고표지 ③ 주의표지 ④ 금지표지

해설 도로교통법 시행규칙 제8조(안전표지)
① 법 제4조제1항에 따른 안전표지는 다음 각 호와 같이 구분한다. 〈개정 2019. 6. 14.〉
1. **주의표지** : 도로상태가 위험하거나 도로 또는 그 부근에 위험물이 있는 경우에 필요한 안전조치를 할 수 있도록 이를 도로사용자에게 알리는 표지

문제 23 안전표지 구분이 아닌 것은?

① 주의표지 ② 규제표지 ③ 지시표지 ④ 경고표지

해설 도로교통법 시행규칙 제8조(안전표지)
① 법 제4조제1항에 따른 안전표지는 다음 각 호와 같이 구분한다. 〈개정 2019. 6. 14.〉
1. **주의표지** : 도로상태가 위험하거나 도로 또는 그 부근에 위험물이 있는 경우에 필요한 안전조치를 할 수 있도록 이를 도로사용자에게 알리는 표지
2. **규제표지** : 도로교통의 안전을 위하여 각종 제한·금지 등의 규제를 하는 경우에 이를 도로사용자에게 알리는 표지
3. **지시표지** : 도로의 통행방법·통행구분 등 도로교통의 안전을 위하여 필요한 지시를 하는 경우에 도로사용자가 이에 따르도록 알리는 표지
4. 보조표지 : 주의표지·규제표지 또는 지시표지의 주기능을 보충하여 도로사용자에게 알리는 표지
5. 노면표시 : 도로교통의 안전을 위하여 각종 주의·규제·지시 등의 내용을 노면에 기호·문자 또는 선으로 도로사용자에게 알리는 표지

문제 24 올바른 비보호 좌회전 방법은?

① 적색 신호에 반대방면에서 오는 차량에 방해가 되지 아니하도록 좌회전 가능
② 녹색 신호에 반대방면에서 오는 차량에 방해가 되지 아니하도록 좌회전 가능
③ 녹색 신호에 항상 좌회전 가능
④ 황색 신호에 항상 좌회전 가능

해설 도로교통법 시행규칙 [별표 6] 〈개정 2024. 11. 14.〉
안전표지의 종류, 만드는 방식 및 설치·관리기준 (제8조제2항 및 제11조제1호관련)
3. 지시표지
나. 종류별기준

정답 22 ③ 23 ④ 24 ②

일련번호	종류	만드는 방식(단위 : 밀리미터)	표시하는 뜻	설치기준 및 장소
329	비보호 좌회전 표지	(도형)	·진행신호시 **반대방면에서 오는 차량에 방해가 되지 아니하도록 좌회전**을 조심스럽게 할 수 있다는 것	·비보호 좌회전을 허용할 필요가 있다고 인정되는 장소에 설치

문제 25 비보호 좌회전 교차로에서 좌회전하던 중 다른 교통에 방해가 되어 사고가 발생한 경우 운전자의 위반 책임은 무엇인가?

① 지시위반
② 신호위반
③ 중앙선침범 위반
④ 보행자 보호의무 위반

해설 도로교통법 제5조(신호 또는 지시에 따를 의무)
① 도로를 통행하는 보행자, 차마 또는 노면전차의 운전자는 교통안전시설이 표시하는 신호 또는 지시와 다음 각 호의 어느 하나에 해당하는 사람이 하는 신호 또는 지시를 따라야 한다. 〈개정 2015. 7. 24., 2018. 3. 27., 2020. 12. 22.〉
→ 녹색신호에 좌회전 하였기 때문에 신호위반은 아니다. 직진 차량을 방해하여서는 안된다는 표지판의 지시를 위반한 것이므로 **지시위반** 처리된다.

문제 26 경찰공무원을 보조하는 사람에 해당하지 않는 사람은?

① 모범운전자
② 군사훈련 및 작전에 동원되는 부대의 이동을 유도하는 군사경찰
③ 본래의 긴급한 용도로 운행하는 소방차·구급차를 유도하는 소방공무원
④ 자원봉사자

해설 도로교통법 제5조(신호 또는 지시에 따를 의무)
① 도로를 통행하는 보행자, 차마 또는 노면전차의 운전자는 교통안전시설이 표시하는 신호 또는 지시와 다음 각 호의 어느 하나에 해당하는 사람이 하는 신호 또는 지시를 따라야 한다. 〈개정 2015. 7. 24., 2018. 3. 27., 2020. 12. 22.〉
1. 교통정리를 하는 경찰공무원(의무경찰을 포함한다. 이하 같다) 및 제주특별자치도의 자치

정답 25 ①   26 ④

경찰공무원(이하 "자치경찰공무원"이라 한다)
2. **경찰공무원**(자치경찰공무원을 포함한다. 이하 같다)**을 보조하는 사람**으로서 **대통령령으로 정하는 사람**(이하 "경찰보조자"라 한다)
도로교통법 시행령 제6조(경찰공무원을 보조하는 사람의 범위)
법 제5조제1항제2호에서 "대통령령으로 정하는 사람"이란 다음 각 호의 어느 하나에 해당하는 사람을 말한다. 〈개정 2016. 2. 11., 2020. 2. 4.〉
1. **모범운전자**
2. **군사훈련 및 작전에 동원되는 부대의 이동을 유도하는 군사경찰**
3. **본래의 긴급한 용도로 운행하는 소방차·구급차를 유도하는 소방공무원**

문제 27 도로교통법상 법적효력이 없는 수신호자는?

① 해병전우회
② 경찰공무원
③ 경찰공무원을 보조하는 모범운전자
④ 군사훈련 및 작전에 동원되는 부대의 이동을 유도하는 군사경찰

해설 도로교통법 제5조(신호 또는 지시에 따를 의무)
① 도로를 통행하는 보행자, 차마 또는 노면전차의 운전자는 교통안전시설이 표시하는 신호 또는 지시와 다음 각 호의 어느 하나에 해당하는 사람이 하는 신호 또는 지시를 따라야 한다. 〈개정 2015. 7. 24., 2018. 3. 27., 2020. 12. 22.〉
1. 교통정리를 하는 **경찰공무원** → ② (의무경찰을 포함한다. 이하 같다) 및 제주특별자치도의 자치경찰공무원(이하 "자치경찰공무원"이라 한다)
2. 경찰공무원(자치경찰공무원을 포함한다. 이하 같다)을 보조하는 사람으로서 **대통령령으로 정하는 사람**(이하 "경찰보조자"라 한다)
도로교통법 시행령 제6조(경찰공무원을 보조하는 사람의 범위)
법 제5조제1항제2호에서 "대통령령으로 정하는 사람"이란 다음 각 호의 어느 하나에 해당하는 사람을 말한다. 〈개정 2016. 2. 11., 2020. 2. 4.〉
1. **모범운전자** → ③
2. **군사훈련 및 작전에 동원되는 부대의 이동을 유도하는 군사경찰** → ④
3. 본래의 긴급한 용도로 운행하는 소방차·구급차를 유도하는 소방공무원

문제 28 경찰공무원 등이 표시하는 정지 수신호의 일반적인 각도는?

① 20도   ② 30도   ③ 40도   ④ 45도

해설 도로교통법 시행규칙 [별표 7]
경찰공무원등이 표시하는 수신호의 종류·표시방법 및 신호의 뜻(제9조관련)

정답 27 ①   28 ④

구분	신호의 종류	표시의 방법	신호의 뜻
손으로 할 때	정지	팔을 수평선상 45도의 각도로 측면(전면 또는 다리와 상체만을 뒤로 돌리며 후면)으로 펴서 올리고 팔꿈치를 넓은 각도로 약간 굽혀 머리보다 높이 올린 손을 수직으로 하고 손바닥을 외측으로 향하게 하며 주목한다.	손바닥과 대면하여 주목을 받은 측의 보행자는 도로를 횡단하여서는 아니되고 차마는 정지선에 정지하여야 한다는 것
신호봉으로 할 때	정지	우측 팔꿈치를 옆구리에 가볍게 붙이고 신호봉을 잡은 손목을 상의 둘째단추 높이의 앞으로 올린 후 신호봉을 안면 중앙의 수직선에서 45도 각도(이하 같다)의 좌우로 흔든다. 다리와 상체만을 뒤로 돌리고 신호봉을 잡은 우측 손목을 어깨높이 45도 각도 앞으로 올리고 신호봉을 좌우로 흔든다. 상체만을 측면으로 돌리고 신호봉을 잡은 우측 손목을 어깨높이로 올리고 신호봉을 좌우로 흔든다.	좌우로 흔드는 신호봉 및 안면과 대면하는 보행자는 도로를 횡단하여서는 아니되고 차마는 정지선에 정지하여야 한다는 것

문제 29 행렬 등의 통행에 대한 설명으로 틀린 것은?

① 학생의 대열과 그 밖에 보행자의 통행에 지장을 줄 우려가 있다고 인정하는 기 또는 현수막 등을 휴대한 행렬은 차도로 통행할 수 있으며, 이 경우 차도의 좌측으로 통행하여야 한다.

② 행렬 등은 사회적으로 중요한 행사에 따라 시가를 행진하는 경우에는 도로의 중앙을 통행할 수 있다.

③ 경찰공무원은 도로상에서의 위험을 방지하고 교통의 안전과 원활한 소통을 확보하기 위하여 필요하다고 인정할 때에는 행렬 등에 구간을 정하고 그 구간에서 행렬 등이 도로 또는 차도의 우측으로 붙어서 통행할 것을 명할 수 있다.

④ 차도의 우측으로 붙어서 통행할 것을 명할 때에는 자전거 도로가 설치되어 있는 차도에서는 자전거 도로를 제외한 부분의 우측을 통행하여야 한다.

해설 도로교통법 제9조(행렬등의 통행)
① 학생의 대열과 그 밖에 보행자의 통행에 지장을 줄 우려가 있다고 인정하여 대통령령으로 정하는 사람이나 행렬(이하 "행렬등"이라 한다)은 제8조제1항 본문에도 불구하고 차도로 통행할 수 있다. 이 경우 행렬등은 차도의 **우측**으로 통행하여야 한다. → ①
② 행렬등은 사회적으로 중요한 행사에 따라 시가를 행진하는 경우에는 도로의 중앙을 통행할 수 있다. → ②
③ 경찰공무원은 도로에서의 위험을 방지하고 교통의 안전과 원활한 소통을 확보하기 위하여 필요하다고 인정할 때에는 행렬등에 대하여 구간을 정하고 그 구간에서 행렬등이 도로 또는 차도의 우측(자전거도로가 설치되어 있는 차도에서는 자전거도로를 제외한 부분의 우측을 말한다)으로 붙어서 통행할 것을 명하는 등 필요한 조치를 할 수 있다. → ③, ④

정답 29 ①

문제 30 차도를 통행할 수 있는 사람 또는 행렬의 대상에 포함되지 않는 것은?

① 자전거에서 내려서 자전거를 끌고 가는 사람
② 사다리, 목재, 그 밖에 보행자의 통행에 지장을 줄 우려가 있다고 판단되는 물건을 운반 중인 사람
③ 기 또는 현수막 등을 휴대한 행렬
④ 도로에서 청소나 보수 등의 작업을 하고 있는 사람

해설 도로교통법 시행령 제7조(차도를 통행할 수 있는 사람 또는 행렬)
법 제9조제1항 전단에서 "대통령령으로 정하는 사람이나 행렬"이란 다음 각 호의 어느 하나에 해당하는 사람이나 행렬을 말한다.
1. 말·소 등의 큰 동물을 몰고 가는 사람
2. 사다리, 목재, 그 밖에 보행자의 통행에 지장을 줄 우려가 있는 물건을 운반 중인 사람 → ②
3. 도로에서 청소나 보수 등의 작업을 하고 있는 사람 → ④
4. 군부대나 그 밖에 이에 준하는 단체의 행렬
5. 기(旗) 또는 현수막 등을 휴대한 행렬 → ③
6. 장의(葬儀) 행렬

문제 31 노인 및 장애인 보호구역의 지정 및 관리 대상이 아닌 곳은?

① 면 단위의 면사무소 및 부속 시설
② 자연공원 또는 도시공원의 범주로서 '국립공원'
③ 노인 의료복지시설
④ 장애인 직업재활시설

해설 어린이·노인 및 장애인 보호구역의 지정 및 관리에 관한 규칙 제2조(정의)
이 규칙에서 사용하는 용어의 뜻은 다음과 같다. 〈개정 2023. 10. 19.〉
2. "노인복지시설등"이란 다음 각 목의 어느 하나에 해당하는 시설 또는 장소를 말한다.
  가. 「노인복지법」 제31조에 따른 노인복지시설
  나. 「자연공원법」 제2조제1호에 따른 자연공원
  다. 「도시공원 및 녹지 등에 관한 법률」 제2조제3호에 따른 도시공원
  라. 「체육시설의 설치·이용에 관한 법률」 제6조에 따른 생활체육시설
  마. 그 밖에 노인이 자주 왕래하는 곳으로서 조례로 정하는 시설 또는 장소
3. "장애인복지시설"이란 「장애인복지법」 제58조에 따른 장애인복지시설을 말한다.
노인복지법 제31조(노인복지시설의 종류)
노인복지시설의 종류는 다음 각호와 같다. 〈개정 2023. 10. 31.〉
1. 노인주거복지시설   2. 노인의료복지시설 → ③   3. 노인여가복지시설
4. 재가노인복지시설   5. 노인보호전문기관

정답 30 ①   31 ①

6. 「노인 일자리 및 사회활동 지원에 관한 법률」 제9조제1항제2호에 따른 노인일자리지원기관
7. 제39조의19에 따른 학대피해노인 전용쉼터

자연공원법 제2조(정의)
이 법에서 사용하는 용어의 뜻은 다음과 같다. 〈개정 2016. 5. 29.〉
 1. "**자연공원**"이란 **국립공원** · 도립공원 · 군립공원(郡立公園) 및 지질공원을 말한다. → ②

장애인복지법 제58조(장애인복지시설)
① 장애인복지시설의 종류는 다음 각 호와 같다. 〈개정 2011. 3. 30., 2020. 12. 29.〉
 1. 장애인 거주시설 : 거주공간을 활용하여 일반가정에서 생활하기 어려운 장애인에게 일정 기간 동안 거주 · 요양 · 지원 등의 서비스를 제공하는 동시에 지역사회 생활을 지원하는 시설
 2. 장애인 지역사회재활시설 : 장애인을 전문적으로 상담 · 치료 · 훈련하거나 장애인의 일상생활, 여가활동 및 사회참여활동 등을 지원하는 시설
 3. **장애인 직업재활시설** : 일반 작업환경에서는 일하기 어려운 장애인이 특별히 준비된 작업환경에서 직업훈련을 받거나 직업 생활을 할 수 있도록 하는 시설 → ④
 4. 장애인 의료재활시설 : 장애인을 입원 또는 통원하게 하여 상담, 진단 · 판정, 치료 등 의료재활서비스를 제공하는 시설
 5. 그 밖에 대통령령으로 정하는 시설

문제 32 안전표지로 통행이 허용된 곳이 아닌 장소에서 자전거의 경우 몇 대 이상이 횡렬식으로 통행하면 아니 되는가?

① 5대 이상 ② 4대 이상 ③ 3대 이상 ④ 2대 이상

해설 도로교통법 제13조의2(자전거등의 통행방법의 특례)
⑤ 자전거등의 운전자는 안전표지로 통행이 허용된 경우를 제외하고는 **2대 이상**이 나란히 차도를 통행하여서는 아니 된다. 〈개정 2020. 6. 9.〉

문제 33 차로의 설치권자는?

① 시장 등 ② 경찰청장
③ 시 · 도지사 ④ 시 · 도경찰청장

해설 도로교통법 제14조(차로의 설치 등)
① **시 · 도경찰청장**은 차마의 교통을 원활하게 하기 위하여 필요한 경우에는 도로에 행정안전부령으로 정하는 **차로를 설치할 수 있다**. 이 경우 시 · 도경찰청장은 시간대에 따라 양방향의 통행량이 뚜렷하게 다른 도로에는 교통량이 많은 쪽으로 차로의 수가 확대될 수 있도록 신호기에 의하여 차로의 진행방향을 지시하는 가변차로를 설치할 수 있다. 〈개정 2013. 3. 23., 2014. 11. 19., 2017. 7. 26., 2020. 12. 22.〉

정답 32 ④ 33 ④

문제 34 차의 너비가 차로의 너비보다 넓은 차량은 누구의 허가를 받아야 도로를 통행할 수 있는가?

① 도착지 관할 경찰서장   ② 출발지 관할 경찰서장
③ 출발지의 시 · 도지사   ④ 도착지의 시 · 도지사

해설 도로교통법 제14조(차로의 설치 등)
③ 차로가 설치된 도로를 통행하려는 경우로서 차의 너비가 행정안전부령으로 정하는 차로의 너비보다 넓어 교통의 안전이나 원활한 소통에 지장을 줄 우려가 있는 경우 그 차의 운전자는 도로를 통행하여서는 아니 된다. 다만, 행정안전부령으로 정하는 바에 따라 그 차의 **출발지를 관할하는 경찰서장의 허가**를 받은 경우에는 그러하지 아니하다. 〈개정 2013. 3. 23., 2014. 11. 19., 2017. 7. 26.〉

문제 35 차로의 너비보다 넓은 차가 그 차로를 통행하기 위해서는 누구의 허락을 받아야 하는가?

① 출발지를 관할하는 경찰청장   ② 도착지를 관할하는 경찰청장
③ 출발지를 관할하는 경찰서장   ④ 도착지를 관할하는 경찰서장

해설 도로교통법 제14조(차로의 설치 등)
③ 차로가 설치된 도로를 통행하려는 경우로서 차의 너비가 행정안전부령으로 정하는 차로의 너비보다 넓어 교통의 안전이나 원활한 소통에 지장을 줄 우려가 있는 경우 그 차의 운전자는 도로를 통행하여서는 아니 된다. 다만, 행정안전부령으로 정하는 바에 따라 그 차의 **출발지를 관할하는 경찰서장**의 허가를 받은 경우에는 그러하지 아니하다. 〈개정 2013. 3. 23., 2014. 11. 19., 2017. 7. 26.〉

문제 36 도로교통법상 제시되는 통상적인 차로의 폭(너비)은?

① 3.25m   ② 3.50m   ③ 2.75m   ④ 3.0m

해설 도로교통법 시행규칙 제15조(차로의 설치)
② 제1항에 따라 설치되는 차로의 너비는 **3미터** 이상으로 하여야 한다. 다만, 좌회전전용차로의 설치 등 부득이하다고 인정되는 때에는 275센티미터 이상으로 할 수 있다.

문제 37 '차로'를 설치할 수 없는 곳이 아닌 것은?

① 도로 모퉁이   ② 횡단보도   ③ 교차로   ④ 철길 건널목

정답 34 ②   35 ③   36 ④   37 ①

해설 도로교통법 시행규칙 제15조(차로의 설치)
③ 차로는 **횡단보도**·**교차로** 및 **철길건널목**에는 설치할 수 없다.

문제 38 고속도로 편도 3차로 도로에서 앞지르기 할 때 1차로를 사용할 수 없는 차량은?

① 승용자동차 ② 소형 승합자동차
③ 중형 승합자동차 ④ 3.5톤 화물자동차

해설 도로교통법 시행규칙 [별표 9] 차로에 따른 통행차의 기준(제16조제1항 및 제39조제1항 관련)

도로	차로구분	통행할 수 있는 차종
고속도로 편도 3차로 이상	1차로	앞지르기를 하려는 승용자동차 및 앞지르기를 하려는 경형·소형·중형 승합자동차. 다만, 차량통행량 증가 등 도로상황으로 인하여 부득이하게 시속 80킬로미터 미만으로 통행할 수밖에 없는 경우에는 앞지르기를 하는 경우가 아니라도 통행할 수 있다.
	왼쪽 차로	승용자동차 및 경형·소형·중형 승합자동차
	오른쪽 차로	대형 승합자동차, **화물자동차**, 특수자동차, 법 제2조제18호나목에 따른 건설기계

문제 39 다음 중 편도 3차로 고속도로에서 3차로로 통행하여야 하는 자동차는?

① 승용자동차 ② 소형 승합자동차
③ 중형 승합자동차 ④ 화물자동차

해설 도로교통법 시행규칙 [별표 9] 차로에 따른 통행차의 기준(제16조제1항 및 제39조제1항 관련)

도로	차로 구분	통행할 수 있는 차종
고속도로 **편도 3차로 이상**	1차로	앞지르기를 하려는 승용자동차 및 앞지르기를 하려는 경형·소형·중형 승합자동차. 다만, 차량통행량 증가 등 도로상황으로 인하여 부득이하게 시속 80킬로미터 미만으로 통행할 수밖에 없는 경우에는 앞지르기를 하는 경우가 아니라도 통행할 수 있다.
	왼쪽 차로	**승용자동차** 및 경형·**소형**·**중형 승합자동차**
	오른쪽 차로	대형 승합자동차, **화물자동차**, 특수자동차, 법 제2조제18호나목에 따른 건설기계

문제 40 버스전용차로의 설치권자는?

① 국토교통부장관 ② 경찰서장 ③ 시·도경찰청장 ④ 시장

● 정답 38 ④ 39 ④ 40 ④

> **해설** 도로교통법 제15조(전용차로의 설치)
> ① **시장등**은 원활한 교통을 확보하기 위하여 특히 필요한 경우에는 시·도경찰청장이나 경찰서장과 협의하여 도로에 전용차로(차의 종류나 승차 인원에 따라 지정된 차만 통행할 수 있는 차로를 말한다. 이하 같다)를 설치할 수 있다. 〈개정 2020. 12. 22.〉

문제 41 시장 등이 버스전용차로 설치시 누구와 협의 하여야 하나?

① 교통영향평가 심의위원 ② 시·도경찰청장
③ 행정안전부장관 ④ 국토교통부장관

> **해설** 도로교통법 제15조(전용차로의 설치)
> ① 시장등은 원활한 교통을 확보하기 위하여 특히 필요한 경우에는 **시·도경찰청장**이나 경찰서장과 **협의**하여 도로에 전용차로(차의 종류나 승차 인원에 따라 지정된 차만 통행할 수 있는 차로를 말한다. 이하 같다)를 설치할 수 있다. 〈개정 2020. 12. 22.〉

문제 42 서울특별시장이 버스의 원활한 소통을 위하여 필요할 때에는 누구와 협의하여 버스전용차로를 설치 할 수 있는가?

① 시·도경찰청장 ② 국토교통부장관 ③ 구청장 ④ 시,도지사

> **해설** 도로교통법 제15조(전용차로의 설치)
> ① **시장등**은 원활한 교통을 확보하기 위하여 특히 필요한 경우에는 **시·도경찰청장이나 경찰서장과 협의**하여 도로에 **전용차로**(차의 종류나 승차 인원에 따라 지정된 차만 통행할 수 있는 차로를 말한다. 이하 같다)를 **설치할 수 있다.** 〈개정 2020. 12. 22.〉
> ② 전용차로의 종류, 전용차로로 통행할 수 있는 차와 그 밖에 전용차로의 운영에 필요한 사항은 대통령령으로 정한다.
> ③ 제2항에 따라 전용차로로 통행할 수 있는 차가 아니면 전용차로로 통행하여서는 아니 된다. 다만, 긴급자동차가 그 본래의 긴급한 용도로 운행되고 있는 경우 등 대통령령으로 정하는 경우에는 그러하지 아니하다.

문제 43 긴급한 용도 외에 경광등 등을 사용할 수 있는 경우는?

① 경찰용 자동차가 단속을 위하여 순찰을 하는 경우
② 소방차가 화재 예방 및 구조·구급 활동을 종료하고 안전한 복귀를 도모하기 위하여 작동하는 경우
③ 사고 차량을 구난하기 위하여 긴급하게 현장에 출동하는 경우

● 정답 41 ② 42 ① 43 ①

④ 생명이 위급한 환자를 일반 자동차에 태워 긴급하게 의료기관 등으로 이송하여야 하는 경우

해설 도로교통법 시행령 제10조의2(긴급한 용도 외에 경광등 등을 사용할 수 있는 경우)
법 제2조제22호 각 목의 자동차 운전자는 법 제29조제6항 단서에 따라 해당 자동차를 그 본래의 긴급한 용도로 운행하지 아니하는 경우에도 다음 각 호의 어느 하나에 해당하는 경우에는 「자동차관리법」에 따라 해당 자동차에 설치된 경광등을 켜거나 사이렌을 작동할 수 있다.
1. 소방차가 화재 예방 및 구조·구급 활동을 위하여 순찰을 하는 경우 → ②
2. 법 제2조제22호 각 목에 해당하는 자동차가 그 본래의 긴급한 용도와 관련된 훈련에 참여하는 경우
3. 제2조제1항제1호에 따른 자동차※가 범죄 예방 및 단속을 위하여 순찰을 하는 경우 → ①
※ 도로교통법시행령 제2조(긴급자동차의 종류)
① 「도로교통법」(이하 "법"이라 한다) 제2조제22호라목에서 "대통령령으로 정하는 자동차"란 긴급한 용도로 사용되는 다음 각 호의 어느 하나에 해당하는 자동차를 말한다. 다만, 제6호부터 제11호까지의 자동차는 이를 사용하는 사람 또는 기관 등의 신청에 의하여 시·도경찰청장이 지정하는 경우로 한정한다. 〈개정 2020. 12. 31.〉
1. **경찰용 자동차** 중 범죄수사, 교통단속, 그 밖의 긴급한 경찰업무 수행에 사용되는 자동차
→ ③, ④는 긴급한 용도 외에 사용할 수 있는 경우로 제시되어 있지 않다.

문제 44 버스전용차로 통행의 지정신청 등에 대한 설명으로 틀린 것은?

① 긴급자동차의 경우 버스전용차로통행 지정차로 본다.
② 이 규정과 관련하여 긴급자동차의 지정은 '고속도로 외의 도로'에서의 버스전용차로 통행 지정신청 등에 관한 내용을 준용한다.
③ 버스전용차로 통행의 지정을 받은 자가 통학·통근용으로 사용하지 아니하게 된 경우 지정을 취소할 수 있다.
④ 버스전용차로 통행의 지정을 받은 자의 지정을 취소하는 주체는 경찰청장이다.

해설 도로교통법 시행규칙 제18조(버스전용차로 통행의 지정신청 등)
① 제3조의 규정은 영 별표 1의 "고속도로 외의 도로"에서의 버스전용차로 통행 지정신청 등에 관하여 이를 준용한다. → ②
이 경우 "긴급자동차"는 "버스전용차로통행 지정차"로, "긴급자동차 지정신청서"는 "버스전용차로통행 지정신청서"로, "긴급자동차지정증"은 "버스전용차로통행 지정증"으로, "긴급자동차지정증 재교부신청서"는 "버스전용차로통행지정증 재교부신청서"로 보되, 버스전용차로통행 지정신청서는 별지 제7호서식에 의하고, 버스전용차로통행지정증 재교부신청서는 별지 제8호서식에 의하며, 버스전용차로통행 지정증은 별표 10에 의한다. → ①
② 시·도경찰청장은 제1항에 따른 신청에 따라 버스전용차로 통행의 지정을 받은 차가 다음 각 호의 어느 하나에 해당하는 경우에는 그 지정을 취소하여야 한다. 〈개정 2020. 12. 31.〉
→ ④

정답 44 ④

1. 통학·통근용으로 사용하지 아니하게 된 경우 → ③
2. 시·도경찰청장이 정한 기간이 종료된 경우
③ 시·도경찰청장은 제2항에 따라 버스전용차로 통행의 지정을 취소한 때에는 지체 없이 버스전용차로통행지정증을 회수하여야 한다. 〈개정 2020. 12. 31.〉

문제 45 다인승 전용차로란 몇 명 이상이 승차한 승용·승합자동차가 통행할 수 있는 전용차로를 말하는가?

① 9명 이상　　② 6명 이상　　③ 4명 이상　　④ 3명 이상

해설 도로교통법 시행령 [별표 1] 〈개정 2020. 12. 31.〉
전용차로의 종류와 전용차로 통행할 수 있는 차(제9조제1항 관련)

전용차로의 종류	통행할 수 있는 차	
	고속도로	고속도로 외의 도로
2. 다인승 전용차로	3명 이상 승차한 승용·승합자동차(다인승전용차로와 버스전용차로가 동시에 설치되는 경우에는 버스전용차로를 통행할 수 있는 차는 제외한다)	

문제 46 노면전차의 전용도로 등을 설치하고자 할 때 협의하여야 하는 사항으로 잘못된 것은?

① 노면전차의 설치 방법
② 노면전차 전용로 내 교통안전표지의 설치
③ 노면전차의 설치 구간
④ 노면전차 전용로의 관리에 관한 제반 사항

해설 도로교통법 제16조(노면전차 전용로의 설치 등)
① 시장등은 교통을 원활하게 하기 위하여 **노면전차 전용도로 또는 전용차로를 설치하려는 경우**에는 「도시철도법」 제7조제1항에 따른 도시철도사업계획의 승인 전에 다음 각 호의 사항에 대하여 **시·도경찰청장과 협의**하여야 한다. 사업 계획을 변경하려는 경우에도 또한 같다. 〈개정 2020. 12. 22.〉
1. **노면전차의 설치 방법 및 구간** → ①, ③
2. 노면전차 전용로 내 **교통안전시설의 설치** → ②
3. 그 밖에 **노면전차 전용로의 관리에 관한 사항** → ④

정답　45 ④　46 ②

1. 교통법규 - 3. 도로교통법

문제 47 최근의 안전운전 지향 속도로서, 주거지역·상업지역 및 공업지역의 일반도로에서의 지정 속도는? (단, 시,도경찰청장이 원활한 소통을 위하여 특히 필요하다고 인정하여 지정한 노선 또는 구간의 경우)

① 50km/h ② 60km/h ③ 70km/h ④ 80km/h

해설 도로교통법 시행규칙 제19조(자동차등과 노면전차의 속도)
① 법 제17조제1항에 따른 자동차등(개인형 이동장치는 제외한다. 이하 이 조에서 같다)과 노면전차의 도로 통행 속도는 다음 각 호와 같다. 〈개정 2020. 12. 31.〉
1. 일반도로(고속도로 및 자동차전용도로 외의 모든 도로를 말한다)
가.「국토의 계획 및 이용에 관한 법률」제36조제1항제1호가목부터 다목까지의 규정에 따른 주거지역·상업지역 및 공업지역의 일반도로에서는 매시 50킬로미터 이내. 다만, **시·도 경찰청장이 원활한 소통을 위하여 특히 필요하다고 인정하여 지정한 노선 또는 구간**에서는 **매시 60킬로미터 이내**
나. 가목 외의 일반도로에서는 매시 60킬로미터 이내. 다만, 편도 2차로 이상의 도로에서는 매시 80킬로미터 이내

문제 48 자동차전용도로 최고속도와 최저속도는?

① 80, 40 ② 80, 50 ③ 90, 30 ④ 100, 50

해설 도로교통법 시행규칙 제19조(자동차등과 노면전차의 속도)
① 법 제17조제1항에 따른 자동차등(개인형 이동장치는 제외한다. 이하 이 조에서 같다)과 노면전차의 도로 통행 속도는 다음 각 호와 같다. 〈개정 2020. 12. 31.〉
2. **자동차전용도로에서의 최고속도는 매시 90킬로미터, 최저속도는 매시 30킬로미터**

문제 49 자동차전용도로에서의 최고속도와 최저속도는 얼마인가?

① 최고 80Km, 최저 30Km
② 최고 90Km, 최저 30Km
③ 최고 90Km, 최저 50Km
④ 최고 100Km, 최저 60Km

해설 도로교통법 시행규칙 제19조(자동차등과 노면전차의 속도)
① 법 제17조제1항에 따른 자동차등과 노면전차의 도로 통행 속도는 다음 각 호와 같다.
2. **자동차전용도로에서의 최고속도는 매시 90킬로미터, 최저속도는 매시 30킬로미터**

정답 47 ②　48 ③　49 ②

문제 50 자동차 전용도로의 최고속도와 최저속도가 옳게 연결된 것은?

① 최고 100km/h, 최저 60km/h   ② 최고 100km/h, 최저 50km/h
③ 최고 90km/h, 최저 40km/h   ④ 최고 90km/h, 최저 30km/h

해설 도로교통법 시행규칙 제19조(자동차등과 노면전차의 속도)
① 법 제17조제1항에 따른 자동차등과 노면전차의 도로 통행 속도는 다음 각 호와 같다.
2. **자동차전용도로에서의 최고속도는 매시 90킬로미터, 최저속도는 매시 30킬로미터**

문제 51 자동차 전용도로의 최고속도는?

① 매시 80 킬로미터   ② 매시 90 킬로미터
③ 매시 100 킬로미터   ④ 매시 110 킬로미터

해설 도로교통법 시행규칙 제19조(자동차등과 노면전차의 속도)
① 법 제17조제1항에 따른 자동차등과 노면전차의 도로 통행 속도는 다음 각 호와 같다.
2. **자동차전용도로에서의 최고속도는 매시 90킬로미터**, 최저속도는 매시 30킬로미터

문제 52 자동차 전용도로 최고속도는?

① 시속 70km   ② 시속 80km
③ 시속 90km   ④ 시속 100km

해설 도로교통법 시행규칙 제19조(자동차등과 노면전차의 속도)
① 법 제17조제1항에 따른 자동차등(개인형 이동장치는 제외한다. 이하 이 조에서 같다)과 노면전차의 도로 통행 속도는 다음 각 호와 같다. 〈개정 2020. 12. 31.〉
2. **자동차전용도로에서의 최고속도는 매시 90킬로미터**, 최저속도는 매시 30킬로미터

문제 53 도로의 노면이 얼어붙어 있는 편도 2차로 일반도로에서 1.5톤 화물차를 운전하고 있다. 최고 제한속도에 해당되는 것은?

① 40km/h   ② 50km/h   ③ 60km/h   ④ 70km/h

해설 도로교통법 시행규칙 제19조(자동차등과 노면전차의 속도)
① 법 제17조제1항에 따른 자동차등(개인형 이동장치는 제외한다. 이하 이 조에서 같다)과 노면전차의 도로 통행 속도는 다음 각 호와 같다. 〈개정 2010. 7. 9., 2019. 3. 28.,

정답 50 ④   51 ②   52 ③   53 ①

2019. 4. 17., 2020. 12. 10., 2020. 12. 31.〉
1. 일반도로(고속도로 및 자동차전용도로 외의 모든 도로를 말한다)
 가. 「국토의 계획 및 이용에 관한 법률」 제36조제1항제1호가목부터 다목까지의 규정에 따른 주거지역·상업지역 및 공업지역의 일반도로에서는 매시 50킬로미터 이내. 다만, 시·도경찰청장이 원활한 소통을 위하여 특히 필요하다고 인정하여 지정한 노선 또는 구간에서는 매시 60킬로미터 이내
 나. 가목 외의 일반도로에서는 매시 60킬로미터 이내. 다만, **편도 2차로 이상의 도로에서는 매시 80킬로미터 이내**
② 비·안개·눈 등으로 인한 거친 날씨에는 제1항에도 불구하고 다음 각 호의 기준에 따라 감속 운행해야 한다. 다만, 경찰청장 또는 시·도경찰청장이 별표 6 Ⅰ. 제1호타목에 따른 가변형 속도제한표지로 최고속도를 정한 경우에는 이에 따라야 하며, 가변형 속도제한표지로 정한 최고속도와 그 밖의 안전표지로 정한 최고속도가 다를 때에는 가변형 속도제한표지에 따라야 한다. 〈개정 2010. 7. 9., 2020. 12. 31., 2021. 12. 31.〉
 1. 최고속도의 100분의 20을 줄인 속도로 운행하여야 하는 경우
  가. 비가 내려 노면이 젖어있는 경우
  나. 눈이 20밀리미터 미만 쌓인 경우
 2. 최고속도의 100분의 50을 줄인 속도로 운행하여야 하는 경우
  가. 폭우·폭설·안개 등으로 가시거리가 100미터 이내인 경우
  나. **노면이 얼어 붙은 경우**
  다. 눈이 20밀리미터 이상 쌓인 경우
→ 편도 2차로 일반도로이므로 80km/h로 주행하여야 하는 도로이다. 여기서, 노면이 얼어붙은 경우에는 최고속도의 100분의 50을 줄인 속도로 운행하여야 하므로 80km/h의 100분의 50인 **40km/h가 최고 제한속도**가 된다.

문제 54 최고제한 속도를 감속하여 운행하여야 할 경우가 아닌 것은?

① 비가 내리려고 날씨가 흐린 때
② 노면이 얼어 붙은 경우
③ 눈이 20mm 미만 쌓인 경우
④ 비가 내려 노면이 젖어 있을 때

해설 도로교통법 시행규칙 제19조(자동차등과 노면전차의 속도)
② 비·안개·눈 등으로 인한 거친 날씨에는 제1항에도 불구하고 다음 각 호의 기준에 따라 감속 운행해야 한다. 다만, 경찰청장 또는 시·도경찰청장이 별표 6 Ⅰ. 제1호타목에 따른 가변형 속도제한표지로 최고속도를 정한 경우에는 이에 따라야 하며, 가변형 속도제한표지로 정한 최고속도와 그 밖의 안전표지로 정한 최고속도가 다를 때에는 가변형 속도제한표지에 따라야 한다. 〈개정 2010. 7. 9., 2020. 12. 31., 2021. 12. 31.〉
 1. 최고속도의 100분의 20을 줄인 속도로 운행하여야 하는 경우
  가. **비가 내려 노면이 젖어있는 경우** → ④   나. **눈이 20밀리미터 미만 쌓인 경우** → ③
 2. 최고속도의 100분의 50을 줄인 속도로 운행하여야 하는 경우
  가. 폭우·폭설·안개 등으로 가시거리가 100미터 이내인 경우
  나. **노면이 얼어 붙은 경우** → ②   다. 눈이 20밀리미터 이상 쌓인 경우

정답 54 ①

문제 55 자동차의 감속운행 방법으로 틀린 것은?

① 노면이 얼어 붙은 경우 : 100분의 20을 줄인 속도로 운행
② 비가 내려 노면이 젖어있는 경우 : 100분의 20을 줄인 속도로 운행
③ 폭우·폭설·안개 등으로 가시거리가 100미터 이내인 경우 : 100분의 50을 줄인 속도로 운행
④ 눈이 20밀리미터 이상 쌓인 경우 : 100분의 50을 줄인 속도로 운행

해설 도로교통법 시행규칙 제19조(자동차등과 노면전차의 속도)
② 비·안개·눈 등으로 인한 거친 날씨에는 제1항에도 불구하고 다음 각 호의 기준에 따라 감속 운행해야 한다.
  1. **최고속도의 100분의 20을 줄인 속도로 운행하여야 하는 경우**
    가. <u>비가 내려 노면이 젖어있는 경우</u> → ②
    나. 눈이 20밀리미터 미만 쌓인 경우
  2. **최고속도의 100분의 50을 줄인 속도로 운행하여야 하는 경우**
    가. 폭우·폭설·안개 등으로 가시거리가 100미터 이내인 경우 → ③
    나. <u>**노면이 얼어 붙은 경우**</u> → ①
    다. 눈이 20밀리미터 이상 쌓인 경우 → ④

문제 56 최고속도의 100분의 50을 줄인 속도로 운행하여야 하는 경우는?

① 비가 내려 노면이 젖어 있는 경우
② 눈이 2mm 내려 있는 경우
③ 폭우, 폭설, 안개 등으로 가시거리가 100m 이내인 경우
④ 굴곡이 심한 산길을 운전할 경우

해설 도로교통법 시행규칙 제19조(자동차등과 노면전차의 속도)
② 비·안개·눈 등으로 인한 거친 날씨에는 제1항에도 불구하고 다음 각 호의 기준에 따라 감속 운행해야 한다.
  1. **최고속도의 100분의 20을 줄인 속도로 운행하여야 하는 경우**
    가. <u>비가 내려 노면이 젖어있는 경우</u> → ①
    나. <u>눈이 20밀리미터 미만 쌓인 경우</u> → ②
  2. **최고속도의 100분의 50을 줄인 속도로 운행하여야 하는 경우**
    가. **폭우·폭설·안개 등으로 가시거리가 100미터 이내인 경우** → ③
    나. 노면이 얼어 붙은 경우
    다. 눈이 20밀리미터 이상 쌓인 경우

정답 55 ①　56 ③

문제 57 최고속도 50/100 으로 감속하여 운전해야 하는 경우는?

① 굴곡이 심한 산길을 운전할 때
② 눈이 2mm 쌓인 때
③ 비가 내려 노면에 습기가 있을 때
④ 폭우·폭설·안개 등으로 가시거리가 100m 이내일 때

> **해설** 도로교통법 시행규칙 제19조(자동차등과 노면전차의 속도)
> ② 비·안개·눈 등으로 인한 거친 날씨에는 제1항에도 불구하고 다음 각 호의 기준에 따라 감속 운행해야 한다.
>   1. 최고속도의 100분의 20을 줄인 속도로 운행하여야 하는 경우
>   가. 비가 내려 노면이 젖어있는 경우 → ③
>   나. 눈이 20밀리미터 미만 쌓인 경우
>   2. 최고속도의 **100분의 50을 줄인 속도로 운행하여야 하는 경우**
>   가. **폭우·폭설·안개 등으로 가시거리가 100미터 이내인 경우** → ④
>   나. 노면이 얼어 붙은 경우
>   다. 눈이 20밀리미터 이상 쌓인 경우 → ②

문제 58 최고속도의 100분의 50을 줄인 속도로 운행하여야 하는 경우가 아닌 것은?

① 폭우·폭설·안개 등으로 가시거리가 100미터 이내인 경우
② 노면이 얼어 붙은 경우
③ 눈이 20밀리미터 이상 쌓인 경우
④ 비가 내려 노면이 젖어있는 경우

> **해설** 도로교통법 시행규칙 제19조(자동차등과 노면전차의 속도)
> ② 비·안개·눈 등으로 인한 거친 날씨에는 제1항에도 불구하고 다음 각 호의 기준에 따라 감속 운행해야 한다.
>   1. 최고속도의 **100분의 20을 줄인 속도로 운행하여야 하는 경우**
>   가. **비가 내려 노면이 젖어있는 경우** → ④
>   나. 눈이 20밀리미터 미만 쌓인 경우
>   2. 최고속도의 100분의 50을 줄인 속도로 운행하여야 하는 경우
>   가. 폭우·폭설·안개 등으로 가시거리가 100미터 이내인 경우 → ①
>   나. 노면이 얼어 붙은 경우 → ②
>   다. 눈이 20밀리미터 이상 쌓인 경우 → ③

정답 57 ④ 58 ④

문제 59 감속운행 방법으로 틀린 것은?

① 노면이 얼어붙은 경우 : 20/100으로 감속
② 비가 내려 노면이 젖어있는 경우 : 20/100으로 감속
③ 눈이 20밀리미터 이상 쌓인 경우 : 50/100으로 감속
④ 폭우·폭설·안개 등으로 가시거리가 100미터 이내인 경우 : 50/100으로 감속

해설 도로교통법 시행규칙 제19조(자동차등과 노면전차의 속도)
② 비·안개·눈 등으로 인한 거친 날씨에는 제1항에도 불구하고 다음 각 호의 기준에 따라 감속 운행해야 한다.
　1. 최고속도의 100분의 20을 줄인 속도로 운행하여야 하는 경우
　　가. 비가 내려 노면이 젖어있는 경우 → ②
　　나. 눈이 20밀리미터 미만 쌓인 경우
　2. 최고속도의 <u>100분의 50</u>을 줄인 속도로 운행하여야 하는 경우
　　가. 폭우·폭설·안개 등으로 가시거리가 100미터 이내인 경우 → ④
　　나. <u>노면이 얼어 붙은 경우</u> → ①
　　다. <u>눈이 20밀리미터 이상 쌓인 경우</u> → ③

문제 60 일반도로에서 견인자동차가 아닌 자동차 또는 이륜차가 총중량 2,000(kg) 미만인 자동차를 총중량이 3배 이상인 자동차로 견인할 때의 속도의 최대치는?

① 매시 30킬로미터 이내　　② 매시 40킬로미터 이내
③ 매시 50킬로미터 이내　　④ 매시 60킬로미터 이내

해설 도로교통법 시행규칙 제20조(자동차를 견인할 때의 속도)
견인자동차가 아닌 자동차로 다른 자동차를 견인하여 도로(고속도로를 제외한다)를 통행하는 때의 속도는 제19조에 불구하고 다음 각 호에서 정하는 바에 의한다.
　1. 총중량 2천킬로그램 미만인 자동차를 총중량이 그의 3배 이상인 자동차로 견인하는 경우에는 매시 30킬로미터 이내
　2. 제1호 외의 경우 및 이륜자동차가 견인하는 경우에는 매시 25킬로미터 이내

문제 61 총중량 2천킬로그램 미만인 자동차를 총중량이 그의 3배 이상인 자동차로 견인 시 속도는?

① 매시 10킬로미터 이내　　② 매시 20킬로미터 이내
③ 매시 30킬로미터 이내　　④ 매시 40킬로미터 이내

정답　59 ①　60 ①　61 ③

해설 도로교통법 시행규칙 제20조(자동차를 견인할 때의 속도)
견인자동차가 아닌 자동차로 다른 자동차를 견인하여 도로(고속도로를 제외한다)를 통행하는 때의 속도는 제19조에 불구하고 다음 각 호에서 정하는 바에 의한다.
1. **총중량 2천킬로그램 미만인 자동차를 총중량이 그의 3배 이상인 자동차로 견인하는 경우**에는 매시 30킬로미터 이내
2. 제1호 외의 경우 및 이륜자동차가 견인하는 경우에는 매시 25킬로미터 이내

문제 62 총중량 2천킬로그램 미만인 자동차를 총중량이 그의 3배 이상인 자동차로 견인하는 경우 외의 경우에서 자동차를 견인할 때의 속도는?

① 제한속도 없음 ② 20km/h 이내
③ 25km/h 이내 ④ 30km/h 이내

해설 도로교통법 시행규칙 제20조(자동차를 견인할 때의 속도)
견인자동차가 아닌 자동차로 다른 자동차를 견인하여 도로(고속도로를 제외한다)를 통행하는 때의 속도는 제19조에 불구하고 다음 각 호에서 정하는 바에 의한다.
1. 총중량 2천킬로그램 미만인 자동차를 총중량이 그의 3배 이상인 자동차로 견인하는 경우에는 매시 30킬로미터 이내
2. **제1호 외의 경우** 및 이륜자동차가 견인하는 경우에는 **매시 25킬로미터 이내**

문제 63 앞차가 갑자기 정지하게 되는 경우 그 앞차와의 충돌을 피할 수 있는 필요한 거리는?

① 정지거리 ② 안전거리 ③ 제동거리 ④ 공주거리

해설 도로교통법 제19조(**안전거리** 확보 등)
① 모든 차의 운전자는 같은 방향으로 가고 있는 앞차의 뒤를 따르는 경우에는 **앞차가 갑자기 정지하게 되는 경우 그 앞차와의 충돌을 피할 수 있는 필요한 거리**를 확보하여야 한다.

문제 64 비탈진 도로에서 내려가는 화물차와 올라가는 택시가 있다. 양보 해야하는 차량은?

① 택시 ② 화물차
③ 먼저 진입한 차량 ④ 동승자가 있는 경우 택시

해설 도로교통법 제20조(진로 양보의 의무)
① 모든 차(긴급자동차는 제외한다)의 운전자는 뒤에서 따라오는 차보다 느린 속도로 가려는 경우에는 도로의 우측 가장자리로 피하여 진로를 양보하여야 한다. 다만, 통행 구분이 설치

정답 62 ③ 63 ② 64 ①

된 도로의 경우에는 그러하지 아니하다.
② 좁은 도로에서 긴급자동차 외의 자동차가 서로 마주보고 진행할 때에는 다음 각 호의 구분에 따른 자동차가 도로의 우측 가장자리로 피하여 진로를 <u>**양보**</u>하여야 한다.
  1. 비탈진 좁은 도로에서 자동차가 서로 마주보고 진행하는 경우에는 **올라가는 자동차**
  2. 비탈진 좁은 도로 외의 좁은 도로에서 사람을 태웠거나 물건을 실은 자동차와 동승자(同乘者)가 없고 물건을 싣지 아니한 자동차가 서로 마주보고 진행하는 경우에는 동승자가 없고 물건을 싣지 아니한 자동차
→ 물건을 싣지 않은 내려가는 화물차와 동승자가 없는 올라가는 택시라면 올라가는 택시가 양보해야하고, 물건을 싣지 않은 내려가는 화물차와 동승자가 있는 올라가는 택시라면 화물차가 양보해야 한다.

문제 65 앞지르기의 정의로 옳은 것은?

① 모든 차의 운전자는 다른 차를 앞지르려면 앞차의 좌측으로 통행하여야 한다.
② 모든 차의 운전자는 다른 차를 앞지르려면 앞차의 우측으로 통행하여야 한다.
③ 모든 차의 운전자는 다른 차를 앞지르려면 비상깜박이를 점등하며 통행하여야 한다.
④ 모든 차의 운전자는 다른 차를 앞지르려면 클락션을 울리며 통행하여야 한다.

해설 도로교통법 제21조(앞지르기 방법 등)
① 모든 차의 운전자는 다른 차를 앞지르려면 앞차의 **좌측**으로 통행하여야 한다. → ①

문제 66 앞지르기를 하여서는 안 되는 경우에 포함되지 않는 것은?

① 도로 공사 현장에서의 안전한 교통 및 작업 환경을 위한 도로안전 통제원의 지시에 따라 정지하거나 서행하고 있는 차
② 앞지르기 금지 시기 및 장소에서 정지하거나 서행하고 있는 차
③ 위험을 방지하기 위하여 정지하거나 서행하고 있는 경우
④ 앞차의 좌측에 다른 차가 앞차와 나란히 가고 있는 경우

해설 도로교통법 제22조(앞지르기 금지의 시기 및 장소)
① 모든 차의 운전자는 다음 각 호의 어느 하나에 해당하는 경우에는 앞차를 앞지르지 못한다.
  1. <u>**앞차의 좌측에 다른 차가 앞차와 나란히 가고 있는 경우**</u> → ④
  2. 앞차가 다른 차를 앞지르고 있거나 앞지르려고 하는 경우
② 모든 차의 운전자는 다음 각 호의 어느 하나에 해당하는 다른 차를 앞지르지 못한다.
  1. 이 법이나 이 법에 따른 명령에 따라 <u>**정지하거나 서행하고 있는 차**</u> → ②
  2. 경찰공무원의 지시에 따라 정지하거나 서행하고 있는 차
  3. <u>위험을 방지하기 위하여 정지하거나 서행하고 있는 차</u> → ③

정답 65 ① 66 ①

1. 교통법규 - 3. 도로교통법

문제 67 앞지르기 할 수 없는 장소가 아닌 것은?

① 교차로　　② 터널 안　　③ 다리 위　　④ 완만한 내리막

해설 도로교통법 제22조(앞지르기 금지의 시기 및 장소)
③ 모든 차의 운전자는 다음 각 호의 어느 하나에 해당하는 곳에서는 다른 차를 앞지르지 못한다. 〈개정 2020. 12. 22.〉
1. 교차로　　　　2. 터널 안　　　　3. 다리 위
4. 도로의 구부러진 곳, 비탈길의 고갯마루 부근 또는 **가파른 비탈길의 내리막** 등 시·도경찰청장이 도로에서의 위험을 방지하고 교통의 안전과 원활한 소통을 확보하기 위하여 필요하다고 인정하는 곳으로서 안전표지로 지정한 곳

문제 68 앞지르기 금지의 장소가 아닌 곳은?

① 다리 밑　　② 교차로　　③ 터널 안　　④ 다리 위

해설 도로교통법 제22조(앞지르기 금지의 시기 및 장소)
③ 모든 차의 운전자는 다음 각 호의 어느 하나에 해당하는 곳에서는 다른 차를 앞지르지 못한다. 〈개정 2020. 12. 22.〉
1. **교차로**　　　　2. **터널 안**　　　　3. **다리 위**
4. 도로의 구부러진 곳, 비탈길의 고갯마루 부근 또는 가파른 비탈길의 내리막 등 시·도경찰청장이 도로에서의 위험을 방지하고 교통의 안전과 원활한 소통을 확보하기 위하여 필요하다고 인정하는 곳으로서 안전표지로 지정한 곳

문제 69 교차로에서의 운전방법으로 틀린 것은?

① 우회전 하려는 경우에는 미리 도로의 우측 가장자리를 서행하면서 우회전하여야 한다.
② 우회전이나 좌회전을 하기 위하여 손이나 방향지시기 또는 등화로써 신호를 하는 차가 있는 경우에 그 뒤차의 운전자는 신호를 한 앞차의 진행을 방해하여서는 아니 된다.
③ 신호기로 교통정리를 하고 있는 교차로에 들어가려는 경우에는 진행하려는 진로의 앞쪽에 있는 차 또는 노면전차의 상황에 따라 교차로에 정지하게 되어 다른 차 또는 노면전차의 통행에 방해가 될 우려가 있는 경우에는 그 교차로에 들어가서는 아니 된다.
④ 좌회전 하려는 차는 미리 길 가장자리 구역으로 붙어 서행하면서 이동한다.

정답　67 ④　68 ①　69 ④

해설 도로교통법 제25조(교차로 통행방법)
① 모든 차의 운전자는 교차로에서 우회전을 하려는 경우에는 미리 도로의 우측 가장자리를 서행하면서 우회전하여야 한다. 이 경우 우회전하는 차의 운전자는 신호에 따라 정지하거나 진행하는 보행자 또는 자전거등에 주의하여야 한다. → ①
② 모든 차의 운전자는 교차로에서 좌회전을 하려는 경우에는 미리 도로의 중앙선을 따라 서행하면서 교차로의 중심 안쪽을 이용하여 좌회전하여야 한다. 다만, 시·도경찰청장이 교차로의 상황에 따라 특히 필요하다고 인정하여 지정한 곳에서는 교차로의 중심 바깥쪽을 통과할 수 있다. → ④
④ 제1항부터 제3항까지의 규정에 따라 우회전이나 좌회전을 하기 위하여 손이나 방향지시기 또는 등화로써 신호를 하는 차가 있는 경우에 그 뒤차의 운전자는 신호를 한 앞차의 진행을 방해하여서는 아니 된다. → ②
⑤ 모든 차 또는 노면전차의 운전자는 신호기로 교통정리를 하고 있는 교차로에 들어가려는 경우에는 진행하려는 진로의 앞쪽에 있는 차 또는 노면전차의 상황에 따라 교차로(정지선이 설치되어 있는 경우에는 그 정지선을 넘은 부분을 말한다)에 정지하게 되어 다른 차 또는 노면전차의 통행에 방해가 될 우려가 있는 경우에는 그 교차로에 들어가서는 아니 된다. → ③

문제 70 교차로 통행방법 중 잘못된 것은?

① 교통정리를 하고 있지 아니하는 교차로에서 좌회전하려고 하는 차의 운전자는 그 교차로에서 직진하거나 우회전하려는 차가 있으면 진로를 양보해야한다.
② 폭이 넓은 도로로부터 교차로에 들어가려고 하는 다른 차가 있을 때에는 그 차에 진로를 양보하여야 한다.
③ 이미 교차로에 들어가 있는 다른 차가 있을 때에는 그 차에 진로를 양보하여야 한다.
④ 모든 차의 운전자는 교차로에서 우회전을 하려는 경우에는 미리 도로의 중앙선을 따라 서행하면서 중심 안쪽을 이용하여 우회전하여야 한다.

해설 도로교통법 제25조(교차로 통행방법)
① 모든 차의 운전자는 교차로에서 우회전을 하려는 경우에는 미리 도로의 우측 가장자리를 서행하면서 우회전하여야 한다. 이 경우 우회전하는 차의 운전자는 신호에 따라 정지하거나 진행하는 보행자 또는 자전거등에 주의하여야 한다. 〈개정 2020. 6. 9.〉
② **모든 차의 운전자는 교차로에서 좌회전을 하려는 경우에는 미리 도로의 중앙선을 따라 서행하면서 교차로의 중심 안쪽을 이용하여 좌회전하여야 한다.** 다만, 시·도경찰청장이 교차로의 상황에 따라 특히 필요하다고 인정하여 지정한 곳에서는 교차로의 중심 바깥쪽을 통과할 수 있다. 〈개정 2020. 12. 22.〉 → ④
③ 제2항에도 불구하고 자전거등의 운전자는 교차로에서 좌회전하려는 경우에는 미리 도로의 우측 가장자리로 붙어 서행하면서 교차로의 가장자리 부분을 이용하여 좌회전하여야 한다. 〈개정 2020. 6. 9.〉

정답 70 ④

④ 제1항부터 제3항까지의 규정에 따라 우회전이나 좌회전을 하기 위하여 손이나 방향지시기 또는 등화로써 신호를 하는 차가 있는 경우에 그 뒤차의 운전자는 신호를 한 앞차의 진행을 방해하여서는 아니 된다.
⑤ 모든 차 또는 노면전차의 운전자는 신호기로 교통정리를 하고 있는 교차로에 들어가려는 경우에는 진행하려는 진로의 앞쪽에 있는 차 또는 노면전차의 상황에 따라 교차로(정지선이 설치되어 있는 경우에는 그 정지선을 넘은 부분을 말한다)에 정지하게 되어 다른 차 또는 노면전차의 통행에 방해가 될 우려가 있는 경우에는 그 교차로에 들어가서는 아니 된다.
⑥ 모든 차의 운전자는 교통정리를 하고 있지 아니하고 일시정지나 양보를 표시하는 안전표지가 설치되어 있는 교차로에 들어가려고 할 때에는 다른 차의 진행을 방해하지 아니하도록 일시정지하거나 양보하여야 한다.

도로교통법 제26조(교통정리가 없는 교차로에서의 양보운전)
① 교통정리를 하고 있지 아니하는 교차로에 들어가려고 하는 차의 운전자는 **이미 교차로에 들어가 있는 다른 차가 있을 때에는 그 차에 진로를 양보하여야 한다.** → ③
② 교통정리를 하고 있지 아니하는 교차로에 들어가려고 하는 차의 운전자는 그 차가 통행하고 있는 도로의 폭보다 교차하는 도로의 폭이 넓은 경우에는 서행하여야 하며, **폭이 넓은 도로로부터 교차로에 들어가려고 하는 다른 차가 있을 때에는 그 차에 진로를 양보**하여야 한다. → ②
③ 교통정리를 하고 있지 아니하는 교차로에 동시에 들어가려고 하는 차의 운전자는 우측도로의 차에 진로를 양보하여야 한다.
④ **교통정리를 하고 있지 아니하는 교차로에서 좌회전**하려고 하는 차의 운전자는 그 교차로에서 **직진하거나 우회전하려는 다른 차가 있을 때에는 그 차에 진로를 양보**하여야 한다. → ④

문제 71 교차로 통행방법 중 틀린 것은?

① 우회전을 하려는 경우에는 미리 도로의 우측 가장자리를 서행하면서 우회전하여야 한다.
② 좌회전을 하려는 경우에는 미리 도로의 중앙선을 따라 서행하면서 교차로의 중심 안쪽을 이용하여 좌회전하여야 한다.
③ 자전거의 운전자는 교차로에서 좌회전하려는 경우에는 미리 도로의 우측 가장자리로 붙어 서행하면서 교차로의 가장자리 부분을 이용하여 좌회전하여야 한다.
④ 좌회전을 하려는 경우에는 미리 도로의 가장자리를 서행하면서 좌회전하여야 한다.

해설 도로교통법 제25조(교차로 통행방법)
① 모든 차의 운전자는 교차로에서 **우회전을 하려는 경우에는 미리 도로의 우측 가장자리를 서행하면서 우회전하여야 한다.** 이 경우 우회전하는 차의 운전자는 신호에 따라 정지하거나 진행하는 보행자 또는 자전거등에 주의하여야 한다. 〈개정 2020. 6. 9.〉 → ①
② 모든 차의 운전자는 교차로에서 **좌회전을 하려는 경우에는 미리 도로의 중앙선을 따라 서행하면서 교차로의 중심 안쪽을 이용하여 좌회전하여야 한다.** 다만, 시·도경찰청장이 교차로의 상황에 따라 특히 필요하다고 인정하여 지정한 곳에서는 교차로의 중심 바깥쪽을 통과할 수 있다. 〈개정 2020. 12. 22.〉 → ②, ④

정답 71 ④

③ 제2항에도 불구하고 **자전거등의 운전자는 교차로에서 좌회전하려는 경우에는 미리 도로의 우측 가장자리로 붙어 서행하면서 교차로의 가장자리 부분을 이용하여 좌회전하여야 한다.** 〈개정 2020. 6. 9.〉 → ③

④ 제1항부터 제3항까지의 규정에 따라 우회전이나 좌회전을 하기 위하여 손이나 방향지시기 또는 등화로써 신호를 하는 차가 있는 경우에 그 뒤차의 운전자는 신호를 한 앞차의 진행을 방해하여서는 아니 된다.

⑤ 모든 차 또는 노면전차의 운전자는 신호기로 교통정리를 하고 있는 교차로에 들어가려는 경우에는 진행하려는 진로의 앞쪽에 있는 차 또는 노면전차의 상황에 따라 교차로(정지선이 설치되어 있는 경우에는 그 정지선을 넘은 부분을 말한다)에 정지하게 되어 다른 차 또는 노면전차의 통행에 방해가 될 우려가 있는 경우에는 그 교차로에 들어가서는 아니 된다.

⑥ 모든 차의 운전자는 교통정리를 하고 있지 아니하고 일시정지나 양보를 표시하는 안전표지가 설치되어 있는 교차로에 들어가려고 할 때에는 다른 차의 진행을 방해하지 아니하도록 일시정지하거나 양보하여야 한다.

문제 72   회전교차로 통행 방법 중 틀린 것은?

① 모든 차의 운전자는 회전교차로에서는 반시계방향으로 통행하여야 한다.
② 모든 차의 운전자는 회전교차로에 진입하려는 경우에는 서행하거나 일시정지하여야 한다.
③ 회전교차로에 진입하려는 경우에 이미 진행하고 있는 다른 차가 있는 때에는 그 차에 진로를 양보하여야 한다.
④ 회전하고 있는 운전자는 우측 도로의 차에 진로를 양보한다.

해설   도로교통법 제25조의2(회전교차로 통행방법)
① 모든 차의 운전자는 회전교차로에서는 반시계방향으로 통행하여야 한다. → ①
② 모든 차의 운전자는 회전교차로에 진입하려는 경우에는 서행하거나 일시정지하여야 하며, **이미 진행하고 있는 다른 차가 있는 때에는 그 차에 진로를 양보하여야 한다.** → ②, ③
③ 제1항 및 제2항에 따라 회전교차로 통행을 위하여 손이나 방향지시기 또는 등화로써 신호를 하는 차가 있는 경우 그 뒤차의 운전자는 신호를 한 앞차의 진행을 방해하여서는 아니 된다.
→ 회전교차로는 회전차량이 우선이다. 우측 도로에서 진입하려고 하는 차가 회전하고 있는 차에게 양보하여야 한다.

문제 73   교통정리가 없는 교차로에서의 통행 최우선권은?

① 교차로에 먼저 진입한 차량   ② 폭이 넓은 도로에서 진입하는 차량
③ 교차로를 직진 통과하고자 하는 차량   ④ 교차로에서 우회전하고자 하는 차량

정답   72 ④   73 ①

해설 도로교통법 제26조(교통정리가 없는 교차로에서의 양보운전)
① 교통정리를 하고 있지 아니하는 교차로에 들어가려고 하는 차의 운전자는 **이미 교차로에 들어가 있는 다른 차가 있을 때에는 그 차에 진로를 양보**하여야 한다.
② 교통정리를 하고 있지 아니하는 교차로에 들어가려고 하는 차의 운전자는 그 차가 통행하고 있는 도로의 폭보다 교차하는 도로의 폭이 넓은 경우에는 서행하여야 하며, 폭이 넓은 도로로부터 교차로에 들어가려고 하는 다른 차가 있을 때에는 그 차에 진로를 양보하여야 한다.
③ 교통정리를 하고 있지 아니하는 교차로에 동시에 들어가려고 하는 차의 운전자는 **우측도로의 차에 진로를 양보**하여야 한다.
④ 교통정리를 하고 있지 아니하는 교차로에서 좌회전하려고 하는 차의 운전자는 그 교차로에서 직진하거나 우회전하려는 다른 차가 있을 때에는 그 차에 진로를 양보하여야 한다.
→1항부터 4항의 순서로 우선권을 갖는다. (선진입 → 대로 → 우측 → 직진, 우회전)

문제 74 긴급자동차에 대한 양보에 관한 설명 중 틀린 것은?

① 교차로나 그 부근에서 긴급자동차가 접근하는 경우에는 차마와 노면전차의 운전자는 교차로를 피하여 일시정지하여야 한다.
② 모든 차와 노면전차의 운전자는 교차로나 그 부근 외의 곳에서 긴급자동차가 접근한 경우에는 긴급자동차가 우선통행할 수 있도록 진로를 양보하여야 한다.
③ 긴급자동차에게 방해가 되지 않도록 빠르게 달린다.
④ 긴급자동차가 긴급하고 부득이한 경우에는 도로의 중앙이나 좌측 부분을 통행할 수 있도록 양보한다.

해설 도로교통법 제29조(긴급자동차의 우선 통행)
① 긴급자동차는 제13조제3항에도 불구하고 **긴급하고 부득이한 경우에는 도로의 중앙이나 좌측 부분을 통행할 수 있다.** → ④
② 긴급자동차는 이 법이나 이 법에 따른 명령에 따라 정지하여야 하는 경우에도 불구하고 긴급하고 부득이한 경우에는 정지하지 아니할 수 있다.
③ 긴급자동차의 운전자는 제1항이나 제2항의 경우에 교통안전에 특히 주의하면서 통행하여야 한다.
④ 교차로나 그 부근에서 긴급자동차가 접근하는 경우에는 차마와 노면전차의 운전자는 교차로를 피하여 **일시정지**하여야 한다. 〈개정 2018. 3. 27.〉 → ①
⑤ 모든 차와 노면전차의 운전자는 제4항에 따른 곳 외의 곳에서 긴급자동차가 접근한 경우에는 긴급자동차가 우선통행할 수 있도록 **진로를 양보**하여야 한다. 〈개정 2016. 12. 2., 2018. 3. 27.〉 → ②
⑥ 제2조제22호 각 목의 자동차 운전자는 해당 자동차를 그 본래의 긴급한 용도로 운행하지 아니하는 경우에는 「자동차관리법」에 따라 설치된 경광등을 켜거나 사이렌을 작동하여서는 아니 된다. 다만, 대통령령으로 정하는 바에 따라 범죄 및 화재 예방 등을 위한 순찰·훈련 등을 실시하는 경우에는 그러하지 아니하다. 〈신설 2016. 1. 27.〉

정답 74 ③

문제 75 서행하여야 할 장소가 아닌 곳은?

① 교통정리를 하고 있지 아니하는 교차로
② 도로가 구부러진 부근
③ 완만한 오르막길
④ 비탈길의 고갯마루 부근

해설 도로교통법 제31조(서행 또는 일시정지할 장소)
① 모든 차 또는 노면전차의 운전자는 다음 각 호의 어느 하나에 해당하는 곳에서는 서행하여야 한다.
  1. **교통정리를 하고 있지 아니하는 교차로 → ①**   2. **도로가 구부러진 부근 → ②**
  3. **비탈길의 고갯마루 부근 → ④**   4. 가파른 비탈길의 내리막
  5. 시·도경찰청장이 도로에서의 위험을 방지하고 교통의 안전과 원활한 소통을 확보하기 위하여 필요하다고 인정하여 안전표지로 지정한 곳

문제 76 서행하여야 할 장소가 아닌 곳은?

① 도로가 구부러진 부근
② 비탈길의 고갯마루 부근
③ 완만한 오르막길
④ 가파른 비탈길의 내리막

해설 도로교통법 제31조(서행 또는 일시정지할 장소)
① 모든 차 또는 노면전차의 운전자는 다음 각 호의 어느 하나에 해당하는 곳에서는 서행하여야 한다. 〈개정 2018. 3. 27., 2020. 12. 22.〉
  1. 교통정리를 하고 있지 아니하는 교차로   2. **도로가 구부러진 부근 → ①**
  3. **비탈길의 고갯마루 부근 → ②**   4. **가파른 비탈길의 내리막 → ④**
  5. 시·도경찰청장이 도로에서의 위험을 방지하고 교통의 안전과 원활한 소통을 확보하기 위하여 필요하다고 인정하여 안전표지로 지정한 곳

문제 77 다음 중 일시정지 하여야 할 장소가 아닌 곳은?

① 교통정리를 하고 있지 아니한 교차로
② 좌우를 확인할 수 없거나 교통이 빈번한 교차로
③ 도로에서의 위험을 방지하고 교통의 안전과 원활한 소통을 확보하기 위하여 필요하다고 인정하여 안전표지로 지정한 곳
④ 가파른 비탈길의 내리막

정답 75 ③ 76 ③ 77 ③

해설 도로교통법 제31조(서행 또는 일시정지할 장소)
① 모든 차 또는 노면전차의 운전자는 다음 각 호의 어느 하나에 해당하는 곳에서는 **서행**하여야 한다. 〈개정 2018. 3. 27., 2020. 12. 22.〉
1. 교통정리를 하고 있지 아니하는 교차로
2. 도로가 구부러진 부근
3. 비탈길의 고갯마루 부근
4. **가파른 비탈길의 내리막** → ④
5. 시 · 도경찰청장이 도로에서의 위험을 방지하고 교통의 안전과 원활한 소통을 확보하기 위하여 필요하다고 인정하여 안전표지로 지정한 곳
② 모든 차 또는 노면전차의 운전자는 다음 각 호의 어느 하나에 해당하는 곳에서는 **일시정지**하여야 한다. 〈개정 2018. 3. 27., 2020. 12. 22.〉
1. 교통정리를 하고 있지 아니하고 좌우를 확인할 수 없거나 교통이 빈번한 교차로 → ①, ②
2. 시 · 도경찰청장이 도로에서의 위험을 방지하고 교통의 안전과 원활한 소통을 확보하기 위하여 필요하다고 인정하여 안전표지로 지정한 곳 → ③

문제 78 다음 중 정차가 금지되는 곳이 아닌 것은?

① 교차로, 횡단보도 또는 건널목
② 교차로 가장자리부터 5m 이내
③ 안전지대의 사방으로부터 10m 이내
④ 터널 안 및 다리

해설 도로교통법 제32조(정차 및 주차의 금지)
모든 차의 운전자는 다음 각 호의 어느 하나에 해당하는 곳에서는 차를 정차하거나 주차하여서는 아니 된다. 다만, 이 법이나 이 법에 따른 명령 또는 경찰공무원의 지시를 따르는 경우와 위험방지를 위하여 일시정지하는 경우에는 그러하지 아니하다. 〈개정 2021. 11. 30.〉
1. **교차로 · 횡단보도 · 건널목**이나 보도와 차도가 구분된 도로의 보도(「주차장법」에 따라 차도와 보도에 걸쳐서 설치된 노상주차장은 제외한다) → ①
2. **교차로의 가장자리**나 도로의 모퉁이로부터 **5미터 이내**인 곳 → ②
3. 안전지대가 설치된 도로에서는 그 **안전지대의 사방으로부터** 각각 **10미터 이내**인 곳 → ③
4. 버스여객자동차의 정류지(停留地)임을 표시하는 기둥이나 표지판 또는 선이 설치된 곳으로부터 10미터 이내인 곳. 다만, 버스여객자동차의 운전자가 그 버스여객자동차의 운행시간 중에 운행노선에 따르는 정류장에서 승객을 태우거나 내리기 위하여 차를 정차하거나 주차하는 경우에는 그러하지 아니하다.
5. 건널목의 가장자리 또는 횡단보도로부터 10미터 이내인 곳
6. 다음 각 목의 곳으로부터 5미터 이내인 곳
  가. 「소방기본법」 제10조에 따른 소방용수시설 또는 비상소화장치가 설치된 곳
  나. 「소방시설 설치 및 관리에 관한 법률」 제2조제1항제1호에 따른 소방시설로서 대통령령으로 정하는 시설이 설치된 곳
7. 시 · 도경찰청장이 도로에서의 위험을 방지하고 교통의 안전과 원활한 소통을 확보하기 위하여 필요하다고 인정하여 지정한 곳
8. 시장등이 제12조제1항에 따라 지정한 어린이 보호구역

정답 78 ④

문제 79 다음 중 주·정차가 금지되는 곳이 아닌 것은?

① 교차로
② 횡단보도
③ 교차로 10m 이내
④ 횡단보도 10m 이내

해설 도로교통법 제32조(정차 및 주차의 금지)
모든 차의 운전자는 다음 각 호의 어느 하나에 해당하는 곳에서는 차를 정차하거나 주차하여서는 아니 된다. 다만, 이 법이나 이 법에 따른 명령 또는 경찰공무원의 지시를 따르는 경우와 위험방지를 위하여 일시정지하는 경우에는 그러하지 아니하다. 〈개정 2021. 11. 30.〉
1. **교차로**·**횡단보도**·건널목이나 보도와 차도가 구분된 도로의 보도(「주차장법」에 따라 차도와 보도에 걸쳐서 설치된 노상주차장은 제외한다)
2. **교차로**의 가장자리나 **도로의 모퉁이**로부터 **5미터 이내인 곳**
3. 안전지대가 설치된 도로에서는 그 안전지대의 사방으로부터 각각 10미터 이내인 곳
4. 버스여객자동차의 정류지(停留地)임을 표시하는 기둥이나 표지판 또는 선이 설치된 곳으로부터 10미터 이내인 곳. 다만, 버스여객자동차의 운전자가 그 버스여객자동차의 운행시간 중에 운행노선에 따르는 정류장에서 승객을 태우거나 내리기 위하여 차를 정차하거나 주차하는 경우에는 그러하지 아니하다.
5. 건널목의 가장자리 또는 **횡단보도로부터 10미터 이내인 곳**
6. 다음 각 목의 곳으로부터 5미터 이내인 곳
   가. 「소방기본법」 제10조에 따른 소방용수시설 또는 비상소화장치가 설치된 곳
   나. 「소방시설 설치 및 관리에 관한 법률」 제2조제1항제1호에 따른 소방시설로서 대통령령으로 정하는 시설이 설치된 곳
7. 시·도경찰청장이 도로에서의 위험을 방지하고 교통의 안전과 원활한 소통을 확보하기 위하여 필요하다고 인정하여 지정한 곳
8. 시장등이 제12조제1항에 따라 지정한 어린이 보호구역

문제 80 정차 및 주차금지 장소가 아닌 곳은?

① 버스정류장 기둥으로부터 10m 이내인 곳
② 안전지대의 사방으로 부터 10m 이내인 곳
③ 도로 모퉁이 10m 이내인 곳
④ 소방용수시설·비상소화장치로 부터 5m 이내인 곳

해설 도로교통법 제32조(정차 및 주차의 금지)
모든 차의 운전자는 다음 각 호의 어느 하나에 해당하는 곳에서는 차를 정차하거나 주차하여서는 아니 된다. 다만, 이 법이나 이 법에 따른 명령 또는 경찰공무원의 지시를 따르는 경우와 위험방지를 위하여 일시정지하는 경우에는 그러하지 아니하다.
2. 교차로의 가장자리나 **도로의 모퉁이**로부터 **5미터 이내인 곳** → ③
3. 안전지대가 설치된 도로에서는 그 안전지대의 사방으로부터 각각 **10미터 이내인 곳** → ②
4. 버스여객자동차의 정류지(停留地)임을 표시하는 기둥이나 표지판 또는 선이 설치된 곳으로

정답 79 ③ 80 ③

부터 **10미터** 이내인 곳. 다만, 버스여객자동차의 운전자가 그 버스여객자동차의 운행시간 중에 운행노선에 따르는 정류장에서 승객을 태우거나 내리기 위하여 차를 정차하거나 주차하는 경우에는 그러하지 아니하다. → ①

6. 다음 각 목의 곳으로부터 **5미터** 이내인 곳
   가. 「소방기본법」 제10조에 따른 소방용수시설 또는 비상소화장치가 설치된 곳 → ④

문제 81 국토교통부장관이 미리 경찰청과 협의하여 자동차의 운행제한을 명할 수 있는 경우가 아닌 것은?

① 축하중(軸荷重)이 10톤을 초과하거나 총중량이 40톤을 초과하는 차량
② 차량의 폭이 2.5미터, 높이가 4.0미터(도로 구조의 보전과 통행의 안전에 지장이 없다고 도로관리청이 인정하여 고시한 도로의 경우에는 4.2미터), 길이가 16.7미터를 초과하는 차량
③ 도로관리청이 특히 도로 구조의 보전과 통행의 안전에 지장이 있다고 인정하는 차량
④ 원활한 교통 흐름을 보이는 지역의 발생 예방 또는 해소

해설 도로교통법 제33조(도로의 점용허가 등에 관한 통보)
② 「도로법」 제76조에 따른 통행의 금지나 제한 또는 같은 **법 제77조에 따른 차량의 운행제한**을 한 도로관리청은 법 제70조제1항에 따라 경찰청장이나 관할 경찰서장에게 그 내용을 통보할 때에는 금지 또는 제한한 대상·구간·기간 및 그 이유를 명확하게 적은 문서로 하여야 한다. 〈개정 2014. 7. 14.〉
도로법 제77조(차량의 운행 제한 및 운행 허가) ① 도로관리청은 도로 구조를 보전하고 도로에서의 차량 운행으로 인한 위험을 방지하기 위하여 필요하면 **대통령령**으로 정하는 바에 따라 도로에서의 차량 운행을 제한할 수 있다. 다만, 차량의 구조나 적재화물의 특수성으로 인하여 도로관리청의 허가를 받아 운행하는 차량의 경우에는 그러하지 아니하다.
도로법 시행령 제79조(차량의 운행 제한 등)
② 도로관리청이 법 제77조제1항에 따라 운행을 제한할 수 있는 차량은 다음 각 호와 같다.
  1. 축하중(軸荷重)이 10톤을 초과하거나 총중량이 40톤을 초과하는 차량 → ①
  2. 차량의 폭이 2.5미터, 높이가 4.0미터(도로 구조의 보전과 통행의 안전에 지장이 없다고 도로관리청이 인정하여 고시한 도로의 경우에는 4.2미터), 길이가 16.7미터를 초과하는 차량 → ②
  3. 도로관리청이 특히 도로 구조의 보전과 통행의 안전에 지장이 있다고 인정하는 차량 → ③

문제 82 정차 또는 주차의 방법 등에 대한 내용으로 틀린 것은?

① 모든 차의 운전자는 도로에서 주차할 때에는 시·도경찰청장이 정하는 주차의 장소·시간 및 방법에 따라야 한다.
② 여객자동차의 운전자는 승객을 태우거나 내려주기 위하여 정류소 또는 이에 준하는 장소에서 정차하였을 경우 승객이 타거나 내린 즉시 출발하여야 하며

정답 81 ④ 82 ②

주변에서 주행하는 차량의 흐름을 방해하지 아니하여야 한다.
③ 모든 차의 운전자는 도로에서 정차할 때에는 차도의 오른쪽 가장자리에 정차하여야 한다.
④ 차도와 보도의 구별이 없는 도로의 경우에는 도로의 오른쪽 가장자리로부터 중앙으로 50센티미터 이상의 거리를 두어야 한다.

해설 도로교통법 시행령 제11조(정차 또는 주차의 방법 등)
① 차의 운전자가 법 제34조에 따라 지켜야 하는 정차 또는 주차의 방법 및 시간은 다음 각 호와 같다. 〈개정 2020. 12. 31.〉
 1. 모든 차의 운전자는 도로에서 정차할 때에는 차도의 오른쪽 가장자리에 정차할 것. 다만, 차도와 보도의 구별이 없는 도로의 경우에는 도로의 오른쪽 가장자리로부터 중앙으로 50센티미터 이상의 거리를 두어야 한다. → ③, ④
 2. 여객자동차의 운전자는 승객을 태우거나 내려주기 위하여 정류소 또는 이에 준하는 장소에서 정차하였을 때에는 승객이 타거나 내린 즉시 출발하여야 하며 **뒤따르는 다른 차의 정차를 방해하지 아니할 것** → ②
 3. 모든 차의 운전자는 도로에서 주차할 때에는 시·도경찰청장이 정하는 주차의 장소·시간 및 방법에 따를 것 → ①

문제 83 주차 위반에 관한 조치에 대한 내용으로 틀린 것은?

① 부득이한 경우에 따라서는 관할 경찰서장 등이 지정하는 곳으로 주차 위반 차량을 이동하게 할 수 있다.
② 경찰서장 및 시장 등은 주차 위반 차량을 관할 경찰서장 등이 지정하는 곳으로 이동시킨 경우에는 선량한 관리자로서의 주의 의무를 다하여 해당 차량을 보관하여야 한다.
③ 주차 위반에 관한 조치를 시행할 수 있는 사람은 시·도경찰청장이다.
④ 주차 위반에 대한 조치로 이동된 차량의 사용자나 운전자의 성명 및 주소를 알 수 없을 때에는 적법한 관계 법령의 지시 사항에 따라 이를 공고하여야 한다.

해설 도로교통법 제35조(주차위반에 대한 조치)
① 다음 각 호의 어느 하나에 해당하는 사람은 제32조·제33조 또는 제34조를 위반하여 주차하고 있는 차가 교통에 위험을 일으키게 하거나 방해될 우려가 있을 때에는 차의 운전자 또는 관리 책임이 있는 사람에게 주차 방법을 변경하거나 그 곳으로부터 이동할 것을 명할 수 있다.
 1. **경찰공무원**
 2. 시장등(도지사를 포함한다. 이하 이 조에서 같다)이 대통령령으로 정하는 바에 따라 임명하는 **공무원**(이하 "시·군공무원"이라 한다) → ③
② 경찰서장이나 시장등은 제1항의 경우 차의 운전자나 관리 책임이 있는 사람이 현장에 없을 때에는 도로에서 일어나는 위험을 방지하고 교통의 안전과 원활한 소통을 확보하기 위하여

정답 83 ③

필요한 범위에서 그 차의 주차방법을 직접 변경하거나 변경에 필요한 조치를 할 수 있으며, 부득이한 경우에는 관할 경찰서나 경찰서장 또는 시장등이 지정하는 곳으로 이동하게 할 수 있다. → ①
③ 경찰서장이나 시장등은 제2항에 따라 주차위반 차를 관할 경찰서나 경찰서장 또는 시장등이 지정하는 곳으로 이동시킨 경우에는 선량한 관리자로서의 주의의무를 다하여 보관하여야 하며, 그 사실을 차의 사용자(소유자 또는 소유자로부터 차의 관리에 관한 위탁을 받은 사람을 말한다. 이하 같다)나 운전자에게 신속히 알리는 등 반환에 필요한 조치를 하여야 한다. → ②
④ 제3항의 경우 차의 사용자나 운전자의 성명·주소를 알 수 없을 때에는 대통령령으로 정하는 방법에 따라 공고하여야 한다. → ④

문제 84 자동차를 견인한 시점으로부터 얼마의 시간이 경과되어도 인수하지 아니할 경우, 해당 차의 보관장소 등의 사항을 통지하여야 하는가?

① 12시간　　② 18시간　　③ 24시간　　④ 48시간

해설 도로교통법 시행령 제13조(주차위반 차의 견인·보관 및 반환 등을 위한 조치)
③ 경찰서장, 도지사 또는 시장등은 차를 견인하였을 때부터 **24시간**이 경과되어도 이를 인수하지 아니하는 때에는 해당 차의 보관장소 등 행정안전부령이 정하는 사항을 해당 차의 사용자 또는 운전자에게 등기우편으로 통지하여야 한다. 〈개정 2014. 11. 19., 2017. 7. 26.〉

문제 85 주차위반 차량을 견인한 경우, 주차위반 차량의 사용자 또는 운전자에게 통지하여야 할 사항 중 틀린 것은?

① 차의 등록번호·차종 및 형식　　② 위반장소
③ 보관한 일시 및 장소　　　　　　④ 범칙금

해설 도로교통법 시행규칙 제22조(주차위반차의 견인·보관 및 반환 등을 위한 조치 등)
③ 영 제13조제3항에 따라 차의 사용자 또는 운전자에게 통지하여야 할 사항은 다음 각 호와 같다.
1. **차의 등록번호·차종 및 형식** → ①　　2. **위반장소** → ②
3. **보관한 일시 및 장소** → ③
4. 통지한 날부터 1월이 지나도 반환을 요구하지 아니한 때에는 그 차를 매각 또는 폐차할 수 있다는 내용

문제 86 주·정차 위반 단속 실무 교육 내용에 해당하지 않는 것은?

① 주·정차 위반 기준의 현장 적용　　② 과태료 부과 및 징수 절차
③ 대행법인의 업무 대행　　　　　　　④ 주·정차 위반자의 조치

정답 84 ③　85 ④　86 ①

해설 도로교통법 시행규칙 [별표 11]
단속담당공무원의 교육내용과 교육방법(제21조제2항관련)

교육과목	교육내용	교육방법
2. 주·정차위반 단속실무	(1) 주·정차위반 운전자의 단속요령 (2) 과태료 부과 및 징수절차 → ② (3) 대행법인의 업무대행 → ③ (4) 주·정차 위반차의 조치 → ④	강의, 시청각 및 분임토의

문제 87 일반도로에서 진로를 바꾸려는 때에는 그 행위를 하려는 지점에 이르기 전 몇 미터 이상의 지점에 이르렀을 때 신호를 하여야 하는가?

① 30m   ② 50m   ③ 70m   ④ 100m

해설 도로교통법 시행령 [별표 2] 〈개정 2023. 10 .17.〉 신호의 시기 및 방법(제21조 관련)

신호를 하는 경우	신호를 하는 시기	신호의 방법
1. 좌회전·횡단·유턴 또는 같은 방향으로 진행하면서 진로를 왼쪽으로 바꾸려는 때	그 행위를 하려는 지점(좌회전할 경우에는 그 교차로의 가장자리)에 이르기 전 30미터(고속도로에서는 100미터) 이상의 지점에 이르렀을 때	왼팔을 수평으로 펴서 차체의 왼쪽 밖으로 내밀거나 오른팔을 차체의 오른쪽 밖으로 내어 팔꿈치를 굽혀 수직으로 올리거나 왼쪽의 방향지시기 또는 등화를 조작할 것
2. 우회전 또는 같은 방향으로 진행하면서 진로를 오른쪽으로 바꾸려는 때	그 행위를 하려는 지점(우회전할 경우에는 그 교차로의 가장자리)에 이르기 전 30미터(고속도로에서는 100미터) 이상의 지점에 이르렀을 때	오른팔을 수평으로 펴서 차체의 오른쪽 밖으로 내밀거나 왼팔을 차체의 왼쪽 밖으로 내어 팔꿈치를 굽혀 수직으로 올리거나 오른쪽의 방향지시기 또는 등화를 조작할 것

문제 88 고속도로에서의 진로변경 간 진로변경 시점으로부터 얼마 정도의 거리를 두고 안전하게 진로변경 하여야 하는가?

① 30미터   ② 50미터   ③ 100미터   ④ 200미터

해설 도로교통법 시행령 [별표 2] 〈개정 2023. 10 .17.〉 신호의 시기 및 방법(제21조 관련)

신호를 하는 경우	신호를 하는 시기	신호의 방법
1. 좌회전·횡단·유턴 또는 같은 방향으로 진행하면서 진로를 왼쪽으로 바꾸려는 때	그 행위를 하려는 지점(좌회전할 경우에는 그 교차로의 가장자리)에 이르기 전 30미터 (고속도로에서는 100미터) 이상의 지점에 이르렀을 때	왼팔을 수평으로 펴서 차체의 왼쪽 밖으로 내밀거나 오른팔을 차체의 오른쪽 밖으로 내어 팔꿈치를 굽혀 수직으로 올리거나 왼쪽의 방향지시기 또는 등화를 조작할 것
2. 우회전 또는 같은 방향으로 진행하면서 진로를 오른쪽으로 바꾸려는 때	그 행위를 하려는 지점(우회전할 경우에는 그 교차로의 가장자리)에 이르기 전 30미터 (고속도로에서는 100미터) 이상의 지점에 이르렀을 때	오른팔을 수평으로 펴서 차체의 오른쪽 밖으로 내밀거나 왼팔을 차체의 왼쪽 밖으로 내어 팔꿈치를 굽혀 수직으로 올리거나 오른쪽의 방향지시기 또는 등화를 조작할 것

정답 87 ①   88 ③

1. 교통법규 - 3. 도로교통법

문제 89 고속버스 운송사업용 자동차의 운행상 안전기준에 따른 승차 인원은?

① 승차정원의 110퍼센트 이내
② 승차정원 이내
③ 승차정원의 90퍼센트 이내
④ 승차정원의 120퍼센트 이내

해설 도로교통법 시행령 제22조(운행상의 안전기준)
법 제39조제1항 본문에서 "대통령령으로 정하는 운행상의 안전기준"이란 다음 각 호를 말한다. 〈개정 2023. 6. 20.〉
1. 자동차의 승차인원은 승차정원 이내일 것

문제 90 화물자동차의 운행상의 안전기준 간 최대로 허용될 수 있는 높이는?

① 3.85m   ② 4m   ③ 4.2m   ④ 4.5m

해설 도로교통법 시행령 제22조(운행상의 안전기준)
법 제39조제1항 본문에서 "대통령령으로 정하는 운행상의 안전기준"이란 다음 각 호를 말한다. 〈개정 2023. 6. 20.〉
4. 자동차(화물자동차, 이륜자동차 및 소형 3륜자동차만 해당한다)의 적재용량은 다음 각 목의 구분에 따른 기준을 넘지 아니할 것
   다. 높이 : 화물자동차는 지상으로부터 4미터(도로구조의 보전과 통행의 안전에 지장이 없다고 인정하여 고시한 도로노선의 경우에는 **4미터 20센티미터**), 소형 3륜자동차는 지상으로부터 2미터 50센티미터, 이륜자동차는 지상으로부터 2미터의 높이

문제 91 도로교통법상 화물자동차의 적재높이 기준은 지상으로 몇 m 를 넘지 못하는가?

① 3m   ② 3.5m   ③ 4m   ④ 4.5m

해설 도로교통법 시행령 제22조(운행상의 안전기준)
법 제39조제1항 본문에서 "대통령령으로 정하는 운행상의 안전기준"이란 다음 각 호를 말한다. 〈개정 2023. 6. 20.〉
4. 자동차(화물자동차, 이륜자동차 및 소형 3륜자동차만 해당한다)의 적재용량은 다음 각 목의 구분에 따른 기준을 넘지 아니할 것
   다. 높이 : 화물자동차는 지상으로부터 **4미터**(도로구조의 보전과 통행의 안전에 지장이 없다고 인정하여 고시한 도로노선의 경우에는 4미터 20센티미터), 소형 3륜자동차는 지상으로부터 2미터 50센티미터, 이륜자동차는 지상으로부터 2미터의 높이

정답 89 ②   90 ③   91 ③

문제 92 무면허 운전에 해당하지 않는 것은?

① 자동차 운전면허가 취소된 사실을 통지받은 상태에서 면허 취소 이후 운전
② 운전 중 운전면허증을 소지하지 않았을 때
③ 시·도경찰청장으로부터 운전면허를 받지 않거나 면허의 효력이 정지된 경우에 자동차를 운전한 경우
④ 운전면허의 범위에 따라 운전할 수 있는 차의 종류는 정해져 있으며 이를 위반하는 행위

해설 도로교통법 제43조(**무면허운전** 등의 금지)
누구든지 제80조에 따라 시·도경찰청장으로부터 **운전면허를 받지 아니하거나 운전면허의 효력이 정지된 경우**에는 자동차등을 운전하여서는 아니 된다. 〈개정 2021. 1. 12.〉
→ ② 운전중 운전면허증을 소지하지 않은 것만으로는 무면허운전으로 볼 수 없다.

문제 93 음주운전이란 혈중알콜농도 어느 수치부터 적용되는가?

① 0.03%   ② 0.05%   ③ 0.07%   ④ 0.09%

해설 도로교통법 제44조(술에 취한 상태에서의 운전 금지)
④ 제1항에 따라 운전이 금지되는 술에 취한 상태의 기준은 운전자의 혈중알코올농도가 **0.03 퍼센트** 이상인 경우로 한다. 〈개정 2018. 12. 24.〉

문제 94 운전이 금지되는 술에 취한 상태의 기준은 운전자의 혈중알코올농도는 몇 퍼센트 이상인가?

① 0.01   ② 0.03   ③ 0.05   ④ 0.07

해설 도로교통법 제44조(술에 취한 상태에서의 운전 금지)
④ 제1항에 따라 운전이 금지되는 술에 취한 상태의 기준은 운전자의 혈중알코올농도가 **0.03 퍼센트** 이상인 경우로 한다. 〈개정 2018. 12. 24.〉

문제 95 다음 중 난폭 운전에 해당되지 않는 것은?

① 정당한 사유 없는 소음 발생   ② 급제동 금지 위반
③ 중앙선 침범   ④ 운전 중 음악 청취

정답 92 ②   93 ①   94 ②   95 ④

해설 도로교통법 제46조의3(난폭운전 금지)
자동차등(개인형 이동장치는 제외한다)의 운전자는 다음 각 호 중 둘 이상의 행위를 연달아 하거나, 하나의 행위를 지속 또는 반복하여 다른 사람에게 위협 또는 위해를 가하거나 교통상의 위험을 발생하게 하여서는 아니 된다. 〈개정 2020. 6. 9.〉
1. 제5조에 따른 신호 또는 지시 위반
2. 제13조제3항에 따른 **중앙선 침범** → ③
3. 제17조제3항에 따른 속도의 위반
4. 제18조제1항에 따른 횡단·유턴·후진 금지 위반
5. 제19조에 따른 안전거리 미확보, 진로변경 금지 위반, **급제동 금지 위반** → ②
6. 제21조제1항·제3항 및 제4항에 따른 앞지르기 방법 또는 앞지르기의 방해금지 위반
7. 제49조제1항제8호에 따른 **정당한 사유 없는 소음 발생** → ①
8. 제60조제2항에 따른 고속도로에서의 앞지르기 방법 위반
9. 제62조에 따른 고속도로등에서의 횡단·유턴·후진 금지 위반

문제 96 모든 차의 운전자가 일단정지를 해야 하는 경우는?

① 교차로에서 좌·우회전을 할 때
② 길가의 건물이나 주차장 등에서 도로에 들어가려고 하는 때
③ 보행자가 횡단보도를 통행하고 있을 때
④ 어린이가 보호자 없이 도로를 횡단하는 때

해설 도로교통법 제49조(모든 운전자의 준수사항 등)
① 모든 차 또는 노면전차의 운전자는 다음 각 호의 사항을 지켜야 한다.
  2. 다음 각 목의 어느 하나에 해당하는 경우에는 **일시정지할 것**
   가. **어린이가 보호자 없이 도로를 횡단할 때**, 어린이가 도로에서 앉아 있거나 서 있을 때 또는 어린이가 도로에서 놀이를 할 때 등 어린이에 대한 교통사고의 위험이 있는 것을 발견한 경우

문제 97 자동차 앞면 창유리 가시광선 투과율의 기준은 몇 퍼센트 미만인가?

① 40퍼센트   ② 50퍼센트   ③ 60퍼센트   ④ 70퍼센트

해설 도로교통법 시행령 제28조(자동차 창유리 가시광선 투과율의 기준)
법 제49조제1항제3호 본문에서 "대통령령으로 정하는 기준"이란 다음 각 호를 말한다. 〈개정 2023. 6. 20.〉
 1. **앞면 창유리** : **70퍼센트**
 2. 운전석 좌우 옆면 창유리 : 40퍼센트

정답 96 ④   97 ④

문제 98 운전석 좌우 옆면 창유리 가시광선 투과율의 기준은 몇 퍼센트 미만인가?

① 40퍼센트　　② 50퍼센트　　③ 60퍼센트　　④ 70퍼센트

해설 도로교통법 시행령 제28조(자동차 창유리 가시광선 투과율의 기준)
법 제49조제1항제3호 본문에서 "대통령령으로 정하는 기준"이란 다음 각 호를 말한다.
〈개정 2023. 6. 20.〉
1. 앞면 창유리 : 70퍼센트
2. 운전석 좌우 옆면 창유리 : 40퍼센트

문제 99 경찰공무원이 제거한 불법 부착 장치의 반환 및 처리에 대한 내용으로 틀린 것은?

① 반환받을 자의 성명, 주소 및 주민(법인)등록번호를 확인하여야 한다.
② 불법 부착 장치 또는 그 매각 대금을 반환할 때에는 불법 부착 장치의 제거·운반·보관 또는 매각 등에 든 비용을 자동차의 소유자 또는 운전자로부터 징수할 수 있다.
③ 불법 부착 장치 또는 그 매각 대금을 반환하려는 경우 관련 제반 사항을 확인하는 주체는 시·도경찰청장이다.
④ 매각 대금의 경우 불법 부착 장치를 제거한 날로부터 5년이 지나도 그 대금을 반환받을 사람을 알 수 없거나 불법 부착 장치의 소유자 또는 운전자가 반환을 요구하지 아니하는 경우에는 국고 등에 귀속한다.

해설 도로교통법 시행령 제30조(경찰공무원이 제거한 불법부착장치의 반환 및 처리)
① 경찰서장 또는 제주특별자치도지사는 법 제49조제2항 후단에 따라 경찰공무원이 직접 제거한 같은 조 제1항제3호 및 제4호를 위반한 장치(이하 "불법부착장치"라 한다) 또는 그 매각대금을 반환하려는 경우에는 반환받을 자의 성명·주소 및 주민(법인)등록번호를 확인하여 그 자가 정당한 권리자임을 확인하여야 한다. → ①
② 경찰서장 또는 제주특별자치도지사는 제1항에 따라 불법부착장치 또는 그 매각대금을 반환할 때에는 불법부착장치의 제거·운반·보관 또는 매각 등에 든 비용을 자동차의 소유자 또는 운전자로부터 징수할 수 있다. → ③, ②
③ 경찰서장 또는 제주특별자치도지사는 법 제49조제2항 후단에 따라 불법부착장치를 제거한 날부터 6개월이 지나도 불법부착장치의 소유자 또는 운전자가 반환을 요구하지 아니하는 경우에는 그 불법부착장치를 매각하여 그 대금을 보관할 수 있다.
④ 제3항에 따른 매각대금은 불법부착장치를 제거한 날부터 5년이 지나도 그 대금을 반환받을 사람을 알 수 없거나 불법부착장치의 소유자 또는 운전자가 반환을 요구하지 아니하는 경우에는 국고 또는 제주특별자치도의 금고에 귀속한다. → ④
→ 불법 부착 장치 또는 그 매각 대금을 반환하려는 경우 관련 제반 사항을 확인하는 주체는 '경찰서장 또는 제주특별자치도지사'이다.

정답 98 ①　99 ③

문제 100 안전띠 착용 설명 중 맞는 것은?

① 이륜자동차 운전자도 안전띠를 착용해야 한다.
② 영유아는 좌석안전띠를 매지 않아도 된다.
③ 질병 등으로 좌석안전띠를 매는 것이 곤란한 경우도 착용해야 한다.
④ 운전자 및 모든 승차자는 좌석안전띠를 착용해야 한다.

해설 도로교통법 제50조(특정 운전자의 준수사항)
① 자동차(이륜자동차는 제외한다 → ①)의 운전자는 자동차를 운전할 때에는 좌석안전띠를 매어야 하며, 모든 좌석의 동승자에게도 좌석안전띠(영유아인 경우에는 유아보호용 장구를 장착한 후의 좌석안전띠 → ②를 말한다. 이하 이 조 및 제160조제2항제2호에서 같다)를 매도록 하여야 한다. 다만, 질병 등으로 인하여 좌석안전띠를 매는 것이 곤란하거나 행정안전부령으로 정하는 사유가 있는 경우에는 그러하지 아니하다. → ③ 〈개정 2018. 3. 27.〉

문제 101 안전띠 착용과 관련된 설명으로 옳은 것은?

① 우편, 택배업무 종사자도 예외없이 좌석안전띠를 반드시 착용하여야 한다.
② 긴급자동차를 본래의 용도로 운행하고 있을 때에는 반드시 착용하여야 한다.
③ 자동차를 후진시키기 위하여 운전하는 때에도 좌석안전띠를 풀어서는 안된다.
④ 도로의 종류와 상관없이 운전자 및 동승자 모두 좌석안전띠를 매도록 하여야 한다.

해설 도로교통법 제50조(특정 운전자의 준수사항)
① **자동차의 운전자는 자동차를 운전할 때에는 좌석안전띠를 매어야 하며, 모든 좌석의 동승자에게도 좌석안전띠를 매도록 하여야 한다.** 다만, 질병 등으로 인하여 좌석안전띠를 매는 것이 곤란하거나 행정안전부령으로 정하는 사유가 있는 경우에는 그러하지 아니하다. → ④
도로교통법 시행규칙 제31조(좌석안전띠 미착용 사유)
법 제50조제1항 단서 및 법 제53조제2항 단서에 따라 좌석안전띠를 매지 아니하거나 승차자에게 좌석안전띠를 매도록 하지 아니하여도 되는 경우는 다음 각 호의 어느 하나에 해당하는 경우로 한다.
  1. 부상·질병·장애 또는 임신 등으로 인하여 좌석안전띠의 착용이 적당하지 아니하다고 인정되는 자가 자동차를 운전하거나 승차하는 때
  2. **자동차를 후진시키기 위하여 운전하는 때** → ③
  3. 신장·비만, 그 밖의 신체의 상태에 의하여 좌석안전띠의 착용이 적당하지 아니하다고 인정되는 자가 자동차를 운전하거나 승차하는 때
  4. **긴급자동차가 그 본래의 용도로 운행되고 있는 때** → ②
  5. 경호 등을 위한 경찰용 자동차에 의하여 호위되거나 유도되고 있는 자동차를 운전하거나 승차하는 때
  6. 「국민투표법」 및 공직선거관계법령에 의하여 국민투표운동·선거운동 및 국민투표·선거관리업무에 사용되는 자동차를 운전하거나 승차하는 때

정답 100 ④   101 ④

7. 우편물의 집배, 폐기물의 수집 그 밖에 빈번히 승강하는 것을 필요로 하는 업무에 종사하는 자가 해당업무를 위하여 자동차를 운전하거나 승차하는 때 → ①
8. 「여객자동차 운수사업법」에 의한 여객자동차운송사업용 자동차의 운전자가 승객의 주취·약물복용 등으로 좌석안전띠를 매도록 할 수 없거나 승객에게 좌석안전띠 착용을 안내하였음에도 불구하고 승객이 착용하지 않는 때

문제 102 인명보호장구가 갖추어야 할 기준으로 적절하지 않은 것은?

① 풍압에 의하여 차광용 앞창이 시야를 방해하지 아니할 것
② 안전모의 뒷부분에는 야간 운행에 대비하여 반사체가 부착되어 있을 것
③ 시력에 현저하게 장애를 주지 아니할 것
④ 무게는 2킬로그램 이하일 것

해설 도로교통법 시행규칙 제32조(인명보호장구)
① 법 제50조제3항에서 "행정안전부령이 정하는 인명보호장구"라 함은 다음 각 호의 기준에 적합한 승차용 안전모를 말한다. 〈개정 2017. 7. 26.〉
1. 좌우, 상하로 충분한 시야를 가질 것
2. 풍압에 의하여 차광용 앞창이 시야를 방해하지 아니할 것 → ①
3. **청력**에 현저하게 장애를 주지 아니할 것 → ③
4. 충격 흡수성이 있고, 내관통성이 있을 것
5. 충격으로 쉽게 벗어지지 아니하도록 고정시킬 수 있을 것
6. 무게는 2킬로그램 이하일 것 → ④
7. 인체에 상처를 주지 아니하는 구조일 것
8. 안전모의 뒷부분에는 야간운행에 대비하여 반사체가 부착되어 있을 것 → ②

문제 103 인명보호장구의 무게는 얼마 이하인가?

① 1kg   ② 2kg   ③ 3kg   ④ 4kg

해설 도로교통법 시행규칙 제32조(**인명보호장구**)
① 법 제50조제3항에서 "행정안전부령이 정하는 인명보호장구"라 함은 다음 각 호의 기준에 적합한 승차용 안전모를 말한다. 〈개정 2017. 7. 26.〉
1. 좌우, 상하로 충분한 시야를 가질 것
2. 풍압에 의하여 차광용 앞창이 시야를 방해하지 아니할 것
3. 청력에 현저하게 장애를 주지 아니할 것
4. 충격 흡수성이 있고, 내관통성이 있을 것
5. 충격으로 쉽게 벗어지지 아니하도록 고정시킬 수 있을 것
6. **무게는 2킬로그램 이하일 것** → ②
7. 인체에 상처를 주지 아니하는 구조일 것
8. 안전모의 뒷부분에는 야간운행에 대비하여 반사체가 부착되어 있을 것

정답 102 ③   103 ②

문제 104 어린이 통학버스가 도로에 정차하여 어린이나 영유아가 타고 내리는 중임을 표시하는 (   ) 등의 장치를 작동 중일 때에는 어린이통학버스가 정차한 차로와 그 차로의 바로 옆 차로로 통행하는 차의 운전자는 어린이통학버스에 이르기 전에 일시정지하여 안전을 확인한 후 서행하여야 한다. (   )안에 들어갈 장치의 이름은?

① 경광등
② 점멸등
③ 사이렌
④ 하차확인장치

해설 도로교통법 제51조(어린이통학버스의 특별보호)
① 어린이통학버스가 도로에 정차하여 어린이나 영유아가 타고 내리는 중임을 표시하는 **점멸등** 등의 장치를 작동 중일 때에는 어린이통학버스가 정차한 차로와 그 차로의 바로 옆 차로로 통행하는 차의 운전자는 어린이통학버스에 이르기 전에 일시정지하여 안전을 확인한 후 서행하여야 한다.

문제 105 어린이통학버스가 정차한 차로와 그 차로의 바로 옆차로를 통행하는 차의 운전자는 어떻게 해야하는가?

① 일시정지하여 안전을 확인한 후 서행하여야 한다.
② 재빨리 차로를 비워줘야한다.
③ 일시정지하여 안전을 확인하고 버스가 출발하면 출발한다.
④ 상관없다.

해설 도로교통법 제51조(어린이통학버스의 특별보호)
① 어린이통학버스가 도로에 정차하여 어린이나 영유아가 타고 내리는 중임을 표시하는 점멸등 등의 장치를 작동 중일 때에는 **어린이통학버스가 정차한 차로와 그 차로의 바로 옆 차로로 통행하는 차의 운전자**는 어린이통학버스에 이르기 전에 **일시정지하여 안전을 확인한 후 서행하여야 한다.** 〈개정 2014. 12. 30.〉

문제 106 어린이통학버스 정차 시 일시정지 하지 않아도 되는 차량은?

① 어린이통학버스가 도로에 정차하여 어린이나 영유아가 타고 내리는 중임을 표시하는 점멸등 등의 장치를 작동 중일 때 어린이통학버스가 정차한 차로의 바로 옆차로로 통행중인 차
② 편도 2차로 도로에서 중앙분리대가 있는 반대편의 차
③ 중앙선이 설치되지 아니한 도로에서 진행하는 차
④ 편도 1차로인 도로에서 반대방향에서 진행하는 차

정답 104 ② 105 ① 106 ②

해설 도로교통법 제51조(어린이통학버스의 특별보호)
① 어린이통학버스가 도로에 정차하여 어린이나 영유아가 타고 내리는 중임을 표시하는 점멸등 등의 장치를 작동 중일 때에는 어린이통학버스가 정차한 차로와 그 차로의 바로 옆 차로로 통행하는 차의 운전자 → ①는 어린이통학버스에 이르기 전에 **일시정지**하여 안전을 확인한 후 서행하여야 한다. 〈개정 2014. 12. 30.〉
② 제1항의 경우 **중앙선이 설치되지 아니한 도로** → ③와 편도 1차로인 도로에서는 반대방향에서 진행하는 차의 운전자 → ④도 어린이통학버스에 이르기 전에 **일시정지**하여 안전을 확인한 후 서행하여야 한다.
③ 모든 차의 운전자는 어린이나 영유아를 태우고 있다는 표시를 한 상태로 도로를 통행하는 어린이통학버스를 앞지르지 못한다. 〈개정 2014. 12. 30.〉

문제 107 어린이통학버스로 사용할 수 있는 자동차는 승차정원 (   )인승 이상의 자동차인가?

① 5　　　　　② 6　　　　　③ 9　　　　　④ 12

해설 도로교통법 시행규칙 제34조(어린이통학버스로 사용할 수 있는 자동차)
법 제52조제3항에 따라 어린이통학버스로 사용할 수 있는 자동차는 승차정원 **9인승**(어린이 1명을 승차정원 1명으로 본다) 이상의 자동차로 한다. 이 경우,「자동차관리법」제34조에 따라 튜닝 승인을 받은 자가 9인승 이상의 승용자동차 또는 승합자동차를 장애아동의 승·하차 편의를 위하여 9인승 미만으로 튜닝한 경우 그 승용자동차 또는 승합자동차를 포함한다. 〈개정 2014. 12. 31., 2016. 2. 12.〉

문제 108 어린이통학버스 운전자의 정기 안전교육 주기는?

① 6개월　　　② 1년　　　③ 2년　　　④ 3년

해설 도로교통법 제53조의3(어린이통학버스 운영자 등에 대한 안전교육)
① 어린이통학버스를 운영하는 사람과 운전하는 사람 및 제53조제3항에 따른 보호자는 어린이통학버스의 안전운행 등에 관한 교육을 받아야 한다.
② 어린이통학버스 안전교육은 다음 각 호의 구분에 따라 실시한다.
　1. 신규 안전교육 : 어린이통학버스를 운영하려는 사람과 운전하려는 사람 및 제53조제3항에 따라 동승하려는 보호자를 대상으로 그 운영, 운전 또는 동승을 하기 전에 실시하는 교육
　2. 정기 안전교육 : 어린이통학버스를 계속하여 운영하는 사람과 운전하는 사람 및 제53조제3항에 따라 동승한 보호자를 대상으로 **2년마다 정기적으로 실시**하는 교육

정답　107 ③　　108 ③

문제 109 차량사고 시 조치사항으로 맞는 것은?

① 피해자에게 전화번호만 알려주면 된다.
② 부상자 구호를 우선한다.
③ 명함을 주고 추후 연락할 것을 약속했다면 경찰에 신고할 필요는 없다.
④ 차만 손괴된 것이 분명하다면 도로에서의 위험방지조치는 하지 않아도 된다.

> **해설** 도로교통법 제54조(사고발생 시의 조치)
> ① 차 또는 노면전차의 운전 등 교통으로 인하여 사람을 사상하거나 물건을 손괴(이하 "교통사고"라 한다)한 경우에는 그 차 또는 노면전차의 운전자나 그 밖의 승무원(이하 "운전자등"이라 한다)은 즉시 정차하여 다음 각 호의 조치를 하여야 한다. 〈개정 2018. 3. 27.〉
> 1. **사상자를 구호하는 등 필요한 조치** → ②
> 2. 피해자에게 인적 사항(성명·전화번호·주소 등을 말한다. 이하 제148조 및 제156조제10호에서 같다) 제공 → ①
> ② 제1항의 경우 그 차 또는 노면전차의 운전자등은 경찰공무원이 현장에 있을 때에는 그 경찰공무원에게, 경찰공무원이 현장에 없을 때에는 가장 가까운 국가경찰관서(지구대, 파출소 및 출장소를 포함한다. 이하 같다)에 다음 각 호의 사항을 지체 없이 신고하여야 한다. → ③
> 다만, 차 또는 노면전차만 손괴된 것이 분명하고 도로에서의 위험방지와 원활한 소통을 위하여 필요한 조치를 한 경우에는 그러하지 아니하다. → ④
> 〈개정 2016. 12. 2., 2018. 3. 27.〉
> 1. 사고가 일어난 곳   2. 사상자 수 및 부상 정도
> 3. 손괴한 물건 및 손괴 정도   4. 그 밖의 조치사항 등

문제 110 긴급자동차의 동승자가 사고조치를 계속하면서 운전해도 되는 경우가 아닌 것은?

① 구급차   ② 소방차
③ 사설 견인차량   ④ 긴급 우편물 배송차량

> **해설** 도로교통법 제54조(사고발생 시의 조치)
> ⑤ **긴급자동차**, 부상자를 운반 중인 차, **우편물자동차** 및 노면전차 등의 운전자는 긴급한 경우에는 동승자 등으로 하여금 제1항에 따른 조치나 제2항에 따른 신고를 하게 하고 운전을 계속할 수 있다. 〈개정 2018. 3. 27.〉 → 구급차, 소방차는 긴급자동차에 해당한다.

문제 111 고속도로 관리자는 교통안전시설 설치 시 누구와 협의해야 하는가?

① 국토교통부장관   ② 경찰청장
③ 시·도지사   ④ 시장·군수·구청장

정답 109 ② 110 ③ 111 ②

> **해설** 도로교통법 제59조(교통안전시설의 설치 및 관리)
> ① 고속도로의 관리자는 고속도로에서 일어나는 위험을 방지하고 교통의 안전과 원활한 소통을 확보하기 위하여 교통안전시설을 설치·관리하여야 한다. 이 경우 <u>고속도로의 관리자가 교통안전시설을 설치하려면</u> **경찰청장**과 협의하여야 한다.

문제 112 고속도로에서 이륜차가 다닐 수 있는 곳은?

① 버스전용차로 ② 맨 오른쪽 차로
③ 갓길 ④ 없음

> **해설** 도로교통법 제63조(통행 등의 금지)
> **자동차**(이륜자동차는 긴급자동차만 해당한다) **외의 차마의 운전자** 또는 보행자는 고속도로등을 통행하거나 횡단하여서는 아니 된다.

문제 113 고장 자동차임을 표시하고자 할 때 적색의 섬광 신호는 사방 얼마의 지점에서부터 식별이 가능하여야 하는가?

① 300미터 ② 500미터 ③ 100미터 ④ 200미터

> **해설** 도로교통법 시행규칙 제40조(고장자동차의 표지)
> ① 법 제66조에 따라 자동차의 운전자는 고장이나 그 밖의 사유로 고속도로 또는 자동차전용도로(이하 "고속도로등"이라 한다)에서 자동차를 운행할 수 없게 되었을 때에는 다음 각 호의 표지를 설치하여야 한다. 〈개정 2017. 6. 2.〉
> 1. 「자동차관리법 시행령」 제8조의2제7호, 「자동차 및 자동차부품의 성능과 기준에 관한 규칙」 제112조의8 및 별표 30의5에 따른 안전삼각대(국토교통부령 제386호 자동차 및 자동차부품의 성능과 기준에 관한 규칙 일부개정령 부칙 제6조에 따라 국토교통부장관이 정하여 고시하는 기준을 충족하도록 제작된 안전삼각대를 포함한다)
> 2. **사방 500미터 지점**에서 식별할 수 있는 적색의 섬광신호·전기제등 또는 불꽃신호. 다만, 밤에 고장이나 그 밖의 사유로 고속도로등에서 자동차를 운행할 수 없게 되었을 때로 한정한다.

문제 114 밤에 차량이 고장났을 때의 대처요령으로 맞는 것은?

① 생명이 우선이기에 혼자 긴급 대피한다.
② 차량을 갓길로 빨리 밀어서 이동시킨다.
③ 다른 차들에게 위험 표시를 한다.
④ 사방 500m 지점에서 식별할 수 있는 적색의 섬광 신호, 전기제등 또는 불꽃 신호를 설치하여야 한다.

정답 112 ④ 113 ② 114 ④

해설 도로교통법 시행규칙 제40조(고장자동차의 표지)
① 법 제66조에 따라 자동차의 운전자는 고장이나 그 밖의 사유로 고속도로 또는 자동차전용도로(이하 "고속도로등"이라 한다)에서 자동차를 운행할 수 없게 되었을 때에는 다음 각 호의 표지를 설치하여야 한다. 〈개정 2017. 6. 2.〉
1. 「자동차관리법 시행령」 제8조의2제7호, 「자동차 및 자동차부품의 성능과 기준에 관한 규칙」 제112조의8 및 별표 30의5에 따른 안전삼각대(국토교통부령 제386호 자동차 및 자동차부품의 성능과 기준에 관한 규칙 일부개정령 부칙 제6조에 따라 국토교통부장관이 정하여 고시하는 기준을 충족하도록 제작된 안전삼각대를 포함한다)
2. **사방 500미터 지점에서 식별할 수 있는 적색의 섬광신호·전기제등 또는 불꽃신호**. 다만, 밤에 고장이나 그 밖의 사유로 고속도로등에서 자동차를 운행할 수 없게 되었을 때로 한정한다.

문제 115 도로 공사의 신고 및 안전조치에 대한 사항 중 맞는 것은?

① 관할 경찰서장은 공사장 주변의 교통정체가 예상하지 못한 수준까지 현저히 증가하고, 교통의 안전과 원활한 소통에 미치는 영향이 중대하다고 판단하면 해당 공사장의 도로안전통제원과 사전 협의하여 공사 시행자에 대하여 공사 시간의 제한 등 필요한 조치를 할 수 있다.
② 공사 시행자는 공사 기간 중 공사의 규모, 주변 교통환경 등을 고려하여 필요한 경우 시,도경찰청장의 지시에 따라 안전요원 또는 안전 유도 장비를 배치하여야 한다.
③ 공사 시행자는 공사로 인하여 교통안전시설을 훼손한 경우에는 관련 법령에 따라 이를 원상회복하고 그 결과를 시,도경찰청장에게 신고하여야 한다.
④ 공사 시행자는 공사 기간 중 차마의 통행을 유도하거나 지시 등을 할 필요가 있을 때에는 관할 경찰서장의 지시에 따라 교통안전시설을 설치하여야 한다.

해설 도로교통법 제69조(도로공사의 신고 및 안전조치 등)
① 도로관리청 또는 공사시행청의 명령에 따라 도로를 파거나 뚫는 등 공사를 하려는 사람(이하 이 조에서 "공사시행자"라 한다)은 공사시행 3일 전에 그 일시, 공사구간, 공사기간 및 시행방법, 그 밖에 필요한 사항을 관할 경찰서장에게 신고하여야 한다. 다만, 산사태나 수도관 파열 등으로 긴급히 시공할 필요가 있는 경우에는 그에 알맞은 안전조치를 하고 공사를 시작한 후에 지체 없이 신고하여야 한다.
② 관할 경찰서장은 공사장 주변의 교통정체가 예상하지 못한 수준까지 현저히 증가하고, 교통의 안전과 원활한 소통에 미치는 영향이 중대하다고 판단하면 해당 **도로관리청**과 사전 협의하여 제1항에 따른 공사시행자에 대하여 공사시간의 제한 등 필요한 조치를 할 수 있다. → ①
③ 공사시행자는 공사기간 중 차마의 통행을 유도하거나 지시 등을 할 필요가 있을 때에는 관할 경찰서장의 지시에 따라 교통안전시설을 설치하여야 한다. → ④

• 정답 115 ④

④ 공사시행자는 공사기간 중 공사의 규모, 주변 교통환경 등을 고려하여 필요한 경우 **관할 경찰서장**의 지시에 따라 안전요원 또는 안전유도 장비를 배치하여야 한다. 〈신설 2020. 10. 20.〉 → ②
⑤ 제3항에 따른 교통안전시설 설치 및 제4항에 따른 안전요원 또는 안전유도 장비 배치에 필요한 사항은 행정안전부령으로 정한다. 〈신설 2020. 10. 20.〉
⑥ 공사시행자는 공사로 인하여 교통안전시설을 훼손한 경우에는 행정안전부령으로 정하는 바에 따라 원상회복하고 그 결과를 관할 **경찰서장**에게 신고하여야 한다. 〈개정 2020. 10. 20.〉 → ③

문제 116
공사시행자는 공사로 인하여 교통안전시설을 훼손한 때에는 부득이한 사유가 없는 한 해당공사가 끝난 날부터 며칠 이내에 이를 원상회복해야 하나?

① 1일 ② 2일 ③ 3일 ④ 5일

해설 도로교통법 시행규칙 제43조(교통안전시설의 원상회복)
법 제69조제6항에 따라 공사시행자는 공사로 인하여 교통안전시설을 훼손한 때에는 부득이한 사유가 없는 한 해당공사가 끝난 날부터 **3일** 이내에 이를 원상회복하고 그 결과를 관할경찰서장에게 신고해야 한다. 〈개정 2021. 4. 21.〉

문제 117
점유자 등이 없는 경우 매각대금은 공고한 날부터 몇 년이 지나면 국고에 귀속되는가?

① 1년 ② 2년 ③ 3년 ④ 5년

해설 도로교통법 시행령 제36조(점유자등이 없는 경우의 조치)
① 경찰서장은 제34조제1항에 따라 공고를 한 날부터 6개월이 지나도 해당 인공구조물 등을 반환받을 점유자등을 알 수 없거나 점유자등이 반환을 요구하지 아니하는 경우에는 그 인공구조물 등을 매각하여 그 대금을 보관할 수 있다.
② 제1항에 따른 매각대금은 공고한 날부터 **5년**이 지나도 그 대금을 반환받을 자를 알 수 없거나 점유자등이 반환을 요구하지 아니하는 경우에는 국고에 귀속한다.

문제 118
75세 이상인 사람으로서 운전면허를 받으려는 사람은 시험에 응시하기 전에, 운전면허증 갱신일에 75세 이상인 사람은 운전면허증 갱신기간 이내에 교통안전교육을 받아야 하는 사항이 아닌 것은?

① 노화와 안전운전에 관한 사항
② 약물과 운전에 관한 사항
③ 기억력과 판단능력 등 인지능력별 대처에 관한 사항
④ 교통관련 법령 교육에 관한 사항

정답 116 ③   117 ④   118 ④

해설 도로교통법 제73조(교통안전교육)
⑤ 75세 이상인 사람으로서 운전면허를 받으려는 사람은 제83조제1항제2호와 제3호에 따른 시험에 응시하기 전에, 운전면허증 갱신일에 75세 이상인 사람은 운전면허증 갱신기간 이내에 각각 다음 각 호의 사항에 관한 교통안전교육을 받아야 한다. 〈신설 2018. 3. 27.〉
1. 노화와 안전운전에 관한 사항 → ①
2. 약물과 운전에 관한 사항 → ②
3. 기억력과 판단능력 등 인지능력별 대처에 관한 사항 → ③
4. 교통관련 법령 이해에 관한 사항 → ④

문제 119 특별교통안전교육은 시청각교육 또는 현장체험교육 등의 방법으로 몇 시간 실시하는가?

① 3시간 이상 16시간 이하
② 4시간 이상 32시간 이하
③ 4시간 이상 24시간 이하
④ 3시간 이상 48시간 이하

해설 도로교통법 시행령 제38조(특별교통안전교육)
① 삭제〈2018. 4. 24.〉
② 법 제73조제2항에 따른 특별교통안전 의무교육(이하 "특별교통안전 의무교육"이라 한다) 및 같은 조 제3항에 따른 특별교통안전 권장교육(이하 "특별교통안전 권장교육"이라 한다)은 다음 각 호의 사항에 대하여 강의·시청각교육 또는 현장체험교육 등의 방법으로 **3시간 이상 48시간 이하**로 각각 실시한다. 〈개정 2018. 4. 24., 2021. 10. 19.〉
1. 교통질서   2. 교통사고와 그 예방   3. 안전운전의 기초
4. 교통법규와 안전   5. 운전면허 및 자동차관리
6. 그 밖에 교통안전의 확보를 위하여 필요한 사항

문제 120 특별교통안전교육에 대한 설명으로 맞는 것은?

① 교육은 시청각 교육과 현장체험교육의 방법으로 구분한다.
② 교육의 속성에 따라 최소 2시간 이상 16시간 이하에 이르기까지 교육 종류별 교육 시간은 다양하다.
③ 자동차의 기본적인 점검과 정비 및 관리도 교육 과목에 포함된다.
④ 특별교통안전교육에는 의무교육과 권장교육이 있다.

해설 도로교통법 시행령 제38조(특별교통안전교육)
① 삭제〈2018. 4. 24.〉
② 법 제73조제2항에 따른 특별교통안전 의무교육(이하 "특별교통안전 의무교육"이라 한다) 및 같은 조 제3항에 따른 특별교통안전 권장교육(이하 "특별교통안전 권장교육"이라 한다)은 다음 각 호의 사항에 대하여 **강의·시청각교육 또는 현장체험교육** 등의 방법으로 **3시간 이상 48시간 이하로 각각 실시**한다. 〈개정 2021. 10. 19.〉 → ①, ②

정답 119 ④   120 ④

1. 교통질서   2. 교통사고와 그 예방   3. 안전운전의 기초
4. 교통법규와 안전   5. 운전면허 및 자동차관리
6. 그 밖에 교통안전의 확보를 위하여 필요한 사항 → ③ 점검, 정비 및 관리 과목은 없다.
③ 특별교통안전 **의무교육** 및 특별교통안전 **권장교육**(이하 "특별교통안전교육"이라 한다)은 한국도로교통공단에서 실시한다. 〈개정 2024. 7. 23.〉 → ④
④ 특별교통안전교육의 과목·내용·방법 및 시간 등에 관하여 필요한 사항은 행정안전부령으로 정한다. 〈개정 2014. 11. 19., 2017. 7. 26.〉

문제 121 긴급자동차를 운전하는 사람을 대상으로 하는 정기 교통안전교육은 몇 년마다 실시하는가?

① 1년   ② 2년   ③ 3년   ④ 5년

해설 도로교통법 시행령 제38조의2(긴급자동차 운전자에 대한 교통안전교육)
① 법 제73조제4항에서 "대통령령으로 정하는 사람"이란 다음 각 호의 어느 하나에 해당하는 사람을 말한다.
 1. 법 제2조제22호가목부터 다목까지의 규정에 해당하는 자동차의 운전자
 2. 제2조제1항 각 호에 해당하는 자동차의 운전자
② 법 제73조제4항에 따른 긴급자동차의 안전운전 등에 관한 교육(이하 "긴급자동차 교통안전교육"이라 한다)은 다음 각 호의 구분에 따라 실시한다.
 1. 신규 교통안전교육 : 최초로 긴급자동차를 운전하려는 사람을 대상으로 실시하는 교육
 2. **정기 교통안전교육** : 긴급자동차를 운전하는 사람을 대상으로 **3년**마다 정기적으로 실시하는 교육. 이 경우 직전에 긴급자동차 교통안전교육을 받은 날부터 기산하여 3년이 되는 날이 속하는 해의 1월 1일부터 12월 31일 사이에 교육을 받아야 한다.

문제 122 긴급자동차 신규 교통안전교육은 몇 시간 이상 실시하는가?

① 2시간   ② 3시간   ③ 4시간   ④ 8시간

해설 도로교통법 시행령 제38조의2(긴급자동차 운전자에 대한 교통안전교육)
④ 긴급자동차 교통안전교육은 다음 각 호의 사항에 대하여 강의·시청각교육 등의 방법으로 제2항제1호에 따른 **신규 교통안전교육은 3시간 이상**, 같은 항 제2호에 따른 정기 교통안전교육은 2시간 이상 실시한다.
 1. 긴급자동차와 관련된 도로교통법령
 2. 긴급자동차의 주요 특성
 3. 긴급자동차 교통사고의 주요 사례
 4. 교통사고 예방 및 방어운전
 5. 긴급자동차 운전자의 마음가짐

정답 121 ③   122 ②

문제 123   긴급자동차 정기 교통안전교육은 몇 시간 이상 실시하는가?

① 2시간   ② 3시간   ③ 4시간   ④ 8시간

해설 도로교통법 시행령 제38조의2(긴급자동차 운전자에 대한 교통안전교육)
④ 긴급자동차 교통안전교육은 다음 각 호의 사항에 대하여 강의·시청각교육 등의 방법으로 제2항제1호에 따른 신규 교통안전교육은 3시간 이상, 같은 항 제2호에 따른 **정기 교통안전교육은 2시간** 이상 실시한다.
1. 긴급자동차와 관련된 도로교통법령
2. 긴급자동차의 주요 특성
3. 긴급자동차 교통사고의 주요 사례
4. 교통사고 예방 및 방어운전
5. 긴급자동차 운전자의 마음가짐

문제 124   긴급자동차 운전자에 대한 교통안전교육과 관련된 내용으로 맞는 것은?

① 긴급자동차 교통안전교육을 실시함에 있어서는 한국도로교통공단에서 제작하고 시·도경찰청장이 감수한 교재를 사용하여야 한다.
② 한국도로교통공단은 긴급자동차 교통안전교육에 관한 세부 교육 계획을 수립하여 경찰청장에게 승인을 받아야 한다.
③ 정기 긴급자동차 운전자 교통안전교육의 교육 시간은 3시간이다.
④ 교육 확인증 발급의 주체는 경찰청장이다.

해설 도로교통법 시행규칙 제46조의2(긴급자동차 운전자에 대한 교통안전교육)
① 영 제38조의2에 따른 긴급자동차 운전자에 대한 <u>교통안전교육의 과목·내용·방법 및 시간은 별표 16</u>※과 같다.
② 영 제38조의2에 따른 긴급자동차 교통안전교육을 실시함에 있어서는 <u>한국도로교통공단에서 제작하고 **경찰청장**이 감수한 교재를 사용하여야 한다.</u> 〈개정 2024. 7. 31.〉 → ①
③ **한국도로교통공단은 긴급자동차 교통안전교육에 관한 세부교육계획을 수립하여 경찰청장에게 승인을 받아야 한다.** 〈개정 2024. 7. 31.〉 → ②
④ 한국도로교통공단은 긴급자동차 교통안전교육에 관한 교육일정을 기관 홈페이지를 통하여 공지하여야 한다. 〈개정 2024. 7. 31.〉
⑤ **한국도로교통공단 이사장**과 영 제38조의2제3항 단서의 **국가기관 및 지방자치단체의 장**은 법 제73조제4항에 따른 교육을 받은 사람에 대하여 별지 제28호의2서식의 <u>교육확인증을 발급하여야 한다.</u> 〈개정 2024. 7. 31.〉 → ④
⑥ 국가기관 및 지방자치단체의 장이 영 제38조의2제3항 단서에 따라 긴급자동차 교통안전교육을 실시한 경우에는 별지 제28호의3서식의 긴급자동차 교통안전교육 이수자 명단을 작성하여 한국도로교통공단에 통보하여야 한다. 〈개정 2024. 7. 31.〉
※ 도로교통법 시행규칙 [별표 16] 〈개정 2024. 12. 12.〉
교통안전교육의 과목·내용·방법 및 시간(제46조제1항·제46조의2제1항·제46조의3제2항

정답 123 ①   124 ②

및 제46조의4제1항 관련)
3. 긴급자동차 교통안전교육 → ③

교육 대상자	교육시간	교육과목 및 내용	교육방법
법 제73조 제4항에 해당하는 사람	2시간 (3시간)	(1) 긴급자동차 관련 도로교통법령에 관한 내용 (2) 주요 긴급자동차 교통사고 사례 (3) 교통사고 예방 및 방어운전 (4) 긴급자동차 운전자의 마음가짐 (5) 긴급자동차의 주요 특성	강의·시청각·영화상영 등

(비고)
1. 교육과목·내용 및 방법에 관한 그 밖의 세부내용은 한국도로교통공단이 정한다.
2. 위 표의 교육시간에서 괄호 안의 것은 신규 교통안전교육의 경우에 적용한다.

문제 125 최근 5년간 3번 이상 음주운전을 한 사람이 받아야 하는 특별교통안전교육의 이수 시간은?

① 16시간　　② 32시간　　③ 48시간　　④ 64시간

해설 도로교통법 시행규칙 [별표 16] 〈개정 2024. 12. 12.〉
교통안전교육의 과목·내용·방법 및 시간(제46조제1항·제46조의2제1항·제46조의3제2항 및 제46조의4제1항 관련)
2. 특별교통안전교육
　가. 특별교통안전 의무교육

교육과정	교육 대상자	교육시간	교육과목 및 내용	교육방법
음주운전교육	(1) 음주운전이 원인이 되어 법 제73조제2항제1호부터 제3호까지에 해당하는 사람	최근 5년 동안 3번 이상 음주운전을 한 사람	48시간 (12회, 회당 4시간)	○ 음주운전 위험요인 ○ 음주운전과 교통사고 ○ 안전운전과 교통법규 ○ 음주운전 성향 진단 및 해설 ○ 음주운전 가상체험 및 참여 ○ 행동변화를 위한 상담

문제 126 제1종 운전면허 중 특수면허에 해당하지 않는 것은?

① 대형견인차면허　　　　② 중형견인차면허
③ 소형견인차면허　　　　④ 구난차면허

정답　125 ③　126 ②

해설 도로교통법 제80조(운전면허)
② 시·도경찰청장은 운전을 할 수 있는 차의 종류를 기준으로 다음 각 호와 같이 운전면허의 범위를 구분하고 관리하여야 한다. 이 경우 운전면허의 범위에 따라 운전할 수 있는 차의 종류는 행정안전부령으로 정한다. 〈개정 2013. 3. 23., 2014. 11. 19., 2016. 1. 27., 2017. 7. 26., 2020. 12. 22.〉
1. 제1종 운전면허
  가. 대형면허   나. 보통면허   다. 소형면허
  라. **특수면허**
   1) **대형견인차면허**   2) **소형견인차면허**   3) **구난차면허**
2. 제2종 운전면허
  가. 보통면허   나. 소형면허   다. 원동기장치자전거면허
3. 연습운전면허
  가. 제1종 보통연습면허   나. 제2종 보통연습면허

문제 127 제2종 운전면허의 종류가 아닌 것은?

① 보통면허 ② 소형면허
③ 대형면허 ④ 원동기장치자전거면허

해설 도로교통법 제80조(운전면허)
② 시·도경찰청장은 운전을 할 수 있는 차의 종류를 기준으로 다음 각 호와 같이 운전면허의 범위를 구분하고 관리하여야 한다. 이 경우 운전면허의 범위에 따라 운전할 수 있는 차의 종류는 행정안전부령으로 정한다. 〈개정 2013. 3. 23., 2014. 11. 19., 2016. 1. 27., 2017. 7. 26., 2020. 12. 22.〉
1. 제1종 운전면허
  가. 대형면허   나. 보통면허   다. 소형면허
  라. 특수면허
   1) 대형견인차면허   2) 소형견인차면허   3) 구난차면허
2. **제2종 운전면허**
  가. **보통면허**   나. **소형면허**   다. **원동기장치자전거면허**
3. 연습운전면허
  가. 제1종 보통연습면허   나. 제2종 보통연습면허

문제 128 2종 보통 운전면허로 운전할 수 없는 차량은?

① 적재중량 4톤 화물자동차 ② 승차정원 13인승 승합자동차
③ 총 중량 3톤 특수자동차 ④ 원동기장치자전거

정답 127 ③ 128 ②

해설 도로교통법 시행규칙 [별표 18] 운전할 수 있는 차의 종류(제53조 관련)

운전면허		운전할 수 있는 차량
종별	구분	
제2종	보통면허	1. 승용자동차 2. 승차정원 10명 이하의 승합자동차 3. 적재중량 4톤 이하의 화물자동차 4. 총중량 3.5톤 이하의 특수자동차 5. 원동기장치자전거
	소형면허	1. 이륜자동차(운반차를 포함한다) 2. 원동기장치자전거
	원동기장치자전거면허	원동기장치자전거

→ 2종 보통면허는 승차정원 10명 이하의 승합자동차만 운전할 수 있으므로 13인승 승합자동차를 운전할 수는 없다.

문제 129 연습 운전면허를 받은 사람이 도로에서 주행연습을 하는 때에는 운전면허를 받은 날부터 몇 년이 경과된 사람과 함께 승차하여 그 사람의 지도를 받아야 하나?

① 1년 ② 2년 ③ 3년 ④ 4년

해설 도로교통법 시행규칙 제55조(연습운전면허를 받은 사람의 준수사항)
법 제80조제2항제3호에 따른 연습운전면허를 받은 사람이 도로에서 주행연습을 하는 때에는 다음 각 호의 사항을 지켜야 한다. 〈개정 2016. 9. 21.〉
1. 운전면허(연습하고자 하는 자동차를 운전할 수 있는 운전면허에 한한다)를 받은 날부터 2년이 경과된 사람(소지하고 있는 운전면허의 효력이 정지기간 중인 사람을 제외한다)과 함께 승차하여 그 사람의 지도를 받아야 한다.

문제 130 원동기장치자전거 면허의 시험을 실시할 수 있는 주체는? (단, 한국도로교통공단 제외)

① 행정안전부 장관 ② 지역 관할 경찰서장
③ 시·도경찰청장 ④ 경찰청장

해설 도로교통법 시행령 제43조(운전면허시험의 실시)
① 법 제83조제1항 각 호 외의 부분 단서에서 "대통령령으로 정하는 운전면허시험"이란 원동기장치자전거면허를 위한 운전면허시험을 말한다.
② 법 제83조제1항 또는 제2항에 따른 운전면허시험에 응시하려는 사람은 행정안전부령으로 정하는 신청서를 한국도로교통공단에 제출하여야 한다. 다만, 제1항에 따른 원동기장치자전거 면허시험의 경우에는 그 응시지역을 관할하는 시·도경찰청장이나 한국도로교통공단에 제출하여야 한다. 〈개정 2024. 7. 23.〉

정답 129 ② 130 ③

문제 131 자동차등의 운전에 필요한 적성의 기준 중 소리의 기준은 얼마 인가?

① 33 데시벨   ② 44 데시벨   ③ 55 데시벨   ④ 40 데시벨

해설 도로교통법 시행령 제45조(자동차등의 운전에 필요한 적성의 기준)
① 법 제83조제1항제1호, 제87조제2항 및 제88조제1항에 따른 자동차등의 운전에 필요한 적성의 검사(이하 "적성검사"라 한다)는 다음 각 호의 기준을 갖추었는지에 대하여 실시한다. 다만, 제2호의 기준은 법 제87조제2항 및 제88조제1항에 따른 적성검사의 경우에는 적용하지 않고, 제3호의 기준은 제1종 운전면허 중 대형면허 또는 특수면허를 취득하려는 경우에만 적용한다. 〈개정 2016. 11. 29., 2020. 12. 1., 2021. 5. 11., 2023. 6. 20.〉
3. **55데시벨**(보청기를 사용하는 사람은 40데시벨)의 소리를 들을 수 있을 것

문제 132 보청기를 사용하는 사람의 적성의 기준 중 소리의 기준은 얼마 인가?

① 30 데시벨   ② 40 데시벨   ③ 50 데시벨   ④ 60 데시벨

해설 도로교통법 시행령 제45조(자동차등의 운전에 필요한 적성의 기준)
① 법 제83조제1항제1호, 제87조제2항 및 제88조제1항에 따른 자동차등의 운전에 필요한 적성의 검사(이하 "적성검사"라 한다)는 다음 각 호의 기준을 갖추었는지에 대하여 실시한다. 다만, 제2호의 기준은 법 제87조제2항 및 제88조제1항에 따른 적성검사의 경우에는 적용하지 않고, 제3호의 기준은 제1종 운전면허 중 대형면허 또는 특수면허를 취득하려는 경우에만 적용한다. 〈개정 2016. 11. 29., 2020. 12. 1., 2021. 5. 11., 2023. 6. 20.〉
3. 55데시벨(**보청기를 사용하는 사람은 40데시벨**)의 소리를 들을 수 있을 것

문제 133 도로주행시험에 사용되는 자동차의 요건이 아닌 것은?

① 시험관이 위험을 방지하기 위하여 사용할 수 있는 별도의 제동장치 등 필요한 장치를 할 것
② 요건을 충족하는 보험에 가입되어 있을 것
③ 도색과 표지를 할 것
④ 별도의 비상경고등을 갖출 것

해설 도로교통법 시행규칙 제71조(도로주행시험에 사용되는 자동차의 요건)
도로주행시험에 사용되는 자동차는 다음 각 호의 요건을 갖추어야 한다. 〈개정 2010. 12. 31.〉
1. **시험관이 위험을 방지하기 위하여 사용할 수 있는 별도의 제동장치 등 필요한 장치를 할 것** → ①
2. 「교통사고처리 특례법」 제4조제2항에 따른 **요건을 충족하는 보험에 가입되어 있을 것** → ②
3. 별표 27에 따른 **도색과 표지를 할 것** → ③

정답 131 ③   132 ②   133 ④

문제 134 군 복무 중 자동차 등에 상응하는 군의 차량을 운전한 경험이 있는 사람이란 전역 후 얼마가 경과되지 않은 사람을 말하는가?

① 1년　　② 2년　　③ 3년　　④ 6개월

해설 도로교통법 시행규칙 제75조(군의 자동차운전 경험의 기준 등)
① 법 제84조제1항제4호에 따른 군복무 중 자동차등에 상응하는 군의 차를 운전한 경험이 있는 사람이란 군의 자동차 운전면허증을 교부받아 운전한 경험이 있는 사람으로서 현역복무 중이거나 군복무를 마치고 전역한 후 1년이 경과되지 않은 사람을 말한다. 〈개정 2020. 12. 10., 2021. 5. 13.〉

문제 135 2종 운전면허의 일반적인 갱신 주기는?

① 10년　　② 7년　　③ 5년　　④ 3년

해설 도로교통법 제87조(운전면허증의 갱신과 정기 적성검사)
① 운전면허를 받은 사람은 다음 각 호의 구분에 따른 기간 이내에 대통령령으로 정하는 바에 따라 시·도경찰청장으로부터 운전면허증을 갱신하여 발급받아야 한다. 〈개정 2016. 5. 29., 2018. 3. 27., 2020. 12. 22.〉
1. 최초의 운전면허증 갱신기간은 제83조제1항 또는 제2항에 따른 운전면허시험에 합격한 날부터 기산하여 10년(운전면허시험 합격일에 65세 이상 75세 미만인 사람은 5년, 75세 이상인 사람은 3년, 한쪽 눈만 보지 못하는 사람으로서 제1종 운전면허 중 보통면허를 취득한 사람은 3년)이 되는 날이 속하는 해의 1월 1일부터 12월 31일까지
2. 제1호 외의 운전면허증 갱신기간은 직전의 운전면허증 갱신일부터 기산하여 매 10년(직전의 운전면허증 갱신일에 65세 이상 75세 미만인 사람은 5년, 75세 이상인 사람은 3년, 한쪽 눈만 보지 못하는 사람으로서 제1종 운전면허 중 보통면허를 취득한 사람은 3년)이 되는 날이 속하는 해의 1월 1일부터 12월 31일까지

문제 136 재해 또는 재난을 당하여 운전면허증 갱신기간의 연기를 받은 사람은 그 사유가 없어진 날부터 몇 개월 이내에 운전면허증을 갱신하여 발급받아야 하나?

① 1개월　　② 2개월　　③ 3개월　　④ 4개월

해설 도로교통법 시행령 제55조(운전면허증 갱신발급 및 정기 적성검사의 연기 등)
① 법 제87조제1항에 따라 운전면허증을 갱신하여 발급(법 제87조제2항에 따라 정기 적성검사를 받아야 하는 경우에는 정기 적성검사를 포함한다. 이하 이 조에서 같다)받아야 하는 사람이 다음 각 호의 어느 하나에 해당하는 사유로 운전면허증 갱신기간 동안에 운전면허증을 갱신하여 발급받을 수 없을 때에는 행정안전부령으로 정하는 바에 따라 운전면허증 갱신기간 이전에 미리 운전면허증을 갱신하여 발급받거나 행정안전부령으로 정하는 운전면

정답　134 ①　135 ①　136 ③

허증 갱신발급 연기신청서에 연기 사유를 증명할 수 있는 서류를 첨부하여 시·도경찰청장 (정기 적성검사를 받아야 하는 경우에는 한국도로교통공단을 포함한다. 이하 이 조에서 같다) 에게 제출하여야 한다. 〈개정 2024. 7. 23.〉
1. 해외에 체류 중인 경우
2. **재해 또는 재난을 당한 경우**
3. 질병이나 부상으로 인하여 거동이 불가능한 경우
4. 법령에 따라 신체의 자유를 구속당한 경우
5. 군 복무 중(「병역법」에 따라 의무경찰 또는 의무소방원으로 전환복무 중인 경우를 포함하고, 병으로 한정한다)이거나 「대체역의 편입 및 복무 등에 관한 법률」에 따라 대체복무요원으로 복무 중인 경우
6. 그 밖에 사회통념상 부득이하다고 인정할 만한 상당한 이유가 있는 경우

② 시·도경찰청장은 제1항에 따른 신청 사유가 타당하다고 인정할 때에는 운전면허증 갱신기간 이전에 미리 운전면허증을 갱신하여 발급하거나 3년 이내의 범위에서 운전면허증 갱신기간을 연기해야 한다. 〈개정 2020. 12. 31., 2024. 11. 19.〉

③ 제2항에 따라 운전면허증 갱신기간의 연기를 받은 사람은 그 사유가 없어진 날부터 **3개월** 이내에 운전면허증을 갱신하여 발급받아야 한다.

문제 137
적성검사를 신청한 날부터 몇년 내에 실시한 「국민건강보험법」, 「의료급여법」 신청인의 건강검진 결과 내역 또는 「병역법」에 따른 신청인의 병역판정 신체검사 결과 내역 중 적성검사를 위하여 필요한 시력 또는 청력에 관한 정보는 유효한가?

① 6개월 ② 1년 ③ 2년 ④ 3년

해설 도로교통법 시행규칙 제82조(정기적성검사의 신청 등)
② 제1항에 따라 신청을 받은 한국도로교통공단은 「전자정부법」 제36조에 따른 행정정보의 공동이용을 통하여 다음 각 호의 정보를 확인하여야 한다. 다만, 신청인이 해당 정보의 확인에 동의하지 아니하는 경우에는 관련 자료를 제출하도록 하여야 한다. 〈개정 2014. 12. 31., 2016. 11. 29., 2024. 7. 31.〉
1. 적성검사를 신청한 날부터 **2년** 내에 실시한 「국민건강보험법」 제52조 또는 「의료급여법」 제14조에 따른 신청인의 건강검진 결과 내역 또는 「병역법」 제11조에 따른 신청인의 병역판정 신체검사 결과 내역 중 적성검사를 위하여 필요한 시력 또는 청력에 관한 정보

문제 138
수시 적성검사 대상자는 한국도로교통공단이 정하는 날부터 몇 개월 이내에 수시 적성검사를 받아야 하나?

① 1개월 ② 2개월 ③ 3개월 ④ 4개월

해설 도로교통법 시행령 제56조(수시 적성검사)
① 법 제88조제1항에서 "안전운전에 장애가 되는 후천적 신체장애 등 대통령령으로 정하는

정답 137 ③   138 ③

사유"란 다음 각 호의 어느 하나에 해당하는 경우를 말한다.
1. 법 제82조제1항제2호부터 제5호까지의 어느 하나에 해당하거나 그 밖에 안전운전에 장애가 되는 신체장애 등이 있다고 인정할 만한 상당한 이유가 있는 경우
2. 법 제89조에 따라 후천적 신체장애 등에 관한 개인정보가 경찰청장에게 통보된 경우

② 한국도로교통공단은 제1항에 따른 사유에 해당하여 수시 적성검사를 받아야 하는 사람에게 행정안전부령으로 정하는 바에 따라 그 사실을 등기우편 등으로 통지하여야 한다. 〈개정 2014. 11. 19., 2017. 7. 26., 2024. 7. 23.〉

③ 제2항에 따른 통지를 받은 사람(이하 "수시적성검사대상자"라 한다)은 한국도로교통공단이 정하는 날부터 3개월 이내에 수시 적성검사를 받아야 한다. 〈개정 2024. 7. 23.〉

문제 139 수시 적성검사의 연기 사유가 아닌 것은?

① 해외에 체류 중인 경우
② 재해 또는 재난을 당한 경우
③ 질병이나 부상으로 인하여 거동이 불편한 경우
④ 법령에 따라 신체의 자유를 구속당한 경우

해설 도로교통법 시행령 제57조(수시 적성검사의 연기 등)
① 수시적성검사대상자는 다음 각 호의 어느 하나에 해당하는 사유로 수시 적성검사 기간 동안에 수시 적성검사를 받을 수 없을 때에는 행정안전부령으로 정하는 바에 따라 수시 적성검사 기간 이전에 미리 적성검사를 받거나 수시 적성검사 연기신청서에 연기 사유를 증명할 수 있는 서류를 첨부하여 한국도로교통공단에 제출하여야 한다. 〈개정 2024. 7. 23.〉
1. 해외에 체류 중인 경우
2. 재해 또는 재난을 당한 경우
3. 질병이나 부상으로 인하여 거동이 **불가능한** 경우
4. 법령에 따라 신체의 자유를 구속당한 경우
5. 군 복무 중(「병역법」에 따라 의무경찰 또는 의무소방원으로 전환복무 중인 경우를 포함하고, 사병으로 한정한다)인 경우
6. 그 밖에 사회통념상 부득이하다고 인정할 만한 상당한 이유가 있는 경우
→ 질병이나 부상으로 인하여 거동이 "불가능"한 경우여야 연기 가능하다.

문제 140 수시 적성검사의 연기 시 확인하여야 하는 정보는?

① 건강검진 결과 통보서
② 신체장애 등의 변동 여부를 확인할 수 있는 서류
③ 기존 운전면허의 유효 여부에 대한 사실 증명
④ 병적 증명서(군 복무 중임을 이유로 연기를 신청하는 경우)

정답 139 ③   140 ④

해설 도로교통법 시행령 제57조(수시 적성검사의 연기 등)
① 수시적성검사대상자는 다음 각 호의 어느 하나에 해당하는 사유로 수시 적성검사 기간 동안에 수시 적성검사를 받을 수 없을 때에는 행정안전부령으로 정하는 바에 따라 수시 적성검사 기간 이전에 미리 적성검사를 받거나 수시 적성검사 연기신청서에 연기 사유를 증명할 수 있는 서류를 첨부하여 한국도로교통공단에 제출하여야 한다. 〈개정 2024. 7. 23.〉
1. 해외에 체류 중인 경우
2. 재해 또는 재난을 당한 경우
3. 질병이나 부상으로 인하여 거동이 불가능한 경우
4. 법령에 따라 신체의 자유를 구속당한 경우
5. **군 복무 중**(「병역법」에 따라 의무경찰 또는 의무소방원으로 전환복무 중인 경우를 포함하고 사병으로 한정한다)**인 경우**
6. 그 밖에 사회통념상 부득이하다고 인정할 만한 상당한 이유가 있는 경우

문제 141
수시 적성검사를 받아야 하는 사람에게 수시 적성검사를 받아야 한다는 사실을 수시 적성검사 기간 며칠 전까지 통지하여야 하나?

① 7일　　② 10일　　③ 15일　　④ 20일

해설 도로교통법 시행규칙 제84조(수시 적성검사)
① 한국도로교통공단은 영 제56조제2항에 따라 수시 적성검사를 받아야 하는 사람에게 수시 적성검사를 받아야 한다는 사실을 수시 적성검사 기간 20일 전까지 통지하여야 하며, 수시 적성검사 기간에 수시 적성검사를 받지 아니한 사람에 대하여는 다시 수시 적성검사 기간을 지정하여 수시 적성검사 기간 20일 전까지 통지하여야 한다. 다만, 수시 적성검사 통지를 받을 사람의 주소 등을 통상적인 방법으로 확인할 수 없거나 통지서를 송달할 수 없는 경우에는 수시 적성검사를 받아야 하는 사람의 운전면허대장에 기재된 주소지를 관할하는 운전면허시험장의 게시판에 14일간 이를 공고함으로써 통지를 대신할 수 있다. 〈개정 2024. 7. 31.〉

문제 142
수시 적성검사 관련 개인정보의 통보와 관계없는 기관은?

① 시·도경찰청장　　② 병무청장
③ 보건복지부 장관　　④ 해병대사령관

해설 도로교통법 제89조(수시 적성검사 관련 개인정보의 통보)
① 제88조제1항에 따라 수시 적성검사를 받아야 하는 사람의 후천적 신체장애 등에 관한 개인정보를 가지고 있는 기관 가운데 대통령령으로 정하는 기관의 장은 수시 적성검사와 관련이 있는 개인정보를 경찰청장에게 통보하여야 한다.

정답　141 ④　142 ①

도로교통법 시행령 제58조(수시 적성검사 관련 개인정보의 통보)
① 법 제89조제1항에서 "대통령령으로 정하는 기관의 장"이란 다음 각 호의 어느 하나에 해당하는 자를 말한다. 〈개정 2016. 11. 29.〉
1. **병무청장**   2. **보건복지부장관**
3. 특별시장·광역시장·도지사·특별자치도지사 또는 시장·군수·구청장(자치구의 구청장을 말한다. 이하 같다)
4. 육군참모총장, 해군참모총장, 공군참모총장 및 **해병대사령관**
5. 「산업재해보상보험법」에 따른 근로복지공단 이사장
6. 「보험업법」 제176조에 따른 보험요율 산출기관의 장
7. 「화물자동차 운수사업법」 제51조의2 또는 「여객자동차 운수사업법」 제61조에 따라 설립된 공제조합의 이사장
8. 「치료감호 등에 관한 법률」 제16조의2에 따른 치료감호시설의 장
9. 「국민연금법」에 따른 국민연금공단 이사장
10. 「국민건강보험법」에 따른 국민건강보험공단 이사장

문제 143 임시운전증명서의 유효기간은 얼마 이내 인가?

① 7일   ② 10일   ③ 14일   ④ 20일

해설 도로교통법 시행규칙 제88조(임시운전증명서)
① 법 제91조제1항에 따른 임시운전증명서는 별지 제79호서식에 의한다.
② 제1항에 따른 **임시운전증명서의 유효기간은 20일** 이내로 하되, 법 제93조에 따른 운전면허의 취소 또는 정지처분 대상자의 경우에는 40일 이내로 할 수 있다. 다만, 경찰서장이 필요하다고 인정하는 경우에는 그 유효기간을 1회에 한하여 20일의 범위에서 연장할 수 있다. 〈개정 2010. 12. 31.〉

문제 144 연습운전면허의 취소에 따라 운전면허가 취소된 경우 운전면허시험 응시 결격기간은?

① 6개월   ② 1년   ③ 2년   ④ 3년

해설 도로교통법 제93조(운전면허의 취소·정지)
① 시·도경찰청장은 운전면허(조건부 운전면허는 포함하고, 연습운전면허는 제외한다. 이하 이 조에서 같다)를 받은 사람이 다음 각 호의 어느 하나에 해당하면 행정안전부령으로 정하는 기준에 따라 운전면허(운전자가 받은 모든 범위의 운전면허를 포함한다. 이하 이 조에서 같다)를 취소하거나 1년 이내의 범위에서 운전면허의 효력을 정지시킬 수 있다. 다만, 제2호, 제3호, 제7호, 제8호, 제8호의2, 제9호(정기 적성검사 기간이 지난 경우는 제외한다), 제14호, 제16호, **제17호**, 제20호부터 제23호까지의 **규정에 해당하는 경우에는 운전면허를 취소하여야 하고**(제8호의2에 해당하는 경우 취소하여야 하는 운전면허의 범위는 운전자가 거짓이나 그 밖의 부정한 수단으로 받은 그 운전면허로 한정한다), 제18호의 규정에 해당하는 경우에는 정당한 사유가 없으면 관계 행정기관의 장의 요청에 따라 운전면허를 취소하거나 1년 이내의 범위에서 정지하여야 한다. 〈개정 2024. 3. 19.〉

정답 143 ④   144 ②

17. 제1종 보통면허 및 제2종 보통면허를 받기 전에 연습운전면허의 취소 사유가 있었던 경우

도로교통법 제82조(운전면허의 결격사유)

② 다음 각 호의 어느 하나의 경우에 해당하는 사람은 **해당 각 호에 규정된 기간이 지나지 아니하면 운전면허를 받을 수 없다.** 다만, 다음 각 호의 사유로 인하여 벌금 미만의 형이 확정되거나 선고유예의 판결이 확정된 경우 또는 기소유예나 「소년법」 제32조에 따른 보호처분의 결정이 있는 경우에는 각 호에 규정된 기간 내라도 운전면허를 받을 수 있다. 〈개정 2023. 10. 24.〉

7. 제1호부터 제6호까지의 규정에 따른 경우가 아닌 다른 사유로 **운전면허가 취소된 경우에는 운전면허가 취소된 날부터 1년**(원동기장치자전거면허를 받으려는 경우에는 6개월로 하되, 제46조를 위반하여 운전면허가 취소된 경우에는 1년). 다만, 제93조제1항제9호의 사유로 운전면허가 취소된 경우에는 그러하지 아니하다.

→ 연습운전면허의 취소사유로 인해 운전면허가 취소된 경우에는 운전면허가 취소된 날부터 1년간 운전면허를 받을 수 없다.

문제 145 운전면허 벌점 누산점수가 1년간 몇 점 이상일 경우 운전면허가 취소되는가?

① 121점   ② 200점   ③ 201점   ④ 271점

해설 도로교통법 시행규칙 [별표 28] 〈개정 2025. 3. 20.〉

운전면허 취소·정지처분 기준(제91조제1항관련)

1. 일반기준

　다. 벌점 등 초과로 인한 운전면허의 취소·정지

　　(1) 벌점·누산점수 초과로 인한 면허 취소

　　　1회의 위반·사고로 인한 벌점 또는 연간 누산점수가 다음 표의 벌점 또는 누산점수에 도달한 때에는 그 운전면허를 취소한다.

기간	벌점 또는 누산점수
1년간	121점 이상
2년간	201점 이상
3년간	271점 이상

문제 146 2년간 누산점수가 몇 점 이상일 경우 운전면허가 취소되는가?

① 81점   ② 121점   ③ 171점   ④ 201점

해설 도로교통법 시행규칙 [별표 28] 〈개정 2025. 3. 20.〉

운전면허 취소·정지처분 기준(제91조제1항관련)

1. 일반기준

　다. 벌점 등 초과로 인한 운전면허의 취소·정지

　　(1) 벌점·누산점수 초과로 인한 면허 취소

　　　1회의 위반·사고로 인한 벌점 또는 연간 누산점수가 다음 표의 벌점 또는 누산점수에 도달한 때에는 그 운전면허를 취소한다.

정답   145 ①   146 ④

기간	벌점 또는 누산점수
1년간	121점 이상
2년간	**201점 이상**
3년간	271점 이상

문제 147 교통사고로 사람을 다치게 하고 사고 후 도주한 경우 면허 행정처분은?

① 40일 정지　　② 100일 정지　　③ 120일 정지　　④ 면허 취소

해설 도로교통법 시행규칙 [별표 28] 〈개정 2025. 3. 20.〉
운전면허 취소·정지처분 기준(제91조제1항관련)
2. **취소처분 개별기준**

일련번호	위반사항	적용법조 (도로교통법)	내용
1	교통사고를 일으키고 구호조치를 하지아니한 때	제93조	교통사고로 사람을 죽게 하거나 <u>다치게 하고, 구호조치를 하지 아니한 때</u>

문제 148 안전운전 의무를 위반(일반)하였을 시 부과되는 벌점은?

① 10점　　② 15점　　③ 30점　　④ 40점

해설 도로교통법 시행규칙 [별표 28] 〈개정 2025. 3. 20.〉
운전면허 취소·정지처분 기준(제91조제1항관련)
3. 정지처분 개별기준
　가. 이 법이나 이 법에 의한 명령을 위반한 때

위반사항	적용법조 (도로교통법)	벌점
27. 안전운전 의무 위반	제48조	<u>10</u>

문제 149 신호위반을 하여 중상 1명, 경상 1명의 사상자를 낸 가해자의 벌점은?

① 10　　② 15　　③ 25　　④ 35

해설 도로교통법 시행규칙 [별표 28] 〈개정 2025. 3. 20.〉
운전면허 취소·정지처분 기준(제91조제1항관련)
3. 정지처분 개별기준
　가. 이 법이나 이 법에 의한 명령을 위반한 때

● 정답　147 ④　148 ①　149 ④

위반사항	적용법조 (도로교통법)	벌점
14. 신호·지시위반	제5조	15

나. 자동차등의 운전 중 교통사고를 일으킨 때
  (1) 사고결과에 따른 벌점기준

구분		벌점	내용
인적피해 교통사고	사망 1명마다	90	사고발생 시부터 72시간 이내에 사망한 때
	중상 1명마다	15	3주 이상의 치료를 요하는 의사의 진단이 있는 사고
	경상 1명마다	5	3주 미만 5일 이상의 치료를 요하는 의사의 진단이 있는 사고
	부상신고 1명마다	2	5일 미만의 치료를 요하는 의사의 진단이 있는 사고

→ 신호위반 15점 + 인적피해 20점(중상 1명 15점 + 경상 1명 5점) = 35점

문제 150 A 차의 중앙선 침범으로 사고가 발생하여 A 차에서 승객 2인 경상, B 차 운전자 중상, 승객 2인 중 1인 중상, 나머지 1인 경상 진단을 받았을 경우 A 차 운전자의 교통사고 결과에 따른 벌점은?

① 30점   ② 45점   ③ 60점   ④ 75점

해설 도로교통법 시행규칙 별표 28 운전면허 취소·정지처분 기준(제91조제1항관련)
3. 정지처분 개별기준
  가. 이 법이나 이 법에 의한 명령을 위반한 때

위반사항	적용법조 (도로교통법)	벌점
8. 통행구분 위반(**중앙선 침범**에 한함)	제13조제3항	30

  나. 자동차등의 운전 중 교통사고를 일으킨 때
    (1) 사고결과에 따른 벌점기준

구분		벌점	내용
인적피해 교통사고	사망 1명마다	90	사고발생 시부터 72시간 이내에 사망한 때
	중상 1명마다	15	3주 이상의 치료를 요하는 의사의 진단이 있는 사고
	경상 1명마다	5	3주 미만 5일 이상의 치료를 요하는 의사의 진단이 있는 사고
	부상신고 1명마다	2	5일 미만의 치료를 요하는 의사의 진단이 있는 사고

중앙선 침범 → 30점
A 차 → 경상 2인 : 5점 × 2인 = 10점
B 차 → 중상 2인 + 경상 1인 : 15점 × 2인 + 5점 × 1인 = 35점
∴ 30 + 10 + 35 = 75점

정답 150 ④

문제 151 A 자동차의 신호위반으로 인한 B자동차와 교통사고가 발생하였다. A자동차 운전자는 경상, 동승자 2인이 경상, B 자동차 운전자는 경상, 동승자 2명은 중상의 피해를 입었다. A 자동차 운전자의 벌점은 몇점인가?

① 30점　　② 40점　　③ 50점　　④ 60점

해설 도로교통법 시행규칙 별표 28 운전면허 취소·정지처분 기준(제91조제1항관련)
3. 정지처분 개별기준
　가. 이 법이나 이 법에 의한 명령을 위반한 때

위반사항	적용법조 (도로교통법)	벌점
14. 신호·지시위반	제5조	15

　나. 자동차등의 운전 중 교통사고를 일으킨 때
　　(1) 사고결과에 따른 벌점기준

구분		벌점	내용
인적 피해 교통 사고	사망 1명마다	90	사고발생 시부터 72시간 이내에 사망한 때
	중상 1명마다	15	3주 이상의 치료를 요하는 의사의 진단이 있는 사고
	경상 1명마다	5	3주 미만 5일 이상의 치료를 요하는 의사의 진단이 있는 사고
	부상신고 1명마다	2	5일 미만의 치료를 요하는 의사의 진단이 있는 사고

신호위반 → 15점
A 차 → 경상 2인 : 5점 × 2인 = 10점
(운전자 본인의 피해에 대하여는 벌점을 산정하지 아니한다)
B 차 → 중상 2인 + 경상 1인 : 15점 × 2인 + 5점 × 1인 = 35점
∴ 15 + 10 + 35 = 60점

문제 152 운전 중 중상 1명, 부상 1명의 교통사고가 발생했을 경우 벌점은?

① 7점　　② 17점　　③ 20점　　④ 95점

해설 도로교통법 시행규칙 별표 28 운전면허 취소·정지처분 기준(제91조제1항관련)
3. 정지처분 개별기준
　나. 자동차등의 운전 중 교통사고를 일으킨 때
　　(1) 사고결과에 따른 벌점기준

구분		벌점	내용
인적 피해 교통 사고	사망 1명마다	90	사고발생 시부터 72시간 이내에 사망한 때
	중상 1명마다	15	3주 이상의 치료를 요하는 의사의 진단이 있는 사고
	경상 1명마다	5	3주 미만 5일 이상의 치료를 요하는 의사의 진단이 있는 사고
	부상신고 1명마다	2	5일 미만의 치료를 요하는 의사의 진단이 있는 사고

→ 중상 1명 15점 + 부상 1명 2점 = 17점

정답　151 ④　152 ②

1. 교통법규 - 3. 도로교통법

문제 153 운전을 생계로 하는 사람이 음주운전으로 면허가 취소될 위기에 닥쳤을 때 이의신청을 통해 경감 가능한 경우는?

① 혈중알코올농도가 0.04퍼센트로 단속된 경우
② 음주운전 중 인적피해 교통사고를 일으킨 경우
③ 과거 5년 이내에 3회 이상의 인적피해 교통사고의 전력이 있는 경우
④ 과거 5년 이내에 음주운전의 전력이 있는 경우

해설 도로교통법 시행규칙 별표 28. 운전면허 취소·정지처분 기준(제91조제1항관련)
　바. 처분기준의 감경
　(1) 감경사유
　(가) 음주운전으로 운전면허 취소처분 또는 정지처분을 받은 경우
　운전이 가족의 생계를 유지할 중요한 수단이 되거나, 모범운전자로서 처분당시 3년 이상 교통봉사활동에 종사하고 있거나, 교통사고를 일으키고 도주한 운전자를 검거하여 경찰서장 이상의 표창을 받은 사람으로서 다음의 어느 하나에 해당되는 경우가 없어야 한다.
　　1) 혈중알코올농도가 <u>0.1퍼센트를 초과</u>하여 운전한 경우
　　2) 음주운전 중 인적피해 교통사고를 일으킨 경우
　　3) 경찰관의 음주측정요구에 불응하거나 도주한 때 또는 단속경찰관을 폭행한 경우
　　4) 과거 5년 이내에 3회 이상의 인적피해 교통사고의 전력이 있는 경우
　　5) 과거 5년 이내에 음주운전의 전력이 있는 경우
→ 혈중알코올농도가 0.1퍼센트 이하이면 이의제기를 통해 감경 신청이 가능하다.

문제 154 운전면허행정처분 이의심의위원회의는 위원장을 포함하여 몇 명의 위원으로 구성되는가?

① 7인　　② 10인　　③ 15인　　④ 21인

해설 도로교통법 시행규칙 제96조(운전면허행정처분 이의심의위원회의 설치 및 운영)
② 심의위원회는 위원장을 포함한 **7인**의 위원으로 구성하되, 위원장은 시·도경찰청장이 지명하는 시·도경찰청의 과장급 경찰공무원(자치경찰공무원은 제외한다)이 되고, 위원은 교통전문가 등 민간인 중 시·도경찰청장이 위촉하는 3인과 시·도경찰청 소속 경정 이상의 경찰공무원(자치경찰공무원은 제외한다) 중 위원장이 지명하는 3인으로 한다. 이 경우 민간인 위원의 임기는 2년으로 하되, 연임할 수 있다. 〈개정 2006. 10. 19., 2020. 12. 31.〉

문제 155 교통안전위원회는 위원장을 포함하여 몇 명의 위원으로 구성되나?

① 10인 이상 15인 이내　　② 15인 이상 20인 이내
③ 20인 이상 25인 이내　　④ 25인 이상 30인 이내

정답　153 ①　　154 ①　　155 ④

해설 도로교통법 시행규칙 제141조(교통안전심의위원회의 설치 등)
② 교통안전위원회는 위원장을 포함하여 **25인 이상 30인 이내**의 위원으로 구성하되, 위원장은 경찰청 소속 국장급 경찰공무원(자치경찰공무원은 제외한다)으로 하고, 위원은 도로교통안전 관련 분야의 지식과 경험이 풍부한 전문가 또는 공무원 중 경찰청장이 위촉 또는 임명하는 사람이 된다. 〈개정 2006. 10. 19., 2020. 12. 31.〉

문제 156 운전면허증을 반납 사유가 발생한 경우 그 사유가 발생한 날부터 며칠 이내에 반납하여야 하나?

① 5일   ② 7일   ③ 10일   ④ 15일

해설 도로교통법 제95조(운전면허증의 반납)
① 운전면허증을 받은 사람이 다음 각 호의 어느 하나에 해당하면 <u>그 사유가 발생한 날부터 7일 이내</u>(제4호 및 제5호의 경우 새로운 운전면허증을 받기 위하여 운전면허증을 제출한 때)에 주소지를 관할하는 시·도경찰청장에게 운전면허증을 반납(모바일운전면허증의 경우 전자적 반납을 포함한다. 이하 이 조에서 같다)<u>하여야 한다</u>. 〈개정 2024. 1. 30.〉
1. 운전면허 취소처분을 받은 경우
2. 운전면허효력 정지처분을 받은 경우
3. 운전면허증을 잃어버리고 다시 발급받은 후 그 잃어버린 운전면허증을 찾은 경우
4. 연습운전면허를 받은 사람이 제1종 보통면허증 또는 제2종 보통면허증을 받은 경우
5. 운전면허증 갱신을 받은 경우

문제 157 운전면허증을 반납하는 경우 누구에게 반납하여야 하나?

① 주소지를 관할하는 시·도경찰청장   ② 경찰서장
③ 경찰지구대   ④ 운전면허시험장

해설 도로교통법 제95조(운전면허증의 반납)
① 운전면허증을 받은 사람이 다음 각 호의 어느 하나에 해당하면 그 사유가 발생한 날부터 7일 이내(제4호 및 제5호의 경우 새로운 운전면허증을 받기 위하여 운전면허증을 제출한 때)에 **주소지를 관할하는 시·도경찰청장**에게 운전면허증을 반납(모바일운전면허증의 경우 전자적 반납을 포함한다. 이하 이 조에서 같다)하여야 한다. 〈개정 2024. 1. 30.〉
1. 운전면허 취소처분을 받은 경우
2. 운전면허효력 정지처분을 받은 경우
3. 운전면허증을 잃어버리고 다시 발급받은 후 그 잃어버린 운전면허증을 찾은 경우
4. 연습운전면허를 받은 사람이 제1종 보통면허증 또는 제2종 보통면허증을 받은 경우
5. 운전면허증 갱신을 받은 경우

정답 156 ②   157 ①

1. 교통법규 – 3. 도로교통법

문제 158 외국의 권한 있는 기관에서 국제운전면허증을 발급받은 사람은 국내에 입국한 날부터 얼마 동안만 그 국제운전면허증으로 자동차등을 운전할 수 있나?

① 1년 ② 2년 ③ 3년 ④ 6개월

해설 도로교통법 제96조(국제운전면허증 또는 상호인정외국면허증에 의한 자동차등의 운전)
① 외국의 권한 있는 기관에서 제1호부터 제3호까지의 어느 하나에 해당하는 협약·협정 또는 약정에 따른 운전면허증(이하 "국제운전면허증"이라 한다) 또는 제4호에 따라 인정되는 외국면허증(이하 "상호인정외국면허증"이라 한다)을 발급받은 사람은 제80조제1항에도 불구하고 국내에 입국한 날부터 **1년 동안** 그 국제운전면허증 또는 상호인정외국면허증으로 자동차등을 운전할 수 있다. 이 경우 운전할 수 있는 자동차의 종류는 그 국제운전면허증 또는 상호인정외국면허증에 기재된 것으로 한정한다. 〈개정 2021. 10. 19.〉
1. 1949년 제네바에서 체결된 「도로교통에 관한 협약」
2. 1968년 비엔나에서 체결된 「도로교통에 관한 협약」
3. 우리나라와 외국 간에 국제운전면허증을 상호 인정하는 협약, 협정 또는 약정
4. 우리나라와 외국 간에 상대방 국가에서 발급한 운전면허증을 상호 인정하는 협약·협정 또는 약정

문제 159 출고한 후 3개월 이내에 시·도경찰청장에게 기능교육용 자동차로 확인신청을 한 자동차의 경우 기능교육용 자동차의 사용유효기간은 몇 년 인가?

① 1년 ② 2년 ③ 3년 ④ 4년

해설 도로교통법 시행규칙 제103조(기능교육용 자동차의 검사 등)
④ 기능교육용 자동차의 사용유효기간은 다음 각 호의 구분과 같다. 다만, 「자동차관리법」 제30조제3항에 따른 확인검사를 받은 자동차로서 제작·판매사로부터 출고한 후 3개월 이내에 시·도경찰청장에게 기능교육용 자동차로 확인신청을 한 자동차의 경우에는 다음 각 호의 구분에 불구하고 사용유효기간을 **4년**으로 한다. 〈개정 2016. 7. 28., 2020. 12. 31.〉
1. 승용자동차 및 승용겸 화물자동차 : 2년
2. 화물자동차 : 1년
3. 승합자동차, 대형견인차, 소형견인차 및 구난차
  가. 차령 5년 이하 : 1년
  나. 차령 5년 초과 : 6개월
⑤ 기능교육용 이륜자동차 및 원동기장치자전거의 사용연한은 10년으로 한다.

문제 160 학원 또는 전문학원의 학과 교육은 1일 몇 시간을 초과할 수 없나?

① 5시간 ② 6시간 ③ 7시간 ④ 8시간

정답 158 ① 159 ④ 160 ③

해설 도로교통법 시행규칙 제107조(교육과정의 운영기준 등)
① 학원 또는 전문학원을 설립·운영하는 자는 다음 각 호의 기준에 의하여 학과교육을 실시하여야 한다.
1. 별표 32의 운전면허의 종별 교육과목 및 교육시간에 따라 교육을 실시할 것
2. **교육시간은** 50분을 1시간으로 하되, 1일 1인당 **7시간을 초과하지 아니할 것**
3. 응급처치교육은 응급의학 관련 의료인이나 응급구조사 또는 응급처치에 관한 지식과 경험이 있는 강사로 하여금 실시하게 할 것

문제 161 기능교육 및 도로주행 교육은 1일 몇 시간을 초과할 수 없나?

① 2시간 ② 4시간 ③ 6시간 ④ 8시간

해설 도로교통법 시행규칙 제107조(교육과정의 운영기준 등)
② 학원 또는 전문학원을 설립·운영하는 자는 다음 각 호의 기준에 따라 **기능교육**을 실시하여야 한다. 〈개정 2009. 11. 27., 2011. 4. 30.〉
1. 별표 32의 운전면허의 종별 교육과목·교육시간 및 교육방법 등에 따라 단계적으로 교육을 실시할 것
2. 교육시간은 50분을 1시간으로 하되, 1일 1명당 **4시간을 초과하지 아니할 것**
3. 교육생을 2명 이상 승차시키지 아니할 것
③ 삭제 〈2009. 11. 27.〉
④ 학원 또는 전문학원을 설립·운영하는 자는 다음 각 호의 기준에 따라 **도로주행교육**을 실시하여야 한다. 〈개정 2009. 11. 27., 2011. 4. 30.〉
1. 운전면허 또는 연습운전면허를 받은 사람에 대하여 실시하되, 별표 32의 운전면허의 종별 교육과목·교육시간 및 교육방법 등에 따라 실시할 것
2. 기능교육을 담당하는 강사가 도로주행교육용 자동차에 같이 승차하여 지도하고, 교육생을 2명 이상 승차시키지 아니할 것
3. 교육시간은 50분을 1시간으로 하되, 1일 1명당 **4시간을 초과하지 아니할 것**. 다만, 운전면허를 받은 사람에 대하여는 그러하지 아니하다.
4. 제5호에 따라 지정된 도로에서 별표 32의 기준에 따라 교육을 실시할 것. 다만, 운전면허를 받은 사람에 대하여는 그러하지 아니하다.
5. 도로주행교육을 위한 도로의 지정에 관하여는 제124조제3항 및 제4항의 규정을 준용한다.

문제 162 강사 등의 자격취소 또는 자격의 효력정지 처분통지를 받은 사람은 통지를 받은 날부터 몇일 이내에 그 자격증을 반납하여야 하나?

① 7일 ② 10일 ③ 14일 ④ 21일

정답 161 ② 162 ②

해설 도로교통법 시행규칙 제123조(강사 또는 기능검정원의 자격취소 · 정지의 기준)
③ 시 · 도경찰청장이 제1항에 따라 강사 또는 기능검정원의 자격을 취소하거나 자격의 효력을 정지한 때에는 별지 제131호서식의 강사 · 기능검정원행정처분대장에 그 뜻을 기재하여야 하고, 제2항에 따라 강사등의 자격취소 또는 자격의 효력정지 처분통지를 받은 사람은 통지를 받은 날부터 **10일** 이내에 그 자격증을 반납하여야 한다. 〈개정 2020. 12. 31.〉

문제 163 수강료 조정위원회의 구성은 위원장 1인을 포함하여 몇 명의 위원으로 구성되나?

① 7인 이상 10인 이하
② 7인 이상 11인 이하
③ 10인 이상 15인 이하
④ 11인 이상 21인 이하

해설 도로교통법 시행규칙 제126조의2(수강료조정위원회의 구성 및 운영)
② 조정위원회는 위원장 1인을 포함하여 **7인 이상 11인 이하**의 위원으로 구성한다.

문제 164 출석지시서를 받은 사람은 출석지시서를 받은 날부터 며칠 이내에 지정된 장소로 출석하여야 하나?

① 5일
② 7일
③ 10일
④ 15일

해설 도로교통법 시행령 제83조(출석지시불이행자의 처리)
① 법 제138조제1항에 따라 출석지시서를 받은 사람은 출석지시서를 받은 날부터 **10일** 이내에 지정된 장소로 출석하여야 한다.

문제 165 수수료 징수의 대행 시 서울특별시의 수수료 징수금액은 얼마인가?

① 1천분의 10
② 1천분의 20
③ 1천분의 30
④ 1천분의 40

해설 도로교통법 시행규칙 제132조(수수료 징수의 대행)
② 제1항의 수수료징수대행인에게는 그 대행지역에 따라 다음 각 호의 비율에 의하여 대행수수료를 지급한다.
 1. 서울특별시 : 수수료징수금액의 **1천분의 30**
 2. 서울특별시 외의 지역 : 수수료징수금액의 1천분의 40

문제 166 수수료 징수의 대행 시 서울특별시 외의 지역의 수수료징수금액은 얼마인가?

① 1천분의 10
② 1천분의 20
③ 1천분의 30
④ 1천분의 40

정답 163 ② 164 ③ 165 ③ 166 ④

> **해설** 도로교통법 시행규칙 제132조(수수료 징수의 대행)
> ② 제1항의 수수료징수대행인에게는 그 대행지역에 따라 다음 각 호의 비율에 의하여 대행수수료를 지급한다.
>   1. 서울특별시 : 수수료징수금액의 1천분의 30
>   2. **서울특별시 외의 지역 : 수수료징수금액의 1천분의 40**

문제 167 학원 또는 전문학원을 설립·운영하는 자는 문서의 발송·교부 또는 인증에 사용하기 위하여 한 변의 길이가 몇 센티미터인 정사각형의 직인을 갖추어 하나?

① 3cm ② 4cm ③ 5cm ④ 6cm

> **해설** 도로교통법 시행규칙 제111조(장부 및 서류의 비치 등)
> ② 학원 또는 전문학원을 설립·운영하는 자는 문서의 발송·교부 또는 인증에 사용하기 위하여 한 변의 길이가 **3센티미터**인 정사각형의 직인을 갖추어 두어야 한다.

문제 168 교통안전수칙을 제정·보급하는 주체는?

① 시·도경찰청장
② 경찰청장
③ 도로교통공단 이사장
④ 국토교통부 장관

> **해설** 도로교통법 제144조(교통안전수칙과 교통안전에 관한 교육지침의 제정 등)
> ① **경찰청장**은 다음 각 호의 사항이 포함된 **교통안전수칙을 제정하여 보급하여야 한다.**
>   〈개정 2014. 12. 30.〉
>   1. 도로교통의 안전에 관한 법령의 규정
>   2. 자동차등의 취급방법, 안전운전 및 친환경 경제운전에 필요한 지식
>   3. 긴급자동차에 길 터주기 요령
>   4. 그 밖에 도로에서 일어나는 교통상의 위험과 장해를 방지·제거하여 교통의 안전과 원활한 소통을 확보하기 위하여 필요한 사항

문제 169 교통사고 발생 시의 조치를 하지 아니한 사람에 대한 벌칙은?

① 3년 이하의 징역이나 500만원 이하의 벌금
② 3년 이하의 징역이나 1,000만원 이하의 벌금
③ 5년 이하의 징역이나 1,500만원 이하의 벌금
④ 5년 이하의 징역이나 2,000만원 이하의 벌금

● 정답 167 ① 168 ② 169 ③

해설 도로교통법 제148조(벌칙)
제54조제1항에 따른 교통사고 발생 시의 조치를 하지 아니한 사람(주·정차된 차만 손괴한 것이 분명한 경우에 제54조제1항제2호에 따라 피해자에게 인적 사항을 제공하지 아니한 사람은 제외한다)은 **5년 이하의 징역이나 1천500만원 이하의 벌금**에 처한다. 〈개정 2016. 12. 2.〉

문제 170 신호기를 조작하거나 신호기 또는 안전표지를 철거·이전·손괴한 사람에 대한 벌칙은?

① 5년 이하의 징역이나 1,000만원 벌금
② 3년 이하의 징역이나 700만원 벌금
③ 2년 이하의 징역이나 300만원 벌금
④ 1년 이하의 징역이나 100만원 벌금

해설 도로교통법 제149조(벌칙)
① 제68조제1항을 위반하여 함부로 **신호기를 조작하거나 교통안전시설을 철거·이전하거나 손괴한 사람은 3년 이하의 징역이나 700만원 이하의 벌금**에 처한다.
② 제1항에 따른 행위로 인하여 도로에서 교통위험을 일으키게 한 사람은 5년 이하의 징역이나 1천500만원 이하의 벌금에 처한다.

문제 171 교통에 방해가 될 만한 물건을 함부로 도로에 내버려 둔 경우 부과되는 벌칙은?

① 20만원 이하의 벌금이나 구류 또는 과료
② 30만원 이하의 벌금이나 구류 또는 과료
③ 6개월 이하의 징역 또는 200만원 이하의 벌금 또는 구류
④ 1년 이하의 징역 또는 300만원 이하의 벌금

해설 도로교통법 제152조(벌칙)
다음 각 호의 어느 하나에 해당하는 사람은 **1년 이하의 징역이나 300만원 이하의 벌금**에 처한다. 〈개정 2021. 10. 19., 2023. 10. 24.〉
1. 제43조를 위반하여 제80조에 따른 운전면허(원동기장치자전거면허는 제외한다. 이하 이 조에서 같다)를 받지 아니하거나(운전면허의 효력이 정지된 경우를 포함한다) 또는 제96조에 따른 국제운전면허증 또는 상호인정외국면허증을 받지 아니하고(운전이 금지된 경우와 유효기간이 지난 경우를 포함한다) 자동차를 운전한 사람
1의2. 제50조의3제3항을 위반하여 조건부 운전면허를 발급받고 음주운전 방지장치가 설치되지 아니하거나 설치기준에 적합하지 아니하게 설치된 자동차등을 운전한 사람
2. 제56조제2항을 위반하여 운전면허를 받지 아니한 사람(운전면허의 효력이 정지된 사람을 포함한다)에게 자동차를 운전하도록 시킨 고용주등
3. 거짓이나 그 밖의 부정한 수단으로 운전면허를 받거나 운전면허증 또는 운전면허증을 갈음하는 증명서를 발급받은 사람

정답 170 ②   171 ④

4. 제68조제2항을 위반하여 **교통에 방해가 될 만한 물건을 함부로 도로에 내버려둔 사람**
5. 제76조제4항을 위반하여 교통안전교육강사가 아닌 사람으로 하여금 교통안전교육을 하게 한 교통안전교육기관의 장
6. 제117조를 위반하여 유사명칭 등을 사용한 사람

문제 172 신호 및 지시 위반 시 승용자동차 등에 부과되는 과태료는?

① 4만원 ② 5만원 ③ 6만원 ④ 7만원

해설 도로교통법 시행령 [별표 6] 〈개정 2025. 3. 18.〉
과태료의 부과기준(제88조제4항 본문 관련)

위반행위 및 행위자	근거 법조문 (도로교통법)	과태료 금액
1. 법 제5조를 위반하여 신호 또는 지시를 따르지 않은 차 또는 노면전차의 고용주등	제160조제3항	1) 승합자동차등 : 8만원 2) **승용자동차등 : 7만원** 3) 이륜자동차등 : 5만원

문제 173 과태료의 징수를 차적지의 특별시장·광역시장·제주특별자치도지사 또는 구청장등에게 의뢰한 경우의 징수수수료는 징수된 과태료의 얼마인가?

① 100분의 10 ② 100분의 20 ③ 100분의 30 ④ 100분의 40

해설 도로교통법 시행규칙 제148조(과태료 징수수수료)
영 제88조제8항에 따라 과태료의 징수를 차적지의 특별시장 · 광역시장 · 제주특별자치도지사 또는 구청장등에게 의뢰한 경우의 징수수수료는 **징수된 과태료의 100분의 30으로 한다.** 〈개정 2008. 6. 20., 2010. 12. 31., 2013. 12. 30.〉

정답 172 ④   173 ③

2. [교통안전관리론]

01. 자동차 교통의 3요소
1. 도로(환경)
2. 자동차
3. 사람(운전자, 보행자)

02. 교통사고 방지를 위한 원칙 - 욕조곡선(고장률의 유형)의 원리
1. <u>시스템도 1중계 보다 2중계, 2중계 보다도 3중계, 그리고 3중계 보다도 다중계로 하는 쪽이 보다 안전하다는 사실을 알 수 있는데, 그렇다고 다중계로 하는 것이 절대로 안전하다고 말할 수는 없다.</u> 다시 말해서, 현실의 시스템을 다중계로 한다고 해서 반드시 좋은 방법은 아니다.
2. 그리하여 그 방법상의 잘못이 있을 수 있는 확률(어떤 현상이 일어날 수 있는 비율)을 고장률이라고 하고 고장률과 시간의 관계를 살펴보면 욕조(浴權)의 모양을 띠게 되는데, 이를 욕조곡선이라 부른다.
3. **<u>초기 고장시간은 부품 등에 내재하는 결함, 사용자의 미숙 등이 원인이 되어 고장률도 높지만, 부품 등을 사용함으로써 고장률은 점차 감소하고 유효 사용기간에는 고장률이 가장 저하한다.</u>** <u>그렇지만 부품 등을 장기간 사용함으로써 부품 등의 마모화 때문에 고장률은 증가하여 간다.</u> 즉, 시스템은 일반적으로 이러한 고장률의 움직임을 나타낸다.
4. 예를 들면, 기업에서도 설립 당시는 문제가 생기면 고장률은 높지만, 그러한 가운데서 고장률은 순조롭게 감소하여 간다. 그러나 시간이 경과함에 따라 또 폐해가 생겨 고장률이 높아지게 된다. 자동차에 대해서도 사용하기 시작할 무렵에는 자동차 자체에 내재하는 결함이나 운전자의 미숙 등이 원인이 되어 고장률은 높지만 <u>자동차의 주행이 계속됨에 따라 자동차의 부품간에 원활한 운동이 있게 되면 운전자가 그 자동차에 익숙하게 되므로 고장률은 감소하여 순조로워 진다.</u> 그러나 사용 횟수가 거듭됨에 따라 자동차의 구성부품이 마모화하기 때문에 고장률은 높아지게 된다. 인간의 일생에 대해서도 마찬가지로 이야기할 수 있는데, 인간은 태어날 무렵에는 병에 잘 걸리지만(고장률이 높지만) 성장함에 따라 병원균에 대한 저항력을 길러 그만큼 병에 걸리지 않게 된다. 그렇지만 중년에 들어서면서부터는 성인병으로부터 벗어나지 못하고 시달리는 수가 많다. 즉, 시스템에는 욕조곡선이라는 고장률의 곡선이 있는데 고장률을 점차 떨어뜨리려는 노력을 잊지 않는 것이 중요하다.

03. 미국의 산업안전기사 하인리히(H. W. Heinrich)의 1 : 29 : 300의 법칙
한 사람의 휴업 부상자가 발생하였다고 하면 이것은 바로 <u>같은 원인의 **29**인 가벼운 접촉사고가 생겼으며,</u> 같은 성질의 사고가 있으면서 아무 일 없이 끝난 아차사고가 300건이 있다는 것이다.

04. 요인의 **등치성** 원리
교통사고 발생의 연쇄적 현상을 분석해 보면, 우선 어떤 요인이 발생한다면 그것이 근원으로 되어서 다음 요인이 생기게 되고, 또 그것이 다음 요인을 일어나게 하는 것과 같이 요인이 연속적으로 하나하나의 요인을 만들어 간다. 그런데 이들 많은 요인들 중에서 어느 하나만이라도 없다면 연쇄반응은 일어나지 않을 것이며, 따라서 교통사고는 일어나지 않을 것이다. 다시 말하면 **교통사고 발생에는 교통사고 요인을 구성하는 각종 요소가 똑같은 비중을 지닌다**는 것을 말한다.

05. 관리에 대한 개념
관리기능에 포함되는 내용은 약간씩 다르기는 하지만, 공통적으로 집약하면 계획 - 실행 - 통제 (Plan - Do - See) 또는 **계획 - 조직 - 통제 (Planing - Organizing - Controlling)** 라고 하는 이른바 각 요소의 유기적인 상호관련성을 강조하는 관리순환(Management Cycle)으로 보고 있다.

06. 관리의 기능과 내용 - 경영자 계층간의 기능
관리계층상의 기능은 **최고경영자는 다양성 기능**, 중간 경영자는 인간적 기능, 하위 경영자는 기술적 기능이 강조된다.

07. 중간관리층의 역할
1. <u>상하간 및 부문상호간의 커뮤니케이션</u>
2. <u>소관부문의 종합조정자</u>
3. <u>전문가로 직장의 리더</u>

08. 관리기능에 따른 직무수행방법 - 계획
1. <u>과거의 실적과 현재의 상태를 비교</u>하여 요구되는 점이 무엇인가 명확히 할 것
2. 수집된 모든 정보·자료를 계획목적에 비추어 분석할 것
3. 관계부서와 <u>종사원들의 의견을 충분히 수렴할 것</u>
4. <u>추진하고자 하는 대안을 **복수**로 생각해 둘 것</u>
5. 추진사항의 시행방법도 복수안으로 연구할 것
6. 필요한 인원, 자재, 경비 등에 대해서 면밀히 검토할 것
7. 장래에 <u>예상되는 장애조건에 미리 대비할 것</u>
8. 여러 대안을 경제성, 긴급성, 중요성, 실행가능성의 차원에서 검토할 것

관리기능에 따른 직무수행방법 – 조직

1. 전문화의 원칙 : 각 구성원은 가능한 한 전문화된 단일 업무를 담당하므로써 직무 활동의 능률을 높일 수 있기 때문에 기능이 분화될 경우 전문적으로 할당할 필요가 있다.
2. **명령통일의 원칙** : **조직의 질서를 바르게 유지하기 위해서는 명령계통이 일원화 되어야 한다.**
3. 권한 및 책임의 원칙 : 각 구성원의 직무가 정해지더라도 각 직무 사이의 상호관계가 정해지지 않으면 각 구성원의 활동을 조정할 수가 없다.
4. 감독범위 적정화의 원칙 : 한 사람의 상급자는 몇 사람의 하급자를 거느리는 것이 감독상 가장 적당한가라는 것을 고려해서 조직을 편성해야 한다.
5. 권한 위임의 원칙 : 상급자가 하급자에게 일을 시키는 데는 권한을 될 수 있는대로 아래로 위임할 필요가 있다. 하급자에게 권한을 주게 되면 일에 대해서 창의력을 발휘할 뿐만 아니라, 일의 결과에 대해서도 책임감을 가지게 된다. 상급자는 일상적인 일에 신경을 쓸 필요가 없고 예외적인 일만 담당하게 되어 넓은 시야에서 관리하게 된다.
6. **공식화의 원칙** : 공식화란 **조직내의 직무가 표준화되어 있는 정도** 또는 종업원들의 행위나 태도가 명시되어 있는 정도를 의미한다. 이러한 명시는 대개 문서화 된 규칙이나 절차에 나와 있다. **고도로 공식화된 조직은 구성원들이 언제, 무엇을, 어떻게 해야 될 것인가를 규정해 놓은 직무기술서, 규칙, 규정, 절차 등이 많다.** 반면 공식화가 낮은 조직은 사전에 규정된 절차나 규정이 적어 구성원들이 상당한 재량권을 발휘할 수 있다. **공식화가 요구되는 이유는 다양한 조직 구성원의 행위를 정형화(定型化)하여 그 예측 및 조정, 통제를 용이하게 하는 데 있다.**

관리기능에 따른 직무수행방법 – 통제

1. 의의

관리활동의 본래의 목표·계획과 기준에 따라 수행되고 있는가를 확인하고 실적, 성과와 비교하여 그 결과에 따라 시정조치를 취하는 것을 말한다. 통제의 특성을 보면 다음과 같다.

1) <u>목표·계획과의 밀접 불가불성</u>

계획이 없는 한 통제할 수 없고 통제에 의하여 목표달성도를 측정할 수 있다. 그러나 완전한 계획이란 불가능하여 편차가 발생되기 마련이므로 이를 발견하여 시정하는 통제기능이 필요하다.

2) 직무수행과의 관련성
   과도한 통제는 무력감 불만을 일으켜 능률을 저하시키고 통제가 없는 경우 혼란이 초래된다.
3) 책임의 확보수단
   통제는 책임을 확보하는 수단이다.
4) 계속적 과정
   통제는 기본목표를 달성할 때까지 **계속적으로 진행되는 과정이며 결코 일시적인 것이 아니다.**
5) 환류기능
   과거 혹은 현재의 성과에 관한 정보가 제공됨으로써 장래의 의사 결정에 좋은 영향을 준다.

09. 개인 및 단체표장 – 분할방법
1. 노선 단위
2. 지역 단위
3. 승객 단위
4. 화물 단위
5. 기항지 단위

10. 교통사고의 비용
1. 당사자의 손실
   1) 소득의 상실(사망, 후유장애, 치료중의 휴업에 의한 것)
   2) 의료비
   3) 물적피해(차량, 화물, 가옥, 의복 등)
   4) 개호비(간호 및 보호비)
2. 공공적인 지출
   1) 경찰의 사고처리 비용, 도로시설 수선비   2) 소방 혹은 의료 구급 서비스
   3) 재판비용   4) 보험업무비
3. 제 3자의 손실
   1) 사고에 의한 교통정체로 허비된 사람들의 시간 및 연료손실
   2) **병문안 및 조문에 소요된 시간**, 교통비

11. 교통사고의 간접원인
1. 기술적 원인
   주로 장치, 자동차, 도로 등의 설계, 점검, 보전 등의 기술상의 불비에 의한 것으로서, 차량장치의 배치, 도로 시설의 정비, 도로의 조명, 사고 위험장소의 방호설비 및 경계설비, 보호구역의 정비 등에 관한 모든 기술적 결함이 이것에 포함된다.
2. **교육적 원인**
   안전에 관한 지식 및 경험의 부족에 의한 것으로 운행과정의 위험성 및 그것을 안전하게 수행하는 기법에 대한 부족, 경시, 훈련미숙, 악습관, 미경험 등이 이에 포함된다.

3. 신체적 원인
 신체적 결함, 예를들면 두통, 현기증, 간질 등의 병, 근시, 난청 및 수면부족 등에 의한 피로, 술에 취함 등이 이에 포함된다.
4. 정신적 원인
 태만, 반항, 불만 등의 태도불량, 초조, 긴장, 공포, 불화 등의 정신적인 결함, 성격적인 결함, 지능적인 결함 등이 이에 포함된다.
5. 관리적 원인
 정부관계자 및 최고관리자의 안전에 대한 책임감의 부족, 안전기준의 불명확, 안전관리제도의결함, 인사적성 배치의 불비 등 정책적 결함이 이에 포함된다.
6. 문화 풍토적 원인
 초등학교, 중학교, 고등학교, 대학 등의 교육 문화 조직의 안전교육의 미흡, 홍보 기능의 미흡 등이 이에 포함된다.

12. 교통사고 요인분석 - 인적요인
 교통사고는 한가지 요인에 의해서 발생되는 경우보다는 여러가지 요인이 복합적으로 작용하여 발생하고 있다. 하지만 인적요인, 차량요인, 도로환경요인 등 3가지 요인 중에서 **인적요인에 의한 교통사고가 대부분**을 차지하고 있다. 인적요인에 의한 사고와 관련된 보고서에 의하면 미국의 경우 인적요인이 93.1%로 나타나고 있으며, 영국의 경우 인적요인이 84.8%로 나타나고 있다. 이처럼 대부분의 교통사고는 사람의 고의나 과실에 의한 행위에서 비롯된다고 볼 수 있다.

13. 갓길의 필요성
 1. **도로의 주요 구조부 보호**
 2. 고장차의 대피가 가능하며, 사고 발생시 교통흔잡 방지
 3. 측방여유폭을 가지므로 교통의 안전성과 쾌적성에 기여
 4. 노상시설을 설치하는 장소로 제공
 5. 작업장이나 또는 지하 매설물에 대한 장소로 제공
 6. 절토부 등에서 곡선부 시거가 커지므로 교통안전 확보
 7. 배수 측면에서 유리
 8. 도로 미관을 높이고 보도가 없는 도로에서 보행자 등의 통행 장소로 제공

 중앙 분리대의 기능
 1. 기존 통행에 방해가 되지 않을 적당한 공간을 차지한다.
 2. 전조등에 의한 눈부심을 감소시킨다.
 3. 차량의 교차 및 회전 시 안전거리를 제공한다.
 4. 비상시에 대피 지역의 역할을 한다.

14. 일방통행 도로가 지니는 안전성 측면에서의 특성
   1. 교차로에서의 상충지점 수가 **적다.**
   2. **대향교통이 없으므로 정면충돌이나 측면충돌 사고가 없다.**
   3. 회전차량을 추월할 수 **있으므로** 추돌사고의 가능성이 적다.
   4. 신호시간을 연속진행에 맞출 수 **있으므로** 차량군을 형성하여 교차로를 연속 통과함으로써 횡단보행자나 횡단교통을 위한 시간할애가 쉽다.

15. 노상주차의 방법 : 각도주차(angle parking) 보다 평행주차가 사고율이 50% 정도 더 낮은 것으로 나타난다.

16. 계획수립시의 고려사항 - 세부적으로 거쳐야 하는 단계
   1. 문제의 인식   2. 목표의 설정   3. 계획 전제의 수립
   4. 대안의 검토   5. 대안의 평가   6. 방향의 선택
   7. 파생계획수립

17. 사업체의 특성에 따른 조직 편성
   1. **업종**   2. **규모**   3. **직제**   4. 종사원수
   5. 보유대수   6. 거리적 조건   7. 교통환경

18. 교통 업무 종사원 복무규정에 포함되어야 할 것
   1. 교통업무종사원의 마음가짐에 관한 것   2. 운행상의 준수사항
   3. 교통수단의 사용 절차   4. 교통사고시의 조치
   5. 교통수단의 보전·관리

19. 안전관리조직의 개념
   1. 안전관리 목적 달성의 수단이라는 것
   2. 안전관리 목적 달성에 지장이 없는 한 **단순할** 것
   3. 인간을 목적 달성의 수단의 요소로 인식할 것
   4. 구성원을 능률적으로 조절할 수 있어야 할 것
   5. 그 운영자에게 통제상의 정보를 제공할 수 있어야 할 것
   6. 구성원 상호간을 연결할 수 있는 공식조직(formal organization)이어야 할 것
   7. 안전관리조직은 **환경의 변화에 끊임없이 순응할 수 있는 살아있는 유기체**여야 함

20. 효율적인 통제와 안전관리에 있어서 보고의 기능
   1. 모든 사고를 회사상급자에게 정확하게 보고하고 필요시 관계기관에도 보고한다.
   2. 모든 종업원에 대한 개인사고 및 상해기록을 유지한다.
   3. 적절한 처분을 건의하기 위하여 **통계적 정보를 분석**한다.

4. 운전자 법규위반 및 사고통보를 받고 적절한 조처를 취한다.
5. 매월 지사별로 월간 사고 발생자 기록을 재정비하고 모든 보고서를 예방가능성의 관점에서 분류한다.
6. 회사 게시판의 정보를 최신의 것으로 유지한다.
7. 개인 안전상(안전운전 및 무재해작업)기록을 유지하고, 포상상품을 구매하여 수여한다.
8. <u>규정된 사고보고서를 작성하고, 일반 교통사고 통계를 최신의 것으로 유지한다.</u>
9. 관할관청에 제출할 자동차 인사사고 조사보고서를 작성한다.
10. <u>자동차 관리법에 부합하도록 자동차 방침 및 관리기법을 점검한다.</u>
11. 모든 지사 및 자동차 내의 소화기에 대한 끊임없는 실태조사를 하고 잔여 사용기간을 확인한다.

21. 운전과 시각
1. <u>운전시에 필요한 감각정보의 약 **80%**는 **시각**을 통해서 들어오게 된다.</u>
2. 시각에는 시력, 시야, 색감각과 같은 직접적 기능과 정신활동에 관계되는 주시 등이 있다.
3. 심시력과 같은 입체감이나 실행의 판별은 단순히 시각기능에만 관계되는 것은 아니며, 경험에서 얻어지는 판단 등의 다른 대뇌의 활동도 추가되게 된다.
4. 시각 이외의 능력, 특히 시중추 이외의 대뇌활동과 관련되어있는 능력이 중요하게 된다.
5. 비록 시력은 충분하더라도 정신적인 확인, 즉 주시가 없으면 보면서도 보고 있지 않는 것과 같이 된다.

어떤 한 곳만을 집중적으로 주시하게 되면, 그 이외의 부분은 시야에 들어오더라도 무시되는 경향이 무의식적으로 나타나게 된다. 주시점 이외의 것이 시야에 들어오는 정보가 무확인적인 것이라고는 하더라도 유도적인 활동을 해서 환경 파악에 도움이 될 수 있도록, 집중해야할 대상물에 대한 주의 집중은 최소한으로 조절해서 새로운 변화를 감지할 수 있도록 해 두지 않으면 안된다. 다시 말하면, **주의를 어떤 한 곳에만 집중하는 일이 없이 주변에도 필요한 만큼의 주의력을 분산**시켜야 하는데, 이것을 "탐색주의"라고 한다. 공간적으로 다면성을 지녀야 할 운전 작업은 한 순간에 한 곳에만 주의를 집중하게 되면 반드시 빈 구석이 생기게 될 것이다. 더구나 어떤 사물에 정신이 팔려서 곁눈질 운전 또는 옆보기 운전은 말할 것도 없고, 안전운전 이외의 다른 어떤 것에도 주의력을 낭비하는 일이 있어서는 안될 것이다.

22. 정지거리
1. <u>제동시간</u> : 브레이크가 듣기 시작한 후부터 자동차가 정지할 때까지의 시간
2. <u>제동거리</u> : 브레이크가 듣기 시작한 후부터 자동차가 정지할 때까지 진행하는 거리

3. 제동거리는 대략 속도의 제곱에 비례하여 **길어진다**.
      이것은 운동에너지가 속도의 제곱에 비례하여 커지기 때문이다. 따라서 속도가 2배가 되면 제동거리는 2배가 되는 것이 아니라 약 4배가 된다.
   4. 공주거리와 제동거리를 합친 것을 정지거리라고 한다.
   5. 노면이 비 때문에 젖어 있고, 타이어가 닳았을 때의 정지거리는 건조한 노면에서 타이어의 상태가 좋을 때에 비해서 2배 정도 길어질 때가 있다.

제동거리는 속도의 제곱에 비례한다.
속도가 2배 차이나면 제동거리는 2의 2제곱인 4배가 된다.

원심력
1. 모퉁이나 커브에서 핸들을 꺾으면 운동 에너지의 관성에 의한 원심력이 작용하여 차가 밖으로 이탈하려고 한다.
2. 원심력이 타이어와 노면과의 마찰저항보다 크면 차는 사이드 슬립을 일으켜서 길 밖으로 이탈하거나 옆으로 구르게 된다.
3. 원심력과 속도와 중량의 관계
 1) 원심력은 속도의 제곱에 비례해서 커진다.
 2) 커브의 반경이 **작을수록** 커진다.
 3) 중량에 비례해서도 커진다.

원심력과 속도와 중량의 관계
 1) 원심력은 속도의 제곱에 비례해서 커진다.
 2) 커브의 반경이 작을수록 커진다.
 3) 중량에 비례해서도 커진다.

23. 반응특성
   1. 자극을 주는 감각의 종류에 따라 반응시간이 달라진다.
   2. 신체부위에 따라 반응시간이 달라진다.
   3. 선택반응시간은 반응을 일으키기 전에 판별을 필요로 하는 자극수에 따라 다르다. 자극이 복잡해질수록 반응시간은 **길어진다**.
   4. 반응시간은 제시된 자극의 성질에 따라 다르게 나타난다.
   5. 연령과 성별에 따라 차이가 있어서 어린이, 고령자, 여자 등의 반응시간은 길다.

24. 시각특성 - 동체시력
   1. 주행 중 운전자의 시력을 동체시력이라고 한다.
   2. 동체시력은 자동차의 속도가 빨라지면 그 정도에 따라 점차 멀어진다.
   3. 동체시력은 개인차가 있어서 20대 보다 30대가, 즉 연령이 많아질수록 저하율이 크다.

4. 같은 개인에 있어서도 피로하게 되면 저하된다.
5. 일반적으로 동체시력은 정지시력에 비해 **30% 정도 낮다.**

25. 명순응과 암순응
    1. 순응 : 홍체의 감광도가 광범위하게 변하기 때문에 생기는 현상
    2. 명순응 : 어두운 곳에서 밝은 곳으로 이동했을 때 밝은 빛에 순응하게 되는 현상
    3. 암순응 : 밝은 곳에서 어두운 곳으로 이동했을 때 어두움에 순응하게 되는 현상
    4. **암순응에 걸리는 시간은 일반적으로 명순응에 걸리는 시간보다 길어서** 완전한 암순응에는 30분 혹은 그 이상 걸리기도 한다.
    5. 명순응시 터널에서 나올 때의 시각장애는 1초 전후이므로 암순응에 비해 별로 문제될 것이 없다.

26. 정지상태에서 정상인의 시야
    약 180~200°, 한쪽 눈의 시야는 좌우 각각 160°, 색채 식별 범위 약 70°
    속도별 시야 : 시속 <u>100km → 40°</u>, 시속 <u>75km → 65°</u>, 시속 40km → 100°

27. 색각
    1. 교통장면에서 색채조절의 의미는 **안전표지, 노면표시, 안내판 등의 시인성과 식별력을 향상 시키는데 있다.**
    2. 색채가 갖는 심리적, 생리적 효과에 의해서 안전의식의 향상, 기분의 전환, 진정감을 갖게 할 수 있다.
    3. 색광으로 가장 멀리에서 약한 빛으로 알아보기 쉬운 것은 적-록-황-백색의 순이다.
    4. 표면색을 읽기 쉬운 것은 흑/황, 녹/백, 적/록, 청/백, 백/청, 흑/백 색의 순이다.
    5. (사선의 윗 부분은 표면색, 아랫부분은 바탕색) → 적/황, 록/적색은 읽기 쉽지 않은 것으로 알려져 있지만 전체적으로 보아 양색을 포함한 적/황색이 주의를 가장 잘 환기시킨다.

28. 주의의 동요(動搖)
    무엇이든 오랫동안 주의력을 집중하여 주시하면 먼 곳에 있는 것이 가깝게 나타나 보이고 가까운 곳에 있는 것이 처음 보던 때와는 다른 것처럼 보여지는 현상
    사람에 따라 동요의 시간은 다르지만 수 초에서 수 십초의 간격이 있다.
    전문가에 의하면 신체적 부조리가 빚어내는 결과이므로 육체적인 건강보다도 정신 건강에 유의하여야 한다.
    운전 중 주의의 동요가 일어나면 역시 안전과 크게 관계된다고 하겠다.

29. 알콜 농도와 주취상태

농도(mg)	상태	상태 설명
0~0.5	무취	겉으로 보기에는 아무렇지 않으며, 특히 검사 없이는 주기를 알 수 없다.
0.5~2	미취	얼굴이 붉어지고 말이 많으며, 침착하지 못하고 외부 자극에 늦으며 난폭해지기 쉽다.
<u>2~3</u>	<u>경취</u>	스스로 느낄 정도로 쾌활해지고 비틀거리거나 우는 사람도 있다.
3~4	심취	운동능력을 상실하여 서있기가 힘들고 말을 제대로 못하는 마비상태가 된다.
4~5	만취	어디든지 드러 눕는다. 혼미해지고 대 소변을 가리지 못할 때도 있고, 호흡이 어지럽다. 방치해 두면 사망한다.
5 이상	사망	

30. 피로의 자각증상 조사

A	B	C
1. 머리가 무겁다 2. 전신이 나른하다. 3. 다리에 힘이 없다. 4. 하품이 나온다. 5. 머리가 멍해진다. 6. 졸린다. 7. 눈이 피로하다. 8. <u>동작이 딱딱해진다.</u> 9. 다리도 예민하지 않게 된다. 10. 눕고 싶어진다.	11. 생각이 통일되지 않는다. 12. 말하기 싫어진다. 13. <u>조급해진다.</u> 14. 마음이 산란하다. 15. 어떤 일을 열심히 할 수 없다. 16. 금방 한 것이 생각나지 않는다. 17. 실수가 많아진다. 18. 어떤 일이 마음에 걸린다. 19. 규칙적이지 못하다. 20. 끈기가 없다.	21. 머리가 아프다. 22. 어깨가 뻐근하다. 23. 허리가 아프다. 24. 숨이 가쁘다. 25. <u>목이 마른다.</u> 26. 목소리가 쉰다. 27. 현기증이 난다. 28. 눈꺼풀이나 근육이 경련한다. 29. 수족이 떨린다. 30. 기분이 나쁘다.

31. 과로운전에 의해 나타나는 증세
   1. <u>운전리듬이 깨진다.</u>
   2. 교통표지, 계기관측, 측면 및 후방의 관찰회수가 감소하고 <u>운전자의 시야가 좁아진다.</u> 따라서 **생략되는 운전조작 내용이 증가**하여 운전이 단순해진다.
   3. 신체에 국부적인 통증이 생겨나며 이에 따라 <u>주의력이 분산되는</u> 결과를 가져온다.
   4. 피로에 의한 사고유발 과정
      뇌의 산소부족 → 중추신경 피로 → 감각둔화, 지각저하 → 근육수축의 조정기능 약화 → 감각자극 차단 → 인지의 지연, 판단의 오류, 조작의 오류 → 졸음운행 → 사고위험

32. 졸음 예방책으로서 실용적인 대책
   1. <u>**청각정보를 준다**</u> : 운전지원 정보를 음성으로 보내거나 열차무선으로 운전정보, 시보, 음악 등을 보내는 등
   2. <u>정신이완(relax) 설비의 탑재</u> : 냉장고, 세면대를 설치하거나 라디오, 카세트 테잎을 듣는 등
   3. <u>실내공기에 의한 자극</u> : 공기조절(aircondition)로 온도, 기류 등을 가끔 변화시킨다.
   4. <u>조작방식의 변화</u> : 커다란 동작, 발로 조작을 필요로 하는 조종방식 등
   5. <u>생리적 환류(bio feedback)경보나 주의환기 경보음의 설치</u>
      : 졸음의 검지, 경보장치를 설치하여 가끔 소리나 진동을 주어 주의를 환기시키는 등

33. 자기과신 : 사람의 성격의 바탕을 이루는 감정 기질의 경향을 심정질이라고 한다.
    1. 폭발성 : 화를 내는 감정이 발생되기 쉬운 성격
    2. 즉행성 : 생각 없이 행동하는 타입
    3. 자기현시성 : 실제 이상으로 자기를 외부에 나타내고자 하는 감정이 강한 성격
    4. **감정변화성** : 감정의 안정성이 약하고 안절부절하는 성격
    5. 불안정성 : 의사에 안정성이 없고 관심이 여러 가지로 움직이기 쉬운 성격

34. 안전운전에 필요한 성격
    1. 안전에의 의식 : 사람의 생명에 대한 존엄성이 뿌리박힌 **신중성**
    2. **상호성** : 보행자나 다른 차량에게 길을 양보해 주는 겸허한 성품을 지니고 타인과 좋은 인간관계를 만드는 협조적인 성품
    3. 안정된 정서와 평정한 태도 : 자기의 감정을 억제, 통제할 줄 아는 능력과 성품을 갖고 환경에 지배되지 않는 자주성
    4. 일에 대한 **애정** : 생활에 대한 즐거움을 갖고 운전을 좋아하며 이를 자랑으로 알고 책임을 느낄 줄 아는 성품

35. 어린이의 교통행동 특성
    1. 교통상황에 대한 주의력이 부족하다.
    2. 판단력이 부족하고 **모방행동이 많다**.
    3. 사고방식이 단순하다.
    4. 호기심이 많고 모험심이 강하다.
    5. 추상적인 말은 잘 이해하지 못하는 경우가 많다.

36. 충격면적과 충격력의 분포
    1. 끝이 넓은 면적으로 분포되면 될수록 충격으로 인한 피해의 정도는 가벼워진다.
    2. 끝이 뾰족한 송곳을 약 2kg의 충격력으로 충격하면 **매우 강대한 충격력이 일어난다**.
    3. 높은 곳으로부터 굴러 떨어졌는데도 불구하고 살아남는 경우도 있는 바, 이는 충격력이 신체의 넓은 부분으로 분포되었기 때문이다.
    4. 차내·외부의 충돌 개소나 예리한 개소를 가능한 한 제거하거나 최소로 하는 것이 안전성 향상에 큰 도움이 된다.

37. 운행기록계의 취급
    1. 기록침에 무리한 힘을 가하지 않는다.
    2. 주행 중에는 표지부의 커버를 개폐하지 않는다.
    3. **시계는 항상 작동시켜 둔다**.
    4. 기록침의 끝에 달린 먼지는 부속 브러시의 털어낸다.
    5. 세차할 때에는 운행기록계에 직접 물 등이 닿지 않게 한다.
    6. 시계는 정기적으로 분해 소제한다.

38. 브레이크 고장에 대한 대책
   1. 동승자에게 비상사태를 이해시키고 방어 태세를 갖추게 한다.
   2. 경적 등으로 주변에 신호를 보내서 대피를 시킨다.
   3. 브레이크 페달을 몇 번이고 밟아 보면서 압력을 높일 방법을 생각해 본다.
   4. 핸드 브레이크를 사용한다. 이때는 급격하게 핸드 브레이크를 조작하면 뒷바퀴가 록이 되어 스핀을 일으키는 경우가 있으므로 주의해야 한다.
   5. <u>기어를 중립으로 하고 **엔진 브레이크**를 생각해 본다.</u>
   6. 도로의 측벽, 가드레일, 수목 등에 차체를 부딪치거나, 고랑 등에 바퀴를 넣어서 정차를 시켜 본다. <u>모래로 된 피난 장소가 있을 경우에는 이것을 이용해본다.</u>
   7. 논·밭과 같은 주행저항이 많은 곳으로 진입해 본다.

39. 타코그라프
   1. 사용목적
      일명 운행기록계로서 순간속도, 운행거리, 운전자교대, 운전자의 근무나 차량의 올바른 관리 등이 자동적으로 이루어지는 것으로 **안전운전 실태를 파악**하는데 그 목적이 있다.
   2. 종류
      운행기록계는 기계식과 전자식으로 분류하고 기계식은 대형차용(대형트럭, 버스)과 소형차용(택시, 소형트럭)으로 나누어진다.
   3. 관리
      1) 기록침에 무리한 힘을 가하지 않는다.
      2) 주행중에는 표지부의 커버를 개폐하지 않는다.
      3) 시계는 항상 작동시켜 둔다.
      4) 기록침의 끝에 달린 먼지는 부속 브러시로 털어낸다.
      5) 세차할 때에는 운행기록계에 직접 물에 닿지 않게 한다.
      6) 시계는 정기적으로 분해 소제한다.

40. 스티어링(Steer)의 특징
   Reverse Steer : 속도를 높일 때 처음에는 선회반경이 커지다가 어느 속도 이상에 이르면 급격히 적어지는 경향을 나타내는 것
   Neutral Steer : 선회궤적이 속도를 높여도 변하지 않고 그 궤적은 저속 시와 동일한 것
   <u>Under Steer</u> : 조향장치의 특성으로 일정한 속도로 일정한 반경의 원운동을 하는 자동차가 속도를 높였을 때 운동원의 반경이 저절로 커져가는 특성. <u>보통 승용차는 대부분 부드러운 Under Steer가 되도록 설계되어 있다.</u>
   Over Steer : 일정한 속도로 일정한 반경의 원운동을 하는 자동차가 어느 지점에서 그 속도를 높였을 때 진로가 저절로 안쪽으로 향하며 <u>반경이 적어지는 특성</u>

41. 교차의 종류
   1. 평면교차 : 단순교차, 로터리 교차   2. 입체교차

42. <u>AASHTO</u>란 미국 고속도로 교통 관리 협회(The American Association of State Highway and Transportation Officials)의 약자이기도 하면서, 협회가 제시하는 기준이 미국 도로설계의 기준의 근거가 되므로 **"미국 도로 설계 기준"**의 뜻으로 쓰이기도 한다.

43. 교통안전시설의 일반적인 기준
   1. 필요성에 부합해야 한다.
   2. <u>주의를 끌 수 있어야 한다.</u>
   3. <u>간단명료한 의미를 전달할 수 있어야 한다.</u>
   4. 도로 이용자에게 존중될 수 있어야 한다.
   5. **<u>반응을 위한 시간적인 여유를 가질 수 있는 곳에 설치되어야 한다.</u>**
   6. <u>교통을 통제 또는 규제·지시할 경우는 법적인 근거가 있어야 한다.</u>

44. 교통신호기의 장점
   1. 질서 있게 교통류를 이동시킨다.
   2. **<u>직각충돌 및 보행자 충돌과 같은 종류의 사고가 감소한다.</u>**
   3. 교차로의 용량(특정시간 동안 교통시설, 즉 도로, 주차장 등이 처리할 수 있는 최대 교통량)이 증대된다.
   4. 교통량이 많은 도로를 횡단해야 하는 차량과 보행자의 횡단이 가능하다.
   5. 인접교차로를 연동시켜 일정한 속도로 긴 구간을 연속진행시킬 수 있다.
   6. 수동식 교차로 통제보다 경제적이다.
   7. 통행우선권을 부여받으므로 안심하고 교차로를 통과할 수 있다.

   교통신호기의 단점
   1. <u>첨두시간이 아닌 경우는 교차로 지체와 연료소모가 필요 이상으로 커질 수 있다.</u>
   2. <u>추돌사고와 같은 유형의 사고가 오히려 증가한다.</u>
   3. 부적절한 시간으로 운영될 때 운전자를 짜증스럽게 한다.
   4. <u>부적절한 곳에 설치되었을 경우, 불필요한 지체가 생기며</u> 이로 인해 신호등을 기피하게 된다.

45. 표지병 (RPM : Raised Pavement Marking)
   1. 도로상에 설치된 노면 표시의 선형을 보완하여, 야간 또는 우천시에 운전자의 시선을 명확히 유도함으로써 교통안전 및 원활한 소통을 도모하기 위하여 도로표면에 설치하는 시설물

2. 노면표시의 보조 또는 대체의 기능을 수행하는 시설물이다.
3. 도료형 노면표시에 비해 상대적으로 큰 초기비용을 요구하는 단점이 있으나, 도료형 노면표시에 비해 상대적으로 수명주기가 길어 노면표시의 잦은 보수로 인한 물적·인적 비용을 절감시킬 수 있는 장점과 적절한 적용(예를 들어 위험한 지역, 대규모의 보수를 계획하고 있지 않는 도로 등)을 통해 이러한 단점을 극복할 수 있다.
4. 현재 표지병은 도로건설 및 유지보수시에 시선유도시설 등 교통안전시설로서 국토교통부에서 관리하며 교통운영 측면에서는 노면표시를 보완하는 시설로서 경찰청에서 관리하고 있다.

46. 시가지 도로안내표지의 원칙
1. **표지 바탕은 청색**
2. 시외곽 또는 지방을 나타내는 지명은 ㅁ(네모 테두리)을 하고, 녹색 바탕에 흰 글씨로 표기
3. 시가지 도로는 형태 속에 바탕은 백색으로 하고 글씨는 청색으로 표기
4. 노선번호나 가로명이 없을 경우 화살표만 표기
5. 진행방향의 경우 2개의 지명을 원칙으로 하며 상단은 원거리, 하단은 근거리를 표시
6. 진행방향의 노선번호는 지명의 좌측에 표기
7. 좌우방향 표기는 1개의 지명을 원칙으로 함
8. 좌우측 방향의 가로명이 동일한 경우 화살표가 교차하는 중앙부분에 가로명을 표기

47. 안전표지 설치운영의 원칙
1. **주요표지의 우선화 (Primacy)**
도로상의 특별한 위치에 꼭 필요한 중요정보가 상대적으로 중요도가 낮은 정보와 혼재해 있을 경우 운전자는 중요정보를 지나쳐버릴 가능성이 있다.
2. 안전표지의 분산화 (Spreading)
운전자가 정보처리에 지나치게 여유가 있는 경우에는 습관적으로 행하는 차량 조절 이외에는 요구되는 사항이 없게 되므로 무료함에 빠지기 쉽다.
3. 안전표지의 유사특성화 (Redundancy)
유사특성화란 동일한 정보를 여러 개의 다른 형태로 제공하는 원칙을 말한다.
4. 안전표지의 기대화 (Expectancy)
운전자는 도로 및 도로환경을 주행하면서 전방에 어떠한 상황이 전개될 것인지에 대한 기대를 그들의 경험과 사전지식 및 주행환경에 의거 예견하게 된다.
5. 안전표지의 반복화 (Repetition)
6. 반응시간을 고려한 설치위치

48. 사고패턴 및 가능 원인에 대한 일반적 대책

사고패턴	가능원인	일반적 대책	
신호 교차로에서의 직각충돌	**신호등의 불량한 가시도**	사전경고표지 설치 대형 신호등 렌즈의 설치 **문형식 신호대의 설치** 신호등 뒷판 설치	신호등 위치 개선 시야 장애물 제거 보조 신호등 두부의 설치 접근로의 제한속도 낮춤
교차로에서의 좌회전 충돌사고	높은 좌회전 교통량	좌회전 신호 현시 좌회전 금지 좌회전 교통의 타 노선으로의 전환	교차로의 도류화 「정지」 표지 설치 일방통행제 시행 회전 유도차선 표시
고정물체와의 충돌	미끄러운 노면	노면의 재포장 적절한 배수제공 노면의 그루빙 (grooving)	제한속도의 낮춤 미끄럼 주의표지 설치
비신호 교차로에서의 직각충돌	높은 접근 속도	접근로의 제한속도 낮춤	노면 요철구간 설치

49. 미국 FHWA 조사 체크리스트 [일반사고패턴]

사고패턴	추정원인	일반대책
주차장 진입로 관련 충돌	좌회전 차량	안전지대 장치 설치 양방향 좌회전 차로 설치
	주차장 진입로 위치 부적절	**가능한 경우 주차장 진입로의 최저 공간을 지정** 시설 한계의 최저 모퉁이 지정 가능한 경우 주차장 진입로를 측가로 이동 커빙을 설치하여 주차장 진입로 위치 확정 가능한 경우 인접 주차장 진입로를 병합
	우회전 차량	우회전 차선 설치 근처 주차장 진입로 주차 금지 주차장 진입로 폭을 확장 진행 차선폭 확장 연석 반경 확대

50. 서행 권장 구간

1. 서행표지가 있는 곳을 통과할 때
2. 보행자의 옆을 통과할 때
3. 보행자가 서 있는 안전지대의 옆을 통과할 때
4. **흙탕물이나 물이 고인 곳을 통과할 때**
5. 백색지팡이를 짚고 보행하는 사람의 옆을 통과할 때
6. 동물이나 맹견을 끌고 가는 사람의 옆을 통과할 때
7. 교차로에서 좌·우회전 할 때 또는 도로 이외로 나가기 위해 좌·우회전 할 때

51. 교통안전관리의 단계

준비 - **조사** - **계획** - 설득 - 교육훈련 - 확인

1. 준비단계

안전관리자의 준비로써 자질배양은 정규교육, 특별안전교육 수강과 이전의 관련업무 경험으로 구성된다.

준비과정이란 다른 전문 업무와 마찬가지로 계속적인 노력단계이다.

시대에 뒤떨어지지 않으려는 모든 가능한 방법을 활용하여야 하는데, 여기에는 전문잡지 및 도서의 이용, 회의 및 세미나 참석 및 각종 안전기구의 활동에 참가하는 것 등이 포함된다.

2. **조사단계**

조사에는 많은 면이 관련이 되지만, 대체로 사고기록을 철저히 기록함으로서 시작된다. 과거 수년간 사고의 기록을 종합해 보면, 사고빈도가 높은 사고형태, 지점, 원인 및 여타 인자들에 대하여 파악할 수 있다.

그러나, 사고기록이 모든 관련정보를 밝혀주지 않는 경우가 대부분이므로, 관련 당사자들과 면담을 하고 직접 증거를 검토해 볼 필요가 있다.

또한 <u>작업장, 사고현장 등을 방문하고 작업방법, 작업지시, 일상적인 감독상태 및 통과차량의 운전관행 등도 점검</u>하여야 할 것이다. 이 모든 경우, 장래의 재점검을 위하여 주요정보를 일지로 유지해 두는 것이 관리상 많은 도움을 준다.

3. 계획단계

안전관리자의 다음 단계는 이 대안들을 분석하여 바람직한 행동계획을 수립할 수 있게 된다. 여기에는 절차, 운전습관, 감독, 근무환경 등의 개선이 필요하게 될 것이다. 계획이란, 경영진의 승인을 얻어 실천하기 위한 청사진이므로, 제안은 완전하고 이해 가능하며 실질적이어야 한다. 계획을 보다 주의 깊게 준비할수록, 성공에 대한 전망은 그만큼 밝다.

계획은 또한 가변성이 있어야 한다. 행동의 대안이 포함되어야 할 뿐만 아니라 개정도 가능하도록 입안되어야 한다. 종종 경험 또는 새로운 절차나 실무에 의하여 변경이 필수 불가결하게 되기 때문이다. 이 점에 있어, 의견을 들어 보거나 조직내부·외부의 다른 전문가들의 조언을 구함으로써 초안을 검증해 보는 것이 좋은데, 비용 부담이 큰 실수를 피하는데 큰 도움이 될 수 있기 때문이다.

4. **설득단계**

안전관리자는 **최고 경영진에게 가장 효과적인 안전관리 방안을 제시해 주어야한다.** 경영진은 안전관리에 대해서 타성에 젖어있을 수가 있으므로, 안전관리자는 사실 및 사업성에 입각한 안전업무 혹은 안전제도의 실행에 따른 비용 및 제도가 채택됨으로써

얻어지는 기대이익을 경영진에게 제시함으로써 경영진으로부터 최대의 지원을 얻을 수 있도록 해야 한다.

5. 교육훈련단계

경영진으로부터 새로운 제도에 대한 승인을 얻고 나면 종업원들을 교육·훈련시켜야 한다. 이때 이들에게는 모든 새로운 안전절차나 계획을 점검할 기회가 주어져야 하며, 또한 완전히 익숙해지는 충분한 시간이 허용되어야 한다.

누가 안전교육을 실시하든 안전관리자가 반드시 그것을 확인해야 한다. 사실상 실무적인 관점에서 볼 때, 이러한 교육·훈련은 의심의 여지없이 안전집단으로부터 발원하는데, 모든 직무교육, 업무절차는 종업원을 교육·훈련시킴에 있어 안전한 방법이 결여되지 않았다는 것을 확인하기 위하여 안전관리자가 반드시 검토를 하여야 한다.

6. 확인단계

안전제도는 한번 시발된 후에는 정기적인 확인을 필요로 한다. 이러한 확인은 단순할 수도 있고 심층적일 수도 있다. 예를 들면, 자동차 사고보고서가 제출되고 있는지를 확인하기 위하여 사고결근자의 월간 보고서를 감봉 기록서에 의거 작성할 수 있으며, 위원회가 정기적으로 시행하는 안전평가에 의거 조장들이 직장정돈 차량관리 등의 업무에 얼마나 충실하고 있는지를 확인 할 수 있다. 불완전한 사고 보고서는 추가사항을 보완하도록 돌려보내야 한다.

52. 운전직장의 특수성

노동력을 제공하는 장소를 넓게 직장이라고 말할 수 있다고 하면 **운전자의 직장은 도로**라고 할 수 있다. 노동자의 직장에 비하면 그것은 비교가 될 수 없을 정도로 **불특정성 공간적 광역성을 지닌 직장이다.**

53. 운전 중 운전형태

1. 욕구불만이 있으면 운전은 전투적이 된다.
2. 운전자는 다른 차량의 행동에 따라 운전하게 된다.
3. 운전자는 익숙하지 않은 도로에 직면하면 판단이 둔해진다.
4. 운전자는 **긴급한 때 한번에 하나의 동작밖에 할 수 없다.**
5. 운전자의 반응은 자극이 적은 상태가 장시간 계속하면 늦어진다.

54. 운전지식 평가

1. 도로교통법 등 관계 법령상의 지식
2. 자동차 등의 구조나 성능에 관한 지식
3. 승객 및 화물에 관한 지식
4. 도로나 교통에 관한 지식
5. 운전자나 보행자에 관한 지식
6. 기상에 관한 지식
7. 교통사고의 예방에 관한 지식
8. 돌발사태에서 벗어나는 데 필요한 지식

55. 교통안전교육 체제의 구성 요소
1. 제도·조직 및 이념·목표
2. 교육의 내용과 방법, 그리고 교재·교구
3. 지도자
4. 평가에 의한 피드백(Feed Back)

56. 교육자의 역할
1. 전문 분야에 대한 조예가 깊을 것
2. 운전자 입장에서 볼 때 신뢰와 존경을 얻을 수 있을 인격을 갖출 것
3. 지도하는 것에 정성을 가지고 임할 것

57. **레빈(Levin, 심리학자)** : 동기 부여는 모럴(Morale, 하고자 하는 마음)이 좌우한다.

58. 숙달 운전자 교육
1. 오랜 운전 경험을 가진 운전자, 장시간의 무사고 기록을 가진 운전자, 그리고 다른 운전자의 모범이 되고 있는 운전자도 <u>경우에 따라서는 정말로 단순한 실수라고도 할 수 있는 운전 조작의 잘못으로 큰 사고를 일으키는 수가 있다는 사실을 명심해야 한다.</u>
2. 안전관리자로서는 평소부터 신뢰를 받은 우수한 운전자였던 만큼 크게 실망하게 되는 경우가 가끔 있다. 특히 이 같은 운전자에 대해서는 과거의 성적으로 미루어서 훌륭하다, 우수하다 라고 주위로부터 평가를 받아, 자만심에 빠져 자기 관리를 소홀히 한 결과 큰 사고를 일으키는 것이다.
3. 또 본인 자신도 모르게 좋은 평가를 취하게 되어 방심을 하게 된다. 이 문제를 안전관리자는 운전자에게 경각심을 불러일으켜 자신을 다시 살펴보도록 해야한다.
4. 그러나 일단 그 운전자의 과거의 영광된 기록을 일단 버리고 평균적인 수준의 인물로서 다시 보면 어떨까? 무사고의 대기록 보유자는 오랜 세월을 거쳐 오고 있는 것이기 때문에, 연령의 고령화와 함께 체력의 저하도 생겨 실수할 가능성이 높아진다는 사실을 기억해야 한다.
5. 순간의 사태에 대처하는 반응 동작·반사 신경, 또 시력 등에 있어서도 기능의 저하 현상이 나타날 수 있다. 피로도나 그 회복력에도 변화가 나타나고 있지 않은지 어떤지, 특히 신체의 기능 면에 대해서는 본인 자신이 알아차리지 못하고 지내고 있는 경우가 있는지 등을 확인해야 한다.
6. 따라서 안전관리자는 이들 우수한 그룹에 대한 관대한 태도로 일관하는 안이한 대처 방법은 삼가야 할 필요가 있다. 훌륭한 기록 보유자라도 만일 대충하거나 잘못된 운전 행동 등이 발견되면, 그 때 마다 엄격한 지적을 하는 것이 사고 예방의 첩경이다.

59. 단계즉응(집단교육)의 원리
    1. 대상자의 실태에 즉응해서 그 현재에 있는 단계에 부합되는 교육 방법을 강구하지 아니하면 운전자로부터 흥미나 관심을 얻지 못하고 따라서 효과도 기대하기 어렵다. **같은 단계에 있는 운전자를 모아서 상호학습을 활용하면서 효율적인 집단교육을 실시하는 것**이 필요하고 또한 가능하다는 것이다.
    2. 대상자의 수가 많을 때에는 예시하면 법규를 잘 모르는 자, 구조를 잘 모르는 자, 기술이 미숙한 자, 태도가 불량한 자, 혹은 신입운전자, 중견운전자, 사고다발 운전자 등으로 각각 그 그룹을 구성해서 그 자들에 알맞은 목적과 방법에 의해서 교육을 실시하는 것이 필요한 것이다.

60. 재교육의 목적
    재교육의 목적은 위반, 사고 운전자에 대한 교육, 훈련을 통해서 그 **위험성을 제거·교정하여 안전운전자로서 직장에 복귀시키자는 이른바 치료교육**인 것이다.

61. 교육방법에 따른 분류 - 집합교육
    1. 강의
    2. 시범
    3. 토론
    4. 실습

62. 안전교육의 3단계 : **계획 - 실시 - 평가**
    1. 계획 : '자기의 사업장에서는 지금 어떠한 교육이 필요한가' 라는 교육 목표를 우선 정확하게 파악하고 거기에 맞는 교육계획을 수립
    2. 실시 : 교육을 라인과 스탭과의 협동작업에 의하여 잘 다듬어 나가야 한다. 교육이란 가르친 내용이 교육 대상에 의하여 확실히 실시됨으로써 비로소 완성을 보게 되는 것이므로 최초의 집합적 교육으로부터 업무수행 과정에서 실시하고 있는 실무교육에 이르기까지 일관하여 끈기 있게 실시되어야 한다.
    3. 평가 : 평가는 그 결과를 다음 계획에 원인, 대책 등을 반영시키기 위해 실시하는 것이며 전후 2가지 계획을 연결하는 역할을 한다. 이 단계에 의해 계획내용은 다시 개선된다.

63. 사고시범판
    1. 사고를 실제로 재연하기 위하여서는 소형 자동차와 시범판을 이용할 수가 있다.
    2. 수직으로 쓸 수 있는 훌륭한 시범판은 벽지판을 뒤에 대고 그 위에 여러 가지 다른 색깔의 펠트 조각을 압정으로 꽂아서 적은 비용으로 제작할 수 있는데 그것으로 가장자리 돌의 선, 시계장애물, 사호 등, 건물 등을 나타낼 수 있다.
    3. 소형 모델 자동차를 압핀으로 꽂아서 이리 저리로 움직일 수 있다.
    4. **최근에는 여러 가지 입체 사용 시범판이 시판되고 있는데 간단한 부착 방법을 써서 판위에 교재가 붙어있게 한다.**
    5. 그러므로 도표를 갈아 넣을 수도 있고 그림을 쉽게 이리 저리로 움직일 수도 있다.

64. 교수설계의 과정

단계	소단계
분석	1) 학습자의 특성 파악 2) 학습목표의 설정 3) 교수내용 관련 자료의 분석
설계 및 개발	4) 교수내용의 체계화 5) 교수방법의 선택 6) 시청각 매체 및 보조자료의 개발
평가	7) 수업예행연습 및 평가 8) 교안수정 및 완성

65. 운전 적성검사의 종류
1. 속도예상 반응검사 : 초조성을 조사하는 검사
2. **중복작업 반응검사 : 손발에 의한 반응의 정확성을 조사하는 검사**
3. 처치판단 검사 : 좌우 주의력의 배분을 조사하는 검사
4. 동체시력 검사 : 움직이는 대상에 대한 시력검사

66. 관리기법의 종류와 역할

기법명	내용	난이도	소요 시간
브레인 스토밍법 (brain storming)	10명 정도의 구성원으로 상호간에 비판이 없이 자유분방하게 아이디어를 내고 다른 사람의 아이디어와 개선 결합해 가면서 많은 아이디어를 찾아내는 기법으로서 다른 여러 가지 기법의 기본이 된다.	용이	수시간
시그니피컨트법 (significant)	유사성 비교라는 방법을 이용해서 보기에 관계가 있는 것끼리 서로 관련시키면서 아이디어를 찾아낸다.	다소 곤란	다소
노모그램법 (nomogram)	시그니피컨트법의 결점을 보완하면서 지면에 도해적으로 아이디어를 찾아낸다.	다소 곤란	수시간
희망열거법	"이렇게 하고 싶다.", "이랬으면 좋겠다." 등과 같이 희망사항을 적극적으로 지적한다.	용이	수시간
체크리스트법	창의성을 발휘하는 데 필요하다고 생각되는 항목을 사전에 조목별로 마련해 두었다가 그것을 하나씩 조사해 간다.	용이	수시간
바이오닉스법 (bionics)	자연계나 동식물의 모양 활동 등을 관찰하고 그것을 이용해서 아이디어를 찾아낸다.	보통	수시간

67. 운전자 지도방법 - 교대 근무제
1. 운행 계획 혹은 **작업 명령에서의 실제 운전시간은 2주간을 평균**해서 1주 48시간, 1일의 실제 운전시간은 11시간이 되며
2. 동시에 2명 이상의 운전자가 승무하는 화물자동차에 승무할 경우에는 12시간, 격일 근무일 때는 16시간을 넘지 않아야 할 것이다.
3. 부득이 초과해야 하는 경우에도 2시간을 초과하지는 말아야 한다.

68. 교통사고 강도율

1. 사망률 $= \dfrac{\text{사망자수}}{\text{사고건수}} \times 100$

2. 중상률 $= \dfrac{\text{중상자수}}{\text{사고건수}} \times 100$

3. 경상률 $= \dfrac{\text{경상자수}}{\text{사고건수}} \times 100$

교통사고지수(자동차에 한함) : 사고지수 $= \dfrac{\text{사고건수}}{\text{보유대수}} \times 100$

69. 원격지에서의 점호
1. 운행경로에 대해서는 사전에 도로의 구배·곡선·도로폭·노면 상태의 조사, 건널목·교량·터널·교차점 등 모든 조건의 파악
2. **고속도로** 주행 시의 주의사항
3. 기상상태의 정보수집과 이상기상시의 조치
4. 사고 발생시의 조치나 연락 방법
5. 원거리 운행인 경우에는 운행계획표로 교대 운전자의 동승과 운전 교차지점, 휴식이나 가면(假眠)을 하게되는 지점 및 시간 등에 중점을 두고 지도할 필요가 있다.

70. 현장안전회의 요령
1. 단시간 미팅
현장안전회의는 통상 아침의 운행 개시 전에 5분~15분 정도의 시간을 들여 행하여진다. 교대 후 운행 개시 전에 행해지며 그리고 운행 종료 후에도 극히 짧은 시간을 할애하여 미팅한다.
2. 인원수는 5인 내지 6인으로
현장안전회의는 때와 장소를 가리지 않고 필요에 따라 이루어지는 미팅이다. 5인 ~ 6인 정도로 상호 얼굴이 잘 보이고 잘 이야기 할 수 있는 인원수가 좋다. 직장의 소집단으로 편성된 인원으로 구성하는 것이 좋다.
3. 미팅의 내용
관리자의 명령지시의 실시방법에 대하여 의논한다. 예를 들면 지시대로 할 수 있는가, 할 수 없는 점이 있다면 어떻게 할 것인가 등이다.
1) 지시에 대해서 위험예지 : 어떤 위험이 있는가, 안전하게 하려면 어떻게 하면 좋은가
2) 지시사항에 대한 학습 : 어떻게 할 것인가, 이렇게 하면 좋은가
3) 다발사고의 문제점에 대한 문제제기 : 이러한 사고가 계속 발생하고 있다. 이대로 방치할 것인가
4) 다발사고의 문제점에 대해 의논하고 해결 : "이것은 이렇게 하자"는 것을 결정한다.

71. 교통안전 현장안전회의(Tool box meeting) : 직장에서 시행하는 안전미팅
도입 - 점검정비 - 운행지시 - 위험예지 - 확인
1. 도입 : 직장체조, 무사고기 제양, 인사, 안전연설, 목표제창으로부터 시작한다.
2. 점검정비 : 건강, 복지, 필수휴대품, 자동차 정비상태, 기타 필요한 물품 등을 점검한다.
3. 운행지시 : 전달사항, 연락사항, 당일의 기상정보와 운행시 특히 주의해야 될 사항, 안전수칙 요령주지, 위험장소 지정, 운행경로의 명시
4. 위험예지 : 당일 운행에 관한 위험예측 활동과 위험예지 훈련
5. 확인 : 위험에 대한 대책과 팀 목표의 확인

72. 상담 도입시 순기능
1. <u>운전기사의 인격적 결함을 자체 수정시킬 수 있고, 불안을 감소시켜 정신적·정서적 안정을 기할 수 있다.</u>
2. <u>상담하는 과정에서 중대한 결함을 발견하면 **즉시 승무계획을 변경하여 사고를 미연에 방지할 수 있다.**</u>
3. 운전기사에 관한 각종 정보를 획득하여 효과적인 지도를 하는데 기여 할 수 있다.
4. 상담은 친밀한 대화의 연속이므로 관리자와 운전기사 간에 일체감을 형성할 수 있어 명랑한 직장 분위기 조성에 긍정적 작용을 한다. 이와 같은 상담의 순기능은 운전기사의 교통 환경에 대한 적응력을 높이는 작용을 하므로 결국 교통안전에 크게 기여한다.

73. 상담의 기본원리
1. **개별화의 원리**(Individualistic)
인간은 개인차가 있으므로 개인의 욕구충족에 따르는 행동의 권리를 갖고 의무를 다하는 개인을 존중하는데 의미가 있다. 카운슬러는 개인의 개성과 개인차를 인정하는 범위 내에서 상담이 전개되어야 한다.
1) <u>카운슬러는 편견이나 선입관으로부터 탈피되어야 한다.</u>
2) 인간행동의 유형과 원리에 전문적으로 이해하려고 해야 한다.
3) <u>내담자의 말을 경청하고 세밀히 관찰하여야 한다.</u>
4) 내담자의 보조에 맞추어 진행할 수 있어야 한다.
5) 인간의 감정변화를 민감하게 포착해야 한다.
6) <u>내담자와 견해차가 있을 때 앞을 내다보는 능력을 갖고 적절한 선택을 하여야한다.</u>
2. 의도적 감정표현의 원리(Purposeful expression feeling)
사람은 누구나 정당하고 잘한 일에 대하여는 떳떳하게 표현할 수 있다. 민주주의의 기본이념을 신봉하는 우리나라는 마땅히 의사표현의 자유가 있으며, 자기감정 또는 부정적 감정을 표현할 수 있다. 이러한 기본적인 원리 속에서 자유롭게 의도적인 표현을 보장받도록 온화한 분위기를 조성해 주어야 한다.
3. **통제된 정서 관여의 원리**(Controlled emotional involvement)

상담은 주로 정서면에 큰 비중을 두고 있으며 내담자가 그의 감정을 표현하도록 권고한다. 내담자의 감정에 대한 카운슬러의 민감성과 감정이 의미하는 것의 이해와 내담자의 감정에 대한 의도적이고 적당한 반응이 필요하다. 즉 카운슬러는 내담자의 정서의 변화에 민감하게 반응하여 이해하고 적절한 대응책을 마련할 태세를 갖추고 적극적인 관여가 필요하다.

4. **수용의 원리**(Acceptance)

상담자는 내담자에게 따뜻하고 수용적이어야 한다. **내담자를 하나의 인격체로서 존중**하고 **말로나 행동으로** 특히 비언어적 단서인 얼굴 표정에서 전달하여야 한다. 상담자는 내담자의 의견에 동의하지 못할 경우에는 동의하지 않는다는 사실을 분명히 전달하되, 그 표현이나 자세는 어디까지나 온화해야 한다. 다시 말해서 상담자의 내담자간에 의견이 일치하지 않는 것과 내담자를 수용하지 않거나 거부하는 것과는 구별되어야 한다. 결국 내담자의 장·단점, 바람직한 성격과 그렇지 못한 성격, 긍정 및 부정적 감정, 건설적 태도나 행동 등을 있는 그대로 이해하고 그 인격의 가치에 대한 관념을 유지해 나가는 행동을 말한다. 상담자가 권위적이거나 강압적인 자세로 하면 상담관계는 깨어지고 만다. 따라서 **내담자 중심으로 욕구와 권리를 존중하며 감정이나 태도를 이해**할 수 있다.

5. **비심판적 태도의 원리**(Non-judgemental attitude)

내담자는 자기의 잘못이나 문제에 대하여 결과를 나무라거나 책임을 추궁하거나 잘못을 질책하는 것을 두려워한다. 그들은 죄책감, 열등감, 불만감, 고독감 등을 가지고 있기 때문에 타인의 비판에 예민하여 그들 자신을 방어하여 안전을 추구하려고 하는 것은 당연한 일이다. 따라서 상담자는 내담자를 객관적으로 그의 행동, 태도, 가치관 등을 평가하여야 하며, 어떠한 문제에 대하여 "유죄이다", "무죄이다", "나쁘다" 등의 과격한 언어로 다루어서는 안될 것이다.

6. **자기결정의 원리**(Self-deterioration)

상담은 카운슬러가 개인의 가치와 존엄성을 존중하고 자기 힘으로 문제를 해결해 나갈 수 있다는 신념에서 시작되어야 한다. 그리고 어떠한 지도와 충고가 있더라도 내담자는 무조건 응하기보다는 자기 판단을 토대로 자기방향과 태도를 정하여야 한다.

7. **비밀보장의 원리**(Confidentiality)

상담과정 중 가장 중요하게 명심해야 할 사실은 상담자가 내담자의 대화의 내용을 아무에게나 이야기하는 습관을 버리고 반드시 비밀을 지켜야 한다. 상담은 본질적으로 내담자가 카운슬러를 신뢰하고 믿는 데에서 이루어진다. 따라서 어떠한 경우에 놓여 있는 문제라도 개인의 명예훼손이나 부담을 주는 일을 이야기해서는 안 된다.

74. 계획의 작성과 실시 - 계획을 검토할 때의 요점
1. <u>최종 목적이 분명히 달성되도록</u> 짜여져 있는가? <u>진행될 수 있는가?</u>
2. <u>진행의 순서는 적절한가</u>, <u>임무의 방식은 명시되어 있는가?</u>
3. <u>탄력성이 있는가?</u>

4. 이용할 수 있는 것, 수단 등을 충분히 활용하고 있는가?
5. 다른 계획, 다른 부의 계획과 중복되어 있는 점은 없는가?
6. 예상되는 문제나 장애에 대한 처치방법이 충분히 고려되어 명시되어 있는가?
 또 갑작스런 사고에 대한 취급은 명확히 되어 있는가?

75. IPDE 과정
1. **Identify** : <u>운전상황에서 잠재적인 위험을 찾아내는 것</u>
2. Predict : 위험이 일어날 만한 상황을 미리 판단하는 것
3. Decide : 언제, 어디서, 어떻게 행동을 해야하는지 결정하는 것
4. Execute : 위험을 피하기 위해 차를 조작하는 행동

76. 건강관리상의 주의
1. 정기적으로 건강진단을 받는다.
2. 고혈압, 저혈압, 빈혈, 심장질환 등의 증상이 있을 경우에는 정기 건강진단 이외에 적시에 의사의 진단을 받도록 한다.
3. 질병 때문에 안전운행을 할 수 없는 운전자는 안전관리자 등에게 보고한다.
4. 건강유지에 대해서는 평상시 자기관리에 힘쓰도록 지도한다.
5. 주행 중에 신체의 이상을 느낀 경우에는 재빨리 안전한 장소에 정지한다.
6. 점호 시에 건강상태의 파악을 확실히 한다.
7. 일상 근무상황으로부터 건강상태를 정확히 파악하며, 연령 등을 고려하여 적절히 지도한다.
8. 과로방지를 꾀하기 위해 적절한 승무 할당을 한다.

77. 안전지시 요령
1. 관리자의 의도를 명확히 한다.
2. 승무원의 특성을 안다.
3. 지시전달의 요령
 1) 자신의 생각을 결정하고 이를 승무원에게 충분히 이해시킨다.
 2) 자신을 가지고 이야기 한다.
 3) 알기 쉬운 말을 전한다.

78. 운전자의 점검에 필요한 교육은 다음과 같다.
1. 점검개소 인식 교육
2. 점검방법 교육
3. 양부(良否)의 판정방법 교육
4. 경험이 적은 운전자와 지도원 등에 대해서는 일정기간 현장교육 훈련

79. 운행 도중 지연을 초래하는 잘못
    1. 잘못하여 사고를 내는 일
    2. 잘못하여 구속되는 일
    3. **커피 마시는데 지나치게 오래 정차하는 일**
    4. 식사하는데 지나치게 긴 시간을 정차하는 일
    5. 운행시간표에 따른 정차시간보다 오래 정차하는 것
    6. 정차할 곳을 찾느라고 시간을 너무 많이 소요하는 일
    7. 지정 운행노선을 따르지 않는 일
    8. 지시사항을 수령하기 위해 들르지 않는 일
    9. 금지된 장소에서 정차하는 일

    <u>출발 절차상의 잘못</u>
    1. <u>운행 시간표대로의 운행보다 늦게 출발하는 일</u>
    2. <u>출발 준비를 하느라고 지나치게 많은 시간을 소비하는 일</u>
    3. 다른 〈트레일러〉에 연결시키는 일
    4. 대물청구서를 잘못 끊은 일
    5. 출발 후 개인 용무로 집에 들르는 일
    6. <u>다음 운행 전에 충분한 휴식을 취하지 않아서 노변에서 잠자려고 정차하여야 하게 되는 일</u>

80. 높은 성과의 격려
    1. <u>의식적인 높은 성과표준의 설정</u>
    업무성과표준을 높이 정하는 일은 **교통규칙준수를 확보하는 하나의 방법이며, 높은 표준을 정할 만한 가치가 있다.** 운전자는 자기가 그러한 표준에 도달하였다고 생각하게 될 때면 자기 직업에 대하여 크나큰 자부심을 지니게 된다. 즉 그것은 단체정신을 말한다. 반면에 어중간한 얼치기 표준을 설정한다면 운전자에게 자부심을 고무시키지 못하게 되어 낮은 수준을 강요하는 경우와 마찬가지이다.
    2. 솔선수범
    운전 감독자는 스스로 모범을 보여 주어야 하며 또한 자기 소속회사에 대한 프라이드를 발휘하여야 한다. 그러므로 그는 자기가 회사에 대하여 프라이드를 지니지 못한다든지 또는 회사의 임원들에게나 목표에 충성을 다 할 것 까지는 없다는 따위의 해로운 언동을 절대로 삼가야 한다.
    3. 참여의식의 형성
    운전자들에게 <u>소속회사의 사업에 참여한다는 의식을 심어 넣어 주어야 한다.</u> 그러므로 항상 회사의 계획을 잘 알려 주어서 회사의 목표가 어떻게 달성되고 있는가를 알도록 한다. 그렇게 하여 회사에 관한 정보를 나누어 가질 때 자기들도 회사의 중요한 일원이라는 것을 인식하게 된다. 이러한 참여의식은 감독자들이 운전자들에 대한

회사의 서비스를 개선하고 또한 특수한 문제를 해결하는데 대한 건의를 환영할 때 비로소 함양되는 것이다. 여기서 특히 유의해야 할 것은 운전자들이 큰 경비 절약을 할 수 있게 건의를 할 때가 있다. 건의사항들은 제정된 양식으로 제출하도록 하는 정식 건의제도를 채택하고 있는 회사들도 많다. 이러한 건의사항에는 번호를 매겨서 위원회에서 심중히 고려한다. 나중에 운전자에게 그들의 건의사항이 어떻게 처리되었는가를 알려주고 채택된 경우에는 현금으로 포상하여 주기도 한다. 건의포상 제도가 있건 없건 간에 운전자는 채택된 아이디어에 대하여서는 개인적인 인정을 받게 되면 프라이드를 가지게 된다. 될 수 있는 경우라면 그리고 운전자들이 좋다고 하면 그러한 사실을 공개적으로 하여야 한다.

4. 양호한 의사소통
5. 경쟁심을 가지게 한다.
6. 인정을 통한 동기부여

81. 소집단의 유형

1. QC 써클 활동
   QC 써클 활동은 당초에는 단순한 「품질관리」의 부분만을 다루었으나 요즘에 와서는 전사적인 품질관리(TQC) 활동으로 전개되고 있다.

2. ZD(zero defects, 무결점) 운동
   ZD 역시 QC와 같이 발상은 미국으로 무결점운동이 그 내용이다.
   즉 처음부터 불량을 인정하지 않는다는데 특색이 있다.
   오늘날 미국에서는 우주과학, 방위산업 등에서 많이 보급되어 있다.
   이 ZD 운동도 당초에는 무결점이라는 목표를 두었으나 최근에 와서는 소집단활동을 통해 일하는 사람들의 삶의 보람까지도 찾는 데까지 이르고 있다.
   즉 단순한 피상적인 관리기법에서 정신운동으로, 다시 인간 중심의 조직 개발을 중요시하는 운동으로 변해가고 있다.

3. 자주관리운동(自主管理運動)
   자주관리운동은 기업에 따라 그 내용을 달리하나 QC, ZD활동보다는 광범위하게 직장 내의 환경정비, 불량품의 방지, 미스방지, 수율향상, 가동률의 향상, 목표관리의 철저 등 팀 멤버 (Team Member)의 신변의 일부터 시작하여 적극적인 경영참가를 하는 활동이다.

4. 상담역 활동
   「시스터(Sister) 제도」, 「엘더 (Elder) 제도」 등 명칭은 여러 가지가 있으나 기존 직장 제도를 보완하는 조직으로 활용되고 있는 것이 상담역제도이다.
   젊은 사원을 많이 고용하고 있는 기업에서 선배격인 고참사원을 상담역으로 선정 집단화하여 젊은 사원의 상담역으로서 직장 내의 일뿐 아니라 생활지도까지 담당하는 제도이다. 기업에 따라서는 신입사원에게 1대 1로 고참사원과 신입사원을 연결시켜 작업지도, 생활지도까지 담당케 하는 회사도 있다.

82. 집단 멤버의 불균형에 대한 대책
   1. **집단원의 수는 6~10명이면 좋다.**
   2. 집단원의 연령차, 남녀의 비율 등의 균형을 조절한다.
   3. 집단원은 각자의 업무가 다르므로 가능하면 업무의 교체를 통하여 상호이해를 깊이 한다.
   4. 집단의 장(리더)의 연령을 낮추어 밑으로부터 상향하는 운동으로 한다.

   집단 활동의 타성화에 대한 대책
   1. 경우에 따라서는 강조기간을 설정하고「캠페인」의 테마를 정해서 실시한다.
   2. 성과를 도표화하여 눈에 의한 관리를 할 수 있도록 한다.
   3. 표어, 포스터의 모집
   4. 효과적인 포상제도의 활용
   5. 언제나 문제의식을 갖도록 한다.
   6. 집단 내 또는 타 집단과 등산, 운동시합 등 상호 교류 기회를 갖는다.

83. 목표의 달성
   1. 평소의 업무와 관계되는 목표일 것.
   2. 목표 항목은 많지 않은 것이 좋다.
   3. **목표는 중요도가 높은 것부터 선정**하여 **집단의 역량에 맞는 것부터 해결**한다.
   4. 목표달성 기간은 될수록 통일하는 것이 좋다.

84. 안전감독제
   1. 일일관할(Day to Day Observation)
   일일 관찰은 제일선 감독자에 의해 수행되는 안전감독을 말한다.
   일선 감독자는 종업원의 불안전한 행위 또는 종업원에 의해 일어나는 기계적, 물리적 불안전상태를 매일 관찰할 수 있는 기회를 가지고 있는 유일한 관리자이다.
   매일 계속되는 관찰을 통하여 불안전한 행위나 상태를 명확히 알게 되고 일어날 뻔한 사고를 구분해 내어 예방한다.
   2. **검열 (Inspection)**
   검열은 **안전 추진 뿐만 아니라 그 외 다른 기능을 수행함에 있어서도 필요한 통제방법이다.**
   안전검열의 빈도는 대상 근무나 작업의 특정한 위험도에 따라 결정하고 주기적, 특별 및 임시 검열의 형식으로 행한다.
   현장 즉각 조치 또는 추후교정 조치를 수반한 안전검열은 위험한 작업의 많은 사고를 예방할 수 있도록 그리고 사고발생 후에도 그 대책을 효과적으로 수립할 수 있도록 시행한다.
   3. 직무안전 분석(Job Safety Analysis)
   대기업체나 조직체에서 널리 이용된다.

여기에서 직무안전 분석이라 함은 안전절차의 분석까지를 포함하며 각 작업에 대하여 행해져야 할 업무나 사용될 공구 및 설비와 작업상태에 관하여 정확하고 상세하게 분석, 기술하는 것까지를 말한다. 이렇게 분석한 내용은 특정작업을 실시하는 가장 정확하고 효과적이며 안전한 순서와 방법이 된다.

4. 직무기준 수립(Job Standards)

직무안전 분석을 실시함에 있어 각 직무수행에 통상적인 또는 특수한 작업 수행상의 성질에 따라 안전기준이나 규칙을 수립하고 이를 지켜서 작업하도록 훈련시켜야 하며, 직무기준은 바로 안전기준이 됨을 확인하여야 한다.

5. 감독자의 자기 진단제

감독자는 「감독에 대한 강력한 자기진단」을 실시하여 항상 안전책임을 다하도록 한다. 안전사고의 발생원인의 원인 즉 사고원인의 배후에는 안전감독자의 자기책임 불이행이 상당히 많이 개재되어 있다.

다음 사항은 감독소홀의 원인으로 사고가 발생된 밝혀진 「예」이다.

1) 감독자의 지시가 애매했다.
2) 감독자가 지시 후 확인하지 않았다.
3) **무경험자에게 어렵고 복잡한 직무를 수행토록 허용했다.**
4) 면허 없는 차량운전을 허가 또는 지시했다.

85. 이상기상시 조치체제

1. 운행상황을 파악할 것
2. 정보를 수집할 것
3. 안전대책을 수립할 것
4. 영업소, 긴급연락소, 승무원에 대한 지시를 철저히 할 것

86. 통계도표(Statistical Diagram)

1. 막대도표(Bar Chart)

통계표의 통계수량의 크기를 막대기의 크기에 의해 나타내는 방법이다. 막대도표를 작성할 때는 막대기 모양은 가로나 세로 어떻게 표시해도 좋으나 반드시 영선(零線) 위에 놓여져 막대기의 높이에 따라 크기를 비교할 수 있도록 되어야 한다.

2. 점도표(Dot Chart)

점 도표는 통계수치의 크기를 점의 크기나 개수로 표시하는 방법의 도표이다. 점의 크기를 표시하는 방법은 일명 면도표(面圖表)라고도 하며 점의 개수로 표시하는 경우만을 점도표라고 한다. 이 도표는 점의 개수만을 세면 그 크기를 알 수 있어 일정 면적만에 표시하는 경우 밀도를 잘 나타내주고 어느 특정지점의 사고 도수를 표시할 때는 특히 효율적이다.

3. **파이 도표**(Pie Chart)

파이 도표는 기하도표의 하나로 하나의 원을 사용하여 그 중심각을 각 구성 성분의

백분율로 배분하여 작성한 도표를 말한다. 이 도표를 작성하려면 전 도수를 100으로 하고 각 변수의 비율을 구하면 된다. 즉 원의 중심각에서 (360°) 1%는 3.6°로 하여 각 변수의 비율에 3.6°를 곱하여 중심각을 구분하여 그린다.
 4. 보통도표(Simple Chart)
  X축과 Y축이 보통눈금으로 되어 있어 일정한 간격에 따라 변화의 크기를 선으로 보여주는 도표로서 우리가 통상 선 그래프라고도 부른다.

87. 관리한계선(Control Limit) 설정
 1. 평균편차를 이용하는 경우
  C.L = 평균사고건수 ± 평균편차 = 23 ± 6 (상·하한선)
 2. **표준편차를 이용하는 경우**
  <u>C.L = 평균사고건수 ± 표준편차 = 23 ± 7 (상·하한선)</u>
 3. 평균사고의 평방근을 이용하는 경우
  $C.L = 23 \pm \sqrt{23} = 23 \pm 4.8 (상·하한선)$

88. 통계 해석법 - 운전자가 자주 위반하는 위험한 운전 행위를 통계적으로 도출하는 과정
 교통사고 조사 자료 → 교통사고 유형별 분류 → 교통사고 원인의 추출 → 원인별 집계 → 공통 원인의 발견

89. 교통사고 조사와 해석
 1. 운전자와 목격자와의 면접
  - <u>사람이 가장 중요한 정보를 제공해주나 진실 여부에 대한 분별 방법을 알고 있어야한다.</u>
 2. 도로·기상 상태
  - 교통사고와 관계된 도로 상태·기상 상태·노면 상태·시야 장애 시설·교통제어 시설 유무 등을 확인해야 한다.
 3. 자동차 상태
  - <u>교통사고 당시 자동차의 구조적 결함 여부를 **자동차 전문가와 검사기기를** 통하여 확인해야 한다.</u>
 4. 운전자의 상태
  - <u>교통사고 당시 운전자의 정신적·신체적 이상 여부를 확인해야 한다.</u>
 5. 뺑소니 사소 수사에 유용한 단서 포착
  - 목격자와 자동차의 흔적 등 뺑소니 자동차 추적에 필요한 단서를 포착해야 한다.
 6. 자동차로부터 교통사고 발생 과정 추정
  - <u>충돌 결과 자동차의 파손 상태로부터 최대 충돌 시 및 초기 접촉 시 자동차의 상대 위치를 측정할 수 있다.</u>

90. 사고 원인의 과학적 분류
   1. **인적 원인**
   신호무시   통행구분(인도보행, 차도보행 기타)
   횡단보도 외의 횡단   비탈길의 횡단
   주·정차 중인 차량의 직전 직후 횡단   유아 단독보행
   건널목 부주의   노상 유휴(遊休)   노상 작업
   갑자기 뛰어나오기
   2. 자동차 원인
   신호무시   통행금지제한 위반   차량거리를 확보하지 못함
   끼어들기 위반   건널목 통행 방법   좌회전 위반   우회전 위반
   우선 통행 위반   최고속도위반   음주운전   과로운전
   일단정지 위반   주정차 위반   등화·점화 위반   신호 불이행
   승차거부   적재 부적당   **교통안전 관리자의 의무 불이행**
   보행자 보행 위반 : 횡단보도 통행위반, 보행자 통행방해
   통행구분(차선위반, 차량통행대(帶) 위반, 기타 통행 구분위반)
   횡단 등(후진 부적당, 횡단 부적당, 회전부적당)
   추월위반(추월방법 위반, 추월금지장소 위반)
   서행위반(교차로 서행위반, 어린이보호구역 서행위반, 기타 법정 지정장소 서행위반)
   정비불량 차량운전(방향장치 불량차량 운전, 제동장치 불량차량 운전, 기타 불량차량 운전)
   안전운행 위반 : 핸들조작 등 불확실, 안전운행 의무 위반

91. 사고의 반복성을 감안하는 이유
   1. 장차 어디서 사고가 발생될 것인지 예측하는 데 도움이 된다.
   2. 장차의 사고 발생 시기, 장소 및 원인을 예측할 수 있으며, 정확한 보고 및 과거의 사례에 대한 연구는 사고 발생을 예측하는데 많은 도움을 준다.
   3. 특정 장소나 특정 시간에 발생된 사고에 대한 시정책이 강구될 때까지 부분적으로 시정 또는 실험을 함으로써 보다 정확한 예측을 할 수 있다.
   4. 사고 예방을 위한 각종 **설비를** 효율적으로 운용할 수 있다.

92. 교통사고 분석 요령
   1. 통계적 분석 : 노선별 분석, 차종별 분석, 조직별 분석
   2. 사례적 분석 : 개별적 사고 분석, 교통안전 분석, **운전자의 적성 분석**,
                  차량의 안전도 분석

93. 자동차운송사업체 안전관리자의 업무의 큰 부분(비중 있는 부분)
   1. 사고원인을 검토·분석
   2. **원인을 제거하거나 또는 운전자를 보호함으로써 원인에 대비하는 방법을 분석·건의**

94. 자동차 충돌에서의 탑승자 움직임에 대한 연구를 통해 알아내려고 하는 것들
1. 누가 운전하였는가
2. 충돌 전의 탑승자들의 위치
3. 안전벨트의 효과

95. 위험도 분석
1. 현황판에 의한 방법
위험도로 선정을 위해 사용되는 방법 중 가장 단순한 방법으로서, 교통사고 현황판에 핀을 꽂아 육안으로 보아 많은 교통사고를 나타내는 지점을 선정하는 방법이다. 이 방법은 그다지 넓지 않는 지역에 적용할 때 유용한 결과를 얻을 수 있다.
2. 사고건수법
교통사고 건수가 많은 지점을 위험도로로 선정해서 배역하는 방법이다. 이 방법은 각 지점의 교통량을 반영하지는 않는다는 단점이 있다. 따라서 이 방법의 분석 결과를 사용하면 교통량이 많은 도로를 위험도로로 선정하는 경향을 볼 수 있다.
3. 사고율법
MEV(백만차량)당 사고 또는 1억대·km 당 사고를 비교해서 전국의 유사한 장소의 평균값보다 큰 곳을 '사고많은 장소'로 선정하는 방법이다. 이 방법은 교통사고 건수에 의한 방법의 단점이라 할 수 있는 교통량의 반영문제를 보완하기 위해 사용되는 방법이다.

96. 운전정밀 검사의 4대 기능
1. 예언적 기능(Prognosis)
운전자의 현재와 미래의 사고 경향성을 추정할 수 있으며, 예측된 사고경향성은 사고 예방기능을 가능하게 한다.
2. 진단적 기능(Diagnosis)
개인 또는 집단의 교통사고 관련 특성 분석하여 사고예방 자료로 활용한다.
3. 조사 연구 기능(Survey-Research)
검사를 통하여 축적된 자료는 운전정밀검사 자체의 개선발전 및 관련 연구분야의 유용한 자료로서의 기능을 갖는다.
4. 인사 선발 및 배치 기능
운전직 사원의 선발-교육훈련-배치-재교육 순환과정의 중요한 자료 기능을 갖는다.

97. 운전정밀 검사의 구분 – 신규검사 중 검사항목
기기검사 : 속도예측 검사, 정지거리예측 검사, 주의력 검사, 거리지각 검사
필기검사 : 인지능력 검사, **지각성향 검사**, 인성 검사

98. 신규검사 중 기기검사(4종)
　1. 속도예측 검사
　2. 정지거리 예측검사
　3. 거리지각 검사
　4. 주의력 검사
　　1) **주의전환** : 운전 중 **자유롭게 주의를 조율할 수 있는 능력**
　　2) 주의배분 : 전후, 좌우, 상하 등 주의배분 능력
　　3) 주의선택 : 운전자의 선택적 주의능력, 급변하는 돌발 사태나 복잡한 사태의 판단 및 대처능력

99. 자동차 및 자동차부품의 성능과 기준에 관한 규칙 제54조(속도계 및 주행거리계)
　② 다음 각 호의 자동차에는 <u>최고속도제한장치를 설치</u>하여야 한다.
　1. 승합자동차(제2조 제32호에 따른 어린이운송용 승합자동차를 포함한다)
　2. **차량총중량이 3.5톤을 초과하는 화물자동차**·특수자동차(피견인자동차를 연결하는 견인자동차를 포함한다)
　3. 「고압가스 안전관리법 시행령」 제2조의 규정에 의한 고압가스를 운송하기 위하여 필요한 탱크를 설치한 화물자동차(피견인자동차를 연결한 경우에는 이를 연결한 견인자동차를 포함한다)
　4. 저속전기자동차
　③ 제2항의 규정에 의한 최고속도제한장치는 자동차의 최고속도가 다음 각호의 기준을 초과하지 아니하는 구조이어야 한다.
　1. 제2항제1호의 규정에 의한 자동차 : 매시 110킬로미터
　2. **제2항제2호 및 제3호의 규정에 의한 자동차 : 매시 90킬로미터**
　3. 제2항제4호에 따른 저속전기자동차 : 매시 60킬로미터

[교통안전관리론]

문제 01 자동차 교통의 3대 요소에 해당되지 않는 것은?

① 사람(운전자, 보행자) ② 자동차 ③ 도로(환경) ④ 관련법규

해설 자동차 교통의 3요소
1. 도로(환경)   2. 자동차   3. 사람(운전자, 보행자)

문제 02 욕조곡선 원리에 대한 설명 중 가장 올바른 것은?

① 시스템도 1중계 보다 2중계, 2중계 보다도 3중계, 그리고 3중계 보다도 다중계로 하는 쪽이 보다 안전하고, 다중계로 갈수록 절대적으로 안전하다.
② 초기 고장시간은 부품 등에 내재하는 결함, 사용자의 미숙 등이 원인이 되어 고장율도 높지만, 부품을 사용함으로써 고장율은 점차 감소하고 유효 사용기간에는 고장율이 가장 저하한다.
③ 부품 등을 장기간 사용함으로써 부품 등의 마모화 때문에 고장률은 감소된다.
④ 자동차의 주행이 계속됨에 따라 자동차의 부품간에 원활한 운동이 있게 되면 운전자가 그 자동차에 익숙하게 되므로 고장률은 증가한다.

해설 교통사고 방지를 위한 원칙 - 욕조곡선(고장률의 유형)의 원리
1. 시스템도 1중계 보다 2중계, 2중계 보다도 3중계, 그리고 3중계 보다도 다중계로 하는 쪽이 보다 안전하다는 사실을 알 수 있는데, 그렇다고 다중계로 하는 것이 절대로 안전하다고 말할 수는 없다. → ① 다시 말해서, 현실의 시스템을 다중계로 한다고 해서 반드시 좋은 방법은 아니다.
2. 그리하여 그 방법상의 잘못이 있을 수 있는 확률(어떤 현상이 일어날 수 있는 비율)을 고장률이라고 하고 고장률과 시간의 관계를 살펴보면 욕조(洛權)의 모양을 띠게 되는데, 이를 욕조곡선이라 부른다.
3. 초기 고장시간은 부품 등에 내재하는 결함, 사용자의 미숙 등이 원인이 되어 고장률도 높지만, 부품 등을 사용함으로써 고장률은 점차 감소하고 유효 사용기간에는 고장률이 가장 저하한다. → ② 그렇지만 부품 등을 장기간 사용함으로써 부품 등의 마모화 때문에 고장률은 증가하여 간다. → ③ 즉, 시스템은 일반적으로 이러한 고장률의 움직임을 나타낸다.
4. 예를 들면, 기업에서도 설립 당시는 문제가 생기면 고장률은 높지만, 그러한 가운데서 고장률은 순조롭게 감소하여 간다. 그러나 시간이 경과함에 따라 또 폐해가 생겨 고장이 높아지게 된다. 자동차에 대해서도 사용하기 시작할 무렵에는 자동차 자체에 내재하는 결함이나 운전자의 미숙 등이 원인이 되어 고장률은 높지만 자동차의 주행이 계속됨에 따라 자동차의 부품간에 원활한 운동이 있게 되면 운전자가 그 자동차에 익숙하게 되므로 고장률은 감

정답 01 ④   02 ②

소하여 순조로워 진다. → ④ 그러나 사용 횟수가 거듭됨에 따라 자동차의 구성부품이 마모화하기 때문에 고장률은 높아지게 된다. 인간의 일생에 대해서도 마찬가지로 이야기할 수 있는데, 인간은 태어날 무렵에는 병에 잘 걸리지만(고장률이 높지만) 성장함에 따라 병원균에 대한 저항력을 길러 그만큼 병에 걸리지 않게 된다. 그렇지만 중년에 들어서면서부터는 성인병으로부터 벗어나지 못하고 시달리는 수가 많다. 즉, 시스템에는 욕조곡선이라는 고장률의 곡선이 있는데 고장률을 점차 떨어뜨리려는 노력을 잊지 않는 것이 중요하다.

문제 03 하인리히의 재해 발생 비율 순서는?

① 1:19:300 ② 1:29:300 ③ 1:39:300 ④ 1:49:300

해설 미국의 산업안전기사 하인리히(H. W. Heinrich)의 **1 : 29 : 300의 법칙**
한 사람의 휴업 부상자가 발생하였다고 하면 이것은 바로 같은 원인의 29인 가벼운 접촉사고가 생겼으며, 같은 성질의 사고가 있으면서 아무 일 없이 끝난 아차사고가 300건이 있다는 것이다.

문제 04 중대한 사고가 1건 발생했다면, 경미한 사고는 몇 건 발생하는가?

① 1 ② 29 ③ 50 ④ 100

해설 미국의 산업안전기사 하인리히(H. W. Heinrich)의 1 : 29 : 300의 법칙
한 사람의 휴업 부상자가 발생하였다고 하면 이것은 바로 같은 원인의 29인 가벼운 접촉사고가 생겼으며, 같은 성질의 사고가 있으면서 아무 일 없이 끝난 아차사고가 300건이 있다는 것이다.

문제 05 교통사고 발생에 영향을 미치는 각 요인은 사고발생에 대하여 같은 비중을 지닌다는 원리는?

① 배치성원리 ② 차등성원리 ③ 등치성원리 ④ 동인성원리

해설 요인의 **등치성 원리**
교통사고 발생의 연쇄적 현상을 분석해 보면, 우선 어떤 요인이 발생한다면 그것이 근원으로 되어서 다음 요인이 생기게 되고, 또 그것이 다음 요인을 일어나게 하는 것과 같이 요인이 연속적으로 하나하나의 요인을 만들어 간다. 그런데 이들 많은 요인들 중에서 어느 하나만이라도 없다면 연쇄반응은 일어나지 않을 것이며, 따라서 교통사고는 일어나지 않을 것이다. 다시 말하면 교통사고 발생에는 교통사고 요인을 구성하는 각종 요소가 똑같은 비중을 지닌다는 것을 말한다.

정답 03 ② 04 ② 05 ③

문제 06 모든 사고 요인들은 동일한 비중을 가진다는 원리는?

① 복합성　　　② 등치성　　　③ 연쇄성　　　④ 통일성

해설 요인의 **등치성** 원리
교통사고 발생의 연쇄적 현상을 분석해 보면, 우선 어떤 요인이 발생한다면 그것이 근원으로 되어서 다음 요인이 생기게 되고, 또 그것이 다음 요인을 일어나게 하는 것과 같이 요인이 연속적으로 하나하나의 요인을 만들어 간다. 그런데 이들 많은 요인들 중에서 어느 하나만이라도 없다면 연쇄반응은 일어나지 않을 것이며, 따라서 교통사고는 일어나지 않을 것이다. 다시 말하면 **교통사고 발생에는 교통사고 요인을 구성하는 각종 요소가 똑같은 비중을 지닌다**는 것을 말한다.

문제 07 운전자에 대한 관리과정의 단계를 바르게 나열한 것은?

① 계획 – 조직 – 통제　　　② 계획 – 통제 – 평가
③ 계획 – 관리 – 통제　　　④ 평가 – 계획 – 통제

해설 관리에 대한 개념
관리기능에 포함되는 내용은 약간씩 다르기는 하지만, 공통적으로 집약하면
계획 – 실행 – 통제 (Plan – Do – See) 또는 **계획 – 조직 – 통제** (Planing – Organizing – Controlling) → ① 라고 하는 이른바 각 요소의 유기적인 상호관련성을 강조하는 관리순환 (Management Cycle)으로 보고 있다.

문제 08 다음 관리기능 중 최고경영자에게 특히 강조되는 기능은?

① 전문적 기능　　　② 다양성 기능
③ 인간적 기능　　　④ 기술적 기능

해설 관리의 기능과 내용 – 경영자 계층간의 기능
관리계층상의 기능은 **최고경영자는 다양성 기능**, 중간 경영자는 인간적 기능, 하위경영자는 기술적 기능이 강조된다.

문제 09 중간관리자의 주요한 역할로 보기 어려운 것은?

① 현장 최일선의 지도자　　　② 상하간의 커뮤니케이션
③ 소관부분의 종합조정자　　　④ 전문가로 직장의 리더

정답　06 ②　07 ①　08 ②　09 ①

> **해설** 중간관리층의 역할
> 1. 상하간 및 부문상호간의 커뮤니케이션 → ②
> 2. 소관부문의 종합조정자 → ③
> 3. 전문가로 직장의 리더 → ④

문제 10 교통안전증진을 위한 교통안전계획 수립 시 유의사항으로 부적절한 것은?

① 과거의 실적과 현재의 상태를 비교한다.
② 종사원들의 의견을 충분히 수렴한다.
③ 예상되는 장애조건에 대비한다.
④ 추진하고자 하는 대안을 단수로 생각한다.

> **해설** 관리기능에 따른 직무수행방법 – 계획
> 1. 과거의 실적과 현재의 상태를 비교하여 요구되는 점이 무엇인가 명확히 할 것 → ①
> 2. 수집된 모든 정보·자료를 계획목적에 비추어 분석할 것
> 3. 관계부서와 종사원들의 의견을 충분히 수렴할 것 → ②
> 4. 추진하고자 하는 대안을 복수로 생각해 둘 것 → ④
> 5. 추진사항의 시행방법도 복수안으로 연구할 것
> 6. 필요한 인원, 자재, 경비 등에 대해서 면밀히 검토할 것
> 7. 장래에 예상되는 장애조건에 미리 대비할 것 → ③
> 8. 여러 대안을 경제성, 긴급성, 중요성, 실행가능성의 차원에서 검토할 것

문제 11 조직 내 직무가 표준화 되어 있어야 한다는 원칙은?

① 전문화의 원칙 ② 권한과 책임의 원칙
③ 공식화의 원칙 ④ 명령통일의 원칙

> **해설** 관리기능에 따른 직무수행방법 – 조직
> 1. 전문화의 원칙 : 각 구성원은 가능한 한 전문된 단일 업무를 담당하므로써 직무 활동의 능률을 높일 수 있기 때문에 기능이 분화될 경우 전문적으로 할당할 필요가 있다.
> 2. 명령통일의 원칙 : 조직의 질서를 바르게 유지하기 위해서는 명령계통이 일원화 되어야 한다.
> 3. 권한 및 책임의 원칙 : 각 구성원의 직무가 정해지더라도 각 직무 사이의 상호관계가 정해지지 않으면 각 구성원의 활동을 조정할 수가 없다.
> 4. 감독범위 적정화의 원칙 : 한 사람의 상급자는 몇 사람의 하급자를 거느리는 것이 감독상 가장 적당한가하는 것을 고려해서 조직을 편성해야 한다.
> 5. 권한 위임의 원칙 : 상급자가 하급자에게 일을 시키는 데는 권한을 될 수 있는대로 아래로 위임할 필요가 있다. 하급자에게 권한을 주게 되면 일에 대해서 창의력을 발휘할 뿐만 아니라, 일의 결과에 대해서도 책임감을 가지게 된다.

정답 10 ④ 11 ③

상급자는 일상적인 일에 신경을 쓸 필요가 없고 예외적인 일만 담당하게 되어 넓은 시야에서 관리하게 된다.

6. **공식화의 원칙** : 공식화란 <u>조직내의 직무가 표준화되어 있는 정도</u> 또는 종업원들의 행위나 태도가 명시되어 있는 정도를 의미한다. 이러한 명시는 대개 문서화 된 규칙이나 절차에 나와 있다. 고도로 공식화된 조직은 구성원들이 언제, 무엇을, 어떻게 해야 될 것인가를 규정해 놓은 직무기술서, 규칙, 규정, 절차 등이 많다. 반면 공식화가 낮은 조직은 사전에 규정된 절차나 규정이 적어 구성원들이 상당한 재량권을 발휘할 수 있다. 공식화가 요구되는 이유는 다양한 조직 구성원의 행위를 정형화(定型化)하여 그 예측 및 조정, 통제를 용이하게 하는 데 있다.

문제 12 직무가 표준화되어 있는 정도를 의미하는 것은?

① 공식화의 원칙 ② 권한과 책임의 원칙
③ 전문화의 원칙 ④ 명령통일의 원칙

해설 관리기능에 따른 직무수행방법 – 조직

6. **공식화의 원칙** : 공식화란 조직내의 **직무가 표준화되어 있는 정도** 또는 종업원들의 행위나 태도가 명시되어 있는 정도를 의미한다.→ ① 이러한 명시는 대개 문서화 된 규칙이나 절차에 나와 있다. 고도로 공식화된 조직은 구성원들이 언제, 무엇을, 어떻게 해야 될 것인가를 규정해 놓은 직무기술서, 규칙, 규정, 절차 등이 많다. 반면 공식화가 낮은 조직은 사전에 규정된 절차나 규정이 적어 구성원들이 상당한 재량권을 발휘할 수 있다. 공식화가 요구되는 이유는 다양한 조직 구성원의 행위를 정형화(定型化)하여 그 예측 및 조정, 통제를 용이하게 하는 데 있다.

문제 13 공식화 원칙의 설명으로 틀린 것은?

① 조직의 질서를 바르게 유지하기 위해서는 명령계통이 일원화 되어야 한다.
② 공식화란 조직내의 직무가 표준화되어 있는 정도 또는 종업원들의 행위나 태도가 명시되어 있는 정도를 의미한다.
③ 고도로 공식화된 조직은 구성원들이 언제, 무엇을, 어떻게 해야 될 것인가를 규정해 놓은 직무기술서, 규칙, 규정, 절차 등이 많다.
④ 공식화가 요구되는 이유는 다양한 조직 구성원의 행위를 정형화(定型化)하여 그 예측 및 조정, 통제를 용이하게 하는 데 있다.

해설 관리기능에 따른 직무수행방법 – 조직

1. 전문화의 원칙 : 각 구성원은 가능한 한 전문화된 단일 업무를 담당하므로써 직무 활동의

능률을 높일 수 있기 때문에 기능이 분화될 경우 전문적으로 할당할 필요가 있다.
2. 명령통일의 원칙 : 조직의 질서를 바르게 유지하기 위해서는 명령계통이 일원화 되어야 한다. → ①
3. 권한 및 책임의 원칙 : 각 구성원의 직무가 정해지더라도 각 직무 사이의 상호관계가 정해지지 않으면 각 구성원의 활동을 조정할 수가 없다.
4. 감독범위 적정화의 원칙 : 한 사람의 상급자는 몇 사람의 하급자를 거느리는 것이 감독상 가장 적당한가하는 것을 고려해서 조직을 편성해야 한다.
5. 권한 위임의 원칙 : 상급자가 하급자에게 일을 시키는 데는 권한을 될 수 있는대로 아래로 위임할 필요가 있다. 하급자에게 권한을 주게 되면 일에 대해서 창의력을 발휘할 뿐만 아니라, 일의 결과에 대해서도 책임감을 가지게 된다. 상급자는 일상적인 일에 신경을 쓸 필요가 없고 예외적인 일만 담당하게 되어 넓은 시야에서 관리하게 된다.
6. 공식화의 원칙 : 공식화란 조직내의 직무가 표준화되어 있는 정도 또는 종업원들의 행위나 태도가 명시되어 있는 정도를 의미한다. → ② 이러한 명시는 대개 문서화된 규칙이나 절차에 나와 있다. 고도로 공식화된 조직은 구성원들이 언제, 무엇을, 어떻게 해야 될 것인가를 규정해 놓은 직무기술서, 규칙, 규정, 절차 등이 많다. → ③ 반면 공식화가 낮은 조직은 사전에 규정된 절차나 규정이 적어 구성원들이 상당한 재량권을 발휘할 수 있다. 공식화가 요구되는 이유는 다양한 조직 구성원의 행위를 정형화(定型化)하여 그 예측 및 조정, 통제를 용이하게 하는 데 있다. → ④

문제 14 관리기능에 따른 직무수행방법 중 통제의 특성에 관한 설명으로 부적절한 것은?

① 목표 및 계획과 밀접한 관계에 있다.
② 일시적인 과정이다.
③ 책임을 확보하는 수단이다.
④ 과도한 통제는 무력감, 불만을 일으킨다.

해설 관리기능에 따른 직무수행방법 - 통제
1. 의의
관리활동의 본래의 목표·계획과 기준에 따라 수행되고 있는가를 확인하고 실적, 성과와 비교하여 그 결과에 따라 시정조치를 취하는 것을 말한다. 통제의 특성을 보면 다음과 같다.
1) 목표·계획과의 밀접 불가불성 → ①
계획이 없는 한 통제할 수 없고 통제에 의하여 목표달성도를 측정할 수 있다. 그러나 완전한 계획이란 불가능하여 편차가 발생되기 마련이므로 이를 발견하여 시정하는 통제기능이 필요하다.
2) 직무수행과의 관련성
과도한 통제는 무력감 불만을 일으켜 능률을 저하시키고 → ④
통제가 없는 경우 혼란이 초래된다.
3) 책임의 확보수단

정답 14 ②

통제는 책임을 확보하는 수단이다. → ③
4) 계속적 과정
　통제는 기본목표를 달성할 때까지 계속적으로 진행되는 과정이며 결코 일시적인 것이 아니다. → ②
5) 환류기능
　과거 혹은 현재의 성과에 관한 정보가 제공됨으로써 장래의 의사 결정에 좋은 영향을 준다.

문제 15 개인 및 단체 표창과 관련하여 구체적으로 운전자들을 소집단 7~15명 정도로 편성한다고 할 때 분할 방법에 해당하지 않는 것은?

① 노선 단위
② 지역 단위
③ 기항지 단위
④ 교통수단 단위

해설 개인 및 단체표장 - 분할방법
1. 노선 단위 → ①　2. 지역 단위 → ②
3. 승객 단위　　　4. 화물 단위
5. 기항지 단위 → ③

문제 16 교통사고 발생으로 인한 공공적 지출에 해당되지 않는 것은?

① 경찰의 사고처리 비용, 도로시설 수선비
② 소방 혹은 의료 구급 서비스
③ 재판비용
④ 병문안 및 조문에 소요된 시간

해설 교통사고의 비용
1. 당사자의 손실
　1) 소득의 상실(사망, 후유장애, 치료중의 휴업에 의한 것)
　2) 의료비
　3) 물적피해(차량, 화물, 가옥, 의복 등)
　4) 개호비(간호 및 보호비)
2. 공공적인 지출
　1) 경찰의 사고처리 비용, 도로시설 수선비 → ①
　2) 소방 혹은 의료 구급 서비스 → ②
　3) 재판비용 → ③
　4) 보험업무비
3. 제 3자의 손실
　1) 사고에 의한 교통정체로 허비된 사람들의 시간 및 연료손실
　2) 병문안 및 조문에 소요된 시간 → ④, 교통비

정답　15 ④　16 ④

문제 17 교통사고 간접원인으로 교통안전에 관한 지식·경험부족과 관련이 있는 것은?

① 교육적 원인
② 기술적 원인
③ 관리적 원인
④ 정신적 원인

해설 교통사고의 간접원인
1. 기술적 원인
   주로 장치, 자동차, 도로 등의 설계, 점검, 보전 등의 기술상의 불비에 의한 것으로서, 차량장치의 배치, 도로 시설의 정비, 도로의 조명, 사고 위험장소의 방호설비 및 경계설비, 보호구역의 정비 등에 관한 모든 기술적 결함이 이것에 포함된다.
2. **교육적 원인**
   안전에 관한 지식 및 경험의 부족 → ① 에 의한 것으로 운행과정의 위험성 및 그것을 안전하게 수행하는 기법에 대한 부족, 경시, 훈련미숙, 악습관, 미경험 등이 이에 포함된다.
3. 신체적 원인
   신체적 결함, 예를들면 두통, 현기증, 간질 등의 병, 근시, 난청 및 수면부족 등에 의한 피로, 술에 취함 등이 이에 포함된다.
4. 정신적 원인
   태만, 반항, 불만 등의 태도불량, 초조, 긴장, 공포, 불화 등의 정신적인 결함, 성격적인 결함, 지능적인 결함 등이 이에 포함된다.
5. 관리적 원인
   정부관계자 및 최고관리자의 안전에 대한 책임감의 부족, 안전기준의 불명확, 안전관리제도의 결함, 인사적성 배치의 불비 등 정책적 결함이 이에 포함된다.
6. 문화 풍토적 원인
   초등학교, 중학교, 고등학교, 대학 등의 교육 문화 조직의 안전교육의 미흡, 홍보기능의 미흡 등이 이에 포함된다.

문제 18 교통사고의 대부분의 원인이 되는 요인은?

① 인적요인
② 차량적 원인
③ 교통환경 요인
④ 정원, 적재의 초과

해설 교통사고 요인분석 - 인적요인
교통사고는 한가지 요인에 의해서 발생되는 경우보다는 여러가지 요인이 복합적으로 작용하여 발생하고 있다. 하지만 인적요인, 차량요인, 도로환경요인 등 3가지 요인 중에서 **인적요인에 의한 교통사고가 대부분**을 차지하고 있다. 인적요인에 의한 사고와 관련된 보고서에 의하면 미국의 경우 인적요인이 93.1%로 나타나고 있으며, 영국의 경우 인적요인이 84.8%로 나타나고 있다. 이처럼 대부분의 교통사고는 사람의 고의나 과실에 의한 행위에서 비롯된다고 볼 수 있다.

정답 17 ①   18 ①

문제 19 갓길의 필요성이란?

① 도로의 주요 구조부를 보호하는 역할을 한다.
② 기존 통행에 방해가 되지 않을 적당한 공간을 차지한다.
③ 전조등에 의한 눈부심을 감소시킨다.
④ 대형 차종이 많이 이용하는 도로의 경우 특히 더 필요하다.

해설 갓길의 필요성
1. **도로의 주요 구조부 보호** → ①
2. 고장차의 대피가 가능하며, 사고 발생시 교통혼잡 방지
3. 측방여유폭을 가지므로 교통의 안전성과 쾌적성에 기여
4. 노상시설을 설치하는 장소로 제공
5. 작업장이나 또는 지하 매설물에 대한 장소로 제공
6. 절토부 등에서 곡선부 시거가 커지므로 교통안전 확보
7. 배수 측면에서 유리
8. 도로 미관을 높이고 보도가 없는 도로에서 보행자 등의 통행 장소로 제공

중앙 분리대의 기능
1. 기존 통행에 방해가 되지 않을 적당한 공간을 차지한다. → ②
2. 전조등에 의한 눈부심을 감소시킨다. → ③
3. 차량의 교차 및 회전 시 안전거리를 제공한다.
4. 비상시에 대피 지역의 역할을 한다.
※ 대형 차종이 많이 이용하는 도로의 경우 특히 더 필요한 것은 콘크리트물 중앙 분리대이다.
 → ④

문제 20 일방통행 도로가 지니는 안전성 측면에서의 특성이란?

① 교차로에서의 상충 지점 수가 많다.
② 대향교통이 없으므로 정면충돌이나 측면에서의 충돌 사고가 없다.
③ 회전 차량을 추월할 수 없기 때문에 추돌 사고의 가능성이 적다.
④ 신호 시간을 연속 진행에 맞출 수가 없다.

해설 일방통행 도로가 지니는 안전성 측면에서의 특성
1. 교차로에서의 상충지점 수가 **적다**. → ①
2. **대향교통이 없으므로 정면충돌이나 측면충돌 사고가 없다.** → ②
3. 회전차량을 추월할 수 **있으므로** 추돌사고의 가능성이 적다. → ③
4. 신호시간을 연속진행에 맞출 수 **있으므로** 차량군을 형성하여 교차로를 연속 통과함으로써 횡단보행자나 횡단교통을 위한 시간할애가 쉽다. → ④

정답 19 ① 20 ②

문제 21 통상적으로 직각주차(후면주차) 시보다 평행주차가 얼마의 비율 정도 사고 발생 가능성이 낮은가?

① 50%   ② 60%   ③ 30%   ④ 40%

해설 노상주차의 방법 : 각도주차(angle parking) 보다 평행주차가 사고율이 **50%** 정도 더 낮은 것으로 나타난다.

문제 22 교통안전 계획수립시 거쳐야 할 단계가 아닌 것은?

① 목표의 설정   ② 계획 전제의 수립
③ 계획 운영   ④ 문제의 인식

해설 계획수립시의 고려사항 – 단계
1. 문제의 인식 → ④   2. 목표의 설정 → ①   3. 계획 전제의 수립 → ②
4. 대안의 검토   5. 대안의 평가   6. 방향의 선택   7. 파생계획수립

문제 23 교통안전을 위한 계획의 수립 시 세부적으로 거쳐야 하는 단계에 포함되지 않는 것은?

① 계획 전제의 수립   ② 방향의 선택
③ 파생 계획의 수립   ④ 대안의 제시

해설 계획의 수립 시 세부적으로 거쳐야 하는 단계
1. 문제의 인식   2. 목표의 설정   3. 계획 전제의 수립 → ①
4. 대안의 검토   5. 대안의 평가   6. 방향의 선택 → ②
7. 파생 계획의 수립 → ③

문제 24 사업체의 특성에 따른 조직 편성을 위하여 고려할 부분이 아닌 것은?

① 업종   ② 규모
③ 직제   ④ 안전관리자 인원수

해설 사업체의 특성에 따른 조직 편성
1. **업종** → ①   2. **규모** → ②   3. **직제** → ③   4. 종사원수
5. 보유대수   6. 거리적 조건   7. 교통환경

정답 21 ①   22 ③   23 ④   24 ④

문제 25 교통 업무 종사원 복무규정에 포함되어야 할 사항으로 적절하지 않은 것은?

① 교통수단의 사용 절차
② 교통수단의 보전·관리
③ 현장에 입각한 교통사고 발생 시의 해결책 및 아이디어 제시
④ 교통 업무 종사원의 마음가짐에 관한 것

> **해설** 교통 업무 종사원 복무규정에 포함되어야 할 것
> 1. 교통업무종사원의 마음가짐에 관한 것 → ④
> 2. 운행상의 준수사항
> 3. 교통수단의 사용 절차 → ①
> 4. 교통사고시의 조치
> 5. 교통수단의 보전·관리 → ②

문제 26 다음 중 안전관리조직에서 고려되어야 할 요소가 아닌 것은?

① 안전관리 목적 달성의 수단이라는 것
② 인간을 목적달성의 수단 요소로 인식할 것
③ 환경의 변화에 적응할 수 있는 무기체일 것
④ 공식조직일 것

> **해설** 안전관리조직의 개념
> 1. 안전관리 목적 달성의 수단이라는 것 → ①
> 2. 안전관리 목적 달성에 지장이 없는 한 단순할 것
> 3. 인간을 목적 달성의 수단의 요소로 인식할 것 → ②
> 4. 구성원을 능률적으로 조절할 수 있어야 할 것
> 5. 그 운영자에게 통제상의 정보를 제공할 수 있어야 할 것
> 6. 구성원 상호간을 연결할 수 있는 공식조직(formal organization)이어야 할 것 → ④
> 7. 안전관리조직은 환경의 변화에 끊임없이 순응할 수 있는 살아있는 유기체여야 함 → ③

문제 27 안전관리 조직에서 고려되어야 할 요소가 아닌 것은?

① 안전관리 목적 달성의 수단이라는 것
② 인간을 목적 달성의 수단의 요소로 인식할 것
③ 환경의 변화에 끊임없이 순응할 수 있는 살아있는 유기체여야 함
④ 안전관리 목적 달성에 지장이 없는 한 복잡할 것

> **해설** 안전관리조직의 개념
> 1. 안전관리 목적 달성의 수단이라는 것 → ①

정답 25 ③ 26 ③ 27 ④

2. 안전관리 목적 달성에 지장이 없는 한 <u>단순</u>할 것 → ④
3. <u>인간을 목적 달성의 수단의 요소로 인식</u>할 것 → ②
4. 구성원을 능률적으로 조절할 수 있어야 할 것
5. 그 운영자에게 통제상의 정보를 제공할 수 있어야 할 것
6. 구성원 상호간을 연결할 수 있는 공식조직(formal organization)이어야 할 것
7. 안전관리조직은 <u>환경의 변화에 끊임없이 순응할 수 있는 살아있는 유기체여야 함</u> → ③

문제 28 안전관리 조직의 개념을 잘못 설명한 것은?

① 안전관리 조직은 안전관리 체계를 유지하는 수단이다.
② 안전관리 조직은 안전관리 목적 달성에 지장이 없는 한 단순하여야 한다.
③ 안전관리 조직은 인간을 목적 달성의 수단의 요소로 인식하는 부분이 있다.
④ 안전관리 조직은 그 운영자에게 통제상의 정보를 제공할 수 있어야 한다.

해설 안전관리조직의 개념
1. 안전관리조직은 안전관리 목적 달성의 수단이라는 것
2. 안전관리조직은 <u>안전관리 목적 달성에 지장이 없는 한 단순할 것</u> → ②
3. 안전관리조직은 <u>인간을 목적 달성의 수단의 요소로 인식할 것</u> → ③
4. 안전관리조직은 구성원을 능률적으로 조절할 수 있어야 할 것
5. 안전관리조직은 <u>그 운영자에게 통제상의 정보를 제공할 수 있어야 할 것</u> → ④
6. 안전관리조직은 구성원 상호간을 연결할 수 있는 공식조직(formal organization)이어야 할 것
7. 안전관리조직은 환경의 변화에 끊임없이 순응할 수 있는 살아있는 유기체여야 함

문제 29 효율적인 통제와 안전관리에 있어서 '보고'의 기능을 언급한 내용으로 바르지 못한 것은?

① 모든 사고를 회사 상급자에게 정확하게 보고하고 필요시 관계 기관에도 보고한다.
② 규정된 사고 보고서를 작성하고, 일반 교통사고 통계를 최신화 하도록 한다.
③ 적절한 처분을 건의하기 위하여 행정적 정보를 분석·활용하도록 한다.
④ 자동차관리법에 부합하도록 자동차 방침 및 관리 기법을 점검하도록 한다.

해설 효율적인 통제와 안전관리에 있어서 보고의 기능
1. <u>모든 사고를 회사상급자에게 정확하게 보고하고 필요시 관계기관에도 보고한다.</u> → ①
2. 모든 종업원에 대한 개인사고 및 상해기록을 유지한다.
3. <u>적절한 처분을 건의하기 위하여 **통계적 정보를 분석**한다.</u> → ③
4. 운전자 법규위반 및 사고통보를 받고 적절한 조처를 취한다.
5. 매월 지사별로 월간 사고 발생자 기록을 재정비하고 모든 보고서를 예방가능성의 관점에서 분류한다.

정답 28 ① 29 ③

6. 회사 게시판의 정보를 최신의 것으로 유지한다.
7. 개인 안전상(안전운전 및 무재해작업)기록을 유지하고, 포상상품을 구매하여 수여한다.
8. 규정된 사고보고서를 작성하고, 일반 교통사고 통계를 최신의 것으로 유지한다. → ②
9. 관할관청에 제출할 자동차 인사사고 조사보고서를 작성한다.
10. 자동차 관리법에 부합하도록 자동차 방침 및 관리기법을 점검한다. → ④
11. 모든 지사 및 자동차 내의 소화기에 대한 끊임없는 실태조사를 하고 잔여 사용기간을 확인한다.

문제 30 운전 중 80%를 점유하는 감각기관은?

① 시각   ② 후각   ③ 청각   ④ 촉각

해설 운전과 시각
1. 운전시에 필요한 감각정보의 약 80%는 시각을 통해서 들어오게 된다.
2. 시각에는 시력, 시야, 색감각과 같은 직접적 기능과 정신활동에 관계되는 주시 등이 있다.
3. 심시력과 같은 입체감이나 실행의 판별은 단순히 시각기능에만 관계되는 것은 아니며, 경험에서 얻어지는 판단 등의 다른 대뇌의 활동도 추가되게 된다.
4. 시각 이외의 능력, 특히 시중추 이외의 대뇌활동과 관련되어있는 능력이 중요하게 된다.
5. 비록 시력은 충분하더라도 정신적인 확인, 즉 주시가 없으면 보면서도 보고 있지 않는 것과 같이 된다.

문제 31 운전자가 방향 속도 환경 등에 관한 정보를 가장 많이 얻을 수 있는 감각기관은?

① 시각   ② 청각   ③ 후각   ④ 촉각

해설 운전과 시각 : 운전시에 필요한 감각정보의 약 80%는 시각을 통해서 들어오게 된다.

문제 32 시각특성과 주행속도의 관계를 설명한 것이다. 틀린 것은?

① 운전 중에는 한 곳을 집중적으로 주시하면서 운전해야 한다.
② 주행속도와 시력은 매우 밀접한 상관성이 있다.
③ 운전하는 데 중요시 되는 시력은 동체시력이다.
④ 속도가 빠를수록 시야가 좁아진다.

해설 운전과 시각
어떤 한 곳만을 집중적으로 주시하게 되면, 그 이외의 부분은 시야에 들어오더라도 무시되는 경향이 무의식적으로 나타나게 된다. 주시점 이외의 것이 시야에 들어오는 정보가 무확인적인 것이라고는 하더라도 유도적인 활동을 해서 환경 파악에 도움이 될 수 있도록, 집중해야할 대

정답 30 ①   31 ①   32 ①

상물에 대한 주의 집중은 최소한으로 조절해서 새로운 변화를 감지할 수 있도록 해 두지 않으면 안된다. 다시 말하면, **주의를 어떤 한 곳에만 집중하는 일이 없이 주변에도 필요한 만큼의 주의력을 분산시켜야 하는데,** → ① 이것을 "탐색주의"라고 한다. 공간적으로 다면성을 지녀야 할 운전 작업은 한 순간에 한 곳에만 주의를 집중하게 되면 반드시 빈 구석이 생기게 될 것이다. 더구나 어떤 사물에 정신이 팔려서 곁눈질 운전 또는 옆보기 운전은 말할 것도 없고, 안전운전 이외의 다른 어떤 것에도 주의력을 낭비하는 일이 있어서는 안될 것이다.

문제 33 도로 및 자동차의 특성에 대한 설명으로 부적절한 것은?

① 공주거리와 제동거리를 합친 것을 정지거리라 한다.
② 제동거리는 속도의 제곱에 비례하여 짧아진다.
③ 원심력은 속도의 제곱에 비례하여 커진다.
④ 브레이크가 듣기 시작하여 정지한 때까지의 거리를 제동거리라 한다.

해설 정지거리
1. 제동시간 : 브레이크가 듣기 시작한 후부터 자동차가 정지할 때까지의 시간
2. 제동거리 : 브레이크가 듣기 시작한 후부터 자동차가 정지할 때까지 진행하는 거리 → ④
3. 제동거리는 대략 속도의 제곱에 비례하여 **길어진다.** → ②
   이것은 운동에너지가 속도의 제곱에 비례하여 커지기 때문이다. 따라서 속도가 2배가 되면 제동거리는 2배가 되는 것이 아니라 약 4배가 된다.
4. 공주거리와 제동거리를 합친 것을 정지거리라고 한다. → ①
5. 노면이 비 때문에 젖어 있고, 타이어가 닳았을 때의 정지거리는 건조한 노면에서 타이어의 상태가 좋을 때에 비해서 2배 정도 길어질 때가 있다.
원심력과 속도와 중량의 관계
1) 원심력은 속도의 제곱에 비례해서 커진다. → ③
2) 커브의 반경이 작을수록 커진다.   3) 중량에 비례해서도 커진다.

문제 34 다음 설명 중 옳지 않은 것은?

① 정지거리는 공주거리와 제동거리를 합한 거리이다.
② 정지거리 산정기준은 젖은 노면이다.
③ 정지거리는 운전자의 판단착오까지 고려한 거리이다.
④ 정지거리는 정비가 불량한 차량의 경우 증가할 수 있다.

해설 정지거리
1. 제동시간 : 브레이크가 듣기 시작한 후부터 자동차가 정지할 때까지의 시간
2. 제동거리 : 제동시간 동안에 진행하는 거리
3. 제동거리는 대략 속도의 제곱에 비례하여 길어진다.

정답 33 ② 34 ③

이것은 운동에너지가 속도의 제곱에 비례하여 커지기 때문이다. 따라서 속도가 2배가 되면 제동거리는 2배가 되는 것이 아니라 약 4배가 된다.
4. 공주거리와 제동거리를 합친 것을 정지거리라고 한다. → ①
5. 노면이 비 때문에 젖어 있고, 타이어가 닳았을 때의 정지거리는 건조한 노면에서 타이어의 상태가 좋을 때에 비해서 2배 정도 길어질 때가 있다.
※ 운전자의 판단착오까지 고려한 거리는 **피주시거**이다. → ③
※ 정지거리 산정기준은 젖은 노면이다. → ②
※ 정지거리는 정비가 불량한 차량의 경우 증가할 수 있다. → ④

문제 35 시속 120km로 달리는 차량의 제동거리는 시속 60km로 달리는 차량의 제동거리보다 몇 배 더 긴가?

① 2배　　② 2.5배　　③ 3배　　④ 4배

해설 제동거리는 속도의 제곱에 비례한다. 속도가 2배 차이나므로 제동거리는 2의 2제곱인 4배가 된다.

문제 36 자동차 운행 중 원심력에 관한 설명이다. 틀린 것은?

① 커브길 운행시 원심력이 작용한다.　　② 원심력은 속도의 제곱에 비례한다.
③ 커브의 반경이 커질수록 커진다.　　④ 중량에 비례하여 커진다.

해설 원심력
1. 모퉁이나 커브에서 핸들을 꺾으면 운동 에너지의 관성에 의한 원심력이 작용하여 차가 밖으로 이탈하려고 한다. → ①
2. 원심력이 타이어와 노면과의 마찰저항보다 크면 차는 사이드 슬립을 일으켜서 길 밖으로 이탈하거나 옆으로 구르게 된다.
3. 원심력과 속도와 중량의 관계
 1) 원심력은 속도의 제곱에 비례해서 커진다. → ②
 2) 커브의 반경이 **작을수록** 커진다. → ③
 3) 중량에 비례해서도 커진다. → ④

문제 37 반응 특성에 대한 설명으로 틀린 것은?

① 자극을 주는 감각의 종류에 따라 반응시간은 달라진다.
② 신체 부위에 따라 달라진다.
③ 자극이 복잡할수록 반응시간은 짧아진다.
④ 반응시간은 제시된 자극의 성질에 따라 다르게 나타난다.

정답　35 ④　36 ③　37 ③

> **해설** 반응특성
> 1. 자극을 주는 감각의 종류에 따라 반응시간이 달라진다. → ①
> 2. 신체부위에 따라 반응시간이 달라진다. → ②
> 3. 선택반응시간은 반응을 일으키기 전에 판별을 필요로 하는 자극수에 따라 다르다.
>   자극이 복잡해질수록 반응시간은 **길어진다**. → ③
> 4. 반응시간은 제시된 자극의 성질에 따라 다르게 나타난다. → ④
> 5. 연령과 성별에 따라 차이가 있어서 어린이, 고령자, 여자 등의 반응시간은 길다.

문제 38 동체시력은 정지시력 대비 얼마나 낮은가?

① 10% ② 20% ③ 30% ④ 40%

> **해설** 시각특성 - 동체시력
> 1. 주행 중 운전자의 시력을 동체시력이라고 한다.
> 2. 동체시력은 자동차의 속도가 빨라지면 그 정도에 따라 점차 멀어진다.
> 3. 동체시력은 개인차가 있어서 20대 보다 30대가, 즉 연령이 많아질수록 저하율이 크다.
> 4. 같은 개인에 있어서도 피로하게 되면 저하된다.
> 5. 일반적으로 동체시력은 정지시력에 비해 **30% 정도 낮다**.

문제 39 명순응과 암순응에 대한 설명으로 틀린 것은?

① 명순응은 일반적으로 암순응보다 적응하는데 오랜 시간이 필요하다.
② 완전한 암순응에는 30분 혹은 그 이상이 걸리기도 한다.
③ 명순응은 1초 전후로 완료된다.
④ 순응은 홍체의 감광도가 광범위하게 변하기 때문에 생기는 현상이다.

> **해설**
> 1. 순응 : 홍체의 감광도가 광범위하게 변하기 때문에 생기는 현상 → ④
> 2. 명순응 : 어두운 곳에서 밝은 곳으로 이동했을 때 밝은 빛에 순응하게 되는 현상
> 3. 암순응 : 밝은 곳에서 어두운 곳으로 이동했을 때 어두움에 순응하게 되는 현상
> 4. **암순응에 걸리는 시간은 일반적으로 명순응에 걸리는 시간보다 길어서** 완전한 암순응에는 30분 혹은 그 이상 걸리기도 한다. → ①, ②
> 5. 명순응시 터널에서 나올 때의 시각장애는 1초 전후이므로 암순응에 비해 별로 문제될 것이 없다. → ③

문제 40 시속이 100km 일 때, 사람의 시야는?

① 40° ② 60° ③ 80° ④ 90°

정답 38 ③ 39 ① 40 ①

해설 정지상태에서 정상인의 시야

약 180~200°, 한쪽 눈의 시야는 좌우 각각 160°, 색채 식별 범위 약 70°
속도별 시야 : 시속 **100km → 40°**, 시속 75km → 65°, 시속 40km → 100°

문제 41 75km/h 전후의 속도로 주행 시 통상적인 시야 각도는?

① 45° ② 55° ③ 75° ④ 65°

해설 속도별 시야 : 시속 100km → 40°, **시속 75km → 65°**, 시속 40km → 100°

문제 42 색각의 특성을 잘못 기술한 것은?

① 색채가 갖는 효과란 안전 의식의 향상 등과 관계가 있다.
② 교통 장면에서 색채 조절의 의미는 신호기 등을 분별하는데 있다.
③ 표면색을 읽기 쉬운 순서는 흑/황, 녹/백, 적/록 등의 순이다.
④ 전체적으로 보아 양색을 포함한 적/황색이 주의를 잘 환기시킨다.

해설 색각
1. 교통장면에서 색채조절의 의미는 **안전표지, 노면표시, 안내판 등의 시인성과 식별력을 향상시키는데 있다.** → ②
2. 색채가 갖는 심리적, 생리적 효과에 의해서 안전의식의 향상, 기분의 전환, 진정감을 갖게 할 수 있다. → ①
3. 색광으로 가장 멀리에서 약한 빛으로 알아보기 쉬운 것은 적-록-황-백색의 순이다.
4. 표면색을 읽기 쉬운 것은 흑/황, 녹/백, 적/록, 청/백, 백/청, 흑/백 색의 순이다. → ③
5. (사선의 윗 부분은 표면색, 아랫부분은 바탕색) → 적/황, 록/적색은 읽기 쉽지 않은 것으로 알려져 있지만 전체적으로 보아 양색을 포함한 적/황색이 주의를 가장 잘 환기시킨다. → ④

문제 43 주의의 동요란?

① 오랫동안 주의력을 집중하여 주시하면 먼 곳에 있는 것이 처음 보던 것과 다른 것처럼 보여지는 경우가 있다.
② 사람에 따라 동요의 시간은 다르나, 수 초에서 수십 초의 간격이 있다.
③ 운전 중 주의의 동요는 차량 성능과 간접 관계가 있다.
④ 운전 주의의 동요란 차량 및 환경적 요인이 영향을 미치는 부조리로부터 빚어지는 결과이다.

정답 41 ④ 42 ② 43 ②

해설 주의의 동요(動搖)

무엇이든 오랫동안 주의력을 집중하여 주시하면 먼 곳에 있는 것이 가깝게 나타나 보이고 가까운 곳에 있는 것이 처음 보던 때와는 다른 것처럼 보여지는 현상 → ①
사람에 따라 동요의 시간은 다르지만 수 초에서 수 십초의 간격이 있다. → ②
전문가에 의하면 신체적 부조리가 빚어내는 결과이므로 육체적인 건강보다도 정신건강에 유의하여야 한다. → ④
운전 중 주의의 동요가 일어나면 역시 안전과 크게 관계된다고 하겠다. → ③
→ 주의의 동요와 차량의 성능은 관계가 없다.

문제 44 혈중 알콜 농도가 2~3mg인 구간의 의미는?

① 만취　　② 미취　　③ 심취　　④ 경취

해설 알콜 농도와 주취상태

농도(mg)	상태	상태 설명
0~0.5	무취	겉으로 보기에는 아무렇지 않으며, 특히 검사 없이는 주기를 알 수 없다.
0.5~2	미취	얼굴이 붉어지고 말이 많으며, 침착하지 못하고 외부 자극에 늦으며 난폭해지기 쉽다.
2~3	**경취**	스스로 느낄 정도로 쾌활해지고 비틀거리거나 우는 사람도 있다.
3~4	심취	운동능력을 상실하여 서있기가 힘들고 말을 제대로 못하는 마비상태가 된다.
4~5	만취	어디든지 드러 눕는다. 혼미해지고 대 소변을 가리지 못할 때도 있고, 호흡이 어지럽다. 방치해 두면 사망한다.
5 이상	사망	

문제 45 피로의 자각증상 조사 시 항목으로 보기 어려운 것은?

① 동작이 딱딱해진다.　　② 운전 중 다리에 지나친 힘이 들어간다.
③ 조급해진다.　　④ 목이 마른다.

해설 피로의 자각증상 조사

A	B	C
1. 머리가 무겁다 2. 전신이 나른하다. 3. 다리에 힘이 없다. 4. 하품이 나온다. 5. 머리가 멍해진다. 6. 졸린다. 7. 눈이 피로하다. 8. **동작이 딱딱해진다.** 9. 다리도 예민하지 않게 된다. 10. 눕고 싶어진다.	11. 생각이 통일되지 않는다. 12. 말하기 싫어진다. 13. **조급해진다.** 14. 마음이 산란하다. 15. 어떤 일을 열심히 할 수 없다. 16. 금방 한 것이 생각나지 않는다. 17. 실수가 많아진다. 18. 어떤 일이 마음에 걸린다. 19. 규칙적이지 못하다. 20. 끈기가 없다.	21. 머리가 아프다. 22. 어깨가 뻐근하다. 23. 허리가 아프다. 24. 숨이 가쁘다. 25. **목이 마른다.** 26. 목소리가 쉰다. 27. 현기증이 난다. 28. 눈꺼풀이나 근육이 경련한다. 29. 수족이 떨린다. 30. 기분이 나쁘다.

※ 조사표에서 증상별로 체크하며, A, B, C그룹 각각 따로 집계한다.

정답　44 ④　45 ②

2. 교통안전 관리론

문제 46 다음은 과로운전에 의해 나타나는 증세가 아닌 것은?

① 운전 리듬이 깨짐
② 운전자의 시야가 좁아짐
③ 운전조작의 내용이 증가됨
④ 주의력 분산

해설 과로운전에 의해 나타나는 증세
1. 운전리듬이 깨진다. → ①
2. 교통표지, 계기관측, 측면 및 후방의 관찰회수가 감소하고 운전자의 시야가 좁아진다. → ②
   따라서 생략되는 운전조작 내용이 증가하여 운전이 단순해진다. → ③
3. 신체에 국부적인 통증이 생겨나며 이에 따라 주의력이 분산되는 결과를 가져온다. → ④
4. 피로에 의한 사고유발 과정
   뇌의 산소부족 → 중추신경 피로 → 감각둔화, 지각저하 → 근육수축의 조정기능 약화 → 감각자극 차단 → 인지의 지연, 판단의 오류, 조작의 오류 → 졸음운행 → 사고위험

문제 47 졸음 예방책으로서 실용적인 대책으로 보기 어려운 것은?

① 시각 정보를 제공한다.
② 정신 이완 설비를 탑재한다.
③ 조작 방식에 변화를 꾀하도록 한다.
④ 생리적 환류를 위한 경보나 주의 환기 경보음을 설치하는 것도 하나의 방법이 된다.

해설 졸음 예방책으로서 실용적인 대책
1. **청각정보를 준다** : 운전지원 정보를 음성으로 보내거나 열차무선으로 운전정보, 시보, 음악 등을 보내는 등 → ①
2. 정신이완(relax) 설비의 탑재 : 냉장고, 세면대를 설치하거나 라디오, 카세트 테잎을 듣는 등 → ②
3. 실내공기에 의한 자극 : 공기조절(airconditon)로 온도, 기류 등을 가끔 변화시킨다.
4. 조작방식의 변화 : 커다란 동작, 발로 조작을 필요로 하는 조종방식 등 → ③
5. 생리적 환류(bio feedback)경보나 주의환기 경보음의 설치 → ④
   : 졸음의 검지, 경보장치를 설치하여 가끔 소리나 진동을 주어 주의를 환기시키는 등

문제 48 사고 운전자의 정서적 측면 중 '자기 과신'에 대한 내용으로 틀린 것은?

① 사람의 성격의 바탕을 이루는 감정 기질의 경향을 심정질이라고 한다.
② 자기현시성이란 실제 이상으로 자기 외부에 나타내고자 하는 감정이 강한 성격이다.
③ 즉행성이란 감정의 안정성이 약하고 안절부절하는 성격을 말한다.
④ 불안정성이라 함은 의사에 안정성이 없고 관심이 여러 가지로 움직이기 쉬운 성격이다.

정답 46 ③　47 ①　48 ③

해설 자기과신 : 사람의 성격의 바탕을 이루는 감정 기질의 경향을 심정질이라고 한다. → ①
1. 폭발성 : 화를 내는 감정이 발생되기 쉬운 성격
2. 즉행성 : 생각 없이 행동하는 타입 → ③
3. 자기현시성 : 실제 이상으로 자기를 외부에 나타내고자 하는 감정이 강한 성격 → ②
4. **감정변화성 : 감정의 안정성이 약하고 안절부절는 성격** → ③
5. 불안정성 : 의사에 안정성이 없고 관심이 여러 가지로 움직이기 쉬운 성격 → ④

문제 49 안전운전에 필요한 성격의 표제어로 보기 어려운 것은?

① 개별성
② 상호성
③ 신중성
④ 애정

해설 안전운전에 필요한 성격
1. 안전에의 의식 : 사람의 생명에 대한 존엄성이 뿌리박힌 **신중성** → ③
2. **상호성** : 보행자나 다른 차량에게 길을 양보해 주는 겸허한 성품을 지니고 타인과 좋은 인간관계를 만드는 협조적인 성품 → ②
3. 안정된 정서와 평정한 태도 : 자기의 감정을 억제, 통제할 줄 아는 능력과 성품을 갖고 환경에 지배되지 않는 자주성
4. 일에 대한 **애정** : 생활에 대한 즐거움을 갖고 운전을 좋아하며 이를 자랑으로 알고 책임을 느낄 줄 아는 성품 → ④

문제 50 어린이의 교통 행동 특성으로 보기 어려운 것은?

① 교통 상황에 대한 주의력이 부족하다.
② 결단을 내리는데 자신이 있다.
③ 모방 행동이 많다.
④ 사고 방식이 단순하고 호기심이 많다.

해설 어린이의 교통행동 특성
1. 교통상황에 대한 주의력이 부족하다. → ①
2. <u>판단력이 부족하고</u> → ② 모방행동이 많다. → ③
3. <u>사고방식이 단순하다.</u> → ④
4. 추상적인 말은 잘 이해하지 못하는 경우가 많다.
5. <u>호기심이 많고</u> 모험심이 강하다. → ④

정답 49 ① 50 ②

문제 51 어린이 행동 특성이 아닌 것은?

① 교통상황에 대한 주의력이 부족하다. ② 사고방식이 단순하다.
③ 어른의 행동을 모방하려 하지 않는다. ④ 호기심이 많고 모험심이 강하다.

> **해설** 어린이의 교통행동 특성
> 1. 교통상황에 대한 주의력이 부족하다. → ①
> 2. 판단력이 부족하고 **모방 행동이 많다.** → ③
> 3. 사고방식이 단순하다. → ②
> 4. 추상적인 말은 잘 이해하지 못하는 경우가 많다.
> 5. 호기심이 많고 모험심이 강하다. → ④

문제 52 충격 면적과 충격력의 분포로 틀린 것은?

① 끝이 넓은 면적으로 분포되면 될수록 충격으로 인한 피해의 정도는 가벼워진다.
② 높은 곳으로부터 떨어졌는데도 살아남는 것은 충격력이 신체의 넓은 부분으로 분포되었을 경우이다.
③ 끝이 뾰족한 송곳은 2kg의 충격력으로 충격해도 커다란 충격력을 야기하기엔 한계가 있다.
④ 차내·외부의 충돌 개소나 예리한 개소를 가능한 한 제거하거나 최소화시키는 것이 안전성 향상에 있어서 중요하다.

> **해설** 충격면적과 충격력의 분포
> 1. 끝이 넓은 면적으로 분포되면 될수록 충격으로 인한 피해의 정도는 가벼워진다. → ①
> 2. 끝이 뾰족한 송곳을 약 2kg의 충격력으로 충격하면 **매우 강대한 충격력이 일어난다.** → ③
> 3. 높은 곳으로부터 굴러 떨어졌는데도 불구하고 살아남는 경우도 있는 바, 이는 충격력이 신체의 넓은 부분으로 분포되었기 때문이다. → ②
> 4. 차내·외부의 충돌 개소나 예리한 개소를 가능한 한 제거하거나 최소로 하는 것이 안전성 향상에 큰 도움이 된다. → ④

문제 53 운행기록계의 취급 시 요령으로 잘못된 것은?

① 기록침에 무리한 힘을 가하지 않는다.
② 시계는 주행 중일 경우를 제외하면 OFF 상태로 둔다.
③ 세차할 때에는 운행기록계에 직접 물 등이 닿지 않게 한다.
④ 시계는 정기적으로 분해 소제한다.

정답 51 ③   52 ③   53 ②

> **해설** 운행기록계의 취급
> 1. 기록침에 무리한 힘을 가하지 않는다. → ①
> 2. 주행 중에는 표지부의 커버를 개폐하지 않는다.
> 3. **시계는 항상 작동시켜 둔다.** → ②
> 4. 기록침의 끝에 달린 먼지는 부속 브러시의 털어낸다.
> 5. 세차할 때에는 운행기록계에 직접 물 등이 닿지 않게 한다. → ③
> 6. 시계는 정기적으로 분해 소제한다. → ④

문제 54 브레이크 고장에 대한 일반적 대책으로 잘못 기술한 것은?

① 동승자에게 비상사태를 이해시키고 방어 태세를 갖추게 한다.
② 브레이크 페달을 몇 번이고 밟아 보면서 압력을 높일 방법을 생각해본다.
③ 기어를 중립으로 하고 주차 브레이크를 생각해 본다.
④ 모래로 된 피난 장소가 있을 경우에는 그것을 이용해본다.

> **해설** 브레이크 고장에 대한 대책
> 1. 동승자에게 비상사태를 이해시키고 방어 태세를 갖추게 한다. → ①
> 2. 경적 등으로 주변에 신호를 보내서 대피를 시킨다.
> 3. 브레이크 페달을 몇 번이고 밟아 보면서 압력을 높일 방법을 생각해 본다. → ②
> 4. 핸드 브레이크를 사용한다. 이때는 급격하게 핸드 브레이크를 조작하면 뒷바퀴가 록이 되어 스핀을 일으키는 경우가 있으므로 주의해야 한다.
> 5. 기어를 중립으로 하고 **엔진 브레이크를 생각해 본다.** → ③
> 6. 도로의 측벽, 가드레일, 수목 등에 차제를 부딪치거나, 고랑 등에 바퀴를 넣어서 정차를 시켜 본다. 모래로 된 피난 장소가 있을 경우에는 이것을 이용해본다. → ④
> 7. 논·밭과 같은 주행저항이 많은 곳으로 진입해 본다.

문제 55 타코그래프(운행기록장치)의 사용 목적은?

① 안전운전 실태파악
② 과태료의 부과
③ 운행행태의 추적
④ 개인정보의 추출

> **해설** 타코그래프
> 1. 사용목적
>   일명 운행기록계로서 순간속도, 운행거리, 운전자교대, 운전자의 근무나 차량의 올바른 관리 등이 자동적으로 이루어지는 것으로 **안전운전 실태를 파악**하는데 그 목적이 있다. → ①
> 2. 종류
>   운행기록계는 기계식과 전자식으로 분류하고 기계식은 대형차용(대형트럭, 버스)과 소형차용(택시, 소형트럭)으로 나누어진다.

● 정답 54 ③   55 ①

3. 관리
1) 기록침에 무리한 힘을 가하지 않는다.
2) 주행중에는 표지부의 커버를 개폐하지 않는다.
3) 시계는 항상 작동시켜 둔다.
4) 기록칩의 끝에 달린 먼지는 부속 브러시로 털어낸다.
5) 세차할 때에는 운행기록계에 직접 물에 닿지 않게 한다.
6) 시계는 정기적으로 분해 소제한다.

문제 56 스티어링(Steer)의 특징을 올바르게 기술한 것은?

① Reverse Steer란 선회 궤적이 저속 시와 동일한 것이다.
② Neutral Steer란 일정한 속도로 일정한 반경의 원운동을 말한다.
③ 승용자동차는 대부분 Under Steer가 되도록 설계되어 있다.
④ Over Steer의 경우 예상보다 선회 반경이 크다는 특성이 있다.

해설 스티어링(Steer)의 특징
Reverse Steer : 속도를 높일 때 처음에는 선회반경이 커지다가 어느 속도 이상에 이르면 급격히 적어지는 경향을 나타내는 것 → ①
Neutral Steer : 선회궤적이 속도를 높여도 변하지 않고 그 궤적은 저속 시와 동일한 것 → ②
Under Steer : 조향장치의 특성으로 일정한 속도로 일정한 반경의 원운동을 하는 자동차가 속도를 높였을 때 운동원의 반경이 저절로 커져가는 특성. 보통 승용차는 대부분 부드러운 Under Steer가 되도록 설계되어 있다. → ③
Over Steer : 일정한 속도로 일정한 반경의 원운동을 하는 자동차가 어느 지점에서 그 속도를 높였을 때 진로가 저절로 안쪽으로 향하며 반경이 적어지는 특성 → ④

문제 57 교차의 종류 중 나머지 셋과 다른 하나는?

① 평면 교차 ② 단순 교차 ③ 로터리 교차 ④ 입체 교차

해설 교차의 종류
1. 평면교차 : 단순교차, 로터리 교차
2. 입체교차

문제 58 AASHTO란?

① 국제 표준 시설 한계 기준 ② 교통량에 따른 도로 설계 규칙
③ 국제 표준 도로교통 시설 기준 ④ 미국 도로 설계 기준

정답 56 ③ 57 ④ 58 ④

해설 AASHTO란 미국 고속도로 교통 관리 협회(The American Association of State Highway and Transportation Officials)의 약자이기도 하면서, 협회가 제시하는 기준이 미국 도로설계의 기준의 근거가 되므로 "**미국 도로 설계 기준**"의 뜻으로 쓰이기도 한다.

문제 59 교통안전시설의 일반적인 기준이란?

① 안전운전 측면에서 놓고 볼 때 지나치게 주의를 끌지 않도록 하여야 한다.
② 간단명료하면서도 상세한 의미를 전달할 수 있어야 한다.
③ 반응을 위한 시간적인 여유를 가질 수 있는 곳에 설치되어야 한다.
④ 교통을 통제 또는 규제·지시할 경우에는 법적인 근거와 더불어 실제 현장에서의 타당한 연관성이 있어야 한다.

해설 교통안전시설의 일반적인 기준
1. 필요성에 부합해야 한다.
2. 주의를 끌 수 있어야 한다. → ①
3. 간단명료한 의미를 전달할 수 있어야 한다. → ②
   ※ 상세한 의미전달은 간단한 의미전달과 상충된다.
4. 도로 이용자에게 존중될 수 있어야 한다.
5. **반응을 위한 시간적인 여유를 가질 수 있는 곳에 설치되어야 한다.** → ③
6. 교통을 통제 또는 규제·지시할 경우는 법적인 근거가 있어야 한다. → ④
   ※ 현장마다 연관성을 가진 규제는 상황마다 달라지게 되므로, 그렇게 해서는 안된다.

문제 60 교통 신호기의 장점은?

① 추돌 사고와 같은 유형의 사고가 감소한다.
② 적절한 곳에 설치되면 될수록 지체 등을 해소한다.
③ 첨두시간의 경우라 하더라도 교차로에서의 지체 현상과 그로 인한 차량의 연료 소모를 감소시킬 수 있다.
④ 직각 충돌 및 보행자 충돌과 같은 사고가 감소한다.

해설 교통신호기의 장점
1. 질서 있게 교통류를 이동시킨다.
2. **직각충돌 및 보행자 충돌과 같은 종류의 사고가 감소한다.** → ④
3. 교차로의 용량(특정시간 동안 교통시설, 즉 도로, 주차장 등이 처리할 수 있는 최대 교통량)이 증대된다.
4. 교통량이 많은 도로를 횡단해야 하는 차량과 보행자의 횡단이 가능하다.
5. 인접교차로를 연동시켜 일정한 속도로 긴 구간을 연속진행시킬 수 있다.

6. 수동식 교차로 통제보다 경제적이다.
7. 통행우선권을 부여받으므로 안심하고 교차로를 통과할 수 있다.

단점
1. 첨두시간이 아닌 경우는 교차로 지체와 연료소모가 필요 이상으로 커질 수 있다. → ③
2. 추돌사고와 같은 유형의 사고가 오히려 증가한다. → ①
3. 부적절한 시간으로 운영될 때 운전자를 짜증스럽게 한다.
4. 부적절한 곳에 설치되었을 경우, 불필요한 지체가 생기며 이로 인해 신호등을 기피하게 된다.
→ 신호기는 안전도를 높일 수 있으나, 어쩔 수 없이 지체는 증가하게 된다.

문제 61 표지병이란?

① 차량의 진행 방향을 분명하게 구분하는 역할을 한다.
② 도로상에 설치된 노면 표시의 선형을 보완한다.
③ 주의·규제 표시의 보조 또는 대체의 기능을 수행한다.
④ 교통 운영 측면에서는 국토교통부에서, 시선 유도 시설 등 교통안전시설의 측면에서는 경찰청에서 관리하고 있다.

해설 표지병 (RPM : Raised Pavement Marking)
1. 도로상에 설치된 노면 표시의 선형을 보완하여, 야간 또는 우천시에 운전자의 시선을 명확히 유도함으로써 교통안전 및 원활한 소통을 도모하기 위하여 도로표면에 설치하는 시설물
2. **노면표시의 보조 또는 대체**의 기능을 수행하는 시설물이다. → ②, ③
3. 도료형 노면표시에 비해 상대적으로 큰 초기비용을 요구하는 단점이 있으나, 도료형 노면표시에 비해 상대적으로 수명주기가 길어 노면표시의 잦은 보수로 인한 물적·인적 비용을 절감시킬 수 있는 장점과 적절한 적용(예를 들어 위험한 지역, 대규모의 보수를 계획하고 있지 않은 도로 등)을 통해 이러한 단점을 극복할 수 있다.
4. 현재 표지병은 도로건설 및 유지보수시에 시선유도시설 등 교통안전시설로서 국토교통부에서 관리하며 교통운영 측면에서는 노면표시를 보완하는 시설로서 경찰청에서 관리하고 있다.
→ ④
※ 차량의 진행 방향을 분명하게 구분하는 역할을 하는 것은 "노면표시"이다. → ①

문제 62 시가지 도로 안내 표지의 원칙은?

① 시가지 도로는 형태 속에 바탕은 청색으로 하고 글씨는 백색으로 표기한다.
② 노선 번호나 가로명이 없을 경우, 방향 안내 문구를 표기한다.
③ 좌우 방향 표기는 2개 이하의 지명을 원칙으로 한다.
④ 표지 바탕은 청색이어야 한다.

정답 61 ②   62 ④

해설 시가지 도로안내표지의 원칙
1. **표지 바탕은 청색** → ④
2. 시외곽 또는 지방을 나타내는 지명은 □(네모 테두리)을 하고, 녹색 바탕에 흰 글씨로 표기
3. 시가지 도로는 형태 속에 바탕은 **백색**으로 하고 글씨는 **청색**으로 표기 → ①
4. 노선번호나 가로명이 없을 경우 **화살표만 표기** → ②
5. 진행방향의 경우 2개의 지명을 원칙으로 하며 상단은 원거리, 하단은 근거리를 표시
6. 진행방향의 노선번호는 지명의 좌측에 표기
7. 좌우방향 표기는 **1개의 지명**을 원칙으로 함 → ③
8. 좌우측 방향의 가로명이 동일한 경우 화살표가 교차하는 중앙부분에 가로명을 표기

문제 63 주요 표지의 우선화와 관련된 설명으로 옳은 것은?

① 도로상의 특별한 위치에 꼭 필요한 중요 정보가 상대적으로 중요도가 낮은 정보와 혼재해 있을 경우, 운전자는 중요 정보를 지나쳐버릴 가능성이 높다.
② 운전자가 정보 처리에 지나치게 여유가 있는 경우에는 습관적으로 행하는 차량 조절 이외에 요구되는 사항이 없으므로 무료함에 빠지기 쉽다.
③ 동일한 주요 정보를 다른 형태로 제공하는 원칙이다.
④ 운전자의 기대치에 부합하는 주요 정보를 우선화하는 원칙이다.

해설 안전표지 설치운영의 원칙
1. **주요표지의 우선화 (Primacy)**
운전자는 주행 중 많은 정보를 필요로 하며 끊임없이 교통환경의 변화에 주의를 기울이고 있다. 그러나 주행 중의 운전자는 주의집중이나 정보처리능력의 한계 때문에 도로주행상에 제공되는 무수한 정보를 전부 소화할 수 없는 경우가 많다.
따라서 <u>도로상의 특별한 위치에 꼭 필요한 중요정보가 상대적으로 중요도가 낮은 정보와 혼재해 있을 경우 운전자는 중요정보를 지나쳐버릴 가능성이 있다.</u> → ①
이러한 이유로 특정도로 및 교통상황에 중요한 표지는 우선적으로 그 위치에 세워져 있어야 하며 중요도가 낮은 표지와 혼재하여서는 안된다.
2. 안전표지의 분산화 (Spreading)
주행중 운전자는 제공되는 정보가 지나쳐 정보처리능력에 부담을 주거나 또는 운전자의 처리능력에 맞는 정도의 정보가 제공되고 있거나 또는 전연 정보처리 여유가 이용되고 있지 않는 경우도 있다. <u>운전자가 정보처리에 지나치게 여유가 있는 경우에는 습관적으로 행하는 차량 조절이외에는 요구되는 사항이 없게 되므로 무료함에 빠지기 쉽다.</u> → ②
이를 해소하기 위해 운전자 중에는 불필요한 차선 변경이나 불안정한 속도를 유지하는가 하면 아예 교통정보를 찾으려는 주의집중을 상실하기도 하여 중요한 정보를 지나쳐 버리기도 한다. 따라서 안전표지를 적절히 분산시킴으로서 운전자의 정보포착을 위한 주의집중이 평준화되도록 배려해야 한다.
3. 안전표지의 유사특성화 (Redundancy)
유사특성화란 <u>동일한 정보를 여러 개의 다른 형태로 제공하는 원칙</u>을 말한다. → ③
예를 들어 일단정지 표지판을 살펴보면 세 개의 다른 형태로 정보를 전달하고 있다. 즉 8각형

정답 63 ①

의 모양과 빨강색과 일단정지라는 글자의 세 가지 형태로 똑같은 정보를 제공한다. 따라서 한 개의 형태를 모르는 운전자도 다른 형태로 이것이 일단정지 표지판이라는 알 수 있으므로 많은 운전자들에게 특정형태로 알려질 수 있을 뿐만 아니라 무엇을 의미하는지도 확실히 전달되는 장점이 있다.

4. 안전표지의 기대화 (Expectancy)
운전자는 도로 및 도로환경을 주행하면서 전방에 어떠한 상황이 전개될 것인지에 대한 기대를 그들의 경험과 사전지식 및 주행환경에 의거 예견하게 된다.→ ④ 만약 운전자의 기대가 상황과 일치하지 않을 경우에는 당황하게 되고 위해한 결과가 초래되기도 한다.

5. 안전표지의 반복화 (Repetition)
운전자는 주행중 여러 가지의 상황 때문에 필요한 정보를 전혀 포착하지 못했거나 또는 포착된 정보를 완전히 이해하지 못하는 경우가 있다. 따라서 주행에 필요한 충분한 정보는 반복하여 제공해 줌으로써 포착할 기회를 주거나 완전히 이해할 수 있도록 해야 한다.

6. 반응시간을 고려한 설치위치
안전표지는 운전자가 정보를 포착하고 판독하여 이해하고 이에 적절히 대응하는 일련의 정보 포착 및 처리시간을 설치위치의 기본으로 하고 있다. 운전자의 판독시간은 매 단어나 그림마다 2/3초 걸린다고 한다. 포착거리는 2.5 cm의 글자 높이당 15m로 계산되고 있으며 반응 결정시간은 0.5초를 반영해야 한다. 반응을 결정한 후 이를 이행하는 시간은 상황에 따라 1~5초를 반영하여야 한다.

문제 64 교통사고의 가능 원인에 대한 일반적 대책으로 적절한 것은?

① 신호등의 불량한 가시도가 원인일 경우 문형식 신호대의 설치가 이상적이다.
② 높은 회전 교통량이 원인일 경우 신호 체계를 설치·도입한다.
③ 미끄러운 노면의 경우 교통량을 적절히 통제한다.
④ 높은 접근 속도로 인한 원인이 우려될 경우 수시 단속 체계 등의 도입을 검토한다.

해설 사고패턴 및 가능 원인에 대한 일반적 대책

사고패턴	가능원인	일반적 대책	
신호 교차로에서의 직각충돌	신호등의 불량한 가시도	사전경고표지 설치 대형 신호등 렌즈의 설치 문형식 신호대의 설치 → ① 신호등 뒷판 설치	신호등 위치 개선 시야 장애물 제거 보조 신호등 두부의 설치 접근로의 제한속도 낮춤
교차로에서의 좌회전 충돌사고	높은 좌회전 교통량	좌회전 신호 현시 좌회전 금지 좌회전 교통의 타 노선으로의 전환	교차로의 도류화 「정지」 표지 설치 일방통행제 시행 회전 유도차선 표시
고정물체와의 충돌	미끄러운 노면	노면의 재포장 적절한 배수제공 노면의 그루빙 (grooving)	제한속도의 낮춤 미끄럼 주의표지 설치
비신호 교차로에서의 직각충돌	높은 접근 속도	접근로의 제한속도 낮춤	노면 요철구간 설치

정답 64 ①

문제 65 주차장 진입로 위치의 부적절에 대한 대책은?

① 가능한 경우 주차장 진입로의 최저 공간을 지정한다.
② 근처 주차장 진입로의 주차를 금지한다.
③ 주차장의 진입로 폭을 확장한다.
④ 연석 반경을 확대한다.

해설 미국 FHWA 조사 체크리스트 [일반사고패턴]

사고패턴	추정원인	일반대책
주차장 진입로 관련 충돌	좌회전 차량	안전지대 장치 설치 양방향 좌회전 차로 설치
	주차장 진입로 위치 부적절	**가능한 경우 주차장 진입로의 최저 공간을 지정** → ① 시설 한계의 최저 모퉁이 지정 가능한 경우 주차장 진입로를 측가로 이동 커빙을 설치하여 주차장 진입로 위치 확정 가능한 경우 인접 주차장 진입로를 병합
	우회전 차량	우회전 차선 설치 근처 주차장 진입로 주차 금지 → ② 주차장 진입로 폭을 확장 → ③ 진행 차선폭 확장 연석 반경 확대 → ④

문제 66 도로교통법에 따른 서행할 장소 외의 서행 권장 구간은?

① 비상 주차대 가드레일 바깥쪽 본선 가장자리 차로를 통과할 때
② 흙탕물이나 물이 고인 곳을 통과할 때
③ 갓길의 폭이 2m가 채 되지 않는 도로를 통과할 때
④ 도로 본선에 막 진입을 완료하였을 때

해설 서행 권장 구간
1. 서행표지가 있는 곳을 통과할 때
2. 보행자의 옆을 통과할 때
3. 보행자가 서 있는 안전지대의 옆을 통과할 때
4. **흙탕물이나 물이 고인 곳을 통과할 때** → ②
5. 백색지팡이를 짚고 보행하는 사람의 옆을 통과할 때
6. 동물이나 맹견을 끌고 가는 사람의 옆을 통과할 때
7. 교차로에서 좌·우회전 할 때 또는 도로 이외로 나가기 위해 좌·우회전 할 때

문제 67 교통안전관리의 단계 중에서 작업장, 사고현장 등을 방문하여 안전지시, 일상적인 감독상태 등을 점검하는 단계는?

① 준비단계 ② 조사단계 ③ 계획단계 ④ 설득단계

해설 교통안전관리의 단계
1. 준비단계
안전관리자의 준비로써 자질배양은 정규교육, 특별안전교육 수강과 이전의 관련업무 경험으로 구성된다.
준비과정이란 다른 전문 업무와 마찬가지로 계속적인 노력단계이다.
시대에 뒤떨어지지 않으려는 모든 가능한 방법을 활용하여야 하는데, 여기에는 전문잡지 및 도서의 이용, 회의 및 세미나 참석 및 각종 안전기구의 활동에 참가하는 것 등이 포함된다.
2. **조사단계**
조사에는 많은 면이 관련이 되지만, 대체로 사고기록을 철저히 기록함으로서 시작된다.
과거 수년간 사고의 기록을 종합해 보면, 사고빈도가 높은 사고형태, 지점, 원인 및 여타 인자들에 대하여 파악할 수 있다.
그러나, 사고기록이 모든 관련정보를 밝혀주지 않는 경우가 대부분이므로, 관련 당사자들과 면담을 하고 직접 증거를 검토해 볼 필요가 있다.
또한 **작업장, 사고현장 등을 방문하고 작업방법, 작업지시, 일상적인 감독상태 및 통과차량의 운전관행 등도 점검** → ② 하여야 할 것이다. 이 모든 경우, 장래의 재점검을 위하여 주요정보를 일지로 유지해 두는 것이 관리상 많은 도움을 준다.
3. 계획단계
안전관리자의 다음 단계는 이 대안들을 분석하여 바람직한 행동계획을 수립할 수 있게 된다. 여기에는 절차, 운전습관, 감독, 근무환경 등의 개선이 필요하게 될 것이다.
계획이란, 경영진의 승인을 얻어 실천하기 위한 청사진이므로, 제안은 완전하고 이해 가능하며 실질적이어야 한다. 계획을 보다 주의 깊게 준비할수록, 성공에 대한 전망은 그만큼 밝다.
계획은 또한 가변성이 있어야 한다. 행동의 대안이 포함되어야 할 뿐만 아니라 개정도 가능하도록 입안되어야 한다. 종종 경험 또는 새로운 절차나 실무에 의하여 변경이 필수 불가결하게 되기 때문이다. 이 점에 있어, 의견을 들어 보거나 조직내부·외부의 다른 전문가들의 조언을 구함으로써 초안을 검증해 보는 것이 좋은데, 비용 부담이 큰 실수를 피하는데 큰 도움이 될 수 있기 때문이다.
4. 설득단계
안전관리자는 최고 경영진에게 가장 효과적인 안전관리 방안을 제시해 주어야한다.
경영진은 안전관리에 대해서 타성에 젖어있을 수가 있으므로, 안전관리자는 사실 및 사업성에 입각한 안전업무 혹은 안전제도의 실행에 따른 비용 및 제도가 채택됨으로써 얻어지는 기대이익을 경영진에게 제시함으로써 경영진으로부터 최대의 지원을 얻을 수 있도록 해야 한다.
5. 교육훈련단계
경영진으로부터 새로운 제도에 대한 승인을 얻고 나면 종업원들을 교육·훈련시켜야 한다. 이때 이들에게는 모든 새로운 안전절차나 계획을 점검할 기회가 주어져야 하며, 또한 완전히 익숙해지는 충분한 시간이 허용되어야 한다.
누가 안전교육을 실시하든 안전관리자가 반드시 그것을 확인해야 한다. 사실상 실무적인 관점에서 볼 때, 이러한 교육·훈련은 의심의 여지없이 안전집단으로부터 발원하는데, 모든 직무교

정답 67 ②

육, 업무절차는 종업원을 교육·훈련시킴에 있어 안전한 방법이 결여되지 않았다는 것을 확인하기 위하여 안전관리자가 반드시 검토를 하여야 한다.

6. 확인단계

안전제도는 한번 시발된 후에는 정기적인 확인을 필요로 한다. 이러한 확인은 단순할 수도 있고 심층적일 수도 있다. 예를 들면, 자동차 사고보고서가 제출되고 있는지를 확인하기 위하여 사고결근자의 월간 보고서를 감봉 기록서에 의거 작성할 수 있으며, 위원회가 정기적으로 시행하는 안전평가에 의거 조장들이 직장정돈 차량관리 등의 업무에 얼마나 충실하고 있는지를 확인 할 수 있다. 불완전한 사고 보고서는 추가사항을 보완하도록 돌려보내야 한다.

문제 68 교통안전관리 단계 중 계획단계 전 단계는?

① 조사단계
② 설득단계
③ 준비단계
④ 교육훈련단계

해설 교통안전관리의 단계
준비 - **조사** - **계획** - 설득 - 교육훈련 - 확인

문제 69 교통안전관리 단계 순서로 맞는 것은?

① 준비 - 조사 - 계획 - 설득 - 교육훈련 - 확인
② 준비 - 계획 - 조사 - 설득 - 교육훈련 - 확인
③ 준비 - 설득 - 조사 - 계획 - 교육훈련 - 확인
④ 준비 - 교육훈련 - 조사 - 계획 - 설득 - 확인

해설 교통안전관리의 단계
준비 - 조사 - 계획 - 설득 - 교육훈련 - 확인 → ①

문제 70 교통안전관리단계 중 안전관리자가 최고 경영진에게 가장 효과적인 관리방안을 제시해주어야 하는 단계는?

① 조사단계
② 계획단계
③ 설득단계
④ 확인단계

해설 교통안전관리의 단계 - **설득단계**
1. 안전관리자는 **최고 경영진에게 가장 효과적인 안전관리 방안을 제시해 주어야한다.** → ③
2. 경영진은 안전관리에 대해서 타성에 젖어있을 수가 있으므로, 안전관리자는 사실 및 사업성에 입각한 안전업무 혹은 안전제도의 실행에 따른 비용 및 제도가 채택됨으로써 얻어지는 기대이익을 경영진에게 제시함으로써 경영진으로부터 최대의 지원을 얻을 수 있도록 해야 한다.

정답 68 ① 69 ① 70 ③

문제 71 운전 직장의 특수성을 지적한 것은?

① 권위 있는 정확한 지도와 감독이 실시되려면 안전관리자의 전문적·기술적 지식이 필요하다.
② 운전자의 고용 시점부터 교육·재교육, 배치전환 등에 이르기까지 운전자의 안전운전에 관한 일련의 조정 작용을 한다.
③ '도로'가 핵심이며, 불특정성 공간적 광역성을 지닌 직장이다.
④ 운전에서 요구되는 판단은 운전자가 주체적으로 결정하여야 하며 어떻게 판단하였는가에 따라 중대한 책임이 걸려 있다.

해설 운전직장의 특수성
노동력을 제공하는 장소를 넓게 직장이라고 말할 수 있다고 하면 **운전자의 직장은 도로**라고 할 수 있다. 노동자의 직장에 비하면 그것은 비교가 될 수 없을 정도로 **불특정성 공간적 광역성을 지닌 직장이다.** → ③

문제 72 운전 중 운전형태에 대한 설명 중 부적절한 것은?

① 운전자는 긴급할 때 경우에 따라서 최대 두 가지 동작을 동시·연속적으로 실시할 수 있다.
② 익숙하지 않은 도로에 직면하면 일반적으로 판단이 둔감해진다.
③ 다른 차량의 행동에 따라 운전하게 되는 '모방성'이 있다.
④ 욕구 불만이 발생하면 운전은 일반적으로 전투적인 양상으로 진행된다.

해설 운전 중 운전형태
1. 욕구불만이 있으면 운전은 전투적이 된다. → ④
2. 운전자는 다른 차량의 행동에 따라 운전하게 된다. → ③
3. 운전자는 익숙하지 않은 도로에 직면하면 판단이 둔해진다. → ②
4. 운전자는 **긴급한 때 한번에 하나의 동작밖에 할 수 없다.** → ①
5. 운전자의 반응은 자극이 적은 상태가 장시간 계속하면 늦어진다.

문제 73 운전지식 평가의 범주가 아닌 것은?

① 도로나 교통에 관한 지식 ② 자동차 등의 구조나 성능에 관한 지식
③ 기상에 관한 지식 ④ 운전 적성

정답 71 ③ 72 ① 73 ④

> **해설** 운전지식 평가
> 1. 도로교통법 등 관계 법령상의 지식
> 2. 자동차 등의 구조나 성능에 관한 지식 → ②
> 3. 승객 및 화물에 관한 지식
> 4. 도로나 교통에 관한 지식 → ①
> 5. 운전자나 보행자에 관한 지식
> 6. 기상에 관한 지식 → ③
> 7. 교통사고의 예방에 관한 지식
> 8. 돌발사태에서 벗어나는 데 필요한 지식
> → 운전지식을 평가하는데 적성 여부는 관계가 없다.

문제 74 교통안전교육 체제의 구성 요소가 아닌 것은?

① 제도·조직 및 이념·목표
② 개선·발전 방향 모색
③ 교육의 내용과 방법, 교재·교구
④ 평가에 의한 피드백

> **해설** 교통안전교육 체제의 구성 요소
> 1. 제도·조직 및 이념·목표 → ①
> 2. 교육의 내용과 방법, 그리고 교재·교구 → ③
> 3. 지도자
> 4. 평가에 의한 피드백(Feed Back) → ④

문제 75 교통안전담당자의 '교육자'로서 갖추어야 할 소양과 관계없는 것은?

① 전문 분야에 대한 조예가 깊을 것
② 중간 관리층으로서 그에 맞는 권위와 전문성을 갖추어야 할 것
③ 운전자 입장에서 볼 때 신뢰와 존경을 얻을 수 있을 인격을 갖출 것
④ 지도하는 것에 정성을 가지고 임할 것

> **해설** 교육자의 역할
> 1. 전문 분야에 대한 조예가 깊을 것 → ①
> 2. 운전자 입장에서 볼 때 신뢰와 존경을 얻을 수 있을 인격을 갖출 것 → ③
> 3. 지도하는 것에 정성을 가지고 임할 것 → ④

문제 76 동기 부여의 근원에 Morale(하고자 하는 마음)이 있다고 주장한 학자는?

① Levin　　② Black　　③ Anderson　　④ Adams

> **해설** 레빈(Levin, 심리학자) : 동기 부여는 모럴(Morale, 하고자 하는 마음)이 좌우한다.

정답　74 ②　75 ②　76 ①

문제 77 숙달된 운전자 교육 시 유의사항은?

① 시일이 경과하고 완전히 일에도 직장에도 익숙해진 상태이기 때문에 지적 사항이 감소하면서 타성에 젖을 가능성이 높다.
② 적절한 시기를 정하여 재교육을 실시하는 것이 바람직하다.
③ 경우에 따라서는 지극히 단순한 실수라고도 할 수 있는 운전 조작의 잘못으로 대형 사고를 일으킬 가능성이 농후하다는 것을 간과하여서는 안 된다.
④ 경미한 사고가 중대한 사고보다도 비교적 많은 운전자들인 만큼 원칙과 기본에 충실하여야 함을 교육할 필요가 있다.

해설 숙달 운전자 교육
1. 오랜 운전 경험을 가진 운전자, 장시간의 무사고 기록을 가진 운전자, 그리고 다른 운전자의 모범이 되고 있는 운전자도 **경우에 따라서는 정말로 단순한 실수라고도 할 수 있는 운전 조작의 잘못으로 큰 사고를 일으키는 수가 있다는 사실을 명심해야 한다.** → ③
2. 안전관리자로서는 평소부터 신뢰를 받은 우수한 운전자였던 만큼 크게 실망하게 되는 경우가 가끔 있다. 특히 이 같은 운전자에 대해서는 과거의 성적으로 미루어서 훌륭하다, 우수하다 라고 주위로부터 평가를 받아, 자만심에 빠져 자기 관리를 소홀히 한 결과 큰 사고를 일으키는 것이다.
3. 또 본인 자신도 모르게 좋은 평가를 취하게 되어 방심을 하게 된다. 이 문제를 안전관리자는 운전자에게 경각심을 불러일으켜 자신을 다시 살펴보도록 해야한다.
4. 그러나 일단 그 운전자의 과거의 영광된 기록을 일단 버리고 평균적인 수준의 인물로서 다시 보면 어떨까? 무사고의 대기록 보유자는 오랜 세월을 거쳐 오고 있는 것이기 때문에, 연령의 고령화와 함께 체력의 저하도 생겨 실수할 가능성이 높아진다는 사실을 기억해야 한다.
5. 순간의 사태에 대처하는 반응 동작·반사 신경, 또 시력 등에 있어서도 기능의 저하 현상이 나타날 수 있다. 피로도나 그 회복력에도 변화가 나타나고 있지 않은지 어떤지, 특히 신체의 기능 면에 대해서는 본인 자신이 알아차리지 못하고 지내고 있는 경우가 있는지 등을 확인해야 한다.
6. 따라서 안전관리자는 이들 우수한 그룹에 대한 관대한 태도로 일관하는 안이한 대처 방법은 삼가야 할 필요가 있다. 훌륭한 기록 보유자라도 만일 대충하거나 잘못된 운전 행동 등이 발견되면, 그 때 마다 엄격한 지적을 하는 것이 사고 예방의 첩경이다.

문제 78 운전자 교육시 같은 단계에 있는 운전자를 모아 상호 학습을 활용하며 효율적인 집단 교육을 실시하는 원리를 무엇이라 하는가?

① 종합성 원리
② 생활교육의 원리
③ 개별성 원리
④ 단계즉응의 원리

정답 77 ③ 78 ④

> **해설** 단계즉응(집단교육)의 원리
> 1. 대상자의 실태에 즉응해서 그 현재에 있는 단계에 부합되는 교육 방법을 강구하지 아니하면 운전자로부터 흥미나 관심을 얻지 못하고 따라서 효과도 기대하기 어렵다. **같은 단계에 있는 운전자를 모아서 상호학습을 활용하면서 효율적인 집단교육을 실시하는 것** → ④ 이 필요하고 또한 가능하다는 것이다.
> 2. 대상자의 수가 많을 때에는 예시하면 법규를 잘 모르는 자, 구조를 잘 모르는 자, 기술이 미숙한 자, 태도가 불량한 자, 혹은 신입운전자, 중견운전자, 사고다발 운전자 등으로 각각 그 그룹을 구성해서 그 자들에 알맞은 목적과 방법에 의해서 교육을 실시하는 것이 필요한 것이다.

문제 79 운전자 재교육이란?

① 시일이 경과함에 따라 지식을 망각할 소지도 높고, 법규 및 자동차의 성능 등의 경향이 수시로 변화하기 때문에 이러한 부분을 최신화하고 재정비하는데 필요한 교육이다.
② 운전 악습의 발견과 그것의 배제 및 교정의 역할을 한다.
③ 현상적으로 안전운전에 필요한 지식, 기술, 태도의 어느 것이 결여되어 있거나 전체적으로 사고 위험성을 지니고 있는 만큼 이러한 원인군 등을 제거·교정하여 안전운전자로서 직장에 복귀시키는 치료 교육이다.
④ 도로교통환경의 변화에 대응된 운전 기술을 습득하는 교육이다.

> **해설** 재교육의 목적
> 재교육의 목적은 위반, 사고 운전자에 대한 교육, 훈련을 통해서 그 **위험성을 제거·교정하여 안전운전자로서 직장에 복귀시키자는 이른바 치료교육**인 것이다. → ③

문제 80 교통안전교육 중 성질이 다른 것은?

① 강의   ② 토론   ③ 카운슬링   ④ 실습

> **해설** 교육방법에 따른 분류 - 집합교육
> 1. 강의   2. 시범   3. 토론   4. 실습
> → 보기 중 집합교육이 아닌 것은 카운슬링(상담)이며, 카운슬링은 "개별교육"에 속한다.

문제 81 안전교육의 3단계가 아닌 것은?

① 계획   ② 실시   ③ 평가   ④ 확인

정답 79 ③   80 ③   81 ④

해설 안전교육의 3단계 : **계획 - 실시 - 평가**
1. 계획 : '자기의 사업장에서는 지금 어떠한 교육이 필요한가' 라는 교육 목표를 우선 정확하게 파악하고 거기에 맞는 교육계획을 수립
2. 실시 : 교육을 라인과 스탭과의 협동작업에 의하여 잘 다듬어 나가야 한다. 교육이란 가르친 내용이 교육 대상에 의하여 확실히 실시됨으로써 비로소 완성을 보게 되는 것이므로 최초의 집합적 교육으로부터 업무수행 과정에서 실시하고 있는 실무교육에 이르기까지 일관하여 끈기 있게 실시되어야 한다.
3. 평가 : 평가는 그 결과를 다음 계획에 원인, 대책 등을 반영시키기 위해 실시하는 것이며 전후 2가지 계획을 연결하는 역할을 한다. 이 단계에 의해 계획내용은 다시 개선된다.

문제 82 사고 시범판의 특징으로 옳은 것은?

① 올바른 운전 조작을 설명하고 수업에서의 토론을 위하여 사고를 다시 구성하도록 한다.
② 최근에 여러 가지 입체 사용 시범판이 시판되고 있는데 간단한 부착 방법을 써서 판 위에 교재가 붙어 있게 한다.
③ 사고의 방지 가능성을 단정하기 위하여 사고 운전자를 면접 상담할 경우 그 사고를 다시 구성하는데도 활용한다.
④ 표제어, 요점, 구가 인쇄되거나 잘 쓰여진 마분지 조각 등을 활용하여 판을 구성한다.

해설 사고시범판
1. 사고를 실제로 재연하기 위하여서는 소형 자동차와 시범판을 이용할 수가 있다.
2. 수직으로 쓸 수 있는 훌륭한 시범판은 벽지판을 뒤에 대고 그 위에 여러 가지 다른 색깔의 펠트 조각을 압정으로 꽂아서 적은 비용으로 제작할 수 있는데 그것으로 가장자리 돌의 선, 시계장애물, 사호 등, 건물 등을 나타낼 수 있다.
3. 소형 모델 자동차를 압핀으로 꽂아서 이리 저리로 움직일 수 있다.
4. **최근에는 여러 가지 입체 사용 시범판이 시판되고 있는데 간단한 부착 방법을 써서 판위에 교재가 붙어있게 한다.** → ②
5. 그러므로 도표를 갈아 넣을 수도 있고 그림을 쉽게 이리 저리로 움직일 수도 있다.

문제 83 교수 설계의 과정 중 속성이 다른 하나는?

① 학습자의 특성 파악 ② 교수 내용 관련 자료의 분석
③ 교수 방법의 선택 ④ 학습 목표의 설정

정답 82 ② 83 ③

해설) 교수설계의 과정

단계	소단계
분석	1) <u>학습자의 특성 파악</u> → ① 2) <u>학습목표의 설정</u> → ④ 3) <u>교수내용 관련 자료의 분석</u> → ②
설계 및 개발	4) 교수내용의 체계화 5) <u>교수방법의 선택</u> → ③ 6) 시청각 매체 및 보조자료의 개발
평가	7) 수업예행연습 및 평가 8) 교안수정 및 완성

문제 84 다음 중 운전적성 정밀검사의 내용이 아닌 것은?

① 속도예상 반응검사
② 중복작업 반응검사
③ 정기 적성검사
④ 처치판단 검사

해설) 운전 적성검사의 종류
1. 속도예상 반응검사 : 초조성을 조사하는 검사 → ①
2. 중복작업 반응검사 : 손발에 의한 반응의 정확성을 조사하는 검사 → ②
3. 처치판단 검사 : 좌우 주의력의 배분을 조사하는 검사 → ④
4. 동체시력 검사 : 움직이는 대상에 대한 시력검사

문제 85 운전 적성을 측정하는 방법 중 손발에 의한 반응의 정확성을 조작하는 검사는?

① 중복 작업 반응 검사
② 속도 예상 반응 검사
③ 처치 판단 검사
④ 동체 시력 검사

해설) 적성검사의 종류
1. 속도예상 반응검사 : 초조성을 조사하는 검사
2. **중복작업 반응검사 : 손발에 의한 반응의 정확성을 조사하는 검사**
3. 처치판단 검사 : 좌우 주의력의 배분을 조사하는 검사
4. 동체시력 검사 : 움직이는 대상에 대한 시력검사

문제 86 10명 정도가 모여 무작위로 의견 제시하고, 제출된 의견에 대한 상호비판을 금지하며 진행하는 의사 결정 기법은?

① 시그니피컨트법
② 소집단교육
③ 체크리스트법
④ 브레인 스토밍법

정답 84 ③   85 ①   86 ④

해설 관리기법의 종류와 역할

기법명	내용	난이도	소요 시간
브레인 스토밍법 (brain storming)	10명 정도의 구성원으로 상호간에 비판이 없이 자유분방하게 아이디어를 내고 다른 사람의 아이디어와 개선 결합해 가면서 많은 아이디어를 찾아내는 기법으로서 다른 여러 가지 기법의 기본이 된다.	용이	수시간
시그니피컨트법 (significant)	유사성 비교라는 방법을 이용해서 보기에 관계가 있는 것끼리 서로 관련시키면서 아이디어를 찾아낸다.	다소 곤란	다소
노모그램법 (nomogram)	시그니피컨트법의 결점을 보완하면서 지면에 도해적으로 아이디어를 찾아낸다.	다소 곤란	수시간
희망열거법	"이렇게 하고 싶다.", "이랬으면 좋겠다." 등과 같이 희망사항을 적극적으로 지적한다.	용이	수시간
체크리스트법	창의성을 발휘하는 데 필요하다고 생각되는 항목을 사전에 조목별로 마련해 두었다가 그것을 하나씩 조사해 간다.	용이	수시간
바이오닉스법 (bionics)	자연계나 동식물의 모양 활동 등을 관찰하고 그것을 이용해서 아이디어를 찾아낸다.	보통	수시간

문제 87 유사성 비교라는 방법을 이용하여 관계가 있는 것을 서로 관련시키면서 아이디어를 찾아내는 방법은?

① 브레인스토밍 방법
② 시그니피컨트 방법
③ 노모그램 방법
④ 바이오닉스 방법

해설 관리기법의 종류와 역할

기법명	내용	난이도	소요 시간
브레인 스토밍법 (brain storming)	10명 정도의 구성원으로 상호간에 비판이 없이 자유분방하게 아이디어를 내고 다른 사람의 아이디어와 개선 결합해 가면서 많은 아이디어를 찾아내는 기법으로서 다른 여러 가지 기법의 기본이 된다.	용이	수시간
시그니피컨트법 (significant)	유사성 비교라는 방법을 이용해서 보기에 관계가 있는 것끼리 서로 관련시키면서 아이디어를 찾아낸다.	다소 곤란	다소
노모그램법 (nomogram)	시그니피컨트법의 결점을 보완하면서 지면에 도해적으로 아이디어를 찾아낸다.	다소 곤란	수시간
희망열거법	"이렇게 하고 싶다.", "이랬으면 좋겠다." 등과 같이 희망사항을 적극적으로 지적한다.	용이	수시간
체크리스트법	창의성을 발휘하는 데 필요하다고 생각되는 항목을 사전에 조목별로 마련해 두었다가 그것을 하나씩 조사해 간다.	용이	수시간
바이오닉스법 (bionics)	자연계나 동식물의 모양 활동 등을 관찰하고 그것을 이용해서 아이디어를 찾아낸다.	보통	수시간

정답 87 ②

문제 88 시그니피컨트법의 결점을 보완하면서 지면에 도해적으로 아이디어를 찾아내는 관리기법은?

① 브레인스토밍　　② 노모그램　　③ 체크리스트　　④ 고든

해설 관리기법의 종류와 역할

기법명	내용	난이도	소요 시간
브레인 스토밍법 (brain storming)	10명 정도의 구성원으로 상호간에 비판이 없이 자유분방하게 아이디어를 내고 다른 사람의 아이디어와 개선 결합해 가면서 많은 아이디어를 찾아내는 기법으로서 다른 여러 가지 기법의 기본이 된다.	용이	수시간
시그니피컨트법 (significant)	유사성 비교라는 방법을 이용해서 보기에 관계가 있는 것끼리 서로 관련시키면서 아이디어를 찾아낸다.	다소 곤란	다소
<u>노모그램법 (nomogram)</u>	<u>시그니피컨트법의 결점을 보완하면서 지면에 도해적으로 아이디어를 찾아낸다.</u>	다소 곤란	수시간
희망열거법	"이렇게 하고 싶다.", "이랬으면 좋겠다." 등과 같이 희망사항을 적극적으로 지적한다.	용이	수시간
체크리스트법	창의성을 발휘하는 데 필요하다고 생각되는 항목을 사전에 조목별로 마련해 두었다가 그것을 하나씩 조사해 간다.	용이	수시간
바이오닉스법 (bionics)	자연계나 동식물의 모양 활동 등을 관찰하고 그것을 이용해서 아이디어를 찾아낸다.	보통	수시간

문제 89 교대 근무제에 대한 내용으로 적절한 것은?

① 운전 시간은 1주 기준 36시간이 적절하다.
② 1일의 실제 운전 시간은 15시간이 되야 한다.
③ 격일 근무를 진행 시 20시간을 넘지 말아야 한다.
④ 작업 명령에서의 실제 운전 시간은 2주간을 평균으로 잡는다.

해설 운전자 지도방법 – 교대 근무제
1. 운행 계획 혹은 <u>작업 명령에서의 실제 운전시간은 2주간을 평균</u> → ④ 해서 1주 48시간, → ① 1일의 실제 운전시간은 11시간 → ② 이 되며
2. 동시에 2명 이상의 운전자가 승무하는 화물자동차에 승무할 경우에는 12시간, <u>격일 근무일 때는 16시간을 넘지 않아야 할 것이다.</u> → ③
3. 부득이 초과해야 하는 경우에도 2시간을 초과하지는 말아야 한다.

정답　88 ②　89 ④

2. 교통안전 관리론

문제 90 교통사고 강도율을 올바르게 기술한 것은?

① 교통사고지수 = $\dfrac{\text{사고건수}}{\text{보유대수}} \times 10$

② 경상률 = $\dfrac{\text{경상자수}}{\text{사고건수} \times 30}$

③ 사망률 = $\dfrac{\text{사망자수}}{\text{사고건수}} \times 100$

④ 중상률 = $\dfrac{\text{중상자수}}{\text{사고건수} \times 70}$

해설 교통사고 강도율

1. 사망률 = $\dfrac{\text{사망자수}}{\text{사고건수}} \times 100$ → ③

2. 중상률 = $\dfrac{\text{중상자수}}{\text{사고건수}} \times 100$ → ④

3. 경상률 = $\dfrac{\text{경상자수}}{\text{사고건수}} \times 100$ → ②

교통사고지수(자동차에 한함) : 사고지수 = $\dfrac{\text{사고건수}}{\text{보유대수}} \times 100$ → ①

문제 91 원격지에서의 점호에 대한 내용 중 틀린 것은?

① 일반 고속화 도로 주행 시의 주의사항
② 기상 상태의 정보 수집과 이상 기상 시의 조치
③ 사고 발생 시의 조치나 연락 방법
④ 원거리 운행인 경우에는 운행 계획표로 교대 운전자의 동승과 운전 교차지점, 휴식이나 가면을 하게 되는 지점 및 시간 등에 중점을 두고 지도

해설 원격지에서의 점호
1. 운행경로에 대해서는 사전에 도로의 구배·곡선·도로폭·노면 상태의 조사, 건널목·교량·터널·교차점 등 모든 조건의 파악
2. **고속도로** 주행 시의 주의사항 → ①
3. 기상상태의 정보수집과 이상기상시의 조치 → ②
4. 사고 발생시의 조치나 연락 방법 → ③
5. 원거리 운행인 경우에는 운행계획표로 교대 운전자의 동승과 운전 교차지점, 휴식이나 가면(假眠)을 하게되는 지점 및 시간 등에 중점을 두고 지도할 필요가 있다. → ④

정답 90 ③　91 ①

문제 92 안전관리활동 중 현장안전회의에 관한 설명이다. 맞지 않는 것은?

① 짧은 시간을 할애하여 미팅한다.
② 인원수는 5~6인이 적당하다.
③ 운행종료 후에도 미팅한다.
④ 현장안전회의는 일방적으로 지시하는 것이다.

해설 현장안전회의의 요령
  1. 단시간 미팅
     현장안전회의는 통상 아침의 운행 개시 전에 5분~15분 정도의 시간을 들여 행하여진다. 교대 후 운행 개시 전에 행해지며 그리고 <u>운행 종료 후에도</u> → ③ 극히 <u>짧은 시간을 할애하여 미팅한다</u>. → ①
  2. <u>인원수는 5인 내지 6인으로</u> → ②
     현장안전회의는 때와 장소를 가리지 않고 필요에 따라 이루어지는 미팅이다. 5인 ~ 6인 정도로 상호 얼굴이 잘 보이고 잘 이야기 할 수 있는 인원수가 좋다. 직장의 소집단으로 편성된 인원으로 구성하는 것이 좋다.
  3. 미팅의 내용
     관리자의 명령지시의 실시방법에 대하여 의논한다. 예를 들면 지시대로 할 수 있는가, 할 수 없는 점이 있다면 어떻게 할 것인가 등이다.
     1) 지시에 대해서 위험예지 : 어떤 위험이 있는가, 안전하게 하려면 어떻게 하면 좋은가
     2) 지시사항에 대한 학습 : 어떻게 할 것인가, 이렇게 하면 좋은가
     3) 다발사고의 문제점에 대한 문제제기 : 이러한 사고가 계속 발생하고 있다. 이대로 방치할 것인가
     4) 다발사고의 문제점에 대해 의논하고 해결 : "이것은 이렇게 하자"는 것을 결정한다.
     ※ <u>현장안전회의는 일방적 지시가 아닌 5~6인의 의견을 조율하는 과정</u>이다. → ④

문제 93 교통안전을 위한 현장점검회의(Tool box meeting)의 순서로 옳은 것은?

① 도입 - 점검정비 - 운행지시 - 위험예지 - 확인
② 도입 - 점검정비 - 위험예지 - 확인 - 운행지시
③ 운행지시 - 위험예지 - 도입 - 점검정비 - 확인
④ 운행지시 - 도입 - 위험예지 - 점검정비 - 확인

해설 교통안전 현장안전회의(Tool box meeting) : 직장에서 시행하는 안전미팅
  1. 도입 : 직장체조, 무사고기 게양, 인사, 안전연설, 목표제창으로부터 시작한다.
  2. 점검정비 : 건강, 복지, 필수휴대품, 자동차 정비상태, 기타 필요한 물품 등을 점검한다.
  3. 운행지시 : 전달사항, 연락사항, 당일의 기상정보와 운행시 특히 주의해야 될 사항, 안전수칙 요령주지, 위험장소 지정, 운행경로의 명시
  4. 위험예지 : 당일 운행에 관한 위험예측 활동과 위험예지 훈련
  5. 확인 : 위험에 대한 대책과 팀 목표의 확인

정답 92 ④   93 ①

문제 94 현장 안전회의(Tool Box Meeting)의 진행 순서로 옳은 것은?

① 점검 - 도입 - 운행지시 - 위험예지 - 확인
② 도입 - 점검 - 위험예지 - 운행지시 - 확인
③ 점검 - 도입 - 위험예지 - 운행지시 - 확인
④ 도입 - 점검 - 운행지시 - 위험예지 - 확인

해설 교통안전 현장안전회의(Tool box meeting)의 진행 순서
도입 - 점검정비 - 운행지시 - 위험예지 - 확인

문제 95 상담 도입 시 순기능으로 적절하지 않은 것은?

① 운전원의 인격적 결함을 자체적으로 수정시킬 수 있고 정신적 불안을 감소시켜 정서적 안정을 기할 수 있다.
② 상담하는 과정에서 중대한 결함을 발견하면 즉시 해당 운전원을 배제하여 확실하게 교통사고를 원천 차단할 수 있다.
③ 운전 기사에 관한 각종 정보를 획득하여 효과적인 지도를 하는데 기여할 수 있다.
④ 친밀한 대화의 연속이기 때문에 관리자와 운전원 간에 일체감을 형성할 수 있어 명랑한 직장 분위기 조성에 긍정적 작용을 한다.

해설 상담 도입시 순기능
1. 운전기사의 인격적 결함을 자체 수정시킬 수 있고, 불안을 감소시켜 정신적·정서적 안정을 기할 수 있다. → ①
2. 상담하는 과정에서 중대한 결함을 발견하면 **즉시 승무계획을 변경하여 사고를 미연에 방지할 수 있다.** → ②
3. 운전기사에 관한 각종 정보를 획득하여 효과적인 지도를 하는데 기여 할 수 있다.
4. 상담은 친밀한 대화의 연속이므로 관리자와 운전기사 간에 일체감을 형성할 수 있어 명랑한 직장 분위기 조성에 긍정적 작용을 한다. 이와 같은 상담의 순기능은 운전기사의 교통환경에 대한 적응력을 높이는 작용을 하므로 결국 교통안전에 크게 기여한다.
→ 상담은 해당 운전원의 배제에 목적이 있는 것이 아니다.
승무계획의 변경을 통해서도 충분히 서로 만족할 수 있는 결과를 얻을 수 있다.

문제 96 상담 간 내담자의 인격을 존중하는 것은?

① 비밀 보장의 원리
② 자기 결정의 원리
③ 수용의 원리
④ 통제된 정서 관여의 원리

정답 94 ④   95 ②   96 ③

해설 상담의 기본원리

1. 개별화의 원리(Individualistic)
   인간은 개인차가 있으므로 개인의 욕구충족에 따르는 행동의 권리를 갖고 의무를 다하는 개인을 존중하는데 의미가 있다. 카운슬러는 개인의 개성과 개인차를 인정하는 범위 내에서 상담이 전개되어야 한다.

2. 의도적 감정표현의 원리(Purposeful expression feeling)
   사람은 누구나 정당하고 잘한 일에 대하여는 떳떳하게 표현할 수 있다. 민주주의의 기본이념을 신봉하는 우리나라는 마땅히 의사표현의 자유가 있으며, 자기감정 또는 부정적 감정을 표현할 수 있다. 이러한 기본적인 원리 속에서 자유롭게 의도적인 표현을 보장받도록 온화한 분위기를 조성해 주어야 한다.

3. 통제된 정서 관여의 원리(Controlled emotional involvement)
   상담은 주로 정서면에 큰 비중을 두고 있으며 내담자가 그의 감정을 표현하도록 권고한다. 내담자의 감정에 대한 카운슬러의 민감성과 감정이 의미하는 것의 이해와 내담자의 감정에 대한 의도적이고 적당한 반응이 필요하다. 즉 카운슬러는 내담자의 정서의 변화에 민감하게 반응하여 이해하고 적절한 대응책을 마련할 태세를 갖추고 적극적인 관여가 필요하다.

4. **수용의 원리(Acceptance)**
   상담자는 내담자에게 따뜻하고 수용적이어야 한다. **내담자를 하나의 인격체로서 존중**하고 말로나 행동으로 특히 비언어적 단서인 얼굴 표정에서 전달하여야 한다. → ③ 상담자는 내담자의 의견에 동의하지 못할 경우에는 동의하지 않는다는 사실을 분명히 전달하되, 그 표현이나 자세는 어디까지나 온화해야 한다. 다시 말해서 상담자의 내담자간에 의견이 일치하지 않는 것과 내담자를 수용하지 않거나 거부하는 것과는 구별되어야 한다. 결국 내담자의 장·단점, 바람직한 성격과 그렇지 못한 성격, 긍정 및 부정적 감정, 건설적 태도나 행동 등을 있는 그대로 이해하고 그 인격의 가치에 대한 관념을 유지해 나가는 행동을 말한다. 상담자가 권위적이거나 강압적인 자세로 하면 상담관계는 깨어지고 만다. 따라서 내담자 중심으로 욕구와 권리를 존중하며 감정이나 태도를 이해할 수 있다.

5. 비심판적 태도의 원리(Non-judgemental attitude)
   내담자는 자기의 잘못이나 문제에 대하여 결과를 나무라거나 책임을 추궁하거나 잘못을 질책하는 것을 두려워한다. 그들은 죄책감, 열등감, 불만감, 고독감 등을 가지고 있기 때문에 타인의 비판에 예민하여 그들 자신을 방어하여 안전을 추구하려고 하는 것은 당연한 일이다. 따라서 상담자는 내담자를 객관적으로 그의 행동, 태도, 가치관 등을 평가하여야 하며, 어떠한 문제에 대하여 "유죄이다", "무죄이다", "나쁘다" 등의 과격한 언어로 다루어서는 안될 것이다.

6. 자기결정의 원리(Self-deterioration)
   상담은 카운슬러가 개인의 가치와 존엄성을 존중하고 자기 힘으로 문제를 해결해 나갈 수 있다는 신념에서 시작되어야 한다. 그리고 어떠한 지도와 충고가 있더라도 내담자는 무조건 응하기보다는 자기 판단을 토대로 자기방향과 태도를 정하여야 한다.

7. 비밀보장의 원리(Confidentiality)
   상담과정 중 가장 중요하게 명심해야 할 사실은 상담자가 내담자의 대화의 내용을 아무에게나 이야기하는 습관을 버리고 반드시 비밀을 지켜야 한다. 상담은 본질적으로 내담자가 카운슬러를 신뢰하고 믿는 데에서 이루어진다. 따라서 어떠한 경우에 놓여 있는 문제라도 개인의 명예훼손이나 부담을 주는 일을 이야기해서는 안 된다.

문제 97 상담면접 주요기법 중 수용의 단계는?

① 새로운 용어로 부연, 느낌의 반영, 행동 및 태도의 반영
② 내담자 중심으로 욕구와 권리를 존중하며 감정이나 태도를 이해
③ 상담과정의 본질, 제한조건 및 방향에 대하여 상담자가 정의를 내려주는 것
④ 주의를 깊게하여 경청

해설 상담의 기본원리
4. **수용의 원리(Acceptance)**
상담자는 내담자에게 따뜻하고 수용적이어야 한다. 내담자를 하나의 인격체로서 존중하고 말로나 행동으로 특히 비언어적 단서인 얼굴 표정에서 전달하여야 한다. 상담자는 내담자의 의견에 동의하지 못할 경우에는 동의하지 않는다는 사실을 분명히 전달하되, 그 표현이나 자세는 어디까지나 온화해야 한다. 다시 말해서 상담자의 내담자간에 의견이 일치하지 않는 것과 내담자를 수용하지 않거나 거부하는 것과는 구별되어야 한다. 결국 내담자의 장·단점, 바람직한 성격과 그렇지 못한 성격, 긍정 및 부정적 감정, 건설적 태도나 행동 등을 있는 그대로 이해하고 그 인격의 가치에 대한 관념을 유지해 나가는 행동을 말한다. 상담자가 권위적이거나 강압적인 자세로 하면 상담관계는 깨어지고 만다. 따라서 **내담자 중심으로 욕구와 권리를 존중하며 감정이나 태도를 이해**할 수 있다. → ②

문제 98 효율적인 상담요령이 아닌 것은?

① 내담자가 상담자에게 공격성을 나타내면 무시하고 상담의 주제를 바꾼다.
② 내담자와 견해차가 있을 때 앞을 내다보는 능력을 갖고 적절한 선택을 하여야 한다.
③ 내담자의 말을 경청하고 세밀히 관찰하여야 한다.
④ 상담자는 편견이나 선입견으로부터 탈피되어야 한다.

해설 상담의 기본원리 – 개별화의 원리(Individualistic)
인간은 개인차가 있으므로 개인의 욕구충족에 따르는 행동의 권리를 갖고 의무를 다하는 개인을 존중하는데 의미가 있다. 카운슬러는 개인의 개성과 개인차를 인정하는 범위 내에서 상담이 전개되어야 한다.
따라서 이 원리가 지켜지려면,
1. 카운슬러는 편견이나 선입관으로부터 탈피되어야 한다. → ④
2. 인간행동의 유형과 원리에 전문적으로 이해하려고 해야 한다.
3. 내담자의 말을 경청하고 세밀히 관찰하여야 한다. → ③
4. 내담자의 보조에 맞추어 진행할 수 있어야 한다.
5. 인간의 감정변화를 민감하게 포착해야 한다.
6. 내담자와 견해차가 있을 때 앞을 내다보는 능력을 갖고 적절한 선택을 하여야한다. → ②

정답 97 ② 98 ①

문제 99 교통안전관리 측면에서의 상담의 기본 원리가 아닌 것은?

① 개별화의 원리
② 비심판적 태도의 원리
③ 설득의 원리
④ 통제된 정서 관여의 원리

해설 상담의 기본원리
1. 개별화의 원리 (individualistic) → ①
2. 의도적 감정표현의 원리 (Purposeful expression feeling)
3. 통제된 정서 관여의 원리 (Controlled emotional involvement) → ④
4. 수용의 원리 (acceptance)
5. 비심판적 태도의 원리 (non-judgemental attitude) → ②
6. 자기결정의 원리 (self-deterioration)
7. 비밀보장의 원리 (confidentiality)

문제 100 운행 계획 검토 시의 요점으로 바르지 못한 것은?

① 임무의 방식은 명시되어 있는가?
② 확고한 중심이 있는가?
③ 이용할 수 있는 것, 수단 등을 충분히 활용하고 있는가?
④ 최종 목적이 진행될 수 있는가?

해설 계획의 작성과 실시 - 계획을 검토할 때의 요점
1. 최종 목적이 분명히 달성되도록 짜여져 있는가? 진행될 수 있는가? → ④
2. 진행의 순서는 적절한가, 임무의 방식은 명시되어 있는가? → ①
3. 탄력성이 있는가?
4. 이용할 수 있는 것, 수단 등을 충분히 활용하고 있는가? → ③
5. 다른 계획, 다른 부의 계획과 중복되어 있는 점은 없는가?
6. 예상되는 문제나 장애에 대한 처치방법이 충분히 고려되어 명시되어 있는가? 또 갑작스런 사고에 대한 취급은 명확히 되어 있는가?

문제 101 IPDE 과정에서 'I'란?

① 운전 상황에서 잠재적 위험을 찾아내는 것
② 위험이 일어날 만한 상황을 미리 판단하는 것
③ 언제, 어디서, 어떻게 행동을 해야 하는지 결정하는 것
④ 위험을 피하기 위하여 차를 조작하는 행동

정답 99 ③ 100 ② 101 ①

해설 IPDE 과정
1. Identify : 운전상황에서 잠재적인 위험을 찾아내는 것 → ①
2. Predict : 위험이 일어날 만한 상황을 미리 판단하는 것 → ②
3. Decide : 언제, 어디서, 어떻게 행동을 해야하는지 결정하는 것 → ③
4. Execute : 위험을 피하기 위해 차를 조작하는 행동 → ④

문제 102 운전자의 건강 관리상 주의할 점으로 적절하지 않은 것은?

① 운전자가 질병 때문에 안전운행을 할 수 없는 경우는 교통안전담당자 등에게 보고한다.
② 운전자가 주행 중에 신체의 이상을 느낄 경우에는 재빨리 안전한 장소에 정차하도록 한다.
③ 운전자가 수시로 건강 진단을 받게 한다.
④ 과로 방지를 꾀하기 위하여 적절한 승무 할당을 한다.

해설 건강관리상의 주의
1. **정기적으로 건강진단을 받는다.** → ③
2. 고혈압, 저혈압, 빈혈, 심장질환 등의 증상이 있을 경우에는 정기 건강진단 이외에 적시에 의사의 진단을 받도록 한다.
3. 질병 때문에 안전운행을 할 수 없는 운전자는 안전관리자 등에게 보고한다. → ①
4. 건강유지에 대해서는 평상시 자기관리에 힘쓰도록 지도한다.
5. 주행 중에 신체의 이상을 느낀 경우에는 재빨리 안전한 장소에 정지한다. → ②
6. 점호 시에 건강상태의 파악을 확실히 한다.
7. 일상 근무상황으로부터 건강상태를 정확히 파악하며, 연령 등을 고려하여 적절히 지도한다.
8. 과로방지를 꾀하기 위해 적절한 승무 할당을 한다. → ④
→ 건강진단을 "수시로" 받는 것은 무리가 있다.

문제 103 교통안전담당자의 안전 지시 요령으로 틀린 것은?

① 승무원의 특성을 안다.
② 지시 전달의 요령을 구체화한다.
③ 사업체의 의도를 명확히 한다.
④ 자신의 생각을 결정하고 이를 승무원에게 충분히 이해시킨다.

해설 안전지시 요령
1. 관리자의 의도를 명확히 한다.
2. 승무원의 특성을 안다. → ①

정답 102 ③　103 ③

3. 지시전달의 요령 → ②
 1) 자신의 생각을 결정하고 이를 승무원에게 충분히 이해시킨다. → ④
 2) 자신을 가지고 이야기 한다.
 3) 알기 쉬운 말을 전한다.

문제 104 운전자 점검 시 필요한 교육이라 보기에 명확하지 않은 것은?

① 안전 태도를 교육한다.
② 점검 개소 인식을 교육한다.
③ 양부의 판정 방법을 교육한다.
④ 경험이 적은 운전자 또는 지도원 등에 대해서는 일정 기간을 현장교육 훈련에 투입시킨다.

해설 운전자의 점검에 필요한 교육은 다음과 같다.
 1. 점검개소 인식 교육 → ②
 2. 점검방법 교육
 3. 양부(良否)의 판정방법 교육 → ③
 4. 경험이 적은 운전자와 지도원 등에 대해서는 일정기간 현장교육 훈련 → ④

문제 105 운행 도중 지연을 초래하는 잘못이란?

① 운행 시간표대로의 운행보다 늦게 출발하는 일
② 출발 준비를 하느라고 지나치게 많은 시간을 소비하는 일
③ 커피를 마시는데 지나치게 오래 정차하는 일
④ 다음 운행 전에 충분한 휴식을 취하지 않아서 노변에서 수면 등을 취하려고 정차하여야 하게 되는 일

해설 운행 도중 지연을 초래하는 잘못
 1. 잘못하여 사고를 내는 일
 2. 잘못하여 구속되는 일
 3. **커피 마시는데 지나치게 오래 정차하는 일** → ③
 4. 식사하는데 지나치게 긴 시간을 정차하는 일
 5. 운행시간표에 따른 정차시간보다 오래 정차하는 것
 6. 정차할 곳을 찾느라고 시간을 너무 많이 소요하는 일
 7. 지정 운행노선을 따르지 않는 일
 8. 지시사항을 수령하기 위해 들르지 않는 일
 9. 금지된 장소에서 정차하는 일

출발 절차상의 잘못
1. 운행 시간표대로의 운행보다 늦게 출발하는 일 → ①
2. 출발 준비를 하느라고 지나치게 많은 시간을 소비하는 일 → ②
3. 다른 〈트레일러〉에 연결시키는 일
4. 대물청구서를 잘못 끊은 일
5. 출발 후 개인 용무로 집에 들르는 일
6. 다음 운행 전에 충분한 휴식을 취하지 않아서 노변에서 잠자려고 정차하여야 하게 되는 일
 → ④

문제 106 운전자의 높은 성과에 대한 격려의 방법의 속성이 다른 것은?

① 소속 회사의 사업에 참여한다는 의식을 심어주어야 한다.
② 교통 규칙 준수 원칙을 정하되 적절히 높은 표준을 상정한다.
③ 건의 사항들은 제정된 양식으로 제출하도록 하는 정식 건의 제도를 채택하도록 한다.
④ 채택된 '아이디어'에 대해서는 그 아이디어가 인정을 받았을 경우 그것을 공개화 하여야 한다.

해설 높은 성과의 격려
1. 의식적인 높은 성과표준의 설정
업무성과표준을 높이 정하는 일은 **교통규칙준수를 확보하는 하나의 방법이며, 높은 표준을 정할 만한 가치가 있다.** → ② 운전자는 자기가 그러한 표준에 도달하였다고 생각하게 될 때면 자기 직업에 대하여 크나큰 자부심을 지니게 된다. 즉 그것은 단체정신을 말한다. 반면에 어중간한 얼치기 표준을 설정한다면 운전자에게 자부심을 고무시키지 못하게 되어 낮은 수준을 강요하는 경우와 마찬가지이다.
2. 솔선수범
운전 감독자는 스스로 모범을 보여 주어야 하며 또한 자기 소속회사에 대한 프라이드를 발휘하여야 한다. 그러므로 그는 자기가 회사에 대하여 프라이드를 지니지 못한다든지 또는 회사의 임원들에게나 목표에 충성을 다 할 것 까지는 없다는 따위의 해로운 언동을 절대로 삼가야 한다.
3. 참여의식의 형성
운전자들에게 소속회사의 사업에 참여한다는 의식을 심어 넣어 주어야 한다. → ① 그러므로 항상 회사의 계획을 잘 알려 주어서 회사의 목표가 어떻게 달성되고 있는가를 알도록 한다. 그렇게 하여 회사에 관한 정보를 나누어 가질 때 자기들도 회사의 중요한 일원이라는 것을 인식하게 된다. 이러한 참여의식은 감독자들이 운전자들에 대한 회사의 서비스를 개선하고 또한 특수한 문제를 해결하는데 대한 건의를 환영할 때 비로소 함양되는 것이다. 여기서 특히 유의해야 할 것은 운전자들이 큰 경비 절약을 할 수 있게 건의를 할 때가 있다. 건의사항들은 제정된 양식으로 제출하도록 하는 정식 건의제도를 채택 → ③ 하고 있는 회사들도 많다. 이러한 건의사항에는 번호를 매겨서 위원회에서 심중히 고려한다. 나중에 운전자에게 그들의 건의사항이 어떻게 처리되었는가를 알려주고 채택된 경우에는 현금으로 포상하여 주기도 한

정답 106 ②

다. 건의포상 제도가 있건 없건 간에 운전자는 채택된 아이디어에 대하여서는 개인적인 인정을 받게 되면 프라이드를 가지게 된다. 될 수 있는 경우라면 그리고 운전자들이 좋다고 하면 그러한 사실을 공개적으로 하여야 한다. → ④
4. 양호한 의사소통
5. 경쟁심을 가지게 한다.
6. 인정을 통한 동기부여

문제 107 ZD(제로 디펙트) 운동에 대한 설명으로 맞는 것은?

① 품질관리 측면에서 그 영역을 확대하고 있다.
② 기업에 따라 그 내용이 다르나 직장 내의 환경 정비, 불량품의 방지, 미스 방지, 수율 향상, 가동률의 향상, 목표 관리의 철저 등 적극적인 경영 참가를 추진하는 활동이다.
③ 초기에는 무결점에 목표를 두었으나 최근에는 소집단 활동을 통해 일하는 사람들의 삶의 보람까지도 찾는데 이르고 있다.
④ 기존 직장 제도를 보완하는 조직으로 활용된다.

해설 소집단의 유형
1. QC 써클 활동
QC 써클 활동은 당초에는 단순한 「품질관리」의 부분만을 다루었으나 요즘에 와서는 전사적인 품질관리(TQC) 활동으로 전개되고 있다. → ①
2. ZD(zero defects, 무결점) 운동
ZD 역시 QC와 같이 발상은 미국으로 무결점운동이 그 내용이다.
즉 처음부터 불량을 인정하지 않는다는데 특색이 있다.
오늘날 미국에서는 우주과학, 방위산업 등에서 많이 보급되어 있다.
이 ZD 운동도 당초에는 무결점이라는 목표를 두었으나 최근에 와서는 소집단활동을 통해 일하는 사람들의 삶의 보람까지도 찾는 데까지 이르고 있다. → ③
즉 단순한 피상적인 관리기법에서 정신운동으로, 다시 인간 중심의 조직 개발을 중요시하는 운동으로 변해가고 있다.
3. 자주관리운동(自主管理運動)
자주관리운동은 기업에 따라 그 내용을 달리하나 QC, ZD활동보다는 광범위하게 직장 내의 환경정비, 불량품의 방지, 미스방지, 수율향상, 가동률의 향상, 목표관리의 철저 등 팀 멤버(Team Member)의 신변의 일부터 시작하여 적극적인 경영참가를 하는 활동이다. → ②
4. 상담역 활동
「시스터(Sister) 제도」, 「엘더(Elder) 제도」 등 명칭은 여러 가지가 있으나 기존 직장 제도를 보완하는 조직으로 활용되고 있는 것이 상담역제도이다. → ④
젊은 사원을 많이 고용하고 있는 기업에서 선배격인 고참사원을 상담역으로 선정 집단화하여 젊은 사원의 상담역으로서 직장 내의 일분 아니라 생활지도까지 담당하는 제도이다.
기업에 따라서는 신입사원에게 1대 1로 고참사원과 신입사원을 연결시켜 작업지도, 생활지도까지 담당케 하는 회사도 있다.

정답 107 ③

2. 교통안전 관리론

문제 108 집단 멤버의 불균형에 관한 대책은?

① 성과를 도표화하여 눈에 의한 관리를 할 수 있도록 한다.
② 집단원의 수는 6~10명이 적당하다.
③ 언제나 문제 의식을 가지도록 한다.
④ 집단 내 또는 타 집단과 등산, 운동 시합 등 상호 교류 기회를 가지도록 한다.

해설 집단 멤버의 불균형에 대한 대책
1. **집단원의 수는 6~10명이면 좋다.** → ②
2. 집단원의 연령차, 남녀의 비율 등의 균형을 조절한다.
3. 집단원은 각자의 업무가 다르므로 가능하면 업무의 교체를 통하여 상호이해를 깊이 한다.
4. 집단의 장(리더)의 연령을 낮추어 밑으로부터 상향하는 운동으로 한다.

집단 활동의 타성화에 대한 대책
1. 경우에 따라서는 강조기간을 설정하고 「캠페인」의 테마를 정해서 실시한다.
2. 성과를 도표화하여 눈에 의한 관리를 할 수 있도록 한다. → ①
3. 표어, 포스터의 모집
4. 효과적인 포상제도의 활용
5. 언제나 문제의식을 갖도록 한다. → ③
6. 집단 내 또는 타 집단과 등산, 운동시합 등 상호 교류 기회를 갖는다. → ④

문제 109 소집단 활동을 통하여 목표를 달성하는 방법으로 잘못 기술한 것은?

① 목표는 사소한 것부터 선정하여 집단의 역량에 맞는 것의 순서로 해결하도록 한다.
② 평소의 업무와 관계되는 목표여야 한다.
③ 목표 항목은 기본적으로 많지 않은 것이 좋다.
④ 목표 달성에 대한 기간은 가급적 통일하는 것이 좋다.

해설 목표의 달성
1. 평소의 업무와 관계되는 목표일 것. → ②
2. 목표 항목은 많지 않은 것이 좋다. → ③
3. **목표는 중요도가 높은 것부터 선정하여 집단의 역량에 맞는 것부터 해결한다.** → ①
4. 목표달성 기간은 될수록 통일하는 것이 좋다. → ④

정답 108 ②   109 ①

문제 110 검열(Inspection)이란?

① 종업원의 불안전한 행위 등에 의해 일어나는 기계적, 물리적 불안전 상태를 매일 관찰할 수 있는 기회를 가지고 있는 일선 감독자에 의하여 실시한다.
② 대기업체나 조직체에서 널리 이용된다.
③ 안전 추진뿐만 아니라 그 외 다른 기능을 수행함에 있어서도 필요한 통제 방법이다.
④ 매일 계속되는 관찰을 통하여 사고를 예방한다.

해설 안전감독제

1. 일일관찰(Day to Day Observation)
일일 관찰은 제일선 감독자에 의해 수행되는 안전감독을 말한다.
일선 감독자는 종업원의 불안전한 행위 또는 종업원에 의해 일어나는 기계적, 물리적 불안전 상태를 매일 관찰할 수 있는 기회를 가지고 있는 유일한 관리자이다. → ①
매일 계속되는 관찰 → ④을 통하여 불안전한 행위나 상태를 명확히 알게 되고 일어날 뻔한 사고를 구분해 내어 예방한다.

2. 검열 (Inspection)
검열은 **안전 추진 뿐만 아니라 그 외 다른 기능을 수행함에 있어서도 필요한 통제방법이다.** → ③
안전검열의 빈도는 대상 근무 또는 작업의 특정한 위험도에 따라 결정하고 주기적, 특별 및 임시 검열의 형식으로 행한다.
현장 즉각 조치 또는 추후교정 조치를 수반한 안전검열은 위험한 작업의 많은 사고를 예방할 수 있도록 그리고 사고발생 후에도 그 대책을 효과적으로 수립할 수 있도록 시행한다.

3. 직무안전 분석(Job Safety Analysis)
대기업체나 조직체에서 널리 이용된다. → ②
여기에서 직무안전 분석이라 함은 안전절차의 분석까지를 포함하며 각 작업에 대하여 행해져야 할 업무나 사용될 공구 및 설비와 작업상태에 관하여 정확하고 상세하게 분석, 기술하는 것까지를 말한다. 이렇게 분석한 내용은 특정작업을 실시하는 가장 정확하고 효과적이며 안전한 순서와 방법이 된다.

4. 직무기준 수립(Job Standards)
직무안전 분석을 실시함에 있어 각 직무수행에 통상적인 또는 특수한 작업 수행상의 성질에 따라 안전기준이나 규칙을 수립하고 이를 지켜서 작업하도록 훈련시켜야 하며, 직무기준은 바로 안전기준이 됨을 확인하여야 한다.

5. 감독자의 자기 진단제
감독자는 「감독에 대한 강력한 자기진단」을 실시하여 항상 안전책임을 다하도록 한다.
안전사고의 발생원인의 원인 즉 사고원인의 배후에는 안전감독자의 자기책임 불이행이 상당히 많이 개재되어 있다.
다음 사항은 감독소홀의 원인으로 사고가 발생된 밝혀진 「예」이다.
 1) 감독자의 지시가 애매했다.
 2) 감독자가 지시 후 확인하지 않았다.
 3) 무경험자에게 어렵고 복잡한 직무를 수행토록 허용했다.
 4) 면허 없는 차량운전을 허가 또는 지시했다.

정답 110 ③

문제 111 감독 소홀의 원인으로 사고가 발생된 경우란?

① 감독자의 지시가 지나치게 구체적이었다.
② 감독자가 지시 후 필요 이상으로 확인·점검하여 운전자로 하여금 스트레스를 유발하였다.
③ 안전관리자의 철저한 관리가 오히려 운전원들 간의 부담과 반발심을 초래하였다.
④ 무경험자에게 어렵고 복잡한 직무를 수행하도록 하였다.

해설 감독 소홀의 원인으로 사고가 발생된 밝혀진 예
1. 감독자의 지시가 애매했다.
2. 감독자가 지시 후 확인하지 않았다.
3. **무경험자에게 어렵고 복잡한 직무를 수행토록 허용했다.** → ④
4. 면허 없는 차량운전을 허가 또는 지시했다.

문제 112 기상 경보 발령에 따라 사업자가 대책 본부를 설치하여 강구하여야 할 조치로 적절하지 않은 것은? (단, 안전운행에 지장을 초래할 것이 구체적으로 우려되는 경우)

① 운행 상황을 파악할 것
② 차량의 점검·정비 상태를 재확인할 것
③ 안전 대책을 수립할 것
④ 영업소, 긴급 연락소, 승무원에 대한 지시를 철저히 할 것

해설 이상기상시 조치체제
1. 운행상황을 파악할 것 → ①
2. 정보를 수집할 것
3. 안전대책을 수립할 것 → ③
4. 영업소, 긴급연락소, 승무원에 대한 지시를 철저히 할 것 → ④

문제 113 Pie Chart의 특성이란?

① 통계 수량의 크기를 막대기의 크기에 의하여 나타내는 방법이다.
② 막대기 모양은 가로나 세로 등 방법에 제한은 없으나 반드시 영선 위에 놓여져 그 높이에 따라 크기를 비교할 수 있도록 되어야 한다.
③ 통계 수치의 크기를 점의 크기나 개수로 표시하는 방법으로, 점의 크기를 표시하는 방법은 '면도표'라고도 한다.

정답 111 ④ 112 ② 113 ④

④ 기하 도표의 하나로 하나의 원을 사용하여 그 중심각을 각 구성 성분의 백분율로 배분하여 작성한 도표이다.

해설 통계도표(Statistical Diagram)
1. 막대도표(Bar Chart) → ①, ②
   통계표의 통계수량의 크기를 막대기의 크기에 의해 나타내는 방법이다. 막대도표를 작성할 때는 막대기 모양은 가로나 세로 어떻게 표시해도 좋으나 반드시 영선(零線)위에 놓여져 막대기의 높이에 따라 크기를 비교할 수 있도록 되어야 한다.
2. 점도표(Dot Chart) → ③
   점 도표는 통계수치의 크기를 점의 크기나 개수로 표시하는 방법의 도표이다.
   점의 크기를 표시하는 방법은 일명 면도표(面圖表)라고도 하며 점의 개수로 표시하는 경우만을 점도표라고 한다. 이 도표는 점의 개수만 세면 그 크기를 알 수 있어 일정 면적만에 표시하는 경우 밀도를 잘 나타내주고 어느 특정지점의 사고 도수를 표시할 때는 특히 효율적이다.
3. **파이 도표**(Pie Chart) → ④
   파이 도표는 **기하도표의 하나로 하나의 원을 사용하여 그 중심각을 각 구성 성분의 백분율로 배분하여 작성한 도표**를 말한다. 이 도표를 작성하려면 전 도수를 100으로 하고 각 변수의 비율을 구하면 된다. 즉 원의 중심각에서 (360°) 1%는 3.6°로 하여 각 변수의 비율에 3.6°를 곱하여 중심각을 구분하여 그린다.
4. 보통도표(Simple Chart)
   X축과 Y축이 보통눈금으로 되어 있어 일정한 간격에 따라 변화의 크기를 선으로 보여주는 도표로서 우리가 통상 선 그래프라고도 부른다.

문제 114 안전관리의 한계선 중 '표준편차'를 이용하는 경우는?

① $C.L = 23 \pm 6$ (상·하한선)
② $C.L = 23 \pm 7$ (상·하한선)
③ $C.L = 23 \pm \sqrt{23}$ (상·하한선)
④ $C.L = 23 \pm \sqrt{48}$ (상·하한선)

해설 관리한계선(Control Limit) 설정
1. 평균편차를 이용하는 경우
   C.L = 평균사고건수 ± 평균편차 = 23 ± 6 (상·하한선)
2. **표준편차를 이용하는 경우**
   C.L = 평균사고건수 ± 표준편차 = 23 ± 7 (상·하한선)
3. 평균사고의 평방근을 이용하는 경우
   $C.L = 23 \pm \sqrt{23} = 23 \pm 4.8$ (상·하한선)

● 정답 114 ②

문제 115 운전자가 자주 위반하는 위험한 운전 행위를 통계적으로 도출하는 과정은?

① 교통사고 유형별 분류 -> 교통사고 조사 자료 -> 교통사고 원인추출 -> 원인별 집계 -> 공통 원인의 발견
② 교통사고 유형별 분류 -> 교통사고 조사 자료 -> 원인별 집계 -> 교통사고 원인 추출 -> 공통 원인의 발견
③ 교통사고 조사 자료 -> 교통사고 유형별 분류 -> 교통사고 원인추출 -> 원인별 집계 -> 공통 원인의 발견
④ 교통사고 조사 자료 -> 교통사고 유형별 분류 -> 원인별 집계 -> 교통사고 원인 추출 -> 공통 원인의 발견

해설 통계 해석법 - 운전자가 자주 위반하는 위험한 운전 행위를 통계적으로 도출하는 과정
교통사고 조사 자료 → 교통사고 유형별 분류 → 교통사고 원인의 추출 → 원인별 집계 → 공통 원인의 발견

문제 116 교통사고 조사와 해석 시 고려할 사항으로 틀린 것은?

① 교통사고 당시 자동차의 구조적 결함 여부를 교통안전담당자와 정비 실무 전문가를 통하여 확인하여야 한다.
② 사람이 가장 중요한 정보를 제공해주지만, 진실 여부에 대한 분별 방법을 알고 있어야 한다.
③ 교통사고 당시 운전자의 정신적·신체적 이상 여부를 확인하여야 한다.
④ 충돌 결과 자동차의 파손 상태로부터 최대 충돌 시 및 초기 접촉 시 자동차의 상대 위치를 조사하여야 한다.

해설 교통사고 조사와 해석
1. 운전자와 목격자와의 면접
   - 사람이 가장 중요한 정보를 제공해주나 진실 여부에 대한 분별 방법을 알고 있어야한다. → ②
2. 도로 · 기상 상태
   - 교통사고와 관계된 도로 상태 · 기상 상태 · 노면 상태 · 시야 장애 시설 · 교통제어 시설 유무 등을 확인해야 한다.
3. 자동차 상태
   - 교통사고 당시 자동차의 구조적 결함 여부를 **자동차 전문가와 검사기기**를 통하여 확인해야 한다. → ①
4. 운전자의 상태
   - 교통사고 당시 운전자의 정신적 · 신체적 이상 여부를 확인해야 한다. → ③

정답 115 ③　116 ①

5. 뺑소니 사소 수사에 유용한 단서 포착
 - 목격자와 자동차의 흔적 등 뺑소니 자동차 추적에 필요한 단서를 포착해야 한다.
6. 자동차로부터 교통사고 발생 과정 추정
 - 충돌 결과 자동차의 파손 상태로부터 최대 충돌 시 및 초기 접촉 시 자동차의 상대 위치를 측정할 수 있다. → ④

문제 117 사고 원인의 과학적 분류 중 그 분류 범주가 다른 것은?

① 우선 통행 위반
② 승차 거부
③ 교통안전 관리자의 의무 불이행
④ 건널목 부주의

해설 사고 원인의 과학적 분류

1. **인적 원인**

신호무시	통행구분(인도보행, 차도보행 기타)	횡단보도 외의 횡단
비탈길의 횡단	주·정차 중인 차량의 직전 직후 횡단	유아 단독보행
건널목 부주의 → ④	노상 유휴(遊休)	노상 작업	갑자기 뛰어나오기

2. **자동차 원인**

신호무시	통행금지제한 위반	차량거리를 확보하지 못함
끼어들기 위반	건널목 통행 방법	좌회전 위반	우회전 위반
우선 통행 위반 → ①	최고속도위반	음주운전	과로운전
일단정지 위반	주정차 위반	등화·점화 위반	신호 불이행
승차거부 → ②	적재 부적당	**교통안전 관리자의 의무 불이행** → ③

보행자 보행 위반 : 횡단보도 통행위반, 보행자 통행방해
통행구분(차선위반, 차량통행대帶) 위반, 기타 통행 구분위반)
횡단 등(후진 부적당, 횡단 부적당, 회전부적당)
추월위반(추월방법 위반, 추월금지장소 위반)
서행위반(교차로 서행위반, 어린이보호구역 서행위반, 기타 법정 지정장소 서행위반)
정비불량 차량운전(방향장치 불량차량 운전, 제동장치 불량차량 운전, 기타 불량차량 운전)
안전운행 위반 : 핸들조작 등 불확실, 안전운행 의무 위반

문제 118 교통사고의 반복성을 감안하는 이유로 적절하지 않은 것은?

① 장차 어디서 사고가 발생할 것인지 예측하는데 도움이 된다.
② 장차의 사고 발생 시기, 장소 및 원인을 예측할 수 있으며, 정확한 보고 및 과거의 사례에 대한 연구는 사고 발생을 예측하는데 많은 도움을 준다.
③ 특정 장소나 특정 시간에 발생된 사고에 대한 시정책이 강구될 때까지 부분적으로 시정 또는 실험을 함으로써 보다 정확한 예측을 할 수 있다.
④ 사고 예방을 위한 각종 안전 정책을 효율적으로 운용할 수 있다.

정답 117 ④ 118 ④

해설 사고의 반복성을 감안하는 이유
1. 장차 어디서 사고가 발생될 것인지 예측하는 데 도움이 된다. → ①
2. 장차의 사고 발생 시기, 장소 및 원인을 예측할 수 있으며, 정확한 보고 및 과거의 사례에 대한 연구는 사고 발생을 예측하는데 많은 도움을 준다. → ②
3. 특정 장소나 특정 시간에 발생된 사고에 대한 시정책이 강구될 때까지 부분적으로 시정 또는 실험을 함으로써 보다 정확한 예측을 할 수 있다. → ③
4. 사고 예방을 위한 각종 **설비**를 효율적으로 운용할 수 있다. → ④

문제 119 교통사고 분석 요령 중 그 속성이 다른 것은?

① 노선별 분석
② 운전자의 적성 분석
③ 차종별 분석
④ 조직별 분석

해설 교통사고 분석 요령
1. 통계적 분석 : **노선별 분석, 차종별 분석, 조직별 분석**
2. 사례적 분석 : 개별적 사고 분석, 교통안전 분석, **운전자의 적성 분석**, 차량의 안전도 분석

문제 120 교통안전담당자의 업무에 있어 비중 있는 부분이란?

① 운수업체 소속 운전원들의 안전관리 의식을 파악한다.
② 전체적인 안전운행 흐름도를 시시각각 분석·최신화한다.
③ 교통수단 중 문제 발생 소지가 있는 부분에 대해 정기적으로 확인·점검하는 역할을 수행하여야 한다.
④ 교통사고 원인을 제거하거나 운전자를 보호함으로써 원인에 대비하는 방법을 분석·건의한다.

해설 자동차운송사업체 안전관리자의 업무의 큰 부분(비중 있는 부분)
1. 사고원인을 검토 · 분석
2. **원인을 제거하거나 또는 운전자를 보호함으로써 원인에 대비하는 방법을 분석 · 건의** → ④

문제 121 자동차 충돌에서의 탑승자 움직임에 대한 연구를 통하여 규명하고자 하는 것이 아닌 것은?

① 누가 운전자였는가
② 충돌 전의 탑승자들의 위치
③ 좌석 안전띠의 효과
④ 운행기록계의 효과

정답 119 ② 120 ④ 121 ④

해설 자동차 충돌에서의 탑승자 움직임에 대한 연구를 통해 알아내려고 하는 것들
1. 누가 운전하였는가 → ①
2. 충돌 전의 탑승자들의 위치 → ②
3. 안전벨트의 효과 → ③

문제 122 사고 위험도의 평가 방법 중 '사고 건수법'이란?

① 위험도로 산정을 위해 사용되는 방법 중 가장 단순한 방법으로서, 교통사고 현황판에 핀을 꽂아 육안으로 보아 많은 교통사고를 내는 지점을 선정하는 방법이다.
② MEV당 사고 또는 1억대·km당 사고를 비교하여 전국의 유사한 장소의 평균값보다 큰 곳을 선정하는 방법이다.
③ 교통사고 건수가 많은 지점을 위험도로로 선정하여 배역하는 방법이다.
④ 교통사고 건수를 조사하는 방법으로서 교통량의 반영 문제를 보완하기 위하여 사용하는 방법이다.

해설 위험도 분석
1. 현황판에 의한 방법
위험도로 선정을 위해 사용되는 방법 중 가장 단순한 방법으로서, 교통사고 현황판에 핀을 꽂아 육안으로 보아 많은 교통사고를 나타내는 지점을 선정하는 방법이다. 이 방법은 그다지 넓지 않는 지역에 적용할 때 유용한 결과를 얻을 수 있다. → ①
2. 사고건수법
교통사고 건수가 많은 지점을 위험도로로 선정해서 배역하는 방법이다. 이 방법은 각 지점의 교통량을 반영하지는 않는다는 단점이 있다. 따라서 이 방법의 분석 결과를 사용하면 교통량이 많은 도로를 위험도로로 선정하는 경향을 볼 수 있다. → ③
3. 사고율법
MEV(백만차량)당 사고 또는 1억대·km 당 사고를 비교해서 전국의 유사한 장소의 평균값보다 큰 곳을 '사고많은 장소'로 선정하는 방법이다. 이 방법은 교통사고 건수에 의한 방법의 단점이라 할 수 있는 교통량의 반영문제를 보완하기 위해 사용되는 방법이다. → ②, ④

문제 123 정밀검사의 4대 기능이 아닌 것은?

① 대안 제시적 기능
② 조사 연구 기능
③ 예언적 기능
④ 인사 선발 및 배치 기능

정답 122 ③ 123 ①

해설 운전정밀 검사의 4대 기능
1. 예언적 기능(Prognosis) → ③
   운전자의 현재와 미래의 사고 경향성을 추정할 수 있으며, 예측된 사고경향성은 사고 예방기능을 가능하게 한다.
2. 진단적 기능(Diagnosis)
   개인 또는 집단의 교통사고 관련 특성 분석하여 사고예방 자료로 활용한다.
3. 조사 연구 기능(Survey-Research) → ②
   검사를 통하여 축적된 자료는 운전정밀검사 자체의 개선발전 및 관련 연구분야의 유용한 자료로서의 기능을 갖는다.
4. 인사 선발 및 배치 기능 → ④
   운전직 사원의 선발-교육훈련-배치-재교육 순환과정의 중요한 자료 기능을 갖는다.

문제 124 다음 검사 중 기기검사가 아닌 것은?

① 속도예측 검사
② 주의력 검사
③ 정지거리예측 검사
④ 지각성향 검사

해설 운전정밀 검사의 구분 – 신규검사 중 검사항목
  기기검사 : <u>속도예측 검사</u>, <u>정지거리예측 검사</u>, <u>주의력 검사</u>, 거리지각 검사
  필기검사 : 인지능력 검사, **지각성향 검사**, 인성 검사

문제 125 운전 중 자유롭게 주의를 조율할 수 있는 능력은?

① 주의 배분
② 주의 전환
③ 주의 집중
④ 주의 선택

해설 신규검사 중 기기검사(4종)
  1. 속도예측 검사   2. 정지거리 예측검사   3. 거리지각 검사
  4. 주의력 검사
   1) **주의전환** : 운전 중 **자유롭게 주의를 조율할 수 있는 능력** → ②
   2) 주의배분 : 전후, 좌우, 상하 등 주의배분 능력
   3) 주의선택 : 운전자의 선택적 주의능력, 급변하는 돌발 사태나 복잡한 사태의 판단 및 대처능력

정답 124 ④   125 ②

문제 126 속도제한장치를 장착한 차량 총 중량이 3.5톤을 초과하는 화물자동차의 최고속도는?

① 70km　　　② 80km　　　③ 90km　　　④ 100km

해설 자동차 및 자동차부품의 성능과 기준에 관한 규칙 제54조(속도계 및 주행거리계)
② 다음 각 호의 자동차에는 <u>최고속도제한장치를 설치</u>하여야 한다.〈개정 2017. 11. 14.〉
 1. 승합자동차(제2조 제32호에 따른 어린이운송용 승합자동차를 포함한다)
 2. **차량총중량이 3.5톤을 초과하는 화물자동차**·특수자동차(피견인자동차를 연결하는 견인자동차를 포함한다)
 3. 「고압가스 안전관리법 시행령」 제2조의 규정에 의한 고압가스를 운송하기 위하여 필요한 탱크를 설치한 화물자동차(피견인자동차를 연결한 경우에는 이를 연결한 견인자동차를 포함한다)
 4. 저속전기자동차
③ 제2항의 규정에 의한 최고속도제한장치는 자동차의 최고속도가 다음 각호의 기준을 초과하지 아니하는 구조이어야 한다.〈신설 2010. 3. 29.〉
 1. 제2항제1호의 규정에 의한 자동차 : 매시 110킬로미터
 2. **제2항제2호 및 제3호의 규정에 의한 자동차** : **매시 90킬로미터** → ③
 3. 제2항제4호에 따른 저속전기자동차 : 매시 60킬로미터

정답　126 ③

3. [자동차 정비]

01. 가솔린기관과 디젤기관 비교

구분	가솔린기관	디젤기관
장점	<u>운전 중 소음이 작다.</u> 냉간시동이 용이하다. 압축비가 낮다. 마력 당 중량이 작다.	<u>열 효율이 높다.</u> <u>연료 소비율이 낮다.</u> 전기장치가 복잡하지 않다. 가솔린보다 연료취급이 용이하다.
단점	열 효율이 낮다. <u>연료소비율이 높다.</u> <u>전기장치가 복잡하다.</u> 연료취급시 화기 취급에 주의해야 한다.	운전 중 소음이 크다. 냉간시동이 불량하다. 압축비가 높다. 마력당 중량이 크다.

02. V-6기통 엔진의 특징
1. **3기통** 직렬형 엔진을 **2조**로 편성하여 V자 형으로 배열한 엔진이다.
2. <u>크랭크핀의 위상각은 120°</u>이다.
3. <u>1개의 크랭크 핀에 **2개**의 피스톤을 연결하여 작동시킨다.</u>
4. **<u>실린더 블록의 V 각도는 90°이다.</u>**

03. 라이너식 실린더의 장점
1. **<u>엔진 효율이 증대</u>**된다.
2. **<u>피스톤 슬랩이 감소한다.</u>**
3. **<u>마멸</u>**되면 보링작업을 하지 않고 라이너만 **<u>교환</u>**하면 되기 때문에 정비성능이 좋다.
4. 실린더 벽에 도금하기가 쉽다.
5. 원심 주조방법으로 제작할 수 있다.

04. <u>**마찰에 의한 소결(고착)**은 피스톤 간극이 작을 때</u> 발생하는 문제점이다.

05. 알루미늄 합금 실린더 헤드
1. 열팽창률이 크고 변형이 쉽다.
2. 압축비를 높일 수 있고 <u>중량이 가볍다.</u>
3. **<u>열전도율이 높아 연소실의 온도를 낮게 유지할 수 있다.</u>**
4. 냉각 성능이 우수하여 조기 점화 방지에 유리
5. 내부식성 및 내구성, 내마모성이 작다.

06. 피스톤 링의 3대 작용은 **기밀(밀봉) 작용**, **열전도(냉각) 작용**(1, 2번 압축링), **오일제어 작용**(오일링-실린더 벽의 오일 긁어내리는 작용)이다.

07. 밸브 배치에 의한 실린더 형식의 종류
    1. L 헤드형 : 실린더 블록에 설치된 형식. 잘 사용하지 않는다.
    2. I 헤드형 : 흡기 · 배기밸브가 모두 실린더 헤드에 설치. 고출력 가솔린 엔진에 많이 사용
    3. F 헤드형 : 흡기밸브는 실린더 헤드, 배기밸브는 실린더 블록에 설치
    4. T 헤드형 : 실린더 블록 양쪽 끝에 설치된 형식
    ※ "LIFT"로 암기

08. 밸브 오버랩 (Valve Over Lap)
    - 상사점 부근에서 <u>흡기, 배기밸브가 동시에 열리는 현상</u>
    - 잔류 가스를 완전히 배출하고, 흡입 관성을 이용하여 흡입 및 배기 효율을 향상시킨다.
    - 고속 회전하는 기관일수록 크게 둔다.

09. 진공도 측정 시 안전관리
    1. 기관의 벨트에 손이나 옷자락이 닿지 않도록 주의한다.
    2. 작업 시 주차 브레이크를 걸고 고임목을 괴어둔다.
    3. 화재 위험이 있을 수 있으니 소화기를 비치 · 준비한다.

10. 윤활유의 구비조건
    1. 점도가 적당할 것
    2. 응고점이 낮을 것
    3. 카본생성에 대한 저항력이 클 것
    4. **인화점 및 발화점이 높을 것**
    5. 청정력이 클 것
    6. 열과 산에 대하여 안정성이 있을 것
    7. 기포의 발생에 대한 저항력이 있을 것
    8. 비중이 적당할 것

11. 오일의 색깔에 따른 현상
    1. 검은색 : 심한 오염
    2. 붉은색 : 오일에 가솔린이 유입된 상태
    3. **회색 : 연소가스의 생성물 혼입**(가솔린 내의 4에틸납)

12. SAE(Society of Automotive Engineers, 미국자동차기술자협회)의 자동차 엔진오일 점도 코드 - 숫자가 높을수록 점도가 높은 오일
    1. 가솔린용 : SA(환경양호), SB(환경보통), SC, **SD(환경열악)**
    2. 디젤용 : CA(환경양호), CB, CC(환경보통), CD(환경열악)
    → 가솔린은 S로 시작, 디젤은 C로 시작하며, 뒷자리가 A에서 D로 갈수록 환경 열악

13. 윤활유의 열화 현상
    - 윤활유가 일정 온도 이상으로 유지되면 열적으로 대단히 불안정하게 되어 윤활유가 분해되는 현상이 나타나고, 윤활유가 높은 온도에서 사용되면 수명이 크게 단축되는 현상을 말한다.
    - **가솔린 기관보다 디젤 기관이 심하다.**

    열화로 인해 발생되는 현상
    - 윤활유의 윤활작용 저해
    - 피스톤 및 실린더의 마멸 촉진
    - <u>피스톤 링의 고착화, 융착 발생</u>
    - 베어링부의 부식 및 마멸 촉진
    - 오일여과기의 폐쇄 및 오일 청정기능 상실

14. 유압이 높아지는 원인
    1. 유압 조절 밸브가 고착된 경우
    2. 유압조절밸브의 스프링 장력이 큰 경우
    3. <u>**오일의 점도가 높은 경우**</u>
    4. 회로가 막힌 경우
    5. 베어링의 간극이 적은 경우

15. <u>공랭식 냉각</u>
    - 실린더 헤드와 블록벽 바깥 둘레에 냉각 핀을 설치하고 공기를 이용하여 냉각시키는 방식으로, 주행중에 받는 바람을 불어넣는 자연 냉각식과 냉각팬으로 송풍하여 냉각시키는 강제 냉각식이 있다.
    - **공기를 이용하므로 냉각수를 사용하지 않는다**는 특징이 있다.

16. 코어 막힘률 = $\dfrac{\text{신품}[L] - \text{구품주수량}[L]}{\text{신품}[L]} \times 100[\%]$

17. 비등점(끓는점)을 높이면 비등에 의한 냉각손실을 줄일 수 있다.
    압력을 높이면 비등점이 높아져 더 높은 온도에서 기화하게 되므로 냉각 효율이 향상된다.

18. <u>수온조절기(Thermostat)</u>
    실린더 헤드 냉각수 통로에 설치되어 냉각수의 온도를 알맞게 조절하는 장치이다. 75~83°C에서 서서히 열리기 시작하여 95°C가 되면 완전히 열린다. 벨로즈형과 펠릿형 중 **펠릿형**을 주로 사용한다.

19. 과열된 상태의 기관에 냉각수를 보충해서는 안된다. 기관이 이미 과열된 상태라면 **시동을 끄고 충분히 냉각시킨 후 냉각수를 보충**해야 한다.

20. 부동액
    - 냉각수가 동결되는 것을 방지하기 위하여 냉각수와 혼합하여 사용하는 액체
    - 종류에는 에틸렌글리콜 메탄올 글리세린 등이 있으며 현재는 에틸렌글리콜이 주로 사용

    부동액의 특징
    1. 비등점이 197.2℃, 응고점이 최고 -50℃이다.
    2. 엔진 내부에 누출되면 교질상태의 침전물이 생긴다.
    3. 금속 부식성이 있으며, 팽창 계수가 크다.
    4. 냄새가 없고 **휘발하지 않으며 불연성**이다.
    5. 도료를 침식하지 않는다.

21. 베이퍼 록(Vapor Lock) 현상
    긴 내리막길 등에서 짧은 시간에 풋 브레이크를 지나치게 자주 사용하면 마찰열이 발생하게 되고, 이로 인해 브레이크액에 기포가 발생하여 제동력이 전달되지 못하는 현상

22. 오버초크 현상(=**플로딩** 현상)
    - 초크밸브를 지나치게 닫으면 **연료가 과다하게 분출되어 시동 불능이 되는 현상**

23. 세탄가
    1. 세탄가란 디젤기관 연료의 착화성을 나타내는 수치이다.
    2. 세탄과 알파메틸나프탈렌의 혼합액에서 세탄의 비율로 표현된다.
    3. 일반적인 경유의 세탄가는 40~60% 정도이다.
    4. 세탄가$(CN) = \dfrac{세탄}{세탄 + \alpha 메틸나프탈렌} \times 100(\%)$

24. 자동차용 LPG 연료의 특성과 장단점
    특성
    1. 무색, 무취, 무미이다.
    2. 공기보다 1.5~2.0배 무겁다.
    3. LPG는 옥탄가 90~120으로 가솔린보다 높아 노킹이 발생되지 않는다.
    장점
    1. 가솔린 연료보다 가격이 저렴하여 경제적이다.
    2. 혼합기가 사스 상태로 실린더에 공급되어 CO의 배출량이 적다.
    3. **옥탄가가 높고 연소 속도가 느려** 노킹이 적다.
    4. 블루바이에 의한 오일의 희석과 오일 소모가 적다.
    5. 유황분의 함유량이 적어 오일의 오손이 적다.

단점
  1. 연료의 보급이 불편하고 트렁크의 사용 공간이 협소해진다.
  2. 한냉시 또는 장시간 정차 시에 증발 잠열 때문에 시동이 곤란하다.
  3. 탱크를 고압 용기로 사용하기 때문에 중량이 증가한다.

25. 흡기 다기관(Intake Manifold : 흡입 다기관, 흡기 매니폴드)
   - 혼합기를 실린더 내로 전달하는 통로로 각 실린더로 균일한 혼합기가 공급되도록 하며 혼합기에 와류를 형성시킨다.

   흡기 다기관의 필요조건
   1. 혼합기가 각 실린더에 **균일하게 분배**될 것
   2. 혼합기에 적당한 난류를 주어 **기화를 촉진**시킬 것
   3. 가변 흡입장치를 통해 **체적 효율을 향상**

26. 배기가스 3원 촉매 장치의 특징
   1. 삼원 촉매 변환장치 재질은 알루미나에 도금 물질 Pt, Rh, Pd로 되어 있어서 산화한다.
   2. 연소실에서 완전 연소되지 못한 배기가스에는 일산화탄소와 탄화수소, **질소 산화물의 세가지 유해 물질이 포함**되는데, 이를 화학 반응을 통해 무해한 물질로 변환시키는 장치이다.
   3. 배기 연소 가스 온도 320~700℃ 이하에서 작동한다.

27. 엔진에서 연소된 후 배출되는 배기가스는 약 600~900℃ 이므로 최대 온도는 약 900℃ 이다.

28. 배기가스 재순환 장치(**EGR** : Exhaust Gas Recirculation)
   1. 배기가스 내의 NOx를 저감하는 한 방법으로서 엔진에서 연소된 배기가스 일부를 다시 엔진으로 재순환시켜 연소실 온도를 낮추고, 이로 인해 질소산화물 억제를 유도하는 저감장치이다.
   2. 배기가스를 재순환시키면 새로운 혼합가스의 충진율은 낮아지고 흡기에 다시 공급된 배기가스는 더 이상 연소 작용을 할 수 없기 때문에 동력행정에서 연소 온도가 낮아져 높은 연소온도에서 발생하는 질소산화물의 발생량이 감소한다.
   3. 질소산화물의 발생률은 낮출 수 있으나 착화성 및 엔진의 출력이 감소하며, **일산화탄소 및 탄화수소 발생량은 증가하는 경향이 있다.**
   4. 따라서 배기가스 재순환 장치가 작동되는 것은 엔진의 지정된 운전 구간(냉각수 온도가 65℃ 이상이고, 중속 이상)에서 질소산화물이 다량 배출되는 운전 영역에서만 작동하도록 하고 있다. → 가속 성능의 향상을 위해 급 가속시에는 차단된다.

5. NOx 저감을 위해서는 부하나 차속에 관한 EGR율이 일정한 것이 바람직하다.
6. EGR은 엔진구조를 크게 바꾸지 않고 적용할 수 있으며 연료 이외에 다른 첨가물을 주유할 필요가 없다.
7. 정비비용이 저렴하다는 장점이 있다.
8. 배기가스 재순환 과정에서 각종 찌꺼기들이 흡기 및 연소실에 누적되므로 그 <u>가동률이 증가할 경우 연소 효율이 떨어져 연비와 성능 저하가 일어날 수 있다.</u>

29. 과급기의 사용 목적
    1. <u>엔진의 출력이 증대된다.</u>
    2. <u>평균유효압력이 향상된다.</u>
    3. <u>회전력이 증가한다.</u>

30. **직접분사식**
    1. 연소실은 실린더 헤드와 피스톤 헤드부의 요철에 의해 형성된다.
    2. 기계식 디젤 엔진 연소실 중 가장 분사압력이 높아서 노즐 수명이 짧고 디젤 노크의 원인이 된다.
    3. <u>사용 연료에 민감하나 **열효율이 우수하다.**</u>
    4. 예열플러그가 없고 냉시동이 용이하다.
    5. 연소실이 1개이고 연소실 구조가 간단하다.
    6. 연소실 표면적이 작아 냉각손실이 작은 특징이 있고, 시동성이 양호한 형식이다.

31. 와류실식이란 실린더 헤드에 와류실을 두고 압축 행정중에 와류실에서 강한 와류가 일어나게 하고, 여기에 연료를 분사하여 주연소실로 분출되어 완전 연소시키는 방식이다.

연소방식	장점	단점
와류실식	· 평균 유효 압력이 높다. · 분사압력이 낮아도 된다. · 운전이 원활하다.	· 실린더 헤드의 구조가 복잡하다. · 저속에서 디젤 노크가 발생되기 쉽다. · 기동시 예열 플러그가 필요하다. · <u>직접분사삭에 비해 연료소비율이 높다.</u>

32. 분사노즐의 구비조건
    1. **<u>연료 분사가 끝난 다음 완전히 차단되어 후적이 일어나지 않아야 한다.</u>**
    2. 분무가 잘 분산되고, 부하에 따라 필요한 양을 분사해야 한다.
    3. 무화가 잘 되고, 분무의 입자가 작고 균일해야 한다.
    4. 분사의 시작과 끝이 확실해야 한다.
    5. 고온, 고압에 장기간 견뎌야 한다.

3. 자동차 정비

33. 조속기 (Governor)
- 분사펌프에서 최고회전을 제어하며 과속(Over Run)을 방지하는 장치
- 엔진의 회전속도 등에 따라 자동적으로 랙을 움직여 분사량을 조절
- 공기식(전속도) 조속기 : 엔진의 부하 변동에 따라 흡기 다기관의 진공으로 조절
  · MA형, **MN형**
- 기계식 조속기 : 캠축에 설치된 원심추에 작용하는 원심력의 변화를 제어랙에 전달하여 연료 분사량을 조절
  · R형, RQ형, RSVD형, RSV형

34. 연료분사 시기가 빠를 경우 일어나는 현상
1. 노크현상이 발생한다.
2. **연소가 불량하여 배기가스가 흑색이다.**
3. 저속에서 회전이 불량하여 기관의 출력이 저하된다.

배기가스의 색깔
1. 무색 혹은 회색 : 정상연소
2. 푸른빛을 띤 흰색 : 엔진오일이 연소실로 들어오는 경우
3. 검은색 : 연료가 과도하게 분사되는 경우

35. **릴리프 밸브(Relief Valve)**
- 가솔린 엔진의 연료 펌프에서 연료라인 내의 압력이 과도하게 상승하는 것을 방지하는 장치

36. 인젝터
1. ECU의 펄스 신호에 의해 연료를 직접 분사하는 장치이다.
2. 연료의 분사량은 인젝터에 작동되는 니들 밸브 통전시간(인젝터 개방시간) 또는 솔레노이드 통전 시간으로 결정된다.
3. 저항은 **13~16Ω 정도이다.**
4. 무연 휘발유 연료 분사 압력은 $2.50~2.55 kgf/cm^2$ 이다.

37. LPI(Liquefied Petroleum Injection) 장치의 특징
1) 흡기 다기관에 직접 분사하므로 냉 시동성이 향상
2) 각종 센서의 입력신호를 바탕으로 최적 분사하여 출력과 연비가 향상
3) 직접분사를 실시하여 기화 과정에서 생기는 타르 발생이 감소
4) 기존의 방식에 비해 연료를 정확히 제어하여 역화가 없음

38. **독립분사**(동기분사, 순차분사)
    1. TDC 센서의 신호를 이용하여 분사 순서를 결정한다.
    2. 크랭크 각 센서의 신호를 이용하여 분사시기를 결정한다.
    3. 각 실린더마다 크랭크축이 2회전 할 때 연료가 분사된다.
    4. 점화 순서에 의해 배기 행정시에 연료를 분사한다.
    → 각 실린더의 인젝터마다 최적의 분사 타이밍이 되도록 하는 방식이다.

39. 산소센서 사용시 주의사항
    1. 산소 센서의 내부 저항을 측정하지 않는다.
    2. 전압 측정시 오실로스코프나 디지털 미터를 사용한다.
    3. 출력 전압을 쇼트(단락) 시키지 말아야 한다.
    4. 납 화합물이 첨가되지 않은 **무연** 가솔린을 사용한다.

40. 반도체를 이용한 점화장치 종류
    1. 무접점식 콘덴서형
    2. 접점식 트랜지스터형
    3. 무접점식 트랜지스터형

41. 클러치판이 마멸되면 페달의 유격이 <u>작아진다.</u>

42. **댐퍼 스프링**은 마찰 클러치에서 클러치 판을 구성하는 부품이다. 댐퍼 스프링은 클러치 판의 허브와 클러치 강판 사이에 설치된 코일 스프링으로 클러치 판이 플라이 휠에 접속되어 동력 전달이 시작될 때의 **회전 충격을 흡수하는 역할**을 한다.

43. 클러치를 차단하고 공전 시 또는 접속할 때 소음의 원인
    1. **릴리스 베어링 마모**
    2. 파일럿 베어링 마모
    3. 클러치 허브 스플라인 마모

44. 수동변속기의 종류
    1. <u>섭동 기어식</u> : 최초의 변속시스템으로 비율이 서로 다른 기어를 움직여 맞물려 변속
    2. <u>상시 물림식</u>(치합식) : 주축의 스플라인에 설치된 도그 클러치가 주축 기어에 맞물려 변속
    3. <u>동기 물림식</u> : 가장 많이 사용하는 방식, 변속시 소음이 없고 쉬우며 하중부담 능력이 크다.

45. 수동변속기에서 기어가 빠지는 원인
　1. 각 기어의 지나친 마멸　　　　　　　　2. 각 축의 베어링 또는 부싱의 마멸
　3. 기어 시프트 포크 마멸　　　　　　　　4. 싱크로나이저 허브의 마모
　5. 싱크로나이저 슬리브의 스플라인 마모　6. 록킹 볼 스프링의 마모 혹은 작은 장력

46. 자동변속기의 장점
　1. 클러치 페달과 주행 중 변속 조작을 하지 않아 운전이 편하다.
　2. 기관의 회전력이 유체에 의해 전달되므로 발진, 가속 및 감속이 원활하여 승차감이 좋다.
　3. 유체가 댐퍼 역할을 하여 기관 진동이나 바퀴로부터의 진동 또는 충격을 흡수하여 완화한다.

　자동변속기의 단점
　1. 수동 변속기에 비해 연료의 소비량이 10~15% 정도 많다.
　2. 구조가 복잡하고 가격이 비싸다.
　3. 밀거나 끌어서 시동을 할 수 **없다.**

　자동변속기는 엔진과 동력축이 직결되지 못하고 중간에 자동변속기 오일을 거치므로 동력손실이 발생한다. 이러한 과정에서 발생되는 연료 소비율은 수동변속기 대비 **약 10% 정도이다.**

　자동변속기의 타임래그(Time Lag)
　- 엔진에서 연료가 점화된 후 최고 압력이 될 때까지 지연된 시간을 말한다.
　- 정차 중 자동변속기어를 중립(N)에 놓았다가 출발시 자동변속 기어를 주행(D)로 전환하고 액셀레이터를 밟으면 차량의 동력이 바로 발생하지 않고 1초 정도 후에 동력전달이 일어나 **급출발 현상**을 일으키게 된다.

47. 오버 드라이브(Over Drive)
　- 엔진의 여유구동력을 이용하여 엔진의 출력축 회전수보다 자동변속기 추진축의 회전속도를 더 빠르게 하는 방법

　오버드라이브의 장점
　1. 평탄한 도로에서 운행 시 약 20% 정도의 연료를 절약할 수 있다.
　2. 엔진의 수명이 길어진다.
　3. 엔진의 운전이 조용하다.
　4. 엔진의 회전속도가 동일하면 자동차의 속도가 **30%** 정도 빠르다.
　　즉, 엔진의 회전속도를 30% 낮추어도 자동차는 주행속도를 유지한다.

48. 슬립 이음(Slip Joint) : 뒷 차축이 상하운동을 할 때 추진축의 길이를 변화시켜주는 기능

49. 댐퍼 클러치가 작동하지 않는 범위
  1. 변속이 원활하게 이루어지도록 변속 시에는 작동되지 않는다.
  2. 엔진의 회전속도가 2,000rpm 이하시 **스로틀밸브 열림이 클 때**는 작동하지 않는다.
  3. 작동의 안정화를 위하여 유온이 60℃ 이하에서는 작동하지 않는다.
  4. 출발 또는 가속성 향상을 위해 제 1속 및 후진 시 작동하지 않는다.
  5. 제 3속에서 제 2속으로 시프트 다운될 때에는 작동하지 않는다.
  6. 감속시에 발생되는 충격을 방지하기 위하여 엔진브레이크시에 작동하지 않는다.
  7. 엔진의 냉각수 온도가 50℃ 이하시 작동하지 않는다.
  8. 엔진 회전수가 800rpm 이하일 때 작동하지 않는다.

50. 동력조향장치의 주요 3부 : 작동부, 제어부, 동력부

51. 조향장치의 구비 조건
  1. 조향 조작 주행 중일 때 노면의 **충격이 핸들에 전달되지 않아야** 한다.
  2. 조항핸들을 돌려 원하는 방향으로 **조향하는 것이 쉽고 원활**해야 한다.
  3. 선회 시 **좌우 바퀴의 조향각에 차이가 나야** 한다.
  4. 핸들 조작력이 바퀴를 조작하는데 필요한 조향력으로 증강되어야 한다.
  5. 선회 시 저항이 적고 옆 방향으로 미끄러지지 않도록 한다.

52. 안전체크밸브(Safety Check Valve)
  - 동력 조향장치에서 유압이 발생하지 않을 때 수동으로 조작할 수 있게 해주는 장치

53. **휠 얼라인먼트** : 자동차 바퀴의 기하학적인 각도 관계
  - 캠버(Camber) : 앞바퀴가 지면의 수직선과 이루는 각도, 일반적으로 0.5~1.5° 정도의 값을 갖는다.
  - 캐스터(Caster) : 앞바퀴를 옆에서 보았을 때 너클과 앞 차축을 고정하는 스트럿이 수직선과 이루는 각도, 일반적으로 1~3° 정도의 값을 갖는다.
  - 토인(Toe-in)
  1. 앞바퀴를 위에서 보았을 때 앞쪽이 뒤쪽보다 좁게 되어 있는 상태
  2. 토우인의 값은 약 2~6mm 정도
  3. 캠버각에 의한 타이어의 원뿔 운동을 직진 운동으로 변환
  4. 조항링키지의 마모에 의해 Toe-Out 되는 것을 방지
  - 킹핀(king pin)
  1. 앞바퀴를 앞에 서 볼 때 킹 핀이 바퀴의 수직선에 일정한 각도를 두고 설치된 상태
  2. 핸들의 조작력을 경쾌하게 하며, 시미 현상을 방지하고, 복원성과도 관련이 있다.
  3. 킹핀 경사각은 7~9° 정도를 유지한다.

54. EPS(Electronic Power Steering, 전자제어 파워 스티어링)의 특징
    1. 제어 방식은 **차속감응**과 **엔진 회전수 감응 방식** 두가지 방식이 있다.
    2. 공전과 저속에서 핸들 조작력이 **작다**.
    3. 차량속도가 **고속이 될수록 큰 조작력을 필요로 한다**.
    4. **중속 이상에서는 차량 속도에 감응하여 핸들 조작력을 변화시킨다**.
    5. 저속 주행에서는 조향력을 가볍게 되도록 하고, 고속 주행에서는 무겁게 되도록 한다.
    6. 급 조향시 조향 방향으로 잡아당기는 현상을 방지하는 효과가 있다.
    7. 유량제어 밸브를 이용해 차속과 조향각 신호를 기초로 최적상태의 유량을 제어하여 조향 휠의 조향력을 적절히 변화시킨다.

55. 전자제어 조향장치 방식
    1. 유량 제어 방식(속도감응 제어식) : 솔레노이드 밸브를 제어하여 유압을 조절하고 공급 유량의 바이패스를 통해 조향조작력을 제어하는 방식
    2. 실린더 바이패스 제어 방식 : 실린더의 유효 작동 압력으로 제어하는 방식
    3. **유압 반력 제어 방식** : 제어 밸브의 열림을 직접 조절하여 동력 실린더에 가해지는 유압을 변화, 즉 유압 반력기구에 작용하는 압력으로 제어하는 방식
    4. 밸브 특성 제어 방식 : 파워스티어링 제어밸브의 발생 압력으로 제어하는 방식

56. 판 스프링의 장단점
    - 장점
     · **에너지 흡수율이 커 큰 진동과 비틀림 진동의 흡수에 유리하다**.
     · **구조가 간단하다**.
     · 자체의 강성에 의해 액슬 하우징을 정위치로 유지할 수 있다.
    - 단점
     · 강판 사이의 마찰에 의해 진동을 흡수하기 때문에 마모 및 소음, 진동이 발생한다.
     · 판 사이의 마찰에 의해 승차감이 저하된다.
     · **작은 진동을 흡수하지 못한다**.

57. 쇽 업쇼버(Shock Absorber)
    1. 상하 수직 자유진동을 흡수하여 섀시 부품 손상을 방지하는 장치이다.
    2. **오버 댐핑이란 감쇠력이 클 경우 발생하는 현상으로 승차감이 딱딱한 형태를 말한다**.
    3. 스프링의 고유진동을 흡수하여 승차감을 향상시키는 역할을 담당한다.
    4. 언더 댐핑이란 댐퍼의 감쇠력이 스프링의 경도보다 작아 발생하는 현상으로 통통 튀는 느낌의 승차감을 느끼게 한다.

58. 현가장치 : 숔업쇼바, 차축과 새시 스프링, 스태빌라이저로 구성
    1. **숔업쇼바** : 스프링의 고유 진동을 흡수하는 역할
    2. 차축 : 바퀴를 설치하는 곳
    3. 새시 스프링 : 차축과 프레임 사이에 설치되어 진동과 충격을 흡수하는 장치
    4. **스태빌라이저** : 옆으로 기우는 롤링을 방지하는 역할

59. <u>오리피스</u> - 전자제어 현가장치에 사용되는 숔업소버 내부에서 상·하로 이동하는 작은 오일구멍

60. 일체차축 현가방식의 장단점
    - 장점
      · <u>구조가 간단하고 부품의 수가 적다.</u>
      · 차축의 위치를 정하는 링크나 로드가 필요 없다.
      · 휠 얼라인먼트의 변화가 적다.
      · <u>커브길 선회 시 차체의 기울기가 적다.</u>
    - 단점
      · <u>스프링 아래 질량이 커 승차감이 좋지 않다.</u>
      · 앞바퀴에 시미 발생이 쉽다.
      · 반대편 바퀴의 진동에 영향을 받는다.
      · 스프링의 상수가 너무 적은 것은 사용이 어렵다.
      → <u>로드 홀딩이 우수한 현가장치는 독립 현가장치이다.</u>

61. 공기 스프링 (Air Spring)
    - 공기 스프링에는 벨로스형과 다이어프램형이 있다.
    - 공기 저장 탱크와 스프링 사이의 공기 통로를 조정하여 도로 상태와 주행속도에 가장 적합한 스프링 효과를 얻도록 한다.
    - 하중의 변화에 따른 차고를 일정하게 할 수 있으며, **승차감이 변하지 않는 장점이 있어 대형 버스에서 주로 사용되고 있다.**

62. 현가장치 중 압축 공기탱크의 **안전 밸브**
    - 탱크 내의 압력을 7.0~8.5 kgf/cm^2 로 유지시키고 <u>탱크의 압축 공기를 대기중으로 배출시켜 규정 압력 이상으로 상승되는 것을 방지한다.</u>

63. 맥퍼슨(Macpherson) 현가장치
    장점
    1. <u>위시본형에 비해 부품이 적어 **구조가 간단**하다.</u>
    2. <u>위시본형에 비해 마멸 및 손상되는 부분이 적어 **정비가 용이**하다.</u>

3. 현가장치(쇽업쇼버)와 조향 너클이 일체형이라 엔진룸의 유효공간을 **크게 제작할 수 있다.**
4. 진동의 흡수율이 크기 때문에 **승차감이 좋다.**
5. 스프링 아래 질량을 가볍게 할 수 있어 로드 홀딩이 우수하다.

단점
1. 스프링 하중이 무겁고 좌우 바퀴 중 어느 한쪽이 충격을 받으면 그 충격이 다른 바퀴와 연동되거나 횡진동이 생겨 조향 안정성이 나빠진다.
2. 구조가 간단하여 얼라인먼트 설계자유도가 적어 조향 안정성 튜닝의 여지가 없다.

64. LSPV(Load Sensing Proportioning Valve)
화물차가 짐을 싣고 제동할 때 차의 무게중심이 앞으로 쏠리면서 뒷바퀴의 제동력이 약해지게 되는데, 이 때 **뒷바퀴에 가해지는 제동력을 조절하는 장치**이다. 화물의 무게가 무거우면 높은 압력의 유압을 공급하고, 가벼우면 낮은 압력의 유압을 공급한다.

65. 유압식 제동장치에서 브레이크 라인 내에 잔압을 두는 목적
1. 베이퍼록(Vaper Lock) 현상의 방지
2. 신속한 브레이크 동작으로 제동지연 방지
3. 유압회로에 공기 침입 방지
4. 휠 실린더 내 브레이크 오일 누출 방지
→ 페이드 현상의 방지를 위해서는 디스크 브레이크를 사용한다.

66. 브레이크 오일의 구비조건
1. 점도가 알맞고 점도 지수가 클 것
2. 적당한 윤활성이 있을 것
3. **빙점은 낮고, 비등점은 높을 것**
4. 화학적 안정성이 크고 침전물 발생이 적을 것
5. 금속제품을 부식, 팽창시키지 말 것

67. 디스크 브레이크의 장점
1. 대기 중에 노출되어 회전하기 때문에 방열성이 좋아 페이드 현상이 적다.
2. 자기 작동이 없어 제동력의 변화가 적다.
3. 부품의 평형성이 우수하여 **한쪽만 브레이크 되는 경우(편제동)가 적다.**
4. 디스크에 이물질이 묻어도 이탈이 쉽고 구조가 간단하여 정비가 쉽다.
5. 드럼 방식과 비교했을 때 패드의 교환이 쉽다.

디스크 브레이크의 단점
1. 패드를 강도가 큰 재료로 만들어야 한다.

2. 자기 작동을 하지 않으므로 브레이크 페달을 밟는 힘이 커야 한다.
3. 마찰 면적이 작기 때문에 패드를 압착하는 힘을 크게 하여야 한다.

68. 공기 브레이크 공기 압축기의 구조

1. 압축 공기 계통의 구성 부품
 1) 공기 압축기 2) 언로더 밸브 3) 압축 공기 탱크
 4) 압력 조정기 5) 공기 드라이어

2. 브레이크 계통의 구성 부품
 1) 브레이크 밸브 2) 릴레이 밸브 3) 퀵 릴리스 밸브
 4) 브레이크 챔버 5) 슬랙 어저스터 6) 브레이크 캠

3. 안전 계통의 구성 부품
 1) 저압 표시기 2) 체크 밸브 3) 안전 밸브

69. ABS의 구성 부품
1. 휠 스피드 센서(Wheel Speed Sensor)
2. 콘트롤 유닛(ECU : Electronic Control Unit)
3. 하이드롤릭 유닛(유압조절장치)(Hydraulic Unit)

70. 프로포셔닝 밸브(Proportioning Valve) : 브레이크를 밟을 때 생기는 유압을 조절하여 앞바퀴와 뒷바퀴의 제동압력을 분배시켜 주는 장치이다. 뒷바퀴의 유압을 앞바퀴보다 감소시켜 뒷바퀴가 먼저 고착되는 것을 막아준다.

71. 페일 세이프(Fail Safe)
 - 인간 또는 기계의 실패로 시스템의 고장이 발생하여도 안전한 상태를 유지하거나 안전한 상태로 전환하도록 2중, 3중으로 통제를 가하는 것을 말한다.

72. 브레이크 페달의 유격이 과다한 이유
1. 브레이크 페달의 조정 불량
2. 드럼 브레이크 형식에서 브레이크 슈의 조정 불량
3. 마스터 실린더 피스톤과 브레이크 부스터 푸시로드의 간극 불량
4. 마스터 실린더나 휠 실린더의 파손
5. 유압 회로에 공기 유입

73. 브레이크 패드의 점검항목
    1. 마찰계수
    2. 패드의 두께
    3. 운전거리(<u>40,000km가 적정</u>)
    4. 브레이크 오일

74. 트레드(Thread) : 노면에 접촉되는 타이어의 부분으로 슬립을 방지하고 열을 방산한다.
    이상적인 타이어 트레드 홈 깊이 : 1.6mm 이상

75. 트레드 패턴 종류
    1. <u>리브 러그 패턴 : 모든 노면에 적용가능하며, **승합**버스에서 사용한다.</u>
    2. <u>블록 패턴 : 눈, 모래 위에서 노면 다지면서 주행하기에 적합하다.</u>
    3. <u>오프 더 로더 패턴 : 습지대에서 견인력 우수하다.</u>
    4. <u>리브 패턴 : 고속 주행에 알맞은 승용차에서 사용한다.</u>
    5. 라그 패턴 : 제동력 및 구동력이 우수하다. 트럭에서 사용한다.
    6. 수퍼 트랙션 패턴 : 습지대 견인력 우수하여 트랙터에서 사용한다.

76. 타이어의 규격 표기법 - ISO 표기법 : 185/70 R 13 84 H
    185/70 : 타이어 단면폭/편평비(%)   R : 레이디얼 구조
    13 : 타이어 내경(inch)   84 : 하중지수 최대(kg)
    <u>H : 최고속도(km/h)</u>

77. 전력(WH, 와트시)은 전압(V, 볼트)과 전류(AH, 암페어시)의 곱으로 나타난다.

78. 점화플러그(Spark Plug)의 전극 부분의 작동 온도
    1. 400℃ 이하가 되면 연소에서 생성되는 카본이 부착되어 불꽃 방전이 약해져 실화를 일으키게 된다.
    2. 400 ~ 600℃ 에서는 점화플러그에 쌓인 카본 찌꺼기를 스스로 태워버리는 정화 기능(자기청정작용)을 갖게 된다.
    3. 800℃를 넘으면 자연발화에 의한 노킹이 발생하고, 고열에 플러그가 녹아내리는 현상이 생길 수 있다.

79. DLI(Direct Ignition System)
    1. <u>실린더 별로 점화 시기의 제어가 가능하다.</u>
    2. 배전기가 없기 때문에 <u>전파 장해의 발생이</u> **없다**.
    3. 정 전류 제어방식이므로 엔진 회전 속도에 관계 없이 **2차** 전압이 안정된다.
    4. 점화 시기의 정밀도가 우수하여 <u>유효 에너지의 감소가 없으므로 실화가</u> **없다**.

80. 교류 발전기의 특징
    1. 교류발전기에서는 축전지의 역류를 방지하는 **컷아웃 릴레이가 없다.** 실리콘 다이오드가 그 역할을 수행하기 때문이다. 따라서 정류 특성이 좋다.
    2. 정류자가 없어 풀리 비를 크게 할 수 있으며 **브러시의 마찰음이 적고 수명이 연장된다.**
    3. 정류자가 없기 때문에 고장의 사례도 그만큼 적다.
    4. **속도 변동에 따른 적응 범위가 넓다.**
    5. 3상 발전기로 저속에서 충전 성능이 우수하다.
    6. 발전기 조정기는 전압 조정기만 필요하다.
    7. 경량이고 소형이며 출력이 크다.
    8. 발전원리는 플레밍의 오른손 법칙 또는 렌츠의 법칙을 응용한 것이다.
    9. 일반적으로 발전기를 구동하는 축은 크랭크축이다.
    10. 접점이 없기 때문에 조정 전압의 변동이 없고, 접점 불꽃에 의한 노이즈가 없다.
    11. 접점방식에 비해 내진성, 내구성이 크다.
    12. 회전수 제한을 받지 않는다.

81. 플레밍의 오른손 법칙은 **발전기**, 플레밍의 왼손법칙은 전동기에 해당한다.

82. 교류 발전기의 결선 중 Y 결선(스타 결선)
    1. 각 코일의 한 끝을 중성점에 접속하고 다른 한 끝 셋을 끌어낸 것
    2. 선간 전압은 각 상전압의 $\sqrt{3}$ 배가 된다.

83. 축전지의 구비조건
    1. 축전지의 양이 커야 한다.
    2. 전기적 절연이 완전해야 한다.
    3. 가급적 **작고** 다루기 쉬워야 한다.
    4. 전해액의 누설 방지가 완전해야 한다.
    5. 가벼워야 한다.
    6. 심한 진동에 견딜 수 있어야 한다.
    7. 충전, 검사에 편리한 구조여야 한다.
    8. 수명이 길어야 한다.

84. 축전지 셀페이션(Sulphation) 현상
    - 극판 표면에 회백색(황산화 현상)이 생기면서 부풀어 오르는 현상으로서 이러한 황산화 현상으로 인해 결정이 생기게 되고 내부 저항을 증가시켜 배터리 충전 시 과전류 발생으로 전해액 온도 상승 및 가스 발생이 심해지게 된다.

셀페이션(Sulphation) 현상의 발생 원인
1. 전해액의 비중이 너무 높거나 낮은 경우
2. 방전상태로 장시간 방치한 경우(과방전)
3. 전해액이 부족하여 극판이 노출된 경우
4. 불충분한 충전이 된 경우

85. 다이오드의 종류와 기능
    1. 실리콘 다이오드
       - 교류를 직류로 정류하며 축전지의 역류를 방지하는 역할을 수행한다.
    2. **포토 다이오드**
       - 자동차에서 CAS, ITDC(점화순서 결정센서), 휠 각속도 센서, ECS 차고 센서에 사용된다.
    3. LED(발광다이오드)
       - 가시광선 적외선 및 레이저까지 빛을 발산하는 다이오드이며, CAS와 CPS에 사용되어 점화 시기를 자동제어한다.
    4. 제너 다이오드
       - 실리콘 다이오드의 일종으로 어떤 전압에 도달하면 역방향으로 큰 전류가 흐르도록 하여 반도체를 보호한다. 정류기 등에 사용된다.

86. 축전지 급속 충전 시 주의사항
    1. 충전 중 수소 가스가 발생되므로 통풍이 잘 되는 곳에서 실시한다.
    2. 충전 중 전해액의 온도는 45℃ 이하를 유지한다.
    3. 충전 중 축전지에 충격을 가해서는 안된다.
    4. 발전기 실리콘 다이오드의 파손을 방지하기 위해 축전지의 +, - 케이블을 떼어낸다.
    5. 충전 중 축전지 부근에서 불꽃이 발생되지 않도록 한다.
    6. 충전 시간을 가능한 한 짧게 한다.

    축전지는 양극판, 음극판, 전해액으로 구성되는데 납산 축전지의 경우 양극판에 과산화납(PbO_2), 음극판에 납(Pb), 전해액으로는 묽은 황산(H_2SO_4)이 사용된다.

87. 격리판 : 음극판과 양극판 사이에 단락 방지 목적으로 설치
    격리판의 구비조건
    1. 다공성일 것
    2. 비전도성일 것
    3. 이물질을 내뿜지 말 것
       (축전지 내부에서 단락되면 사이클링 쇠약으로 브리지 현상이 발생한다).

4. 전해액(묽은 황산) **확산이 잘 될 것**
5. 기계적인 강도가 있을 것
6. 전해액에 부식되지 않을 것

88. 자동 공조장치
    - 에바포레이터(증발기), 실내외 온도센서, 일사량 센서, 콘덴서, 습도센서, 컴프레셔, 믹서모 센서 등이 있다.

89. 냉매 취급 시 주의사항
    1. 옥외나 통풍이 잘 되는 실내에서 취급
    2. 냉매 R-12는 오존층을 파괴하므로 R-134a로 대체하여 사용
    3. 냉매를 다룰 때에는 반드시 보안경을 착용하고, 눈에 들어간 경우에는 **붕산수로 세척**
    3. 노출된 열원에 있을 시 냉매 가스 방출 금지
    4. 냉매 실린더는 캡을 씌워 보관
    5. 떨어뜨리지 않도록 조심하는 등 취급에 주의

    냉매가 순환하는 과정
    공기 <u>압축기</u>(컴프레셔) - <u>응축기</u>(콘덴서) - <u>건조기</u>(리시버 드라이어) - <u>팽창밸브</u>(익스텐션 밸브) - <u>증발기</u>(에버포레이터) - 송풍기(블로우어)

90. 팽창밸브(Expansion Valve)
    - <u>고온 **고압의 액체 냉매를 저압의 액체 냉매로 변환**</u>하여 증발기로 보내는 역할

91. 자동차의 운전석 계기판(Instrumental Panel)에 나타나는 사항
    1. 운행기록계(타코그래프 : Tachograph) = 주행속도 + 주행거리 + 시계
    2. 회전속도계(타코미터 : Tachometer) = 엔진의 회전수(rpm)를 알려주는 장치
    3. 적산거리계(트립미터 : Tripmeter) = 주행거리를 나타내는 장치
    4. 각종 경고등(Warning Lamp) : 오일경고등, 연료 잔량 경고등, 센서고장경고등, 비상깜박이, 방향지시등
    4. 기타 : 연료계, 수온계, 엔진온도계 등

92. ETACS(에탁스 : Electronic, Time, Alarm, Control, System) : 자동차 전기장치 중 시간에 의하여 작동되는 장치와 안전을 위한 신호 혹은 경고 장치의 경보 발생을 통합하여 운전자에게 알려주는 장치를 말한다.

    에탁스 제어기능
    1. 워셔 연동 와이퍼 제어   2. 와이퍼 간헐적 제어
    3. 안전벨트 경보음 제어   4. 각종 도어 스위치 잠금 해제 자동 제어

5. 열선 스위치 제어　　　　　　6. 파워 윈도우 타이머 제어
7. 실내등 제어　　　　　　　　　8. 점화 스위치 홀(키 구멍) 조명 제어
9. 미등 자동소등 제어　　　　　10. 감광방식 실내등 제어
11. 도난 경계 경보 제어　　　　12. 각종 원격 제어
13. 열선 타이머 제어(사이드미러 열선 포함)

93. 윈드실드 와이퍼(Wind Shield Wiper)가 작동하지 않는 원인
1. 와이퍼 모터 고장(**전동기 전기코일의 단선의 단락, 브러시 마모** 등)
2. **퓨즈 단선**　　　　　　　　　3. 릴레이 고장
4. 와이어 링 접지 불량　　　　　5. 와이퍼 모터에 공급되는 전원불량
6. 블레이드를 연결해주는 링케이지 불량　　7. 컴비네이션 스위치 불량

94. 전조등(Head Light) : 야간 운행 시 안전을 위해 사용하는 조명등이다.
1. 전조등에는 하이빔(High Beam)과 로우빔(Low Beam)이 병렬로 구성되는데 이를 선택하는 스위치가 딤머 스위치이다.
2. 전조등의 <u>3요소는 렌즈, 반사경, 필라멘트</u>이다.
3. <u>실드빔 식은 고장 시 전체 교환하고, 세미실드빔 식은 전구만 교환하는 방식이다.</u>
4. <u>자동 점등과 소등 장치는 포토다이오드를 이용한 것이고 **복선식**을 사용한다.</u>
5. 전조등 회로는 라이트 스위치, 전조등 릴레이, 딤머 스위치 등으로 구성된다.

95. 사이드 슬립은 km당 슬립되는 m로 정의되며 m/km 로 표현된다.
정상적인 사이드 슬립량은 ±5 m/km 이다.

96. <u>우레탄</u> 2액형 상도 도료로는 이소시아네이트 경화제를 혼합하였을 때 건조되며, <u>아름다운 외관을 나타내지만 건조가 늦어 래커보다 작업성이 좋지 못하다.</u>

97. 핀홀(Pin Hole)
　- 자동차 도색 완료 후 건조 작업을 위해 열처리를 할 때, 도색 안료들의 <u>용제가 외부로 빠져나와 바늘구멍처럼 작은 구멍을 만드는 현상</u>

핀홀 발생 원인
1. 급격하게 <u>높은</u> 온도로 열처리를 할 경우
2. 퍼티 작업시 구멍이 많을 경우
3. 온도 <u>조건에 맞는 시너를 사용하지 않는 경우</u>

98. 오프셋 렌치
   1. **볼트와 너트에 접하는 부분이 모두 연결되어 있는 것이 오프셋 렌치이다.** 메가네 렌치라고도한다.
   2. 볼트와 너트의 육각 부분의 모든 정점에 공구가 접촉하여 스패너보다 큰 힘을 추가하기 위하여 적합하게 되어 있다.
   3. 큰 토크를 전달할 수 있기 때문에 브레이크와 차축 샤프트 등 단단히 조여야 하는 곳에 주로 사용된다.
   ※ 볼트와 너트에 접하는 헤드의 한쪽 끝이 열려 있는 것 : 스패너

99. 보안경 착용 업무
   1. 클러치 탈착 작업
   2. 점화플러그의 청소
   3. **차량 밑에서 작업할 때**

100. 운반기계 안전수칙
   1. 기중기는 규정 용량을 초과해서는 안된다.
   2. 무거운 물건을 상승시킨 채 오래 방치하면 안된다.
   3. **무거운 물건을 운반할 경우에는 반드시 경종을 울린다.**
   4. 화물을 고정하기 위하여 사람이 탑승해서는 안된다.
   5. 무거운 것은 밑에 쌓고, 가벼운 것은 위에 쌓는다.

101. 전기 용접봉 표시 기호
   E : 전기 용접봉의 이니셜
   43 : 용착 금속의 **최저** 인장강도(kgf/mm^2)
   ○ : 용접 자세 (1:전자세, 2:아래보기/수평필렛, 3:아래보기, 4:특정자세)
   △ : 피복제의 종류(성질) 표시(극성에 영향) (6:저수소계, 0:특수계)

102. 고전압 배터리 취급시 주의 사항
   1. 절연 장갑을 착용한다.
   2. 점화 스위치(시동키)는 OFF한다.
   3. 정비 시 12V 배터리 접지선을 분리한다.

103. 기관 정비작업 시 일반적인 안전수칙
   1. 기관 운전 시 일산화탄소가 생성되므로 환기장치를 해야 한다.
   2. 공기압축기를 사용하여 부품세척 시 눈에 이물질이 튀지 않도록 한다.
   3. TPS, ISC Servo 등은 **솔벤트로 세척하지 않는다.**

4. 실린더 헤드볼트는 바깥쪽에서 안쪽을 향하여 대각선 방향으로 푼다.
5. 배기가스 시험 시 환기가 잘되는 곳에서 측정한다.
6. 기름 등 오물이 묻지않은 깨끗한 복장으로 작업한다.

104. 기동전동기 분해 조립 시 주의사항
    1. 레버의 방향과 스프링, 홀더의 순서를 혼동하지 말 것
    2. 관통 볼트 조립 시 브러시 선과의 접촉에 주의할 것
    3. 마그네틱 스위치의 B 단자와 M(또는 F) 단자의 구분에 주의할 것
    4. 전기자의 뒷면에 와셔가 있는 것이 있으므로 주의한다.

105. 타이어 공기압 부족 시 발생하는 현상
    - 회전 저항이 커져 조향핸들이 무거워진다.
    - 고속으로 달리면 타이어 표면이 물결처럼 변하는 스탠딩 웨이브(Standing Wave) 현상이 발생해 타이어 파열 위험이 생긴다.
    - 접지면이 넓어져 열이 과하게 발생한다.
    - 접지면의 압력이 떨어져 트레드의 제동기능도 떨어진다.

    타이어 공기압 과다 시 발생하는 현상
    - 승차감이 떨어진다.
    - 외부 충격에 손상되기 쉽다.
    - **중앙 부분에서 조기 마모현상도 발생**한다.

106. 히트 세퍼레이션
    - 노후된 타이어에 높은 하중이 부과되고 열이 발생하여 전환부가 분리되는 현상

[자동차 정비]

문제 1 디젤기관과 비교하여 가솔린기관의 장점으로 볼 수 있는 것은?

① 열 효율이 높다.
② 운전 중 소음이 작다.
③ 전기장치가 복잡하다.
④ 연료소비율이 낮아 이산화탄소 배출량이 적다.

해설 가솔린기관과 디젤기관 비교

구분	가솔린기관	디젤기관
장점	운전 중 소음이 작다. → ② 냉간시동이 용이하다. 압축비가 낮다. 마력 당 중량이 작다.	열 효율이 높다. 연료 소비율이 낮다. 전기장치가 복잡하지 않다. 가솔린보다 연료취급이 용이하다.
단점	열 효율이 낮다. 연료소비율이 높다. 전기장치가 복잡하다. 연료취급시 화기 취급에 주의해야 한다.	운전 중 소음이 크다. 냉간시동이 불량하다. 압축비가 높다. 마력당 중량이 크다.

문제 2 가솔린 기관과 비교되는 디젤기관의 장점은?

① 운전 중 소음이 작다.
② 전기장치가 복잡하다.
③ 연료 소비율이 높다.
④ 열 효율이 높다.

해설 가솔린기관과 디젤기관 비교

구분	가솔린기관	디젤기관
장점	운전 중 소음이 작다. 냉간시동이 용이하다. 압축비가 낮다. 마력 당 중량이 작다.	열 효율이 높다. → ④ 연료 소비율이 낮다. 전기장치가 복잡하지 않다. 가솔린보다 연료취급이 용이하다.
단점	열 효율이 낮다. 연료소비율이 높다. 전기장치가 복잡하다. 연료취급시 화기 취급에 주의해야 한다.	운전 중 소음이 크다. 냉간시동이 불량하다. 압축비가 높다. 마력당 중량이 크다.

정답 01 ② 02 ④

3. 자동차 정비

문제 3 V-6기통 엔진의 특징으로 옳은 것은?

① 4기통 직렬형 엔진을 2조로 편성하여 V자형으로 배열한 엔진이다.
② 크랭크 핀의 위상각은 90°이다.
③ 1개의 크랭크 핀에 3개의 피스톤을 연결하여 작동시킨다.
④ 실린더 블록의 V 각도는 90°이다.

해설 V-6기통 엔진의 특징
1. **3기통** 직렬형 엔진을 2조로 편성하여 V자 형으로 배열한 엔진이다. → ①
2. 크랭크핀의 위상각은 **120°**이다. → ②
3. 1개의 크랭크 핀에 **2개**의 피스톤을 연결하여 작동시킨다. → ③
4. **실린더 블록의 V 각도는 90°이다.** → ④

문제 4 실린더에 라이너를 사용하였을 때의 이점과 관계없는 것은?

① 엔진 효율이 증대된다.
② 피스톤 슬랩이 감소한다.
③ 실린더벽 마멸 시 보링 작업을 하지 않아도 된다.
④ 압축비를 높일 수 있다.

해설 라이너식 실린더의 장점
1. **엔진 효율이 증대된다.** → ①
2. **피스톤 슬랩이 감소한다.** → ②
3. **마멸되면 보링작업을 하지 않고 라이너만 교환하면 되기 때문에 정비성능이 좋다.** → ③
4. 실린더 벽에 도금하기가 쉽다.
5. 원심 주조방법으로 제작할 수 있다.

문제 5 엔진에서 실린더와 피스톤의 간극이 클 경우에 문제점이 아닌 것은?

① 엔진오일 소비 증대
② 압축압력의 저하
③ 마찰에 의한 소결
④ 엔진의 출력 저하

해설 마찰에 의한 소결(고착)은 피스톤 간극이 작을 때 발생하는 문제점이다.

정답 03 ④ 04 ④ 05 ③

문제 6 승용차용 기관의 실린더 헤드에 알루미늄 합금을 사용하는 가장 큰 이유는?

① 운동 관성을 활발하게 하여 회전 속도를 높이기 위함이다.
② 실린더의 중량을 무겁게 하기 위해서이다.
③ 열전도율이 높아 연소실의 온도를 낮게 유지할 수 있기 때문이다.
④ 냉각 성능이 저하되어 조기 점화가 가능하기 때문이다.

해설 알루미늄 합금 실린더 헤드
1. 열팽창률이 크고 변형이 쉽다.
2. 압축비를 높일 수 있고 중량이 가볍다. → ②
3. **열전도율이 높아 연소실의 온도를 낮게 유지할 수 있다.** → ③
4. 냉각 성능이 우수하여 조기 점화 방지에 유리 → ④
5. 내부식성 및 내구성, 내마모성이 작다.

문제 7 피스톤 링의 3대 작용이 아닌 것은?

① 기밀 작용
② 열전도 작용
③ 방청 작용
④ 오일제어 작용

해설 피스톤 링의 3대 작용은 **기밀(밀봉) 작용, 열전도(냉각) 작용**(1, 2번 압축링), **오일제어 작용(오일링-실린더 벽의 오일 긁어내리는 작용)**이다.

문제 8 밸브 배치에 의한 실린더 형식의 종류가 아닌 것은?

① I 헤드형
② L 헤드형
③ T 헤드형
④ E 헤드형

해설 밸브 배치에 의한 실린더 형식의 종류
1. L 헤드형 : 실린더 블록에 설치된 형식. 잘 사용하지 않는다.
2. I 헤드형 : 흡기·배기밸브가 모두 실린더 헤드에 설치. 고출력 가솔린 엔진에 많이 사용
3. F 헤드형 : 흡기밸브는 실린더 헤드, 배기밸브는 실린더 블록에 설치
4. T 헤드형 : 실린더 블록 양쪽 끝에 설치된 형식
※ "LIFT"로 암기

정답 06 ③   07 ③   08 ④

문제 9 밸브 오버랩에 대한 설명으로 옳은 것은?

① 흡기, 배기밸브 CLOSE　　　② 흡기, 배기밸브 OPEN
③ 흡기밸브 OPEN, 배기밸브 CLOSE　　　④ 흡기밸브 CLOSE, 배기밸브 OPEN

해설　밸브 오버랩 (Valve Over Lap)
- 상사점 부근에서 **흡기, 배기밸브가 동시에 열리는 현상** → ②
- 잔류 가스를 완전히 배출하고, 흡입 관성을 이용하여 흡입 및 배기 효율을 향상시킨다.
- 고속 회전하는 기관일수록 크게 둔다.

문제 10 가솔린 기관의 진공도 측정 시 주의사항과 관계없는 것은?

① 기관의 벨트에 손이나 옷자락이 닿지 않도록 주의한다.
② 작업 시 주차 브레이크를 걸고 고임목을 괴어둔다.
③ 화재 위험이 있을 수 있으니 소화기를 비치·준비한다.
④ 온도 상승에 의한 압력 상승이 있기 때문에 용기는 직사광선 등을 피하는 곳에 설치하고 과열되지 않아야 한다.

해설　진공도 측정 시 안전관리
1. 기관의 벨트에 손이나 옷자락이 닿지 않도록 주의한다. → ①
2. 작업 시 주차 브레이크를 걸고 고임목을 괴어둔다. → ②
3. 화재 위험이 있을 수 있으니 소화기를 비치·준비한다. → ③

문제 11 윤활유의 구비조건으로 옳지 않은 것은?

① 점도가 적당하고 온도와 전도 관계가 적당해야 한다.
② 응고점이 낮고 열에 대한 저항력이 커야 한다.
③ 카본(Carbon) 생성에 대한 저항력이 커야 한다.
④ 인화점이 낮고 발화점이 높아야 한다.

해설　윤활유의 구비조건
1. 점도가 적당할 것 → ①
2. 응고점이 낮을 것 → ②
3. 카본생성에 대한 저항력이 클 것 → ③
4. **인화점 및 발화점이 높을 것** → ④
5. 청정력이 클 것
6. 열과 산에 대하여 안정성이 있을 것 → ②
7. 기포의 발생에 대한 저항력이 있을 것
8. 비중이 적당할 것
→ 윤활유는 인화점과 발화점이 모두 높아야 한다.

정답　09 ②　10 ④　11 ④

문제 12 윤활유가 갖추어야 할 조건으로 틀린 것은?

① 점도가 적당할 것
② 산화 안정성이 좋을 것
③ 발화점이 낮을 것
④ 기포 발생이 적을 것

해설 윤활유의 구비조건
1. 점도가 적당할 것 → ①
2. 응고점이 낮을 것
3. 카본생성에 대한 저항력이 클 것
4. **인화점 및 발화점이 높을 것** → ③
5. 청정력이 클 것
6. **열과 산에 대하여 안정성이 있을 것** → ②
7. 기포의 발생에 대한 저항력이 있을 것 → ④
8. 비중이 적당할 것

문제 13 일반적인 엔진오일의 양부 판단 방법이다. 틀린 것은?

① 오일의 색깔이 우유색에 가까운 것은 냉각수가 혼입되어 있는 것이다.
② 오일의 색깔이 회색에 가까운 것은 가솔린이 혼입되어 있는 것이다.
③ 종이에 오일을 떨어뜨려 금속분말이나 카본의 유무를 조사하고 많이 혼입된 것은 교환한다.
④ 오일의 색깔이 검은색에 가까운 것은 장시간 사용했기 때문이다.

해설 오일의 색깔에 따른 현상
1. 검은색 : 심한 오염
2. 붉은색 : 오일에 가솔린이 유입된 상태
3. **회색 : 연소가스의 생성물 혼입**(기솔린 내의 4에틸납)

문제 14 가솔린용 SAE는?

① SD
② CA
③ AS
④ CB

해설 SAE(Society of Automotive Engineers, 미국자동차기술자협회)의 자동차 엔진오일 점도 코드 - 숫자가 높을수록 점도가 높은 오일
1. 가솔린용 : SA(환경양호), SB(환경보통), SC, **SD(환경열악)** → ①
2. 디젤용 : CA(환경양호), CB, CC(환경보통), CD(환경열악)
→ 가솔린은 S로 시작, 디젤은 C로 시작하며, 뒷자리가 A에서 D로 갈수록 환경 열악

정답 12 ③   13 ②   14 ①

3. 자동차 정비

문제 15 윤활유의 열화 현상에 대한 설명으로 틀린 것은?

① 디젤 기관보다 가솔린 기관이 심한 편이다.
② 피스톤 링의 고착화 및 융착을 야기할 수 있다.
③ 베어링부의 부식 및 마멸을 촉진한다.
④ 오일 여과기의 폐쇄 및 오일 청정 기능이 상실된다.

해설 윤활유의 열화 현상
- 윤활유가 일정 온도 이상으로 유지되면 열적으로 대단히 불안정하게 되어 윤활유가 분해되는 현상이 나타나고, 윤활유가 높은 온도에서 사용되면 수명이 크게 단축되는 현상을 말한다.
- **가솔린 기관보다 디젤 기관이 심하다.** → ①

열화로 인해 발생되는 현상
- 윤활유의 윤활작용 저해
- 피스톤 및 실린더의 마멸 촉진
- 피스톤 링의 고착화, 융착 발생 → ②
- 베어링부의 부식 및 마멸 촉진 → ③
- 오일여과기의 폐쇄 및 오일 청정기능 상실 → ④

문제 16 엔진의 윤활유 압력이 높아지는 이유는?

① 윤활유 펌프의 성능이 좋지 않다.　② 윤활유량이 부족하다.
③ 윤활유의 점도가 너무 높다.　　　④ 기관 각부의 마모가 심하다.

해설 유압이 높아지는 원인
1. 유압 조절 밸브가 고착된 경우
2. 유압조절밸브의 스프링 장력이 큰 경우
3. **오일의 점도가 높은 경우** → ③
4. 회로가 막힌 경우
5. 베어링의 간극이 적은 경우

문제 17 자동차 히터에서 냉각수를 사용하지 않는 방식은?

① 순환식　② 수냉식　③ 공랭식　④ 열교환식

해설 **공랭식** 냉각 : 실린더 헤드와 블록벽 바깥 둘레에 냉각 핀을 설치하고 공기를 이용하여 냉각시키는 방식으로, 주행중에 받는 바람을 불어넣는 자연 냉각식과 냉각팬으로 송풍하여 냉각시키는 강제 냉각식이 있다. **공기를 이용하므로 냉각수를 사용하지 않는다**는 특징이 있다.

정답　15 ①　16 ③　17 ③

문제 18 신품용량 50L, 사용중 라디에이터에 물 채우면 35L 일 경우 라디에이터 코어 막힘율을 계산하시오.

① 20%   ② 25%   ③ 30%   ④ 450%

해설 코어막힘률 = $\dfrac{신품[L] - 구품주수량[L]}{신품[L]} \times 100[\%]$ = $\dfrac{(50-35)}{50} \times 100 = 30\%$

문제 19 사용 중인 라디에이터에 물을 넣으니 총 14L 가 들어갔다. 이 라디에이터와 동일 제품의 신품 용량은 20L라고 하면, 이 라디에이터 코어 막힘은 몇 %인가?

① 20%   ② 25%   ③ 30%   ④ 450%

해설 코어막힘률 = $\dfrac{신품[L] - 구품주수량[L]}{신품[L]} \times 100[\%]$ = $\dfrac{(20-14)}{20} \times 100 = 30\%$

문제 20 냉각장치에서 냉각수의 비등점을 높이기 위한 장치는?

① 방열기   ② 정온기   ③ 압력식 캡   ④ 진공식 캡

해설 비등점(끓는점)을 높이면 비등에 의한 냉각손실을 줄일 수 있다.
압력을 높이면 비등점이 높아져 더 높은 온도에서 기화하게 되므로 냉각 효율이 향상된다.

문제 21 냉각장치에서 냉각수의 비등점을 상승시키는 팽창 축이 밸브를 열게 하는 온도 조절기 장치는?

① 펠릿형   ② 벨로즈형   ③ 바이패스밸브형   ④ 바이메탈형

해설 수온조절기(Thermostat)
실린더 헤드 냉각수 통로에 설치되어 냉각수의 온도를 알맞게 조절하는 장치이다. 75~83°C에서 서서히 열리기 시작하여 95°C가 되면 완전히 열린다. 벨로즈형과 펠릿형 중 **펠릿형**을 주로 사용한다.

정답 18 ③   19 ③   20 ③   21 ①

문제 22 과열된 기관에 냉각수를 보충할 때 가장 적합한 방법은?

① 주행하면서 조금씩 보충한다.
② 기관의 공전 상태에서 잠시 후 캡을 열고 보충한다.
③ 기관을 가속시키면서 보충한다.
④ 시동을 끄고 냉각시킨 후 보충한다.

해설) 과열된 상태의 기관에 냉각수를 보충해서는 안된다. 기관이 이미 과열된 상태라면 **시동을 끄고 충분히 냉각시킨 후 냉각수를 보충**해야 한다.

문제 23 에틸렌글리콜 부동액의 특징으로 옳지 않은 것은?

① 비등점이 197.2℃, 응고점이 최고 -50℃이다.
② 엔진 내부에 누출되면 교질상태의 침전물이 생긴다.
③ 금속 부식성이 있으며, 팽창 계수가 크다.
④ 알코올이 주성분이며, 가연성이다.

해설) 부동액
 - 냉각수가 동결되는 것을 방지하기 위하여 냉각수와 혼합하여 사용하는 액체
 - 종류에는 에틸렌글리콜 메탄올 글리세린 등이 있으며 현재는 에틸렌글리콜이 주로 사용
부동액의 특징
1. 비등점이 197.2℃, 응고점이 최고 -50℃이다. → ①
2. 엔진 내부에 누출되면 교질상태의 침전물이 생긴다. → ②
3. 금속 부식성이 있으며, 팽창 계수가 크다. → ③
4. 냄새가 없고 **휘발하지 않으며 불연성**이다. → ④
5. 도료를 침식하지 않는다.

문제 24 잦은 브레이크의 작동으로 인해 브레이크 오일에 기포가 발생하는 현상은?

① 슬립   ② 홀드   ③ 페이드   ④ 베이퍼 록

해설) 베이퍼 록(Vapor Lock) 현상
긴 내리막길 등에서 짧은 시간에 풋 브레이크를 지나치게 자주 사용하면 마찰열이 발생하게 되고, 이로 인해 브레이크액에 기포가 발생하여 제동력이 전달되지 못하는 현상

정답 22 ④   23 ④   24 ④

문제 25 연료가 과다하게 분출되어 시동 불능이 되는 현상은?

① 오버스윙 ② 스패터 ③ 드롭 다운 ④ 플로딩

> **해설** 오버초크 현상(=플로딩 현상)
> – 초크밸브를 지나치게 닫으면 **연료가 과다하게 분출되어 시동 불능이 되는 현상** → ④

문제 26 세탄가란?

① 세탄가$(CN) = \dfrac{\text{메틸나프탈렌}}{\text{메틸나프탈렌} + \alpha\text{세탄}} \times 100(\%)$

② 세탄가$(CN) = \dfrac{\text{세탄}}{\text{메틸나프탈렌} + \alpha\text{세탄}} \times 100(\%)$

③ 세탄가$(CN) = \dfrac{\text{메틸나프탈렌}}{\text{세탄} + \alpha\text{메틸나프탈렌}} \times 100(\%)$

④ 세탄가$(CN) = \dfrac{\text{세탄}}{\text{세탄} + \alpha\text{메틸나프탈렌}} \times 100(\%)$

> **해설** 세탄가
> 1. 세탄가란 디젤기관 연료의 착화성을 나타내는 수치이다.
> 2. 세탄과 알파메틸나프탈렌의 혼합액에서 세탄의 비율로 표현된다.
> 3. 일반적인 경유의 세탄가는 40~60% 정도이다.
> 4. 세탄가$(CN) = \dfrac{\text{세탄}}{\text{세탄} + \alpha\text{메틸나프탈렌}} \times 100(\%)$

문제 27 자동차용 LPG 연료의 특성이 아닌 것은?

① 무색, 무취, 무미이다.
② 공기보다 1.5~2.0배 무겁다.
③ 가솔린 연료보다 가격이 저렴하여 경제적이다.
④ 옥탄가가 낮으므로 연소 속도가 빠르다.

> **해설** 자동차용 LPG 연료의 특성과 장단점
> 특성
> 1. 무색, 무취, 무미이다. → ①
> 2. 공기보다 1.5~2.0배 무겁다. → ②
> 3. LPG는 옥탄가 90~120으로 가솔린보다 높아 노킹이 발생되지 않는다.

정답 25 ④ 26 ④ 27 ④

장점
1. 가솔린 연료보다 가격이 저렴하여 경제적이다. → ③
2. 혼합기가 사스 상태로 실린더에 공급되어 CO의 배출량이 적다.
3. **옥탄가가 높고 연소 속도가 느려** 노킹이 적다. → ④
4. 블루바이에 의한 오일의 희석과 오일 소모가 적다.
5. 유황분의 함유량이 적어 오일의 오손이 적다.

단점
1. 연료의 보급이 불편하고 트렁크의 사용 공간이 협소해진다.
2. 한냉시 또는 장시간 정차 시에 증발 잠열 때문에 시동이 곤란하다.
3. 탱크를 고압 용기로 사용하기 때문에 중량이 증가한다.

문제 28 흡기 다기관의 필요조건이 아닌 것은?

① 혼합기의 균일화
② 압축 성능의 증대
③ 연료 기화성의 향상
④ 체적 효율의 향상

해설 흡기 다기관(Intake Manifold : 흡입 다기관, 흡기 매니폴드)
- 혼합기를 실린더 내로 전달하는 통로로 각 실린더로 균일한 혼합기가 공급되도록 하며 혼합기에 와류를 형성시킨다.

흡기 다기관의 필요조건
1. 혼합기가 각 실린더에 **균일하게 분배**될 것 → ①
2. 혼합기에 적당한 난류를 주어 **기화를 촉진**시킬 것 → ③
3. 가변 흡입장치를 통해 **체적 효율을 향상** → ④

문제 29 배기가스 3원 촉매 장치의 특징을 잘못 기술한 것은?

① 삼원 촉매 변환장치 재질은 알루미나에 도금 물질 Pt, Rh, Pd로 되어 있어서 산화한다.
② 연소실에서 완전 연소되지 못한 배기가스에는 일산화탄소와 탄화수소 두 가지 유해 물질이 포함되는데, 이를 화학 반응을 통해 무해한 물질로 변환시키는 장치이다.
③ 화학 반응으로 유해 가스가 무해 가스로 환원된다.
④ 배기 연소 가스 온도 320~700℃ 이하에서 작동한다.

해설 배기가스 3원 촉매 장치의 특징
1. 삼원 촉매 변환장치 재질은 알루미나에 도금 물질 Pt, Rh, Pd로 되어 있어서 산화한다.
2. 연소실에서 완전 연소되지 못한 배기가스에는 일산화탄소와 탄화수소, **질소 산화물의 세가지 유해 물질이 포함** → ② 되는데, 이를 화학 반응을 통해 무해한 물질로 변환시키는 장치이다.
3. 배기 연소 가스 온도 320~700℃ 이하에서 작동한다.

정답 28 ② 29 ②

문제 30 엔진에서 연소 후 배출되는 배기가스의 최대 온도는?

① 약 900 ℃
② 약 1,200 ℃
③ 약 600 ℃
④ 약 800 ℃

해설 엔진에서 연소된 후 배출되는 배기가스는 약 600~900℃ 이므로 <u>최대 온도는 **약 900℃**</u> 이다.

문제 31 배기가스 중의 일부를 흡기다기관으로 재순환시킴으로써 연소온도를 낮춰 NOx의 배출량을 감소시키는 것은?

① 캐니스터
② EGR장치
③ 과급기
④ 촉매 컨버터

해설 배기가스 재순환 장치(EGR : Exhaust Gas Recirculation)
- 배기가스 내의 NOx를 저감하는 한 방법으로서 엔진에서 연소된 배기가스 일부를 다시 엔진으로 재순환시켜 연소실 온도를 낮추고, 이로 인해 질소산화물 억제를 유도하는 저감장치

문제 32 배기가스 재순환 장치(EGR)의 특징이 아닌 것은?

① 가속 성능의 향상을 위해 급가속 시에는 차단된다.
② 동력 행정 시 연소 온도가 낮아지게 된다.
③ 탄화수소와 일산화탄소량은 저감되지 않는다.
④ 가동률이 증가할 경우 연소 효율이 떨어져 연비와 성능 저하가 일어날 수 있다.

해설 배기가스 재순환 장치(EGR : Exhaust Gas Recirculation)의 특징
1. 배기가스 내의 NOx를 저감하는 한 방법으로서 엔진에서 연소된 배기가스 일부를 다시 엔진으로 재순환시켜 연소실 온도를 낮추고, 이로 인해 질소산화물 억제를 유도하는 저감장치이다.
2. 배기가스를 재순환시키면 새로운 혼합가스의 충진율은 낮아지고 흡기에 다시 공급된 배기가스는 더 이상 연소 작용을 할 수 없기 때문에 동력행정에서 연소 온도가 낮아져 높은 연소온도에서 발생하는 질소산화물의 발생량이 감소한다. → ②
3. 질소산화물의 발생률은 낮출 수 있으나 착화성 및 엔진의 출력이 감소하며, **일산화탄소 및 탄화수소 발생량은 증가하는 경향이 있다.** → ③
4. 따라서 배기가스 재순환 장치가 작동되는 것은 엔진의 지정된 운전 구간(냉각수 온도가 65℃ 이상이고, 중속 이상)에서 질소산화물이 다량 배출되는 운전 영역에서만 작동하도록 하고 있다. → 가속 성능의 향상을 위해 급 가속시에는 차단된다. → ①

정답 30 ① 31 ② 32 ③

5. NOx 저감을 위해서는 부하나 차속에 관한 EGR율이 일정한 것이 바람직하다.
6. EGR은 엔진구조를 크게 바꾸지 않고 적용할 수 있으며 연료 이외에 다른 첨가물을 주유할 필요가 없다.
7. 정비비용이 저렴하다는 장점이 있다.
8. 배기가스 재순환 과정에서 각종 찌꺼기들이 흡기 및 연소실에 누적되므로 그 가동률이 증가할 경우 연소 효율이 떨어져 연비와 성능 저하가 일어날 수 있다. → ④

문제 33 디젤기관에서 과급기의 사용 목적으로 틀린 것은?

① 엔진의 출력이 증대된다.
② 체적효율이 작아진다.
③ 평균유효압력이 향상된다.
④ 회전력이 증가한다.

해설 과급기의 사용 목적
1. 엔진의 출력이 증대된다. → ①
2. 평균유효압력이 향상된다. → ③
3. 회전력이 증가한다. → ④

문제 34 디젤 기관에서 열효율이 가장 우수한 형식은?

① 직접분사식   ② 예연소실식   ③ 와류실식   ④ 공기실식

해설 직접분사식
1. 연소실은 실린더 헤드와 피스톤 헤드부의 요철에 의해 형성된다.
2. 기계식 디젤 엔진 연소실 중 가장 분사압력이 높아서 노즐 수명이 짧고 디젤 노크의 원인이 된다.
3. 사용 연료에 민감하나 **열효율이 우수하다.** → ①
4. 예열플러그가 없고 냉시동이 용이하다.
5. 연소실이 1개이고 연소실 구조가 간단하다.
6. 연소실 표면적이 작아 냉각손실이 작은 특징이 있고, 시동성이 양호한 형식이다.

문제 35 디젤기관 연소방식 중 와류실식의 단점은?

① 운전이 원활하다.
② 분사 압력이 낮아도 된다.
③ 평균 유효 압력이 높다.
④ 직접분사식에 비해 연료 소비율이 높다.

정답 33 ②   34 ①   35 ④

해설 와류실식이란 실린더 헤드에 와류실을 두고 압축 행정중에 와류실에서 강한 와류가 일어나게 하고, 여기에 연료를 분사하여 주연소실로 분출되어 완전 연소시키는 방식이다.

연소방식	장점	단점
와류실식	· 평균 유효 압력이 높다. · 분사압력이 낮아도 된다. · 운전이 원활하다.	· 실린더 헤드의 구조가 복잡하다. · 저속에서 디젤 노크가 발생되기 쉽다. · 기동시 예열 플러그가 필요하다. · **직접분사식에 비해 연료소비율이 높다.**

문제 36 분사 노즐의 구비조건은?

① 연료가 분명한 착화점을 형성하는 형태로 순차적으로 착화되게 하여야 한다.
② 연료 분사가 끝난 다음 완전히 차단되어 후적이 일어나지 않아야 한다.
③ 분무를 연소실 전체적으로 두루 뿌려지게 해야 한다.
④ 저온의 조건에서도 추진력을 끌어올릴 수 있어야 한다.

해설 분사노즐의 구비조건
1. **연료 분사가 끝난 다음 완전히 차단되어 후적이 일어나지 않아야 한다.** → ②
2. 분무가 잘 분산되고, 부하에 따라 필요한 양을 분사해야 한다.
3. 무화가 잘 되고, 분무의 입자가 작고 균일해야 한다.
4. 분사의 시작과 끝이 확실해야 한다.
5. 고온, 고압에 장기간 견뎌야 한다.

문제 37 공기식 조속기는?

① MN형   ② R형   ③ RSV형   ④ RSVD형

해설 조속기 (Governor) : 분사펌프에서 최고회전을 제어하며 과속(Over Run)을 방지하는 장치
　　　　　　　　　　엔진의 회전속도 등에 따라 자동적으로 랙을 움직여 분사량을 조절
- 공기식(전속도) 조속기
  · 엔진의 부하 변동에 따라 흡기 다기관의 진공으로 조절
  · MA형, <u>MN형</u> → ①
- 기계식 조속기
  · 캠축에 설치된 원심추에 작용하는 원심력의 변화를 제어랙에 전달하여 연료 분사량을 조절
  · <u>R형</u>, RQ형, <u>RSVD형</u>, <u>RSV형</u>

정답 36 ②   37 ①

문제 38 자동차의 배기관에서 흑색 연기가 뿜어져 나온다면 그 원인은?

① 윤활유가 연소실에 침입
② 연료의 과다
③ 연소의 불량
④ 윤활유의 부족

해설 연료분사 시기가 빠를 경우 일어나는 현상
1. 노크현상이 발생한다.
2. **연소가 불량하여 배기가스가 흑색**이다. → ③
3. 저속에서 회전이 불량하여 기관의 출력이 저하된다.

배기가스의 색깔
1. 무색 혹은 회색 : 정상연소
2. 푸른빛을 띈 흰색 : 엔진오일이 연소실로 들어오는 경우
3. 검은색 : 연료가 과도하게 분사되는 경우

문제 39 가솔린 엔진의 연료 펌프에서 연료라인 내의 압력이 과도하게 상승하는 것을 방지하는 장치는?

① 체크 밸브(Check Valve)
② 릴리프 밸브(Relief Valve)
③ 사일런서(Silencer)
④ 니들 밸브(Needle Valve)

해설 릴리프 밸브(Relief Valve)
- 가솔린 엔진의 연료 펌프에서 연료라인 내의 압력이 과도하게 상승하는 것을 방지하는 장치

문제 40 Injector에 대한 설명으로 틀린 것은?

① ECU의 통제에 따라 연료를 직접 분사하는 장치이다.
② ECU의 니들 밸브 통전 시간 또는 솔레노이드 통전 시간으로 작동한다.
③ 저항은 20~25Ω 정도이다.
④ 무연 휘발유 연료는 2.50 ~ 2.55 kgf/cm^2 정도 분사된다.

해설 인젝터
1. ECU의 펄스 신호에 의해 연료를 직접 분사하는 장치이다.
2. 연료의 분사량은 인젝터에 작동되는 니들 밸브 통전시간(인젝터 개방시간) 또는 솔레노이드 통전 시간으로 결정된다.
3. 저항은 13~16Ω 정도이다. → ③
4. 무연 휘발유 연료 분사 압력은 2.50~2.55kgf/cm^2이다.

정답 38 ③ 39 ② 40 ③

문제 41 LPI(Liquefied Petroleum Injection) 장치의 장점으로 볼 수 없는 것은?

① 흡기 다기관에 직접 분사하므로 냉 시동성이 향상
② 각종 센서의 입력신호를 바탕으로 최적 분사하여 출력과 연비가 향상
③ 직접분사를 실시하여 기화 과정에서 생기는 타르 발생이 감소
④ 인젝터를 냉각시켜 과열을 방지

해설 LPI(Liquefied Petroleum Injection) 장치의 특징
1) 흡기 다기관에 직접 분사하므로 냉 시동성이 향상 → ①
2) 각종 센서의 입력신호를 바탕으로 최적 분사하여 출력과 연비가 향상 → ②
3) 직접분사를 실시하여 기화 과정에서 생기는 타르 발생이 감소 → ③
4) 기존의 방식에 비해 연료를 정확히 제어하여 역화가 없음

문제 42 전자제어 가솔린 기관의 연료분사 방식 중 각 실린더의 인젝터마다 최적의 분사 타이밍이 되도록 하는 방식은?

① 무효분사 ② 동시분사 ③ 독립분사 ④ 그룹분사

해설 **독립분사**(동기분사, 순차분사)
1. TDC 센서의 신호를 이용하여 분사 순서를 결정한다.
2. 크랭크 각 센서의 신호를 이용하여 분사시기를 결정한다.
3. 각 실린더마다 크랭크축이 2회전 할 때 연료가 분사된다.
4. 점화 순서에 의해 배기 행정시에 연료를 분사한다.
→ 각 실린더의 인젝터마다 최적의 분사 타이밍이 되도록 하는 방식이다.

문제 43 바이너리 출력방식의 산소 센서 점검 및 사용 시 주의사항으로 틀린 것은?

① 산소 센서의 내부 저항을 측정하지 않는다.
② 전압 측정 시 오실로스코프나 디지털 미터를 사용한다.
③ 유연 가솔린을 사용한다.
④ 출력 전압을 쇼트시키지 말아야 한다.

해설 산소센서 사용시 주의사항
1. 산소 센서의 내부 저항을 측정하지 않는다.
2. 전압 측정시 오실로스코프나 디지털 미터를 사용한다.
3. 출력 전압을 쇼트(단락) 시키지 말아야 한다.
4. 납 화합물이 첨가되지 않은 **무연** 가솔린을 사용한다. → ③

정답 41 ④ 42 ③ 43 ③

문제 44 반도체를 이용한 점화 장치의 종류가 아닌 것은?

① 무접점식 콘덴서형　　　　② 접점식 콘덴서형
③ 무접점식 트랜지스터형　　④ 접점식 트랜지스터형

> **해설** 반도체를 이용한 점화장치 종류
> 1. 무접점식 콘덴서형　　2. 접점식 트랜지스터형　　3. 무접점식 트랜지스터형
> → 접점식에 콘덴서형은 없다.

문제 45 클러치판이 마모되었을 경우 일어나는 현상으로 틀린 것은?

① 클러치가 슬립한다.
② 클러치 페달의 유격이 커진다.
③ 가속주행시 클러치가 미끄러진다.
④ 클러치 릴리스 레버의 높이가 높아진다.

> **해설** 클러치판이 마멸되면 페달의 유격이 **작아진다**.

문제 46 수동변속기 차량의 클러치판에서 클러치 접속 시 회전충격을 흡수하는 것은?

① 막 스프링　　② 클러치 스프링　　③ 쿠션 스프링　　④ 댐퍼 스프링

> **해설** **댐퍼 스프링**은 마찰 클러치에서 클러치 판을 구성하는 부품이다. 댐퍼 스프링은 클러치 판의 허브와 클러치 강판 사이에 설치된 코일 스프링으로 클러치 판이 플라이 휠에 접속되어 동력 전달이 시작될 때의 회전 충격을 흡수하는 역할을 한다. → ④

문제 47 클러치 페달을 밟아 동력이 차단될 때 소음이 나타나는 원인은?

① 릴리스 베어링 마모　　　　② 클러치 디스크마모
③ 클러치 스프링 장력 부족　　④ 변속기어의 백래시 작음

> **해설** 클러치를 차단하고 공전 시 또는 접속할 때 소음의 원인
> 1. **릴리스 베어링 마모** → ①　　2. 파일럿 베어링 마모　　3. 클러치 허브 스플라인 마모

정답　44 ②　45 ②　46 ④　47 ①

문제 48 수동변속기의 종류가 아닌 것은?

① 병행 물림식　　② 섭동 기어식　　③ 상시 물림식　　④ 동기 물림식

해설　수동변속기의 종류
1. 섭동 기어식 : 최초의 변속시스템으로 비율이 서로 다른 기어를 움직여 맞물려 변속
2. 상시 물림식(치합식) : 주축의 스플라인에 설치된 도그 클러치가 주축 기어에 맞물려 변속
3. 동기 물림식 : 가장 많이 사용하는 방식, 변속시 소음이 없고 쉬우며 하중부담능력이 크다.

문제 49 수동변속기에서 기어가 빠지는 원인이 아닌 것은?

① 각 기어의 지나친 마멸　　　　　　② 클러치 차단
③ 각 축의 베어링 또는 부싱의 마멸　　④ 기어 시프트 포크 마멸

해설　수동변속기에서 기어가 빠지는 원인
1. 각 기어의 지나친 마멸 → ①　　　　2. 각 축의 베어링 또는 부싱의 마멸 → ③
3. 기어 시프트 포크 마멸 → ④　　　　4. 싱크로나이저 허브의 마모
5. 싱크로나이저 슬리브의 스플라인 마모　6. 록킹 볼 스프링의 마모 혹은 작은 장력

문제 50 자동변속기의 장점을 틀리게 기술한 것은?

① 클러치 페달과 주행 중 변속 조작을 하지 않아 운전이 편하다.
② 기관의 회전력은 유체에 의해 전달되므로 발진, 가속 및 감속이 원활하게 되어 승차감이 좋다.
③ 유체가 댐퍼 역할을 하여 기관 진동이나 바퀴로부터의 진동 또는 충격을 흡수하여 완화한다.
④ 차를 밀거나 끌어서 시동할 수 있다.

해설　자동변속기의 장점
1. 클러치 페달과 주행 중 변속 조작을 하지 않아 운전이 편하다. → ①
2. 기관의 회전력이 유체에 의해 전달되므로 발진, 가속 및 감속이 원활하여 승차감이 좋다. → ②
3. 유체가 댐퍼 역할을 하여 기관 진동이나 바퀴로부터의 진동 또는 충격을 흡수하여 완화한다. → ③
자동변속기의 단점
1. 수동 변속기에 비해 연료의 소비량이 10~15% 정도 많다.
2. 구조가 복잡하고 가격이 비싸다.
3. 밀거나 끌어서 시동을 할 수 없다.

정답　48 ①　49 ②　50 ④

3. 자동차 정비

문제 51 자동변속기가 수동변속기에 비하여 얼마 정도의 연료 소비율이 많은가?

① 약 4% ② 약 7% ③ 약 10% ④ 약 16%

해설 자동변속기는 엔진과 동력축이 직결되지 못하고 중간에 자동변속기 오일을 거치므로 동력손실이 발생한다. 이러한 과정에서 발생되는 연료 소비율은 수동변속기 대비 약 10% 정도이다.

문제 52 자동변속기의 타임래그(Time Lag)로 인하여 발생하는 차량의 문제점으로 적당한 것은?

① 조향핸들의 치우침 ② 차량의 급출발
③ 차체의 떨림 ④ 브레이크의 고장

해설 자동변속기의 타임래그(Time Lag)
 - 엔진에서 연료가 점화된 후 최고 압력이 될 때까지 지연된 시간을 말한다.
 - 정차 중 자동변속기어를 중립(N)에 놓았다가 출발시 자동변속 기어를 주행(D)로 전환하고 액셀레이터를 밟으면 차량의 동력이 바로 발생하지 않고 1초 정도 후에 동력전달이 일어나 **급출발 현상**을 일으키게 된다.

문제 53 오버 드라이브의 장점을 잘못 기술한 것은?

① 평탄한 도로에서 운행 시 약 20%의 연료를 절약할 수 있다.
② 엔진의 수명이 길어진다.
③ 엔진의 운전이 조용하다.
④ 같은 엔진의 회전수에서 40~50% 정도 차속이 빠르다.

해설 오버 드라이브(Over Drive) : 엔진의 여유구동력을 이용하여 엔진의 출력축 회전수보다 자동변속기 추진축의 회전속도를 더 빠르게 하는 방법

오버드라이브의 장점
1. 평탄한 도로에서 운행 시 약 20% 정도의 연료를 절약할 수 있다. → ①
2. 엔진의 수명이 길어진다. → ②
3. 엔진의 운전이 조용하다. → ③
4. 엔진의 회전속도가 동일하면 자동차의 속도가 **30%** 정도 빠르다. → ④
   즉, 엔진의 회전속도를 30% 낮추어도 자동차는 주행속도를 유지한다.

정답 51 ③ 52 ② 53 ④

문제 54 추진축의 길이를 변화시켜 주는 것은?

① 트랜스미션 ② 슬립 이음
③ 자재 이음 ④ 십자형 이음

해설 슬립 이음(Slip Joint) : 뒷 차축이 상하운동을 할 때 추진축의 길이를 변화시켜주는 기능

문제 55 댐퍼 클러치가 작동하지 않는 범위를 나열한 것 중 옳지 않은 것은?

① 변속이 원활하게 이루어지도록 변속 시에는 작동되지 않는다.
② 엔진의 회전 속도가 2,000rpm 이상에서 스로틀 밸브의 열림이 작을 때는 작동되지 않는다.
③ 유온이 60℃ 이하에서는 작동되지 않는다.
④ 제 1속 및 후진에서는 작동되지 않는다.

해설 댐퍼 클러치가 작동하지 않는 범위
1. 변속이 원활하게 이루어지도록 변속 시에는 작동되지 않는다. → ①
2. 엔진의 회전속도가 2,000rpm 이하시 **스로틀밸브 열림이 클 때**는 작동하지 않는다. → ②
3. 작동의 안정화를 위하여 유온이 60℃ 이하에서는 작동하지 않는다. → ③
4. 출발 또는 가속성 향상을 위해 제 1속 및 후진 시 작동하지 않는다. → ④
5. 제 3속에서 제 2속으로 시프트 다운될 때에는 작동하지 않는다.
6. 감속시에 발생되는 충격을 방지하기 위하여 엔진브레이크시에 작동하지 않는다.
7. 엔진의 냉각수 온도가 50℃ 이하시 작동하지 않는다.
8. 엔진 회전수가 800rpm 이하일 때 작동하지 않는다.

문제 56 동력조향장치의 주요 3부가 아닌 것은?

① 작동부 ② 제어부
③ 동력부 ④ 링키지부

해설 동력조향장치의 주요 3부 : 작동부, 제어부, 동력부

정답 54 ② 55 ② 56 ④

3. 자동차 정비

문제 57 조향장치의 구비 조건을 잘못 기술한 것은?

① 조향 조작이 주행 중일 때 충격에 영향을 받지 아니할 것
② 조작이 쉽고 방향 전환 조작이 원활할 것
③ 선회 시 좌우 바퀴의 조향각에 차이가 날 것
④ 진행 방향을 바꿀 때 섀시나 보디 각 부에 적절히 강한 힘이 작용하여야 할 것

해설 조향장치의 구비 조건
1. 조향 조작 주행 중일 때 노면의 **충격이 핸들에 전달되지 않아야** 한다. → ①
2. 조향핸들을 돌려 원하는 방향으로 **조향하는 것이 쉽고 원활**해야 한다. → ②
3. 선회 시 **좌우 바퀴의 조향각에 차이가 나야** 한다. → ③
4. 핸들 조작력이 바퀴를 조작하는데 필요한 조향력으로 증강되어야 한다.
5. 선회 시 저항이 적고 옆 방향으로 미끄러지지 않도록 한다.

문제 58 동력 조향장치의 구조 중에서 동력부가 고장 났을 때 수동 조작을 가능하게 해 주는 것은?

① 안전체크밸브
② 릴리프밸브
③ 압력조절밸브
④ 유량조절밸브

해설 안전체크밸브(Safety Check Valve) : 동력 조향장치에서 유압이 발생하지 않을 때 수동으로 조작할 수 있게 해주는 장치

문제 59 자동차의 주행성, 안전성, 조정성 등을 고려하여 기하학적으로 특정한 각도를 가지고 차축에 설치되어 있는 것은?

① 트릭션 컨트롤 시스템
② 휠 바란스
③ 전자제어 현가장치
④ 휠 얼라인먼트

해설 **휠 얼라인먼트** : 자동차 바퀴의 기하학적인 각도 관계
 - 캠버(Camber) : 앞바퀴가 지면의 수직선과 이루는 각도, 일반적으로 0.5~1.5° 정도의 값을 갖는다.
 - 캐스터(Caster) : 앞바퀴를 옆에서 보았을 때 너클과 앞 차축을 고정하는 스트럿이 수직선과 이루는 각도, 일반적으로 1~3° 정도의 값을 갖는다.
 - 토인(Toe-in) : 앞바퀴를 내려다 볼 때 양 바퀴의 중심선 거리가 앞쪽이 뒤쪽보다 약간 작게 되어있는 것, 일반적으로 2~5mm 정도의 값을 갖는다.
 - 킹핀(king pin) : 앞바퀴를 앞에서 볼 때 킹 핀이 바퀴의 수직선에 일정한 각도를 두고 설치된 상태

정답 57 ④ 58 ① 59 ④

문제 60 일반적인 킹핀 경사각이란?

① 9~12° ② 3~5° ③ 5~7° ④ 7~9°

> **해설** 킹핀 경사각(Kingpin Angle)
> 1. 앞바퀴를 앞에 서 볼 때 킹 핀이 바퀴의 수직선에 일정한 각도를 두고 설치된 상태
> 2. 핸들의 조작력을 경쾌하게 하며, 시미 현상을 방지하고, 복원성과도 관련이 있다.
> 3. 킹핀 경사각은 <u>7~9°</u> 정도를 유지한다.

문제 61 Toe-In의 일반적 규격(사양)은?

① 7~9mm ② 1~2mm ③ 5~7mm ④ 2~6mm

> **해설** 토우인(토인 : Toe-In)
> 1. 앞바퀴를 위에서 보았을 때 앞쪽이 뒤쪽보다 좁게 되어 있는 상태
> 2. <u>토우인의 값은 약 **2~6mm** 정도</u>
> 3. 캠버각에 의한 타이어의 원뿔 운동을 직진 운동으로 변환
> 4. 조향링키지의 마모에 의해 Toe-Out 되는 것을 방지

문제 62 EPS의 특징을 바르게 설명한 것은?

① 제어 방식으로 엔진 회전수 감응 방식을 취한다.
② 공전과 저속에서 핸들 조작력이 넓다.
③ 차량 속도가 고속이 될수록 적은 조작력을 필요로 한다.
④ 중속 이상에서는 차량 속도에 감응하여 핸들 조작력을 변화시킨다.

> **해설** EPS(Electronic Power Steering, 전자제어 파워 스티어링)의 특징
> 1. 제어 방식은 **차속감응과 엔진 회전수 감응** 방식 두가지 방식이 있다. → ①
> 2. 공전과 저속에서 핸들 조작력이 **작다**. → ②
> 3. 차량속도가 <u>고속이 될수록 큰 조작력을 필요로 한다.</u> → ③
> 4. <u>중속 이상에서는 차량 속도에 감응하여 핸들 조작력을 변화시킨다.</u> → ④
> 5. 저속 주행에서는 조향력을 가볍게 되도록 하고, 고속 주행에서는 무겁게 되도록 한다.
> 6. 급 조향시 조향 방향으로 잡아당기는 현상을 방지하는 효과가 있다.
> 7. 유량제어 밸브를 이용해 차속과 조향각 신호를 기초로 최적상태의 유량을 제어하여 조향 휠의 조향력을 적절히 변화시킨다.

정답 60 ④ 61 ④ 62 ④

3. 자동차 정비

문제 63 유압 반력 제어식이란?

① 유량을 제한 또는 바이패스에 의하여 동력 실린더에 가해지는 유압을 변화시키는 형식이다.
② 제어 밸브의 열림을 직접 조절하여 동력 실린더에 가해지는 유압을 변화시키는 형식이다.
③ 차속에 따라 조향력을 변화시키는 형식이다.
④ 엔진의 회전수에 따라 조향력을 변화시키는 형식이다.

해설 전자제어 조향장치 방식
1. 유량 제어 방식(속도감응 제어식) : 솔레노이드 밸브를 제어하여 유압을 조절하고 공급 유량의 바이패스를 통해 조향조작력을 제어하는 방식
2. 실린더 바이패스 제어 방식 : 실린더의 유효 작동 압력으로 제어하는 방식
3. **유압 반력 제어 방식** : 제어 밸브의 열림을 직접 조절하여 동력 실린더에 가해지는 유압을 변화, 즉 유압 반력기구에 작용하는 압력으로 제어하는 방식 → ②
4. 밸브 특성 제어 방식 : 파워스티어링 제어밸브의 발생 압력으로 제어하는 방식

문제 64 자동차 현가장치에서 판스프링의 장점이 아닌 것은?

① 에너지 흡수율이 크다.
② 작은 진동도 흡수한다.
③ 구조가 간단하다.
④ 비틀림 진동에 강하다.

해설 판 스프링의 장단점
- 장점
  · 에너지 흡수율이 커 → ① 큰 진동과 비틀림 진동의 흡수에 유리하다. → ④
  · 구조가 간단하다. → ③
  · 자체의 강성에 의해 액슬 하우징을 정위치로 유지할 수 있다.
- 단점
  · 강판 사이의 마찰에 의해 진동을 흡수하기 때문에 마모 및 소음, 진동이 발생한다.
  · 판 사이의 마찰에 의해 승차감이 저하된다.
  · 작은 진동을 흡수하지 **못한다**. → ②

정답 63 ② 64 ②

문제 65 쇽 업쇼버(Shock Absorber)의 특징을 잘못 기술한 것은?

① 상하 수직 자유 진동을 흡수하여 섀시 부품 손상을 방지하는 장치이다.
② 오버 댐핑은 감쇠력이 클 경우 발생하는 현상으로 승차감이 물렁물렁한 형태를 말한다.
③ 스프링의 고유 진동을 흡수하여 승차감을 향상시키는 역할을 담당한다.
④ 언더 댐핑이란 댐퍼의 감쇠력이 스프링의 경도보다 작아 발생하는 현상으로 통통 튀는 느낌의 승차감을 느끼게 한다.

해설 쇽 업쇼버(Shock Absorber)
1. 상하 수직 자유진동을 흡수하여 섀시 부품 손상을 방지하는 장치이다.
2. 오버 댐핑이란 감쇠력이 클 경우 발생하는 현상으로 승차감이 **딱딱한** 형태를 말한다. → ②
3. 스프링의 고유진동을 흡수하여 승차감을 향상시키는 역할을 담당한다.
4. 언더 댐핑이란 댐퍼의 감쇠력이 스프링의 경도보다 작아 발생하는 현상으로 통통 튀는 느낌의 승차감을 느끼게 한다.

문제 66 차체의 롤링을 방지하기 위한 현가부품은?

① 쇽업쇼바　　② 차축　　③ 섀시 스프링　　④ 스태빌라이저

해설 현가장치 : 쇽업쇼바, 차축과 섀시 스프링, 스태빌라이저로 구성
1. 쇽업쇼바 : 스프링의 고유 진동을 흡수하는 역할 → ①
2. 차축 : 바퀴를 설치하는 곳 → ②
3. 섀시 스프링 : 차축과 프레임 사이에 설치되어 진동과 충격을 흡수하는 장치 → ③
4. 스태빌라이저 : 옆으로 기우는 롤링을 방지하는 역할 → ④

문제 67 현가장치 중 스프링의 고유 진동을 제어하여 승차감을 향상시켜주는 장치는?

① 쇽업쇼바　　② 차축　　③ 섀시 스프링　　④ 스태빌라이저

해설 현가장치 : 쇽업쇼바, 차축과 섀시 스프링, 스태빌라이저로 구성
1. **쇽업쇼바** : 스프링의 고유 진동을 흡수하는 역할
2. 차축 : 바퀴를 설치하는 곳
3. 섀시 스프링 : 차축과 프레임 사이에 설치되어 진동과 충격을 흡수하는 장치
4. 스태빌라이저 : 옆으로 기우는 롤링을 방지하는 역할

● 정답　65 ②　66 ④　67 ①

3. 자동차 정비

문제 68 쇽업쇼바에서 오일이 상, 하 실린더로 이동할 때 통과하는 구멍의 이름은?

① 밸브 하우징 ② 오리피스 ③ 섀시 스프링 ④ 컨트롤 밸브

해설 오리피스
- 전자제어 현가장치에 사용되는 쇽업소버 내부에서 상·하로 이동하는 작은 오일구멍

문제 69 독립 현가방식과 비교한 일체차축 현가방식의 특성이 아닌 것은?

① 로드 홀딩이 우수하다.
② 구조가 간단하다.
③ 커브길 선회 시 차체의 기울기가 적다.
④ 스프링 아래 질량이 커 승차감이 좋지 않다.

해설 일체차축 현가방식의 장단점
- 장점
  · 구조가 간단하고 부품의 수가 적다. → ②
  · 차축의 위치를 정하는 링크나 로드가 필요 없다.
  · 휠 얼라인먼트의 변화가 적다.
  · 커브길 선회 시 차체의 기울기가 적다. → ③
- 단점
  · 스프링 아래 질량이 커 승차감이 좋지 않다. → ④
  · 앞바퀴에 시미 발생이 쉽다.
  · 반대편 바퀴의 진동에 영향을 받는다.
  · 스프링의 상수가 너무 적은 것은 사용이 어렵다.
  → 로드 홀딩이 우수한 현가장치는 독립 현가장치이다. → ①

문제 70 공기 스프링에 대한 설명으로 옳은 것은?

① 구조가 간단하고 가로 또는 세로로 자유로이 설치할 수 있다.
② 현가 높이를 조정할 수 없고, 쇽업쇼버와 병용해서 사용하며, 좌·우가 구분되어 있다.
③ 승차감이 우수하여 대형 버스에서 주로 사용되고 있다.
④ 스프링 강으로 만든 가늘고 긴 막대 모양으로 비틀림 탄성을 이용하여 완충 작용을 하는 스프링이다.

정답 68 ② 69 ① 70 ③

해설 공기 스프링 (Air Spring)
- 공기 스프링에는 벨로스형과 다이어프램형이 있다.
- 공기 저장 탱크와 스프링 사이의 공기 통로를 조정하여 도로 상태와 주행속도에 가장 적합한 스프링 효과를 얻도록 한다.
- 하중의 변화에 따른 차고를 일정하게 할 수 있으며, 승차감이 변하지 않는 장점이 있어 대형 버스에서 주로 사용되고 있다. → ③

문제 71 다음은 공기 압축기의 안전장치이다. 배관 중간에 설치하여 규정 이상의 압력에 달하면 작동하여 배출시키는 장치는 무엇인가?

① 언로우더 밸브　② 체크밸브　③ 프로포셔닝밸브　④ 안전밸브

해설 현가장치 중 압축 공기탱크의 **안전 밸브**
- 탱크 내의 압력을 7.0~8.5 kgf/cm^2 로 유지시키고 탱크의 압축 공기를 대기중으로 배출시켜 규정 압력 이상으로 상승되는 것을 방지한다.

문제 72 맥퍼슨 현가장치의 단점으로 옳은 것은?

① 구조가 복잡하고 가격, 취급, 정비가 까다롭다.
② 현가장치(쇽업쇼버)와 조향 너클이 일체형이라 엔진룸의 유효공간을 크게 제작할 수 없다.
③ 진동의 흡수율이 크기 때문에 승차감이 좋지 못하다.
④ 스프링 하중이 무겁고 좌우 바퀴 중 어느 한쪽이 충격을 받으면 그 충격이 다른 바퀴와 연동되거나 횡진동이 발생한다.

해설 맥퍼슨(Macpherson) 현가장치
장점
1. 위시본형에 비해 부품이 적어 **구조가 간단**하다.
2. 위시본형에 비해 마멸 및 손상되는 부분이 적어 **정비가 용이**하다.
3. 현가장치(쇽업쇼버)와 조향 너클이 일체형이라 엔진룸의 유효공간을 **크게 제작할 수 있다**.
4. 진동의 흡수율이 크기 때문에 **승차감이 좋다**.
5. 스프링 아래 질량을 가볍게 할 수 있어 로드 홀딩이 우수하다.
단점
1. 스프링 하중이 무겁고 좌우 바퀴 중 어느 한쪽이 충격을 받으면 그 충격이 다른 바퀴와 연동되거나 횡진동이 생겨 조향 안정성이 나빠진다. → ④
2. 구조가 간단하여 얼라인먼트 설계자유도가 적어 조향 안정성 튜닝의 여지가 없다.

정답　71 ④　72 ④

3. 자동차 정비

문제 73 LSPV에 대한 설명으로 옳은 것은?

① 주행중 노면의 상태를 감지하여 제동압력을 유지시키는 장치이다.
② 조향성 확보가 가능해지며 차량의 중심이 바르게 된다.
③ 후륜에 충분한 제동력을 확보하는 기능을 한다.
④ 하중이 가벼울 때 높은 압력, 무거울 때 낮은 압력의 유압을 뒷바퀴에 공급한다.

해설 LSPV(Load Sensing Proportioning Valve)
화물차가 짐을 싣고 제동할 때 차의 무게중심이 앞으로 쏠리면서 뒷바퀴의 제동력이 약해지게 되는데, 이 때 **뒷바퀴에 가해지는 제동력을 조절하는 장치**이다. → ③ 화물의 무게가 무거우면 높은 압력의 유압을 공급하고, 가벼우면 낮은 압력의 유압을 공급한다.

문제 74 유압식 제동장치에서 브레이크 라인 내에 잔압을 두는 목적으로 틀린 것은?

① 베이퍼 록(Vaper Lock) 현상 방지
② 제동지연 방지
③ 유압회로에 공기 침입 방지
④ 페이드 현상 방지

해설 유압식 제동장치에서 브레이크 라인 내에 잔압을 두는 목적
1. 베이퍼록(Vaper Lock) 현상의 방지
2. 신속한 브레이크 동작으로 제동지연 방지
3. 유압회로에 공기 침입 방지
4. 휠 실린더 내 브레이크 오일 누출 방지
→ 페이드 현상의 방지를 위해서는 디스크 브레이크를 사용한다.

문제 75 브레이크 오일의 구비 조건으로 틀린 것은?

① 점도가 알맞고 점도 지수가 클 것
② 적당한 윤활성이 있을 것
③ 방점이 높고 비등점이 낮을 것
④ 화학적 안정성이 크고 침전물 발생이 적을 것

해설 브레이크 오일의 구비조건
1. 점도가 알맞고 점도 지수가 클 것
2. 적당한 윤활성이 있을 것
3. **방점은 낮고, 비등점은 높을 것** → ③
4. 화학적 안정성이 크고 침전물 발생이 적을 것
5. 금속제품을 부식, 팽창시키지 말 것

정답 73 ③ 74 ④ 75 ③

문제 76 디스크 브레이크의 단점으로 옳지 않은 것은?

① 패드를 강도가 큰 재료로 만들어야 한다.
② 한 쪽만 브레이크 되는 일이 많다.
③ 자기 작동을 하지 않으므로 브레이크 페달을 밟는 힘이 커야 한다.
④ 마찰 면적이 적기 때문에 패드를 압착히는 힘을 크게 하여야 한다.

해설 디스크 브레이크의 장단점
디스크 브레이크의 장점
1. 대기 중에 노출되어 회전하기 때문에 방열성이 좋아 페이드 현상이 적다.
2. 자기 작동이 없어 제동력의 변화가 적다.
3. 부품의 평형성이 우수하여 한쪽만 브레이크 되는 경우(편제동)가 적다. → ②
4. 디스크에 이물질이 묻어도 이탈이 쉽고 구조가 간단하여 정비가 쉽다.
5. 드럼 방식과 비교했을 때 패드의 교환이 쉽다.
디스크 브레이크의 단점
1. 패드를 강도가 큰 재료로 만들어야 한다.
2. 자기 작동을 하지 않으므로 브레이크 페달을 밟는 힘이 커야 한다.
3. 마찰 면적이 작기 때문에 패드를 압착하는 힘을 크게 하여야 한다.

문제 77 공기식 제동장치(공기 브레이크)의 구성 요소가 아닌 것은?

① 언로더밸브　② 릴레이밸브　③ 브레이크챔버　④ EGR밸브

해설 공기 브레이크 공기 압축기의 구조
1. 압축 공기 계통의 구성 부품
 1) 공기 압축기　2) **언로더 밸브**　3) 압축 공기 탱크
 4) 압력 조정기　5) 공기 드라이어
2. 브레이크 계통의 구성 부품
 1) 브레이크 밸브　2) **릴레이 밸브**　3) 퀵 릴리스 밸브
 4) **브레이크 챔버**　5) 슬랙 어저스터　6) 브레이크 캠
3. 안전 계통의 구성 부품
 1) 저압 표시기　2) 체크 밸브　3) 안전 밸브

문제 78 ABS의 구성이 아닌 것은?

① 콘트롤 유닛　　　　　② 하이드롤릭 유닛
③ 휠 스피드 센서　　　　④ 퀵릴리스 센서

정답　76 ②　77 ④　78 ④

해설 ABS의 구성 부품
1. 휠 스피드 센서(Wheel Speed Sensor) → ③
2. 콘트롤 유닛(ECU : Electronic Control Unit) → ①
3. 하이드롤릭 유닛(유압조절장치)(Hydraulic Unit) → ②

문제 79 브레이크의 제동력 배분에 있어서 뒷바퀴의 유압을 앞바퀴 보다 감소시켜 뒷바퀴가 먼저 고착되는 것을 막아주는 밸브는?

① 안전 밸브　　② 프로포셔닝밸브　③ 언로드 밸브　　④ 체크 밸브

해설 프로포셔닝 밸브(Proportioning Valve) : 브레이크를 밟을 때 생기는 유압을 조절하여 앞바퀴와 뒷바퀴의 제동압력을 분배시켜 주는 장치이다. 뒷바퀴의 유압을 앞바퀴 보다 감소시켜 뒷바퀴가 먼저 고착되는 것을 막아준다.

문제 80 페일 세이프(Fail Safe)란?

① 교통사고 처리지침
② 업무 분담에 따른 폐해방지제도
③ 자동차 운송의 배차계획
④ 인간 또는 기계의 실패로 안전사고가 발생하지 않도록 2중, 3중으로 통제를 가하는 것

해설 페일 세이프(Fail Safe)
- 인간 또는 기계의 실패로 시스템의 고장이 발생하여도 안전한 상태를 유지하거나 안전한 상태로 전환하도록 2중, 3중으로 통제를 가하는 것을 말한다.

문제 81 브레이크 페달의 유격이 과다한 이유는?

① 진공용 체크 밸브의 작동이 불량하다.
② 릴레이 밸브 피스톤의 작동이 불량하다.
③ 마스터 실린더 피스톤과 브레이크 부스터 푸시로드의 간극이 불량하기 때문이다.
④ 하이드로릭 피스톤 컵이 손상되었다.

● 정답　79 ②　80 ④　81 ③

> **해설** 브레이크 페달의 유격이 과다한 이유
> 1. 브레이크 페달의 조정 불량
> 2. 드럼 브레이크 형식에서 브레이크 슈의 조정 불량
> 3. **마스터 실린더 피스톤과 브레이크 부스터 푸시로드의 간극 불량** → ③
> 4. 마스터 실린더나 휠 실린더의 파손
> 5. 유압 회로에 공기 유입

문제 82 브레이크 패드의 점검항목이 아닌 것은?

① 마찰계수　　　　　　　　② 패드의 두께
③ 운전거리(4,000km가 적정)　　④ 브레이크 오일

> **해설** 브레이크 패드의 점검항목
> 1. 마찰계수　　　　2. 패드의 두께
> 3. 운전거리(**40,000km가 적정**)　　4. 브레이크 오일

문제 83 이상적인 타이어 트레드 홈 깊이는?

① 1.0mm 이상　② 1.2mm 이상　③ 1.4mm 이상　④ 1.6mm 이상

> **해설** 트레드(Thread) : 노면에 접촉되는 타이어의 부분으로 슬립을 방지하고 열을 방산한다.
> 이상적인 타이어 트레드 홈 깊이 : **1.6mm 이상**

문제 84 주로 대형 승합자동차에 쓰이는 타이어 트레드 패턴은?

① 리브 러그 패턴　② 블록 패턴　③ 오프 더 로더 패턴　④ 리브 패턴

> **해설** 트레드 패턴 종류
> 1. **리브 러그 패턴** : 모든 노면에 적용가능하며, **승합**버스에서 사용한다.
> 2. 블록 패턴 : 눈, 모래 위에서 노면 다지면서 주행하기에 적합하다.
> 3. 오프 더 로더 패턴 : 습지대에서 견인력 우수하다.
> 4. 리브 패턴 : 고속 주행에 알맞은 승용차에서 사용한다.
> 5. 라그 패턴 : 제동력 및 구동력이 우수하다. 트럭에서 사용한다.
> 6. 수퍼 트랙션 패턴 : 습지대 견인력 우수하여 트랙터에서 사용한다.

정답　82 ③　83 ④　84 ①

3. 자동차 정비

문제 85 타이어 규격 표기법 중 ISO 표기법에 대한 설명이다. 잘못 설명한 것은?

185 / 70 R 13 84 H

① R : 레디얼 타입
② H : 최대 공기압 시의 높이
③ 70 : 편평비
④ 84 : 하중 지수

해설 타이어의 규격 표기법 - ISO 표기법 : 185/70 R 13 84 H
185/70 : 타이어 단면폭/편평비(%)   R : 레디얼 구조
13 : 타이어 내경(inch)   84 : 하중지수 최대(kg)
H : 최고속도(km/h)

문제 86 전압이 50V, 전류가 12AH 일 때, 전력은?

① 600 WH
② 38 WH
③ 4.17 WH
④ 0.24 WH

해설 전력(WH, 와트시)은 전압(V, 볼트)과 전류(AH, 암페어시)의 곱으로 나타난다.

문제 87 점화플러그 온도가 400 ~ 600℃가 되면 발생하는 현상으로 옳은 것은?

① 자기 청정 작용이 생긴다.
② 불꽃 방전이 약해져 실화를 일으키게 된다.
③ 자연발화에 의한 노킹이 발생한다.
④ 고열에 플러그가 녹아내릴 수 있다.

해설 점화플러그(Spark Plug)의 전극 부분의 작동 온도
1. 400℃ 이하가 되면 연소에서 생성되는 카본이 부착되어 불꽃 방전이 약해져 실화를 일으키게 된다.
2. 400 ~ 600℃ 에서는 점화플러그에 쌓인 카본 찌꺼기를 스스로 태워버리는 정화기능(자기청정작용)을 갖게 된다.
3. 800℃를 넘으면 자연발화에 의한 노킹이 발생하고, 고열에 플러그가 녹아내리는 현상이 생길 수 있다.

정답 85 ② 86 ① 87 ①

문제 88   **DLI 점화 장치의 특징은?**

① 실린더 별로 점화 시기의 제어가 가능하다.
② 배전기가 없기 때문에 전파 장해의 발생이 빈번하다.
③ 엔진 회전 속도에 관계없이 1차 전압이 안정된다.
④ 고전압의 증가 시 유효 에너지의 증가와 더불어 실화도 크다.

해설   DLI(Direct Ignition System)
1. 실린더 별로 점화 시기의 제어가 가능하다.
2. 배전기가 없기 때문에 전파 장해의 발생이 **없다.** → ②
3. 정 전류 제어방식이므로 엔진 회전 속도에 관계 없이 **2차** 전압이 안정된다.
4. 점화 시기의 정밀도가 우수하여 유효 에너지의 감소가 없으므로 실화가 **없다.**

문제 89   **교류 발전기와 직류 발전기를 비교해 볼 때 교류 발전기의 특징으로 언급할 수 있는 것이 아닌 것은?**

① 직류 발전기의 컷 아웃 릴레이나 전류 제한 릴레이 등을 교류 발전기에서는 필요로 하지 않는다.
② 브러시의 마찰음이 적고 수명이 연장된다.
③ 정류자가 없기 때문에 이로부터 발생하는 고장의 사례가 적지 않다.
④ 속도 변동에 따른 적응 범위가 넓다.

해설   교류 발전기의 특징
1. 교류발전기에서는 축전지의 역류를 방지하는 **컷아웃 릴레이가 없다.** 실리콘 다이오드가 그 역할을 수행하기 때문이다. 따라서 정류 특성이 좋다.
2. 정류자가 없어 풀리 비를 크게 할 수 있으며 **브러시의 마찰음이 적고 수명이 연장된다.**
3. 정류자가 없기 때문에 **고장의 사례도 그만큼 적다.** → ③
4. **속도 변동에 따른 적응 범위가 넓다.**
5. 3상 발전기로 저속에서 충전 성능이 우수하다.
6. 발전기 조정기는 전압 조정기만 필요하다.
7. 경량이고 소형이며 출력이 크다.
8. 발전원리는 플레밍의 오른손 법칙 또는 렌츠의 법칙을 응용한 것이다.
9. 일반적으로 발전기를 구동하는 축은 크랭크축이다.
10. 접점이 없기 때문에 조정 전압의 변동이 없고, 접점 불꽃에 의한 노이즈가 없다.
11. 접점방식에 비해 내진성, 내구성이 크다.
12. 회전수 제한을 받지 않는다.

정답 88 ②   89 ③

문제 90 플레밍의 오른손 법칙이 해당되는 것은?

① 축전기　　　② 발전기　　　③ 트랜지스터　　　④ 전동기

> **해설** 플레밍의 오른손 법칙은 **발전기**, 플레밍의 왼손법칙은 전동기에 해당한다.

문제 91 교류 발전기의 결선의 경우, Y 결선으로 연결되어 있어, 선간 전압이 상전압의 몇 배를 가져올 수 있는가?

① $3+2\sqrt{3}$배　　② $3+\sqrt{3}$배　　③ $2\sqrt{3}$배　　④ $\sqrt{3}$배

> **해설** 교류 발전기의 결선 중 Y 결선(스타 결선)
> 1. 각 코일의 한 끝을 중성점에 접속하고 다른 한 끝 셋을 끌어낸 것
> 2. 선간 전압은 각 상전압의 $\sqrt{3}$배가 된다.

문제 92 축전지의 구비조건으로 가장 거리가 먼 것은?

① 축전지의 양이 클 것　　② 전기적 절연이 완전할 것
③ 가급적 크고 다루기 쉬울 것　　④ 전해액의 누설방지가 완전할 것

> **해설** 축전지의 구비조건
> 1. 축전지의 양이 커야 한다.　　2. 전기적 절연이 완전해야 한다.
> 3. 가급적 작고 다루기 쉬워야 한다.　　4. 전해액의 누설 방지가 완전해야 한다.
> 5. 가벼워야 한다.　　6. 심한 진동에 견딜 수 있어야 한다.
> 7. 충전, 검사에 편리한 구조여야 한다.　　8. 수명이 길어야 한다.

문제 93 축전지 Sulphation(셀페이션 현상)이 아닌 것은?

① 전해액의 비중이 너무 높거나 낮다.
② 축전기를 과방전시켰다.
③ 전해액이 부족하여 극판이 노출되었다.
④ 축전지를 과충전시켰다.

정답　90 ②　91 ④　92 ③　93 ④

해설 축전지 셀페이션(Sulphation) 현상
- 극판 표면에 회백색(황산화 현상)이 생기면서 부풀어 오르는 현상으로서 이러한 황산화 현상으로 인해 결정이 생기게 되고 내부 저항을 증가시켜 배터리 충전 시 과전류 발생으로 전해액 온도 상승 및 가스 발생이 심해지게 된다.

셀페이션(Sulphation) 현상의 발생 원인
1. 전해액의 비중이 너무 높거나 낮은 경우 → ①
2. 방전상태로 장시간 방치한 경우(과방전) → ②
3. 전해액이 부족하여 극판이 노출된 경우 → ③
4. 불충분한 충전이 된 경우

문제 94 자동차에서 CAS, ITDC, 휠 각속도 센서, ECS 차고 센서에 사용되는 다이오드는?

① 실리콘 다이오드 ② 포토 다이오드
③ 발광 다이오드 ④ 제너 다이오드

해설 다이오드의 종류와 기능
1. 실리콘 다이오드
   - 교류를 직류로 정류하며 축전지의 역류를 방지하는 역할을 수행한다.
2. **포토 다이오드** → ②
   - 자동차에서 CAS, ITDC(점화순서 결정센서), 휠 각속도 센서, ECS 차고 센서에 사용된다.
3. LED(발광다이오드)
   - 가시광선 적외선 및 레이저까지 빛을 발산하는 다이오드이며, CAS와 CPS에 사용되어 점화시기를 자동제어한다.
4. 제너 다이오드
   - 실리콘 다이오드의 일종으로 어떤 전압에 도달하면 역방향으로 큰 전류가 흐르도록 하여 반도체를 보호한다. 정류기 등에 사용된다.

문제 95 축전지 급속 충전시 유의사항으로 옳지 않은 것은?

① 통풍이 잘 되는 곳에서 실시한다. ② 전해액 온도는 45℃ 이하를 유지한다.
③ 충격을 가해서는 안된다. ④ +, − 케이블을 연결 후 충전한다.

해설 축전지 급속 충전 시 주의사항
1. 충전 중 수소 가스가 발생되므로 통풍이 잘 되는 곳에서 실시한다. → ①
2. 충전 중 전해액의 온도는 45℃ 이하를 유지한다. → ②
3. 충전 중 축전지에 충격을 가해서는 안된다. → ③
4. 발전기 실리콘 다이오드의 파손을 방지하기 위해 축전지의 +, − 케이블을 떼어낸다. → ④
5. 충전 중 축전지 부근에서 불꽃이 발생되지 않도록 한다.
6. 충전 시간을 가능한 한 짧게 한다.

정답 94 ② 95 ④

문제 96 납산 축전지의 전해액으로 사용하는 것은?

① PbO_2　　　② $PbSO_4$　　　③ H_2O　　　④ H_2SO_4

해설 축전지는 양극판, 음극판, 전해액으로 구성되는데 납산 축전지의 경우 양극판에 과산화납(PbO_2), 음극판에 납(Pb), **전해액으로는 묽은 황산(H_2SO_4)이 사용된다.**

문제 97 격리판 구비 조건으로 틀린 것은?

① 다공성이어야 한다.
② 비전도성을 가져야 한다.
③ 이물질을 분출하지 말아야 한다(축전지 내부에서 단락되면 사이클링 쇠약으로 '브리지 현상'이 발생한다).
④ 전해액 확산을 적절히 분산·방지하여야 한다.

해설 격리판 : 음극판과 양극판 사이에 단락 방지 목적으로 설치
격리판의 구비조건
1. 다공성일 것
2. 비전도성일 것
3. 이물질을 내뿜지 말 것(축전지 내부에서 단락되면 사이클링 쇠약으로 브리지 현상이 발생한다).
4. **전해액(묽은 황산) 확산이 잘 될 것** → ④
5. 기계적인 강도가 있을 것
6. 전해액에 부식되지 않을 것

문제 98 자동공조장치와 관련된 구성품이 아닌 것은?

① 냉각수온센서, 차고센서
② 에버포레이터, 실내온도 센서
③ 일사량 센서, 콘덴서
④ 습도센서, 컴프레셔

해설 자동 공조장치 : 에버포레이터(증발기), 실내외 온도센서, 일사량 센서, 콘덴서, 습도센서, 컴프레셔, 밴서모 센서 등이 있다.
→ **냉각수온센서는 엔진 센서**이고, **차고 센서는 섀시 센서**이다. → ①

정답 96 ④　　97 ④　　98 ①

문제 99 냉매 취급 시 주의사항으로 틀린 것은?

① 옥외나 통풍이 잘 되는 실내에서 취급한다.
② 냉매 R-12의 사용을 자제한다.
③ 눈에 들어가면 심하게 다칠 수 있으므로 보안경을 쓰되, 만약 눈에 들어갔을 경우 증류수로 닦아낸다.
④ 떨어뜨리거나 주의 없이 다루면 안 된다.

해설 냉매 취급 시 주의사항
1. 옥외나 통풍이 잘 되는 실내에서 취급
2. 냉매 R-12는 오존층을 파괴하므로 R-134a로 대체하여 사용
3. 냉매를 다룰 때에는 반드시 보안경을 착용하고, 눈에 들어간 경우에는 **붕산수**로 세척 → ③
3. 노출된 열원에 있을 시 냉매 가스 방출 금지
4. 냉매 실린더는 캡을 씌워 보관
5. 떨어뜨리지 않도록 조심하는 등 취급에 주의

문제 100 자동차 에어컨의 팽창밸브의 역할은?

① 고압의 액체 냉매를 기체로 변화시킨다.
② 액체 냉매를 무화시킨다.
③ 고압의 액체 냉매를 저압의 냉매로 변화시킨다.
④ 이론혼합비는 1.0 이하이다.

해설 팽창밸브(Expansion Valve) : 고온 고압의 액체 냉매를 저압의 액체 냉매로 변환하여 증발기로 보내는 역할 → ①
※ 무화(霧化, Atomization) = 공기와 섞여 뿜어지듯 미세한 액체 알맹이 상태를 만드는 것

문제 101 팽창 밸브식 에어컨 장치에서 냉매가 순환하는 과정으로 옳은 것은?

① 응축기 - 압축기 - 건조기 - 팽창밸브 - 증발기
② 압축기 - 응축기 - 건조기 - 팽창밸브 - 증발기
③ 응축기 - 압축기 - 팽창밸브 - 건조기 - 증발기
④ 압축기 - 응축기 - 팽창밸브 - 건조기 - 증발기

정답 99 ③ 100 ① 101 ②

해설 냉매가 순환하는 과정
공기 압축기(컴프레셔) – 응축기(콘덴서) – 건조기(리시버 드라이어) – 팽창밸브(익스텐션 밸브) – 증발기(에버포레이터) – 송풍기(블로우어) → ②

문제 102 자동차 계기판에 나타나지 않는 것은?

① 냉각수 온도
② 연료 누설
③ 배터리 방전
④ 타이어 공기압

해설 자동차의 운전석 계기판(Instrumental Panel)에 나타나는 사항
1. 운행기록계(타코그래프 : Tachograph) = 주행속도 + 주행거리 + 시계
2. 회전속도계(타코미터 : Tachometer) = 엔진의 회전수(rpm)를 알려주는 장치
3. 적산거리계(트립미터 : Tripmeter) = 주행거리를 나타내는 장치
4. 각종 경고등(Warning Lamp) : 오일경고등, 연료 잔량 경고등, 센서고장경고등, 비상깜박이, 방향지시등
4. 기타 : 연료계, 수온계, 엔진온도계 등
→ **연료 누설** 정보는 계기판에 나타나지 않는다. → ②

문제 103 ETACS 입력 요소가 아닌 것은?

① 스로틀 위치 센서
② 키삽입 스위치
③ 감광방식 실내등 제어
④ 와이퍼 INT 스위치

해설 ETACS(에탁스 : Electronic, Time, Alarm, Control, System) : 자동차 전기장치 중 시간에 의하여 작동되는 장치와 안전을 위한 신호 혹은 경고 장치의 경보 발생을 통합하여 운전자에게 알려주는 장치를 말한다.
에탁스 제어기능
1. 워셔 연동 와이퍼 제어   2. 와이퍼 간헐적 제어
3. 안전벨트 경보음 제어   4. 각종 도어 스위치 잠금 해제 자동 제어
5. 열선 스위치 제어   6. 파워 윈도우 타이머 제어
7. 실내등 제어   8. 점화 스위치 홀(키 구멍) 조명 제어
9. 미등 자동소등 제어   10. 감광방식 실내등 제어
11. 도난 경계 경보 제어   12. 각종 원격 제어
13. 열선 타이머 제어(사이드미러 열선 포함)
→ **스로틀 위치 센서는 LPI 장치의 전자제어 입력요소이다.** → ①

문제 104 윈드실드가 작동되지 않는 요인으로 거리가 먼 것은?

① 와이퍼 블레이드의 노후
② 전동기 전기코일의 단선의 단락
③ 퓨즈 단선
④ 전동 브러시 마모

해설 윈드실드 와이퍼(Wind Shield Wiper)가 작동하지 않는 원인
1. 와이퍼 모터 고장(**전동기 전기코일의 단선의 단락**, **브러시 마모** 등)
2. **퓨즈 단선**
3. 릴레이 고장
4. 와이어 링 접지 불량
5. 와이퍼 모터에 공급되는 전원불량
6. 블레이드를 연결해주는 링케이지 불량
7. 컴비네이션 스위치 불량

문제 105 Head Light에 대한 설명으로 틀린 것은?

① 하이빔과 로빔이 병렬로 구성되어 있다.
② 3요소는 렌즈, 반사경, 필라멘트이다.
③ 실드빔 식은 고장 시 전체 교환하고, 세미실드빔 식은 전구만 교환하는 방식이다.
④ 자동 점등과 소등 장치는 포토다이오드를 이용한 것이고 단선식을 사용한다.

해설 전조등(Head Light) : 야간 운행 시 안전을 위해 사용하는 조명등이다.
1. 전조등에는 하이빔(High Beam)과 로우빔(Low Beam)이 병렬로 구성되는데 이를 선택하는 스위치가 딤머 스위치이다. → ①
2. 전조등의 3요소는 렌즈, 반사경, 필라멘트이다. → ②
3. 실드빔 식은 고장 시 전체 교환하고, 세미실드빔 식은 전구만 교환하는 방식이다. → ③
4. 자동 점등과 소등 장치는 포토다이오드를 이용한 것이고 **복선식**을 사용한다. → ④
5. 전조등 회로는 라이트 스위치, 전조등 릴레이, 팀머 스위치 등으로 구성된다.

문제 106 사이드슬립 결과 6일 때, 1km당 얼마의 슬립인가?

① 6mm ② 6cm ③ 6m ④ 60m

해설 사이드 슬립은 **km당 슬립되는 m**로 정의되며 m/km 로 표현된다.
정상적인 사이드 슬립량은 ±5 m/km 이다.

정답 104 ① 105 ④ 106 ③

3. 자동차 정비

문제 107 2액형 상도 도료로, 아름다운 외관을 나타내지만, 건조가 늦어 래커보다 작업성이 좋지 못한 것은?

① 서페이서
② 우레탄
③ 프라이머
④ 퍼티

해설 우레탄 2액형 상도 도료로는 이소시아네이트 경화제를 혼합하였을 때 건조되며, 아름다운 외관을 나타내지만 건조가 늦어 래커보다 작업성이 좋지 못하다.

문제 108 핀홀과 관련된 설명으로 옳지 않은 것은?

① 급격하게 높은 온도로 열처리를 할 경우 발생된다.
② 온도 조건에 맞는 시너를 사용한 경우 발생된다.
③ 퍼티 작업시 구멍이 많을 경우 발생된다.
④ 자동차 도색 완료 후 건조 작업을 위해 열처리를 할 때, 도색 안료들의 용제가 외부로 빠져나와 바늘구멍처럼 작은 구멍을 만드는 현상

해설 핀홀(Pin Hole)
- 자동차 도색 완료 후 건조 작업을 위해 열처리를 할 때, 도색 안료들의 용제가 외부로 빠져나와 바늘구멍처럼 작은 구멍을 만드는 현상 → ④

핀홀 발생 원인
1. 급격하게 높은 온도로 열처리를 할 경우
2. 퍼티 작업시 구멍이 많을 경우
3. 온도 조건에 맞는 시너를 사용하지 않는 경우 → ②

문제 109 오프셋 렌치에 대한 설명이 아닌 것은?

① 볼트와 너트에 접하는 부분이 모두 연결되어 있는 것을 말한다.
② 볼트와 너트에 접하는 헤드의 한쪽 끝이 열려 있는 것을 말한다.
③ 볼트와 너트의 육각 부분의 모든 정점에 공구가 접촉하여 큰 힘을 추가하기 위하여 적합하게 되어 있다.
④ 큰 토크를 전달할 수 있기 때문에 브레이크와 차축 샤프트 등 단단히 조여야 하는 곳에 주로 사용된다.

정답 107 ② 108 ② 109 ②

> **해설** 오프셋 렌치
> 1. **볼트와 너트에 접하는 부분이 모두 연결되어 있는 것이 오프셋 렌치**이다. 메가네렌치라고도 한다. → ①
> 2. 볼트와 너트의 육각 부분의 모든 정점에 공구가 접촉하여 스패너보다 큰 힘을 추가하기 위하여 적합하게 되어 있다. → ③
> 3. 큰 토크를 전달할 수 있기 때문에 브레이크와 차축 샤프트 등 단단히 조여야 하는 곳에 주로 사용된다. → ④
> ※ 볼트와 너트에 접하는 헤드의 한쪽 끝이 열려 있는 것 : **스패너**

문제 110 안전 조치로서 '보안경'을 착용하여야 하는 업무는?

① 공기 압축기가 가동되는 기계실 내에서 작업할 경우
② 차량 밑에서 작업할 경우
③ 단조 작업
④ 제관 작업

> **해설** 보안경 착용 업무
> 1. 클러치 탈착 작업
> 2. 점화플러그의 청소
> 3. **차량 밑에서 작업할 때** → ②

문제 111 드릴 작업 시 주의사항으로 적절하지 않은 것은?

① 드릴을 회전시킨 후 테이블을 고정하지 않도록 한다.
② 큰 구멍을 뚫을 때에는 먼저 작은 구멍을 뚫은 다음에 뚫어야 한다.
③ 장갑을 끼고 작업한다.
④ 작은 물건은 바이스를 사용하여 고정한다.

> **해설** 드릴 작업 시 주의사항
> 1. 드릴을 회전시킨 후 테이블을 고정하지 않도록 한다. → ①
> 2. 큰 구멍을 뚫을 때에는 먼저 작은 구멍을 뚫은 다음에 뚫어야 한다. → ②
> 3. **장갑을 끼고 작업하지 않는다.** → ③
> 4. 작은 물건은 바이스를 사용하여 고정한다. → ④
> 5. 시동 전에 드릴이 올바르게 고정되어 있는지 확인한다.
> 6. 드릴 회전 중에는 칩을 입으로 불거나 손으로 털지 않도록 하며 회전을 중지시킨 후 솔로 제거하도록 한다.
> 7. 얇은 판에 구멍을 뚫을 때에는 나무판을 밑에 받치고 뚫도록 한다.
> 8. 이송 레버를 파이프에 걸고 무리하게 돌리지 않는다.
> 9. 전기드릴을 사용할 때는 반드시 접지하도록 한다.
> 10. 드릴의 탈부착은 회전이 완전히 멈춘 다음 행한다.

정답 110 ②   111 ③

문제 112 운반기계의 보편적인 안전 수칙으로 틀린 것은?

① 기중기는 규정 용량을 초과해서는 안된다.
② 무거운 물건을 상승시킨 채 오래 방치하면 안된다.
③ 무거운 물건을 운반할 경우에는 여러 사람이 함께 힘을 합쳐 운반한다.
④ 화물을 고정하기 위하여 사람이 탑승해서는 안된다.

해설 운반기계 안전수칙
1. 기중기는 규정 용량을 초과해서는 안된다. → ①
2. 무거운 물건을 상승시킨 채 오래 방치하면 안된다. → ②
3. 무거운 물건을 운반할 경우에는 반드시 경종을 울린다. → ③
4. 화물을 고정하기 위하여 사람이 탑승해서는 안된다. → ④
5. 무거운 것은 밑에 쌓고, 가벼운 것은 위에 쌓는다.

문제 113 다음의 전기 용접봉 표시 기호에서 틀린 것은?

```
E 43 ○ △
```

① E : 전기 용접봉의 이니셜
② 43 : 용착 금속의 최고 인장 강도
③ ○ : 용접 자세
④ △ : 피복제의 종류

해설 전기 용접봉 표시 기호
E : 전기 용접봉의 이니셜
43 : 용착 금속의 **최저** 인장강도(kgf/mm^2) → ②
○ : 용접 자세 (1:전자세, 2:아래보기/수평필렛, 3:아래보기, 4:특정자세)
△ : 피복제의 종류(성질) 표시(극성에 영향) (6:저수소계, 0:특수계)

문제 114 하이브리드 자동차의 고전압 전기장치 정비 전에 지켜야 할 사항으로 옳지 않은 것은?

① 절연 장갑을 착용한다.
② 시동키는 on 상태에서 실시한다.
③ 정비시 12V 배터리 접지선을 분리한다.
④ 휴대폰, 신용카드 등은 휴대하지 않는다.

정답 112 ③ 113 ② 114 ②

해설 고전압 배터리 취급시 주의 사항
1. 절연 장갑을 착용한다.
2. 점화 스위치(시동키)는 **OFF**한다. → ②
3. 정비 시 12V 배터리 접지선을 분리한다.

문제 115 기관 정비작업 시의 일반적인 안전 수칙으로 틀린 것은?

① 기관 운전 시 일산화탄소가 생성되므로 환기장치를 해야 한다.
② 공기 압축기를 사용하여 부품 세척 시 눈에 이물질이 튀지 않도록 한다.
③ TPS, ISC Servo 등은 솔벤트로 세척한다.
④ 실린더 헤드볼트는 바깥쪽에서 안쪽을 향하여 대각선 방향으로 푼다.

해설 기관 정비작업 시 일반적인 안전수칙
1. 기관 운전 시 일산화탄소가 생성되므로 환기장치를 해야 한다.
2. 공기압축기를 사용하여 부품세척 시 눈에 이물질이 튀지 않도록 한다.
3. TPS, ISC Servo 등은 **솔벤트로 세척하지 않는다.** → ③
4. 실린더 헤드볼트는 바깥쪽에서 안쪽을 향하여 대각선 방향으로 푼다.
5. 배기가스 시험 시 환기가 잘되는 곳에서 측정한다.
6. 기름 등 오물이 묻지않은 깨끗한 복장으로 작업한다.

문제 116 기동전동기의 분해 조립 시 주의사항으로 틀린 것은?

① 레버의 방향과 스프링, 홀더의 순서를 혼동하지 말 것
② 관통 볼트 조립 시 브러시 선과의 접촉에 주의할 것
③ 배터리 단자에서 터미널을 일체화시켜 작업할 것
④ 마그네틱 스위치의 B 단자와 M(또는 F) 단자의 구분에 주의할 것

해설 기동전동기 분해 조립 시 주의사항
1. 레버의 방향과 스프링, 홀더의 순서를 혼동하지 말 것 → ①
2. 관통 볼트 조립 시 브러시 선과의 접촉에 주의할 것 → ②
3. 마그네틱 스위치의 B 단자와 M(또는 F) 단자의 구분에 주의할 것 → ④
4. 전기자의 뒷면에 와셔가 있는 것이 있으므로 주의한다.

정답 115 ③   116 ③

3. 자동차 정비

문제 117 타이어 공기압 부족 시 발생하는 현상이 아닌 것은?

① 운전 중 조향핸들이 무거워진다.
② 스탠딩 웨이브 현상이 발생한다.
③ 접지면이 넓어져 열이 과하게 발생한다.
④ 트레드의 중앙부분이 빨리 마모된다.

해설 타이어 공기압 부족 시 발생하는 현상
- 회전 저항이 커져 조향핸들이 무거워진다. → ①
- 고속으로 달리면 타이어 표면이 물결처럼 변하는 스탠딩 웨이브(Standing Wave) 현상이 발생해 타이어 파열 위험이 생긴다. → ②
- 접지면이 넓어져 열이 과하게 발생한다. → ③
- 접지면의 압력이 떨어져 트레드의 제동기능도 떨어진다.

타이어 공기압 과다 시 발생하는 현상
- 승차감이 떨어진다.
- 외부 충격에 손상되기 쉽다.
- **중앙 부분에서 조기 마모현상도 발생**한다. → ④

문제 118 노후 타이어에서 하중이 크고, 공기압이 작을 경우 장시간 운전시 열에 의한 타이어 고무와 타이어 코드간이 손상이 되어 분리되는 현상을 무엇이라고 하는가?

① 히트 세퍼레이션 ② 하이드로플래닝
③ 카커스 ④ 사이드 월

해설 히트 세퍼레이션
- 노후된 타이어에 높은 하중이 부과되고 열이 발생하여 전환부가 분리되는 현상
※ 하이드로 플래닝은 수막현상을 말하고, 스카프와 사이드 월은 타이어 구성품의 이름이다.

정답 117 ④ 118 ①

4. 선택과목 - 1. [자동차공학]

[자동차 공학]

01. 디젤 사이클(Diesel Cycle, 정압 사이클)
  1. 급열이 일정한 압력 하에서 이루어지며 중·저속 디젤엔진에 적용된다.
  2. 1 사이클은 단열(등엔트로피)압축 → 정압가열 → 단열(등엔트로피)팽창 → 정적방열의 과정으로 구성된다.
  3. 이론 열효율식 : $n_d = 1 - \left(\dfrac{1}{\epsilon}\right)^{k-1} \dfrac{\sigma^k - 1}{k(\sigma - 1)}$

02. 배출가스 제어장치의 구성
  1. 블로바이 가스 제어장치
  2. 연료 증발가스 제어장치
  3. 배기가스 재순환 장치
  4. 산소센서
  5. 촉매 컨버터(변환장치)

03. 킹핀 경사각
  - 일체 차축 방식에서 킹핀의 중심선이 지면의 수직에 대하여 7~9°정도 각도를 두고 설치되는 것을 말한다.

  킹핀 경사각의 역할
  1. 캠버와 함께 조향 핸들의 조작력을 가볍게 한다.
  2. 캐스터와 함께 앞바퀴에 복원성을 부여한다.
  3. **앞바퀴가 시미 현상을 일으키지 않도록 한다.**

04. 모노코크 보디(프레임리스 보디)의 특징
  1. 일체구조로 되어 있기 때문에 경량이고 강성이 크며, 차체 전체가 하중을 분담한다.
  2. 충돌에 의한 손상의 영향이 복잡하여 복원수리가 비교적 어렵다.
  3. 별도의 프레임이 없기 때문에 차고를 낮게 하고, 차량의 무게중심을 낮출 수 있어 주행안전성이 우수하다.
  4. 후판의 프레스나 용접가공이 필요 없고, 작업성이 우수한 박판 가공과 열변형이 거의 없는 스폿 용접(점 용접)으로 가공하여 정밀도가 높고 생산성이 좋다.

5. 충돌 시 충격에너지 흡수율이 좋고 안전성이 높다.
6. 엔진이나 서스펜션 등이 직접적으로 차체에 부착되어 소음이나 진동의 영향을 받기 쉽다.
7. 박판 강판을 사용하고 있기 때문에 부식으로 인한 강도의 저하 등에 대한 대책이 필요하다.
→ **객실 공간이 넓은 것**은 **모노코크 바디의 특징이다.**

05. 특수형 프레임
1. <u>백본형 (Back Bone Type)</u>
 - 백본형 프레임은 1개의 두꺼운 강철 파이프를 뼈대로 하고 여기에 엔진이나 보디를 설치하기 위한 크로스 멤버나 브래킷(Bracket)을 고정한 것이며 뼈대를 이루는 사이드 멤버의 단면은 일반적으로 원형으로 되어 있다.
 - 이 프레임을 사용하면 바닥 중앙 부분에 터널(Tunnel)이 생기는 단점이 있으나 사이드 멤버가 없기 때문에 바닥을 낮게 할 수 있어 자동차의 전고 및 무게중심이 낮아진다.
2. <u>플랫폼형(Platform Type)</u>
 - 플랫폼형 프레임은 프레임과 차체의 바닥을 일체로 만든 것이다.
 - 외관상으로는 H형 프레임과 비슷하나 차체와 조합되면 상자 모양의 단면이 형성되어 차체와 함께 비틀림이나 굽힘에 대해 큰 강성을 보인다.
3. <u>트러스형(Truss Type)</u>
 - 트러스형 프레임은 스페이스 프레임(Space Frame)이라고도 하며 강철 파이프를 용접한 트러스 구조로 되어 있다.
 - 무게가 가볍고 강성도 크나 대량생산에는 부적합하여 스포츠카, 경주용 자동차와 같이 고성능이 요구되는 분야에서 소량 생산하고 있다.

06. 알루미늄(Aluminium)
1. 알루미늄(Al)은 1827년 발견된 원소로서 규소(Si) 다음으로 지구상에 다량으로 존재하는 원소이다. 비중은 2.7이며, 현재 공업용 금속 중 <u>마그네슘(Mg) 다음으로 가벼운 금속</u>이다.
2. 주조가 용이하며 다른 금속과 합금이 잘되고, 상온 및 고온에서 가공이 용이하다. 또한 대기 중에서 내식력이 강하며 전기와 열의 양도전체이다.
3. 경량화 재료로서 엔진블록, 트랜스미션, 브레이크 부품, 보디 부품, 열교환기 등에 사용되며 이중 알루미늄 주조품의 사용량이 현재까지 압도적으로 많다.
4. 알루미늄은 경량화뿐만 아니라 <u>비강도, 내식성, 열전도도 등이 우수하여 자동차용 재료로 사용되면 최고 40% 가량 경량화를 이룰 수 있으며</u> 종래 자동차 생산라인의 설비를 그대로 사용할 수 있다는 장점으로 자동차 경량화를 위한 대체 재료로 주목받고 있다.

마그네슘(Magnesium)
1. 마그네슘(Mg)은 실용 금속 중 가장 가벼운 금속이다(비중 1.79~1.81).
2. 자동차의 진동 흡수성이 높다는 점을 살려 스티어링 휠의 합금으로 사용되고 있다.
3. 실린더 헤드커버, 스티어링 칼럼 키, 실린더 하우징, 휠, 클러치나 트랜스미션의 하우징 등에 사용되고, 휠은 주조품이지만 기타는 거의 다이캐스팅(Die Casting)에 의한 것이다.
4. 리사이클이 용이하고 전자파 차폐 기능이 우수하여 최근 수지부품을 대신하여 유럽, 미국에서는 자동차, 일본에서는 휴대용 전자기기에 적용이 증가해 왔다.

07. 열 부하

1. 인적 부하(승차원의 발열)
 - 인체의 피부 표변에서 발생되는 열로서 실내에 수분을 공급하기도 한다.
 - 일반 성인이 인체의 바깥으로 방열하는 열량은 1시간당 100kcal 정도이다.
2. 복사 부하(직사광선)
 - 태양으로부터 복사되는 열 부하로서 자동차의 외부 표면에 직접 받게 된다.
 - 자동차의 색상, 유리가 차지하는 면적, 복사 시간, 기후에 따라 차이가 있다.
3. 환기 부하(자연 또는 강제의 환기)
 - 주행 중 도어(Door)나 유리의 틈새로 외기가 들어오거나 실내의 공기가 빠져나가는 자연 환기가 이루어진다. 이러한 환기 시 발생하는 열 부하로서 최근 대부분의 자동차에는 강제 환기장치가 부착되어 있다.
4. 관류 부하(차실 벽, 바닥 또는 창면으로부터의 열 이동)
 - 자동차의 패널(Panel)과 트림(Trim)부, 엔진룸 등에서 대류에 의해 발생하는 열 부하이다.

08. 냉매의 구비조건

1. **가연성, 폭발성** 및 사람이나 동물에 **유해성이 없어야 한다.**
2. 저온과 대기 압력 이상에서 증발하고 여름철 뜨거운 외부 온도에서도 저압에서 액화가 쉬워야 한다.
3. 증발열이 크고, 응고점이 낮아야 한다.
4. 무색, 무취, 무미여야 한다.
5. 임계 온도가 높고, 비체적이 적어야 한다.
6. 화학적으로 안정되고, 금속에 대하여 부식성이 없어야 한다.
7. 사용 온도 범위가 넓어야 한다.
8. 냉매 가스의 누출을 쉽게 발견할 수 있어야 한다.

09. R-134a
1. 지구 환경문제로 인한 오존층 파괴 방지 목적으로 대체 사용하는 냉매가스이다.
2. 무색, 무취, 무미이며 화학적으로 안정되어 다른 물질과 반응하지 않는다.
3. **불연성**, 무독성이며 내열성이 좋다.
4. R-12와 비슷한 열역학적 성질을 지니고 있으면서도 온난화지수가 R-12보다 낮다.
5. 오존층을 파괴하는 염소(Cl)가 없어 오존 파괴계수가 0이다.

10. 압축기(Compressor)
1. 증발기 출구의 냉매는 거의 증발이 완료된 저압의 기체 상태이므로 이를 상온에서도 쉽게 액화시킬 수 있도록 냉매를 압축기로 고온고압(약 70℃, 15MPa)의 기체 상태로 만들어 응축기로 보낸다.
2. 크랭크식, 사판식, 베인식 등이 있으며 어느 형식이나 크랭크축에 의해 구동된다.
3. 엔진의 크랭크축 풀리에 V벨트로 구동되기 때문에 회전 및 정지 기능이 필요하다. 이 기능을 원활히 하기 위해 크랭크축 풀리와 V벨트로 연결되어 회전하는 로터 풀리가 있고, 압축기의 축(Shaft)은 분리되어 회전한다. 따라서 압축이 필요할 때 접촉하여 압축기가 회전할 수 있도록 하는 장치이다.
4. 작동은 냉방이 필요할 때 에어컨 스위치를 ON으로 하면 로터 풀리 내부의 클러치 코일에 전류가 흘러 전자석을 형성한다. 이에 따라 압축기 축과 클러치판이 접촉하여 일체로 회전하면서 압축을 시작한다.

11. 응축기(Condenser)
- 라디에이터 앞쪽에 설치되며 압축기로부터 공급된 고온, 고압의 기체 냉매를 냉각시켜 액체 상태의 냉매로 변화시키는 장치

12. 전자동 에어컨(Full Auto Temperature Control)의 구성
1. 토출 온도 제어 : 자동차 실내 토출 온도 결정 및 유지
2. 센서 보정 : 센서 감지량의 급격한 변화량을 천천히 인식하도록 보정
3. 온도 도어의 제어 : 최적의 온도, 도어열림각도 등을 유지하도록 자동 제어
4. 송풍기용 전동기 속도 제어 : 목표풍량 결정 후 전동기 속도 자동 제어
5. 기동 풍량 제어 : 송풍기용 전동기의 인가전압을 천천히 증가시켜 쾌적 감각 향상 제어
6. 일사 보상 : 감지된 일사량에 따라 요구 토출 온도에 따른 보상 실행
7. **모드 도어 보상** : 필요한 토출 온도 결정 후 토출 모드의 자동제어를 실행
8. 최대 냉난방 기능 : AUTO 상태에서 설정온도를 17~32℃ 선택시 최대 냉난방 기능 실행
9. 난방 기동 제어 : 온도가 낮을 경우 갑자기 찬바람이 토출되는 것을 방지
10. 냉방 기동 제어 : 온도가 높을 경우 갑자기 뜨거운 바람이 토출되는 것을 방지
11. 자동차 실내의 습도 제어 : 유리에 김서림 현상이 발생할 경우 에어컨을 작동시켜 방지

13. 전자동 에어컨의 구성부품
    1. 컴퓨터(ACU)   2. 외기온도 센서
    3. **일사량 센서**   4. 파워 트랜지스터
    5. **실내온도 센서**   6. **핀 서모 센서**
    7. 냉각수온 센서

14. 비스커스 히터
    1. **고점도 오일의 마찰에 의한 발열을 이용하여 냉각수를 가열하는 난방장치이다.**
       비스커스 히터는 마그넷 클러치에 연결된 샤프트에 원판형 로터가 고정되어 있다.
    2. 로터는 사이드 플레이트 내에 봉입되어 있는 고점도 오일 안에 설치되어 있으며 로터가 회전할 때 고점도 오일을 전단함으로써 발생하는 전단열을 이용하여 엔진냉각수를 가열한다.

15. 엔진의 폭발 압력
    가솔린 : 35 ~ 45 kgf/cm^2, 디젤 : 55 ~ 65 kgf/cm^2

16. CNG 기관의 장점
    1. 디젤 기관과 비교시 매연을 100% 감소시킬 수 있다.
    2. **낮은 온도에서도 시동 성능이 좋다.**
    3. 가솔린 기관과 비교시 이산화탄소 20 ~ 30%, 일산화탄소 30 ~ 50% 감소시킬 수 있다.
    4. 옥탄가가 130으로 가솔린의 100보다 높다.
    5. 질소산화물 등 오존영향 물질을 70% 이상 감소시킬 수 있다.
    6. 기관의 작동 소음을 감소시킬 수 있다.

17. 4행정 사이클 엔진의 장점
    1. 각 행정이 명확히 구분되어 있다.
    2. 흡입행정 시 공기(공기+연료)의 냉각효과로 각 부분의 열적 부하가 적다.
    3. 저속에서 고속까지 엔진회전속도의 범위가 넓다.
    4. **흡입행정의 구간이 비교적 길고 블로다운 현상으로 체적 효율이 높다.**
    5. 블로바이 현상이 적어 연료 소비율 및 미연소가스의 생성이 적다.
    6. 불완전 연소에 의한 실화가 발생 되지 않는다.

    2행정 사이클 엔진의 장점
    1. 4사이클 엔진에 비하여 이론상 약 2배의 출력이 발생된다.
    2. 크랭크 1회전당 1번의 폭발이 발생되기 때문에 엔진 회전력의 변동이 적다.
    3. 실린더 수가 적어도 엔진구동이 원활하다.
    4. 마력당 중량이 적고 값이 싸며, 취급이 쉽다(단위중량당 마력이 크다).

18. 연소실의 구비 조건
   1. 이상연소 또는 노킹을 일으키지 않는 형상일 것
   2. 가열되기 쉬운 돌출부(조기점화원인)를 두지 말 것
   3. 밸브 통로면적을 크게 하여 흡기 및 배기 작용을 원활히 되도록 할 것
   4. 화염전파에 소요되는 시간을 **짧게 하는** 구조일 것
   5. 열효율이 높고 배기가스에 유해한 성분이 적도록 완전연소하는 구조일 것
   6. 연소실 내의 표면적은 최소가 되도록 할 것
   7. 압축행정 말에서 강력한 와류를 형성하는 구조일 것

19. 실린더 블록의 재료로 사용되는 "특수주철"
   1. 보통 주철에 몰리브덴(Mo), 니켈(Ni), 크롬(Cr), 망간(Mn) 등을 첨가한 것이다.
   2. **강도, 내식성, 내열성, 내마멸성 등이 우수하다.**

20. 장행정 엔진(Under Square Engine)
   - 행정이 실린더 내경보다 긴 실린더(행정 > 내경) 형태
   1. 엔진회전력(토크)이 크고 측압이 작아진다.
   2. 탄화수소(HC)의 배출량이 적어 유해배기가스 배출이 적다.
   3. **내구성 및 유연성이 양호하나 엔진의 높이가 높아진다.**
   4. 피스톤 평균 속도(엔진 회전속도)가 느리다.

   단행정 엔진(Over Square Engine)
   - 행정이 실린더 내경보다 짧은 실린더(행정 < 내경) 형태
   1. 엔진회전력(토크)이 작아지고 측압이 커진다.
   2. 연소실의 면적이 넓어 탄화수소(HC) 등의 유해 배기가스 배출이 비교적 많다.
   3. 행정구간이 짧아 엔진의 높이는 낮아지나 길이가 길어진다
   4. 폭발압력을 받는 부분이 커 베어링 등의 하중부담이 커진다.
   5. 피스톤 평균속도(엔진회전속도)가 빠르다.

21. 피스톤 간극이 작을 때
   1. 실린더 벽에 형성된 오일의 유막이 파괴되어 마찰과 마멸이 증대된다.
   2. **마찰에 의한 고착(소결 : stick) 현상 발생**된다.

   피스톤 간극이 클 때의 영향
   1. 압축행정시 블로바이 현상이 발생되고 압축 압력이 저하된다.
   2. 폭발행정시 엔진 출력이 떨어지고 블로바이 가스가 희석되어 엔진오일을 오염시킨다.
   3. 피스톤 링의 기밀작용 및 오일제어 작용 저하로 엔진오일이 연소실로 유입되어 연소하여 오일 소비량이 증가하고 유해 배출가스가 많이 배출된다.

4. 피스톤 슬랩 현상(피스톤이 상·하사점에서 운동 방향이 바뀔 때 실린더 벽에 충격을 가하는 현상)이 발생하고 피스톤 링과 링 홈의 마멸을 촉진시킨다.

22. 피스톤핀의 구비조건
1. 피스톤이 고속 운동을 하기 때문에 관성력 증가 억제를 위하여 경량화 설계
2. 강한 폭발 압력과 피스톤의 운동에 따라 압축력과 인장력을 받기 때문에 충분한 강성 요구
3. 커넥팅로드의 소단부에서 미끄럼마찰 운동을 하기 때문에 내마모성 우수해야 함

피스톤핀의 설치 방법
1. **고정식(Stationary Type)**
   - 피스톤핀이 피스톤 보스부에 볼트로 고정되고 커넥팅로드는 자유롭게 움직여 작동하는 방식
2. **반부동식(Semi-Floating Type)**
   - 피스톤핀을 커넥팅로드 소단부에 클램프 볼트로 고정 또는 압입하여 조립한 방식
   - 피스톤 보스부에 고정 부분이 없기 때문에 자유롭게 움직일 수 있다.
3. **전부동식(Full-Floating Type)**

23. 플러터(Flutter) 현상
1. 기관의 회전속도가 증가함에 따라 피스톤이 상사점에서 하사점으로 또는 하사점에서 상사점으로 방향을 바꿀 때 피스톤링의 떨림 현상을 말한다.
2. 피스톤링의 관성력과 마찰력의 방향도 변화되면서 링 홈에 누출 가스의 압력에 의하여 면압이 저하된다.
3. 따라서 피스톤링과 실린더 벽 사이에 간극이 형성되고 피스톤링의 기능이 상실되어 블로바이 가스가 증가하는 현상이 발생한다.
4. 그래서 **엔진의 출력 저하**, 링 및 실린더의 마모 촉진, 피스톤의 온도 상승, 오일 소모량의 증가 등의 영향을 초래하게 된다.

플러터 현상에 따른 장애
1. 엔진의 출력 저하
2. 슬러지(Sludge) 발생으로 윤활 부분에 퇴적물이 침전
3. 열전도가 적어져 피스톤의 온도 **상승**
4. 오일 소모량 증가
5. 링, 실린더 마모 촉진
6. 블로바이 가스 증가

24. 진동댐퍼
    - 진동댐퍼는 댐퍼 풀리(Damper pulley), 토셔널 댐퍼(Torsional Damper)로 알려져 있으며
    - 비틀림 밸런서(Torsional balancer), 하모닉 밸런서(Harmonic balancer)라고도 한다.
    - 크랭크축 앞 쪽에 설치되어 있으며 크랭크축의 비틀림나 진동을 방지시켜주는 일종의 **충격흡수기 역할**을 한다.
    - 진동댐퍼는 댐핑역할을 하는 매개체에 따라 고무댐퍼와 비스코스댐퍼로 구분할 수 있다.

25. 베어링의 구비조건
    1. 지속적인 반복하중에 견딜 수 있는 내피로성이 클 것
    2. 축의 회전운동에 대응할 수 있는 추종 유동성이 있을 것
    3. 산화 및 부식 에 대해 저항할 수 있는 내식성이 우수할 것
    4. **고온**에서도 하중부담 능력이 있을 것
    5. 금속이물질 및 오염물질을 흡수하는 매입성이 좋을 것
    6. 열전도성 이 우수하고 밀착성이 좋을 것
    7. 고온에서 내마멸성이 우수할 것

26. 밸브의 구비 조건
    1. 고온, 고압에 충분히 견딜 수 있는 고강도일 것
    2. 혼합가스에 이상연소가 발생되지 않도록 열전도가 양호할 것
    3. 관성력 증대를 방지하기 위하여 가능한 **가벼울 것**
    4. 충격과 항장력에 잘 견디고 내구력이 있을 것
    5. 혼합가스나 연소가스에 접촉되어도 부식되지 않을 것

27. 일반적으로 냉각장치가 온도를 유지시키는 엔진의 온도 구간은 85 ~ 95℃ 이다.

28. 라디에이터의 구비조건
    - 단위면적당 방열량이 클 것
    - 강도가 크고 가벼울 것
    - 공기의 흐름저항이 **작을 것**
    - 냉각수의 유통이 용이할 것

29. 엔진오일의 작용
    1. **감마작용**(마멸방지)
       - 엔진의 운동부에 유막을 형성하여 마찰 부분의 마멸 및 베어링의 마모 등을 방지하는 작용
    2. 밀봉작용
       - 실린더와 피스톤 사이에 유막을 형성하여 압축 폭발 시 연소실의 기밀을 유지 (블로바이 가스 발생 억제)

3. 냉각작용
 - 엔진의 각부에서 발생한 열을 흡수하여 냉각하는 작용
4. 정정 및 세척작용
 - 엔진에서 발생하는 이물질 카본 및 금속 분말 등의 불순물을 흡수하여 오일팬 및 필터에서 여과히는 작용
5. 응력분산 및 **완충작용**
 - 엔진의 각 운동 부분과 동력행정 또는 노크 등에 의해 발생하는 큰 충격압력을 분산시키고 엔진오일이 갖는 유체의 특성으로 인한 충격 완화 작용
6. 방청 및 **부식방지작용**
 - 엔진의 각 부에 유막을 형성하여 공기와의 접촉을 억제하고 수분 침투를 막아 금속의 산화 방지 및 부식 방지 작용

엔진오일의 윤활 방식
1. 비산식
 1) 비산 주유식이라고도 하며 <u>윤활유실에 일정량의 윤활유를 넣고 크랭크축의 회전운동에 따라 오일디퍼의 회전운동에 의하여 윤활유실의 윤활유를 비산시켜 기관의 하부를 윤활시키는 방식</u>을 말한다.
 2) 구조는 간단하나 오일의 공급이 일정하지 못하여 다기통 엔진에 적합하지 못하다.
2. 압송식
 1) '강제주유식'이라고도 하며 윤활유 펌프를 설치하여 펌프의 압송에 따라 윤활유를 강제 급유 및 윤활하는 방식을 말한다.
 2) **펌프의 압력을 이용하여 일정한 유압을 유지시키고, 기관 내부를 순환시켜 윤활히는 방식**이며 오일압력을 제어하는 장치들과 유량계 등에 적용되어 있다.
 3) 베어링 접촉면의 공급유압이 높아 완전한 급유가 가능하고 오일팬 내의 오일양이 적어도 윤활이 가능하나, 오일 필터나 급유관이 막히면 윤활이 불가능한 단점이 있다.
3. 비산압송식
 1) 비산식과 압송식을 동시에 적용하는 윤활방식을 말하며 자동차 기관의 윤활방식은 대부분 여기에 속한다.
 2) 크랭크축의 회전운동으로 오일 디퍼를 사용하여 기관의 하부에 해당하는 크랭크저널 및 커넥팅로드 등의 부위에 윤활유를 비산하여 윤활시키고 별도의 오일펌프를 장착하여 윤활유를 압송시켜 기관의 실린더 헤드에 있는 캠축이나 밸브계통 등에 윤활작용을 한다.
4. 혼기식
 1) 혼기 주유식이라고도 하며 <u>연료에 윤활유를 15 ~ 20 : 1의 비율로 혼합하여 연료와 함께 연소실로 보내는 방법</u>이다.
 2) 주로 소형 2사이클 가솔린기관에 적용하며 기관의 중량을 줄이고 소형으로 제작할 경우 채택하는 윤활방식이다.

3) 연료와 윤활유가 혼합되어 연소실로 보내질 때 연료와 윤활유의 비중 차이에 의해 윤활유는 기관의 각 윤활부로 흡착하여 윤활하고 연료는 연소실로 들어가 연소하는 방식으로 일부 윤활유는 연소에 의해 소비가 이루어진다. 따라서 혼기식은 윤활유를 지속적으로 점검, 보충하여 사용해야 하는 단점이 있다.

유압이 상승하는 원인
1. **유압 조절 밸브 스프링의 장력이 크다.**
2. 엔진의 온도가 낮아 오일의 점도가 높다.
3. 윤활 회로의 일부가 막혔다(오일 여과기).

유압이 낮아지는 원인
1. 유압 조절 밸브 스프링 장력이 약하거나 파손되었다.
2. 크랭크축 베어링의 과다 마멸로 오일 간극이 크다.
3. 오일의 점도가 낮다.
4. 오일펌프의 마멸 또는 윤활 회로에서 오일이 누출된다.
5. 오일이 연료 등으로 현저하게 희석되었다.
6. 오일팬의 오일양이 부족하다.

엔진오일의 조기오염 원인
1. 오일여과기 결함
2. **연소가스의 누출**
3. 저질 오일 사용

엔진오일의 과다소모 원인
1. 저질 오일 사용
2. 오일실 및 개스킷의 파손
3. 피스톤링 및 링홈의 마모
4. 피스톤링의 고착
5. 밸브 스템의 마모

30. 가변흡기시스템
1. 엔진은 가변적인 회전수를 구현하며 동력을 발생시킨다.
2. 이러한 엔진에서 흡입효율은 고속 시와 저속 시에 각기 다른 특성을 나타내며 각각의 조건에 맞는 최적의 흡입효율을 적용하도록 개발된 것이 **가변흡기시스템**이다.
3. 일반적으로 엔진은 고속 시에는 짧고 굵은 형상의 흡기관이 더욱 효율적이고 저속 시에는 가늘고 긴 흡기관이 효율적이다.
4. 따라서 가변흡기 시스템은 엔진 회전속도에 맞추어 저속과 고속 시 최적의 흡기 효율을 발휘할 수 있도록 흡기 라인에 액추에이터를 설치하고 엔진의 회전속도에 대응하여 흡기 다기관의 통로를 가변하는 장치이다.

31. 회전력(Torque) : 물체를 회전시키기 위해 가한 힘의 작용을 말한다.
힘과 회전체의 반지름의 곱으로 표현된다.
$$T = F \times r$$
여기서 T : 토크($kgf \cdot m$), F : 힘(kgf), r : 회전체의 반지름(m)

32. <u>지시마력</u>(IPS(Indicated PS), 도시마력, 실제 발생마력)
 - 엔진 연소실의 압력(지압선도)에서 구한 엔진의 작업률을 마력으로 나타낸 것
 - 엔진의 출력축에서 인출할 수 있는 제동마력과 엔진 내부에서 소비되는 마찰마력을 더한 것

<u>마찰 손실 마력(FPS)</u>
 - 폭발 동력 이 크랭크축까지 전달되는 과정에서 마찰로 손실되는 마력을 말한다.

정미마력(제동마력, 실마력, 축마력, 실제사용마력, Brake PS, BPS)
 - 기계적 에너지로 변화된 열에너지 중에서 마찰에 의해 손실된 손실마력을 제외한 크랭크축에서 실제 활용될 수 있는 마력으로 엔진의 정격속도에서 전달할 수 있는 동력의 양을 말한다. 즉 크랭크축에서 직접 측정하므로 축마력이라고도 한다.

<u>연료마력(PPS)</u>
 - 엔진의 성능을 시험할 때 소비되는 연료의 연소과정에서 발생된 열에너지를 마력으로 환산한 것으로 시간당 연료 소모에 의하여 측정되고 최대출력으로 산출한다.

과세마력(공칭마력, SAE 마력)
 - 단순하게 실린더 직경과 기통수에 대하여 설정하는 마력으로 인치계와 미터계로 나눈다.
 - SAE 마력은 1906년 영국 왕실 자동차협회(Royal Auto Motive Club)에서 제정한 것으로 머릿글자를 따서 RAC 마력이라고도 한다. <u>세금을 부과하는데 사용하므로 **과세마력**으로도 부른다.</u>

33. 기계효율이 1보다 적은 이유
1. <u>피스톤과 실린더 벽과의 마찰손실</u>
2. <u>크랭크축의 각 저널부의 마찰손실</u>
3. 점화장치, 오일펌프, 워터펌프. 연료 공급 장치 등 운전상 필요한 <u>보조기구</u> 등의 구동을 위한 손실

34. 연료의 구비조건
1. **기화성이 양호할 것**   2. 적당한 점도를 가질 것
3. 인화점이 낮을 것   4. 착화점이 낮고 **연소성이 좋을 것**
5. 내폭성이 클 것   6. 부식성이 없을 것
7. <u>발열량이 크고 연소퇴적물이 없을 것</u> 8. 부유물이나 고형물질이 없을 것
9. 저장에 위험이 없고 <u>경제적일 것</u>

35. 디젤기관 연료의 주요 성질 중 점성
1. 점성(Viscosity)은 **디젤기관**의 연료에서 중요한 성질이다.
2. 점성(점도)이란 유동할 때 저항하는 성질로 내부응력의 크기, 즉 응집력의 크기를 수치적 으로 나타낸 것으로 연료의 점성이 너무 크면 노즐에서 분사할 때 연료입자의 지름이 커지므로 불완전 연소되고, 액체상태의 연료가 실린더 벽을 통하여 윤활유실로 유입되므로 윤활유에 희석되어 윤활유를 오염시킨다.
3. 점성이 너무 작으면 연료의 무화가 잘되고 연소는 양호하나, 관통력이 부족하여 연료가 실린더의 연소실 내에서 균일하게 분포되지 못하여 불완전 연소가 된다.
4. 중유를 사용하는 기관에서는 연료탱크에서 연료 분사 펌프까지 연료가 흘러가는 유동성이 중요하다.

36. 희박연소(Lean Burn) 엔진
- 이론 공연비보다 더 희박한 공연비 상태에서도 양호한 연소가 가능한 기관

37. 옥탄가(ON : Octane number)
1. 가솔린 연료의 앤티 노크성(Anti-Knocking : 내폭성, 노크 방지 성능)을 나타내는 수치로 수치가 클수록 노킹이 발생되기 어렵다.
2. CFR(Cooperative Fuel Research Engine) 엔진을 사용하여 측정한다.
3. 옥탄가 $= \dfrac{\text{이소옥탄}}{\text{이소옥탄} + \text{정헵탄}} \times 100$

38. 디젤 기관의 노크 방지법
1. 착화성이 좋은(세탄가가 높은) 연료를 사용하여 착화 지연기간을 짧게 한다.
2. 압축비를 높여 압축온도와 압력을 높인다.
3. 연료 분사 초기에 분사량을 **적게** 하여 급격한 압력 상승을 억제한다.
4. 실린더 내의 흡입 공기에 와류를 주어 연료 입자의 증발을 빠르게 한다.
5. 흡기 온도를 높게 유지하여 실린더 내의 온도를 상승시킴으로써 착화 지연을 짧게 한다.
6. 실린더 벽의 온도를 높게 유지한다.
7. 회전수를 낮추어 피스톤 속도를 낮추면 분사한 연료가 충분히 착화되어 노크가 방지된다.

39. 탄화수소(HC : Hydro Carbon)
1. 미연소 가스라고도 하며 탄소와 수소가 화학적으로 결합한 것을 총칭한 것이다.
2. 이 가스는 연료 탱크에서 자연 증발하거나 배기가스 중에도 포함되어 배출된다.
3. 이 가스를 접촉하면 호흡기에 강한 자극을 주고 눈과 점막에 자극을 일으키며 광학 스모그를 일으킨다.

40. 배기가스의 혼합비와의 관계
  1. **이론 공연비(14.7:1)**보다 농후한 혼합비에서는 NOx 발생량은 감소하고 CO와 HC의 발생량은 증가한다.
  2. 이론 공연비보다 약간 희박한 혼합비를 공급하면 NOx 발생량은 증가하고 CO와 HC의 발생량은 감소한다.
  3. 이론 공연비보다 매우 희박한 혼합비를 공급하면 NOx와 CO 발생량은 감소하고 HC의 발생량은 증가한다.

41. 질소산화물(NOx)
  1. 연소실 안이 고온일 때 흡입공기 중의 산소와 질소가 산화하여 발생
  2. 엔진의 내부 온도가 1,500℃ 이상에서 발생량이 급증

  공연비와의 관계
  1. 이론 공연비보다 농후할 때 CO와 HC는 증가, NOx는 감소한다.
  2. **이론 공연비보다 약간 희박할 때 NOx는 증가**, CO와 HC는 감소한다.
  3. 이론 공연비보다 희박할 때 HC는 증가 CO와 NOx는 감소한다.

  엔진 온도와의 관계
  1. 저온일 경우 CO와 HC는 증가, NOx는 감소한다.
  2. 고온일 경우 NOx는 증가, CO와 HC는 감소한다.

  운전 상태와의 관계
  1. 공회전할 때 CO와 HC는 증가, NOx는 감소한다.
  2. 가속할 때 CO, HC, NOx 모두 증가된다.
  3. 감속할 때 CO와 HC는 증가, NOx는 감소한다.

42. 산소센서
  1. 지르코니아 형식
   1) 지르코니아 소자(ZrO_2) 양면에 백금 전극이 있고, 이 전극을 보호하기 위해 전극의 바깥쪽에 세라믹으로 코팅하며 센서의 안쪽에는 산소 농도가 높은 대기가, 바깥쪽에는 산소 농도가 낮은 배기가스가 접촉한다.
   2) 지르코니아 소자는 **정상 작동 온도(약 350℃ 이상)**에서 양쪽의 산소 농도 차이가 커지면 기전력을 발생히는 성질이 있다. 즉, 대기 쪽 산소 농도와 배기가스 쪽의 산소 농도가 큰 치이를 나타내므로 산소 이론은 분압이 높은 대기 쪽에서 분압이 낮은 배기가스 쪽으로 이동하며, 이때 기전력을 발생하고 이 기전력은 산소 분압에 비례한다.

2. 티타니아 형식
 1) 세라믹 절연체의 끝에 티타니아 소자(TiO_2)가 설치되어 있어 전자 전도체인 티타니아가 주위의 산소 분압에 대응하여 산화 또는 환원되어 그 결과 전기저항이 변화하는 성질을 이용한 것이다.
 2) 이 형식은 온도에 대한 저항 변화가 커서 온도 보상 회로를 추가하거나 가열 장치를 내장시켜야한다.

43. 직류전동기의 종류
 1. **직권식** : **전기자코일과 계자 코일이 직렬로 연결**, 각 코일에 흐르는 전류는 일정하고 회전력이 크고 부하 변화에 따라 회전속도가 증감하므로 **기동전동기에서 주로 사용**
 2. 분권식 : 전기자코일과 계자 코일이 병렬로 연결, **부하 변화 시 회전속도가 유지되**므로 일정 속도를 요구하는 회전운동 부분에 작동용 전동기로 이용
 3. 복권식 : 전기자코일과 계자 코일이 직렬과 병렬로 연결, **계자 코일의 자극의 방향이 같으며** 직권과 분권의 중간적인 특성을 나타낸다. 기동할 때에 직권 전동기와 같이 회전력이 크고 기동 후에는 분권 전동기와 같이 일정 속도를 나타낸다.

44. 잔류자기(Remanence) : 강자성체에 자장을 작용시켜 이것을 자화한 다음 자장을 제거하여도 자화된 물체에는 자력이 남게 되는데 이때 남아 있는 자력

45. 전기자코일(Armature Coil)
 1. 큰 전류가 흐를 수 있도록 평각 동선을 운모, 종이, 파이버, 합성수지 등으로 절연하여 코일의 한쪽은 N극, 다른 한쪽 끝은 S극이 되도록 철심의 홈에 끼워져 있다.
 2. **코일의 양 끝은 정류자편에 납땜되어 모든 코일에 동시에 전류가 흘러 각각에 생기는 전자력이 합해져서 전기자를 회전시킨다.** 전기자코일은 하나의 홈에 2개씩 설치되어 있다.

46. HEI(High Energy Ignition : 고 에너지 점화장치)
 1. 점화 1차 코일에 흐르는 전류를 컴퓨터에 의해 제어하여 저속 성능 향상
 2. 점화 1차 코일에 흐르는 전류를 신속하게 단속하여 고속 성능 향상
 3. 접점이 없기 때문에 불꽃을 강하게 하여 착화성이 향상
 4. 엔진의 상태를 검출하여 최적의 점화시기를 컴퓨터가 조절
 5. 폐자로형 점화 코일을 사용하므로 불꽃 방전이 크고 실화 없이 완전 연소가 가능
 6. 노킹 발생시 점화시기를 컴퓨터가 조절하여 노킹을 제어

47. 컴퓨터 제어방식 점화장치의 장점
1. 저속, 고속에서 매우 안정된 점화 불꽃을 얻을 수 있다.
2. **엔진의 작동 상태를 각종 센서로 감지하여 최적의 점화 시기로 제어한다.**
3. 노크 발생시 점화 시기를 자동으로 늦추어 노크 발생을 억제한다.
4. 고출력의 점화코일을 사용하므로 완벽한 연소가 가능하다.

48. 점화 플러그의 자기청정온도와 열값
1. 점화 플러그 전극 부분의 작동 온도가 400℃ 이하로 되면 연소에서 생성되는 카본이 부착되어 절연 성능이 저하되고, 불꽃 방전이 약해져 실화를 일으키게 된다.
2. **전극 부분의 온도가 800 ~ 950℃ 이상**이면 조기 점화를 일으켜 노킹이 발생하고 엔진의 출력이 저하된다.
3. 이에 따라 엔진이 작동되는 동안 전극 부분의 온도는 400~600℃를 유지하여야 한다. 이 온도를 점화 플러그의 자기청정온도(Self Cleaning Temperature)라고 한다.

49. 가솔린 직접분사장치(**GDI** : Gasoline Direct Injection)
실린더에 직접 인젝터를 설치하여 압축행정 말기에 연료를 분사하여 점화플러그 주위의 공연비를 농후하게 하는 성층연소로 희박한 공연비(25~40:1)에서도 점화가 가능하다.

50. 전자제어식 점화장치의 특징
1. **조정이 불필요**
2. 엔진의 상태를 항상 감지하여 최적의 점화시기를 자동적으로 조정
3. 각종 진각 장치가 컴퓨터에 의하여 자동으로 진각됨
4. 고속 및 저속 성능의 탁월한 안정성

51. 전자제어 연료분사장치 중 제어 방식에 의한 분류
1. **K-제트로닉** : 연료의 분사량을 기계식으로 제어하는 연속적인 분사 방식
2. **L-제트로닉** : 흡입 공기량을 계측하여 연료 분사량을 제어하는 방식
3. **D-제트로닉** : 흡기다기관 내의 부압을 검출하여 연료 분사량을 제어하는 방식

52. 열선 열막식의 장점
1. 공기 질량을 **정확하게** 계측할 수 있다.
2. 공기 질량 감지 부분의 응답성이 빠르다.
3. 대기 압력 변화에 따른 오차가 없다.
4. 흡입 공기의 온도가 변화하여도 측정상의 오차가 없다.
5. 맥동 오차가 없다.

53. ECU의 구성
    1. **중앙처리장치**(CPU), **기억장치**(Memory), **입·출력장치**(I/O) 등으로 구성
    2. 디지털 제어(Digital Control)와 아날로그 제어(Analog Control)를 수행

54. 스로틀 포지션 센서(TPS : Throttle Position Sensor)
    - 스로틀 밸브축이 회전하면 출력 전압이 변화하여 ECU로 입력하면 ECU는 이 전압 변화를 기초로 하여 엔진 회전 상태를 판정하고 감속 및 가속 상태에 따른 연료 분사량을 결정한다.

    부특성 서미스터(Thermistor)
    - 온도가 상승하면 이에 따라 저항값이 감소하는 서미스터로 연료 잔량 경고등, 흡입 공기 온도 센서, 오일 온도 센서 등에 쓰인다. 예컨대 연료가 없으면 서미스터가 공기 중에 노출되므로 온도가 상승하고 저항값이 감소하면 경고등에 불이 켜지게 된다.

    차속센서(VSS : Vehicle Speed Sensor)
    - 리드 스위치를 이용하여 트랜스 액슬 기어의 회전을 펄스 신호로 변환하여 ECU로 보내면 ECU는 이 신호를 기초로 하여 공전속도 등을 조절한다.

    공기유량센서(AFS : Air Flow Sensor)
    - 흡입 공기량을 검출하여 ECU로 흡입 공기량 신호를 보내면 ECU는 이 신호를 기초로 하여 기본 연료 분사량을 결정한다.

55. 액추에이터(Actuator)의 구성
    1. **연료 인젝터** : 연료 공급량을 조절
    2. 점화장치(코일) : 혼합기의 연소가 제대로 되도록 점화시기를 조절
    3. 공전속도 조절 장치 : 공회전 시 공기량을 제어
    4. EGR 컨트롤 솔레노이드 밸브 : 배기가스를 흡기라인으로 재순환하여 연소시 연소 온도를 낮추어 NOx의 생성을 억제
    5. 퍼지컨트롤 솔레노이드 밸브(PCSV) : 캐니스터 내의 연료증발가스를 연소실로 보내 연소

56. **모터 포지션 센서**(MPS : Motor Position Sensor)
    1. 가변 저항식이며 ISC-서보 내에 설치되어 있다.
    2. 슬라이딩 핀(Sliding Pin)은 플런저 끝부분에 접촉되어 플런저가 작동할 때 센서의 내부 저항이 변화하므로 출력 전압이 변화한다.
    3. 모터 포지션 센서에서 ISC-서보 플런저의 위치를 검출한 신호를 ECU로 보내면

ECU는 공전 신호, 냉각수 온도, 부하 신호(에어컨), 모터 포지션 센서의 신호 및 주행속도 신호를 연산하여 <u>스로틀 밸브의 개도를 엔진 가동조건에 알맞은 공전속도로 조절한다.</u>

57. 현가 이론상 자동차의 주행 시 승차감이 좋은 진동수는 60 ~ 120 cycle/min 이다.

58. 스프링 위 질량의 진동(차체의 진동)
1. 바운싱(Bouncing) : Z축을 따라 움직이는 상하 평행 진동
   1) 차체가 수직축을 중심으로 상하방향으로 운동하는 것을 말한다.
   2) 타이어의 접지력을 변화시키고 자동차의 주행 안정성과 관련이 있다.
2. 롤링(<u>Rolling</u>) : X축을 중심으로 회전하는 좌우 진동
   1) **자동차 정면의 가운데로 통하는 앞뒤축을 중심으로 하는 회전 작용의 모멘트이다.**
   2) 항력 방향 축을 중심으로 회전하려는 움직임이다.
   3) 측면으로 작용하는 힘에 의하여 발생되고 자동차의 선회운동 및 횡풍의 영향을 받으며 주행 안정성과 관련이 있다.
3. 피칭(Pitching) : Y축을 중심으로 회전하는 앞뒤 진동
   1) 자동차의 중심을 지나는 좌우 축 옆으로의 회전 작용의 모멘트를 말한다.
   2) 횡력(측면) 방향축을 중심으로 회전하려는 움직임이다.
   3) 피칭모멘트는 <u>일반적으로 노면의 진동에 의해 자동차의 전륜측과 후륜측의 상하 운동으로 발생된다.</u>
   4) 타이어의 접지력을 변화시키고 자동차의 고속 주행 안정성과 관련이 있다
4. 요잉(Yawing) : Z축을 중심으로 회전하는 수평 진동
   1) 자동차 상부의 가운데로 통하는 상하 축을 중심으로 한 회전 작용의 모멘트이다.
   2) 양력(수직)방향 축을 중심으로 회전하려는 움직임이다.
   3) <u>자동차의 선회, 원심력과 같은 차체의 회전운동과 관련된 힘에 의하여 발생된다.</u>
   4) <u>횡풍의 영향을 받으며 주행 안정성과 관련이 있다.</u>

스프링 아래 질량의 진동(차축의 진동)
· 휠 홉(Wheel hop) : Z축 방향의 상하 평행 진동
· **휠 트램프(Wheel tramp)** : <u>X축을 중심으로 회전하는 좌우 진동</u>
· <u>와인드업(Windup)</u> : 차축에 대하여 좌우 방향(Y축)을 중심으로 회전하는 앞뒤 진동
· 스키딩 : 차축에 대하여 수직인 축(Z축)을 기준으로 기어가 슬립하며 요잉 운동을 하는 것

59. 1. <u>판 스프링</u>
   1) <u>스프링 강을 적당히 구부린 뒤 여러 장을 적층하여 탄성효과에 의한 스프링 역할을 할 수 있도록 만든 것으로 강성이 강하고 구조가 간단하다.</u>

2) 스프링의 강성이 다른 스프링보다 강하므로 차축과 프레임을 연결 및 고정 장치를 겸할 수 있어 구조가 간단해지나, 판 사이의 마찰로 인해 진동을 억제하는 작용을 하여 미세한 진동을 흡수하기가 곤란하고, 내구성이 커서 대부분 화물 및 대형차에 적용하고 있다.

2. **코일 스프링**
   1) 스프링 강선을 코일 형으로 감아 비틀림 탄성을 이용한 것이다.
   2) 판 스프링보다 탄성도 좋고, <u>미세한 진동흡수가 좋지만, 강도가 약하여 주로 승용차의 앞·뒤차 축에 사용된다.</u>
   3) 단위 중량당 에너지 흡수율이 크고, 제작비가 저렴하고 스프링의 작용이 효과적이며 다른 스프링에 비하여 손상률이 적은 장점이 있으나, 코일 강의 지름이 같고 스프링의 피치가 같을 경우 진동감쇠 작용과 옆방향의 힘에 대한 저항이 약한 단점이 있다.

3. **토션바 스프링**
   1) <u>스프링 강으로 된 막대를 비틀면 강성에 의해 원래의 모양으로 되돌아가는 탄성을 이용한 것</u>으로, 다른 형식의 스프링보다 단위 중량당 에너지 흡수율이 크므로 경량화할 수 있고, 구조도 간단하므로 설치공간을 작게 차지할 수 있다.
   2) 스프링의 힘은 바의 길이와 단면적 그리고 재질에 의해 결정되며, 진동의 감쇠작용이 없으므로 쇽업소버를 병용하여야 한다.

4. **에어 스프링**
   1) <u>압축성 유체인 공기의 탄성을 이용하여 스프링 효과를 얻는 것</u>으로 금속 스프링과 비교하면 다음과 같은 특징이 있다.
   2) 스프링 상수를 하중에 관계없이 임의로 정할 수 있으며 적차시나 공차시 승차감의 변화가 거의 없다.
   3) 하중에 관계없이 스프링의 높이를 일정하게 유지할 수 있다.
   4) 서징현상이 없고, 고주파 진동의 절연성이 우수하다.
   5) 방음효과와 내구성이 우수하다.
   6) 유동하는 공기에 교축을 적당하게 줌으로써 감쇠력을 줄 수 있다.

60. 독립 차축 현가 방식의 특징
1. 차고를 낮게 할 수 있으므로 주행 안전성이 향상된다.
2. <u>**스프링 정수가 적은 스프링을 사용할 수 있다.**</u>
3. <u>구조가 복잡하게 되고, 이음부가 많아 각 바퀴의 휠 얼라인먼트가 변하기 쉽다.</u>
4. <u>스프링 아래 질량이 가벼워 승차감이 좋아진다.</u>
5. 조향바퀴에 옆 방향으로 요동하는 진동(Shimmy) 발생이 적고, 타이어의 접지성(Road Holding)이 우수하다.
6. 주행 시 바퀴가 상하로 움직임에 따라 윤거나 얼라인먼트가 변하여 타이어의 마모가 촉진된다.

61. 뒤차축의 지지 방식
   - <u>전부동식</u> : 차축은 바퀴에 동력을 전달하는 역할을 하고, 차량의 중량과 지면의 반력 등의 외력은 받지 않는 방식. **구동 바퀴를 탈거하지 않고도 차축(액슬축)을 분리할 수 있는 특성**이 있으며 주로 대형버스나 트럭 등에 적용된다.
   - <u>반부동식</u> : 차축은 차량중량에 의한 수직력, 제동력, 구동력 및 기타 바퀴에 작용하는 측면방향 힘을 받는 구조. 차축을 탈거하기 위해서는 바퀴를 탈거 후 내부 고정장치를 분리하여야 가능하다. 구조가 간단하여 승용차 및 소형 화물차에 사용된다.
   - <u>3/4 부동식</u> : 차축 바깥 선단부에 바퀴 허브와 결합되고, 차축 하우징 바깥쪽의 1개의 베어링으로 허브를 지지하는 형식. 수직 및 수평 하중의 대부분은 차축 하우징이 받지만 차체가 좌우로 경시지는 경우 차축에 하중의 일부가 걸리도록 되어 있는 구조로 전부동식과 반부동식의 중간 형태의 차축 지지방식이다.

62. 현가장치(Suspension)는 차축과 차체를 연결하여, 주행할 때 차축이 노면에서 받는 진동이나 충격이 차체에 직접 전달되지 않도록 함으로써 차체나 화물의 손상을 방지하고 **승차감을 좋게 하는 장치**이다.

63. 차고란 차의 높이를 말한다. 차의 높이는 쇽업쇼바의 감쇠력을 조정하여 조절하며, 감쇠력은 <u>공기압</u>을 조절하여 조절 가능하다.

64. 공기스프링 현가장치의 장단점

   - 장점
   1. 스프링의 세기가 하중에 비례하여 변화되기 때문에 일정한 승차감을 유지시킨다.
   2. 고유 진동이 작기 때문에 효과가 유연하다.
   3. 공기 자체에 감쇠성이 있어서 작은 진동을 흡수할 수 있다.
   4. <u>적재량이 변화하여도 차체의 높이를 일정하게 유지할 수 있다.</u>
   5. <u>스프링의 고유진동수는 거의 일정하게 유지된다.</u>

   - 단점
   1. 공기 압축기, 레벨링 밸브 등이 설치되기 때문에 구조가 복잡하다.
   2. 옆 방향 작용력에 대한 강성이 없어 옆 방향 힘에 약하다.
   3. 액슬 하우징을 지지하기 위한 링크 기구가 필요하다.
   4. 제작비가 비싸다.

65. 밸브블록(Valve Block) : 솔레노이드 밸브가 장착되어 있으며 공기 스프링과 컴프레서 사이에서 에어 압력을 공급 또는 배출하는 역할을 한다.
    압력 센서(Pressure Sensor) : 밸브블록 내부에 장착되며 시스템의 압력을 감지한다.
    리버싱 밸브(Reversing Valve) : 컴프레서 내부에 장착되어 있으며 에어 스프링에 에어를 공급 또는 배출시 내부 밸브의 작동을 달리하여 그 과정을 수행하는 밸브이다.
    에어 드라이어(Air Dryer) : 공기 중 수분을 흡수하여 시스템 내에 수분 등이 공급되지 않도록 한다. 대기압 밸브를 통해 내부 공기가 외부로 방출될 때 내부 습기도 배출된다.

66. 4륜 조향장치는 최소회전반경이 작은 특성이 있다.

67. 동력 조향 장치의 장점
    1. 노면의 충격을 흡수하여 조향 휠에 전달되는 것을 방지할 수 있다.
    2. **적은 힘**으로 조향 조작을 할 수 있다.
    3. 앞 바퀴의 시미 현상을 감쇄하는 효과가 있다.
    4. 조향 기어비를 조작력과 관계없이 선정할 수 있다.
    5. 노면에서 발생되는 충격을 흡수하기 때문에 킥 백을 방지할 수 있다.

68. **전동 유압식 동력 조향장치**(EHPS : Electronic Hydraulic Power Steering)
    1. 전동모터로 필요시에만 유압펌프를 작동시켜 차속 및 조향 각속도에 따라 조타력을 보조하는 전동 유압식 파워 스티어링이다.
    2. 배터리의 전원을 공급받아서 전기 모터를 작동시켜 전기모터의 회전에 의해 유압펌프가 작동되고 펌프에서 발생되는 유압을 조향 기어박스에 전달하여 운전자의 조타력을 보조한다.
    3. 따라서 엔진과 연동되는 소음과 진동이 근본적으로 개선되고 조타 시에만 에너지가 소모되기 때문에 연비도 향상되는 장점이 있다.

69. 킹핀 옵셋 : 직진 위치에서 좌우 바퀴를 위에서 보았을 때 임의의 각도를 두고 설치된 상태

70. 캠버(Camber) : 자동차 휠이 지면과 수직선상에 놓이지 않고 약간 기울어진 상태를 말한다. 이러한 캠버는 **하중으로 인한 앞차축의 휨을 방지**하는 역할을 한다.

71. 캐스터(Caster) : 자동차의 앞에서 바라보았을 때 바퀴의 중심축과 조향축이 이루는 각도 현가 스프링의 피로여부와 관계없이 캐스터는 차량이 노면에서 받는 충격에 의해 변화되지 않으므로 **변화 없다**.

72. 토우 인(Toe-in, 토인) : 앞바퀴를 위에서 볼 때 좌우 타이어의 중심선의 거리가 앞부분이 뒷부분보다 2~5mm 정도 좁게 설정되어 있는 상태를 말한다.

    토우 인의 역할
    1. 앞바퀴를 평행하게 회전시킨다.
    2. 앞바퀴의 사이드슬립과 타이어 마멸을 방지한다.
    3. <u>조향링키지 마멸에 따라 **토 아웃**이 되는 것을 방지한다.</u>
    4. <u>**토인은 타이로드의 길이로 조정한다.**</u>

73. 제동장치의 작동 방식에 따른 분류
    1. <u>내부 확장식</u> : 브레이크 페달을 밟아 마스터 실린더의 유압이 휠 실린더에 전달되면 브레이크 슈가 드럼을 밖으로 밀면서 압착되어 제동 작용을 하는 방식이다.
    2. <u>외부 수축식</u> : 레버를 당길 때 브레이크 밴드를 브레이크 드럼에 강하게 조여서 제동하는 형식이다.
    3. <u>디스크식</u> : 마스터 실린더에서 발생한 유압을 캘리퍼로 보내어 바퀴와 같이 회전하는 디스크를 패드로 압착시켜 제동하는 방식이다.

74. <u>캘리퍼</u> : 디스크 브레이크의 한 구성품으로 **내부에 피스톤과 실린더가 조립되어 있으며 제동력의 반력을 받기 때문에 너클이나 스트럿에 견고하게 고정되어 있다.**
    디스크 : 휠 허브에 설치되어 바퀴와 함께 회전하는 원판으로, 제동 시 발생하는 마찰열을 발산시키기 위하여 내부에 냉각용 통기구멍이 설치되어 있는 벤틸레이티드 디스크로 제작되어 있다.
    실린더 및 피스톤 : 디스크에 끼워지는 캘리퍼 내부에 설치되어 있고 실린더의 끝부분에는 이물질 유입을 방지하기 위하여 유연한 고무의 부츠가 설치되어 있다.
    패드 : 두께가 약 10mm 정도의 마찰제로 피스톤과 디스크 사이에 조립되어 있다.

75. 배력식 브레이크 : <u>배력식 브레이크는 유압식 브레이크에서 제동력을 증가시키기 위해 **흡기다기관에서 발생하는 진공압과 대기압의 차이를 이용**하는 **진공배력식 하이드로 백**과 압축공기의 압력과 대기압력 차이를 이용하는 공기배력식 하이드로 백이 있다.</u>

    공압식 브레이크
    - 공기압축 장치의 압력을 이용하여 모든 바퀴의 브레이크슈를 드럼에 압착시켜서 제동 작용을 하는 브레이크 방식이며, 브레이크 페달에 의해 밸브를 개폐시켜 브레이크 체임버에 공급되는 공기량으로 제동력을 조절한다.

장단점
1. 차량 중량에 **제한을 받지 않는다.**
2. 공기가 다소 누출되어도 제동성능이 현저하게 저하되지는 않는다.
3. 베이퍼 록의 발생 염려가 없다.
4. 페달 밟는 양에 따라 제동력이 조절된다.
5. 공기 압축기 구동으로 인해 엔진의 동력이 소모된다.
6. 구조가 복잡하고 값이 비싸다.

76. 전자식 주차 브레이크(EPB : Electric Parking Brake)의 구성
    - 기어박스, 케이블 구동모터, EPB ECU, 케이블, 포스센서

77. ABS 시스템
    - 하이드로닉 유니트, 일렉트로닉 유니트(ECU), 휠스피드센서

78. 전자제어 구동력 제어장치 (TCS : Tranction Control System)
    마찰 계수가 낮은 도로(빙판길 및 눈길) 또는 바퀴의 마찰 계수가 적고 미끄러지기 쉬운 도로에서 구동 및 가속에 대한 미끄러짐 발생 시 엔진의 출력을 감소시키고 ABS 유압 시스템을 통하여 바퀴의 미끄러짐을 억제, 구동력을 노면에 최적으로 전달하는 것

    전자제어제동력 배분장치 (EBD : Electronic Brake force Distribution)
    제동 시 앞바퀴측과 뒷바퀴측의 발생유압 시점을 뒷바퀴가 앞바퀴와 같거나 또는 늦게 고착되도록 ABS ECU가 제동배분을 제어하는 것

    차량 자세제어시스템 (VDC : Vehicle Dynamic Control System)
    스핀(Spin), 또는 오버 스티어 (Over Steer), 언더 스티어(Under Steer) 등의 발생을 억제하여 이로 인한 사고를 방지하는 시스템

79. VDC 제어조건
    1. 주행속도가 15km/h **이상 되어야 한다.**
    2. 점화 스위치 ON 후 2초가 지나야 한다.
    3. 요 모멘트(Yaw Moment)가 일정값 이상 발생하면 제어한다.
    4. 제동이나 출발할 때 언더 스티어나 오버 스티어가 발생하면 제어한다.
    5. 주행속도가 10km/h 이하로 떨어지면 제어를 중지한다.
    6. 후진할 때에는 제어하지 않는다.
    7. 자기 진단기기 등에 의해 강제구동 중일 때에는 제어하지 않는다.

80. 가속저항(Acceleration Resistance)
- 주행 중인 자동차의 속도를 증가시키는 데 필요한 힘
가속저항 식 $R_{ac} = \dfrac{W + W'}{g} \times a$
여기서,
a : 가속도(㎨), W : 차량중량, W' : 회전부분 관성 상당 중량, g : 중력가속도(㎨)

81. 최소회전반경은 조향각도를 최대로 하고 선회할 때 바퀴에 의해 그려지는 가장 바깥쪽 원의 반경을 말하며 다음과 같이 표현된다.
$R = \dfrac{L}{\sin \alpha} + r$

82. 제동거리란 브레이크 페달에 힘을 가하여 제동시켜 자동차가 완전히 정지할 때까지의 진행거리를 말하며 다음과 같이 표현된다.
$S = \dfrac{v^2}{100} \times 0.88$, 여기서 v : 속도(m/s)

83. 휠의 종류
1. <u>디스크 휠</u> : 디스크를 림과 리벳 혹은 용접으로 연결한 것으로 가장 많이 이용
2. <u>스파이더 휠</u> : 방사선 모양의 림 지지대를 설치한 것으로 대형차나 중장비에서 이용
3. <u>스포크 휠</u> : 허브와 림을 강선의 스포크로 연결한 것으로 이륜자동차, 스포츠카에서 이용

84. 사이드 월(Side Wall)
1. 트레드와 비드 사이의 타이어 측면부를 말한다.
2. **카커스를 보호하고 댐퍼역할을 하며 승차감을 좋게 한다.**
3. 재질은 유연하고, 내노화성 및 내피로성이 뛰어나야 한다.

85. <u>보통 타이어(바이어스 타이어 : Bias Tire)</u>
1. 카커스 코드가 타이어의 원주방향 중심선에 대하여 일정한 각도(25~40°)를 가지고 결합
2. 접지된 면에서 중첩된 플라이가 고무를 매개로 충격을 흡수하므로 코드 각이 작은 타이어일수록 코드가 겹치는 점이 많아져 카커스가 잘 움직이지 않게 되고 타이어는 단단해짐
3. 타이어 회전방향과 측면방향의 두 힘을 카커스 코드로 받으므로 주행 중에는 타이어의 카커스 코드 각도가 상대적으로 변형이 많으므로 유연하고 승차감이 좋음
4. 트레드면이 수축되기 쉽고 횡력에 대한 저항이 작고 내마모성이 약함

튜브리스 타이어 (Tubeless Tire)
1. 튜브가 있는 타이어는 튜브로 공기압과 기밀을 유지하므로 노면의 못 등에 의하여 튜브가 손상되면 공기가 빠져 공기압력이 저하되고 심한 충격이나 과대한 하중으로 튜브가 파손되면 급격한 공기 누출로 인하여 조향 불능상태가 된다.
2. 튜브리스 타이어는 튜브가 없고 타이어의 내면에 공기 투과성이 적은 특수 고무층을 붙이고 다시 비드부에 공기가 누설되지 않는 재료를 사용하여 림과의 밀착을 확실하게 하기 위하여 비드부분의 내경을 림의 외경보다 약간 작게 하고 있다.

스노타이어(Snow Tire)
1. 일반 타이어와는 고무질과 트레드를 다르게 하여 눈 위에서 슬립 없이 주행하도록 한 것
2. 접지면적을 크게 하기 위하여 트레드부의 폭을 10~20% 넓히고 패턴은 리브와 블록을 적절하게 배치
3. 승용차용은 일반 타이어보다 50~70%, 트럭용은 10~40% 정도 트레드부의 홈을 깊게 함
4. 트레드 부분에 철심을 설치하여 빙판길 등에서 미끄럼을 방지하는 스파이크 타이어, 비상시 사용하는 예비 타이어 등이 있음

레이디얼 타이어(Radial Tire)
1. **타이어의 원주방향 중심선에 대하여 약 90°의 방향으로 배치된 플라이 위에 15~20°의 코드 각을 가진 강성이 높은 벨트 층을 가지는 구조**
2. 카커스 코드는 레이온 나일론 및 폴리에스테르가 사용되고, 벨트에는 레이온, 폴리에스테르 또는 강선이 사용
3. 트레드부의 강성이 크고 수축이 거의 없으므로 내마모성이 우수
4. 구름 저항이 적고 타이어의 발열이 적으며 노면과의 접촉성이 향상되어 선회성능이 우수하므로 현재는 강철 벨트를 사용한 스틸 레이디얼이 주류를 이루고 있음

86. 수막현상
- 빗길을 고속으로 주행할 때 타이어와 지면 사이 얇은 수막이 생기는 현상을 말한다.
- 마치 차량이 물 위에 떠서 주행하는 것과 같은 현상이 나타난다.
- 이 현상이 발생되면 제동거리가 길어지고, 핸들 조작이 어려워진다.
- 대부분 전륜에서 많이 발생된다.
- 발생하는 물의 깊이는 2.5~10.0mm 정도이다.
- 가장 많이 발생되는 물의 깊이는 보통 5.08mm~7.62mm 사이로 알려져 있다.

수막현상 예방하는 방법
- 비가 올 경우 20%, 폭우 시 50% 이상 감속 운행
- 비가 올 경우 <u>타이어 공기압을 평소보다 10~15%</u> **높이는 것이 필요**
- 적정 적재량을 초과하지 않도록 관리

87. 자유간극 : 클러치 페달을 밟은 후부터 릴리스 베어링이 다이어프램 스프링(또는 릴리스 레버)에 닿을 때까지 페달이 이동한 거리

자유 간극이 넓은 경우 : 클러치 차단이 불량하여 변속기의 **기어 변속 시 소음이 발생**, 손상
자유 간극이 좁은 경우 : 클러치가 미끄러지며 클러치판이 과열되어 소손됨
<u>연료 소비량 증가</u>되고 <u>주행중 가속 페달을 밟아도 증속이 잘 안되며 등판성능이 저하됨</u>

[자동차 공학]

문제 1 열역학적 사이클에 의한 분류 중 디젤 사이클이란? (이때, ϵ = 압축비, σ = 단절비, k = 비열비)

① $n_d = 1 - \left(\dfrac{1}{k-1}\right)^\epsilon \dfrac{\sigma^k - 1}{k(\sigma - 1)}$ ② $n_d = 1 - \left(\dfrac{1}{k-1}\right)^\epsilon \dfrac{\sigma^k - 1}{\sigma(k - 1)}$

③ $n_d = 1 - \left(\dfrac{1}{\epsilon}\right)^{k-1} \dfrac{\sigma^k - 1}{k(\sigma - 1)}$ ④ $n_d = 1 - \left(\dfrac{1}{\epsilon}\right)^{k-1} \dfrac{\sigma^k - 1}{\sigma(k - 1)}$

해설 디젤 사이클(Diesel Cycle, 정압 사이클)
1. 급열이 일정한 압력 하에서 이루어지며 중·저속 디젤엔진에 적용된다.
2. 1 사이클은 단열(등엔트로피)압축 → 정압가열 → 단열(등엔트로피)팽창 → 정적방열의 과정으로 구성된다.
3. 이론 열효율식 : $n_d = 1 - \left(\dfrac{1}{\epsilon}\right)^{k-1} \dfrac{\sigma^k - 1}{k(\sigma - 1)}$

문제 2 배출가스 제어장치의 구성이 아닌 것은?

① 1차 공기 공급장치 ② 촉매 변환장치
③ 배기가스 재순환 장치 ④ 블로바이 가스 제어장치

해설 배출가스 제어장치의 구성
1. 블로바이 가스 제어장치 → ④   2. 연료 증발가스 제어장치
3. 배기가스 재순환 장치 → ③   4. 산소센서
5. 촉매 컨버터(변환장치) → ②

문제 3 킹핀 경사각의 역할은?

① 앞바퀴를 평행하게 회전시킨다.
② 조향 링키지 마멸에 따라 토 아웃이 되는 것을 방지한다.
③ 앞바퀴가 시미 현상을 일으키지 않도록 한다.
④ 타이로드의 길이로 조정한다.

정답 01 ③   02 ①   03 ③

해설 킹핀 경사각
- 일체 차축 방식에서 킹핀의 중심선이 지면의 수직에 대하여 7~9°정도 각도를 두고 설치되는 것을 말한다.

킹핀 경사각의 역할
1. 캠버와 함께 조향 핸들의 조작력을 가볍게 한다.
2. 캐스터와 함께 앞바퀴에 복원성을 부여한다.
3. **앞바퀴가 시미 현상을 일으키지 않도록 한다.** → ③

문제 4 모노코크 보디의 특징으로 틀린 것은?

① 차체의 중량이 가볍고 강성이 크다.
② 후판의 프레스 가공이 필요 없고, 박판으로 열변형이 없는 점 용접으로 바디 조립의 자동화가 가능하다.
③ 연계적 구조이기 때문에 충돌에 의한 손상이 복잡하여 복원 수리가 비교적 어렵다.
④ 객실 공간이 넓고 주행 안전성이 있다.

해설 모노코크 보디(프레임리스 보디)의 특징
1. 일체구조로 되어 있기 때문에 <u>경량이고 강성이 크며</u> → ①, 차체 전체가 하중을 분담한다.
2. <u>충돌에 의한 손상의 영향이 복잡하여 복원수리가 비교적 어렵다.</u> → ③
3. 별도의 프레임이 없기 때문에 차고를 낮게 하고, 차량의 무게중심을 낮출 수 있어 <u>주행 안전성이 우수하다.</u> → ④
4. 후판의 프레스나 용접가공이 필요 없고, 작업성이 우수한 박판 가공과 열변형이 거의 없는 <u>스폿 용접(점 용접)</u>으로 가공하여 정밀도가 높고 생산성이 좋다. → ②
5. 충돌 시 충격에너지 흡수율이 좋고 안전성이 높다.
6. 엔진이나 서스펜션 등이 직접적으로 차체에 부착되어 소음이나 진동의 영향을 받기 쉽다.
7. 박판 강판을 사용하고 있기 때문에 부식으로 인한 강도의 저하 등에 대한 대책이 필요하다.
→ <u>객실 공간이 넓은 것은 모노코크 바디의 특징이다.</u> → ④

문제 5 특수형 프레임이 아닌 것은?

① 백본형　　　　　　　　　　② 플랫폼형
③ X형　　　　　　　　　　　④ 트러스형

정답　04 ④　　05 ③

해설 특수형 프레임

1. 백본형 (Back Bone Type) → ①
   - 백본형 프레임은 1개의 두꺼운 강철 파이프를 뼈대로 하고 여기에 엔진이나 보디를 설치하기 위한 크로스 멤버나 브래킷(Bracket)을 고정한 것이며 뼈대를 이루는 사이드 멤버의 단면은 일반적으로 원형으로 되어 있다.
   - 이 프레임을 사용하면 바닥 중앙 부분에 터널(Tunnel)이 생기는 단점이 있으나 사이드 멤버가 없기 때문에 바닥을 낮게 할 수 있어 자동차의 전고 및 무게중심이 낮아진다.
2. 플랫폼형(Platform Type) → ②
   - 플랫폼형 프레임은 프레임과 차체의 바닥을 일체로 만든 것이다.
   - 외관상으로는 H형 프레임과 비슷하나 차체와 조합되면 상자 모양의 단면이 형성되어 차체와 함께 비틀림이나 굽힘에 대해 큰 강성을 보인다.
3. 트러스형(Truss Type) → ④
   - 트러스형 프레임은 스페이스 프레임(Space Frame)이라고도 하며 강철 파이프를 용접한 트러스 구조로 되어 있다.
   - 무게가 가볍고 강성도 크나 대량생산에는 부적합하여 스포츠카, 경주용 자동차와 같이 고성능이 요구되는 분야에서 소량 생산하고 있다.

문제 6 경량화 재료로서 '알루미늄'이란?

① 실용 금속 중 가장 가벼운 금속이다.
② 자동차의 진동 흡수성이 높다는 점을 살려 스티어링 휠의 합금으로 사용되고 있다.
③ 비강도, 내식성, 열전도도 등이 우수하여 자동차용 재료로 사용되면 최고 40% 가량 경량화를 이룰 수 있다.
④ 실린더 헤드 커버, 스티어링 칼럼 키, 실린더 하우징, 휠, 클러치나 트랜스미션의 하우징 등에 사용되고, 휠은 주조품이지만 기타는 거의 다이캐스팅에 의한 것이다.

해설 알루미늄(Aluminium)

1. 알루미늄(Al)은 1827년 발견된 원소로서 규소(Si) 다음으로 지구상에 다량으로 존재하는 원소이다. 비중은 2.7이며, 현재 공업용 금속 중 <u>마그네슘(Mg) 다음으로 가벼운 금속</u> → ① 이다.
2. 주조가 용이하며 다른 금속과 합금이 잘되고, 상온 및 고온에서 가공이 용이하다. 또한 대기 중에서 내식력이 강하며 전기와 열의 양도전체이다.
3. 경량화 재료로서 엔진블록, 트랜스미션, 브레이크 부품, 보디 부품, 열교환기 등에 사용되며 이중 알루미늄 주조품의 사용량이 현재까지 압도적으로 많다.
4. 알루미늄은 경량화뿐만 아니라 <u>비강도, 내식성, 열전도도 등이 우수하여 자동차용 재료로 사용되면 최고 40% 가량 경량화를 이룰 수 있으며</u> → ③, 종래 자동차 생산라인의 설비를 그대로 사용할 수 있다는 장점으로 자동차 경량화를 위한 대체 재료로 주목받고 있다.

정답 06 ③

마그네슘(Magnesium)
1. 마그네슘(Mg)은 실용 금속 중 가장 가벼운 금속이다(비중 1.79~1.81).
2. 자동차의 진동 흡수성이 높다는 점을 살려 스티어링 휠의 합금으로 사용되고 있다. → ②
3. 실린더 헤드커버, 스티어링 칼럼 키, 실린더 하우징, 휠, 클러치나 트랜스미션의 하우징 등에 사용되고, 휠은 주조품이지만 기타는 거의 다이캐스팅(Die Casting)에 의한 것이다. → ④
4. 리사이클이 용이하고 전자파 차폐 기능이 우수하여 최근 수지부품을 대신하여 유럽, 미국에서는 자동차, 일본에서는 휴대용 전자기기에 적용이 증가해 왔다.

문제 7 열 부하 중 '관류 부하'란?

① 인체의 피부 표면에서 발생되는 열이다.
② 태양으로부터 복사되는 열 부하로서 자동차의 외부 표면에 직접 받게 되는 열 부하이다.
③ 환기 시 발생하는 열 부하로서 최근 대부분의 자동차에는 강제 환기 장치가 부착되어 있다.
④ 자동차의 패널과 트림부, 엔진룸 등에서 대류에 의해 발생하는 열 부하이다.

해설 열 부하
1. 인적 부하(승차원의 발열)
   - 인체의 피부 표면에서 발생되는 열로서 실내에 수분을 공급하기도 한다. → ①
   - 일반 성인이 인체의 바깥으로 방열하는 열량은 1시간당 100kcal 정도이다.
2. 복사 부하(직사광선)
   - 태양으로부터 복사되는 열 부하로서 자동차의 외부 표면에 직접 받게 된다. → ②
   - 자동차의 색상, 유리가 차지하는 면적, 복사 시간, 기후에 따라 차이가 있다.
3. 환기 부하(자연 또는 강제의 환기)
   - 주행 중 도어(Door)나 유리의 틈새로 외기가 들어오거나 실내의 공기가 빠져나가는 자연 환기가 이루어진다. 이러한 환기 시 발생하는 열 부하로서 최근 대부분의 자동차에는 강제 환기장치가 부착되어 있다. → ③
4. 관류 부하(차실 벽, 바닥 또는 창면으로부터의 열 이동)
   - 자동차의 패널(Panel)과 트림(Trim)부, 엔진룸 등에서 대류에 의해 발생하는 열 부하이다. → ④

문제 8 냉매의 '화학적 성질' 측면의 구비 조건은?

① 인화 및 폭발의 위험성이 없어야 한다.
② 응축 압력이나 증발 압력이 너무 높지 않아야 한다.
③ 응고점이 높고 증발열이 작아야 한다.
④ 색깔로 구분할 수 있도록 눈에 잘 보여야 한다.

정답 07 ④   08 ①

> **해설** 냉매의 구비조건
> 1. **가연성, 폭발성 및 사람이나 동물에 유해성이 없어야 한다.** → ①
> 2. 저온과 대기 압력 이상에서 증발하고 여름철 뜨거운 외부 온도에서도 저압에서 액화가 쉬워야 한다. → ②
> 3. 증발열이 크고, 응고점이 낮아야 한다. → ③
> 4. 무색, 무취, 무미여야 한다. → ④
> 5. 임계 온도가 높고, 비체적이 적어야 한다.
> 6. 화학적으로 안정되고, 금속에 대하여 부식성이 없어야 한다.
> 7. 사용 온도 범위가 넓어야 한다.
> 8. 냉매 가스의 누출을 쉽게 발견할 수 있어야 한다.

문제 9 R-134a의 장점으로 틀린 것은?

① Cl가 없다.
② 다른 물질과 쉽게 반응하지 않는 안정된 분자 구조로 되어 있다.
③ R-12와 비슷한 열역학적 성질을 지니고 있다.
④ 가연성이며 오존을 파괴하지 않는 물질이다.

> **해설** R-134a
> 1. 지구 환경문제로 인한 오존층 파괴 방지 목적으로 대체 사용하는 냉매가스이다.
> 2. 무색, 무취, 무미이며 화학적으로 안정되어 다른 물질과 반응하지 않는다. → ②
> 3. **불연성**, 무독성이며 내열성이 좋다. → ④
> 4. R-12와 비슷한 열역학적 성질을 지니고 있으면서도 온난화지수가 R-12보다 낮다. → ③
> 5. 오존층을 파괴하는 염소(Cl)가 없어 오존 파괴계수가 0이다. → ①, ④

문제 10 Compressor에 대한 설명이 아닌 것은?

① 기체 상태의 냉매에서 어느 만큼의 열량이 방출되는가를 증발기로 외부에서 흡수한 열량과 압축기에서 냉매를 압축하는데 필요한 작동으로 결정된다.
② 크랭크식, 사판식, 베인식 등이 있다.
③ 엔진의 크랭크축 풀리에 V 벨트로 구동되기 때문에 회전 및 정지 기능이 필요하다.
④ 작동은 냉방이 필요할 때 에어컨 스위치를 ON으로 하면 로터 풀리 내부의 클러치 코일에 전류가 흘러 전자석을 형성한다.

정답 09 ④ 10 ①

해설 압축기(Compressor)
1. 증발기 출구의 냉매는 거의 증발이 완료된 저압의 기체 상태이므로 이를 상온에서도 쉽게 액화시킬 수 있도록 냉매를 압축기로 고온고압(약 70℃, 15MPa)의 기체 상태로 만들어 응축기로 보낸다.
2. 크랭크식, 사판식, 베인식 등이 있으며 → ② 어느 형식이나 크랭크축에 의해 구동된다.
3. 엔진의 크랭크축 풀리에 V벨트로 구동되기 때문에 회전 및 정지 기능이 필요하다. → ③ 이 기능을 원활히 하기 위해 크랭크축 풀리와 V벨트로 연결되어 회전하는 로터 풀리가 있고, 압축기의 축(Shaft)은 분리되어 회전한다. 따라서 압축이 필요할 때 접촉하여 압축기가 회전할 수 있도록 하는 장치이다.
4. 작동은 냉방이 필요할 때 에어컨 스위치를 ON으로 하면 로터 풀리 내부의 클러치 코일에 전류가 흘러 전자석을 형성한다. → ④ 이에 따라 압축기 축과 클러치판이 접촉하여 일체로 회전하면서 압축을 시작한다.
→ 기체 상태의 냉매에서 어느 만큼의 열량이 방출되는가를 증발기로 외부에서 흡수한 열량과 압축기에서 냉매를 압축하는데 필요한 작동으로 결정되는 것은 **응축기(Condenser)**에 대한 설명이다. → ①

문제 11 라디에이터 앞쪽에 설치되며 냉동 사이클에서 고온고압의 기체냉매를 냉각시켜 액체 상태로 변화시키는 장치는?

① 압축기　　　② 증발기　　　③ 건조기　　　④ 응축기

해설 응축기 : 라디에이터 앞쪽에 설치되며 압축기로부터 공급된 고온, 고압의 기체 냉매를 냉각시켜 액체 상태의 냉매로 변화시키는 장치

문제 12 설정 온도 및 각종 센서들로부터 신호를 연산 처리하여 필요 토출 온도를 결정한 후 이에 따라 토출 모드의 자동 제어를 실행하는 것은?

① 일사 보상　　　　　　　② 모드 도어 보상
③ 온도 도어의 제어　　　　④ 토출 온도 제어

해설 전자동 에어컨(Full Auto Temperature Control)의 구성
1. 토출 온도 제어 : 자동차 실내 토출 온도 결정 및 유지 → ④
2. 센서 보정 : 센서 감지량의 급격한 변화량을 천천히 인식하도록 보정
3. 온도 도어의 제어 : 최적의 온도, 도어열림각도 등을 유지하도록 자동 제어 → ③
4. 송풍기용 전동기 속도 제어 : 목표풍량 결정 후 전동기 속도 자동 제어
5. 기동 풍량 제어 : 송풍기용 전동기의 인가전압을 천천히 증가시켜 쾌적 감각 향상 제어
6. 일사 보상 : 감지된 일사량에 따라 요구 토출 온도에 따른 보상 실행 → ①

정답　11 ④　12 ②

7. 모드 도어 보상 : 필요한 토출 온도 결정 후 토출 모드의 자동제어를 실행 → ②
8. 최대 냉난방 기능 : AUTO 상태에서 설정온도를 17~32℃ 선택시 최대 냉난방 기능 실행
9. 난방 기동 제어 : 온도가 낮을 경우 갑자기 찬바람이 토출되는 것을 방지
10. 냉방 기동 제어 : 온도가 높을 경우 갑자기 뜨거운 바람이 토출되는 것을 방지
11. 자동차 실내의 습도 제어 : 유리에 김서림 현상이 발생할 경우 에어컨을 작동시켜 방지

문제 13 전자동 공조장치(Full Automatic Temperature Control)에서 컨트롤 유닛에 입력되는 요소가 아닌 것은?

① 실내온도 센서   ② 산소 센서   ③ 핀 서모 센서   ④ 일사량 센서

해설 전자동 에어컨의 구성부품
1. 컴퓨터(ACU)
2. 외기온도 센서
3. **일사량 센서** → ④
4. 파워 트랜지스터
5. **실내온도 센서** → ①
6. **핀 서모 센서** → ③
7. 냉각수온 센서
※ 핀 서모 센서 : 압축기의 on, off, 증발기 출구쪽의 온도변화 검출 역할

문제 14 비스커스 히터에 대한 설명으로 옳은 것은?

① PTC 서미스터라는 세라믹 소자를 사용하여 메인 히터 코어 후측에 별도의 전기 가열 장치를 설치하여 히터 측으로 유입되는 공기의 온도를 상승시켜 차량의 난방 성능을 보완해 주기 위한 난방 시스템이다.
② 냉매의 발열 또는 응축열을 이용하여 저온의 열원을 고온으로 전달하거나 고온의 열원을 저온으로 전달하는 냉난방 장치이다.
③ 시동 시 먼저 글로 플러그를 가열하여 연소실 내를 예열한 후 연료 펌프로 연료를 기화하여 연소실 내로 공급한다.
④ 고점도 오일의 마찰에 의한 발열을 이용하여 냉각수를 가열하는 난방장치이다.

해설 비스커스 히터
1. **고점도 오일의 마찰에 의한 발열을 이용하여 냉각수를 가열하는 난방장치이다.** → ④
비스커스 히터는 마그넷 클러치에 연결된 샤프트에 원판형 로터가 고정되어 있다.
2. 로터는 사이드 플레이트 내에 봉입되어 있는 고점도 오일 안에 설치되어 있으며 로터가 회전할 때 고점도 오일을 전단함으로써 발생하는 전단열을 이용하여 엔진냉각수를 가열한다.

정답 13 ②   14 ④

문제 15 가솔린 엔진의 폭발 압력은?

① $35 \sim 45 \ kgf/cm^2$
② $45 \sim 55 \ kgf/cm^2$
③ $55 \sim 65 \ kgf/cm^2$
④ $65 \sim 75 \ kgf/cm^2$

해설 엔진의 폭발 압력
가솔린 : 35 ~ 45 kgf/cm^2, 디젤 : 55 ~ 65 kgf/cm^2

문제 16 디젤 엔진과 비교시 CNG 엔진의 장점이 아닌 것은?

① 매연을 현저하게 적게 배출한다.
② 높은 온도에서 시동 성능이 좋다.
③ 이산화탄소와 일산화탄소의 배출이 거의 없다.
④ 작동 소음이 줄어든다.

해설 CNG 기관의 장점
1. 디젤 기관과 비교시 매연을 100% 감소시킬 수 있다.
2. 낮은 온도에서도 시동 성능이 좋다. → ②
3. 가솔린 기관과 비교시 이산화탄소 20 ~ 30%, 일산화탄소 30 ~ 50% 감소시킬 수 있다.
4. 옥탄가가 130으로 가솔린의 100보다 높다.
5. 질소산화물 등 오존영향 물질을 70% 이상 감소시킬 수 있다.
6. 기관의 작동 소음을 감소시킬 수 있다.

문제 17 4행정 사이클 엔진의 장점으로 옳은 것은?

① 크랭크 1회전 당 1번의 폭발이 발생되기 때문에 엔진 회전력의 변동력이 적다.
② 흡입 행정의 구간이 비교적 길고 블로다운 현상으로 체적 효율이 높다.
③ 실린더 수가 적어도 엔진 구동이 원활하다.
④ 마력 당 중량이 적고 값이 싸며, 취급이 쉽다(단위중량 당 마력이 크다).

해설 4행정 사이클 엔진의 장점
1. 각 행정이 명확히 구분되어 있다.
2. 흡입행정 시 공기(공기+연료)의 냉각효과로 각 부분의 열적 부하가 적다.
3. 저속에서 고속까지 엔진회전속도의 범위가 넓다.
4. 흡입행정의 구간이 비교적 길고 블로다운 현상으로 체적 효율이 높다. → ②

정답 15 ① 16 ② 17 ②

5. 블로바이 현상이 적어 연료 소비율 및 미연소가스의 생성이 적다.
6. 불완전 연소에 의한 실화가 발생 되지 않는다.

2행정 사이클 엔진의 장점
1. 4사이클 엔진에 비하여 이론상 약 2배의 출력이 발생된다.
2. 크랭크 1회전당 1번의 폭발이 발생되기 때문에 엔진 회전력의 변동이 적다. → ①
3. 실린더 수가 적어도 엔진구동이 원활하다. → ③
4. 마력당 중량이 적고 값이 싸며, 취급이 쉽다(단위중량당 마력이 크다). → ④

문제 18 연소실의 구비 조건으로 틀린 것은?

① 이상 연소 또는 노킹을 일으키지 않는 형상일 것
② 가열되기 쉬운 돌출부를 두지 말 것
③ 밸브 통로 면적을 크게 하여 흡기 및 배기 작용을 원활히 되도록 할 것
④ 화염 전파에 소요되는 시간을 적절히 구성하는 구조일 것

해설 연소실의 구비 조건
1. 이상연소 또는 노킹을 일으키지 않는 형상일 것 → ①
2. 가열되기 쉬운 돌출부(조기점화원인)를 두지 말 것 → ②
3. 밸브 통로면적을 크게 하여 흡기 및 배기 작용을 원활히 되도록 할 것 → ③
4. 화염전파에 소요되는 시간을 **짧게 하는** 구조일 것 → ④
5. 열효율이 높고 배기가스에 유해한 성분이 적도록 완전연소하는 구조일 것
6. 연소실 내의 표면적은 최소가 되도록 할 것
7. 압축행정 말에서 강력한 와류를 형성하는 구조일 것

문제 19 특수 주철에 대한 설명으로 옳은 것은?

① FC25가 많이 사용된다.
② 강도, 내식성, 내열성, 내마멸성 등이 우수하다.
③ 절삭성, 강도, 주조성이 양호하다.
④ 인장 강도가 $10 \sim 20 kg/cm^2$ 정도이고, 비중이 7.2 정도로 경량화에 알맞지 않다.

해설 실린더 블록의 재료로 사용되는 "특수주철"
1. 보통 주철에 몰리브덴(Mo), 니켈(Ni), 크롬(Cr), 망간(Mn) 등을 첨가한 것이다.
2. **강도, 내식성, 내열성, 내마멸성 등이 우수하다.** → ②

정답 18 ④ 19 ②

문제 20 장행정 엔진의 특징은?

① 엔진 회전력이 작아지고 측압이 커진다.
② 연소실의 면적이 넓어 탄화수소 등의 유해 배기가스 배출이 비교적 많다.
③ 내구성 및 유연성이 양호하나 엔진의 높이가 높아진다.
④ 폭발 압력을 받는 부분이 커 베어링 등의 하중 부담이 커진다.

해설 장행정 엔진(Under Square Engine) : 행정이 실린더 내경보다 긴 실린더(행정 〉 내경) 형태
1. 엔진회전력(토크)이 크고 측압이 작아진다.
2. 탄화수소(HC)의 배출량이 적어 유해배기가스 배출이 적다.
3. **내구성 및 유연성이 양호하나 엔진의 높이가 높아진다.** → ③
4. 피스톤 평균 속도(엔진 회전속도)가 느리다.
단행정 엔진(Over Square Engine) : 행정이 실린더 내경보다 짧은 실린더(행정 〈 내경) 형태
1. 엔진회전력(토크)이 작아지고 측압이 커진다. → ①
2. 연소실의 면적이 넓어 탄회가스(HC) 등의 유해 배기가스 배출이 비교적 많다. → ②
3. 행정구간이 짧아 엔진의 높이는 낮아지나 길이가 길어진다
4. 폭발압력을 받는 부분이 커 베어링 등의 하중부담이 커진다. → ④
5. 피스톤 평균속도(엔진회전속도)가 빠르다.

문제 21 피스톤 간극이 작을 경우 발생되는 영향으로 옳은 것은?

① 폭발 행정 시 엔진 출력이 떨어지고 블로바이 가스가 희석되어 엔진오일을 오염시킨다.
② 피스톤링의 기밀 작용 및 오일 제어 작용 저하로 엔진오일 연소실로 유입되어 연소하여 오일 소비량이 증가하고 유해 배출가스가 많이 배출된다.
③ 피스톤의 슬랩 현상이 발생하고 피스톤링과 링 홈의 마멸을 촉진시킨다.
④ 마찰에 의한 고착(소결) 현상이 발생한다.

해설 피스톤 간극이 작을 때
1. 실린더 벽에 형성된 오일의 유막이 파괴되어 마찰과 마멸이 증대된다.
2. **마찰에 의한 고착(소결 : stick) 현상 발생**된다. → ④
피스톤 간극이 클 때의 영향
1. 압축행정시 블로바이 현상이 발생되고 압축 압력이 저하된다.
2. 폭발행정시 엔진 출력이 떨어지고 블로바이 가스가 희석되어 엔진오일을 오염시킨다. → ①
3. 피스톤 링의 기밀작용 및 오일제어 작용 저하로 엔진오일이 연소실로 유입되어 연소하여 오일 소비량이 증가하고 유해 배출가스가 많이 배출된다. → ②
4. 피스톤 슬랩 현상(피스톤이 상·하사점에서 운동 방향이 바뀔 때 실린더 벽에 충격을 가하는 현상)이 발생하고 피스톤 링과 링 홈의 마멸을 촉진시킨다. → ③

정답 20 ③　21 ④

문제 22 피스톤 핀의 구비 조건으로 틀린 것은?

① 피스톤이 고속 운동을 하기 때문에 관성력 증가 억제를 위하여 경량화로 설계하여야 한다.
② 강한 폭발 압력과 피스톤의 운동에 따라 압축력과 인장력을 받기 때문에 충분한 강성이 요구된다.
③ 커넥팅로드의 소단부에서 미끄럼마찰 운동을 하기 때문에 내마모성이 우수하여야 한다.
④ 고하중을 받으면서 고속 회전 운동을 함으로 동적 평형성 및 정적 평형성을 가져야 한다.

해설 피스톤핀의 구비조건
1. 피스톤이 고속 운동을 하기 때문에 관성력 증가 억제를 위하여 경량화 설계 → ①
2. 강한 폭발 압력과 피스톤의 운동에 따라 압축력과 인장력을 받기 때문에 충분한 강성 요구 → ②
3. 커넥팅로드의 소단부에서 미끄럼마찰 운동을 하기 때문에 내마모성 우수해야 함 → ③

문제 23 피스톤핀의 설치 방법 및 유형이 아닌 것은?

① 반부동식   ② 반고정식   ③ 전부동식   ④ 고정식

해설 피스톤핀의 설치 방법
1. 고정식(Stationary Type) → ④
   - 피스톤핀이 피스톤 보스부에 볼트로 고정되고 커넥팅로드는 자유롭게 움직여 작동하는 방식
2. 반부동식(Semi-Floating Type) → ①
   - 피스톤핀을 커넥팅로드 소단부에 클램프 볼트로 고정 또는 압입하여 조립한 방식
   - 피스톤 보스부에 고정 부분이 없기 때문에 자유롭게 움직일 수 있다.
3. 전부동식(Full-Floating Type) → ③
   - 피스톤핀이 피스톤 보스부 또는 커넥팅로드 소단부에 고정되지 않는 방식이다.

문제 24 플러터 현상에 따른 장애로 틀린 것은?

① 링 및 실린더의 마모를 촉진시킨다.
② 피스톤링과 실린더 벽 사이에 간극이 형성된다.
③ 엔진의 출력을 지나치게 증대시킨다.
④ 블로바이 가스 증가를 유발한다.

정답 22 ④   23 ②   24 ③

해설 플러터(Flutter) 현상
1. 기관의 회전속도가 증가함에 따라 피스톤이 상사점에서 하사점으로 또는 하사점에서 상사점으로 방향을 바꿀 때 피스톤링의 떨림 현상을 말한다.
2. 피스톤링의 관성력과 마찰력의 방향도 변화되면서 링 홈에 누출 가스의 압력에 의하여 면압이 저하된다.
3. 따라서 피스톤링과 실린더 벽 사이에 간극이 형성 → ② 되고 피스톤링의 기능이 상실되어 블로바이 가스가 증가 → ④ 하는 현상이 발생한다.
4. 그래서 엔진의 출력 저하 → ③, 링 및 실린더의 마모 촉진 → ①, 피스톤의 온도 상승, 오일 소모량의 증가 등의 영향을 초래하게 된다.

문제 25 플러터 현상에 따른 장애를 잘못 기술한 것은?

① 엔진의 출력이 저하된다.
② 슬러지 발생으로 윤활 부분에 퇴적물이 침전된다.
③ 열전도가 적어져 피스톤의 온도가 하강한다.
④ 오일 소모량이 증가한다.

해설 플러터 현상에 따른 장애
1. 엔진의 출력 저하 → ①
2. 슬러지(Sludge) 발생으로 윤활 부분에 퇴적물이 침전 → ②
3. 열전도가 적어져 피스톤의 온도 상승 → ③
4. 오일 소모량 증가 → ④
5. 링, 실린더 마모 촉진
6. 블로바이 가스 증가

문제 26 크랭크축의 진동댐퍼의 역할은?

① 조향력 변화   ② 유량 제어   ③ 동력 분배   ④ 충격 흡수

해설 진동댐퍼
- 진동댐퍼는 댐퍼 풀리(Damper pulley), 토셔널 댐퍼(Torsional Damper)로 알려져 있으며
- 비틀림 밸런서(Torsional balancer), 하모닉 밸런서(Harmonic balancer)라고도 한다.
- 크랭크축 앞 쪽에 설치되어 있으며 크랭크축의 비틀림나 진동을 방지시켜주는 일종의 충격 흡수기 역할을 한다. → ④
- 진동댐퍼는 댐핑역할을 하는 매개체에 따라 고무댐퍼와 비스코스댐퍼로 구분할 수 있다.

정답 25 ③   26 ④

문제 27 베어링의 구비조건으로 틀린 것은?

① 지속적인 반복 하중에 견딜 수 있는 내피로성이 클 것
② 축의 회전운동에 대응할 수 있는 추종 유동성이 있을 것
③ 산화 및 부식에 저항할 수 있는 내식성이 우수할 것
④ 저온에서도 하중 부담 능력이 있을 것

해설 베어링의 구비조건
1. 지속적인 반복하중에 견딜 수 있는 내피로성이 클 것 → ①
2. 축의 회전운동에 대응할 수 있는 추종 유동성이 있을 것 → ②
3. 산화 및 부식 에 대해 저항할 수 있는 내식성이 우수할 것 → ③
4. **고온**에서도 하중부담 능력이 있을 것 → ④
5. 금속이물질 및 오염물질을 흡수하는 매입성이 좋을 것
6. 열전도성 이 우수하고 밀착성이 좋을 것
7. 고온에서 내마멸성이 우수할 것

문제 28 밸브의 구비 조건으로 적절하지 않은 것은?

① 고온, 고압에 충분히 견딜 수 있는 고강도이어야 한다.
② 혼합 가스에 이상 연소가 발생되지 않도록 열전도가 양호하여야 한다.
③ 관성력 증대를 방지하기 위하여 가능한 한 적절한 무게의 중량을 가져야 한다.
④ 충격과 항장력에 잘 견디고 내구력이 있을 것

해설 밸브의 구비 조건
1. 고온, 고압에 충분히 견딜 수 있는 고강도일 것 → ①
2. 혼합가스에 이상연소가 발생되지 않도록 열전도가 양호할 것 → ②
3. 관성력 증대를 방지하기 위하여 가능한 **가벼울 것** → ③
4. 충격과 항장력에 잘 견디고 내구력이 있을 것 → ④
5. 혼합가스나 연소가스에 접촉되어도 부식되지 않을 것

문제 29 일반적으로 냉각장치가 온도를 유지시키는 엔진의 온도 구간은?

① 70 ~ 85℃
② 85 ~ 95℃
③ 95 ~ 110℃
④ 110 ~ 125℃

해설 일반적으로 냉각장치가 온도를 유지시키는 엔진의 온도 구간은 **85 ~ 95℃** 이다.

정답 27 ④   28 ③   29 ②

문제 30 라디에이터의 구비조건이 아닌 것은?

① 단위 면적당 방열량이 클 것
② 강도가 크고 가벼울 것
③ 공기의 흐름저항이 클 것
④ 냉각수의 유통이 용이할 것

해설 라디에이터의 구비조건
- 단위면적당 방열량이 클 것
- 강도가 크고 가벼울 것
- 공기의 흐름저항이 **작을** 것 → ③
- 냉각수의 유통이 용이할 것

문제 31 엔진오일의 작용으로 틀린 것은?

① 비산 작용
② 완충 작용
③ 부식 방지 작용
④ 감마 작용

해설 엔진오일의 작용
1. **감마작용**(마멸방지) → ④
   - 엔진의 운동부에 유막을 형성하여 마찰 부분의 마멸 및 베어링의 마모 등을 방지하는 작용
2. 밀봉작용
   - 실린더와 피스톤 사이에 유막을 형성하여 압축 폭발 시 연소실의 기밀을 유지(블로바이 가스 발생 억제)
3. 냉각작용
   - 엔진의 각부에서 발생한 열을 흡수하여 냉각하는 작용
4. 정정 및 세척작용
   - 엔진에서 발생하는 이물질 카본 및 금속 분말 등의 불순물을 흡수하여 오일팬 및 필터에서 여과하는 작용
5. 응력분산 및 **완충작용** → ②
   - 엔진의 각 운동 부분과 동력행정 또는 노크 등에 의해 발생하는 큰 충격압력을 분산시키고 엔진오일이 갖는 유체의 특성으로 인한 충격 완화 작용
6. 방청 및 **부식방지작용** → ③
   - 엔진의 각 부에 유막을 형성하여 공기와의 접촉을 억제하고 수분 침투를 막아 금속의 산화 방지 및 부식 방지 작용

정답 30 ③   31 ①

문제 32 엔진오일의 윤활 방식 중 '압송식'이란?

① 펌프의 압력을 이용하여 일정한 유압을 유지시키고 기관 내부를 순환시켜 윤활하는 방식이다.
② 윤활유실에 일정량의 윤활유를 넣고 크랭크축의 회전 운동에 따라 오일 디퍼의 회전 운동에 의하여 윤활유실의 윤활유를 통하여 기관의 하부를 윤활시키는 방식이다.
③ 연료에 윤활유를 15 ~ 20 : 1의 비율로 혼합하여 연료와 함께 연소실로 보내는 방법이다.
④ 소형 2사이클 가솔린 기관에 적용하며 기관의 중량을 줄이고 소형으로 제작할 경우 채택하는 윤활 방식이다.

해설 엔진오일의 윤활 방식
1. 비산식
   1) 비산 주유식이라고도 하며 윤활유실에 일정량의 윤활유를 넣고 크랭크축의 회전운동에 따라 오일디퍼의 회전운동에 의하여 윤활유실의 윤활유를 비산시켜 기관의 하부를 윤활시키는 방식을 말한다. → ②
   2) 구조는 간단하나 오일의 공급이 일정하지 못하여 다기통 엔진에 적합하지 못하다.
2. 압송식
   1) '강제주유식'이라고도 하며 윤활유 펌프를 설치하여 펌프의 압송에 따라 윤활유를 강제 급유 및 윤활하는 방식을 말한다.
   2) 펌프의 압력을 이용하여 일정한 유압을 유지시키고, 기관 내부를 순환시켜 윤활하는 방식이며 오일압력을 제어하는 장치들과 유량계 등에 적용되어 있다. → ①
   3) 베어링 접촉면의 공급유압이 높아 완전한 급유가 가능하고 오일팬 내의 오일양이 적어도 윤활이 가능하나, 오일 필터나 급유관이 막히면 윤활이 불가능한 단점이 있다.
3. 비산압송식
   1) 비산식과 압송식을 동시에 적용하는 윤활방식을 말하며 자동차 기관의 윤활방식은 대부분 여기에 속한다.
   2) 크랭크축의 회전운동으로 오일 디퍼를 사용하여 기관의 하부에 해당하는 크랭크 저널 및 커넥팅로드 등의 부위에 윤활유를 비산하여 윤활시키고 별도의 오일펌프를 장착하여 윤활유를 압송시켜 기관의 실린더 헤드에 있는 캠축이나 밸브계통 등에 윤활작용을 한다.
4. 혼기식
   1) 혼기 주유식이라고도 하며 연료에 윤활유를 15 ~ 20 : 1의 비율로 혼합하여 연료와 함께 연소실로 보내는 방법이다. → ③
   2) 주로 소형 2사이클 가솔린기관에 적용하며 기관의 중량을 줄이고 소형으로 제작할 경우 채택하는 윤활방식이다. → ④
   3) 연료와 윤활유가 혼합되어 연소실로 보내질 때 연료와 윤활유의 비중 차이에 의해 윤활유는 기관의 각 윤활부로 흡착하여 윤활하고 연료는 연소실로 들어가 연소하는 방식으로 일부 윤활유는 연소에 의해 소비가 이루어진다. 따라서 혼기식은 윤활유를 지속적으로 점검, 보충하여 사용해야 하는 단점이 있다.

정답 32 ①

문제 33 유압이 상승하는 원인은?

① 유압 조절 밸브 스프링의 장력이 크다.
② 크랭크축 베어링의 과다 마멸로 오일 간격이 크다.
③ 오일의 점도가 낮다.
④ 오일펌프의 마멸 또는 윤활 회로에서 오일이 누출된다.

해설 유압이 상승하는 원인
　1. <u>유압 조절 밸브 스프링의 장력이 크다.</u> → ①
　2. 엔진의 온도가 낮아 오일의 점도가 높다.
　3. 윤활 회로의 일부가 막혔다(오일 여과기).
유압이 낮아지는 원인
　1. 유압 조절 밸브 스프링 장력이 약하거나 파손되었다.
　2. <u>크랭크축 베어링의 과다 마멸로 오일 간극이 크다.</u> → ②
　3. <u>오일의 점도가 낮다.</u> → ③
　4. <u>오일펌프의 마멸 또는 윤활 회로에서 오일이 누출된다.</u> → ④
　5. 오일이 연료 등으로 현저하게 희석되었다.
　6. 오일팬의 오일양이 부족하다.

문제 34 엔진오일의 조기 오염 원인은?

① 연소 가스의 누출
② 오일실 및 개스킷의 파손
③ 피스톤링 및 링홈의 마모
④ 밸브 스템의 마모

해설 엔진오일의 조기오염 원인
　1. 오일여과기 결함
　2. <u>연소가스의 누출</u> → ①
　3. 저질 오일 사용
엔진오일의 과다소모 원인
　1. 저질 오일 사용
　2. <u>오일실 및 개스킷의 파손</u> → ②
　3. <u>피스톤링 및 링홈의 마모</u> → ③
　4. 피스톤링의 고착
　5. <u>밸브 스템의 마모</u> → ④

정답　33 ①　34 ①

문제 35 엔진은 가변적인 회전수를 구현하며 동력을 발생시키는데, 이러한 엔진에서 흡입 효율은 고속 시와 저속 시에 각각 다른 특성을 나타내며 각각의 조건에 맞는 최적의 흡입 효율을 적용하도록 개발된 것은?

① 흡기 다기관
② 가변 흡기 시스템
③ 배기 다기관
④ 소음기

해설 가변흡기시스템
1. 엔진은 가변적인 회전수를 구현하며 동력을 발생시킨다.
2. 이러한 엔진에서 흡입효율은 고속 시와 저속 시에 각각 다른 특성을 나타내며 각각의 조건에 맞는 최적의 흡입효율을 적용하도록 개발된 것이 **가변흡기시스템**이다. → ②
3. 일반적으로 엔진은 고속 시에는 짧고 굵은 형상의 흡기관이 더욱 효율적이고 저속 시에는 가늘고 긴 흡기관이 효율적이다.
4. 따라서 가변흡기 시스템은 엔진 회전속도에 맞추어 저속과 고속 시 최적의 흡기 효율을 발휘할 수 있도록 흡기 라인에 액추에이터를 설치하고 엔진의 회전속도에 대응하여 흡기 다기관의 통로를 가변하는 장치이다.

문제 36 회전력(Torque)이란?

① $W = F \times S$
② $P = \dfrac{W}{t}$
③ $T = F \times r$
④ $PS = \dfrac{P \times Q}{75}$

해설 회전력(Torque) : 물체를 회전시키기 위해 가한 힘의 작용을 말한다.
힘과 회전체의 반지름의 곱으로 표현된다.
$T = F \times r$
여기서 T : 토크$(kgf \cdot m)$, F : 힘(kgf), r : 회전체의 반지름(m)

문제 37 IPS에 대한 설명으로 옳은 것은?

① 마찰 손실 마력
② 과세 마력
③ 연료 마력
④ 지시 마력

정답 35 ② 36 ③ 37 ④

해설 지시마력(IPS(Indicated PS), 도시마력, 실제 발생마력) → ④
- 엔진 연소실의 압력(지압선도)에서 구한 엔진의 작업률을 마력으로 나타낸 것
- 엔진의 출력축에서 인출할 수 있는 제동마력과 엔진 내부에서 소비되는 마찰마력을 더한 것

마찰 손실 마력(FPS) → ①
- 폭발 동력이 크랭크축까지 전달되는 과정에서 마찰로 손실되는 마력을 말한다.

정미마력(제동마력, 실마력, 축마력, 실제사용마력, Brake PS, BPS)
- 기계적 에너지로 변화된 열에너지 중에서 마찰에 의해 손실된 손실마력을 제외한 크랭크축에서 실제 활용될 수 있는 마력으로 엔진의 정격속도에서 전달할 수 있는 동력의 양을 말한다. 즉 크랭크축에서 직접 측정하므로 축마력이라고도 한다.

연료마력(PPS) → ③
- 엔진의 성능을 시험할 때 소비되는 연료의 연소과정에서 발생된 열에너지를 마력으로 환산한 것으로 시간당 연료 소모에 의하여 측정되고 최대출력으로 산출한다.

과세마력(공칭마력, SAE 마력) → ②
- 단순하게 실린더 직경과 기통수에 대하여 설정하는 마력으로 인치계와 미터계로 나눈다.
- SAE 마력은 1906년 영국 왕실 자동차협회(Royal Auto Motive Club)에서 제정한 것으로 머릿글자를 따서 RAC 마력이라고도 한다. 세금을 부과하는데 사용하므로 **과세마력**으로도 부른다.

문제 38 SAE 마력이란?

① 마찰 손실 마력　　② 정미 마력　　③ 연료 마력　　④ 과세 마력

해설 지시마력(IPS(Indicated PS), 도시마력, 실제 발생마력)
- 엔진 연소실의 압력(지압선도)에서 구한 엔진의 작업률을 마력으로 나타낸 것
- 엔진의 출력축에서 인출할 수 있는 제동마력과 엔진 내부에서 소비되는 마찰마력을 더한 것

마찰 손실 마력(FPS) → ①
- 폭발 동력이 크랭크축까지 전달되는 과정에서 마찰로 손실되는 마력을 말한다.

정미마력(제동마력, 실마력, 축마력, 실제사용마력, Brake PS, BPS) → ②
- 기계적 에너지로 변화된 열에너지 중에서 마찰에 의해 손실된 손실마력을 제외한 크랭크축에서 실제 활용될 수 있는 마력으로 엔진의 정격속도에서 전달할 수 있는 동력의 양을 말한다. 즉 크랭크축에서 직접 측정하므로 축마력이라고도 한다.

연료마력(PPS) → ③
- 엔진의 성능을 시험할 때 소비되는 연료의 연소과정에서 발생된 열에너지를 마력으로 환산한 것으로 시간당 연료 소모에 의하여 측정되고 최대출력으로 산출한다.

과세마력(공칭마력, SAE 마력) → ④
- 단순하게 실린더 직경과 기통수에 대하여 설정하는 마력으로 인치계와 미터계로 나눈다.
- SAE 마력은 1906년 영국 왕실 자동차협회(Royal Auto Motive Club)에서 제정한 것으로 머릿글자를 따서 RAC 마력이라고도 한다. 세금을 부과하는데 사용하므로 **과세마력**으로도 부른다.

정답 38 ④

문제 39 디젤 기관의 연소시 기계 효율이 1보다 적은 이유가 아닌 것은?

① 100%의 전체 출력 = 냉각 손실 + 배기와 복사 손실
② 도시 마력 = 각부의 마찰 손실 + 보조기 구동 손실 + 제동(축) 마력
③ 피스톤과 실린더 벽과의 마찰 손실
④ 크랭크축의 각 저널부의 마찰 손실

해설 기계효율이 1보다 적은 이유
1. 피스톤과 실린더 벽과의 마찰손실 → ③
2. 크랭크축의 각 저널부의 마찰손실 → ④
3. 점화장치, 오일펌프, 워터펌프, 연료 공급 장치 등 운전상 필요한 <u>보조기구 등의 구동을 위한 손실</u>
    → ②

문제 40 가솔린 기관의 연료 구비조건은?

① 기화성이 양호하고 연소성이 좋을 것
② 착화 온도가 적정 수준을 유지하고 노크가 일어나지 않을 것
③ 내마모성이 없을 것
④ 발열량이 적고 경제적일 것

해설 연료의 구비조건
1. **기화성이 양호할 것** → ①   2. 적당한 점도를 가질 것
3. 인화점이 낮을 것 → ②   4. 착화점이 낮고 **연소성이 좋을 것** → ①
5. 내폭성이 클 것   6. 부식성이 없을 것
7. 발열량이 크고 → ④ 연소퇴적물이 없을 것   8. 부유물이나 고형물질이 없을 것
9. 저장에 위험이 없고 경제적일 것 → ④
    → 내마모성은 기관이 갖춰야 할 조건이다. → ③

문제 41 점성(Viscosity)에 대한 설명으로 적절하지 않은 것은?

① 가솔린 기관의 연료에서 중요한 성질이다.
② 유동할 때 저항하는 성질이다.
③ 점성이 너무 작으면 연료의 무화가 잘 되고 연소는 양호하나 관통력이 부족하여 연료가 실린더의 연소실 내에서 균일하게 분포되지 못하여 불완전 연소가 된다.
④ 중유를 사용하는 기관에서는 연료 탱크에서 연료 분사 펌프까지 연료가 흘러가는 유동성이 중요하다.

정답 39 ①   40 ③   41 ①

해설 디젤기관 연료의 주요 성질 중 점성
1. 점성(Viscosity)은 **디젤기관의 연료에서 중요한 성질이다.** → ①
2. 점성(점도)이란 유동할 때 저항하는 성질로 내부응력의 크기, 즉 응집력의 크기를 수치적으로 나타낸 것으로 연료의 점성이 너무 크면 노즐에서 분사할 때 연료입자의 지름이 커지므로 불완전 연소되고, 액체상태의 연료가 실린더 벽을 통하여 윤활유실로 유입되므로 윤활유에 희석되어 윤활유를 오염시킨다.
3. 점성이 너무 작으면 연료의 무화가 잘되고 연소는 양호하나, 관통력이 부족하여 연료가 실린더의 연소실 내에서 균일하게 분포되지 못하여 불완전 연소가 된다.
4. 중유를 사용하는 기관에서는 연료탱크에서 연료 분사 펌프까지 연료가 흘러가는 유동성이 중요하다.

문제 42 희박연소(Lean Burn) 엔진에 대한 설명 중 올바른 것은?

① 기존 엔진보다 연료사용을 적게 하기 위해 실린더로 들어가는 공기와 연료량을 모두 줄인다.
② 모든 운전영역에서 터보장치가 작동될 수 있는 기관이다.
③ 실린더로 들어가는 공기량을 줄이기 위해 스월컨트롤 밸브를 사용하기도 한다.
④ 이론 공연비보다 더 희박한 공연비 상태에서도 양호한 연소가 가능한 기관이다.

해설 희박연소(Lean Burn) 엔진 : 이론 공연비보다 더 희박한 공연비 상태에서도 양호한 연소가 가능한 기관

문제 43 옥탄가에 대해서 바르게 설명한 것은?

① 이소옥탄에 반비례한다.
② 정헵탄 그 자체와는 직접적 관련성은 없다.
③ 이소옥탄과 정헵탄을 합한 값에 비례한다.
④ 디젤 연료의 앤티 노크성을 수치적으로 표시한 것이다.

해설 옥탄가(ON : Octane number)
1. **가솔린 연료**의 앤티 노크성(Anti-Knocking : 내폭성, 노크 방지 성능)을 나타내는 수치로 → ④ 수치가 클수록 노킹이 발생되기 어렵다.
2. CFR(Cooperative Fuel Research Engine) 엔진을 사용하여 측정한다.
3. 옥탄가 $= \dfrac{\text{이소옥탄}}{\text{이소옥탄} + \text{정헵탄}} \times 100$

→ 이소옥탄과 정헵탄을 합한 값에 반비례한다. → ③
→ 이소옥탄이 분자와 분모에 모두 존재하므로 비례 혹은 반비례한다고 말할 수 없다. → ①
→ 정헵탄은 분모에 이소옥탄의 합으로 표현되므로 그 자체와는 직접적 관련성은 없다. → ②

● 정답 42 ④ 43 ④

문제 44 디젤 기관의 노크 방지법으로 틀린 것은?

① 세탄가가 높은 연료를 사용한다.
② 착화 지연 기간이 짧은 연료를 사용한다.
③ 분사 초기에 연료 분사량을 증가시킨다.
④ 압축비를 높인다.

> **해설** 디젤 기관의 노크 방지법
> 1. 착화성이 좋은(세탄가가 높은) 연료를 사용 → ① 하여 착화 지연기간을 짧게 한다. → ②
> 2. 압축비를 높여 → ④ 압축온도와 압력을 높인다.
> 3. 연료 분사 초기에 분사량을 적게 하여 → ③ 급격한 압력 상승을 억제한다.
> 4. 실린더 내의 흡입 공기에 와류를 주어 연료 입자의 증발을 빠르게 한다.
> 5. 흡기 온도를 높게 유지하여 실린더 내의 온도를 상승시킴으로써 착화 지연을 짧게 한다.
> 6. 실린더 벽의 온도를 높게 유지한다.
> 7. 회전수를 낮추어 피스톤 속도를 낮추면 분사한 연료가 충분히 착화되어 노크가 방지된다.

문제 45 미연소 가스라고도 하며 탄소와 수소가 화학적으로 결합한 것을 총칭하는 것으로, 이 가스는 연료 탱크에서 자연 증발하거나 배기가스 중에도 포함되어 배출되며, 이 가스를 접촉하면 호흡기에 강한 자극을 주고 눈과 점막에 자극을 일으키며 광학 스모그를 일으키는데, 이것은 무엇인가?

① CO
② NOx
③ HC
④ 연료 증발 가스

> **해설** 탄화수소(HC : Hydro Carbon)
> 1. 미연소 가스라고도 하며 탄소와 수소가 화학적으로 결합한 것을 총칭한 것이다.
> 2. 이 가스는 연료 탱크에서 자연 증발하거나 배기가스 중에도 포함되어 배출된다.
> 3. 이 가스를 접촉하면 호흡기에 강한 자극을 주고 눈과 점막에 자극을 일으키며 광학 스모그를 일으킨다.

문제 46 이론 공연비란?

① 12.9 : 1
② 14.7 : 1
③ 16.1 : 1
④ 18.9 : 1

정답 44 ③ 45 ③ 46 ②

> **해설** 배기가스의 혼합비와의 관계
> 1. <u>이론 공연비(14.7:1)</u>보다 농후한 혼합비에서는 NOx 발생량은 감소하고 CO와 HC의 발생량은 증가한다.
> 2. 이론 공연비보다 약간 희박한 혼합비를 공급하면 NOx 발생량은 증가하고 CO와 HC의 발생량은 감소한다.
> 3. 이론 공연비보다 매우 희박한 혼합비를 공급하면 NOx와 CO 발생량은 감소하고 HC의 발생량은 증가한다.

문제 47 기관에서 배출되는 NOx가 가장 많이 배출되는 경우는?

① 공연비와 관련이 없다.
② 공연비가 이론혼합비보다 희박한 경우
③ 공연비가 이론혼합비보다 농후한 경우
④ 공연비가 이론혼합비보다 약간 희박한 경우

> **해설** 질소산화물(NOx)
> 1. 연소실 안이 고온일 때 흡입공기 중의 산소와 질소가 산화하여 발생
> 2. 엔진의 내부 온도가 1,500℃ 이상에서 발생량이 급증
> 공연비와의 관계
> 1. 이론 공연비보다 농후할 때 CO와 HC는 증가, NOx는 감소한다.
> 2. 이론 <u>공연비보다 약간 희박할 때 NOx는 증가</u>, CO와 HC는 감소한다. → ②
> 3. 이론 공연비보다 희박할 때 HC는 증가 CO와 NOx는 감소한다.
> 엔진 온도와의 관계
> 1. 저온일 경우 CO와 HC는 증가, NOx는 감소한다.
> 2. 고온일 경우 NOx는 증가, CO와 HC는 감소한다.
> 운전 상태와의 관계
> 1. 공회전할 때 CO와 HC는 증가, NOx는 감소한다.
> 2. 가속할 때 CO, HC, NOx 모두 증가된다.
> 3. 감속할 때 CO와 HC는 증가, NOx는 감소한다.

문제 48 지르코니아 형식 산소 센서의 정상 작동 온도는?

① 약 280 ℃　　② 약 300 ℃
③ 약 350 ℃　　④ 약 380 ℃

정답 47 ②　48 ③

해설 산소센서
1. 지르코니아 형식
  1) 지르코니아 소자(ZrO_2) 양면에 백금 전극이 있고, 이 전극을 보호하기 위해 전극의 바깥쪽에 세라믹으로 코팅하며 센서의 안쪽에는 산소 농도가 높은 대기가, 바깥쪽에는 산소 농도가 낮은 배기가스가 접촉한다.
  2) 지르코니아 소자는 **정상 작동 온도(약 350℃ 이상)**에서 양쪽의 산소 농도 차이가 커지면 기전력을 발생하는 성질이 있다. → ③ 즉, 대기 쪽 산소 농도와 배기가스 쪽의 산소 농도가 큰 치이를 나타내므로 산소 이론은 분압이 높은 대기 쪽에서 분압이 낮은 배기가스 쪽으로 이동하며, 이때 기전력을 발생하고 이 기전력은 산소 분압에 비례한다.
2. 티타니아 형식
  1) 세라믹 절연체의 끝에 티타니아 소자(TiO_2)가 설치되어 있어 전자 전도체인 티타니아가 주위의 산소 분압에 대응하여 산화 또는 환원되어 그 결과 전기저항이 변화하는 성질을 이용한 것이다.
  2) 이 형식은 온도에 대한 저항 변화가 커서 온도 보상 회로를 추가하거나 가열 장치를 내장시켜야한다.

문제 49 직권식 전동기란?

① 전기자 코일과 계자 코일이 직렬로 연결된 것이다.
② 각 코일에는 전원 전압이 가해져 있고 부하 변화에 대하여 회전속도 변화가 적으나 계자 코일에 흐르는 전류를 변화시키면 회전속도를 넓은 범위로 쉽게 바꿀 수 있다.
③ 계자 코일의 자극의 방향이 같다.
④ 윈드 실드 와이퍼 전동기, 전자 제어 엔진의 공전 속도 조절 서보모터, 스텝 모터, 연료 펌프 등에서 사용된다.

해설 직류전동기의 종류
1. **직권식** : **전기자코일과 계자 코일이 직렬로 연결** → ①, 각 코일에 흐르는 전류는 일정하고 회전력이 크고 부하 변화에 따라 회전속도가 증감하므로 기동전동기에서 주로 사용
2. 분권식 : 전기자코일과 계자 코일이 병렬로 연결, 부하 변화 시 회전속도가 유지되므로 일정 속도를 요구하는 회전운동 부분에 작동용 전동기로 이용
3. 복권식 : 전기자코일과 계자 코일이 직렬과 병렬로 연결, 계자 코일의 자극의 방향이 같으며 직권과 분권의 중간적인 특성을 나타낸다. 기동할 때에 직권 전동기와 같이 회전력이 크고 기동 후에는 분권 전동기와 같이 일정 속도를 나타낸다.

문제 50 자동차의 전동기 중 기동전동기에 주로 사용되는 방식은?

① 직류직권식　　② 직류분권식　　③ 직류복권식　　④ 교류직권식

정답 49 ①　50 ①

해설 　직류전동기의 종류
1. **직권식** : 전기자코일과 계자 코일이 직렬로 연결, 각 코일에 흐르는 전류는 일정하고 회전력이 크고 부하 변화에 따라 회전속도가 증감하므로 **기동전동기에서 주로 사용**
2. 분권식 : 전기자코일과 계자 코일이 병렬로 연결, 부하 변화 시 회전속도가 유지되므로 일정 속도를 요구하는 회전운동 부분에 작동용 전동기로 이용
3. 복권식 : 전기자코일과 계자 코일이 직렬과 병렬로 연결, 계자 코일의 자극의 방향이 같으며 직권과 분권의 중간적인 특성을 나타낸다. 기동할 때에 직권 전동기와 같이 회전력이 크고 기동 후에는 분권 전동기와 같이 일정 속도를 나타낸다.

문제 51 강자성체에 자장을 작용시켜 이것을 자화한 다음 자장을 제거하여도 자화된 물체에는 자력이 남게 되는데 이때 남아 있는 자력을 무엇이라 하는가?

① 자기포화　　② 임피던스　　③ 자기여자　　④ 잔류자기

해설 　<u>잔류자기(Remanence)</u> : 강자성체에 자장을 작용시켜 이것을 자화한 다음 자장을 제거하여도 자화된 물체에는 자력이 남게 되는데 이때 남아 있는 자력

문제 52 전기자 코일의 역할에 대한 설명으로 옳은 것은?

① 엔진을 시동하기 위해 최초로 흡입과 압축 행정에 필요한 에너지를 외부로부터 공급받아 엔진을 회전시키는 장치이다.
② 코일의 양끝이 정류자편에 납땜되어 모든 코일에 동시에 전류가 흘러 각각에 생기는 전자력이 합해져서 전기자를 회전시킨다.
③ 플런저와 접촉판을 닫힘 위치로 하며 당기는 전자력을 형성하고 기동 전동기 마그네틱의 B 단자와 M 단자를 접촉시킨다.
④ 브러시에서의 전류를 일정한 방향으로만 흐르게 하는 것을 말한다.

해설 　전기자 코일(Armature Coil)
1. 큰 전류가 흐를 수 있도록 평각 동선을 운모, 종이, 파이버, 합성수지 등으로 절연하여 코일의 한쪽은 N극, 다른 한쪽 끝은 S극이 되도록 철심의 홈에 끼워져 있다.
2. <u>코일의 양 끝은 정류자편에 납땜되어 모든 코일에 동시에 전류가 흘러 각각에 생기는 전자력이 합해져서 전기자를 회전시킨다.</u> → ② 전기자코일은 하나의 홈에 2개씩 설치되어 있다.

정답　51 ④　　52 ②

문제 53 HEI란 무엇인가?

① 고강력 점화 방식
② 전 트랜지스터 점화 방식
③ 전자 배전 점화 방식
④ 전기자 점화 방식

해설 HEI(High Energy Ignition : 고 에너지 점화장치) → ①
1. 점화 1차 코일에 흐르는 전류를 컴퓨터에 의해 제어하여 저속 성능 향상
2. 점화 1차 코일에 흐르는 전류를 신속하게 단속하여 고속 성능 향상
3. 접점이 없기 때문에 불꽃을 강하게 하여 착화성이 향상
4. 엔진의 상태를 검출하여 최적의 점화시기를 컴퓨터가 조절
5. 폐자로형 점화 코일을 사용하므로 불꽃 방전이 크고 실화 없이 완전 연소가 가능
6. 노킹 발생시 점화시기를 컴퓨터가 조절하여 노킹을 제어

문제 54 컴퓨터 제어방식 점화 장치의 장점은?

① 적절한 속도에서 매우 안정된 제어를 할 수 있다.
② 엔진의 작동 상태를 각종 센서로 감지하여 최적의 점화 시기로 제어한다.
③ 노크 발생시 점화 시기를 시간별로 늦추어 노크 발생을 억제한다.
④ 적절한 출력의 점화 코일을 사용하기 때문에 적절한 연소가 가능하다.

해설 컴퓨터 제어방식 점화장치의 장점
1. 저속, 고속에서 매우 안정된 점화 불꽃을 얻을 수 있다.
2. 엔진의 작동 상태를 각종 센서로 감지하여 최적의 점화 시기로 제어한다. → ②
3. 노크 발생시 점화 시기를 자동으로 늦추어 노크 발생을 억제한다.
4. 고출력의 점화코일을 사용하므로 완벽한 연소가 가능하다.

문제 55 점화 플러그에서 조기 점화를 일으켜 노킹이 발생하고 엔진의 출력이 저하되는 전극 부분의 온도는?

① 700 ~ 850℃
② 800 ~ 950℃
③ 900 ~ 1,050℃
④ 1,000 ~ 1,150℃

정답 53 ① 54 ② 55 ②

> **해설** 점화 플러그의 자기청정온도와 열값
> 1. 점화 플러그 전극 부분의 작동 온도가 400℃ 이하로 되면 연소에서 생성되는 카본이 부착되어 절연 성능이 저하되고, 불꽃 방전이 약해져 실화를 일으키게 된다.
> 2. <u>전극 부분의 온도가 800 ~ 950℃ 이상이면 조기 점화를 일으켜 노킹이 발생하고 엔진의 출력이 저하된다.</u> → ②
> 3. 이에 따라 엔진이 작동되는 동안 전극 부분의 온도는 400~600℃를 유지하여야 한다. 이 온도를 점화 플러그의 자기청정온도(Self Cleaning Temperature)라고 한다.

문제 56 실린더에 직접 인젝터를 설치하여 분사하는 장치란?

① TDI ② SDI
③ EDI ④ GDI

> **해설** 가솔린 직접분사장치(GDI : Gasoline Direct Injection) → ④
> 실린더에 직접 인젝터를 설치하여 압축행정 말기에 연료를 분사하여 점화플러그 주위의 공연비를 농후하게 하는 성층연소로 희박한 공연비(25~40:1)에서도 점화가 가능하다.

문제 57 전자 제어식 점화 장치의 특징은?

① 조정이 불필요하다.
② 엔진 상태에 따른 적절한 점화 시기의 부여가 불가능하다.
③ 고속에서 채터링 현상으로 인한 부조 현상이 있다.
④ 고속 및 저속에서 비교적 안정적이다.

> **해설** 전자제어식 점화장치의 특징
> 1. **조정이 불필요** → ①
> 2. 엔진의 상태를 항상 감지하여 최적의 점화시기를 자동적으로 조정
> 3. 각종 진각 장치가 컴퓨터에 의하여 자동으로 진각됨
> 4. 고속 및 저속 성능의 탁월한 안정성
> ※ 고속 및 저속에서 비교적 안정적인 것은 무접점식 점화장치의 특징이다.

문제 58 흡입 공기량에 의한 엔진의 분류 유형이 아닌 것은?

① D-제트로닉 ② K-제트로닉
③ H-제트로닉 ④ L-제트로닉

정답 56 ④   57 ①   58 ③

해설 전자제어 연료분사장치 중 제어 방식에 의한 분류
1. K-제트로닉 : 연료의 분사량을 기계식으로 제어하는 연속적인 분사 방식
2. L-제트로닉 : 흡입 공기량을 계측하여 연료 분사량을 제어하는 방식
3. D-제트로닉 : 흡기다기관 내의 부압을 검출하여 연료 분사량을 제어하는 방식

문제 59 센서의 종류 중 열선 열막식의 장점으로 틀린 것은?

① 공기 질량을 연속적이고 순차적으로 계측할 수 있다.
② 공기 질량 감지 부분의 응답성이 빠르다.
③ 대기 압력 변화에 따른 오차가 없다.
④ 흡입 공기의 온도가 변화하여도 측정상의 오차가 없다.

해설 열선 열막식의 장점
1. 공기 질량을 **정확하게** 계측할 수 있다.
2. 공기 질량 감지 부분의 응답성이 빠르다.
3. 대기 압력 변화에 따른 오차가 없다.
4. 흡입 공기의 온도가 변화하여도 측정상의 오차가 없다.
5. 맥동 오차가 없다.
→ 열선 열막식은 공기 질량을 정확하게 계측하는 것이지 연속적으로 계측하는 것은 아니다. → ①

문제 60 ECU의 구성에 해당하지 않는 것은?

① 통제 장치
② 중앙처리장치
③ 기억장치
④ 입·출력장치

해설 ECU의 구성
1. **중앙처리장치**(CPU), **기억장치**(Memory), **입·출력장치**(I/O) 등으로 구성
2. 디지털 제어(Digital Control)와 아날로그 제어(Analog Control)를 수행

문제 61 TPS에 대한 설명으로 옳은 것은?

① 엔진의 냉각수 온도 변화에 따라 저항값이 변화하는 부특성 서미스터이다.
② 스로틀 밸브축이 회전하면 출력 전압이 변화하여 ECU로 입력시키면 ECU는 이 전압 변화를 기초로 하여 엔진 회전 상태를 판정하고 감속 및 가속 상태에 따른 연료 분사량을 결정한다.

정답 59 ①   60 ①   61 ②

③ 리드 스위치를 이용하여 트랜스 액슬 기어의 회전을 펄스 신호로 변환하여 ECU로 보내면 ECU는 이 신호를 기초로 하여 공전 속도 등을 조절한다.
④ 흡입 공기량을 검출하여 ECU로 흡입 공기량 신호를 보내면 ECU는 이 신호를 기초로 하여 기본 연료 분사량을 결정한다.

> **해설** 스로틀 포지션 센서(TPS : Throttle Position Sensor)
> - <U>스로틀 밸브축이 회전하면 출력 전압이 변화하여 ECU로 입력하면 ECU는 이 전압 변화를 기초로 하여 엔진 회전 상태를 판정하고 감속 및 가속 상태에 따른 연료 분사량을 결정한다.</U> → ②
> 부특성 서미스터(Thermistor)
> - 온도가 상승하면 이에 따라 저항값이 감소하는 서미스터로 연료 잔량 경고등, 흡입 공기 온도 센서, 오일 온도 센서 등에 쓰인다. 예컨대 연료가 없으면 서미스터가 공기 중에 노출되므로 온도가 상승하고 저항값이 감소하면 경고등에 불이 켜지게 된다. → ①
> 차속센서(VSS : Vehicle Speed Sensor)
> - 리드 스위치를 이용하여 트랜스 액슬 기어의 회전을 펄스 신호로 변환하여 ECU로 보내면 ECU는 이 신호를 기초로 하여 공전속도 등을 조절한다. → ③
> 공기유량센서(AFS : Air Flow Sensor)
> - 흡입 공기량을 검출하여 ECU로 흡입 공기량 신호를 보내면 ECU는 이 신호를 기초로 하여 기본 연료 분사량을 결정한다. → ④

문제 62 ECU에서 사용하는 기본적인 액추에이터의 구성 중 '연료 인젝터'란?

① 혼합기의 연소가 제대로 되도록 점화 시기를 조절한다.
② 연료 공급량을 조절한다.
③ 공회전 시 공기량을 제어한다.
④ 배기가스를 적절한 시기에 흡기 라인으로 재순환하여 연소 시 연소 온도를 낮추어 NOx의 생성을 억제한다.

> **해설** 액추에이터(Actuator)의 구성
> 1. **연료 인젝터** : 연료 공급량을 조절 → ②
> 2. 점화장치(코일) : 혼합기의 연소가 제대로 되도록 점화시기를 조절
> 3. 공전속도 조절 장치 : 공회전 시 공기량을 제어
> 4. EGR 컨트롤 솔레노이드 밸브 : 배기가스를 흡기라인으로 재순환하여 연소시 연소온도를 낮추어 NOx의 생성을 억제
> 5. 퍼지컨트롤 솔레노이드 밸브(PCSV) : 캐니스터 내의 연료증발가스를 연소실로 보내 연소

정답 62 ②

문제 63 MPS에 대한 설명으로 틀린 것은?

① 가변 저항식이다.
② 슬라이딩 핀의 경우 플런저 끝부분에 접촉되어 플런저가 작동할 때 센서의 내부 저항이 변화하므로 출력 전압이 변화한다.
③ 스로틀 밸브의 개도를 엔진 가동 조건에 알맞은 공전 속도로 조절한다.
④ 스로틀 밸브의 열림 정도를 변화시켜 공전 속도를 조절한다.

해설 **모터 포지션 센서(MPS ; Motor Position Sensor)**
1. 가변 저항식이며 ISC-서보 내에 설치되어 있다. → ①
2. 슬라이딩 핀(Sliding Pin)은 플런저 끝부분에 접촉되어 플런저가 작동할 때 센서의 내부 저항이 변화하므로 출력 전압이 변화한다. → ②
3. 모터 포지션 센서에서 ISC-서보 플런저의 위치를 검출한 신호를 ECU로 보내면 ECU는 공전 신호, 냉각수 온도, 부하 신호(에어컨), 모터 포지션 센서의 신호 및 주행속도 신호를 연산하여 스로틀 밸브의 개도를 엔진 가동조건에 알맞은 공전속도로 조절한다. → ③
→ 스로틀 밸브의 열림 정도를 변화시켜 공전 속도를 조절하는 것은 "공전속도 조절기"의 방식 중 스텝 모터 방식에 대한 설명이다. → ④

문제 64 현가 이론상 자동차의 주행 중 승차감이 좋은 진동수는?

① 30 ~ 90 cycle/min
② 45 ~ 115 cycle/min
③ 60 ~ 120 cycle/min
④ 75 ~ 135 cycle/min

해설 현가 이론상 자동차의 주행 시 승차감이 좋은 진동수는 60 ~ 120 cycle/min 이다.

문제 65 Rolling이란?

① 타이어의 접지력을 변화시키고 자동차의 주행 안정성과 관련이 있다.
② 일반적으로 노면의 진동에 의해 자동차의 전륜측과 후륜측의 상하 운동으로 발생되며 타이어의 접지력을 변화시키고 자동차의 고속주행 안정성과 관련이 있다.
③ 자동차의 선회, 원심력과 같은 차체의 회전 운동과 관련된 힘에 의하여 발생되고 횡풍의 영향을 받으며 주행 안정성과 관련이 있다.
④ 자동차 정면의 가운데로 통하는 앞뒤 축을 중심으로 하는 회전 작용의 모멘트이다.

정답 63 ④   64 ③   65 ④

해설 스프링 위 질량의 진동(차체의 진동)
1. 바운싱(Bouncing)
   1) 차체가 수직축을 중심으로 상하방향으로 운동하는 것을 말한다.
   2) 타이어의 접지력을 변화시키고 자동차의 주행 안정성과 관련이 있다. → ①
2. 롤링(Rolling)
   1) **자동차 정면의 가운데로 통하는 앞뒤축을 중심으로 하는 회전 작용의 모멘트이다.** → ④
   2) 항력 방향 축을 중심으로 회전하려는 움직임이다.
   3) 측면으로 작용하는 힘에 의하여 발생되고 자동차의 선회운동 및 횡풍의 영향을 받으며 주행 안정성과 관련이 있다.
3. 피칭(Pitching)
   1) 자동차의 중심을 지나는 좌우 축 옆으로의 회전 작용의 모멘트를 말한다.
   2) 횡력(측면) 방향축을 중심으로 회전하려는 움직임이다.
   3) 피칭모멘트는 일반적으로 노면의 진동에 의해 자동차의 전륜측과 후륜측의 상하운동으로 발생된다.
   4) 타이어의 접지력을 변화시키고 자동차의 고속 주행 안정성과 관련이 있다 → ②
4. 요잉(Yawing)
   1) 자동차 상부의 가운데로 통하는 상하 축을 중심으로 한 회전 작용의 모멘트이다.
   2) 양력(수직)방향 축을 중심으로 회전하려는 움직임이다.
   3) 자동차의 선회, 원심력과 같은 차체의 회전운동과 관련된 힘에 의하여 발생된다.
   4) 횡풍의 영향을 받으며 주행 안정성과 관련이 있다. → ③

문제 66 차축에 대하여 좌우 방향(Y축)을 중심으로 회전 운동을 하는 진동은?

① 와인드 업   ② 휠 홉   ③ 휠 트램프   ④ 스키딩

해설 스프링의 진동
- 스프링 위 질량의 진동(차체의 진동)
  · 바운싱(Bouncing) : Z축을 따라 움직이는 상하 평행 진동
  · 피칭(Pitching) : Y축을 중심으로 회전하는 앞뒤 진동
  · 롤링(Rolling) : X축을 중심으로 회전하는 좌우 진동
  · 요잉(Yawing) : Z축을 중심으로 회전하는 수평 진동
- 스프링 아래 질량의 진동(차축의 진동)
  · 휠 홉(Wheel hop) : Z축 방향의 상하 평행 진동 → ②
  · 휠 트램프(Wheel tramp) : X축을 중심으로 회전하는 좌우 진동 → ③
  · **와인드업(Windup) : 차축에 대하여 좌우 방향(Y축)을 중심으로 회전하는 앞뒤 진동** → ①
  · 스키딩 : 차축에 대하여 수직인 축(Z축)을 기준으로 기어가 슬립하며 요잉 운동을 하는 것 → ④

정답 66 ①

문제 67 스프링의 진동 중 스프링 위 질량의 진동과 관계가 없는 것은?

① 롤링   ② 피칭   ③ 바운싱   ④ 휠 트램프

해설 스프링의 진동
- 스프링 위 질량의 진동(차체의 진동)
  - 바운싱(Bouncing) : Z축을 따라 움직이는 상하 평행 진동 → ③
  - 피칭(Pitching) : Y축을 중심으로 회전하는 앞뒤 진동 → ②
  - 롤링(Rolling) : X축을 중심으로 회전하는 좌우 진동 → ①
  - 요잉(Yawing) : Z축을 중심으로 회전하는 수평 진동
- 스프링 아래 질량의 진동(차축의 진동)
  - 휠 홉(Wheel hop) : Z축 방향의 상하 평행 진동
  - **휠 트램프(Wheel tramp) : X축을 중심으로 회전하는 좌우 진동** → ④
  - 와인드업(Windup) : Y축을 중심으로 회전하는 앞뒤 진동
  - 스키딩 : 차축에 대하여 수직인 축(Z축)을 기준으로 기어가 슬립하며 요잉 운동을 하는 것

문제 68 코일 스프링에 대한 설명으로 옳은 것은?

① 스프링 강을 적당히 구부린 뒤 여러 장을 적층하여 탄성 효과에 의한 스프링 역할을 할 수 있도록 만든 것이다.
② 스프링 강으로 된 막대를 비틀면 강성에 의해 원래의 모양으로 되돌아가는 탄성을 이용한 것이다.
③ 미세한 진동 흡수가 좋지만 강도가 약하여 주로 승용자동차의 앞·뒤 차축에 사용된다.
④ 압축성 유체인 공기의 탄성을 이용하여 스프링 효과를 얻는 것이다.

해설
1. 판 스프링
   1) 스프링 강을 적당히 구부린 뒤 여러 장을 적층하여 탄성효과에 의한 스프링 역할을 할 수 있도록 만든 것으로 강성이 강하고 구조가 간단하다. → ①
   2) 스프링의 강성이 다른 스프링보다 강하므로 차축과 프레임을 연결 및 고정 장치를 겸할 수 있어 구조가 간단해지나, 판 사이의 마찰로 인해 진동을 억제하는 작용을 하여 미세한 진동을 흡수하기가 곤란하고, 내구성이 커서 대부분 화물 및 대형차에 적용하고 있다.
2. 코일 스프링
   1) 스프링 강선을 코일 형으로 감아 비틀림 탄성을 이용한 것이다.
   2) 판 스프링보다 탄성도 좋고, **미세한 진동흡수가 좋지만, 강도가 약하여 주로 승용차의 앞·뒤차 축에 사용된다.** → ③
   3) 단위 중량당 에너지 흡수율이 크고, 제작비가 저렴하고 스프링의 작용이 효과적이며 다른 스프링에 비하여 손상률이 적은 장점이 있으나, 코일 강의 지름이 같고 스프링의 피치가 같을 경우 진동감쇠 작용과 옆방향의 힘에 대한 저항이 약한 단점이 있다.

정답 67 ④   68 ③

3. 토션바 스프링
1) 스프링 강으로 된 막대를 비틀면 강성에 의해 원래의 모양으로 되돌아가는 탄성을 이용한 것 → ② 으로, 다른 형식의 스프링보다 단위 중량당 에너지 흡수율이 크므로 경량화 할 수 있고, 구조도 간단하므로 설치공간을 작게 차지할 수 있다.
2) 스프링의 힘은 바의 길이와 단면적 그리고 재질에 의해 결정되며, 진동의 감쇠작용이 없으므로 쇽업소버를 병용하여야 한다.

4. 에어 스프링
1) 압축성 유체인 공기의 탄성을 이용하여 스프링 효과를 얻는 것 → ④ 으로 금속 스프링과 비교하면 다음과 같은 특징이 있다.
2) 스프링 상수를 하중에 관계없이 임의로 정할 수 있으며 적차시나 공차시 승차감의 변화가 거의 없다.
3) 하중에 관계없이 스프링의 높이를 일정하게 유지할 수 있다.
4) 서징현상이 없고, 고주파 진동의 절연성이 우수하다.
5) 방음효과와 내구성이 우수하다.
6) 유동하는 공기에 교축을 적당하게 줌으로써 감쇠력을 줄 수 있다.

문제 69 독립 차축 현가 방식의 특징은?

① 커브길 선회 시 차체의 기울기가 적다.
② 스프링 정수가 적은 스프링을 사용할 수 있다.
③ 부품 수가 적어 구조가 간단하며 휠 얼라이먼트의 변화가 적다.
④ 스프링 아래 질량이 커서 승차감이 불량하다.

해설 독립 차축 현가 방식의 특징
1. 차고를 낮게 할 수 있으므로 주행 안전성이 향상된다.
2. **스프링 정수가 적은 스프링을 사용할 수 있다.** → ②
3. 구조가 복잡하게 되고, 이음부가 많아 각 바퀴의 휠 얼라이먼트가 변하기 쉽다.
4. 스프링 아래 질량이 가벼워 승차감이 좋아진다.
5. 조향바퀴에 옆 방향으로 요동하는 진동(Shimmy) 발생이 적고, 타이어의 접지성(Road Holding)이 우수하다.
6. 주행 시 바퀴가 상하로 움직임에 따라 윤거나 얼라이먼트가 변하여 타이어의 마모가 촉진된다.

문제 70 뒤차축의 지지 방식이 아닌 것은?

① 전부동식   ② 반부동식   ③ 1/4 부동식   ④ 3/4 부동식

정답 69 ②   70 ③

해설 뒤차축의 지지 방식
- **전부동식** : 차축은 바퀴에 동력을 전달하는 역할을 하고, 차량의 중량과 지면의 반력 등의 외력은 받지 않는 방식. 구동 바퀴를 탈거하지 않고도 차축(액슬축)을 분리할 수 있는 특성이 있으며 주로 대형버스나 트럭 등에 적용된다.
- **반부동식** : 차축은 차량중량에 의한 수직력, 제동력, 구동력 및 기타 바퀴에 작용하는 측면 방향 힘을 받는 구조. 차축을 탈거하기 위해서는 바퀴를 탈거 후 내부 고정장치를 분리하여야 가능하다. 구조가 간단하여 승용차 및 소형 화물차에 사용된다.
- **3/4 부동식** : 차축 바깥 선단부에 바퀴 허브와 결합되고, 차축 하우징 바깥쪽의 1개의 베어링으로 허브를 지지하는 형식. 수직 및 수평 하중의 대부분은 차축 하우징이 받지만 차체가 좌우로 경시지는 경우 차축에 하중의 일부가 걸리도록 되어 있는 구조로 전부동식과 반부동식의 중간 형태의 차축 지지방식이다.

문제 71 자동차의 중량을 액슬 하우징에 지지하여 바퀴를 빼지 않고 액슬축을 빼낼 수 있는 형식은?

① 전부동식 ② 반부동식 ③ 분리차축식 ④ 3/4 부동식

해설 구동 바퀴를 탈거하지 않고도 액슬축을 분리할 수 있는 특성이 있는 형식은 **전부동식**이다. → ①

문제 72 전자제어 현가장치(Electronic Control Suspension)의 특징 중 맞는 것은?

① 굴곡이 심한 노면을 주행할 때에 흔들림이 작은 평행한 승차감 실현
② 차속 및 주행 상태에 따라 적절한 조향 특성을 얻을 수 있음
③ 운전자가 희망하는 쾌적공간을 제공해 주는 최신 시스템
④ 운전자의 의지에 따라 조향 능력 유지

해설 현가장치(Suspension)는 차축과 차체를 연결하여, 주행할 때 차축이 노면에서 받는 진동이나 충격이 차체에 직접 전달되지 않도록 함으로써 차체나 화물의 손상을 방지하고 **승차감을 좋게 하는 장치**이다. → ① ※ ②, ④는 조향장치에 대한 설명이다.

문제 73 전자제어 현가장치에서 차고는 무엇에 의해 조절되는가?

① 특수한 고무류 ② 플라스틱류 액추에이터
③ 공기압 ④ 진공

정답 71 ① 72 ① 73 ③

해설 차고란 차의 높이를 말한다. 차의 높이는 **쇽업쇼바의 감쇠력**을 조정하여 조절하며, **감쇠력은 공기압을 조절하여 조절 가능**하다.

문제 74 공기스프링 현가장치의 장단점에 대한 설명으로 틀린 것은?

① 압축 공기의 탄성을 이용한 형식이다.
② 적재량이 변화하여도 차체의 높이를 일정하게 유지할 수 있다.
③ 하중의 증감에 관계없이 스프링 고유진동수를 수시로 변화시킨다.
④ 압축 공기를 공급하거나 배출시켜 차체의 높이를 일정하게 유지할 수 있다.

해설 공기스프링 현가장치의 장단점
- 장점
1. 스프링의 세기가 하중에 비례하여 변화되기 때문에 일정한 승차감을 유지시킨다.
2. 고유 진동이 작기 때문에 효과가 유연하다.
3. 공기 자체에 감쇠성이 있어서 작은 진동을 흡수할 수 있다.
4. **적재량이 변화하여도 차체의 높이를 일정하게 유지할 수 있다.** → ②
5. **스프링의 고유진동수는 거의 일정하게 유지된다.** → ③
- 단점
1. 공기 압축기, 레벨링 밸브 등이 설치되기 때문에 구조가 복잡하다.
2. 옆 방향 작용력에 대한 강성이 없어 옆 방향 힘에 약하다.
3. 액슬 하우징을 지지하기 위한 링크 기구가 필요하다.
4. 제작비가 비싸다.

문제 75 솔레노이드 밸브가 장착되어 있으며 공기 스프링과 컴프레서 사이에서 에어 압력을 공급 또는 배출하는 역할을 하는 것은?

① 밸브 블록
② 압력 센서
③ 리버싱 밸브
④ 에어 드라이어

해설 밸브 블록(Valve Block) : **솔레노이드 밸브가 장착되어 있으며 공기 스프링과 컴프레서 사이에서 에어 압력을 공급 또는 배출하는 역할을 한다.** → ①
압력 센서(Pressure Sensor) : 밸브블록 내부에 장착되며 시스템의 압력을 감지한다. → ②
리버싱 밸브(Reversing Valve) : 컴프레서 내부에 장착되어 있으며 에어 스프링에 에어를 공급 또는 배출시 내부 밸브의 작동을 달리하여 그 과정을 수행하는 밸브이다. → ③
에어 드라이어(Air Dryer) : 공기 중 수분을 흡수하여 시스템 내에 수분 등이 공급되지 않도록 한다. 대기압 밸브를 통해 내부 공기가 외부로 방출될 때 내부 습기도 배출된다. → ④

• 정답 74 ③   75 ①

문제 76 4륜 조향장치의 특성으로 옳은 것은?

① 최소회전반경이 작다.
② 견인력이 작다.
③ 미끄러운 노면에서 주행 안정성이 떨어진다.
④ 선회 안정성이 떨어진다.

해설 4륜 조향장치는 최소회전반경이 작은 특성이 있다. → ①

문제 77 동력 조향 장치의 특징으로 잘못 기술한 것은?

① 노면의 충격을 흡수하여 조향 휠에 전달되는 것을 방지할 수 있다.
② 큰 힘으로 조향 조작을 할 수 있다.
③ 앞 바퀴의 시미 현상을 감쇄하는 효과가 있다.
④ 조향 기어비를 조작력과 관계없이 선정할 수 있다.

해설 동력 조향 장치의 장점
1. 노면의 충격을 흡수하여 조향 휠에 전달되는 것을 방지할 수 있다.
2. **적은 힘**으로 조향 조작을 할 수 있다. → ②
3. 앞 바퀴의 시미 현상을 감쇄하는 효과가 있다.
4. 조향 기어비를 조작력과 관계없이 선정할 수 있다.
5. 노면에서 발생되는 충격을 흡수하기 때문에 킥 백을 방지할 수 있다.

문제 78 EHPS란?

① 모터 구동식 동력 조향장치
② 전기 저항식 동력 조향장치
③ 유압식 동력 조향장치
④ 전동 유압식 동력 조향장치

해설 **전동 유압식 동력 조향장치**(EHPS : Electronic Hydraulic Power Steering) → ④
1. 전동모터로 필요시에만 유압펌프를 작동시켜 차속 및 조향 각속도에 따라 조타력을 보조하는 전동 유압식 파워 스티어링이다.
2. 배터리의 전원을 공급받아서 전기 모터를 작동시켜 전기모터의 회전에 의해 유압펌프가 작동되고 펌프에서 발생되는 유압을 조향 기어박스에 전달하여 운전자의 조타력을 보조한다.
3. 따라서 엔진과 연동되는 소음과 진동이 근본적으로 개선되고 조타 시에만 에너지가 소모되기 때문에 연비도 향상되는 장점이 있다.

정답 76 ① 77 ② 78 ④

문제 79 차륜 정렬에서 킹핀 옵셋이 뜻하는 것은?

① 앞뒤 차축 타이어의 접지 중심으로부터 세로 중심면에 내린 수직선 사이의 거리
② 차륜의 중심선과 킹핀 중심선의 연장선이 노면에서 만나는 거리
③ 직진 위치에서 좌우 바퀴를 위에서 보았을 때 임의의 각도를 두고 설치된 상태
④ 킹핀의 중심선이 노면이 수직인 직선에 대해 어느 한쪽으로 기울어진 상태

해설 킹핀 옵셋 : 직진 위치에서 좌우 바퀴를 위에서 보았을 때 임의의 각도를 두고 설치된 상태 → ③

문제 80 자동차 휠 얼라인먼트에서 앞바퀴에 두는 캠버의 역할은?

① 하중으로 인한 앞차축의 휨 방지
② 조향 바퀴에 방향성 부여
③ 제동력 증대
④ 노면의 충격을 방지

해설 캠버(Camber) : 자동차 휠이 지면과 수직선상에 놓이지 않고 약간 기울어진 상태를 말한다. 이러한 캠버는 **하중으로 인한 앞차축의 휨을 방지**하는 역할을 한다. → ①

문제 81 일체식 차축의 현가 스프링이 피로해지면 바퀴의 캐스터는 어떻게 되는가?

① 정(+)이 된다.
② 부(-)가 된다.
③ 변화 없다.
④ 정(+)이 되었다가 부(-)가 된다.

해설 캐스터(Caster) : 자동차의 앞에서 바라보았을 때 바퀴의 중심축과 조향축이 이루는 각도 현가 스프링의 피로여부와 관계없이 캐스터는 차량이 노면에서 받는 충격에 의해 변화되지 않으므로 **변화 없다.** → ③

문제 82 토우 인(Toe-in)에 대한 설명으로 바르지 않은 것은?

① 앞바퀴를 평행하게 회전시킨다.
② 앞바퀴의 사이드슬립과 타이어 마멸을 방지한다.
③ 조향링키지 마멸에 따라 토우 인이 되는 것을 방지한다.
④ 타이로드의 길이로 조정한다.

정답 79 ③   80 ①   81 ③   82 ③

해설 토우 인(Toe-in, 토인) : 앞바퀴를 위에서 볼 때 좌우 타이어의 중심선의 거리가 앞부분이 뒷부분보다 2~5mm 정도 좁게 설정되어 있는 상태를 말한다.
토우 인의 역할
1. 앞바퀴를 평행하게 회전시킨다.
2. 앞바퀴의 사이드슬립과 타이어 마멸을 방지한다.
3. 조향링키지 마멸에 따라 **토 아웃**이 되는 것을 방지한다. → ③
4. 토인은 타이로드의 길이로 조정한다.

문제 83 자동차에서 토인 조정은 무엇으로 하는가?

① 타이로드　　　　　　　　　② 스트러트바
③ 컨트롤 암　　　　　　　　　④ 스태빌라이저 바

해설 토인(Toe-in)
1. 자동차 앞바퀴를 위에서 내려다 볼 때 양 바퀴의 중심선 거리가 앞쪽이 뒤쪽보다 약간 작게 되어있는데 이것을 토인이라고 하며 일반적으로 2 ~ 5mm 정도이다.
2. 역할
 1) 앞바퀴를 평행하게 회전시킨다.
 2) 앞바퀴의 사이드슬립과 타이어 마멸을 방지한다.
 3) 조향링키지 마멸에 따라 토 아웃이 되는 것을 방지한다.
 4) **토인은 타이로드의 길이로 조정한다.** → ①

문제 84 제동장치의 작동 방식에 따른 분류가 아닌 것은?

① 내부 확장식　　　　　　　　② 외부 수축식
③ 디스크식　　　　　　　　　　④ 진공 배력식

해설 제동장치의 작동 방식에 따른 분류
1. 내부 확장식 : 브레이크 페달을 밟아 마스터 실린더의 유압이 휠 실린더에 전달되면 브레이크 슈가 드럼을 밖으로 밀면서 압착되어 제동 작용을 하는 방식이다. → ①
2. 외부 수축식 : 레버를 당길 때 브레이크 밴드를 브레이크 드럼에 강하게 조여서 제동하는 형식이다. → ②
3. 디스크식 : 마스터 실린더에서 발생한 유압을 캘리퍼로 보내어 바퀴와 같이 회전하는 디스크를 패드로 압착시켜 제동하는 방식이다. → ③

정답 83 ①　84 ④

문제 85 캘리퍼에 대한 설명으로 맞는 것은?

① 휠 허브에 설치되어 바퀴와 함께 회전하는 원판으로 제동 시에 발생되는 마찰열을 발산시키기 위하여 내부에 냉각용의 통기 구멍이 설치되어 있는 벤틸레이티드 디스크로 제작되어 있다.
② 디스크에 끼워지는 부분의 내부에 설치되어 있고 실린더의 끝부분에는 이물질이 유입되는 것을 방지하기 위하여 유연한 고무의 부츠가 설치되어 있다.
③ 두께가 약 10mm 정도의 마찰제로 피스톤과 디스크 사이에 조립되어 있다.
④ 내부에 피스톤과 실린더가 조립되어 있으며 제동력의 반력을 받기 때문에 너클이나 스트럿에 견고하게 고정되어 있다.

해설 캘리퍼 : 디스크 브레이크의 한 구성품으로 **내부에 피스톤과 실린더가 조립되어 있으며 제동력의 반력을 받기 때문에 너클이나 스트럿에 견고하게 고정되어 있다.** → ④
디스크 : 휠 허브에 설치되어 바퀴와 함께 회전하는 원판으로, 제동 시 발생하는 마찰열을 발산시키기 위하여 내부에 냉각용 통기구멍이 설치되어 있는 벤틸레이티드 디스크로 제작되어 있다.
실린더 및 피스톤 : 디스크에 끼워지는 캘리퍼 내부에 설치되어 있고 실린더의 끝부분에는 이물질 유입을 방지하기 위하여 유연한 고무의 부츠가 설치되어 있다.
패드 : 두께가 약 10mm 정도의 마찰제로 피스톤과 디스크 사이에 조립되어 있다.

문제 86 하이드로백이 무엇을 이용하여 브레이크 배력 작용을 하게 한 것인지 다음 중 가장 적당한 것은?

① 배기가스 압력 이용
② 대기압과 흡기다기관의 압력차
③ 대기 압력만 이용
④ 배기가스 이용

해설 배력식 브레이크 : 배력식 브레이크는 유압식 브레이크에서 제동력을 증가시키기 위해 **흡기다기관에서 발생하는 진공압과 대기압의 차이를 이용하는 진공배력식 하이드로 백** → ② 과 압축공기의 압력과 대기압력 차이를 이용하는 공기배력식 하이드로 백이 있다.

문제 87 공압식 브레이크의 특징을 잘못 기술한 것은?

① 차량 중량에 일정 부분 제한을 받는다.
② 공기가 다소 누출되어도 제동 성능이 현저하게 저하되지는 않는다.
③ 베이퍼 록의 발생 염려가 없다.
④ 페달 밟는 양에 따라 제동력이 조절된다.

정답 85 ④ 86 ② 87 ①

해설 공압식 브레이크
- 공기압축 장치의 압력을 이용하여 모든 바퀴의 브레이크슈를 드럼에 압착시켜서 제동 작용을 하는 브레이크 방식이며, 브레이크 페달에 의해 밸브를 개폐시켜 브레이크 체임버에 공급되는 공기량으로 제동력을 조절한다.

장단점
1. 차량 중량에 제한을 받지 않는다. → ①
2. 공기가 다소 누출되어도 제동성능이 현저하게 저하되지는 않는다.
3. 베이퍼 록의 발생 염려가 없다.
4. 페달 밟는 양에 따라 제동력이 조절된다.
5. 공기 압축기 구동으로 인해 엔진의 동력이 소모된다.
6. 구조가 복잡하고 값이 비싸다.

문제 88 EPB 구성이 아닌 것은?

① 기어 박스 ② 케이블 구동 모터
③ 스마트 센서 ④ EPB ECU

해설 전자식 주차 브레이크(EPB : Electric Parking Brake)의 구성
- 기어박스, 케이블 구동모터, EPB ECU, 케이블, 포스센서

문제 89 ABS 시스템의 구성이 아닌 것은?

① 크랭크앵글센서 ② 하이드로닉 유니트
③ ECU ④ 휠스피드센서

해설 ABS 시스템 구성은 하이드로닉 유니트, 일렉트로닉 유니트(ECU), 휠스피드센서가 대표적이다.

문제 90 후륜의 제동 기능 및 제동력을 향상시켜 제동거리를 단축시키는 것은?

① TCS ② EBD
③ VDC ④ EDI

정답 88 ③   89 ①   90 ②

해설 전자제어 구동력 제어장치 (TCS : Tranction Control System)
마찰 계수가 낮은 도로(빙판길 및 눈길) 또는 바퀴의 마찰 계수가 적고 미끄러지기 쉬운 도로에서 구동 및 가속에 대한 미끄러짐 발생 시 엔진의 출력을 감소시키고 ABS 유압 시스템을 통하여 바퀴의 미끄러짐을 억제, 구동력을 노면에 최적으로 전달하는 것
전자제어제동력 배분장치 (EBD : Electronic Brake force Distribution) → ②
제동 시 앞바퀴측과 뒷바퀴측의 발생유압 시점을 뒷바퀴가 앞바퀴와 같거나 또는 늦게 고착되도록 ABS ECU가 제동배분을 제어하는 것
차량 자세제어시스템 (VDC : Vehicle Dynamic Control System)
스핀(Spin), 또는 오버 스티어 (Over Steer), 언더 스티어(Under Steer) 등의 발생을 억제하여 이로 인한 사고를 방지하는 시스템

문제 91 VDC 제어 조건으로 틀린 것은?

① 주행 속도가 15km/h 미만이어야 한다.
② 점화 스위치 ON 후 2초가 지나야 한다.
③ 후진할 때는 제어를 하지 않는다.
④ 자기 진단기기 등에 의하여 강제 구동 중일 때는 제어를 하지 않는다.

해설 VDC 제어조건
1. 주행속도가 15km/h **이상** 되어야 한다. → ①
2. 점화 스위치 ON 후 2초가 지나야 한다.
3. 요 모멘트(Yaw Moment)가 일정값 이상 발생하면 제어한다.
4. 제동이나 출발할 때 언더 스티어나 오버 스티어가 발생하면 제어한다.
5. 주행속도가 10km/h 이하로 떨어지면 제어를 중지한다.
6. 후진할 때에는 제어하지 않는다.
7. 자기 진단기기 등에 의해 강제구동 중일 때에는 제어하지 않는다.

문제 92 가속 저항이란?

① $R_g = W \tan\theta = \dfrac{W \cdot G}{100}$
② $R_r = \mu_r \times W$
③ $R_a = \mu \times A \times V^2$
④ $R_{ac} = \dfrac{W + W'}{g} \times a$

해설 가속저항(Acceleration Resistance) : 주행 중인 자동차의 속도를 증가시키는 데 필요한 힘
가속저항 식 $R_{ac} = \dfrac{W + W'}{g} \times a$ → ④
여기서, a : 가속도(㎨), W : 차량중량, W' : 회전부분 관성 상당 중량, g : 중력가속도(㎨)

정답 91 ① 92 ④

문제 93. 최소회전반경이란? (이때, L = 축거, α = 외측륜 조향각, r = 캠버 오프셋)

① $R = \dfrac{\sin \alpha}{L} + r$
② $R = \dfrac{L}{\sin \alpha} + r$
③ $R = \dfrac{L}{\sin \alpha} - r$
④ $R = \dfrac{\sin \alpha}{L} - r$

해설 최소회전반경은 조향각도를 최대로 하고 선회할 때 바퀴에 의해 그려지는 가장 바깥쪽 원의 반경을 말하며 다음과 같이 표현된다.

$$R = \dfrac{L}{\sin \alpha} + r$$

문제 94. 법적 제동거리란?

① $S = \dfrac{v^2}{400} \times 0.44$
② $S = \dfrac{v^2}{10} \times \sqrt{0.88}$
③ $S = \dfrac{v^2}{100} \times 0.88$
④ $S = \dfrac{v^2}{20} \times \sqrt{0.44}$

해설 제동거리란 브레이크 페달에 힘을 가하여 제동시켜 자동차가 완전히 정지할 때까지의 진행거리를 말하며 다음과 같이 표현된다.

$$S = \dfrac{v^2}{100} \times 0.88$$

여기서 v : 속도(m/s)

문제 95. 휠의 종류가 아닌 것은?

① 디스크 휠
② 스파이더 휠
③ 스포크 휠
④ 옵셋 휠

해설 휠의 종류
1. 디스크 휠 : 디스크를 림과 리벳 혹은 용접으로 연결한 것으로 가장 많이 이용 → ①
2. 스파이더 휠 : 방사선 모양의 림 지지대를 설치한 것으로 대형차나 중장비에서 이용 → ②
3. 스포크 휠 : 허브와 림을 강선의 스포크로 연결한 것으로 이륜자동차, 스포츠카에서 이용 → ③

정답 93 ② 94 ③ 95 ④

문제 96 Side Wall이란?

① 트레드부를 보강하기 위하여 넣는 것이다.
② 카커스를 보호하고 댐퍼 역할을 한다.
③ 타이어의 귀라고도 한다.
④ 비드와 림의 밀착력을 향상시키는 역할을 한다.

해설 사이드 월(Side Wall)
1. 트레드와 비드 사이의 타이어 측면부를 말한다.
2. **카커스를 보호하고 댐퍼역할을 하며 승차감을 좋게 한다.** → ②
3. 재질은 유연하고, 내노화성 및 내피로성이 뛰어나야 한다.

문제 97 타이어의 원주방향 중심선에 대하여 90°의 방향으로 배치된 플라이 위에 15~20°의 코드 각을 강성이 높은 벨트 층을 가지는 구조의 타이어는?

① Bias   ② Tubeless   ③ Snow   ④ Radial

해설 보통 타이어(바이어스 타이어 : Bias Tire)
1. 카커스 코드가 타이어의 원주방향 중심선에 대하여 일정한 각도(25~40°)를 가지고 결합
2. 접지된 면에서 중첩된 플라이가 고무를 매개로 충격을 흡수하므로 코드 각이 작은 타이어 일수록 코드가 겹치는 점이 많아져 카커스가 잘 움직이지 않게 되고 타이어는 단단해짐
3. 타이어 회전방향과 측면방향의 두 힘을 카커스 코드로 받으므로 주행 중에는 타이어의 카커스 코드 각도가 상대적으로 변형이 많으므로 유연하고 승차감이 좋음
4. 트레드면이 수축되기 쉽고 횡력에 대한 저항이 작고 내마모성이 약함

튜브리스 타이어 (Tubeless Tire)
1. 튜브가 있는 타이어는 튜브로 공기압과 기밀을 유지하므로 노면의 못 등에 의하여 튜브가 손상되면 공기가 빠져 공기압력이 저하되고 심한 충격이나 과대한 하중으로 튜브가 파손되면 급격한 공기 누출로 인하여 조향 불능상태가 된다.
2. 튜브리스 타이어는 튜브가 없고 타어어의 내면에 공기 투과성이 적은 특수 고무층을 붙이고 다시 비드부에 공기가 누설되지 않는 재료를 사용하여 림과의 밀착을 확실하게 하기 위하여 비드부분의 내경을 림의 외경보다 약간 작게 하고 있다.

스노타이어(Snow Tire)
1. 일반 타이어와는 고무질과 트레드를 다르게 하여 눈 위에서 슬립 없이 주행하도록한 것
2. 접지면적을 크게 하기 위하여 트레드부의 폭을 10~20% 넓히고 패턴은 리브와 블록을 적절하게 배치
3. 승용차용은 일반 타이어보다 50~70%, 트럭용은 10~40% 정도 트레드부의 홈을 깊게 함
4. 트레드 부분에 철심을 설치하여 빙판길 등에서 미끄럼을 방지하는 스파이크 타이어, 비상시 사용하는 예비 타이어 등이 있음

정답 96 ②   97 ④

레이디얼 타이어(Radial Tire) → ④
1. 타이어의 원주방향 중심선에 대하여 약 90°의 방향으로 배치된 플라이 위에 15~20°의 코드 각을 가진 강성이 높은 벨트 층을 가지는 구조
2. 카커스 코드는 레이온 나일론 및 폴리에스테르가 사용되고, 벨트에는 레이온, 폴리에스테르 또는 강선이 사용
3. 트레드부의 강성이 크고 수축이 거의 없으므로 내마모성이 우수
4. 구름 저항이 적고 타이어의 발열이 적으며 노면과의 접촉성이 향상되어 선회성능이 우수하므로 현재는 강철 벨트를 사용한 스틸 레이디얼이 주류를 이루고 있음

문제 98 수막현상이 발생하는 최저의 물깊이는 얼마인가?

① 2.5 ~ 10 mm
② 2.5 ~ 20 mm
③ 3 ~ 10 mm
④ 3 ~ 20 mm

해설 수막현상
- 빗길을 고속으로 주행할 때 타이어와 지면 사이 얇은 수막이 생기는 현상을 말한다.
- 마치 차량이 물 위에 떠서 주행하는 것과 같은 현상이 나타난다.
- 이 현상이 발생되면 제동거리가 길어지고, 핸들 조작이 어려워진다.
- 대부분 전륜에서 많이 발생된다.
- 발생하는 물의 깊이는 2.5 ~ 10.0mm 정도이다. → ①
- 가장 많이 발생되는 물의 깊이는 보통 5.08mm~7.62mm 사이로 알려져 있다.

문제 99 수막현상을 예방하는 방법으로 틀린 것은?

① 고속으로 주행하지 않는다.
② 마모된 타이어를 사용하지 않는다.
③ 공기압을 조금 낮게 한다.
④ 배수효과가 좋은 타이어를 사용한다.

해설 수막현상 예방하는 방법
- 비가 올 경우 20%, 폭우 시 50% 이상 감속 운행
- 비가 올 경우 타이어 공기압을 평소보다 10~15% 높이는 것이 필요 → ③
- 적정 적재량을 초과하지 않도록 관리

정답 98 ① 99 ③

문제 100 클러치 페달 자유 간극이 넓은 경우 발생되는 현상은?

① 등판 성능 저하
② 연료 소비량 증가
③ 주행중 가속페달 밟아도 증속 안됨
④ 기어 변속시 소음 발생

해설 자유간극 : 클러치 페달을 밟은 후부터 릴리스 베어링이 다이어프램 스프링(또는 릴리스 레버)에 닿을 때까지 페달이 이동한 거리
자유 간극이 넓은 경우 : 클러치 차단이 불량하여 변속기의 **기어 변속 시 소음이 발생**, 손상 → ④
자유 간극이 좁은 경우 : 클러치가 미끄러지며 클러치판이 과열되어 소손됨
연료 소비량 증가되고 주행중 가속 페달을 밟아도 증속이 잘 안되며 등판성능이 저하됨

● 정답 100 ④

4. 선택과목 - 2. [교통사고 조사분석개론]

[교통사고 조사분석개론]

01. 도로의 성립요건
1. <u>형태성</u> : 차선의 설치 도장, 노면의 균일성 유지 등 자동차, 기타 운송수단의 통행이 가능한 형태를 구비한 경우
2. <u>이용성</u> : 사람의 왕복, 화물의 수송, 자동차 운행 등 공중의 교통영역으로 이용되고 있는 경우
3. <u>공개성</u> : 공중의 교통에 이용되고 있는 불특정 다수인 및 예상할 수 없을 정도로 바뀌는 숫자의 사람을 위하여 이용이 허용되고 실제 이용되고 있는 경우
4. <u>교통경찰권</u> : 공공의 안전과 질서유지를 위하여 교통경찰권이 발동될 수 있는 경우

02. 교통사고 조사활동 5단계
1. 사고발생 보고(Reporting)
2. 사고현장 조사(At-scene Investigation)
3. 기술적 추가 분석(Technical Follow-up)
4. 전문적인 사고재현(Professional Reconstruction)
5. 원인 분석(Cause Analysis)

03. 자동차의 용도 산정
1. <u>주로 **설계속도**에 의하여 교차로의 회전반경과 하중에 따른 포장구조결정, 도로시설, 교통량 등을 산정하여야 한다.</u>
2. <u>자동차의 치수, 성능과 도로의 폭, 곡선부 확폭, 종단 경사, 시거 등이 영향을 줄 수 있다.</u>
3. <u>소형 차량은 시거 등 기준이 필요하다.</u>
4. <u>대형자동차 및 트레일러는 폭원, 곡선부의 확폭, 종단 경사, 교차로 설계 등을 고려하여 결정하여야 한다.</u>

04. 도시·군계획시설의 결정·구조 및 설치기준에 관한 규칙에 의한 도로의 규모별 구분
1. 광로 : 40m 이상
2. **대로 : 25~40m**
3. 중로 : 12~25m
4. 소로 : 12m 미만

05. 설계기준자동차

도로의 구조·시설 기준에 관한 규칙 제5조(설계기준자동차)

① 도로의 기능별 구분에 따른 설계기준자동차는 다음 표와 같다. 다만, 우회할 수 있는 도로(해당 도로 기능이나 그 상위 기능을 갖춘 도로만 해당한다)가 있는 경우에는 도로의 기능별 구분에 관계없이 대형자동차나 승용자동차 또는 소형자동차를 설계기준자동차로 할 수 있다.

도로의 구분	설계기준자동차
주간선도로	세미트레일러
보조간선도로 및 집산도로	세미트레일러 또는 대형자동차
국지도로	대형자동차 또는 승용자동차

※ 고속도로는 주간선도로 기준으로 설계한다.

06. 도로의 구조·시설기준에 관한 규칙 제21조(평면곡선부의 편경사)

② 제1항에도 불구하고 다음 각 호의 어느 하나에 해당하는 경우에는 편경사를 두지 아니할 수 있다.
  1. 평면곡선 반지름을 고려하여 편경사가 필요 없는 경우
  2. 설계속도가 **시속 60킬로미터 이하**인 도시지역의 도로에서 도로 주변과의 접근과 다른 도로와의 접속을 위하여 부득이하다고 인정되는 경우

07. 평면 선형의 범주
  1. 곡선 반경(Radius)
  2. 편구배(편경사, Superelevation)
  3. 곡선장(CL : Curve Length)
  4. 완화 구간

08. AASHTO(American Association of State Highway and Transportation Officials)에서 권장하는 '안전 정지 시거(Safe Stopping Sight Distance)'를 계산할 때 사용하는 P.I.E.V. 시간(Perception – Identification – Emotion – Volition reaction time)은 **2.5초이다.**
이는 평균 운전자의 반응 시간을 초과하는 설계 안전 여유치를 포함한 보수적 수치이다.

09. 정지시거의 3요소
  1. 위험 요소 판단시간
  2. 제동장치를 작동시킨 후 자동차가 정지하는 데 걸리는 시간
  3. 반응시간

10. 도로의 교통안전시설 요인
    1. **빙판길, 빗길의 미끄럼에 대한 방지요인의 사전인지 기능성 여부 및 미끄럼 제거의 신속성 여부**
    2. 중앙분리대, 가드레일, 콘크리트 옹벽 등 방호울타리의 적정설치 여부
    3. 갈매기표지, 반사체, 유도봉 등 시선유도시설의 적정설치 여부
    4. 미끄럼방지시설, 충격흡수시설, 과속방지시설 등의 적정설치 여부
    5. 도로안전표지, 노면표시 등의 적정설치 여부
    6. 기타 교통안전을 위한 도로안전시설의 적정설치 여부

    도로의 기하구조 요인
    1. 주행안전을 위한 곡선반경의 적정설치 여부
    2. 곡선의 길이가 핸들 조종에 무리가 없도록 설치되어 있는지의 여부
    3. 위험 회피 등 안전성을 위한 충분한 시거가 확보되어 있는지의 여부
    4. 곡선부의 확폭 및 편경사의 설치가 적정한지의 여부
    5. 평면선형과 종단선형 또는 그 조합이 운전자에게 착각을 일으킬 수 있는 구조인지의 여부
    6. 교차로의 교차각 및 종단구배의 설치가 적정한지의 여부
    7. 기타 도로의 기하구조에 문제점이 있는지의 여부

11. 타이어 과다 변형 혹은 과다 처짐(Tire Over Deflection)
    1. 브레이크를 작동 시 자동차의 무게는 이동하게 된다. 이러한 무게 이동의 결과로 자동차 앞바퀴의 스프링은 압축이 되고 자동차의 앞쪽의 높이가 **낮아지게 되며**, 뒤의 스프링은 무게 감속의 결과로 팽창되며, 자동차의 높이도 높아지게 된다.
    2. Over Deflection의 결과로 트레드의 가장자리가 더욱 더 많은 하중을 받게 되며 이러한 이유로 많은 마찰과 열이 가장자리에 발생하게 된다. 만약 타이어 마크를 남기게 되면 가장자리가 중앙보다 짙게 나타난다.
    3. 가장자리의 마크가 중앙 부분보다 현저하게 나타나 있다면 이것은 스키드마크가 앞 타이어인지 뒤 타이어인지 구별 할 수 있는 좋은 표본이다. 일반적으로 뒤 타이어가 Over Deflected 스키드마크를 발생하는데 이것은 뒤 타이어에 과도한 하중이 작용했거나 타이어의 공기압이 적기 때문이다.

12. 노면에 패인 자국(가우지 마크, Gouge Mark)
    1. 패인 자국은 비교적 강성이 크고 단단한 재질의 프레임(Frame), 변속기하우징, 멤버(Member), 타이어휠(Wheel) 등이 큰 압력으로 노면에 부딪칠 때 생성되며
    2. 주로 최대접촉시 또는 충돌 직후 생성되는 경우가 많다.
    3. 패인 흔적의 깊이, 궤적, 형상에 따라 칩(Chip), 찹(Chop), 그루브(Groove)로 구분하기도 한다.

13. 차량파편물(Debris)
    1. 자동차가 충돌하면 차량은 서로 맞물리면서 최대 접촉하게 되고 이때 충격부위의 차량부품들이 파손되면서 충돌지점에 떨어지기도 하고 차량의 충돌 후 진행상황에 따라 흩어져 떨어지기도 한다.
    2. 파손 잔존물은 한 곳에 집중적으로 낙하되어 떨어질 수도 있고 광범위하게 흩어져 분포되기도 한다.
    3. 보통 파손된 잔존물은 상대적으로 운동량(무게 ×속도)이 큰 차량 방향으로 튕겨나가 떨어지는 것이 일반적이며, 무게와 속도가 같고 동형(同形)의 자동차가 각도 없이 정면충돌한 경우 파손물은 충돌지점 부근에 집중적으로 떨어지게 된다.
    4. 양 차가 충돌 후 분리되어 회전하면서 진행한 경우 파손물은 회전방향으로 흩어지기도 하기 때문에 **파손물의 위치만으로 충돌지점을 특정하는 것은 바람직하지 않다.**
    5. 파손잔존물은 다른 물리적 흔적(타이어 자국, 노면 마찰흔적 등)의 위치 및 궤적, 형상 등과 상호비교하여 해석하는 것이 효과적이다.

14. 타이어 흔적의 종류 및 특성
    1. 스키드 흔적(Skid Mark)
       1) Skip skid   2) Gap skid
       3) Bounce skid   4) Broadside skid
       5) Swerve skid
    2. 스커프 흔적(Scuff Mark)
       1) Yaw mark   2) Acceleration scuff
       3) Flat tire mark   4) Imprint
    3. 충돌흔적(Impact Mark)
       1) Collision scrub   2) Crook

15. 액체 잔존물
    1. 흩뿌려짐 혹은 튀김(spatter) : 충돌시 용기가 터져 발생, 멀리 이동전 충돌 순간에 발생하기 때문에 **충돌지점 추정**의 단서가 된다.
    2. 방울짐(Dribble) : 한 방울씩 떨어진 흔적, 차량 이동시 충돌지점에서부터 정지지점까지의 **이동경로를 추정**하는 단서가 된다.
    3. 고임(Puddle) : 차량이 멈춰선 곳에서 액체가 고이는 현상. **정지장소 추정** 단서가 된다.
    4. 흘러내림(Run - off) : 고임이 경사면에서 형성될 경우 발생한다.
    5. 흡수(Soak - in) : 액체 잔존물이 도로 노면에 흡수될 경우 발생한다.
    6. 밟고 지나간 자국(Tracking) : 차들이 액체가 고인 곳이나 흘러내린 곳, 튀긴 곳을 밟고 지나가면서 남긴 자국이다.

16. 단일 커브로의 곡선부
   1. 도로관리청인 시·도청이나 국도 유지관리사무소 및 한국도로공사에서는 관할 도로에 대한 모든 도로제원 및 설계도면을 대부분 가지고 있다. 그러므로 이들 기관과의 상호협조에 의하여 각종 도로제원 및 곡선반경 값 등 정확한 자료를 구할 수 있다.
   2. 일반적으로 간단하게 커브로의 곡선반경이나 정규 요마크를 계산하기 위해서는 현(C)과 원의 중심에서부터 현까지 수직선을 그어 만난 지점에서부터 원호까지 연장선을 그어 만난 지점까지의 거리를 중앙종거(M)라고 하는데 이 현과 중앙종거 값을 알면 곡선반경은 피타고라스 정리에 의해 $R^2 = \left(\dfrac{C}{2}\right)^2 + (R-M)^2$ 에서 유도하여 정리하면 곡선반경 값을 구할 수 있다.
   3. 이것을 공식으로 나타내면 $R = \dfrac{C^2}{8M} + \dfrac{M}{2}$ 이다.

17. 평면좌표법
   1. 기준선(도로끝선, 연장선 등으로부터 조사분석에 필요한 측점까지의 최단거리 직선거리를 측정한다.
   2. 장단점
    1) 장점 : 최단거리를 측정하기 때문에 소요시간의 단축 및 측정에 의한 소통장애를 최소화하며 간단하게 자 하나만으로 도면을 작성할 수 있다(삼각측정법에서는 컴퍼스를 사용해야만 약도를 제대로 작성할수 있다).
    2) 단점 : 기준선과 측점 간 직각선을 그을 수 없는 경우는 기준선을 연장하여 직각거리를 측정하면 되나 이는 정확성이 떨어진다.
   3. 도로의 구조가 직각이 아닌 경우에는 도로 경계석선 및 도로 끝선의 연장을 기준선으로 이용하여 측점까지의 직각거리를 측정하면 된다.
   4. **평면좌표법에서는 기준선이 2개가 필요하다.** 1개는 차도 가장자리선을 활용하고 나머지 1개는 가상기준선(남북방향)을 설정 활용할 수도 있다(기준선으로 이용할 만한 실제 선(차도 가장자리선, 중앙선 등)이 없을 때).

18. 삼각측정법
   1. <u>삼각측정법에서는 **2개의 기준점을 이용**한다.</u>
   2. 기준점은 고정시설물을 대상으로 하나 적절한 대상이 없을 경우는 적어도 1개는 고정시설을 이용하고 그 외 기준점은 첫 번째 기준점을 중심으로 설정할수 있다.

19. 충격 방향 각도법 (Clock-face method 또는 Impact angle method)
   1. <u>차량의 중심(축) 또는 앞부분을 기준으로 시계방향으로 0도에서 360도까지의 각도를 사용해 충격이 발생한 방향을 수치로 표현</u>

2. 사고 분석 보고서, 보험 처리에서 충돌 방향 기록, 차량 손상 부위 및 충격력 해석, 블랙박스 및 시뮬레이션 자료 해석 기준 등에 활용

20. 현장스케치 요령
    1. 현장스케치 용지상에 손으로 개략적인 도로배치상태를 그린다.
    2. 용지 한쪽 모퉁이에 방향을 나타내기 위해서 화살표 등으로 북쪽을 표시한다.
    3. 관련 차량의 최종위치를 그리고, 각 차량의 전면을 화살표 등으로 나타낸다.
    4. 노상이나 노변의 관련 타이어 마크와 기타 흔적을 그린다.
    ※ 타이어 자국이나 노면마찰흔적 등 궤적이 크고 복잡하게 나타난 흔적의 경우에는 상세 스케치를 작성하고 여러 개의 측정점을 선정해 측정함으로써 보다 상세한 곡선이나 각도를 구할 수 있도록 해야 한다.
    5. 현장에 설정한 표점과 스케치상의 표점을 확인한다(개개의 차량에 대해서 2개의 표점, 각 타이어 마크에 대해서는 1개의 표점, 분포범위가 넓은 **낙하물 지역에 대해서는 3개 이상의 표점** 등).
    6. 평면좌표법, 삼각측정법 또는 양자의 병용법(결합법) 중 어느 방법을 이용할 것인지 결정한다.
    ※ 표준적인 차도 및 차도 가장자리선으로부터 10m 이내의 표점에 대해서는 평면좌표법을 이용하고, 불규칙적인 차도 및 차도 가장자리선으로부터 10m 이상되는 일부 표점에 대해서는 삼각측정법을 이용하는 것이 좋다. 또 평면좌표법 이용 시에는 적어도 1개의 기준점, 삼각측정법을 이용할 때는 최소 2개의 기준점을 설정한다.
    7. 개개의 기준점의 특징을 간략하게 기술하고, 주요 지점간에 점검 측정을 한다.
    8. 측정한 지점(기준점, 표점에 대해서 측정·기록하고 필요시 도로상에 스프레이 페인트나 크레용 등으로 측정할 지점을 표시한다.
    9. 관련 차량(예 : 차량 1-승용차 2, 차량 2-화물차 등) 및 차도 폭을 측정·기록하고 도로명을 기재한다. 필요시 주변에 있는 기존의 주요 표지물에 대한 방향과 표지물의 거리를 기록한다.
    10. 기본스케치 이외에 별지에 Gouge, Scrub, Debris 등에 관한 내역을 기록한다.
    11. 사고발생일시, 스케치상에 측정일시 및 측정자의 성명을 기재한다.

21. 사고당사자 및 목격자 사고조사 7대 기본원칙
    1. 사고에 관해 무엇을 알고 있는지 단계별로 밝힌다.
    2. 선입관(편견) 없이 객관성을 유지하여야 한다.
    3. 긍정적인 사고와 질문으로 조사에 임해야 한다.
    4. 정확한 답변을 얻기 위하여 명확하고 특별하게 질문하여야 한다.
    5. 질문에 대한 답변에 관하여 논쟁하지 말아야 한다.
    6. 질문은 요령있게, 이해하기 쉽게, 부드럽게 하여야 한다.
    7. 사고에 적합하고 논리적으로 질문하여야 한다.

22. 목격자 조사 내용
1. 사고 당시 목격자가 사고차량을 목격한 위치에 대하여 질문한다.
2. 사고차량의 **충돌 후 최종 정지위치**에 대하여 질문한다.
3. 사고차량 및 탑승자의 최종 위치에 대하여 질문한다.
4. 피해차의 상황(진로, 자세, 휴대품, 전도지점, 방향, 부상상황 등에 대해 질문한다.
5. 가해차의 상황(진로속도, 경음기취명, 파괴상황, 충돌상황, 피해자 구호상황 등을 질문한다.
6. 기타 충돌 후 파편물의 낙하위치 등에 대하여 질문한다.

23. **상지(上肢) : 신체에서 팔에 해당하는 부위 전체**를 의미하며 어깨부터 손끝까지를 통틀어 상지(upper limb) 또는 상지부라고 함
포함 부위 : 어깨(견관절), 팔 윗부분(상완), 팔꿈치, 팔 아랫부분(전완), 손목, 손(손가락 포함)

24. **찰과상(Abrasion)**
1. 의의 : **표면이 거친 둔체가 찰과(단 1회)되기 때문에 야기되는 표피박탈**
2. 특징 : 물체가 작용하기 시작한 부위의 표피박탈은 점차 깊어지기 시작한 경사진 연변을 가지고 있으며 물체가 피부에서 떨어진 부위의 표피박탈은 박리된 표피가 판상을 이루고 있다.

마찰성 표피박탈(Friction Excoriation)
1. 의의 : 둔체가 마찰(반복찰과)되기 때문에 야기되는 표피박탈
2. 특징 : 작용한 물체의 면이 거칠고 딱딱할 경우 선상의 표피박탈이 형성되며, 작용한 면이 부드럽고 연한 경우에는 각질층의 표피만이 박리된다. 또한 강한 압박이 가하여지면서 마찰된 경우에는 압박성 표피박탈의 성상을 지닌 표피박탈도 함께 보게 된다.

압박성 표피 박탈(Imprint Excoriation)
1. 의의 : 피부가 둔체로 압박되어 야기되는 표피박탈로 교흔이 좋은 예이다.
2. 특징 : 그 형태는 작용한 물체의 면과 일치되는 표피박탈이 형성된다. 예를 들어 역과 시에 보는 자동차의 타이어 흔을 들 수 있다.

할퀴기(Scratch)
1. 의의 : 첨단이 비교적 예리하고 가벼운 흉기 예를 들어 손톱 등으로 할퀴어 야기되는 표피박탈을 말한다.
2. 특징 : 손톱에 의하여 반월상의 표피박탈이 형성되며 긴 손톱의 경우는 꼬리가 긴 표피박탈이 형성되는 것이 특징이다.

25. 표피박탈
   1. 개념
    1) 둔체가 피부를 찰과·마찰·압박 및 타박하여 표피가 박리되고, 진피가 노출된 손상으로 진피까지 달하지 않은 것은 출혈이 없다.
    2) 표피박탈은 반드시 물체가 작용한 면의 크기와 방향에 일치해서 생기는 것이 특징이다.
   2. 법의학적 의의
    1) 표피박탈은 가피가 형성되었다가 7 ~ 10일 후에는 자연 탈락되기 때문에 임상적으로는 치료의 대상이 거의 되지 않는 손상이다.
    2) 외력의 작용 시발점을 알 수 있다.
    3) 외력의 작용 방향을 알 수 있다.
    4) 성상물체의 작용면의 형상을 알 수 있다.
    5) 사인을 설명해 준다(액사(사고사 혹은 갑작스런 사망)의 경우)
    6) 가해자의 습관을 나타낸다(액사 때 왼손잡이의 경우는 이에 해당되는 액흔을 보인다)
    7) 표피박탈 내의 이물은 작용 흉기를 표시해 준다.

26. 피하출혈
   1. 개념
    1) 둔체가 작용한 경우 피부의 단리됨이 없이 피하에 야기된 출혈을 말하며, 일명 **좌상**(Contusion) 또는 **타박상**(Bruise)이라고도 한다.
    2) 외상성으로 야기되는 경우가 가장 많으며 개인에 따라, 신체 부위에 따라, 연령(어린이와 노인은 혈관이 약하여 출혈되기 쉽다)에 따라 그 정도의 차가 있다.
    3) 병적으로 괴혈병, 자반병 등에 있어서는 외상이 없어도 피하출혈을 본다.

   2. 특징
    1) 형태 : 피하출혈은 그 크기에 따라 점상으로 출혈된 것을 점상출혈이라고 하며, 직경 약 1cm 까지의 것을 일혈, 그 이상의 것을 일혈반(Ecchymosis)이라고 하며, 출혈량이 많아서 피부면이 융기할 정도의 것을 혈종이라고 한다.
    2) 발생부위
     - 피하출혈은 외력이 가하여진 부위에 야기되는 것이 대부분의 경우이다.
     - 외력이 가하여진 양측 부위에 형성되는 경우도 있다. 즉 일정한 폭을 지니고 중량이 가벼운 물체, 예를 들어 혁대, 대나무자 또는 알루미늄관 등이 작용되면 표재성인 모세혈관만이 파열되어 출혈되며 이때 받은 압력 때문에 출혈된 혈액은 가해받은 양측에 밀리게 되어 피하출혈이 형성되는데, 이것을 중선출혈(Double Line Hemorrhage)이라고 한다.
     - 때로는 외력이 가하여진 부위와는 전혀 관계없는 다른 부위에서 출혈을 보는 경우도 있다. 피하조직이 치밀한 부위에서는 비록 출혈이 야기되어도 그 부위에 고일 수가

없어서 조직 간격이 성근 부위로 이동하게 되는데 이러한 현상이 잘 일어나는 부위는 안와부·음낭 등이다.
  3) 빛깔의 변화 : 신선한 피하출혈은 암적색 또는 자청색을 나타내다가 시간이 경과됨에 따라 피부의 빛깔도 갈색, 녹색, 황색조를 띠다가 소실된다.

3. 법의학적 의의 : 피하출혈이 증명된다는 것은 생활반응이 양성이라는 의미이며 그 손상은 생전에 이루어졌다는 법의학적으로 매우 중요한 의의를 지니게 된다.

27. 좌창

1. 피부를 포함하는 연조직(근육)이 피해자의 골격과 작용한 둔체 사이에서 좌멸되어 야기되는 창을 말한다.
2. 체표면에 작용된 둔기가 골격의 방향으로 힘이 전도되는 경우, 피부 및 피하의 연조직은 강압 때문에 좌멸되는 것이다. 따라서 복벽과 같이 하층에 골격이 없거나 또는 둔부와 같이 하층에 골격이 있다 해도 근육과 피하조직이 많은 부분에서는 작용된 힘이 흡수되어 좌창이 형성되는 일은 거의 없다.
3. 좌창은 어느 정도 **성상둔기의 형과 관계되며 많은 것은 성상형·분회구형을 보이며 창연 자체는 불규칙하고 분지를 지니는 것이 많으며 창각은 언제나 둔하며 2개 이상인 경우가 많다.**

열창
1. 창을 야기하는 성상둔기가 하나 거나 또는 두 개라 할지라도 그 중 하나가 되는 인체 골격 이 둔기작용 부위보다 먼 거리에 있는 경우 또는 많은 연조직이 있어 작용된 힘이 흡수되거나 작용된 둔체의 방향이 사각을 이루어 그 힘 이 골격 방향으로 전달되지 않은 상태에서 피부가 과잉하게 견인되므로 그 탄력성의 한계를 넘으면 단열되는데, 이 때 피부의 할선을 따라 단열되는 것을 열창이라 한다.
2. 열창은 언제나 창연이 피부의 할선과 일치, 즉 평행한 관계를 갖고 형성되는 것이다.

할창(Chop Wounds)
1. 개념 : 날을 지녔고 비교적 중량이 있고 자루가 부착된 흉기, 예를들어 도끼·손도끼·대검 등에 의하여 형성된다.
2. 특징
  1) 절창과 좌열창의 중간 성상을 보이는 것으로 창연은 비교적 규칙적이며, 그 주위에서 표피박탈을 보는데, 양 창연의 표피박탈의 폭을 재는 것은 흉기의 작용방향 및 각도를 결정하는데 결정적인 근거가 된다.
  2) 만일에 좌우 창연 주위의 표피박탈의 폭이 같으면 흉기는 창에 대하여 수직으로 작용한 것이며, 폭이 넓을수록 그 쪽으로 더욱 더 경사진 것을 의미하는 것이다.

창변에는 가교상 조직이 없으며 대검에 의한 창은 절창과 유사한 성상을 보인다.
   3) **중량 때문에 골절이 동반되는 경우가 많으며 심한 경우, 특히 수지 및 사지에서는 절단되기도 한다.**
 3. 법의학적 의의
   1) 두부의 할창이 사인으로 되는 것은 뇌의 손상을 동반하는 경우이며 그 외 부위에서는 실혈·감염 등이 사인으로 작용한다.
   2) 할창이 있는 시체는 타살체인 경우가 많다.

절창(Incised Wounds)
 1. 날을 지녔거나 또는 날에 비길만한 예리한 연변을 지닌 흉기를 장축으로 당기거나 밀면 절창이 야기된다. 수술 시 가하는 절개가 전형적인 절창이다.
 2. 면도, 나이프 등은 물론이고 도자기, 유리 등의 파편의 예리한 가장자리, 예리하고 얇은 금속 등이 작용해도 절창이 형성된다.
 3. 법의학적 의의 : 의견상 작은 절창이지만 부위에 따라서는 사인이 되는 경우가 있다.

자창(Stab Wounds)
 1. 끝이 뾰족한 흉기의 장축이 인체 내에 자입되어 형성되는 것으로 그 종류에 따라 유침무인기(송곳·바늘·못·나뭇가지·양산 끝 등), 유침편인기(과도·식도 등의 칼 종류), 유침양인기(양측에 날이 있는 칼 또는 비수 등)에 의하는 경우에는 각각 그 자창의 종류가 달라진다.

28. 두내강 내 손상(Intracranial Injury)
 1. 뇌진탕(Cerebral Concussion)
   1) 뇌진탕은 머리에 비교적 광범위하게 심한 둔력이 작용했을 경우에 야기되는 대뇌의 기능장애를 말한다.
   2) 의식상실이 주징후이며 구토와 서맥(徐脈)이 따르고, 그 최대의 특징은 충격을 받은 후 즉시 나타나는 의식상실이다.
   3) 중증일 경우 의식이 상실된 채로 회복되지 않고 사망 하나 단순한 뇌진탕일 경우에는 대개는 의식상실 상태가 손상을 받은 직후에 야기되었다가 비교적 단시간 내에 회복되는 것이 특징이다.
 2. 뇌좌상(Cerebral Contusion)
   1) 뇌좌상은 둔적 외력에 의하여 두개강 내에서 뇌실질이 손상되는 것으로서 흔히 골절을 수반한다.
   2) 뇌손상의 결과로서 그 부위에 따라 운동마비 또는 장애, 경련, 언어장애, 각 뇌신경장애, 정신작용의 장애 등 소위 대뇌의 탈락 현상을 초래한다.
   3) 뇌좌상은 뇌진탕, 뇌압증과 겹쳐서 오는 수가 많기 때문에 손상을 입은 초기에는 이것들의 감별이 곤란하나 시간이 경과함에 따라 용이해지고 뇌국소(腦局所) 증상이

있는 것, 고열이 지속되는 것, 요추천자애(腰推穿刺) 등으로 감별할 수도 있다.
3. 뇌압증(Cerebral Compression)
 1) 머리 손상에 의해서 두개강 내에 이물이 침입되거나 혹은 두개강 내의 혈관이 파열되어 혈액이 두개강 내에 저류될 때 외상 후 2차적으로 오는 뇌부종으로 뇌압박 증상이 발현된다.
 2) 그 증상은 두통, 구토, 유두부종(乳頭浮睡, Papill Edema)의 3대 증상이 오고, 이 외에 한쪽의 동공산대(散大), 의식장애, 호흡수 감소와 국소 증상이 나타난다.

29. 역과 손상(Runover Injury)

1. 지상에 전도된 후 충격을 가한 차량이나 제 2, 제 3 차량에 의하여 역과될 수 있다.
2. 역과손상은 바퀴와 차량의 하부구조에 의한다.
3. 바퀴흔(Tire Mark)이 생긴다. 바퀴흔은 차종, 타이어의 종류, 제조회사, 마모정도에 따라 다르다.
4. 역과시 타이어 마크, 차량 하부구조에 먼지, 이물, 기름 등의 부착이 일어난다.
5. 역과시 분쇄 찰과상, 화상이 일어난다.
6. 차량 하부에는 혈흔, 피부조각, 모발, 의복조각, 부착이 일어난다.
7. **차량에 의해 일정 거리를 끌려갈 때 하부 구조의 오물이 심하게 부착되고, 화상이 일어난다.**

제3차 충격손상(Tertiary Impact Injury), 전도손상(Turnover Injury)
1. 제 1~2차 충격 후 쓰러지거나 공중에 떴다가 떨어지면서 지면이나 지상구조물에 부딪혀 생기는 손상으로 전도손상이라고도 함
2. 자동차에 충격된 후 몸이 떴다가 지면에 떨어지면서 일어나는 손상으로 제3차 충격손상이라고도 한다.
3. 지면에 떨어지면서 미끄러지기 때문에 지면과 마찰하여 전형적인 넓은 면적의 찰과상이 일어난다.
4. 추락에 따른 손상 : 두부에의 충격(두개골 골절, 두개강 내 출혈, 뇌 손상)이 일어나 주요 사망 원인이 된다.

30. 신전손상(伸展損傷)

1. 역과와 같은 거대한 외력이 작용하면 외력이 작용한 부위에서 떨어진 피부가 신전력에 의하여 피부할선을 따라 찢어지는데 이를 신전손상이라 한다.
2. 신전손상은 대게 얕고 짧으며 서로 평행한 표피열창이 무리를 이루어 나타나고 외력이 더욱 거대하면 열창의 형태로 나타난다.
3. 두부, 안면부 및 흉부를 역과 하였을 때는 주로 전경부 및 겨드랑이에, 복부와 대퇴부를 역과 하였을 때는 사티구니, 하복부, 드물게는 슬와부에 형성되며 다른 부위에서는 거의 보지 못한다.

4. 신전손상은 역과에서 가장 많이 보이나, 차가 둔부쪽을 강하게 충격하면 반대편의 피부가 과신전되어 하복부 또는 사타구니에 생기는 경우도 드물지 않으며 속도가 더욱 빠르면 열창이 생길 수도 있다. 따라서 충격에 의한 것인지 또는 역과에 의한 것인지는 옷이나 인체에서 바퀴흔의 유무를 관찰하여 판별한다. 차 이외에도 무거운 물체에 압착되는 경우에도 볼 수 있고, 추락에서도 볼 수 있다.

31. AIS 상해코드

AIS 기준	상해구분	비고
1	Minor	경상(輕傷)
2	Moderate	중상(中傷)
3	Serious	중상(重傷)
4	Severe	중태
5	Critical	빈사
6	Maximum Injury Virtually Unsurvivable	최대부상 사실상 생존불능
9	Unknown	불상(不詳)

32. 자동차의 제원 – 치수의 정의
    1. **최저지상고(Ground Clearance)**
    자동차의 중심면에서 수직한 연직면에 투영된 자동차의 윤곽에서 대칭으로 된 좌우 구간 사이에 있는 가장 낮은 부분과 접지면과의 높이. 브레이크 드럼의 아랫부분은 지상고측정에서 제외
    2. 중심높이(Height of Gravitational Center)
    접지면에서 자동차의 중심까지의 높이, 최대 적재 상태일 때는 명시
    3. 적하대 오프셋(Rear BOdy Offset)
    뒤차축의 중심과 적하대 바닥면의 중심과의 수평거리. 적하대의 중심이 뒤차축의 앞이면 플러스(+), 뒤면 마이너스(-)
    4. 바닥 높이(Floor Height Loading Height)
    접지면에서 바닥면의 특정 장소(버스의 승강구 위치 또는 트럭의 맨 뒷부분)까지의 높이

33. 공기저항(Air Resistance) : 자동차가 주행하는 경우에 발생하는 공기에 의한 저항
    공기저항계수 식 : $R_a = kAV^2$
    여기서, k : 공기저항계수, A : 자동차 앞면 투영면적, V : 공기에 대한 자동차의 상대속도

34. 운동 마찰력 $F_n = \mu_n \cdot N$
    여기서, F_n : 운동 마찰력(kinetic friction force)
    μ_n : 운동마찰계수(coefficient of kinetic friction)
    N : 수직항력(normal force)

35. 마찰 계수와 견인 계수가 동일한 값을 가지는 조건
1. **차량의 모든 타이어가 Lock(잠김) 상태로 스키드 되었을 때**
2. 표면이 수평일 때

36. 요마크를 이용한 초기속도 계산공식
$v = \sqrt{2 \cdot \mu \cdot g \cdot d}$
여기서, v : 초기속도(m/s), g : 중력가속도(9.8m/s²), d : 요마크의 길이(m)
μ : 운동 마찰계수(도로와 타이어 사이의 마찰계수, 일반적으로 0.6~0.8)

37. 타이어의 용어해설
1. **단면높이 : 타이어의 외경에서 림의 지름을 빼고 2분의 1로 나눈 것**
2. 타이어 단면 폭 : 타이어 측면의 프로텍트라인 및 문자 등이 포함되지 않은 폭
3. 림 폭 : 림 플랜지 내면의 간격
4. 정하중 반경 : 타이어를 적용림에 장착하고 규정의 공기압을 충진하여 정지한 상태에서 평면에 수직으로 두고 100% 하중을 가했을 때 타이어의 축중심에서 접지면까지의 최단거리

38. 바이어스 타이어(Bias Tire)
1. **카카스(Carcass)를 구성하는 코드가 트레드의 중심선에 대하여 약 45° 경사지게 교차된 타이어**
2. 구조 : 엇갈린 여러 장의 카카스로 구성(카카스 수는 4장 이상의 짝수로 구성)
3. 내구성 : 엇갈린 카카스 간섭으로 발열이 많아 쉽게 노화
4. 내마모성 : 트레드부를 지지해 주지 못하고 유동이 많아 불리함
5. 승차감 : 유연성과 승차감이 좋다.
6. 경제성 : **내마모성이 적어 장착, 탈착이 잦고 가격대비 경제성 낮음**

레이디얼 타이어(Radial Tire)
1. 고속용으로 개발된 타이어로서, 일반적으로 널리 사용
2. 구조 : 주행방향에 수직인 카카스와 스틸벨트(Steel Belt)로 구성
3. 내구성 : 카카스 간 간섭이 없어 발열이 적고, 내구성이 향상됨
4. 내마모성 : 트레드부를 스틸로 된 벨트가 지지하여 우수함
5. 승차감 : 충격흡수가 불량하여 승차감이 나쁘다.
6. 경제성 : 바이어스 타이어보다 1.5 ~ 2배 더 사용 가능

블록(Block)형 타이어
장점 : 구동력, 제동력이 뛰어나다. **눈 위, 진흙에서의 제동성, 조종성, 안정성이 좋다.**

단점 : 리브형, 러그형에 비해 마모가 빠르다. 회전저항이 크다.
주용도 : 스노타이어, 샌드서비스 타이어 등에 사용

리브러그(Rib-Lug)형 타이어
장점 : 리브, 러그 타입의 장점을 살린 타이어로 조종성 및 안정성이 우수하다. 포장, 비포장로를 동시에 주행하는 차량에 적합하다.
단점 : 러그부 끝에서 마모발생이 쉽다. Rib의 홈부에서 균열이 발생하기 쉽다. 제동력, 구동력이 러그타입보다 적다.

비대칭형 타이어
장점 : 지면과 접촉하는 힘이 균일하다. 마모성 및 제동성이 좋다. 타이어의 위치 교환이 불필요하다.
단점 : 현실적으로 활용이 적다. 규격 간 호환성이 적다.

39. 강화유리
1. 강화유리가 파손되어 흩어진 것만을 보고는 직접손상인지, 간접손상인지 구분하지 못한다.
2. 뒤창유리에 사용된 강화유리는 파괴시 직접손상인지 간접손상인지에 대한 아무런 표시도 나타내 주지 않는다. 그것은 다른 물체와의 접촉에 의한 손상인지 아니면 자체의 뒤틀림에 의한 손상인지의 표시가 없기 때문이다.
3. 강화유리는 **어느 경우든 강한 충격에 의해 수천 개의 팝콘 크기의 조각으로 부서진다.**

합성유리
1. 이중접합유리라고도 불리는 이 유리는 서로 버티어 주고 있기 때문에 균열상태에 따라 그 손상이 접촉으로 인한 직접손상인지 아니면 간접적인 손상인지를 파악할 수 있다.
2. 평행한 모양이나 바둑판 모양으로 갈라진 것은 간접손상에 따른 차체의 뒤틀림에 의해 생겨난 것이다.
3. 직접손상은 방사선 모양이나 거미줄 모양으로 갈라지며 갈라진(금이 간) 중심에는 구멍이 나 있는 경우도 있다.

40. 속도계의 조사
1. 사고 후 속도계가 차의 실제 속도보다 높은 수치를 가리키는 경우도 있고 0을 가리키는 경우도 있으므로 속도계 바늘이 가리키고 있는 속도를 단정해서는 안 된다.
2. 자동차를 검증할 때는 다른 때와 마찬가지로 계기판에 붙어 있는 계기를 조사해야 하지만 속도계 바늘이 충돌 당시 속도를 가리키면서 찌그러져 있는 경우를 제외하고는 계기판을 판독하는 것은 의미가 없다.
3. 이러한 경우는 매우 드물게 일어나므로 속도계 바늘이 어떤 속도로 부딪치는 경우

그 바늘이 받은 어떤 힘이 속도계기를 파손시킬 때 움직이게 되므로 속도 계기에 대한 전문가에게 의뢰하여 조사를 받아야 한다.

41. 브레이크 결함 시 이에 대한 조사 요령
1. 미끄러진 흔적이 있으면 차륜의 브레이크는 완전하였다는 것이 증명
2. 브레이크 파이프가 **충돌로** 인하여 파손되어 있지 않은지 조사
3. 브레이크 오일의 누출 여부를 검사
4. 브레이크 페달을 밟았을 때 바닥에 접촉하는지 조사
5. 트럭이 크기에 비해 너무 많은 짐을 싣고 있지 않았는지 조사
6. 너무 무거운 짐을 운반하기 위해 스프링, 차륜 및 타이어의 수를 늘린 사실이 있는지 조사
7. 차의 손상이 심하지 않은지 조사(급제동 실험, 브레이크 드럼과 밴드의 마멸, 습기, 진흙 또는 그리스 부착정도 조사)

42. 보행자의 보행, 운전자 파악 등은 차량과 관련된 사항이 아니다.

43. 사고유형별 탑승자의 운동 이해
측면충돌(T-Bone or Lateral-Impact Collision)
1. 전면충돌과 원칙적으로 비슷하다.
2. 충돌 방향에 따라 차량이 움직이면서 입게 되는 손상이다.
3. 측면의 차량 문이 차량 내부로 찌그러지면서 손상된다.
4. 흉벽의 측면 충돌로 늑골이 골절되고 폐장의 좌상 및 장기의 손상으로 기흉, 혈흉이 유발된다. 운전자는 좌측면의 손상으로 주로 비장 파열이 있고 조수석은 간의 파열이 있기 쉽다.
5. 팔이 가슴과 차량문에 끼이게 된다. 골반과 대퇴골이 다치기 쉬우며 측면 유리에 머리를 다친다.

후방충돌(Rear-Impact Collision)
1. 정지된 차량에서 뒤 차량에 의한 후면충돌 또는 저속주행 중 고속주행히는 뒤 차량에 의한 충돌이다.
2. 갑자기 차량이 앞으로 돌진하게 된다. 몸이 갑자기 가속이 되어 머리 받침이 적절히 높지 않을 경우 경부가 갑자기 뒤로 젖혀져 경추의 손상을 입게 된다. 경추의 탈구 골절 및 경수 손상과 주변 연조직의 손상을 포함한다. 주로 제 6번 및 제 7번 경추가 손상된다.
3. 의자의 등받이가 파손되거나 뒷좌석 쪽으로 밀려나는 경우 요추가 손상된다.
4. 후면에 충돌 후 가속되다가 다시 앞 장애물에 부딪히거나 운전자가 갑자기 브레이크 페달을 밟을 경우에 정면충돌과 같은 형태가 되며, 다시 경부가 앞으로 뒤로 젖혀져 경추가 손상될 수 있다.

자동차 전복사고(Rollover Collision)
1. 여러 방향에서 충격이 가해지기 때문에 손상이 매우 다양하며 심하다.
2. 척추로 힘이 전달되어 척추의 손상 위험이 높아진다.
3. 차량 밖으로 튕겨 나올 때 사망하기 쉽다.

차량 회전충돌(Rotational Collision)
전방·후방 측면충돌로 차량이 회전할 경우 전방충돌과 측면충돌의 손상이 복합된다.

44. 제 1차 충격손상(Primary Impact Injury) : 차량의 외부구조(주로 전면부, 범퍼에 처음으로 충격될 경우에 생긴 손상
1. 차량의 속도, 범퍼의 형태를 포함하여 차량 전면의 구조, 의복 등에 의한 것으로 다양하다.
2. 5세 이하 어린이 : 두부, 다발성의 분쇄 손상
3. 5세 ~14세 어린이 : 두부, 몸통부, 대퇴부 손상
4. 성인 : 대퇴부, 하퇴부 등 하지와 발목에서 무릎까지 주로 일어난다.
5. 범퍼손상의 발끝에서의 높이와 양상으로 차량의 종류를 추정한다.
6. 가속 시에는 상방으로, 감속 시는 하방으로 이동하며 급감속 시는 심지어 발목부를 충격할 수도 있다. 보행 중일 때 두 다리의 손상의 높이가 다르다.
7. 하지의 골절 : 충격 반대편으로 개방성 골절이 일어난다.
8. 건강한 성인의 경우 : 20km/h 이상 골절, 40km/h 이상 복잡골절이 일어난다.
9. 나이 많은 사람의 경우 : 느린 속도에서도 다발성 골절이 일어날 수 있다.
10. 범퍼손상이 없다는 것은 누워 있었거나 차량의 측면에 충격되었다는 것을 의미한다.
11. 차량의 충돌 부위 지점에 대하여 인체의 무게 중심에 따라 충돌 후 신체의 비상 방향이 달라진다.
12. 차량의 충돌 부위보다 신체의 무게 중심이 높을 경우 충격력의 반대방향으로 회전한다.

45. 보행자 충돌 후 운동 유형 3가지
1. **앞으로 던져짐 (Forward Projection)**
   - 뜨거나 차량 위로 올라가지 않고 지면을 따라 **회전 없이** 앞쪽으로 튕겨져 나가는 운동
2. 튀어 오름 / 보닛 위로 넘어감 (Wrap Trajectory 혹은 Stand Vault)
3. 튀어 나감 (Throw-out Trajectory)

46. 에어백
1. 안면부, 경부, 가슴을 보호하여 손상을 경감시켜 준다. 자동차 사고에서 탑승자를 보호하지만 모든 경우에 안전한 것은 아니다.
2. **첫 충돌 후 잇따르는 충돌(연쇄적 충돌)은 보호해 주지 못한다.**

3. 운전자의 키가 너무 큰 경우나 소형차인 경우 하지, 골반, 복부는 보호하지 못한다.
4. 최근 측면, 지붕, 하부에 에어백을 장착하는 차량도 있다.

47. 편타손상(Whiplash Injury)
신체가 갑작스럽게 가속·감속되면 관성의 법칙에 의해 두부는 과도하게 전후로 움직여 과신전 및 과굴곡되어 경추의 탈구, 골절, 경수 및 주위 연조직에 손상을 일으킨다. 드물게는 뇌간부의 손상으로 사망하기도 한다.

48. 유효 충돌속도의 물리적 성질
 1. 유효충돌속도가 클수록 차량의 변형량도 증가한다.
 2. 유효충돌속도가 클수록 승차자에게 가해지는 충격손상도 증가한다.
 3. 유효충돌속도는 **고정장벽** 충돌속도로 치환 가능하다.
 4. 유효충돌속도가 클수록 반발계수가 낮아진다.
 5. 유효충돌속도는 상대충돌속도와 양 차의 중량에 의해 결정된다.
 6. 양 차량의 유효충돌속도의 합은 양 차의 상대충돌속도와 같다.

49. 작용과 반작용의 법칙
 1. (모든 실제 힘에 성립하므로) 운동의 제 3법칙이라고도 한다.
 2. 작용과 반작용 법칙은 A 물체가 B 물체에게 힘을 가하면(작용) B 물체 역시 A 물체에게 똑같은 크기의 힘을 가한다는 것이다(반작용).
 3. 즉, 물체 A가 물체 B에 주는 작용과 물체 B가 물체 A에 주는 반작용은 크기가 같고 방향이 반대이다.
 4. 총을 쏘면 총이 뒤로 밀리거나(총과 총알) 지구와 달 사이의 만유인력(지구와 달), 건너편 언덕을 막대기로 밀면 배가 강가에서 멀어지는 경우가 그 예이다.

50. 차량운동특성 - 발진가속
 1. 자동차가 정지상태에서 출발하는 경우의 가속능력을 발진가속이라고 한다.
 2. 발진가속도는 일반적으로 피크 0.2g 전후이다. 다만, 앞에 차가 많이 있을수록 가속시간이 짧아진다.

51. 자동차의 제동성능 - 브레이크
 1. 기계식 브레이크
 브레이크 페달의 조작력을 와이어를 거쳐 제동기구에 전달하여 제동력을 발생시키는 방식으로 주로 주차브레이크에 사용된다.

 2. 유압식 브레이크
 유압에 의해 브레이크의 조작력을 전달하는 방식으로 파스칼의 원리를 이용한 것이다.

마스터 실린더에서 발생된 유압이 브레이크 파이프를 거쳐 휠 실린더나 캘리퍼 등에 작용되면 브레이크 패드 등을 압착시켜서 제동을 하는 방식으로 승용차량에 가장 많이 사용된다. 즉, 완전히 밀폐된 액체에 작용하는 힘은 어느 점에서나 어느 방향에서나 항상 일정한 원리를 이용한 것이다.

3. 배력식 브레이크
압축공기나 엔진의 부압을 이용하여 페달 조작력을 증대시키는 배력장치로 유압 브레이크의 보조장치로 사용된다.

4. 공기식 브레이크
압축공기를 이용하여 제동하는 장치로 큰 제동력을 얻을 수 있으나 구조가 복잡하고 비용이 많이 드는 단점이 있다.

52. 공중비행(플립, Flip)
1. 노면의 장애물로 인하여 차량의 수평이동이 무게 중심 아래에서 방해를 받아 갑작스럽게 노면을 이탈하여 상승·전진하는 운동을 의미
2. 이륙한 지점부터 착지한 지점 사이에서는 아무런 흔적이 없다.
3. 플립은 추락이나 전도보다 자주 일어난다.
4. 무른 재질의 노면 위에서는 타이어가 옆으로 미끄러지면서 고랑을 만들게 되고 노변 재질이 계속 쌓이면 미끄러지는 타이어가 정지할 때까지 고랑은 깊어진다. 이 경우에서 고랑의 형태가 매우 명확하게 나타나므로 플립이 시작된 지점을 알아내는 것이 매우 용이하다.

추락(Fall)
1. 차량이 전방을 향하여 운동량에 의해 그 자신을 지탱하던 지면을 벗어난 후 중력의 영향을 받아 공중에서 전진·하락하는 운동을 의미
2. 차량은 추락하는 동안 매우 서서히 회전하며 대개 추락한 본래의 자세대로 착지한다.
3. 차량이 공중에 떠 있던 구간에서는 구르거나 미끄러져 나타나는 흔적을 볼 수 없다.

도약(Flop)
1. 차량의 방향으로 일어나는 플립현상으로 미끄러지거나 회전하던 앞바퀴가 연석과 같은 장애물에 걸려서 정지되는 상태에서만 발생한다.
2. 장애물의 높이는 바퀴가 넘지 못할 정도의 높이여야 한다.
3. 바퀴 높이의 3/4 이상이어야 하는데 일반적인 연석의 높이는 그 정도로 높지 않다.
4. 도약이 발생한 차량은 뒤집힌 채 착지하며 경사진 노면이 아닌 경우에는 대부분 착지한 지점에 그대로 정지하여 있다.

53. 마찰 자국(Rub-off)
 1. 두 차량 사이에서 접촉이 있었음을 보여준다.
 2. 주로 페인트이지만 고무, 보행자 옷에서 나온 직물, 보행자의 피부, 머리카락, 혈액, 나무껍질, 도로 먼지, 진흙 기타 물질 등인 경우도 있다.
 3. 실제로 마찰 자국은 다른 물체에 남겨진 한 물체의 모든 부분을 포함한다.
 4. 차량 간 충돌에서는 유리조각이나 장식품 조각도 해당된다.
 5. **셋 이상의 차량** 사이에서 발생한 충돌을 조사할 때 유용하며 어느 차량이 어디에서 충돌하였는가를 알아내는 데 도움이 된다.

54. 스크레이프(Scrape)
 1. 넓은 구역에 걸쳐 나타나는 줄무늬가 있는 여러 스크래치 자국
 2. 스크래치(Scratch)에 비해 폭이 넓고 **때때로 최대 접촉지점을 파악하는 데 도움을 준다**.

55. 간접손상(Induced Damage) : 차가 직접접촉 없이 충돌 시의 충격만으로 동일 차량의 다른 부위에 유발되는 손상
 1. 차가 정면충돌 시에는 라디에이터 그릴이나 라디에이터, 펜더, 범퍼 전조등의 손상과 더불어 전면부분이 밀려 찌그러지는데, 그 때의 충격의 힘과 압축현상 등으로 인하여 엔진과 변속기가 뒤로 밀리면서 유니버셜 조인트, 디퍼렌셜이 손상될 수 있다.
 2. **충돌 시 차의 갑작스런 감속 또는 가속으로 인하여 차 내부의 부품 및 장치와 의자, 전조등이 관성의 법칙에 의해 생겨난 힘으로 그 고정된 위치에서 떨어져 나갈 수 있다.** 이 때 그것들이 떨어져 나가 파손되었다면 간접손상을 입은 것이다.
 3. 충돌 시 부딪힌 일이 없는 전조등의 부품들이 손상을 입는 경우도 있다.
 4. 간접손상의 또 다른 예로 교차로에서 오른쪽으로부터 진행해 온 차에 의해 강하게 측면을 충돌당한 차의 우측면과 지붕이 찌그러지고 좌석이 강한 충격을 받아 심하게 압축 이동되어 좌측문을 파손시켜 열리게 한 것을 들 수 있다.
 5. 보디(Body) 부분의 간접손상은 주로 어긋남이나 접힘, 구부러짐, 주름짐에 의해 나타난다.

직접손상(Contact Damage) : 차량의 일부분이 다른 차량, 보행자, 고정물체 등의 다른 물체와 직접 접촉·충돌함으로써 입은 손상
 1. 보디 패널(Body Panel)의 긁힘, 찢어짐, 찌그러짐과 페인트의 벗겨짐으로 알 수도 있고 타이어 고무, 도로재질, 나무껍질, 심지어 보행자 의복이나 살점 이 묻어있는 것으로도 알 수 있다.
 2. 전조등 덮개, 바퀴의 테, 범퍼, 도어 손잡이, 기둥, 다른 고정물체 등 부딪친 물체의 찍힌 흔적에 의해서도 나타난다.
 3. 압축되거나 찌그러지거나 금속표면에 선명하고 강하게 나타난 긁힌 자국에 의해서 가장 확실히 알 수 있다.

[교통사고 조사분석개론]

문제 1 도로의 요건에 해당되지 않는 것은?

① 형태성　　　② 포장성　　　③ 이용성　　　④ 공개성

해설 도로의 성립요건
1. 형태성 : 차선의 설치 도장, 노면의 균일성 유지 등 자동차, 기타 운송수단의 통행이 가능한 형태를 구비한 경우
2. 이용성 : 사람의 왕복, 화물의 수송, 자동차 운행 등 공중의 교통영역으로 이용되고 있는 경우
3. 공개성 : 공중의 교통에 이용되고 있는 불특정 다수인 및 예상할 수 없을 정도로 바뀌는 숫자의 사람을 위하여 이용이 허용되고 실제 이용되고 있는 경우
4. 교통경찰권 : 공공의 안전과 질서유지를 위하여 교통경찰권이 발동될 수 있는 경우

문제 2 교통사고 조사 활동 5단계에 포함되지 않는 것은?

① 사고 현장 조사
② 기술적 추가 분석
③ 물리 역학적 근거 자료들의 수집 및 대입
④ 원인 분석

해설 교통사고 조사활동 5단계
1. 사고발생 보고(Reporting)
2. 사고현장 조사(At-scene Investigation) → ①
3. 기술적 추가 분석(Technical Follow-up) → ②
4. 전문적인 사고재현(Professional Reconstruction)
5. 원인 분석(Cause Analysis) → ④

문제 3 자동차의 용도 산정에 대한 내용으로 틀린 것은?

① 소형 차량은 시거 등 기준이 필요하다.
② 주로 주행속도에 의하여 교차로의 회전 반지름과 하중에 따른 포장 구조 결정, 도로 시설, 교통량 등을 산정하여야 한다.
③ 자동차의 치수, 성능과 도로의 폭, 곡선부 확폭, 종단 경사, 시거 등이 영향을 줄 수 있다.

정답　01 ②　02 ③　03 ②

④ 대형 자동차 및 트레일러는 폭원, 곡선부의 확폭, 종단 경사, 교차로 설계 등을 고려하여 결정하여야 한다.

해설 자동차의 용도 산정
1. 주로 **설계속도**에 의하여 교차로의 회전반경과 하중에 따른 포장구조결정, 도로시설, 교통량 등을 산정하여야 한다. → ②
2. 자동차의 치수, 성능과 도로의 폭, 곡선부 확폭, 종단 경사, 시거 등이 영향을 줄 수 있다. → ③
3. 소형 차량은 시거 등 기준이 필요하다. → ①
4. 대형자동차 및 트레일러는 폭원, 곡선부의 확폭, 종단 경사, 교차로 설계 등을 고려하여 결정하여야 한다. → ④

문제 4 도로의 규모별 구분 중 '대로'의 규격은?

① 25~40m ② 12~25m ③ 40~50m ④ 50m 이상

해설 도시·군계획시설의 결정·구조 및 설치기준에 관한 규칙에 의한 도로의 규모별 구분
1. 광로 : 40m 이상   2. **대로 : 25~40m**
3. 중로 : 12~25m   4. 소로 : 12m 미만

문제 5 고속도로의 설계 간 '설계 기준'이 되는 자동차는?

① 트레일러 ② 대형 자동차
③ 세미트레일러 ④ 특수 건설기계 및 자동차

해설 설계기준자동차
도로의 구조·시설 기준에 관한 규칙 제5조(설계기준자동차)
① 도로의 기능별 구분에 따른 설계기준자동차는 다음 표와 같다. 다만, 우회할 수 있는 도로(해당 도로 기능이나 그 상위 기능을 갖춘 도로만 해당한다)가 있는 경우에는 도로의 기능별 구분에 관계없이 대형자동차나 승용자동차 또는 소형자동차를 설계기준자동차로 할 수 있다. 〈개정 2020. 3. 6.〉

도로의 구분	설계기준자동차
주간선도로	**세미트레일러**
보조간선도로 및 집산도로	세미트레일러 또는 대형자동차
국지도로	대형자동차 또는 승용자동차

→ 고속도로는 주간선도로 기준으로 설계한다.

정답 04 ①   05 ③

문제 6 편경사를 두지 않을 수 있는 조건으로서 도시 지역의 도로에서 도로 주변과의 접근과 다른 도로와의 접속을 위하여 부득이하다고 인정되는 경우에서의 설계 속도의 기준은?

① 50km/h 이하
② 60km/h 이하
③ 70km/h 이하
④ 80km/h 이하

해설 도로의 구조·시설기준에 관한 규칙 제21조(평면곡선부의 편경사)
② 제1항에도 불구하고 다음 각 호의 어느 하나에 해당하는 경우에는 편경사를 두지 아니할 수 있다.
1. 평면곡선 반지름을 고려하여 편경사가 필요 없는 경우
2. 설계속도가 **시속 60킬로미터 이하**인 도시지역의 도로에서 도로 주변과의 접근과 다른 도로와의 접속을 위하여 부득이하다고 인정되는 경우

문제 7 평면 선형의 범주가 아닌 것은?

① 구간장　② 편경사　③ 곡선 반경　④ 완화 구간

해설 평면 선형의 범주
1. 곡선 반경(Radius) → ③
2. 편구배(편경사, Superelevation) → ②
3. 곡선장(CL : Curve Length)
4. 완화 구간 → ④

문제 8 AASHTO에서 권장하는 '안전 정지시거' 시 P.I.E.V 시간은?

① 1.5초　② 2초　③ 2.5초　④ 3초

해설 AASHTO(American Association of State Highway and Transportation Officials)에서 권장하는 '안전 정지 시거 (Safe Stopping Sight Distance)'를 계산할 때 사용하는 P.I.E.V. 시간(Perception-Identification-Emotion-Volition reaction time)은 **2.5초**이다.
이는 평균 운전자의 반응 시간을 초과하는 설계 안전 여유치를 포함한 보수적 수치이다.

문제 9 정지시거의 3요소가 아닌 것은?

① 위험 요소에 대한 판단 시간
② 제동장치를 작동시킨 후 자동차가 정지하는데 걸리는 시간
③ 반응 시간
④ 도로 노면의 마찰/견인 계수

정답　06 ②　07 ①　08 ③　09 ④

> **해설** 정지시거의 3요소
> 1. <u>위험 요소 판단시간</u> → ①
> 2. <u>제동장치를 작동시킨 후 자동차가 정지하는 데 걸리는 시간</u> → ②
> 3. <u>반응시간</u> → ③

문제 10 도로의 교통안전시설 요인에 대한 설명으로 옳은 것은?

① 평면 선형과 종단 선형 또는 그 조합이 운전자에게 착각을 일으킬 수 있는 구조인지의 여부
② 빙판길, 빗길의 미끄러짐에 대한 방지 요인의 사전 인지 가능성 여부 및 미끄럼 제거의 신속성 여부
③ 위험 회피 등 안전성을 위한 충분한 시거가 확보되어 있는지의 여부
④ 곡선의 길이가 핸들 조종에 무리가 없도록 설치되어 있는지의 여부

> **해설** 도로의 교통안전시설 요인
> 1. **빙판길, 빗길의 미끄럼에 대한 방지요인의 사전인지 기능성 여부 및 미끄럼 제거의 신속성 여부** → ②
> 2. 중앙분리대, 가드레일, 콘크리트 옹벽 등 방호울타리의 적정설치 여부
> 3. 갈매기표지, 반사체, 유도봉 등 시선유도시설의 적정설치 여부
> 4. 미끄럼방지시설, 충격흡수시설, 과속방지시설 등의 적정설치 여부
> 5. 도로안전표지, 노면표시 등의 적정설치 여부
> 6. 기타 교통안전을 위한 도로안전시설의 적정설치 여부
>
> 도로의 기하구조 요인
> 1. 주행안전을 위한 곡선반경의 적정설치 여부
> 2. <u>곡선의 길이가 핸들 조종에 무리가 없도록 설치되어 있는지의 여부</u> → ④
> 3. <u>위험 회피 등 안전성을 위한 충분한 시거가 확보되어 있는지의 여부</u> → ③
> 4. 곡선부의 확폭 및 편경사의 설치가 적정한지의 여부
> 5. <u>평면선형과 종단선형 또는 그 조합이 운전자에게 착각을 일으킬 수 있는 구조인지의 여부</u> → ①
> 6. 교차로의 교차각 및 종단구배의 설치가 적정한지의 여부
> 7. 기타 도로의 기하구조에 문제점이 있는지의 여부

문제 11 Tire Over Deflection을 잘못 기술한 것은?

① Over Deflection의 결과는 트레드의 가장자리가 더 많은 하중을 받게 한다.
② 브레이크의 작동 시 자동차의 무게가 이동하게 되는데 이러한 무게 이동의 결과로 자동차 앞바퀴의 스프링은 압축이 되고 자동차의 앞쪽의 높이가 높아지게 되며, 뒤의 스프링은 무게 감속의 결과로 팽창되며 자동차의 높이도 높아지게 된다.

정답 10 ② 11 ②

③ 타이어마크를 남기게 될 경우 가장자리가 중앙보다 짙게 나타나는 경향이 있다.
④ 가장자리 마크가 중앙 부분보다 현저하게 나타나 있을 경우, 스키드마크가 앞 타이어인지 뒷 타이어인지를 구별할 수 있는 좋은 표본이 된다.

> **해설** 타이어 과다 변형 혹은 과다 처짐(Tire Over Deflection)
> 1. 브레이크를 작동 시 자동차의 무게는 이동하게 된다. 이러한 무게 이동의 결과로 자동차 앞바퀴의 스프링은 압축이 되고 자동차의 앞쪽의 높이가 <u>낮아지게 되며</u>, 뒤의 스프링은 무게 감소의 결과로 팽창되며, 자동차의 높이도 높아지게 된다. → ②
> 2. Over Deflection의 결과로 트레드의 가장자리가 더욱 더 많은 하중을 받게 되며 → ① 이러한 이유로 많은 마찰과 열이 가장자리에 발생하게 된다. 만약 타이어 마크를 남기게 되면 가장자리가 중앙보다 짙게 나타난다. → ③
> 3. 가장자리의 마크가 중앙 부분보다 현저하게 나타나 있다면 이것은 스키드마크가 앞 타이어인지 뒤 타이어인지 구별 할 수 있는 좋은 표본이다. → ④ 일반적으로 뒤 타이어가 Over Deflected 스키드마크를 발생하는데 이것은 뒤 타이어에 과도한 하중이 작용했거나 타이어의 공기압이 적기 때문이다.

문제 12 Gouge Mark의 종류가 아닌 것은?

① Chip ② Chop ③ Scrape ④ Groove

> **해설** 노면에 패인 자국(가우지 마크, Gouge Mark)
> 1. 패인 자국은 비교적 강성이 크고 단단한 재질의 프레임(Frame), 변속기하우징, 멤버(Member), 타이어휠(Wheel) 등이 큰 압력으로 노면에 부딪칠 때 생성되며
> 2. 주로 최대접촉시 또는 충돌 직후 생성되는 경우가 많다.
> 3. 패인 흔적의 깊이, 궤적, 형상에 따라 <u>칩(Chip)</u>, <u>찹(Chop)</u>, <u>그루브(Groove)</u>로 구분하기도 한다.

문제 13 Debris에 대한 설명으로 잘못된 것은?

① 자동차가 충돌하면 차량은 서로 맞물리면서 최대 접촉하게 된다.
② 파손 잔존물은 한 곳에 집중적으로 낙하되어 떨어질 수도 있다.
③ 일반적으로 파손된 잔존물은 상대적으로 운동량(무게×속도)이 큰 차량 방향으로 튕겨나가 떨어지며, 무게와 속도가 같고 동형의 자동차가 각도 없이 정면 충돌한 경우 파손물은 충돌 지점 부근에 집중적으로 떨어지게 된다.
④ 양 차가 충돌 후 분리되어 회전하면서 진행한 경우 파손물은 회전 방향으로 흩어지기도 하기 때문에 파손물의 위치만으로 충돌 지점을 특정할 수도 있다.

정답 12 ③ 13 ④

해설 차량파편물(Debris)
1. 자동차가 충돌하면 차량은 서로 맞물리면서 최대 접촉하게 되고 → ① 이때 충격부위의 차량부품들이 파손되면서 충돌지점에 떨어지기도 하고 차량의 충돌 후 진행상황에 따라 흩어져 떨어지기도 한다.
2. 파손 잔존물은 한 곳에 집중적으로 낙하되어 떨어질 수도 있고 광범위하게 흩어져 분포되기도 한다. → ②
3. 보통 파손된 잔존물은 상대적으로 운동량(무게 ×속도)이 큰 차량 방향으로 튕겨나가 떨어지는 것이 일반적이며, 무게와 속도가 같고 동형(同形)의 자동차가 각도 없이 정면충돌한 경우 파손물은 충돌지점 부근에 집중적으로 떨어지게 된다. → ③
4. 양 차가 충돌 후 분리되어 회전하면서 진행한 경우 파손물은 회전방향으로 흩어지기도 하기 때문에 **파손물의 위치만으로 충돌지점을 특정하는 것은 바람직하지 않다.** → ④
5. 파손잔존물은 다른 물리적 흔적(타이어 자국, 노면 마찰흔적 등)의 위치 및 궤적, 형상 등과 상호비교하여 해석하는 것이 효과적이다.

문제 14 타이어의 흔적과 관련하여 그 성격 및 종류가 다른 하나는?

① Collision Scrub
② Acceleration Scuff
③ Flat Tire Mark
④ Imprint

해설 타이어 흔적의 종류 및 특성
1. 스키드 흔적(Skid Mark)
 1) Skip skid
 2) Gap skid
 3) Bounce skid
 4) Broadside skid
 5) Swerve skid
2. 스커프 흔적(Scuff Mark)
 1) Yaw mark
 2) Acceleration scuff → ②
 3) Flat tire mark → ③
 4) Imprint → ④
3. 충돌흔적(Impact Mark)
 1) **Collision scrub** → ①
 2) Crook

문제 15 Scuff Mark의 종류가 아닌 것은?

① Crook
② Flat Tire
③ Yaw Mark
④ Acceleration scuff

해설 타이어 흔적의 종류 및 특성
1. 스키드 흔적(Skid Mark)
 1) Skip skid
 2) Gap skid
 3) Bounce skid
 4) Broadside skid
 5) Swerve skid

정답 14 ①　15 ①

2. 스커프 흔적(Scuff Mark)
　1) Yaw mark → ③
　2) Acceleration scuff → ④
　3) Flat tire mark → ②
　4) Imprint
3. 충돌흔적(Impact Mark)
　1) Collision scrub
　2) Crook → ①

문제 16 액체 잔존물로 알 수 있는 내용이 아닌 것은?

① 충돌이 일어난 지점을 알아내는 데 도움이 된다.
② 충돌지점에서부터 정지지점까지의 이동경로를 추정하는 단서가 된다.
③ 차량이 최종적으로 정지한 지점의 위치를 알려준다.
④ 최초 충돌시 기온을 추정할 수 있다.

해설 액체 잔존물
1. 흩뿌려짐 혹은 튀김(spatter) : 충돌시 용기가 터져 발생, 멀리 이동전 충돌 순간에 발생하기 때문에 충돌지점 추정의 단서가 된다. → ①
2. 방울짐(Dribble) : 한 방울씩 떨어진 흔적, 차량 이동시 충돌지점에서부터 정지지점까지의 이동경로를 추정하는 단서가 된다. → ②
3. 고임(Puddle) : 차량이 멈춰선 곳에서 액체가 고이는 현상. 정지장소 추정 단서가 된다. → ③
4. 흘러내림(Run - off) : 고임이 경사면에서 형성될 경우 발생한다.
5. 흡수(Soak - in) : 액체 잔존물이 도로 노면에 흡수될 경우 발생한다.
6. 밟고 지나간 자국(Tracking) : 차들이 액체가 고인 곳이나 흘러내린 곳, 튀긴 곳을 밟고 지나가면서 남긴 자국이다.

문제 17 노면 경사 등에 의해 고인 액체가 흘러내린 흔적은?

① Spatter　　② Dribble　　③ Puddle　　④ Run off

해설 액체잔존물
1. 흩뿌려짐 혹은 튀김(spatter) : 충돌시 용기가 터져 발생, 멀리 이동전 충돌 순간에 발생하기 때문에 충돌지점 추정의 단서가 된다. → ①
2. 방울짐(Dribble) : 한 방울씩 떨어진 흔적, 차량 이동시 충돌지점에서부터 정지지점까지의 이동경로를 추정하는 단서가 된다. → ②
3. 고임(Puddle) : 차량이 멈춰선 곳에서 액체가 고이는 현상. 정지장소 추정 단서가 된다. → ③
4. 흘러내림(Run off) : 고임이 경사면에서 형성될 경우 발생한다. → ④
5. 흡수(Soak in) : 액체 잔존물이 도로 노면에 흡수될 경우 발생한다.
6. 밟고 지나간 자국(Tracking) : 차들이 액체가 고인 곳이나 흘러내린 곳, 튀긴 곳을 밟고 지나가면서 남긴 자국이다.

● 정답　16 ④　17 ④

문제 18 차량의 선회 시 곡선 도로의 곡선 반경을 산출하는 기준은?

① $R = \dfrac{C^2}{8M} + \dfrac{M}{2}$
② $R = \dfrac{8M}{C^2} + \dfrac{M}{2}$
③ $R = \dfrac{C^2}{8M} + \dfrac{2}{M}$
④ $R = \dfrac{C^2 + 2M^2}{8M}$

해설 단일 커브로의 곡선부
1. 도로관리청인 시·도청이나 국도 유지관리사무소 및 한국도로공사에서는 관할 도로에 대한 모든 도로제원 및 설계도면을 대부분 가지고 있다. 그러므로 이들 기관과의 상호협조에 의하여 각종 도로제원 및 곡선반경 값 등 정확한 자료를 구할 수 있다.
2. 일반적으로 간단하게 커브로의 곡선반경이나 정규 요마크를 계산하기 위해서는 현(C)과 원의 중심에서부터 현까지 수직선을 그어 만난 지점에서부터 원호까지 연장선을 그어 만난 지점까지의 거리를 중앙종거(M)라고 하는데 이 현과 중앙종거 값을 알면 곡선반경은 피타고라스 정리에 의해 $R^2 = \left(\dfrac{C}{2}\right)^2 + (R-M)^2$에서 유도하여 정리하면 곡선반경 값을 구할 수 있다.
3. 이것을 공식으로 나타내면 $R = \dfrac{C^2}{8M} + \dfrac{M}{2}$이다.

문제 19 평면 좌표법에서의 기준선의 기준 개수는?

① 상황에 따라 다름 ② 1개 ③ 2개 ④ 3개

해설 평면좌표법
1. 기준선(도로끝선, 연장선 등으로부터 조사분석에 필요한 측점까지의 최단거리 직선거리를 측정한다.
2. 장단점
 1) 장점 : 최단거리를 측정하기 때문에 소요시간의 단축 및 측정에 의한 소통장애를 최소화하며 간단하게 자 하나만으로 도면을 작성할 수 있다(삼각측정법에서는 컴퍼스를 사용해야만 약도를 제대로 작성할수 있다).
 2) 단점 : 기준선과 측점 간 직각선을 그을 수 없는 경우는 기준선을 연장하여 직각거리를 측정하면 되나 이는 정확성이 떨어진다.
3. 도로의 구조가 직각이 아닌 경우에는 도로 경계석선 및 도로 끝선의 연장을 기준선으로 이용하여 측점까지의 직각거리를 측정하면 된다.
4. **평면좌표법에서는 기준선이 2개가 필요하다.** 1개는 차도 가장자리선을 활용하고 나머지 1개는 가상기준선(남북방향)을 설정 활용할 수도 있다(기준선으로 이용할 만한 실제 선(차도 가장자리선, 중앙선 등)이 없을 때).

정답 18 ① 19 ③

문제 20 2개의 기준점을 이용하되 제약 조건이 적어 어느 사고 현장에서나 사용할 수 있는 기법은?

① 좌표법   ② 2점 좌표법   ③ 시계 눈금법   ④ 삼각법

해설 삼각측정법
1. 삼각측정법에서는 **2개의 기준점을 이용**한다.
2. 기준점은 고정시설물을 대상으로 하나 적절한 대상이 없을 경우는 적어도 1개는 고정시설을 이용하고 그 외 기준점은 첫 번째 기준점을 중심으로 설정할수 있다.

문제 21 각도법이란?

① 차량의 축을 기준으로 시계 방향으로 각도를 이용하여 나타내는 방식으로 충격힘은 우측에서 직선으로 90도이고 좌측에서 270도를 향한다고 정의한다.
② 소요 시간과 측정에 의한 소통 장애를 최소화할 수 있다.
③ 제약 조건이 비교적 적어 사고 현장 어디에서나 사용할 수 있다.
④ 시계의 12시간의 시간 숫자를 이용하여 나타내는 방법이다.

해설 충격 방향 각도법 (Clock-face method 또는 Impact angle method)
1. 차량의 중심(축) 또는 앞부분을 기준으로 시계방향으로 0도에서 360도까지의 각도를 사용해 충격이 발생한 방향을 수치로 표현 → ①
2. 사고 분석 보고서, 보험 처리에서 충돌 방향 기록, 차량 손상 부위 및 충격력 해석, 블랙박스 및 시뮬레이션 자료 해석 기준 등에 활용

문제 22 3개 표점으로 측정을 수행해야 하는 경우는?

① 충돌로 인해 차량 본체와 분리된 각종 차량 부품
② 낙하물 지역
③ 1m 이상 길게 나타난 노면상의 좁고 길게 패인 자국
④ 길게 비벼지거나 파손된 가드레일 등

해설 현장스케치 요령
1. 현장스케치 용지상에 손으로 개략적인 도로배치상태를 그린다.
2. 용지 한쪽 모퉁이에 방향을 나타내기 위해서 화살표 등으로 북쪽을 표시한다.
3. 관련 차량의 최종위치를 그리고, 각 차량의 전면을 회살표 등으로 나타낸다.
4. 노상이나 노변의 관련 타이어 마크와 기타 흔적을 그린다.
※ 타이어 자국이나 노면마찰흔적 등 궤적이 크고 복잡하게 나타난 흔적의 경우에는 상세 스

정답 20 ④   21 ①   22 ②

케치를 작성하고 여러 개의 측정점을 선정해 측정함으로써 보다 상세한 곡선이나 각도를 구할 수 있도록 해야 한다.
5. 현장에 설정한 표점과 스케치상의 표점을 확인한다(개개의 차량에 대해서 2개의 표점, 각 타이어 마크에 대해서는 1개의 표점, 분포범위가 넓은 **낙하물 지역에 대해서는 3개 이상의 표점** 등 → ②).
6. 평면좌표법, 삼각측정법 또는 양자의 병용법(결합법) 중 어느 방법을 이용할 것인지 결정한다.
※ 표준적인 차도 및 차도 가장자리선으로부터 10m 이내의 표점에 대해서는 평면좌표법을 이용하고, 불규칙적인 차도 및 차도 가장자리선으로부터 10m 이상되는 일부 표점에 대해서는 삼각측정법을 이용하는 것이 좋다. 또 평면좌표법 이용 시에는 적어도 1개의 기준점, 삼각측정법을 이용할 때는 최소 2개의 기준점을 설정한다.
7. 개개의 기준점의 특징을 간략하게 기술하고, 주요 지점간에 점검 측정을 한다.
8. 측정한 지점(기준점, 표점에 대해서 측정·기록하고 필요시 도로상에 스프레이페인트나 크레용 등으로 측정할 지점을 표시한다.
9. 관련 차량(예 : 차량 1-승용차 2, 차량 2-화물차 등) 및 차도 폭을 측정·기록하고 도로명을 기재한다. 필요시 주변에 있는 기존의 주요 표지물에 대한 방향과 표지물의 거리를 기록한다.
10. 기본스케치 이외에 별지에 Gouge, Scrub, Debris 등에 관한 내역을 기록한다.
11. 사고발생일시, 스케치상에 측정일시 및 측정자의 성명을 기재한다.

문제 23 사고 당사자 및 목격자 사고 조사의 7대 원칙으로 잘못된 것은?

① 질문은 체계적으로 분명하게 하여야 한다.
② 선입관(편견) 없이 객관성을 유지하여야 한다.
③ 정확한 답변을 얻기 위하여 명확하고 특별하게 질문하여야 한다.
④ 사고에 적합하고 논리적으로 질문하여야 한다.

해설 사고당사자 및 목격자 사고조사 7대 기본원칙
1. 사고에 관해 무엇을 알고 있는지 단계별로 밝힌다.
2. 선입관(편견) 없이 객관성을 유지하여야 한다. → ②
3. 긍정적인 사고와 질문으로 조사에 임해야 한다.
4. 정확한 답변을 얻기 위하여 명확하고 특별하게 질문하여야 한다. → ③
5. 질문에 대한 답변에 관하여 논쟁하지 말아야 한다.
6. 질문은 요령있게, 이해하기 쉽게, 부드럽게 하여야 한다.
7. 사고에 적합하고 논리적으로 질문하여야 한다. → ④
→ **체계적으로 분명하게 질문하는 것은 7대 원칙에는 들어있지 않다.**

문제 24 목격자 조사 내용으로 틀린 것은?

① 사고 당시 목격자가 사고 차량을 목격한 위치에 대하여 질문한다.
② 사고 차량의 충돌 간 최초 충돌 위치에 대하여 질문한다.

정답 23 ① 24 ②

③ 가해 차량의 상황(진로 속도, 경음기 취명, 파괴 상황, 충돌 상황 등)을 질문한다.
④ 파편물의 낙하 위치 등에 대하여 질문한다.

> **해설** 목격자 조사 내용
> 1. <u>사고 당시 목격자가 사고차량을 목격한 위치에 대하여 질문한다.</u> → ①
> 2. 사고차량의 **충돌 후 최종 정지위치**에 대하여 질문한다. → ②
> 3. 사고차량 및 탑승자의 최종 위치에 대하여 질문한다.
> 4. 피해차의 상황(진로, 자세, 휴대품, 전도지점, 방향, 부상상황 등)에 대해 질문한다.
> 5. <u>가해차의 상황(진로속도, 경음기취명, 파괴상황, 충돌상황, 피해자 구호상황 등을 질문한다.</u>
>   → ③
> 6. 기타 충돌 후 <u>파편물의 낙하위치 등에 대하여 질문한다.</u> → ④

문제 25 신체 상해부위 용어 중 '상지'란?

① 목　　　　② 가슴　　　　③ 허리　　　　④ 팔

> **해설** <u>상지(上肢)</u> : <u>신체에서 팔에 해당하는 부위 전체</u>를 의미하며 어깨부터 손끝까지를 통틀어 상지
> (upper limb) 또는 상지부라고 함 → ④
> 포함 부위 : 어깨(견관절), 팔 윗부분(상완), 팔꿈치, 팔 아랫부분(전완), 손목, 손(손가락 포함)

문제 26 찰과상에 대한 설명으로 옳은 것은?

① 표면이 거친 둔체가 찰과(단 1회)되기 때문에 야기되는 표피박탈을 말한다.
② 둔체가 마찰(반복)되기 때문에 야기되는 표피박탈이다.
③ 피부가 둔체로 압박되어 야기되는 표피박탈이다.
④ 첨단이 비교적 예리하고 가벼운 흉기 또는 손톱 등으로 할퀴어 야기되는 표피박탈을 말한다.

> **해설** 찰과상(Abrasion)
> 1. 의의 : <u>표면이 거친 둔체가 찰과(단 1회)되기 때문에 야기되는 표피박탈</u> → ①
> 2. 특징 : 물체가 작용하기 시작한 부위의 표피박탈은 점차 깊어지기 시작한 경사진 변연을 가
>   지고 있으며 물체가 피부에서 떨어진 부위의 표피박탈은 박리된 표피가 판상을 이루
>   고 있다.
> 마찰성 표피박탈(Friction Excoriation)
> 1. 의의 : <u>둔체가 마찰(반복찰과)되기 때문에 야기되는 표피박탈</u> → ②
> 2. 특징 : 작용한 물체의 면이 거칠고 딱딱할 경우 선상의 표피박탈이 형성되며, 작용한 면이
>   부드럽고 연한 경우에는 각질층의 표피만이 박리된다. 또한 강한 압박이 가하여지면
>   서 마찰된 경우에는 압박성 표피박탈의 성상을 지닌 표피박탈도 함께 보게 된다.

정답　25 ④　　26 ①

압박성 표피 박탈(Imprint Excoriation)
1. 의의 : 피부가 둔체로 압박되어 야기되는 표피박탈로 교흔이 좋은 예이다. → ③
2. 특징 : 그 형태는 작용한 물체의 면과 일치되는 표피박탈이 형성된다. 예를 들어 역과 시에 보는 자동차의 타이어 흔을 들 수 있다.

할퀴기(Scratch)
1. 의의 : 첨단이 비교적 예리하고 가벼운 흉기 예를 들어 손톱 등으로 할퀴어 야기되는 표피박탈을 말한다. → ④
2. 특징 : 손톱에 의하여 반월상의 표피박탈이 형성되며 긴 손톱의 경우는 꼬리가 긴 표피박탈이 형성되는 것이 특징이다.

문제 27 표피박탈의 법의학적 의미로 틀린 것은?

① 가피가 형성되었다가 7~10일 뒤에 자연 탈락되는 양상을 보인다.
② 외력의 작용 시발점을 알 수 있다.
③ 핵심적인 치료 대상이 되는 손상이다.
④ 가해자의 습관을 나타낸다(액사 때 왼손잡이의 경우는 이에 해당하는 액흔을 보인다).

해설 표피박탈
1. 개념
  1) 둔체가 피부를 찰과·마찰·압박 및 타박하여 표피가 박리되고, 진피가 노출된 손상으로 진피까지 달하지 않은 것은 출혈이 없다.
  2) 표피박탈은 반드시 물체가 작용한 면의 크기와 방향에 일치해서 생기는 것이 특징이다.
2. 법의학적 의의
  1) 표피박탈은 가피가 형성되었다가 7 ~ 10일 후에는 자연 탈락되기 → ① 때문에 임상적으로는 치료의 대상이 거의 되지 않는 손상이다. → ③
  2) 외력의 작용 시발점을 알 수 있다. → ②
  3) 외력의 작용 방향을 알 수 있다.
  4) 성상물체의 작용면의 형상을 알 수 있다.
  5) 사인을 설명해 준다(액사(사고사 혹은 갑작스런 사망)의 경우)
  6) 가해자의 습관을 나타낸다(액사 때 왼손잡이의 경우는 이에 해당히는 액흔을 보인다) → ④
  7) 표피박탈 내의 이물은 작용 흉기를 표시해 준다.

문제 28 표피박탈의 일반적인 자연 탈락 최대 시기는?

① 10일   ② 14일   ③ 20일   ④ 30일

해설 표피박탈의 법의학적 의의
  1) 표피박탈은 가피가 형성되었다가 7 ~ 10일 후에는 자연 탈락되기 → ① 때문에 임상적으로는

정답 27 ③   28 ①

치료의 대상이 거의 되지 않는 손상이다.
2) 외력의 작용 시발점을 알 수 있다.
3) 외력의 작용 방향을 알 수 있다.
4) 성상물체의 작용면의 형상을 알 수 있다.
5) 사인을 설명해 준다(액사(사고사 혹은 갑작스런 사망)의 경우)
6) 가해자의 습관을 나타낸다(액사 때 왼손잡이의 경우는 이에 해당하는 액흔을 보인다)
7) 표피박탈 내의 이물은 작용 흉기를 표시해 준다.

문제 29 피하 출혈의 개념을 잘못 설명한 것은?

① 둔체가 작용한 경우, 피부의 단리됨이 없이 피하에 야기된 출혈을 말한다.
② 외상성으로 야기되는 경우가 가장 많으며 개인에 따라, 신체 부위에 따라, 연령(어린이와 노인은 혈관이 약하여 출혈되기 쉽다)에 따라 그 정도의 차이가 있다.
③ 열상이라고도 한다.
④ 병적으로 괴혈병, 자반병 등에 있어서는 외상이 없어도 피하 출혈을 본다.

해설 피하출혈
1. 개념
 1) 둔체가 작용한 경우 피부의 단리됨이 없이 피하에 야기된 출혈 → ① 을 말하며, 일명 **좌상**(Contusion) 또는 **타박상**(Bruise)이라고도 한다. → ③
 2) 외상성으로 야기되는 경우가 가장 많으며 개인에 따라, 신체 부위에 따라, 연령(어린이와 노인은 혈관이 약하여 출혈되기 쉽다)에 따라 그 정도의 차가 있다. → ②
 3) 병적으로 괴혈병, 자반병 등에 있어서는 외상이 없어도 피하출혈을 본다.
2. 특징
 1) 형태 : 피하출혈은 그 크기에 따라 점상으로 출혈된 것을 점상출혈이라고 하며, 직경 약 1cm 까지의 것을 일혈, 그 이상의 것을 일혈반(Ecchymosis)이라고 하며, 출혈량이 많아서 피부면이 융기할 정도의 것을 혈종이라고 한다.
 2) 발생부위
  - 피하출혈은 외력이 가하여진 부위에 야기되는 것이 대부분의 경우이다.
  - 외력이 가하여진 양측 부위에 형성되는 경우도 있다. 즉 일정한 폭을 지니고 중량이 가벼운 물체, 예를 들어 혁대, 대나무자 또는 알루미늄관 등이 작용되면 표재성인 모세혈관만이 파열되어 출혈되며 이때 받은 압력 때문에 출혈된 혈액은 가해받은 양측에 밀리게 되어 피하출혈이 형성되는데, 이것을 중선출혈(Double Line Hemorrhage)이라고 한다.
  - 때로는 외력이 가하여진 부위와는 전혀 관계없는 다른 부위에서 출혈을 보는 경우도 있다. 피하조직이 치밀한 부위에서는 비록 출혈이 야기되어도 그 부위에 고일 수가 없어서 조직 간격이 성근 부위로 이동하게 되는데 이러한 현상이 잘 일어나는 부위는 안와부 · 음낭 등이다.
 3) 빛깔의 변화 : 신선한 피하출혈은 암적색 또는 자청색을 나타내다가 시간이 경과됨에 따라 피부의 빛깔도 갈색, 녹색, 황색조를 띠다가 소실된다.
3. 법의학적 의의 : 피하출혈이 증명된다는 것은 생활반응이 양성이라는 의미이며 그 손상은 생전에 이루어졌다는 법의학적으로 매우 중요한 의의를 지니게 된다.

정답 29 ③

문제 30 **좌창에 대한 설명으로 옳은 것은?**

① 성상 둔기의 형과 관계되며 많은 것은 성상 형·분화구 형을 보이며 창연 자체는 불규칙하고 분지를 지니는 것이 많으며 창각은 언제나 둔하며 2개 이상인 경우가 많다.

② 피부의 할선에 따라 단열되는 것을 말한다.

③ 창연이 피부의 할선과 일치한 관계를 갖고 형성된다.

④ 창을 야기시키는 성상 둔기가 하나이거나 또는 두 개라 할지라도 그 중 하나가 되는 인체 골격이 둔기 작용 부위보다 먼 거리에 있는 경우 또는 많은 연조직이 있어 작용된 힘이 흡수되거나 작용된 둔체의 방향이 사각을 이루어 그 힘이 골격 방향으로 전달되지 않은 상태에서 피부가 과잉하게 견인되므로 그 탄력성의 한계를 넘을 시 단열된다.

해설 좌창
1. 피부를 포함하는 연조직(근육)이 피해자의 골격과 작용한 둔체 사이에서 좌멸되어 야기되는 창을 말한다.
2. 체표면에 작용된 둔기가 골격의 방향으로 힘이 전도되는 경우, 피부 및 피하의 연조직은 강압 때문에 좌멸되는 것이다. 따라서 복벽과 같이 하층에 골격이 없거나 또는 둔부와 같이 하층에 골격이 있다 해도 근육과 피하조직이 많은 부분에서는 작용된 힘이 흡수되어 좌창이 형성되는 일은 거의 없다.
3. 좌창은 어느 정도 **성상둔기의 형과 관계되며 많은 것은 성상형·분회구형을 보이며 창연 자체는 불규칙하고 분지를 지니는 것이 많으며 창각은 언제나 둔하며 2개 이상인 경우가 많다.** → ①

열창
1. 창을 야기히는 성상둔기가 하나 거나 또는 두 개라 할지라도 그 중 하나가 되는 인체 골격이 둔기작용 부위보다 먼 거리에 있는 경우 또는 많은 연조직이 있어 작용된 힘이 흡수되거나 작용된 둔체의 방향이 사각을 이루어 그 힘 이 골격 방향으로 전달되지 않은 상태에서 피부가 과잉하게 견인되므로 그 탄력성의 한계를 넘으면 단열되는데, → ④ 이 때 **피부의 할선을 따라 단열되는 것을 열창이라 한다.** → ②
2. 열창은 언제나 **창연이 피부의 할선과 일치, 즉 평행한 관계를 갖고 형성되는 것이다.** → ③

문제 31 **뇌좌상의 특징에 대한 설명으로 옳은 것은?**

① 의식 상실이 주 징후이며 구토와 서맥(徐脈)이 따르고, 그 최대의 특징은 충격을 받은 후 즉시 나타나는 의식 상실이다.

② 중증일 경우 의식이 상실된 채로 회복되지 않고 사망한다.

③ 머리 손상에 의해서 두개강 내에 이물이 침입되거나 혹은 두개강 내의 혈관이

정답 30 ① 31 ④

파열되어 혈액이 두개강 내에 저류될 때, 외상 후 2차적으로 오는 뇌부종으로 뇌압박 증상이 발현된다.
④ 이 결과로서 그 부위에 따라 운동 마비 또는 장애, 경련, 언어장애, 각 뇌신경장애, 정신작용의 장애 등 소위 대뇌의 탈락 현상이 초래된다.

해설 두내강 내 손상(Intracranial Injury)
1. 뇌진탕(Cerebral Concussion)
  1) 뇌진탕은 머리에 비교적 광범위하게 심한 둔력이 작용했을 경우에 야기되는 대뇌의 기능장애를 말한다.
  2) <u>의식상실이 주 징후이며 구토와 서맥(徐脈)이 따르고, 그 최대의 특징은 충격을 받은 후 즉시 나타나는 의식 상실이다.</u> → ①
  3) <u>중증일 경우 의식이 상실된 채로 회복되지 않고 사망</u> → ② 하나 단순한 뇌진탕일 경우에는 대개는 의식상실 상태가 손상을 받은 직후에 야기되었다가 비교적 단시간 내에 회복되는 것이 특징이다.

2. <u>뇌좌상(Cerebral Contusion)</u>
  1) 뇌좌상은 둔적 외력에 의하여 두개강 내에서 뇌실질이 손상되는 것으로서 흔히 골절을 수반한다.
  2) 뇌손상의 결과로서 <u>그 부위에 따라 운동마비 또는 장애, 경련, 언어장애, 각 뇌신경장애, 정신작용의 장애 등 소위 대뇌의 탈락 현상을 초래한다.</u> → ④
  3) 뇌좌상은 뇌진탕, 뇌압증과 겹쳐서 오는 수가 많기 때문에 손상을 입은 초기에는 이것들의 감별이 곤란하나 시간이 경과함에 따라 용이해지고 뇌국소(腦局所) 증상이 있는 것, 고열이 지속되는 것, 요추천자애(腰推穿刺) 등으로 감별할 수도 있다.

3. 뇌압증(Cerebral Compression)
  1) <u>머리 손상에 의해서 두개강 내에 이물이 침입되거나 혹은 두개강 내의 혈관이 파열되어 혈액이 두개강 내에 저류될 때, 외상 후 2차적으로 오는 뇌부종으로 뇌압박 증상이 발현된다.</u> → ③
  2) 그 증상은 두통, 구토, 유두부종(乳頭浮腫, Papill Edema)의 3대 증상이 오고, 이 외에 한쪽의 동공산대(散大), 의식장애, 호흡수 감소와 국소 증상이 나타난다.

문제 32 할창에 대하여 바르게 설명한 것은?
① 이에 대한 법의학적 의의로는 부위에 따라서 사인이 될 수도 있다는 것이다.
② 끝에 뾰족한 흉기의 장축이 인체 내에 자입되어 형성되는 것을 말한다.
③ 중량 때문에 골절이 동반되는 경우가 많으며 심한 경우 특히 수지 및 사지에서는 절단되기도 한다.
④ 수술 시 가하는 절개가 전형적인 유형이다.

정답 32 ③

> **해설** 할창(Chop Wounds)
> 1. 개념 : 날을 지녔고 비교적 중량이 있고 자루가 부착된 흉기, 예를 들어 도끼·손도끼·대검 등에 의하여 형성된다.
> 2. 특징
> 1) 절창과 좌열창의 중간 성상을 보이는 것으로 창연은 비교적 규칙적이며, 그 주위에서 표피박탈을 보는데, 양 창연의 표피박탈의 폭을 재는 것은 흉기의 작용방향 및 각도를 결정하는데 결정적인 근거가 된다.
> 2) 만일에 좌우 창연 주위의 표피박탈의 폭이 같으면 흉기는 창에 대하여 수직으로 작용한 것이며, 폭이 넓을수록 그 쪽으로 더욱 더 경사진 것을 의미하는 것이다. 창변에는 가교상 조직이 없으며 대검에 의한 창은 절창과 유사한 성상을 보인다.
> 3) **중량 때문에 골절이 동반되는 경우가 많으며 심한 경우, 특히 수지 및 사지에서는 절단되기도 한다.** → ③
> 3. 법의학적 의의
> 1) 두부의 할창이 사인으로 되는 것은 뇌의 손상을 동반하는 경우이며 그 외 부위에서는 실혈·감염 등이 사인으로 작용한다.
> 2) 할창이 있는 시체는 타살체인 경우가 많다.
>
> 절창(Incised Wounds)
> 1. 날을 지녔거나 또는 날에 비길만한 예리한 연변을 지닌 흉기를 장축으로 당기거나 밀면 절창이 야기된다. 수술 시 가하는 절개가 전형적인 절창이다. → ④
> 2. 면도, 나이프 등은 물론이고 도자기, 유리 등의 파편의 예리한 가장자리, 예리하고 얇은 금속 등이 작용해도 절창이 형성된다.
> 3. 법의학적 의의 : 의견상 작은 절창이지만 부위에 따라서는 사인이 되는 경우가 있다. → ①
>
> 자창(Stab Wounds)
> 1. 끝이 뾰족한 흉기의 장축이 인체 내에 자입되어 형성 → ② 되는 것으로 그 종류에 따라 유침무인기(송곳·바늘·못·나뭇가지·양산 끝 등), 유첨편인기(과도·식도 등의 칼 종류), 유첨양인기(양측에 날이 있는 칼 또는 비수 등)에 의하는 경우에는 각각 그 자창의 종류가 달라진다.

문제 33 AIS 상해코드 중 기준 5에 해당하는 상해구분은?

① Moderate
② Serious
③ Critical
④ Virtually Unsurvivable

> **해설** AIS 상해코드
>
> | AIS 기준 | 상해구분 | 비고 |
> |---|---|---|
> | 1 | Minor | 경상(輕傷) |
> | 2 | Moderate | 중상(中傷) |
> | 3 | Serious | 중상(重傷) |
> | 4 | Severe | 중태 |
> | 5 | <u>Critical</u> | <u>빈사</u> |
> | 6 | Maximum Injury
Virtually Unsurvivable | 최대부상
사실상 생존불능 |
> | 9 | Unknown | 불상(不詳) |

정답 33 ③

문제 34 역과 손상(Runover Injury)에 대한 설명으로 옳은 것은?

① 제3차 충격 손상이라고도 한다.
② 지면과 마찰하여 전형적인 넓은 면적의 찰과상이 일어난다.
③ 차량에 의해 일정 거리를 끌려갈 때 하부 구조의 오물이 심하게 부착되고 화상이 일어난다.
④ 두부에의 충격(두개골 골절, 두개강 내 출혈, 뇌 손상)이 일어나 주요 사망 원인이 된다.

해설 역과 손상(Runover Injury)
1. 지상에 전도된 후 충격을 가한 차량이나 제 2, 제 3 차량에 의하여 역과될 수 있다.
2. 역과손상은 바퀴와 차량의 하부구조에 의한다.
3. 바퀴흔(Tire Mark)이 생긴다. 바퀴흔은 차종, 타이어의 종류, 제조회사, 마모정도에 따라 다르다.
4. 역과시 타이어 마크, 차량 하부구조에 먼지, 이물, 기름 등의 부착이 일어난다.
5. 역과시 분쇄 찰과상, 화상이 일어난다.
6. 차량 하부에는 혈흔, 피부조각, 모발, 의복조각, 부착이 일어난다.
7. **차량에 의해 일정 거리를 끌려갈 때 하부 구조의 오물이 심하게 부착되고, 화상이 일어난다.**
   → ③

제3차 충격손상(Tertiary Impact Injury), 전도손상(Turnover Injury)
1. 제 1~2차 충격 후 쓰러지거나 공중에 떴다가 떨어지면서 지면이나 지상구조물에 부딪혀 생기는 손상으로 전도손상이라고도 함
2. 자동차에 충격된 후 몸이 떴다가 지면에 떨어지면서 일어나는 손상으로 제3차 충격손상이라고도 한다. → ①
3. 지면에 떨어지면서 미끄러지기 때문에 지면과 마찰하여 전형적인 넓은 면적의 찰과상이 일어난다. → ②
4. 추락에 따른 손상 : 두부에의 충격(두개골 골절, 두개강 내 출혈, 뇌 손상)이 일어나 주요 사망 원인이 된다. → ④

문제 35 신전 손상에 대한 설명으로 옳은 것은?

① 대개 얕고 짧으며 서로 평행한 표피열창이 무리를 이루어 나타나고 외력이 더욱 거대하면 열창의 형태로 나타난다.
② 차량의 중량이 무거울수록 잘 생기며 가벼울 때에는 안 생기는 경우가 더 많다.
③ 인체가 차량의 무게를 받는 바퀴와 지면 사이에서 압착되어 두개골 파열 및 두부의 변형이나 평판화, 늑골의 골절 및 흉부 장기의 파열, 복부 장기의 파열 및 탈출, 사지 골절과 같은 심각한 손상을 초래한다.
④ 자동차의 바퀴가 역과할 때 가장 흔히 일어난다.

정답 34 ③   35 ①

해설 신전손상(伸展損傷)
1. 역과와 같은 거대한 외력이 작용하면 외력이 작용한 부위에서 떨어진 피부가 신전력에 의하여 피부할선을 따라 찢어지는데 이를 신전손상이라 한다.
2. 신전손상은 대게 얕고 짧으며 서로 평행한 표피열창이 무리를 이루어 나타나고 외력이 더욱 거대하면 열창의 형태로 나타난다. → ①
3. 두부, 안면부 및 흉부를 역과 하였을 때는 주로 전경부 및 겨드랑이에, 복부와 대퇴부를 역과 하였을 때는 사타구니, 하복부, 드물게는 슬와부에 형성되며 다른 부위에서는 거의 보지 못한다.
4. 신전손상은 역과에서 가장 많이 보이나, 차가 둔부쪽을 강하게 충격하면 반대편의 피부가 과신전되어 하복부 또는 사타구니에 생기는 경우도 드물지 않으며 속력이 더욱 빠르면 열창이 생길 수도 있다. 따라서 충격에 의한 것인지 또는 역과에 의한 것인지는 옷이나 인체에서 바퀴흔의 유무를 관찰하여 판별한다. 차 이외에도 무거운 물체에 압착되는 경우에도 볼 수 있고, 추락에서도 볼 수 있다.

문제 36 자동차의 중심면에서 수직한 연직면에 투영된 자동차의 윤곽에서 대칭으로 된 좌우 구간 사이에 있는 가장 낮은 부분과 접지면의 높이는?

① 중심 높이　　② 최저 지상고　　③ 적하대 오프셋　　④ 바닥 높이

해설 자동차의 제원 – 치수의 정의
1. **최저지상고(Ground Clearance)**
   자동차의 중심면에서 수직한 연직면에 투영된 자동차의 윤곽에서 대칭으로 된 좌우 구간 사이에 있는 가장 낮은 부분과 접지면과의 높이. 브레이크 드럼의 아랫부분은 지상고측정에서 제외 → ②
2. 중심높이(Height of Gravitational Center) → ①
   접지면에서 자동차의 중심까지의 높이, 최대 적재 상태일 때는 명시
3. 적하대 오프셋(Rear BOdy Offset) → ③
   뒤차축의 중심과 적하대 바닥면의 중심과의 수평거리. 적하대의 중심이 뒤차축의 앞이면 플러스(+), 뒤면 마이너스(-)
4. 바닥 높이(Floor Height Loading Height) → ④
   접지면에서 바닥면의 특정 장소(버스의 승강구 위치 또는 트럭의 맨 뒷부분)까지의 높이

문제 37 공기 저항이란? (이때, k = 공기 저항계수, A = 자동차 앞면 투영 면적, V = 공기에 대한 자동차의 상대속도)

① $R_a = k^2 A V^2$　　　　② $R_a = k A^2 V^2$
③ $R_a = k^2 A V$　　　　　④ $R_a = k A V^2$

정답　36 ②　37 ④

해설 공기저항(Air Resistance) : 자동차가 주행하는 경우에 발생하는 공기에 의한 저항

공기저항계수 식 : $R_a = kAV^2$

여기서, k : 공기저항계수, A : 자동차 앞면 투영면적, V : 공기에 대한 자동차의 상대속도

문제 38 운동 마찰력에 대하여 공식으로 옳게 표현된 것은?

① $F_0 = \mu_0 \cdot N$ ② $F_n = \mu_{n-1} \cdot N$
③ $F_n = \mu_n \cdot N$ ④ $F_n = f_{n-1} \cdot N$

해설 운동 마찰력 $F_n = \mu_n \cdot N$
여기서, F_n : 운동 마찰력(kinetic friction force)
μ_n : 운동마찰계수(coefficient of kinetic friction)
N : 수직항력(normal force)

문제 39 마찰 계수와 견인 계수가 동일한 값을 가지는 조건으로 옳은 것은?

① 차량의 모든 타이어가 Lock 상태로 스키드 되었을 때
② 건조 노면에서 제동할 때
③ 차량의 모든 타이어가 동일한 공기압을 가질 때
④ 주로 승용자동차의 급제동 시

해설 마찰 계수와 견인 계수가 동일한 값을 가지는 조건
1. **차량의 모든 타이어가 Lock(잠김) 상태로 스키드 되었을 때** → ①
2. 표면이 수평일 때

문제 40 요마크를 이용하여 초기속도를 구할 때, 사용되지 않는 계수는?

① 요마크의 길이   ② 운동 마찰계수
③ 현의 길이   ④ 중력가속도

해설 요마크를 이용한 초기속도 계산공식
$$v = \sqrt{2 \cdot \mu \cdot g \cdot d}$$
여기서, v : 초기속도(m/s), g : **중력가속도**(9.8㎨), d : **요마크의 길이**(m)
μ : **운동 마찰계수**(도로와 타이어 사이의 마찰계수, 일반적으로 0.6~0.8)

정답 38 ③ 39 ① 40 ③

4. 선택과목 - 2. 교통사고 조사분석개론

문제 41 타이어의 외경에서 림의 지름을 빼고 2분의 1로 나눈 것은?

① 타이어 단면 폭   ② 림 폭   ③ 정하중 반경   ④ 단면 높이

해설 타이어의 용어해설
1. **단면높이** : **타이어의 외경에서 림의 지름을 빼고 2분의 1로 나눈 것** → ④
2. 타이어 단면 폭 : 타이어 측면의 프로텍트라인 및 문자 등이 포함되지 않은 폭 → ①
3. 림 폭 : 림 플랜지 내면의 간격 → ②
4. 정하중 반경 : 타이어를 적용림에 장착하고 규정의 공기압을 충진하여 정지한 상태에서 평면에 수직으로 두고 100% 하중을 가했을 때 타이어의 축중심에서 접지면까지의 최단거리 → ③

문제 42 Bias Tire에 대한 설명으로 옳은 것은?

① 내마모성이 적어 장착, 탈착이 잦고 가격 대비 경제성이 낮다.
② 주행 방향에 수직인 카커스와 스틸 벨트로 구성되어 있다.
③ 트레드 부를 스틸로 된 벨트가 지지하여 우수하다.
④ 충격 흡수가 불량하여 승차감이 나쁘다.

해설 바이어스 타이어(Bias Tire)
1. 카커스(Carcass)를 구성하는 코드가 트레드의 중심선에 대하여 약 45° 경사지게 교차된 타이어
2. 구조 : 엇갈린 여러 장의 카커스로 구성(카커스 수는 4장 이상의 짝수로 구성)
3. 내구성 : 엇갈린 카커스 간섭으로 발열이 많아 쉽게 노화
4. 내마모성 : 트레드부를 지지해 주지 못하고 유동이 많아 불리함
5. 승차감 : 유연성과 승차감이 좋다.
6. 경제성 : **내마모성이 적어 장착, 탈착이 잦고 가격대비 경제성 낮음** → ①
레이디얼 타이어(Radial Tire)
1. 고속용으로 개발된 타이어로서, 일반적으로 널리 사용
2. 구조 : 주행방향에 수직인 카커스와 스틸벨트(Steel Belt)로 구성 → ②
3. 내구성 : 카커스 간 간섭이 없어 발열이 적고, 내구성이 향상됨
4. 내마모성 : 트레드부를 스틸로 된 벨트가 지지하여 우수함 → ③
5. 승차감 : 충격흡수가 불량하여 승차감이 나쁘다. → ④
6. 경제성 : 바이어스 타이어보다 1.5 ~ 2배 더 사용 가능

문제 43 Bias Tire란 카커스를 구성하는 코드가 트레드 중심선에 대하여 얼마 정도 경사지게 교차되어 있는가?

① 약 30°   ② 약 35°   ③ 약 40°   ④ 약 45°

정답 41 ④   42 ①   43 ④

> **해설** 바이어스 타이어(Bias Tire)
> 1. 카카스(Carcass)를 구성하는 코드가 트레드의 중심선에 대하여 **약 45° 경사지게 교차된 타이어** → ④
> 2. 구조 : 엇갈린 여러 장의 카카스로 구성(카카스 수는 4장 이상의 짝수로 구성)
> 3. 내구성 : 엇갈린 카카스 간섭으로 발열이 많아 쉽게 노화
> 4. 내마모성 : 트레드부를 지지해 주지 못하고 유동이 많아 불리함
> 5. 승차감 : 유연성과 승차감이 좋다.
> 6. 경제성 : 내마모성이 적어 장착, 탈착이 잦고 가격대비 경제성 낮음

문제 44 강화 유리의 특징은?

① 균열 상태에 따라 접촉으로 인한 직접 손상인지 아니면 간접 손상인지를 파악할 수 있다.
② 평행한 모양이나 바둑판 모양으로 갈라진 것은 간접 손상에 따른 차체의 뒤틀림에 의해 생겨난 것이다.
③ 어느 경우든 강한 충격에 의해 수천 개의 팝콘 크기의 조각으로 부서진다.
④ 방사선 모양이나 거미줄 모양으로 갈라지며 갈라진 중심에는 구멍이 나 있는 경우도 있다.

> **해설** **강화유리**
> 1. 강화유리가 파손되어 흩어진 것만을 보고는 직접손상인지, 간접손상인지 구분하지 못한다.
> 2. 뒤창유리에 사용된 강화유리는 파괴시 직접손상인지 간접손상인지에 대한 아무런 표시도 나타내 주지 않는다. 그것은 다른 물체와의 접촉에 의한 손상인지 아니면 자체의 뒤틀림에 의한 손상인지의 표시가 없기 때문이다.
> 3. 강화유리는 **어느 경우든 강한 충격에 의해 수천 개의 팝콘 크기의 조각으로 부서진다.** → ③
>
> **합성유리**
> 1. 이중접합유리라고도 불리는 이 유리는 서로 버티어 주고 있기 때문에 **균열상태에 따라 그 손상이 접촉으로 인한 직접손상인지 아니면 간접적인 손상인지를 파악할 수 있다.** → ①
> 2. 평행한 모양이나 바둑판 모양으로 갈라진 것은 간접손상에 따른 차체의 뒤틀림에 의해 생겨난 것이다. → ②
> 3. 직접손상은 방사선 모양이나 거미줄 모양으로 갈라지며 갈라진(금이 간) 중심에는 구멍이 나 있는 경우도 있다. → ④

문제 45 속도계의 조사에 대한 내용으로 틀린 것은?

① 사고 후 속도계가 차의 실제 속도보다 높은 수치를 가리키는 경우도 있고 0을 가리키는 경우도 있기 때문에 속도계의 침이 가리키고 있는 속도를 통하여 사고 당시의 충돌 속도 등을 단정해서는 안 된다.

정답 44 ③   45 ②

② 속도계 바늘이 충돌 당시의 속도를 가리키면서 찌그러져 있는 경우 계기판의 판독은 매우 중요한 의미를 가지고 있다.

③ 속도에 관한 문제는 교통사고 조사의 원론적 접근 방법에 의하여 접근하는 것이 가장 정확하다.

④ 속도계는 일반적으로 까다롭기 때문에 판독이 곤란하다.

해설 속도계의 조사
1. 사고 후 속도계가 차의 실제 속도보다 높은 수치를 가리키는 경우도 있고 0을 가리키는 경우도 있으므로 속도계 바늘이 가리키고 있는 속도를 단정해서는 안 된다. → ①
2. 자동차를 검증할 때는 다른 때와 마찬가지로 계기판에 붙어 있는 계기를 조사해야 하지만 속도계 바늘이 충돌 당시 속도를 가리키면서 찌그러져 있는 경우를 제외하고는 계기판을 판독하는 것은 의미가 없다.
3. 이러한 경우는 매우 드물게 일어나므로 속도계 바늘이 어떤 속도로 부딪치는 경우 그 바늘이 받은 어떤 힘이 속도계기를 파손시킬 때 움직이게 되므로 속도 계기에 대한 전문가에게 의뢰하여 조사를 받아야 한다. → ②

→ 사고 조사시 확인된 속도계 바늘이 가리키는 속도는 신뢰할 수 없다.

문제 46 블록형 타이어의 장점은?

① 포장, 비포장 도로를 동시에 주행하는 차량에 적합하다.
② 구동력, 제동력이 비교적 좋다.
③ 눈 위나 진흙에서의 제동성, 조종성, 안정성이 좋다.
④ 타이어의 위치 교환이 불필요하다.

해설 블록(Block)형 타이어
장점 : 구동력, 제동력이 뛰어나다. **눈 위, 진흙에서의 제동성, 조종정, 안정성이 좋다.** → ③
단점 : 리브형, 러그형에 비해 마모가 빠르다. 회전저항이 크다.
주용도 : 스노타이어, 샌드서비스 타이어 등에 사용

리브러그(Rib-Lug)형 타이어
장점 : 리브, 러그 타입의 장점을 살린 타이어로 조종성 및 안정성이 우수하다. 포장, 비포장로를 동시에 주행하는 차량에 적합하다. → ①
단점 : 러그부 끝에서 마모발생이 쉽다. Rib의 홈부에서 균열이 발생하기 쉽다. 제동력, 구동력이 러그타입보다 적다.

비대칭형 타이어
장점 : 지면과 접촉하는 힘이 균일하다. 마모성 및 제동성이 좋다. 타이어의 위치 교환이 불필요하다. → ④
단점 : 현실적으로 활용이 적다. 규격 간 호환성이 적다.

정답 46 ③

문제 47 **브레이크 결함 시 이에 대한 조사 요령으로 틀린 것은?**

① 미끄러진 흔적이 있으면 차륜의 브레이크는 완전하였다는 것이 증명된다.
② 브레이크 오일의 누출 여부를 검사한다.
③ 차의 손상이 심한 경우 브레이크 불량이 생각될 때 브레이크 드럼과 브레이크 밴드의 마멸 상태, 습기, 진흙 또는 그리스 부착의 정도를 조사한다.
④ 브레이크 파이프가 노후화로 인하여 파손되어 있지 않은지 조사한다.

> **해설** 브레이크 결함 시 이에 대한 조사 요령
> 1. 미끄러진 흔적이 있으면 차륜의 브레이크는 완전하였다는 것이 증명 → ①
> 2. 브레이크 파이프가 **충돌로** 인하여 파손되어 있지 않은지 조사 → ④
> 3. 브레이크 오일의 누출 여부를 검사 → ②
> 4. 브레이크 페달을 밟았을 때 바닥에 접촉하는지 조사
> 5. 트럭이 크기에 비해 너무 많은 짐을 싣고 있지 않은지 조사
> 6. 너무 무거운 짐을 운반하기 위해 스프링, 차륜 및 타이어의 수를 늘린 사실이 있는지 조사
> 7. 차의 손상이 심하지 않은지 조사(급제동 실험, 브레이크 드럼과 밴드의 마멸, 습기, 진흙 또는 그리스 부착정도 조사) → ③

문제 48 **교통사고 재현을 위한 자료 조사 간 '차량'과 관련된 사항이 아닌 것은?**

① 액체 잔존물에 대한 정보
② 타이어 자국으로는 충돌 지점, 충돌 속도, 충돌 상황 등에 대하여 파악한 정보
③ 차량으로부터 이탈물이 낙하한 위치에 대한 자료
④ 차량의 충격 방향, 보행자의 보행 방향, 사고 당시의 운전자 파악 등에 대한 자료

> **해설** 보행자의 보행, 운전자 파악 등은 차량과 관련된 사항이 아니다.

문제 49 **측면 충돌을 잘못 기술한 것은?**

① 충돌 방향에 따라 차량이 움직이면서 입게 되는 손상이다.
② 측면의 차량 문이 차량 내부로 찌그러지면서 손상된다.
③ 팔이 가슴과 차량 문에 끼이게 되며, 골반과 대퇴골이 다치기 쉽고 측면 유리에 머리를 다치는 경향을 보인다.
④ 편심 충돌과 원칙적으로 비슷하다.

정답 47 ④ 48 ④ 49 ④

> **해설** 사고유형별 탑승자의 운동 이해

측면충돌(T-Bone or Lateral-Impact Collision)
1. **전면충돌**과 원칙적으로 비슷하다. → ④
2. 충돌 방향에 따라 차량이 움직이면서 입게 되는 손상이다. → ①
3. 측면의 차량 문이 차량 내부로 찌그러지면서 손상된다. → ②
4. 흉벽의 측면 충돌로 늑골이 골절되고 폐장의 좌상 및 장기의 손상으로 기흉, 혈흉이 유발된다. 운전자는 좌측편의 손상으로 주로 비장 파열이 있고 조수석은 간의 파열이 있기 쉽다.
5. 팔이 가슴과 차량문에 끼이게 된다. 골반과 대퇴골이 다치기 쉬우며 측면 유리에 머리를 다친다. → ③

후방충돌(Rear-Impact Collision)
1. 정지된 차량에서 뒤 차량에 의한 후면충돌 또는 저속주행 중 고속주행하는 뒤 차량에 의한 충돌이다.
2. 갑자기 차량이 앞으로 돌진하게 된다. 몸이 갑자기 가속이 되어 머리 받침이 적절히 높지 않을 경우 경부가 갑자기 뒤로 젖혀져 경추의 손상을 입게 된다. 경추의 탈구 골절 및 경수 손상과 주변 연조직의 손상을 포함한다. 주로 제 6번 및 제 7번 경추가 손상된다.
3. 의자의 등받이가 파손되거나 뒷좌석 쪽으로 밀려나는 경우 요추가 손상된다.
4. 후면에 충돌 후 가속되다가 다시 앞 장애물에 부딪히거나 운전자가 갑자기 브레이크 페달을 밟을 경우에 정면충돌과 같은 형태가 되며, 다시 경부가 앞으로 뒤로 젖혀져 경추가 손상될 수 있다.

자동차 전복사고(Rollover Collision)
1. 여러 방향에서 충격이 가해지기 때문에 손상이 매우 다양하며 심하다.
2. 척추로 힘이 전달되어 척추의 손상 위험이 높아진다.
3. 차량 밖으로 튕겨 나올 때 사망하기 쉽다.

차량 회전충돌(Rotational Collision)
전방·후방 측면충돌로 차량이 회전할 경우 전방충돌과 측면충돌의 손상이 복합된다.

문제 50 제1차 충격 손상과 관계없는 것은?

① 범퍼 손상의 발끝에서의 높이와 양상으로 차량 종류를 추정한다.
② 충격 반대편으로 개방성 골절이 발생한다.
③ 나이 많은 사람의 경우 느린 속도에서도 다발성 골절이 일어날 수 있다.
④ 30km/h 이하의 저속에서는 인체가 뜨기보다는 차량의 전면이나 측면으로 직접 전도되기 때문에 비교적 발생하지 않는다.

> **해설** 제 1차 충격손상(Primary Impact Injury) : 차량의 외부구조(주로 전면부, 범퍼에 처음으로 충격될 경우에 생긴 손상

● 정답 50 ④

1. 차량의 속도, 범퍼의 형태를 포함하여 차량 전면의 구조, 의복 등에 의한 것으로 다양하다.
2. 5세 이하 어린이 : 두부, 다발성의 분쇄 손상
3. 5세 ~14세 어린이 : 두부, 몸통부, 대퇴부 손상
4. 성인 : 대퇴부, 하퇴부 등 하지와 발목에서 무릎까지 주로 일어난다.
5. 범퍼손상의 발끝에서의 높이와 양상으로 차량의 종류를 추정한다. → ①
6. 가속 시에는 상방으로, 감속 시는 하방으로 이동하며 급감속 시는 심지어 발목부를 충격할 수도 있다. 보행 중일 때 두 다리의 손상의 높이가 다르다.
7. 하지의 골절 : 충격 반대편으로 개방성 골절이 일어난다. → ②
8. 건강한 성인의 경우 : 20km/h 이상 골절, 40km/h 이상 복잡골절이 일어난다.
9. 나이 많은 사람의 경우 : 느린 속도에서도 다발성 골절이 일어날 수 있다. → ③
10. 범퍼손상이 없다는 것은 누워 있었거나 차량의 측면에 충격되었다는 것을 의미한다.
11. 차량의 충돌 부위 지점에 대하여 인체의 무게 중심에 따라 충돌 후 신체의 비상 방향이 달라진다.
12. 차량의 충돌 부위보다 신체의 무게 중심이 높을 경우 충격력의 반대방향으로 회전한다.
→ 30km/h 이하의 저속에서는 인체가 뜨기보다는 차량의 전면이나 측면으로 직접 전도되기 때문에 비교적 발생하지 않는 것은 "제2차 충격손상"에 대한 설명이다. → ④

문제 51 보행자 충돌 사고에서 충돌 후 보행자가 회전하지 않는 보행자 운동 유형은?

① Wrap Trajectory
② Forward Projection
③ Stand Vault
④ Somersault

해설 보행자 충돌 후 운동 유형 3가지
1. 앞으로 던져짐 (Forward Projection)
   - 뜨거나 차량 위로 올라가지 않고 지면을 따라 **회전 없이** 앞쪽으로 튕겨져 나가는 운동
2. 튀어 오름(Somersault(공중제비)) //
   보닛 위로 넘어감 (Wrap Trajectory 혹은 Stand Vault)
3. 튀어 나감 (Throw-out Trajectory)

문제 52 교통사고 발생 시 에어백의 역할로 적절하지 못한 것은?

① 운전자의 키가 너무 큰 경우, 소형 차량인 경우에는 하지, 골반, 복부는 보호하지 못한다는 단점이 있다.
② 첫 충돌 후 연쇄적 충돌로부터도 보호 가능하다.
③ 최근 측면, 지붕, 하부에 에어백을 장착하는 차량도 있다.
④ 안면부, 경부, 가슴을 보호하여 손상을 경감시켜 주는 역할을 하지만 모든 경우에 있어서 항상 안전한 것은 아니다.

정답 51 ② 52 ②

해설 에어백
1. 안면부, 경부, 가슴을 보호하여 손상을 경감시켜 준다. 자동차 사고에서 탑승자를 보호하지만 모든 경우에 안전한 것은 아니다. → ④
2. **첫 충돌 후 잇따르는 충돌(연쇄적 충돌)은 보호해 주지 못한다.** → ②
3. 운전자의 키가 너무 큰 경우나 소형차인 경우 하지, 골반, 복부는 보호하지 못한다. → ①
4. 최근 측면, 지붕, 하부에 에어백을 장착하는 차량도 있다. → ③

문제 53 편타 손상에 대한 설명으로 틀린 것은?

① 신체가 갑작스럽게 가속·감속될 경우에 발생할 소지가 있다.
② 두부가 과도하게 전후로 움직이게 되는 운동적 특징을 유발한다.
③ 작용·반작용의 법칙과 관계가 있다.
④ 드물게는 뇌간부의 손상으로 사망하기도 한다.

해설 편타손상(Whiplash Injury)
신체가 갑작스럽게 가속·감속되면 → ① 관성의 법칙에 의해 두부는 과도하게 전후로 움직여 → ② 과신전 및 과굴곡되어 경추의 탈구, 골절, 경수 및 주위 연조직에 손상을 일으킨다.
드물게는 뇌간부의 손상으로 사망하기도 한다. → ④
→ 편타 손상은 직접적인 충격이 가해지는 손상이 아니므로 작용·반작용 법칙과는 관계가 없다.

문제 54 유효 충돌속도의 물리적 성질로 틀린 것은?

① 유효 충돌 속도가 클수록 반발 계수는 낮아진다.
② 상대 충돌 속도와 양차의 중량에 의하여 결정된다.
③ 양 차량의 유효 충돌 속도의 합은 양차의 상대 충돌 속도와 같다.
④ 유동 장벽 충돌 속도로 치환이 가능하다.

해설 유효 충돌속도의 물리적 성질
1. 유효충돌속도가 클수록 차량의 변형량도 증가한다.
2. 유효충돌속도가 클수록 승차자에게 가해지는 충격손상도 증가한다.
3. 유효충돌속도는 **고정장벽** 충돌속도로 치환 가능하다. → ④
4. 유효충돌속도가 클수록 반발계수가 낮아진다. → ①
5. 유효충돌속도는 상대충돌속도와 양 차의 중량에 의해 결정된다. → ②
6. 양 차량의 유효충돌속도의 합은 양 차의 상대충돌속도와 같다. → ③

정답 53 ③ 54 ④

문제 55 **작용·반작용의 법칙에 대한 설명으로 틀린 것은?**

① 작용과 반작용의 관계에 있는 두 힘의 크기는 서로 같다.
② 작용과 반작용의 관계에 있는 두 힘의 방향은 반대 방향이다.
③ 모든 실제 힘에 성립한다(단, 원심력이 같은 가상력이나, 줄의 양단 장력끼리는 예외).
④ 두 힘은 서로 다른 물체에 작용하며 작용점은 일치한다.

해설 작용과 반작용의 법칙
1. (모든 실제 힘에 성립하므로) 운동의 제 3법칙이라고도 한다. → ③
2. 작용과 반작용 법칙은 A 물체가 B 물체에게 힘을 가하면(작용) B 물체 역시 A 물체에게 똑같은 크기의 힘을 가한다는 것이다(반작용).
3. 즉, 물체 A가 물체 B에 주는 작용과 물체 B가 물체 A에 주는 반작용은 크기가 같고 방향이 반대이다. → ①, ②
4. 총을 쏘면 총이 뒤로 밀리거나(총과 총알) 지구와 달 사이의 만유인력(지구와 달), 건너편 언덕을 막대기로 밀면 배가 강가에서 멀어지는 경우가 그 예이다.
 → 두 힘은 서로 **같은** 물체에 작용하며 작용점은 일치한다. → ④

문제 56 **통상적인 발진 가속도는? (단, $g = 9.8 m/s^2$)**

① 0.1g ② 0.2g ③ 0.15g ④ 0.3g

해설 차량운동특성 - 발진가속
1. 자동차가 정지상태에서 출발하는 경우의 가속능력을 발진가속이라고 한다.
2. 발진가속도는 일반적으로 피크 **0.2g** 전후이다. 다만, 앞에 차가 많이 있을수록 가속시간이 짧아진다.

문제 57 **배력식 브레이크란?**

① 압축 공기나 엔진의 부압을 이용하여 페달 조작력을 증대시키는 장치로 유압 브레이크의 보조 장치로 사용된다.
② 브레이크 페달의 조작력을 와이어를 거쳐 제동 기구에 전달하여 제동력을 발생시키는 방식으로 주로 주차 브레이크에 사용된다.
③ 파스칼의 원리를 이용한 것으로 마스터 실린더에서 발생된 유압이 브레이크 파이프를 거쳐 휠 실린더나 캘리퍼 등에 작용되면 브레이크 패드 등을 압착시켜서 제동을 하는 방식이다.
④ 압축 공기를 이용하여 제동하는 장치로 큰 제동력을 얻을 수 있으나 구조가 복잡하고 비용이 많이 든다는 단점이 있다.

정답 55 ④ 56 ② 57 ①

해설 자동차의 제동성능 - 브레이크
1. 기계식 브레이크
   브레이크 페달의 조작력을 와이어를 거쳐 제동기구에 전달하여 제동력을 발생시키는 방식으로 주로 주차브레이크에 사용된다. → ②
2. 유압식 브레이크
   유압에 의해 브레이크의 조작력을 전달하는 방식으로 파스칼의 원리를 이용한 것이다. 마스터 실린더에서 발생된 유압이 브레이크 파이프를 거쳐 휠 실린더나 캘리퍼 등에 작용되면 브레이크 패드 등을 압착시켜서 제동을 하는 방식 → ③ 으로 승용차량에 가장 많이 사용된다. 즉, 완전히 밀폐된 액체에 작용하는 힘은 어느 점에서나 어느 방향에서나 항상 일정한 원리를 이용한 것이다.
3. **배력식 브레이크**
   압축공기나 엔진의 부압을 이용하여 페달 조작력을 증대시키는 배력장치로 유압브레이크의 보조장치로 사용된다. → ①
4. 공기식 브레이크
   압축공기를 이용하여 제동하는 장치로 큰 제동력을 얻을 수 있으나 구조가 복잡하고 비용이 많이 드는 단점이 있다. → ④

문제 58 Flip이란?

① 추락이나 전도보다 자주 일어난다.
② 대개 추락한 본래의 자세로 착지한다.
③ 차량은 추락하는 동안 매우 서서히 회전하는 경향이 있다.
④ 차량이 공중에 떠 있던 구간에서는 구른 흔적을 볼 수 없다.

해설 공중비행(플립, Flip)
1. 노면의 장애물로 인하여 차량의 수평이동이 무게 중심 아래에서 방해를 받아 갑작스럽게 노면을 이탈하여 상승·전진하는 운동을 의미
2. 이륙한 지점부터 착지한 지점 사이에서는 아무런 흔적이 없다.
3. 플립은 추락이나 전도보다 자주 일어난다. → ①
4. 무른 재질의 노면 위에서는 타이어가 옆으로 미끄러지면서 고랑을 만들게 되고 노변 재질이 계속 쌓이면 미끄러지는 타이어가 정지할 때까지 고랑은 깊어진다. 이 경우에서 고랑의 형태가 매우 명확하게 나타나므로 플립이 시작된 지점을 알아내는 것이 매우 용이하다.

추락(Fall)
1. 차량이 전방을 향하여 운동량에 의해 그 자신을 지탱하던 지면을 벗어난 후 중력의 영향을 받아 공중에서 전진·하락하는 운동을 의미
2. 차량은 추락하는 동안 매우 서서히 회전하며 → ③ 대개 추락한 본래의 자세대로 착지한다. → ②
3. 차량이 공중에 떠 있던 구간에서는 구르거나 미끄러져 나타나는 흔적을 볼 수 없다. → ④

정답 58 ①

도약(Flop)
1. 차량의 방향으로 일어나는 플립현상으로 미끄러지거나 회전하던 앞바퀴가 연석과 같은 장애물에 걸려서 정지되는 상태에서만 발생한다.
2. 장애물의 높이는 바퀴가 넘지 못할 정도의 높이여야 한다.
3. 바퀴 높이의 3/4 이상이어야 하는데 일반적인 연석의 높이는 그 정도로 높지 않다.
4. 도약이 발생한 차량은 뒤집힌 채 착지하며 경사진 노면이 아닌 경우에는 대부분 착지한 지점에 그대로 정지하여 있다.

문제 59 Rub-Off에 대한 설명으로 틀린 것은?

① 둘 이상의 차량 사이에서 발생한 충돌을 조사할 때 유용하며 어느 차량이 어디에서 충돌하였는가를 알아내는데 도움이 된다.
② 두 차량 사이에서 접촉이 있었음을 보여준다.
③ 주로 페인트지만 고무, 보행자 옷에서 나온 직물, 보행자의 피부, 머리카락, 혈액, 나무껍질, 도로 먼지, 진흙 기타 물질 등인 경우도 있다.
④ 차량 간의 충돌에서는 유리 조각이나 장식품 조각도 해당된다.

해설 마찰 자국(Rub-off)
1. 두 차량 사이에서 접촉이 있었음을 보여준다. → ②
2. 주로 페인트이지만 고무, 보행자 옷에서 나온 직물, 보행자의 피부, 머리카락, 혈액, 나무껍질, 도로 먼지, 진흙 기타 물질 등인 경우도 있다. → ③
3. 실제로 마찰 자국은 다른 물체에 남겨진 한 물체의 모든 부분을 포함한다.
4. 차량 간 충돌에서는 유리조각이나 장식품 조각도 해당된다. → ④
5. **셋 이상의 차량** 사이에서 발생한 충돌을 조사할 때 유용하며 어느 차량이 어디에서 충돌하였는가를 알아내는 데 도움이 된다. → ①

문제 60 Scrape의 특징에 대한 설명으로 옳은 것은?

① 충돌 후 차량의 회전 방향이나 이동 경로를 파악하는데 유용하다.
② 때때로 최대 접촉지점을 파악하는데 도움이 된다.
③ 파손된 금속 부분에 의해서 긁힌 자국을 말한다.
④ 차량 충돌 시 충돌되는 힘에 의하여 금속 부분이 노면과 부딪힐 때 발생하므로 차량 간의 최대 접촉 시에 만들어진다.

해설 스크레이프(Scrape)
1. 넓은 구역에 걸쳐 나타나는 줄무늬가 있는 여러 스크래치 자국
2. 스크래치(Scratch)에 비해 폭이 넓고 **때때로 최대 접촉지점을 파악하는 데 도움을 준다**. → ②

정답 59 ① 60 ②

문제 61 간접 손상이란?

① 충돌 시의 갑작스러운 감속 또는 가속으로 인하여 차 내부의 부품 및 장치와 의자, 전조등이 관성의 법칙에 의하여 생겨난 힘으로 고정된 위치에서 이탈할 수 있다.
② 타이어 고무, 도로 재질, 나무 껍질, 보행자의 의복이나 살점이 묻어 있는 것에서 알 수 있는 손상이다.
③ 다른 고정물체 등 부딪힌 물체의 찍힌 흔적에 의해서도 나타나는 경향이 있다.
④ 압축되거나 찌그러지거나 금속 표면에 선명하고 강하게 나타난 긁힌 자국에 의해서 가장 확실하게 알 수 있다.

해설 간접손상(Induced Damage) : 차가 직접접촉 없이 충돌 시의 충격만으로 동일 차량의 다른 부위에 유발되는 손상
1. 차가 정면충돌 시에는 라디에이터 그릴이나 라디에이터, 펜더, 범퍼 전조등의 손상과 더불어 전면부분이 밀려 찌그러지는데, 그 때의 충격의 힘과 압축현상 등으로 인하여 엔진과 변속기가 뒤로 밀리면서 유니버설 조인트, 디퍼렌셜이 손상될 수 있다.
2. **충돌 시 차의 갑작스러운 감속 또는 가속으로 인하여 차 내부의 부품 및 장치와 의자, 전조등이 관성의 법칙에 의해 생겨난 힘으로 그 고정된 위치에서 떨어져 나갈 수 있다.** → ①
이 때 그것들이 떨어져 나가 파손되었다면 간접손상을 입은 것이다.
3. 충돌 시 부딪힌 일이 없는 전조등의 부품들이 손상을 입는 경우도 있다.
4. 간접손상의 또 다른 예로 교차로에서 오른쪽으로부터 진행해 온 차에 의해 강하게 측면을 충돌당한 차의 우측면과 지붕이 찌그러지고 좌석이 강한 충격을 받아 심하게 압축 이동되어 좌측문을 파손시켜 열리게 한 것을 들 수 있다.
5. 보디(Body) 부분의 간접손상은 주로 어긋남이나 접힘, 구부러짐, 주름짐에 의해 나타난다.

직접손상(Contact Damage) : 차량의 일부분이 다른 차량, 보행자, 고정물체 등의 다른 물체와 직접 접촉·충돌함으로써 입은 손상
1. 보디 패널(Body Panel)의 긁힘, 찢어짐, 찌그러짐과 페인트의 벗겨짐으로 알 수도 있고 타이어 고무, 도로재질, 나무껍질, 심지어 보행자 의복이나 살점 이 묻어있는 것으로도 알 수 있다. → ②
2. 전조등 덮개, 바퀴의 테, 범퍼, 도어 손잡이, 기둥, 다른 고정물체 등 부딪힌 물체의 찍힌 흔적에 의해서도 나타난다. → ③
3. 압축되거나 찌그러지거나 금속표면에 선명하고 강하게 나타난 긁힌 자국에 의해서 가장 확실히 알 수 있다. → ④

정답 61 ①

4. 선택과목 - 3. [교통심리학]

[교통 심리학]

01. Reason(1974)
    1. **외부자극의 수용기, 그것을 처리하는 뇌, 그리고 운동기능의 출력기로 나누어 운전자의 정보처리 과정을 설명**
    2. 운전자의 감각기능은 외부환경으로부터 필요한 정보를 획득하여 신경을 통하여 뇌에 전달한다. 운전자는 순간의 감각기능이 얻은 정보뿐만 아니라 몇 초 전의 정보까지도 필요로 하게 되며, 이때 단기 기억이 깊이 관여하게 되어 필요한 정보가 처리된다. 장기기억은 동작을 할 수 있는 프로그램을 만드는 일에 관여한다.
    3. 운전기능이 발달되면, 뇌의정보처리에 필요한 시간이 단축되는데, 이것은 운동 프로그램이 이미 장기기억 속에 형성되어 있기 때문이다. 기능의 자동화를 위한 프로그램은 장기기억과 출력선택기를 연결하여 주며, 출력기를 통하여 자동차의 방향이나 속도가 제어된다고 Reason은 운전자의 정보처리와 운전 행동의 관계를 설명하고 있다.

02. 교통시스템 속의 교통행동
    1. 전체 시스템 : 도로교통
    2. **부분 시스템** : 교통참가자(운전자, 자전거 이용자, 보행자), 교통수단(승용차, 이륜차, 자전거), **교통시설**(도로, 교차로, 횡단보도), 교통규칙(법규, 표지, 규제)
    3. 시스템 기능 : 속도행동, 도로상태, 속도제한, 차량최고속도
    4. 시스템 상태 : 어떤 시점에서 각각의 부분 시스템간 혹은 시스템간의 교통행동 상충상황(traffic conflict)

03. 문제해결 지향의 학문으로서 교통심리학과 인접한 학문분야의 분류(Klebelsberg, (1982))
    1. 교통행동의 외적 조건을 다루는 분야 : 교통공학, 자동차공학
    2. **교통행동의 내적 조건과 행동을 다루는 분야** : **교통심리학**, 교통의학, 교통사회학
    3. 교통행동의 개인을 넘어선 것에 관여하는 분야 : 교통법학

04. 교통의 3요소
    1. 사회활동의 주체인 인간행동의 목적을 고려할 필요가 있다. 따라서 교통공학은 교통 현상의 외부 측면 뿐만아니라 교통행동의 동기(motivation)까지 고려하여야 한다.
    2. 교통수단에는 교통주체가 자기나 물자를 다른 운행자에게 위탁하는 교통형태와

교통 주체가 스스로 이동하는 두 가지 수단이 있다. 전자는 **운송**(tansportation)이라 하고, 후자는 **교통**(traffic)이라고 부른다. 교통공학은 교통문제를 생각할 경우, 전자 뿐만아니라 후자의 관점도 중요하다.
3. 교통수단이 기능을 발휘하기 위해서는 도로가 필요하다. 교통공학의 토목기술은 도로연구에 관계하여 왔다. 그리고 도로에서 발생하는 교통관리와 운용에 관한 연구가 필수적이다.

05. 연구과정과 교통행동변인

1. **종속변인**에 영향을 미치는 혼재변인(confounding variable)에 대한 실험통제를 항상 염두에 두어야 한다.
2. 어떤 성격특성의 독립변인이 특정 위반행동의 종속변인에 관계가 있을 것이라는 가정으로 연구가 진행되었을 경우, 여기에는 연령, 운전경험, 가정환경 등 다양한 혼재변인이 작용할 가능성이 있음을 명심하여야 하며,
3. 실험통제와 더불어 종속변인에 미치는 효과를 통제할 수 있는 통계적 방법에도 관심을 기울여야 한다.

06. 교통행동 상충상황

1. 교통사고 전단계로는 사고에 이르지는 않았지만 사고 직전 상황까지 근접된 상황을 교통행동 상충상황(traffic conflict)이라 할 수 있다.
2. 교통위반과 운전실수(error)도 사고와 관련성을 가지고 있다고 보아야 할 것이다.
3. **교통행동 상충상황**(traffic conflict)은 자동차와 자동차 혹은 자동차와 보행자 사이에서 발생하는 **아차사고**(near accident) 상황이라고 보는 것이 타당하다.

07. 뇌전위 활동

뇌파	특성
알파파 (α wave)	·20~60μV의 진폭과 8-13Hz의 주파수로 나타나는 리드믹한 파형 ·흔히 눈을 감고 이완된 자세로 앉아있는 경우에 유발
베타파 (β wave)	·2~20μV의 진폭과 14~30Hz의 주파수로 나타나는 불규칙적인 파형 ·보통 정신적이거나 신체적인 활동에 관여할 경우에 유발 ·쉬고 있다가 정신적이거나 신체적인 활동을 하게 되면 α파는 일반적으로 감소하기 시작하여 주파수가 높고 진폭이 낮은 β파로 대치
델타파 (δ wave)	·100~200μV의 진폭과 0.5~3.5Hz의 주파수로 나타남 ·정상인의 경우 깊은 수면중에 나타남
세타파 (θ wave)	·20~100μV의 진폭과 4~7Hz의 주파수로 나타남 ·흔치 않게 나타나는 파형 가운데 하나로, 보통 성인보다는 아동에게서(불/유쾌할 경우, 졸린 경우) 볼 수 있음 (Walter, 1953) ·또한 암산 등의 정신작업시 뇌의 전두정중선에 출현하기도 함

08. 심전도 활동(ElectroCardioGram : ECG)
1. 심장이 수축함에 따라 함께 발생하는 전위차를 곡선으로 기록한 것이다.
2. 심전도에서 나타나는 파형에는 심전도(ECG)상에 최초의 파로서 심방의 탈분극에 의해 나타나는 양성파인 P파와 심실의 탈분극에 의해 형성되는 음성파와 양성파를 번갈아 나타내내는 QRS군이 있다. 그리고 심실의 재분극에 의해 형성되며 심실 흥분 회복기를 나타내는 T파와 T파의 바로 뒤에 나타나는 매우 작은 평탄한 파인 U파 등이 있다.

09. 안구운동분석
1. 주시빈도의 확인분석과 비교
2. 주시시간의 분석
3. 주시순서 혹은 주시패턴의 분석
4. 주변시의 역할

10. 운전 시뮬레이터의 조건
1. 운전자에게 현실감을 제공하기 위하여 운전조작과 자동차 움직임 사이에는 실시간 시뮬레이션의 수행이 요구되며, 그 결과가 운동, 시각 및 음향 시스템을 통해 운전자에게 피드백이 이루어질 수 있어야 한다.
2. 자동차 움직임은 현실적으로 이질감 없이 이루어져야 하며, 움직임의 실시간 해석이 가능하여야 한다.
3. 그리고 운전자에게 실제 주행감각을 느끼게 하고 운전상황에 따른 정확한 반응을 유도하기 위해서는 시뮬레이터의 고해상도 그래픽 처리에 의한 이미지 생성과 영사시스템이 구비되어야 할 것이다. **1초당 30프레임 이상**의 이미지 재현이 가능하여야 실제 움직임의 감각을 유지할 수 있으며, 현실감이 유지될 수 있다.
4. 운전 조작행동과 영상제시간의 지연이 최소화될 수 있어야 한다. 중요한 것은 운동기능과 음향기능이 실제 운전조작과 이질감을 느끼지 않아야 한다는 것이다.

11. 사회조사 방법의 분류
1. 실시방법에 의한 분류
2. 응답형식에 의한 분류
3. 조사목적에 의한 분류

응답형식에 의한 분류 - 자유응답법(free answer or open ended question)
1. 질문문항의 작성이 간단하다.
2. 응답자의 의욕과 능력이 구비되어 있다면, 개성적이고 풍부한 내용을 얻을 수 있다.
3. **응답하는 데 시간과 노력이 필요하고**, 어느 정도의 작문 능력이 있어야 한다.
4. 조사결과의 정리에 시간과 노력이 필요할 뿐만 아니라, 조사결과의 해석에 문제 해석의 통찰력이 요구된다.
5. 결과의 양적 고찰보다는 질적 고찰에 중점을 두고 있으며, 예비조사에 많이 사용되고 있다.

12. 운전은 인간행동의 축소판
1. 교통 행동은 일상생활의 일부분이라기보다는 인간 생활의 축소판이라고 보는 것이 타당하다.
2. 교통행동을 통하여 인간행동의 이해를 높여갈 수 있는 이점은 교통행동이 보다 축소된 상황에서 일어나는 행동이며 실험적 관찰이 가능하기 때문이다.

13. Burkardt(1965)가 제시한 운전행동모델
1. **운전은 순간적인 일**이며, 운전행동은 이러한 일련의 순환과정의 연속이다.
2. 운전행동의 심리적 과정은 2개의 서로 다른 경로에 의해 이루어진다.
 1) 첫번째 경로는 구조가 단순한 것으로, 조건반사나 자동화의 경로이다.
 2) 두번째 경로는 결정경로를 통하는 것이다. 여기서는 어떠한 행동을 취할 것인지의 행동의도가 결정되고 행동 도식에 따라 행동 실행이 이루어지게 된다.

14. 동체시력
1. 동체시력이란 주행 중 운전자의 시력을 말한다.
2. 동체시력은 자동차의 속도가 빨라지면 그 정도에 따라 점차 떨어진다.
3. 동체시력은 연령이 많아질수록 저하율이 크다.
4. 일반적으로 동체시력은 정지시력에 비해 **30%** 정도 낮다.
5. 장시간 운전에 의한 피로 상태에서도 저하된다.

'본다' 라는 행동의 특성
1. 동일한 대상이라도 보는 사람에 따라 다를 가능성이 있다.
2. 동일한 사람이 동일한 대상을 본다 하더라도, **그 때의 상황이나 심리상태에 따라 다르게 볼 수 있다.**
3. 사람의 지각에는 선택적으로 보려고 하는 원리가 항상 작용하고 있으므로 운전자는 외부의 대상을 전부 보지도 않을 뿐더러 무시하는 경우도 있다.
4. 운전 중에 눈에 보이는 모든 정보는 수동적으로 운전자에게 들어와 처리되는 것이 아니고, 운전자가 능동적으로 필요하고 중요하다고 생각하는 정보만 선택적으로 획득되고 처리되며, 그 처리된 정보에 따라 운전행동이 이루어지게 된다.

15. 운전과 시지각 활동 - **시지각**의 특성

그림은 '루빈의 컵' 이라는 간단한 도형이지만 유명한 그림이다. 그림은 흑백 부분으로 나누어져 있으며, 중앙의 흰 부분이 컵으로 보이기도 하며, 좌우의 검은 부분이 사람의 옆얼굴로 보이기도 한다. 즉, 컵의 그림으로 보일 경우에는 검은 부분은 배경이 된다. 인간의 경험, 의도, 욕구 기대에 따라 대상을 다르게 보고 지각 할 수 있다.

16. 이륜자동차와 승용자동차의 주시 범위
    1. 이륜차의 주시범위는 노면을 중심으로 수직분포를 보이고 있으며, 좌우 주시범위가 승용차에 비해 제한되어 있음을 알 수 있다.
    2. 승용차의 주시범위는 노면과 하늘 사이를 수평으로 형성되어 있다.
    3. **이륜차는 노면을 중심으로 시야가 한정되어 있는데 비해**, 승용차는 노면의 먼 부분과 하늘 부분에 머물고 있다.
    4. 이륜차 운전자는 한 지점을 주시하는 주시 시간이 짧으며, 속도가 증가할수록 더욱 짧아지고 있음을 발견하였다. 이것은 대상물을 잠깐잠깐 밖에 보지 않는다는 것이며, 필요한 정보를 깊게 보고있지 않다는 것을 의미한다.

17. 운전 피로에 대한 연구 방법
    1. 핸들조정 횟수와 같은 운전행동지표의 변화측정
    2. 운전행동의 직접지표가 아닌 생리적 지표, 부차 작업수행의 변화 측정
    3. 운전 시뮬레이션에서의 **행동기록**
    4. 운전 전·후의 피로 테스트에 의한 과로의 지속적 측정 등을 통하여 운전피로의 특징을 규명

18. 초보운전자의 특성
    1. 경험자보다 주시점의 수평분포가 좁다.
    2. 경험자에 비해 **주시점의 수직분포가 중앙에 집중**하고 있고, 또 우측으로 쏠려있다.
    3. 속도계를 보는 빈도가 많고, 백미러를 보는 빈도가 적다.
    4. 차선 변경, 무신호 교차로 상황에서 심적 부담을 크게 느낀다.

19. 반응의 종류
    1. 운전중의 반응시간은 운전경험, 자극의 불확실성과 기대 등에 따라 달라지게 된다.
    2. 단순반응, 복합반응, 선택반응 등의 반응 종류에 따라 달라진다.
    3. 운전은 매우 복잡한 과정이므로 운전자의 반응시간을 일률적으로 추정하기는 매우 어렵다.

20. 정지시간과 반응시간의 구성요소

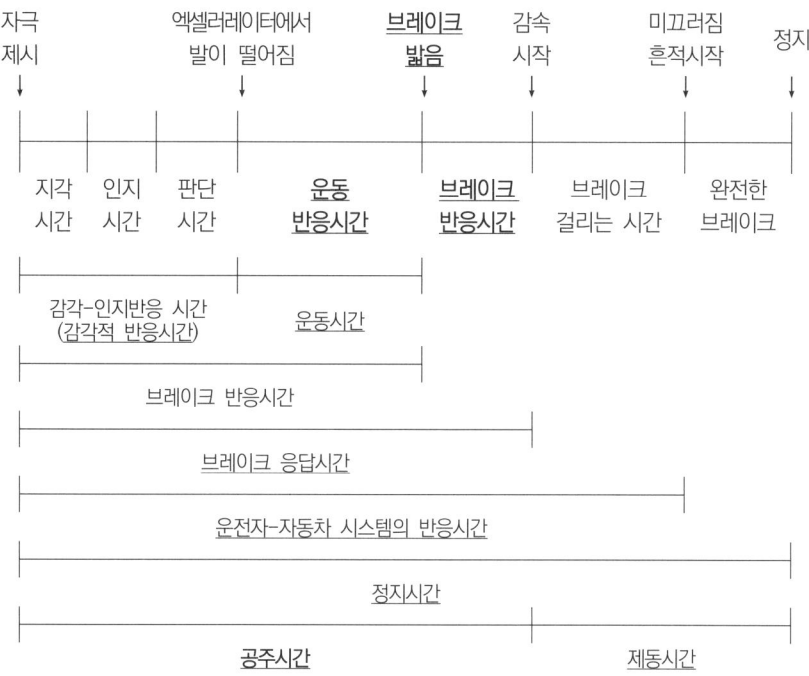

21. 사고경향성(accident proneness)에 대해 통계적·조직적 연구(Greenwood, Woods(1919))

1. **3개의 가설을 세워 가설이 해당되는 이론분포를 상정하고 실제 사고분포가 어느 것에 가장 근접하고 있는지를 조사하여 어느 가설이 옳은가를 검증하려고 하였다.**
2. 3개의 가설은 단순우연분포(simple chance distribution)로 사고는 단순한 우연에 의해 발생한다는 가설이고, 왜곡분포(biased distribution)는 처음 사고를 일으킬 가능성은 동일하지만, 한 번 사고를 낸 사람은 사고를 일으킬 가능성이 높아진다는 가설이다.

22. 장 의존적·장 독립적 지각스타일

1. 운전자는 운전에 필요한 정보를 획득·판별하는 지각과제를 지속적으로 수행해야 한다.
2. 지각스타일의 한 분야인 장 의존적(field-dependence)과 장 독립적(field-independence) 개념이 운전능력, 특히 정보지각 능력에 적용되고 있다.
3. 운전자의 정보획득에 있어서 복잡한 상황에 섞여 있거나 위장 또는 잠재되어 있는 정보를 신속하고 정확하게 지각하는 것이 중요하다.
4. 장 의존-장 독립의 차원에서 **장 독립은 숨겨져 있는 내용이나 맥락을 찾아내는 능력이 있음을 의미**하며, 장 독립 운전자는 장 의존 운전자보다 운전중의 필요 정보를 쉽게 찾아낼 수 있으리라는 가정으로, 운전능력 및 사고빈도의 차이를 검증해 보려고 하였다.

5. Shinar, McDowell, Rackoff, Rockwell(1978)은 운전자의 안구운동 분석을 통하여 장 의존과 장 독립 운전자의 주시패턴을 연구하였다. 장 의존 운전자는 장 독립 운전자보다 대상물의 주시시간이 길다라는 결과를 얻었으며, 이것은 장 의존 운전자는 운전중의 적절한 정보획득에 필요한 시간이 길어진다는 것을 시사하고 있다.

23. 변인과 사고 건수와의 상관관계에서 언급되는 변인 요소

변인	Embedded figure	초기 반응시간	단순 반응시간	선택 반응시간	복합 반응시간	선택적 주의	사고 건수
Rod & Frame test	.53***	-.22	-.07	.02	.26*	.46***	.38***
Embedded figure		-.18	-.05	.11	.23*	.44***	.24*
초기반응시간			.65***	.33***	.23*	-.10	-.11
단순반응시간				.37***	.23*	.00	.15
선택반응시간					.65***	.45***	.15
복합반응시간						.44***	.27**
선택적 주의							.40***

24. Küting(1976) : 운전활동의 부하 혹은 부담의 요인
   1. 교통조건 : 교통밀도, 도로구조, 주행속도
   2. 교통상황 : 능동적 혹은 수동적 앞지르기 상황, 커브상황, 합류, 교차로
   3. 운전지속시간
   4. 약물작용 : 알코올, 카페인, 니코틴, 향정신제약품
   5. 운전 시작전의 부하 및 부담정도

25. 생리적 지표와 부하와의 관계에서 맥박 수가 증가하는 경우
   1. 교통량이 많은 시내도로 주행, 특히 복잡한 교통상황
   2. 시간이 경과한 주행 때보다는 장거리 주행의 출발시점
   3. 주행속도가 부적절하다는 주관적 인상을 가질 때
   4. 경험운전자 보다는 초보운전자
   5. 무사고운전자 보다는 자기과실로 인한 사고경험을 가진 운전자의 맥박수가 증가

26. 장애와 스트레스 반응
   1. 장애(impedance)란 이동이나 목표달성 과정에서 나타나는 행동상의 억제 혹은 속박이라 할 수 있다.
   2. 교통상황에서의 느린 속도, 교통혼잡과 같이 목적지에 도착하는 것을 방해하는 것으로 이해할 수 있다.
   3. 장애는 객관적 장애와 주관적 장애로 나누어진다.

객관적 장애 : 운전자의 지각과는 관계없는 자극, 즉 운전시간, 운행거리, 대기오염과 같은 자극을 의미한다.

주관적 장애 : 운전자의 인지적·감정적 처리과정을 포함하는 것으로서 같은 자극이라 하더라도 운전자의 인지적·감정적 처리과정에 따라 달리 지각될 수 있다.

27. Gulian 등(1989) : 운전자 스트레스의 설명요인

구분	요인	변량
I	공격적인 운전행동	15.5%
II	추월당했을 때의 초조함	7.6%
III	고조된 운전 경계심	6.4%
IV	운전을 꺼려함	5.0%
V	**추월에 실패했을 때의 좌절감**	**3.7%**
	일반적인 운전자 스트레스	17.9%

28. 착시현상 : **환경의 변화에 영향을 받아 사실과 다르게 받아들이는 현상**
    착각현상 : 미등의 고저차에 의해 원근감이 발생하는 현상으로 미등의 위치가 높을수록 멀어보인다.
    현혹현상 : 맞은편 차량의 전조등 불빛으로 인해 눈부심이 발생하여 순간적으로 시력이 상실되는 현상
    항상현상 : 조건이 바뀌어도 친숙한 대상은 항상 동일하게 지각하게 되는 현상

29. 교통환경의 구조 - 물질적 교통환경 + 사회적 교통환경
    1. 도로교통환경
       - 도로구조, 도로폭, 노면상태, 중앙분리대, 구배(경사), 갓길정비, 인도와 보도
    2. **의미교통환경**
       - 안전시설, 신호, 표지, 표시, **차로 구분**
    3. 대인교통환경
       - 운전자, 보행자 등이 창조해내는 교통참가의 상호관계

30. 치사율
    1. 사망자 수를 사고발생 건수로 나누고, 그것에 100을 곱해 산출한 수치
       $$치사율 = \frac{사망자 수}{사고 발생 건수} \times 100$$
    2. **치사율이 높다는 것은 사망자 수를 많이 동반**하는 치명적인 교통사고를 의미하게 된다.
    3. 주간의 교통사고 치사율 3.2%에 비해 야간은 5.6%로 치사율이 높아진다. 특히, 주행속도가 높은 고속도로에서의 야간 교통사고 치사율은 15.8%로 교통사고의 치명도가 월등히 높다.

31. 야간 교통사고
   1. **도로교통 환경이 어둡다는 조건으로 인하여** 운전중에 필요한 정보가 부족하여 위험예측 능력이 저하되고, 집중력이 침해받게 되며, 교통신호, 일단정지 등의 교통법규를 무시하는 운전행동으로 표출된다.
   2. 야간에는 교통량이 적으므로 교통법규를 무시하게 되고, 긴장이 이완되어 운전에 필요한 적정수준의 긴장을 유지하기 어려운 상태에서 운전자는 과속운전의 유혹을 느끼게 된다.
   3. 야간 교통사고의 치사율을 높여 주는 가능성이 운전자 자신, 안전시설, 도로환경 등 여러 분야에 걸쳐 있지만, 주어진 도로상황에서 야간 교통사고를 줄이기 위해서는 도로조명시설의 설치와 개선으로 도로환경의 미비점을 보완하고 교통안전시설의 효율성을 높이며, 나아가 운전자의 불안을 해소하고 지각능력을 보완해 주는 일이 최선의 방법이다.

32. 도로교통법 제26조(교통정리가 없는 교차로에서의 양보운전)
   ① 교통정리를 하고 있지 아니하는 교차로에 들어가려고 하는 차의 운전자는 이미 교차로에 들어가 있는 다른 차가 있을 때에는 그 차에 진로를 양보하여야 한다. → 선진입 우선
   ② 교통정리를 하고 있지 아니하는 교차로에 들어가려고 하는 차의 운전자는 그 차가 통행하고 있는 도로의 폭보다 교차하는 도로의 폭이 넓은 경우에는 서행하여야 하며, 폭이 넓은 도로로부터 교차로에 들어가려고 하는 다른 차가 있을 때에는 그 차에 진로를 양보하여야 한다. → 대로우선
   ③ 교통정리를 하고 있지 아니하는 교차로에 동시에 들어가려고 하는 차의 운전자는 우측도로의 차에 진로를 양보하여야 한다. → 우측 우선
   ④ 교통정리를 하고 있지 아니하는 교차로에서 좌회전하려고 하는 차의 운전자는 그 교차로에서 직진하거나 우회전하려는 다른 차가 있을 때에는 그 차에 진로를 양보하여야 한다. → 직진·우회전 우선
   → 1. 선진입, 2. 대로, 3. 우측, 4. 직진·우회전 순으로 우선권을 갖는다.

33. 동서 방향 좁은 도로, 남북 방향 넓은 도로가 만나는 교차로에서 남에서 북으로 직진과 동에서 서로의 직진의 경우, 동에서 서로의 직진이 우측 차량이므로 법적 우선권을 갖는다. 하지만, 남에서 북으로의 직진이 넓은 도로라서 심리적인 우선권을 가지게 된다. 이러한 예에서 알수 있는 것은 **법적 우선권과 심리적 우선권의 관계는 항상 일치한다고 볼 수 없다**는 것이다.

34. 대인교통환경 - 운전중 의사소통
   1. **복잡한 교통상황에서 운전자가 자신의 생각을 상대방에게 정확하게 시기적으로 적절하게 알려주는 행위는 안전운전의 가장 기본적인 매너이다.**

2. 운전상황에서 상대방과의 의사소통을 가능하게 해 주기 때문에 자동차의 경적은 운전을 하는 데 매우 중요한 요소가 될 수 있다.
   3. 도로교통에서의 의사소통은 언어를 사용하기보다는 자동차의 부속장치, 즉 브레이크 램프, 경적, 방향지시기 등을 이용한 비언어적 의사소통으로 주로 이루어지고 있으며, 그 중에서도 경적은 비언어적 의사소통 수단으로서 중요한 역할을 담당하고 있다.
   4. 자동차가 많아지고 교통이 복잡해지면 경적에 의한 의사소통 효력이 감소되고 그 경적이 소음으로 변해버릴 가능성이 많아진다.

35. 연화(蓮花, 1986) : 경적사용의 의미 분류

행동의 의미	구체적 건수	%
감정표출	26	15.7
1. 공격적 감정표출 및 공격적 행동	(10)	(6.0)
2. 불쾌감 표출	(16)	(9.6)
명령	28	16.9
1. 요구	(20)	(12.0)
2. 의뢰	(8)	(4.8)
명시	69	41.6
1. 존재명시	(21)	(12.7)
2. **의도명시**	(20)	(12.0)
3. 행동명시	(28)	(16.9)
연락	11	6.6
예의	32	19.3
1. 인사	(8)	(4.8)
2. 배려	(9)	(5.4)
3. 감사, 사죄	(7)	(4.2)
4. 장난, 놀림	(8)	(4.8)

36. 교통법규 위반에 대한 일반운전자의 태도
   1. **불합리한 법규가 많아** 지키면 손해라는 태도이다.
   2. 지킬 필요가 없으면 지키지 않아도 된다는 태도가 존재하고 있다.
   3. 교통참가자가 자신의 잘못을 인정하려는 용기가 부족하다.
   4. 운전조작 기술에 대한 과신에서 교통법규에 대한 태도가 잘못 형성되어지는 경향도 있다.

37. 동조현상이 일어나는 이유
   1. 사람은 누구나 자신의 판단이나 행동을 남과 비교해보려는 욕구를 가지고 있다. 그래서 자기가 확실히 알지 못하는 일이 있을때, 남이 하는대로 따라가려는 경향이 있다.
   2. 다수의 행동을 따르지 않으면 직접, 간접으로 제재를 받는 일이 많다. 집단 안에는

공식적 또는 비공식적 규범이 있어서 이에 이탈하면 압력을 받고, 그래도 이탈하면 집단으로부터 축출될 위험이 있다.
3. 타인의 인정을 받고 사랑을 받으려는 친애욕구(affiliation need)가 있으며, 남에게 인정, 사랑을 받는 첫 단계는 남과 같은 태도와 행동을 갖는 것으로부터 출발한다.

38. **부드러운 연속(good continuation)**
    - 게슈탈트(gestalt) 심리학의 지각체제화 중 **유도원리에 사용되는 법칙**
    1. 부드러운 연속이란 잘 연결되어 하나의 선분으로 쉽게 지각되는 것
    2. 분리대와 가드레일과 같은 시설물이나 도로 시선유도 표시 등이 유도원리 이용의 예
    3. 인간 본래의 행동경향성과 그것을 방해하는 교통환경과의 갈등상황을 해소시켜 주는 역할
    4. 교통규제에 대한 운전자의 반발심리도 약화시켜 줌

39. 교통표지에 대한 심리학적 관심(중요도 순)
    1. 시인성(중에서도 유목성)
    2. 행동에의 영향

40. 도로안내표지의 구성요소(Schoppert, Moskowitz, Burg, Hulbert(1960))
    1. 안내정보는 다양한 선택 가능성과 연계되어 있어야 하고, 하나의 의미로 해석이 가능한 정보이어야 하며, 또 이용 가능한 시간내에 파악 가능한 정보이어야 한다.
    2. 제공되는 정보는 먼저 제공된 정보와 연계되어 있어야 하고, 또 닥쳐올 정보에 대한 예비정보가 되어야 한다.
    3. 도로정보는 예고기능을 가져야 하고 그것이 의사결정에 필요한 정보이어야 한다.
    4. 도로정보는 도로지도와 대응하여 비교 가능하여야 하고 눈에 잘 띄어야 한다.
    5. 예기하지 않은, 혹은 통상적인 상식을 벗어나는 방향 변화가 필요한 장소에 방향 지시표지가 있어야 한다.

41. 교통신호기에 의한 교통제어의 기본 이념
    1. 도로참가자 상호간의 충돌과 교차를 없게 하여 교통사고를 방지하고, 나아가 자동차의 속도를 적정한 수준에서 콘트롤하여 안전하고 원활한 교통흐름을 확보하는 것이다.
    2. 교차로에서 교통량을 적절하게 배분하고, 노선 전체와 지역내 도로망의 교통류를 적절하게 배분함으로써 교통흐름의 효율성을 향상시킨다.
    3. 도로 옆에 거주하는 사람들의 안전한 **횡단 교통로를 확보**하고, 자동차의 통과속도를 적절히 통제하여 자동차 교통과 거주생활 환경과의 조화를 확보하는 것이다.
    4. 대중교통수단의 통행확보, 응급시의 차량통행 확보 및 통행에 관한 정보수집과 전달, 교통정리에 필요한 경찰인력의 경감을 위해 신호제어가 필요하다.

42. 교통사고, 교통행동, 교통상황과 사회문화적 배경과의 관계

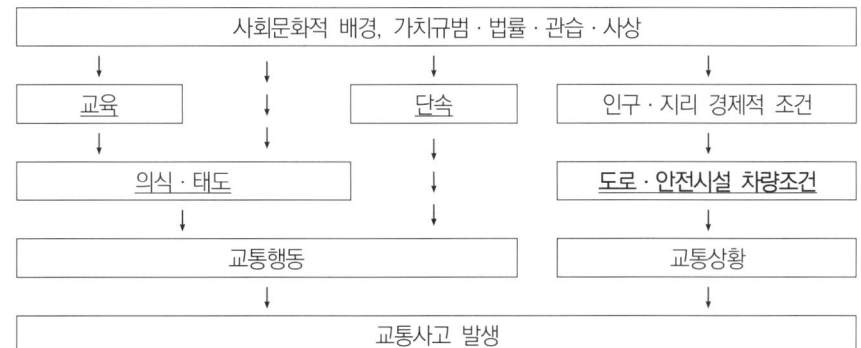

→ 교육, 단속, 의식·태도는 직접적으로 영향을 미치지만, 도로·안전시설 및 차량 조건은 간접적으로 영향을 미침을 알 수 있다.

43. 교통사고의 개인 요인 및 교통 환경과의 상호 관계

$B = f(P, E)$

1. 사고행동 B는 개인적 요인(P)과 환경적 요인(E)의 함수관계에 있다.
2. 개인적 요인(P) : 지능, 성격, 감각운동기능, 연령, 경험, 훈련, 질병, 피로 등 심신 상태, 지위, 대우에 관련된 동기나 의욕에 의해 형성
3. 환경 요인(E) : 가정, 직장사회의 **인간관계**, 조명, 온도 등 **기상관계**, 작업강도, **근로시간**, 휴식 등 작업요소, 그리고 장비성능에 의해 형성

44. 운전행동의 심리과정

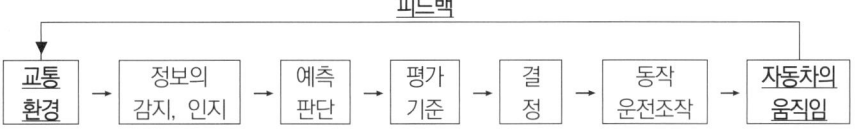

45. 매슬로우(Maslow)의 인간이 추구하는 욕구
1. 생리적 욕구
2. 안전과 안정의 욕구
3. 애정과 소속감의 욕구
4. 존경의 욕구
5. 자기실현의 욕구

46. 주관적 위험 모니터(위험감수성)를 활성화시키지 못하고 위험에 빠져드는 원인 (KlebeIsberg, 1982)
1. 속도의 과소평가, 운전능력의 과대평가, 물리력의 과소평가, 좋지 않은 체험의 억제

2. 경험 형성과정에서의 **주관적 위험 축소**
3. 운전 과제를 쉽게 생각함
4. 동승자의 입장에서보다 운전자의 입장에서 주관적 위험의 감소
5. 잘못된 운전학습

47. 운전자의 위험지각 차원을 교통참가자 의존형, 도로환경 의존형, 교통상황 의존형으로 분류
1. 교통참가자 의존형
 1) 교통상황의 위험을 교통참가자의 행동특성(타자의 교통행동 - 차로변경, 끼어들기, 진출입 등)에 의해 지각하려 한다.
 2) 주관적 위험요인에 많은 관심을 가지고 있다.
 3) 주관적 위험수준 〉 객관적 위험수준
2. 도로환경 의존형
 1) 도로 및 기상조건과 같은 밖으로 드러난 것을 위험요소로 크게 평가한다.
 2) 도로의 결빙, 차로의 도색상태, 가변차로 구간, 터널의 진입부 등에서 위험요인을 많이 찾으려 하고 있다.
 3) 가시적인 객관적 위험요인을 중요하게 생각하는 경향이 크다.
 4) 객관적 위험수준 〉 주관적 위험수준
3. **교통상황 의존형**
 1) 눈에 보이는 위험보다는 운전자와 도로환경 속에서 발생할 수 있는 잠재적 위험을 중요하게 생각하는 경향이 있다.
 2) **잠재적 위험수준 〉 현재적 위험수준**

48. risk와 hazard로 위험을 나누어 교통행동을 설명
1. Risk
 주관적 안전확률이 1.0 이하임에도 불구하고 성공에 대한 확신 없이 수행하는 것
 주관적 안전확률이기 때문에 사람에 따라서는 risk가 되기도 하고 risk가 아닐 수도 있다.
2. hazard
 수행(performance)의 성공과 실패에 달려 있다.
 수행실패 확률이 hazard의 지표가 된다.

49. 청소년 운전자의 특징
1. 청소년은 신체, 운동반응, 지능 등에 있어서 다른 연령층에 비하여 뛰어나다. 즉, 운전조작의 민첩성, 정확성이 다른 연령에 비해 뛰어나다는 것을 의미한다. **이러한 신체적 장점이 있음에도 불구하고 교통사고를 많이 유발시키고 있다.**
2. 청소년은 안전하게 운전해야겠다는 기본적 태도가 결여되어 있고
3. 상황과 행동에 의한 위험발생 가능성에 대한 인식이 부족하며,
4. 교통사회에서 규칙의 중요성을 무시하고, 자신의 욕구충족, 쾌감의 만족에 치우치고 있다.

5. 상대방이 자신을 방해하면 돌발적·감정적 충동을 일으켜, 공격적인 운전행동을 하게 된다.
6. 자기통제 능력이 부족하며, 자신을 강하게 보이게 하든지, 멋있게 보이기 위해서 위험행동을 취하기 쉽다.

청소년의 사고원인
1. 상황에 적합하지 않은 과속운전
2. 상황판단이 낙관적이어서 부적절한 운전행동
3. 상황에 **적합하지 않은** 운전조작

50. 보행자 무단횡단 사고의 사고원인 행동

보행자 행동	빈도	%	운전자 행동	빈도	%
1. 좌·우관찰불량 (차량 못봄 포함)	89	26.0	1. 발견지연	142	28.1
2. 뛰어서 횡단중	65	19.0	2. 과속	139	27.5
3. 갑자기 출현	69	20.2	3. 관찰불량	78	15.4
4. 음주보행	36	10.5	4. 급제동	44	8.7
5. 신호에 맞춰 횡단중	17	5.0	5. 보행자 못봄(예상 못함)	49	9.7
6. 차량속도 판단실수	15	4.4	6. 보행자가 피하겠지	14	2.8
7. 차량이 피하겠지	15	4.4	7. 신호만 주시	10	2.0
8. 느린 보행	14	4.1	8. 주변차량 관찰불량	10	2.0
9. 기타(중앙선 부근 주춤거림, 시야장애 등)	22	6.4	9. 기타(빗길, 시야장애, 경적, 중앙선침범, 잘변차 피한다 등)	19	3.7
계	342	100.0	계	505	100.0

→ 신호만 주시하다가 발생되는 사고가 2.0%로 그 비율이 가장 적다.

51. 고령운전자의 특성
1. 시각적 감도는 50대에 가장 많이 감소한다.
2. 빠르게 움직이는 차량에 대한 인지능력이 저하된다.
3. 눈부심 현상은 60대가 20대에 비해 약 3배 이상 증가하고, 야간 **눈부심 현상 회복에 더 많은 시간이 소요된다.**
4. 50세에 수평 시야각이 170도에서 140도까지 낮아져 인지 범위가 좁아진다.

52. 대표적인 문제 운전
1. 횡단보도를 이용하여 U턴하는 운전
이륜차가 횡단보도나 인도를 지날 때는 시동을 끄고 끌고 가야만 하는데도 서행하면서 달리는 행동은 사고의 위험도 클 뿐 아니라 교통법규를 어기는 행동이다.

2. <u>인도를 주행하는 운전</u>
   본인은 혼잡한 거리에서 빨리 가는 방법으로 알고 있는지 모르지만 보행자에게는 불안하고 위협적인 존재가 되고 있음을 기억해야 한다.
3. <u>반대차로의 갓길을 주행</u>
   사고의 위험은 항상 있을 수 있음을 생각할 때 반대차로의 갓길을 주행한다는 것은 중앙선을 침범하여 정면충돌하는 대형사고와 같은 위험성을 내포하고 있다.
4. <u>차로변경을 지그재그식으로 난폭하게 하는 행위</u>
5. <u>헬멧을 완전하게 착용하지 않거나 아예 착용하지 않고 운전하는 이륜차</u>

53. **위험 항상성 이론**(risk homeostasis theory)
    1. Wilde(1982)는 위험인식을 주관적, 객관적으로 나누지는 않지만, 운전자 본인이 느끼는 위험인식을 주관적으로 간주하고, 안전대책이나 시설개선으로 형성된 환경을 객관적 위험으로 파악하여 위험항상성이론(risk homeostasis theory)으로 운전행동을 파악하고 있다.
    2. 안전대책이 객관적인 위험을 감소시키게 되면, 위험인식에 변화가 없는 한 안전은 증가하게 된다. 그러나 이러한 안전대책의 효과는 단기간에 끝나고, **위험량을 일정하게 유지하려는 안정상태(risk homeostasis)를 취하며 위험을 재평가**하게 된다. 즉, 개인의 위험목표 수준(target level of risk)의 변화가 일어나게 된다. 특정 안전대책으로 인하여 사고가 감소하게 되는데, 시간이 지나게 되면 '이 도로는 이전같이 위험하지 않구나' 하고 인식하게 되는데, 이에 운전자는 '신중하게 운전할 필요가 없구나' 라고 태도를 바꾸게 되어 사고는 다시 증가하는 경향이 있다.
    3. 장기적인 안목으로 볼 때 운전자가 받아들이는 위험도를 감소시켜야만 비로소 안전이 달성된다고 할 수 있다.

54. 주관적 안전과 객관적 안전
    1. 주관적 안전과 객관적 안전이 동일한 경우
     1) 커브길을 물리적 한계에 다다른 속도로 통과하는 일. 이 경우를 위험한 상태라고 하지 않지만 안전면에서 여유가 없어진 상태를 의미하며, 운전 물리학적 가능성을 완전히 이용하고 있다.
     2) 노면 동결로 인한 객관적 안전의 저하가 주관적 안전의 저하를 동반하는 경우, 운전 물리학적인 가능성을 완전히 이용하고 있지만 한계치를 넘지 않았다.
     3) 도로공학적 개량으로 연한 객관적 안전의 상승이 동시에 주관적 안전의 증가를 동반할 경우 운전물리학적 안전가능성은 증가하였으나, 운전형태의 변화로 인하여 안전이 상실된다.
    2. **주관적 안전이 객관적 안전보다 클 경우**
     1) 안전을 잘못 인식한 결과로 예측미스가 발생하여 커브길에서의 물리적 한계치를 넘어선 운전

2) 노면 동결로 인한 객관적 안전 저하가 발생하였음에도 불구하고 주관적 안전이 감소하지 않을 경우, 물리적인 한계치를 넘어서고 만다.
3) **도로공학적 개량에 의해 객관적 안전이 높아졌지만, 운전자가 도로공학적 개량의 효과를 과대평가 할 경우, 커브가 개량전보다 더욱 위험할 수 있다.**

3. 주관적 안전이 객관적 안전보다 적을 경우
  1) 커브가 비교적 높은 물리적 한계치를 가질 경우, 운전자의 안전 면에서 여유를 가지게 된다.
  2) 노면 동결로 저하된 객관적 안전의 영향이 물리적 한계치를 실제 감소 이상으로 평가할 경우, 운전자는 안전 면에서 여유를 가지게 된다.
  3) 도로공학상의 노선개량으로 인하여 객관적 안전이 높아졌음에도 안전도의 효과를 인식하지 않고 종전과 같이 운전하게 되면, 안전성이 향상된다.

55. Zero-Risk Theory

1. Näätänen과 Summala(1976)에 의하면 **주관적 위험 모니터(subjective risk - monitor)** 는 운전자가 가지고 있는 동기보다 더 내면의 위험인식 형태를 의미한다.
2. '주관적위험' 이라는 용어 대신 '주관적 위험 모니터' 라고 부른 것은 주관적 위험을 전혀 느끼지 않으면서 운전하고 있는 상태에서 설명이 가능하도록 하기 위함이다. 이것은 운전자가 일정수준의 주관적 위험을 취하려고 한다는 견해와는 매우 대조적이다. 실제 운전중 위험하다고 느끼는 것이 그렇게 빈번하지 않다는 것을 의미한다. 실제 위험을 느끼고 행동변화를 요구할 경우에 주관적 위험 모니터가 관여하게 되며, 그렇지 않을 경우에는 주관적 위험과 상관없이 운전이 이루어지고 있다는 것을 의미한다.
3. **교통사고가 많다 라는 사실은 '주관적위험 모니터'를 활성화시키는 빈도가 적다는 것을 의미**한다.

56. 음주운전의 심리과정

음주 후 주행시간과 주행거리를 종합하면 운전자는 목적지 가까운 곳에서, 그리고 항상 익숙한 차량과 도로에서 음주운전을 하고 있음을 알 수 있다.

음주운전으로 야기되는 운전 중의 제반 능력 저하
1. **논리적인 사고력이 떨어진다.**
2. 시간과 공간의 파악능력이 저하되고 위험대처 능력이 저하되어 순간적인 판단을 요하는 운전이 어려워진다.
3. 야간시력, 좌우시력이 저하되는데, 음주로 인한 사고는 야간에 많음을 감안할 때 야간시력의 저하는 사고의 큰 원인이다.
4. 거리판단 능력과 속도판단 능력이 저하된다. 음주운전자는 자기 자동차의 속도를 정확히 판단할 수 없다. 그래서 음주관계 사고는 고속주행 때 많이 발생한다.
5. 청력과 평형감각이 자동차의 기계적인 조작을 잘못하게 되어 사고를 유발할 수 있다.

혈중 알코올 농도의 변화에 따른 교통사고 유발비율
혈중 알코올 농도 0.06% : 사고발생 비율이 2배 증가
혈중 알코올 농도 0.10% : 사고발생 비율이 6배 증가
혈중 알코올 농도 0.15% : 사고발생 비율이 25배 증가

57. 과속의 직접적인 요인
1. 도로조건, 특히 **커브길 등**에서의 과속운행을 꼽을 수 있다. 자기도 모르게 커브길을 감속하지 않고 통과하고 싶은 충동이 있는데, 특히 젊은층에서는 그것으로 쾌감을 느끼기도 한다.
2. <u>설마 보행자가 있을까</u>, 설마 차가 나올리는 없겠지 하는 생각과 위험이 있음직한 곳을 빨리 벗어나고 싶은 심정에서 과속하는 경향이 있다.
3. 육체적으로 피곤하거나 단조로움에 빠지게 되면 자기도 모르는 사이에 머리에서 생각하는 것과는 달리 손발이 따로 움직이는 현상이 일어나게 되고, 엑셀레이터를 밟고 있는 발의 감각이 무디어져 과속하게 되는데, 이것은 자신이 자동차의 움직임을 지배할 수 없기 때문에 과속운전이 되고 만다.
4. <u>음주로 인한 일시적인 흥분 상태</u>에서도 과속운전을 하게 되는데, 특히 음주운전 상태에서는 판단능력이 떨어지기 때문에 더욱 위험하다.
5. <u>심리적으로 불안정한 상태</u>, 즉 가정불화, 회사에서의 스트레스, 이혼 등과 같은 심적 갈등을 겪고 있을때 운전하게 되면 불안정한 심리상태가 운전자의 판단능력을 저하시키고, 주의의 집중력을 떨어뜨리게 되어 평상시의 속도로 운전하더라도 그 속도는 자신이 제어할 수 없는 속도가 되어 결과적으로 과속운전이 되고 만다.
6. 자동차의 성능을 시험해 보고 싶은 마음, 그리고 다른 자동차와의 경쟁은 자신도 모르게 과속하게 되고 무리한 차로변경을 하게 된다.

과속의 습관화
1. 과속이 습관화된 운전자는 조금만 늦게 가게 되어도 안절부절 못하고 불안해하며 중앙선을 무리하게 침범하여서라도 추월하고자 한다.
2. <u>과속이 습관화된 사람은 느끼지 못하겠지만, 사고의 가장 큰 원인은 과속이다.</u>
3. <u>속도를 높이면 높일수록 빨리 갈 수 있는 욕망을 충족시켜 주고, 시원한 쾌감을 느낄 수 있을지 모르지만 안전은 보장할 수 없다.</u>
4. 과속운전의 경우에는 핸들이나 브레이크 조작에 조그만 오류만 있어도 걷잡을 수 없는 위험상태에 자동차가 휘말리고 만다.
5. <u>일반국도나 한산한 시가지도로에서 무시무시할 정도의 빠른 속도로 달리는 운전자가 적지 않다.</u>

과속방지운전을 위한 세가지 운전행동
1. 경적사용의 억제   2. 정확한 방향지시기 사용   3. 차로변경 횟수의 감소

58. 어린이 교통안전교육
  1. 교통안전교육은 어린이 자신이 생명의 존엄성을 이해하는 것에서부터 출발하여야 한다.
  2. 어린이의 교통사고 피해는 어린이와 운전자 쌍방의 과실로 일어난다고 보아야 한다.
  3. 피해자가 되지 않기 위한 교육과 가해자가 되지 않기 위한 기초적인 교육이 동시에 이루어져야 하며, 이러한 교육은 어린이 교통안전교육에서 시작되지 않으면 교통사고 방지의 근원적인 대책이 불가능하다는 사실에 유의하지 않으면 안된다.
  4. **어린이의 교통안전교육은 현재의 교통위험으로부터 자신을 보호할 수 있는 능력을 길러줌과 동시에, 10년 혹은 20년 후의 운전자로서의 올바른 태도와 행동의 기초를 형성하게 해 준다는 것이 중요하다.** 즉, 어린이는 성장·발달하고 있는 인격체라는 인식에 바탕을 두고, 위험으로부터 자신을 적극적으로 대피할 수 있는 능력을 길러주어서 교통사고의 피해자가 되지 않도록 해야 하고, 나아가 장차 성장하여 운전자가 되었을 경우 교통사고의 가해자가 되지 않고, 교통안전의 사회적 책임을 다할 수 있는 인간을 교육한다는 것이 중요하다.

59. Limbourg와 Günther(1979)의 4단계 교통안전교육 프로그램
  - 2세부터 7세까지 아동에 대해 4단계 학습목표로 구성된 교통안전교육 프로그램을 개발

  1. 제 1훈련 단계 (2세부터 3세까지) : 아동의 교통안전교육의 기본 학습목표
    - 보도통행
    - 보도 가장자리에서의 정지행동
    - 보도, 연석 그리고 차도의 구분

  2. 제 2훈련 단계 (4세부터 5세까지) : 도로의 단독횡단
    - 보도 가장자리 연석에서의 좌우확인
    - 사방이 잘 보이는 횡단장소 찾기
    - 차로를 직선횡단하는 행동

  3. **제 3훈련 단계** (5세부터 6세까지) : 시계가 좋은 곳에서의 도로횡단
    - 사방이 잘 보이는 경계선에서의 정지
    - **경계선에서 왼쪽 보고, 오른쪽을 보고난 후, 다시 왼쪽을 보는 훈련**

  4. 제 4훈련 단계 (6세에서 7세까지) : 통학 준비행동
    - 유치원 혹은 학교까지의 길을 혼자 통학
    - 더욱 안전한 통학로를 자신이 선택
    - 신호고장, 건설현장과 같은 특수상황에서의 적절한 행동 모색

60. 운전적성에 관한 다양한 관점(長山, 1982)
1. 운전행동에 관련된 심신기능과 심리구조를 운전적성으로 규정하는 경우
2. 교통사고의 발생과 관련되어진다고 생각되는 심신기능과 심리구조를 운전적성으로 규정하는 경우
3. 운전동작 및 운전조작 능력을 운전적성으로 보는 입장
4. 운전행동을 사회성과 인간관계의 적격성으로 보는 입장
5. 운전상황이 주는 부담을 견디어 낼 수 있는 능력을 운전적성으로 보는 입장

[교통 심리학]

문제 1 운전자의 정보처리 과정을 외부 자극의 수용기, 그것을 처리하는 뇌, 운동 기능의 출력기로 나누어 설명한 사람은?

① Murphy   ② Olson   ③ Reason   ④ Gutek

해설 Reason(1974) → ③
1. 외부자극의 수용기, 그것을 처리하는 뇌, 그리고 운동기능의 출력기로 나누어 운전자의 정보처리 과정을 설명
2. 운전자의 감각기능은 외부환경으로부터 필요한 정보를 획득하여 신경을 통하여 뇌에 전달한다. 운전자는 순간의 감각기능이 얻은 정보뿐만 아니라 몇 초 전의 정보까지도 필요로 하게 되며, 이때 단기 기억이 깊이 관여하게 되어 필요한 정보가 처리된다. 장기기억은 동작을 할 수 있는 프로그램을 만드는 일에 관여한다.
3. 운전기능이 발달되면, 뇌의정보처리에 필요한 시간이 단축되는데, 이것은 운동 프로그램이 이미 장기기억 속에 형성되어 있기 때문이다. 기능의 자동화를 위한 프로그램은 장기기억과 출력선택기를 연결하여 주며, 출력기를 통하여 자동차의 방향이나 속도가 제어된다고 Reason은 운전자의 정보처리와 운전 행동의 관계를 설명하고 있다.

문제 2 교통 시스템 속의 교통 행동에 대한 내용으로 맞는 것은?

① 전체 시스템에서 핵심은 교통 참가자이다.
② 시스템 기능 측면에서 중요시되어야 하는 부분은 교통 행동 상충 상황에 관한 부분이다.
③ 속도 행동, 도로 상태, 속도 제한, 차량의 최고 속도는 시스템 상태에 해당한다.
④ 부분 시스템에는 교통 시설이 포함된다.

해설 교통시스템 속의 교통행동
1. 전체 시스템 : 도로교통 → ①
2. **부분 시스템** : 교통참가자(운전자, 자전거 이용자, 보행자), 교통수단(승용차, 이륜차, 자전거), **교통시설**(도로, 교차로, 횡단보도), 교통규칙(법규, 표지, 규제) → ④
3. 시스템 기능 : 속도행동, 도로상태, 속도제한, 차량최고속도 → ③
4. 시스템 상태 : 어떤 시점에서 각각의 부분 시스템간 혹은 시스템간의 교통행동 상충상황 (traffic conflict) → ②

문제 3 교통 행동의 내적 조건과 행동을 다루는 분야는?

① 교통공학 ② 교통심리학 ③ 자동차공학 ④ 교통법학

해설 문제해결 지향의 학문으로서 교통심리학과 인접한 학문분야의 분류(Klebelsberg, (1982))
1. 교통행동의 외적 조건을 다루는 분야 : 교통공학, 자동차공학
2. **교통행동의 내적 조건과 행동을 다루는 분야 : 교통심리학**, 교통의학, 교통사회학
3. 교통행동의 개인을 넘어선 것에 관여하는 분야 : 교통법학

문제 4 교통의 3요소에 대한 설명으로 틀린 것은?

① 교통수단에는 교통 주체가 자기나 물자를 다른 운행자에게 위탁하는 교통형태와 교통 주체가 스스로 이동하는 두 가지 수단이 있는데 전자는 교통이라 하며 후자는 운행(또는 운송)이라고 한다.
② 교통공학은 교통 현상의 외부 측면 뿐만 아니라 교통행동의 동기까지 고려하여야 한다.
③ 교통수단이 기능을 발휘하기 위해서는 도로가 필요하다.
④ 도로에서 발생하는 교통 관리와 운용에 관한 연구가 필수적이다.

해설 교통의 3요소
1. 사회활동의 주체인 인간행동의 목적을 고려할 필요가 있다. 따라서 교통공학은 교통현상의 외부 측면 뿐만아니라 교통행동의 동기(motivation)까지 고려하여야 한다. → ②
2. 교통수단에는 교통주체가 자기나 물자를 다른 운행자에게 위탁하는 교통형태와 교통 주체가 스스로 이동하는 두 가지 수단이 있다. 전자는 운송(tansportation)이라 하고, 후자는 교통(traffic)이라고 부른다. → ① 교통공학은 교통문제를 생각할 경우, 전자 뿐만아니라 후자의 관점도 중요하다.
3. 교통수단이 기능을 발휘하기 위해서는 도로가 필요하다. → ③ 교통공학의 토목기술은 도로 연구에 관계하여 왔다. 그리고 도로에서 발생하는 교통관리와 운용에 관한 연구가 필수적이다. → ④

문제 5 혼재 변인(Confounding Variable)에 대한 내용으로 적절하지 않은 것은?

① 독립 변인에 영향을 미친다.
② 연령, 운전 경험의 경우 혼재 변인에 해당한다.
③ 실험 통제와 더불어 종속 변인에 비치는 효과를 통제할 수 있는 통제적 방법에도 관심을 기울여야 한다.
④ 혼재 변인에 대한 실험 통제는 항상 염두하여야 한다.

● 정답 03 ② 04 ① 05 ①

해설 연구과정과 교통행동변인

1. **종속변인**에 영향을 미치는 → ① 혼재변인(confounding variable)에 대한 실험통제를 항상 염두에 두어야 한다. → ④
2. 어떤 성격특성의 독립변인이 특정 위반행동의 종속변인에 관계가 있을 것이라는 가정으로 연구가 진행되었을 경우, 여기에는 연령, 운전경험, 가정환경 등 다양한 혼재변인이 작용할 가능성이 있음 → ② 을 명심하여야 하며,
3. 실험통제와 더불어 종속변인에 미치는 효과를 통제할 수 있는 통계적 방법에도 관심을 기울여야 한다. → ③

문제 6 교통 행동 상충 상황과 관련 있는 것은?

① 아차 사고   ② 집중 사고   ③ 교차 사고   ④ 웹 형 사고

해설 교통행동 상충상황

1. 교통사고 전단계로는 사고에 이르지는 않았지만 사고 직전 상황까지 근접된 상황을 교통행동 상충상황(traffic conflict)이라 할 수 있다.
2. 교통위반과 운전실수(error)도 사고와 관련성을 가지고 있다고 보아야 할 것이다.
3. **교통행동 상충상황**(traffic conflict)은 자동차와 자동차 혹은 자동차와 보행자 사이에서 발생하는 아차사고(near accident) 상황이라고 보는 것이 타당하다.

문제 7 흔히 눈을 감고 이완된 자세로 앉아 있는 경우에 유발되는 것은?

① θ wave   ② δ wave   ③ β wave   ④ α wave

해설 뇌전위 활동

뇌파	특성
알파파 (α wave)	·20~60μV의 진폭과 8~13Hz의 주파수로 나타나는 리드믹한 파형 ·흔히 눈을 감고 이완된 자세로 앉아있는 경우에 유발 → ④
베타파 (β wave)	·2~20μV의 진폭과 14~30Hz이 주파수로 나타나는 불규칙적인 파형 ·보통 정신적이거나 신체적인 활동에 관여할 경우에 유발 ·쉬고 있다가 정신적이거나 신체적인 활동을 하게 되면 α파는 일반적으로 감소하기 시작하여 주파수가 높고 진폭이 낮은 β파로 대치
델타파 (δ wave)	·100~200μV의 진폭과 0.5~3.5Hz의 주파수로 나타남 ·정상인의 경우 깊은 수면중에 나타남
세타파 (θ wave)	·20~100μV의 진폭과 4~7Hz의 주파수로 나타남 ·흔치 않게 나타나는 파형 가운데 하나로, 보통 성인보다는 아동에게서(불/유쾌할 경우, 졸린 경우) 볼 수 있음 (Walter, 1953) ·또한 암산 등의 정신작업시 뇌의 전두정중선에 출현하기도 함

문제 8 ECG란?

① 심전도 활동
② 전기 피부 반응
③ 뇌전위 활동
④ 안구 운동 분석

해설 심전도 활동(ElectroCardioGram : ECG)
1. 심장이 수축함에 따라 함께 발생하는 전위차를 곡선으로 기록한 것이다.
2. 심전도에서 나타나는 파형에는 심전도(ECG)상에 최초의 파로서 심방의 탈분극에 의해 나타나는 양성파인 P파와 심실의 탈분극에 의해 형성되는 음성파와 양성파를 번갈아 나타내는 QRS군이 있다. 그리고 심실의 재분극에 의해 형성되며 심실 흥분 회복기를 나타내는 T파와 T파의 바로 뒤에 나타나는 매우 작은 평탄한 파인 U파 등이 있다.

문제 9 안구 운동 분석 내용에 포함되지 않는 것은?

① 주시 시간 분석
② 주시 패턴 분석
③ 주시 상황 분석
④ 주시 빈도 분석

해설 안구운동분석
1. 주시빈도의 확인분석과 비교 → ④
2. 주시시간의 분석 → ①
3. 주시순서 혹은 주시패턴의 분석 → ②
4. 주변시의 역할

문제 10 운전 시뮬레이터에 필요한 이미지 재현 기능 간 초당 몇 프레임 이상을 재현할 수 있어야 하는가?

① 30 Frame
② 25 Frame
③ 40 Frame
④ 20 Frame

해설 운전 시뮬레이터의 조건
1. 운전자에게 현실감을 제공하기 위하여 운전조작과 자동차 움직임 사이에는 실시간 시뮬레이션의 수행이 요구되며, 그 결과가 운동, 시각 및 음향 시스템을 통해 운전자에게 피드백이 이루어질 수 있어야 한다.
2. 자동차 움직임은 현실적으로 이질감 없이 이루어져야 하며, 움직임의 실시간 해석이 가능하여야 한다.
3. 그리고 운전자에게 실제 주행감각을 느끼게 하고 운전상황에 따른 정확한 반응을 유도하기 위해서는 시뮬레이터의 고해상도 그래픽 처리에 의한 이미지 생성과 영사시스템이 구비되어야 할 것이다. 1초당 30프레임 이상의 이미지 재현이 가능하여야 실제 움직임의 감각을 유지할 수 있으며, 현실감이 유지될 수 있다. → ①
4. 운전 조작행동과 영상제시간의 지연이 최소화될 수 있어야 한다. 중요한 것은 운동기능과 음향기능이 실제 운전조작과 이질감을 느끼지 않아야 한다는 것이다.

정답 08 ① 09 ③ 10 ①

문제 11 사회조사 방법에 대한 내용으로 틀린 것은?

① 운전 태도, 위반 형태, 위험 느낌 정도 등 운전자와 보행자의 태도를 알아보는데 중요한 분석 방법이다.
② 조사 대상자의 유형, 응답의 수단, 조사의 기법에 따라 분류할 수 있다.
③ 핵심은 운전 행동의 특징을 파악하는데 있다.
④ 조사 목표를 설정하고 조사 방법 등의 적절성을 검토하는 방식으로 진행되어야 한다.

해설 사회조사 방법의 분류 → ②
1. 실시방법에 의한 분류
2. 응답형식에 의한 분류
3. 조사목적에 의한 분류

문제 12 자유 응답법의 특징으로 올바르지 않은 것은?

① 응답자의 의욕과 능력이 구비되어 있다면 개성적이고 풍부한 내용을 얻을 수 있다.
② 어느 정도의 작문 능력이 있어야 한다.
③ 결과의 양적 고찰보다는 질적 고찰에 중점을 두고 있으며, 예비조사에 많이 사용된다.
④ 응답하는데 시간과 노력이 크게 필요하지 않아서 간편하게 과정을 진행할 수 있다.

해설 응답형식에 의한 분류 - 자유응답법(free answer or open ended question)
1. 질문문항의 작성이 간단하다.
2. 응답자의 의욕과 능력이 구비되어 있다면, 개성적이고 풍부한 내용을 얻을 수 있다. → ①
3. **응답하는 데 시간과 노력이 필요하고,** → ④ 어느 정도의 작문 능력이 있어야 한다. → ②
4. 조사결과의 정리에 시간과 노력이 필요할 뿐만 아니라, 조사결과의 해석에 문제해석의 통찰력이 요구된다.
5. 결과의 양적 고찰보다는 질적 고찰에 중점을 두고 있으며, 예비조사에 많이 사용되고 있다. → ③

문제 13 교통심리 측면에서의 운전이란?

① 사람과 자동차 등의 물리적 호환이다.
② 시지각을 중심으로 이루어지는 일련의 활동이다.
③ 인간 행동의 축소판이다.
④ 인지심리학 및 응용심리학적 측면에서의 중요한 부분이다.

정답 11 ② 12 ④ 13 ③

> **해설** 운전은 인간행동의 축소판 → ③
> 1. 교통 행동은 일상생활의 일부분이라기보다는 인간 생활의 축소판이라고 보는 것이 타당하다.
> 2. 교통행동을 통하여 인간행동의 이해를 높여갈 수 있는 이점은 교통행동이 보다 축소된 상황에서 일어나는 행동이며 실험적 관찰이 가능하기 때문이다.

문제 14 Burkardt가 제시한 운전 행동 모델에 대한 설명으로 틀린 것은?

① 운전은 일련의 순환 과정의 연속이다.
② 운전은 영속적인 일이다.
③ 운전 행동의 심리적 과정 중 하나는 조건반사나 자동화의 경로이다.
④ 결정 경로를 통하는 것의 경우 어떠한 행동을 취할 것인지의 행동의도가 결정되고 행동 도식에 따라 행동이 이루어지게 된다.

> **해설** Burkardt(1965)가 제시한 운전행동모델
> 1. <u>운전은 순간적인 일</u> → ② 이며, <u>운전행동은 이러한 일련의 순환과정의 연속이다.</u> → ①
> 2. 운전행동의 심리적 과정은 2개의 서로 다른 경로에 의해 이루어진다.
>   1) 첫번째 경로는 구조가 단순한 것으로, <u>조건반사나 자동화의 경로이다.</u> → ③
>   2) 두번째 경로는 결정경로를 통하는 것이다. 여기서는 <u>어떠한 행동을 취할 것인지의 행동의도가 결정되고 행동 도식에 따라 행동 실행이 이루어지게 된다.</u> → ④

문제 15 정지 시력에 비해 동체 시력은 얼마나 낮은가?

① 30%   ② 50%
③ 60%   ④ 70%

> **해설** 동체시력
> 1. 동체시력이란 주행 중 운전자의 시력을 말한다.
> 2. 동체시력은 자동차의 속도가 빨라지면 그 정도에 따라 점차 떨어진다.
> 3. 동체시력은 연령이 많아질수록 저하율이 크다.
> 4. 일반적으로 <u>동체시력은 정지시력에 비해 30% 정도 낮다.</u> → ①
> 5. 장시간 운전에 의한 피로 상태에서도 저하된다.

정답 14 ②   15 ①

문제 16 '본다'라는 행동 특성에 대한 내용 중 적절하지 않은 것은?

① 동일한 대상이라 하더라도 보는 사람에 따라 다를 가능성이 있다.
② 동일한 사람이 동일한 대상을 볼 경우 상황, 심리 상태 측면에서 동일한 효과가 도출된다.
③ 사람의 지각에는 선택적으로 보려고 하는 원리가 항상 작용하고 있기 때문에 운전자는 외부의 대상을 전부 보지도 않을뿐더러 무시하는 경우도 있다.
④ 운전 중에 눈에 보이는 모든 정보는 수동적으로 운전자에게 들어와 처리되는 것이 아니라 운전자가 능동적으로 필요하고 중요하다고 생각하는 정보만 선택적으로 획득되고 처리되는 경향을 보인다.

해설 '본다' 라는 행동의 특성
1. 동일한 대상이라도 보는 사람에 따라 다를 가능성이 있다. → ①
2. 동일한 사람이 동일한 대상을 본다 하더라도, 그 때의 상황이나 심리상태에 따라 다르게 볼 수 있다. → ②
3. 사람의 지각에는 선택적으로 보려고 하는 원리가 항상 작용하고 있으므로 운전자는 외부의 대상을 전부 보지도 않을 뿐더러 무시하는 경우도 있다. → ③
4. 운전 중에 눈에 보이는 모든 정보는 수동적으로 운전자에게 들어와 처리되는 것이 아니고, 운전자가 능동적으로 필요하고 중요하다고 생각하는 정보만 선택적으로 획득되고 처리되며, 그 처리된 정보에 따라 운전행동이 이루어지게 된다. → ④

문제 17 다음 그림과 관계있는 것은?

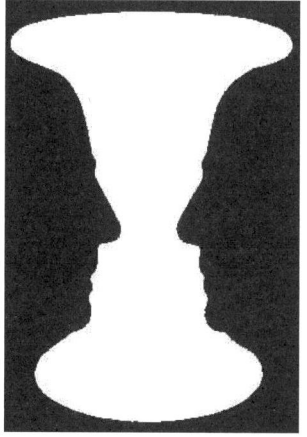

① 주관적 경험
② 착시
③ 왜곡
④ 시지각

정답 16 ②   17 ④

> **해설** 운전과 시지각 활동 – **시지각**의 특성
> 그림은 '루빈의 컵'이라는 간단한 도형이지만 유명한 그림이다. 그림은 흑백 부분으로 나누어져 있으며, 중앙의 흰 부분이 컵으로 보이기도 하며, 좌우의 검은 부분이 사람의 옆얼굴로 보이기도 한다. 즉, 컵의 그림으로 보일 경우에는 검은 부분은 배경이 된다.
> 인간의 경험, 의도, 욕구 기대에 따라 대상을 다르게 보고 지각 할 수 있다.

문제 18 자동차 운전 시의 '주시 범위'에 대한 내용으로 맞는 것은?

① 이륜자동차의 경우 승용자동차에 비해 좌우 주시 범위가 비교적 넓은 편이다.
② 승용자동차의 주시 범위는 노면과 하늘 사이를 수직으로 형성되어 있다.
③ 이륜자동차의 경우 노면을 중심으로 시야가 한정되어 있다.
④ 이륜자동차를 운전하는 사람의 주시 시간은 한 지점을 주시하는 주시 시간의 경우 비교적 긴 편이다.

> **해설** 이륜자동차와 승용자동차의 주시 범위
> 1. 이륜차의 주시범위는 노면을 중심으로 수직분포를 보이고 있으며, 좌우 주시범위가 승용차에 비해 제한되어 있음을 알 수 있다. → ①
> 2. 승용차의 주시범위는 노면과 하늘 사이를 수평으로 형성되어 있다. → ②
> 3. **이륜차는 노면을 중심으로 시야가 한정되어 있는데 비해** → ③, 승용차는 노면의 먼 부분과 하늘 부분에 머물고 있다.
> 4. 이륜차 운전자는 한 지점을 주시하는 주시 시간이 짧으며 → ④, 속도가 증가할수록 더욱 짧아지고 있음을 발견하였다. 이것은 대상물을 잠깐잠깐 밖에 보지 않는다는 것이며, 필요한 정보를 깊게 보고있지 않다는 것을 의미한다.

문제 19 운전 피로에 대한 연구 방법으로 적절하지 않은 것은?

① 핸들 조정 횟수와 같은 운전 행동 지표의 변화 측정
② 운전 행동의 직접 지표가 아닌 생리적 지표, 부차 작업 수행의 변화 측정
③ 운전 시뮬레이션에서의 돌발 상황에 대한 기록
④ 운전 전·후의 피로 테스트에 의한 과로의 지속적 측정 등을 통하여 운전 피로의 특징을 규명

> **해설** 운전 피로에 대한 연구 방법
> 1. 핸들조정 횟수와 같은 운전행동지표의 변화측정 → ①
> 2. 운전행동의 직접지표가 아닌 생리적 지표, 부차 작업수행의 변화 측정 → ②
> 3. 운전 시뮬레이션에서의 **행동기록** → ③
> 4. 운전 전·후의 피로 테스트에 의한 과로의 지속적 측정 등을 통하여 운전피로의 특징을 규명 → ④

정답 18 ③　19 ③

문제 20 초보운전자의 특성으로 옳은 것은?

① 전방 주시의 수평 분포가 넓다.
② 사이드미러와 속도계를 보는 횟수가 적다.
③ 주시의 수직분포가 중앙에 집중된다.
④ 차선 변경, 무신호 교차로 상황에서 심적 부담을 적게 느낀다.

해설 초보운전자의 특성
1. 경험자보다 주시점의 수평분포가 좁다. → ①
2. 경험자에 비해 **주시점의 수직분포가 중앙에 집중** → ③ 하고 있고, 또 우측으로 쏠려있다.
3. 속도계를 보는 빈도가 많고 → ②, 백미러를 보는 빈도가 적다.
4. 차선 변경, 무신호 교차로 상황에서 심적 부담을 크게 느낀다. → ④

문제 21 '공주시간'에 포함되는 개념이 아닌 것은?

① 운전자 - 자동차 시스템의 반응 시간
② 브레이크 응답 시간
③ 감각적 반응 시간과 운동 시간을 합한 시간
④ 정지시간에서 제동시간을 제외한 시간

해설 정지시간과 반응시간의 구성요소

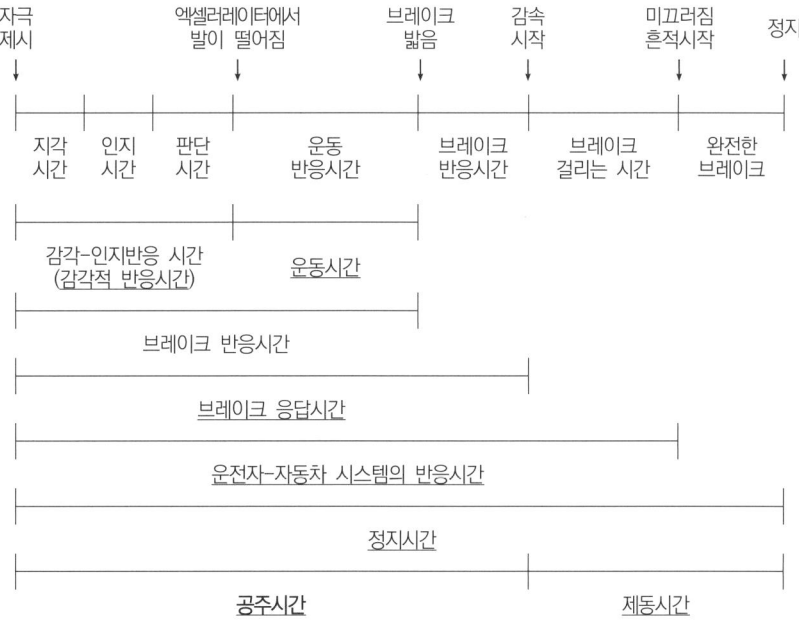

정답 20 ③   21 ①

문제 22 운전 반응 시간의 구성 중 '브레이크를 밟는' 행동을 하여야 하는 시기는?

① 인지 시간과 운동 반응 시간 사이
② 판단 시간과 운동 반응 시간 사이
③ 브레이크 반응 시간과 브레이크 걸리는 시간 사이
④ 운동 반응 시간과 브레이크 반응 시간 사이

해설 정지시간과 반응시간의 구성요소

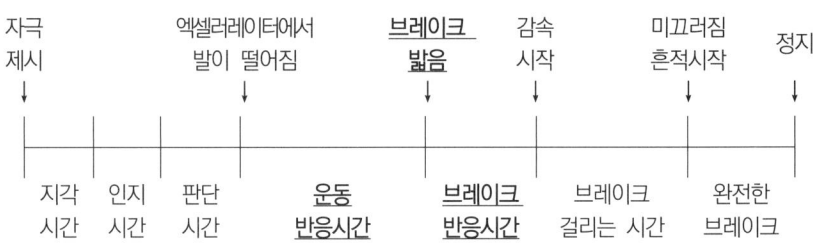

→ 브레이크를 밟는 행동을 하여야 하는 시기는 <u>운동반응시간과 브레이크 반응시간 사이</u>이다.

문제 23 반응의 종류가 아닌 것은?

① 단순 반응   ② 확대 반응   ③ 복합 반응   ④ 선택 반응

해설 반응의 종류
1. 운전중의 반응시간은 운전경험, 자극의 불확실성과 기대 등에 따라 달라지게 된다.
2. <u>단순반응</u>, <u>복합반응</u>, <u>선택반응</u> 등의 반응 종류에 따라 달라진다.
3. 운전은 매우 복잡한 과정이므로 운전자의 반응시간을 일률적으로 추정하기는 매우 어렵다.

문제 24 사고 경향성과 관련하여 3가지의 가설을 세워 가설이 해당되는 이론 분포를 상정하고 실제 사고 분포가 어느 것에 가장 근접하고 있는지 조사하여 어느 가설이 옳은가를 검증하려고 한 사람은?

① Burg   ② Mihal   ③ Greenwood   ④ Shinar

해설 사고경향성(accident proneness)에 대해 통계적·조직적 연구(**Greenwood**, Woods(1919))
1. <u>3개의 가설을 세워 가설이 해당되는 이론분포를 상정하고 실제 사고분포가 어느 것에 가장 근접하고 있는지를 조사하여 어느 가설이 옳은가를 검증하려고 하였다.</u>
2. 3개의 가설은 단순우연분포(simple chance distribution)로 사고는 단순한 우연에 의해 발생한다는 가설이고, 왜곡분포(biased distribution)는 처음 사고를 일으킬 가능성은 동일하지만, 한 번 사고를 낸 사람은 사고를 일으킬 가능성이 높아진다는 가설이다.

정답 22 ④   23 ②   24 ③

문제 25 장 의존적·장 독립적 지각 스타일에 대한 설명으로 틀린 것은?

① 운전자는 운전에 필요한 정보를 획득·판별하는 지각 과제를 지속적으로 수행해야 한다.
② 장 의존이란 숨겨져 있는 내용이나 맥락을 찾아내는 능력을 의미한다.
③ 운전자의 정보 획득에 있어서 복잡한 상황에 섞여 있거나 위장 또는 잠재되어 있는 정보를 신속하고 정확하게 지각하는 것이 중요하다.
④ 장 의존과 장 독립 운전자의 주시 패턴을 연구한 대표적인 학자로는 McDowell이 있다.

해설 장 의존적·장 독립적 지각스타일
1. 운전자는 운전에 필요한 정보를 획득·판별하는 지각과제를 지속적으로 수행해야 한다. → ①
2. 지각스타일의 한 분야인 장 의존적(field-dependence)과 장 독립적(field-independence) 개념이 운전능력, 특히 정보지각 능력에 적용되고 있다.
3. 운전자의 정보획득에 있어서 복잡한 상황에 섞여 있거나 위장 또는 잠재되어 있는 정보를 신속하고 정확하게 지각하는 것이 중요하다. → ③
4. 장 의존-장 독립의 차원에서 **장 독립은 숨겨져 있는 내용이나 맥락을 찾아내는 능력이 있음을 의미** → ② 하며, 장 독립 운전자는 장 의존 운전자보다 운전중의 필요 정보를 쉽게 찾아낼 수 있으리라는 가정으로, 운전능력 및 사고빈도의 차이를 검증해 보려고 하였다.
5. Shinar, McDowell, Rackoff, Rockwell(1978)은 운전자의 안구운동 분석을 통하여 장 의존과 장 독립 운전자의 주시패턴을 연구하였다. → ④ 장 의존 운전자는 장 독립 운전자보다 대상물의 주시시간이 길다라는 결과를 얻었으며, 이것은 장 의존 운전자는 운전중의 적절한 정보획득에 필요한 시간이 길어진다는 것을 시사하고 있다.

문제 26 변인과 사고 건수와의 상관관계에서 언급되는 변인 요소가 아닌 것은?

① 단순 반응 시간   ② 교차 반응 시간   ③ 복합 반응 시간   ④ 선택적 주의

해설 변인과 사고 건수와의 상관관계에서 언급되는 변인 요소

변인	Embedded figure	초기 반응시간	단순 반응시간	선택 반응시간	복합 반응시간	선택적 주의	사고 건수
Rod & Frame test	.53***	−.22	−.07	.02	.26*	.46***	.38***
Embedded figure		−.18	−.05	.11	.23*	.44***	.24*
초기반응시간			.65***	.33***	.23*	−.10	−.11
단순반응시간				.37***	.23*	.00	.15
선택반응시간					.65***	.45***	.15
복합반응시간						.44***	.27**
선택적 주의							.40***

→ 교차 반응시간은 변인 요소에 들어있지 않다.

정답 25 ② 26 ②

문제 27 운전 활동의 부하 또는 부담의 요인 중 '교통 조건'에서의 요인은?

① 수동적 앞지르기의 상황
② 도로 구조
③ 운전 시작 전의 부하 및 부담의 정도
④ 알코올 등을 섭취하였을 때의 약물 작용에 관한 상황

해설 Küting(1976) : 운전활동의 부하 혹은 부담의 요인
1. **교통조건** : 교통밀도, **도로구조**, 주행속도 → ②
2. 교통상황 : 능동적 혹은 수동적 앞지르기 상황, 커브상황, 합류, 교차로 → ①
3. 운전지속시간
4. 약물작용 : 알코올, 카페인, 니코틴, 향정신제약품 → ④
5. 운전 시작전의 부하 및 부담정도 → ③

문제 28 생리적 지표와 부하와의 관계에서 '맥박 수'가 증가하는 이유를 옳게 기술한 것은?

① 주행 속도가 부적절하다는 객관적인 인상을 가질 때 맥박 수가 증가한다.
② 초보운전자보다 경험운전자가 의외로 맥박 수가 증가하는 양상이 상대적으로 더 뚜렷하다.
③ 교통량이 많은 시내도로보다는 흐름이 한산한 도로에서 어디서 유발될지 모르는 교통사고의 잠재 위험으로부터도 맥박 수가 더 증가하는 양상을 보인다.
④ 시간이 경과한 주행 때보다는 장거리 주행의 출발 시점에 맥박 수가 증가하는 경향이 있다.

해설 생리적 지표와 부하와의 관계에서 맥박 수가 증가하는 경우
1. 교통량이 많은 시내도로 주행, 특히 복잡한 교통상황 → ③
2. **시간이 경과한 주행 때보다는 장거리 주행의 출발시점** → ④
3. 주행속도가 부적절하다는 주관적 인상을 가질 때 → ①
4. 경험운전자 보다는 초보운전자 → ②
5. 무사고운전자 보다는 자기과실로 인한 사고경험을 가진 운전자의 맥박수가 증가

문제 29 운전자 스트레스 요인 중 가장 낮은 비율을 차지하는 것은?

① 추월에 실패했을 때의 좌절감
② 고조된 운전 경계심
③ 일반적인 운전자 스트레스
④ 운전을 꺼려하는 것

정답 27 ② 28 ④ 29 ①

해설 Gulian 등(1989) : 운전자 스트레스의 설명요인

구분	요인	변량	
I	공격적인 운전행동	15.5%	
II	추월당했을 때의 초조함	7.6%	
III	고조된 운전 경계심	6.4%	→ ②
IV	운전을 꺼려함	5.0%	→ ④
V	추월에 실패했을 때의 좌절감	3.7%	→ ①
	일반적인 운전자 스트레스	17.9%	→ ③

문제 30 이동이나 목표 달성 과정에서 나타나는 행동상의 억제 혹은 속박을 일컫는 용어는?

① 스트레스
② 장애
③ 시행착오
④ 착오 및 오류

해설 장애와 스트레스 반응
1. **장애(impedance)**란 **이동이나 목표달성 과정에서 나타나는 행동상의 억제 혹은 속박**이라 할 수 있다.
2. 교통상황에서의 느린 속도, 교통혼잡과 같이 목적지에 도착하는 것을 방해하는 것으로 이해할 수 있다.
3. 장애는 객관적 장애와 주관적 장애로 나누어진다.
   객관적 장애 : 운전자의 지각과는 관계없는 자극, 즉 운전시간, 운행거리, 대기오염과 같은 자극을 의미한다.
   주관적 장애 : 운전자의 인지적·감정적 처리과정을 포함하는 것으로서 같은 자극이라 하더라도 운전자의 인지적·감정적 처리과정에 따라 달리 지각될 수 있다.

문제 31 주위 환경 때문에 실제는 오르막길인데 내리막길 처럼 보이는 현상을 무슨 현상이라 하는가?

① 착시현상
② 착각현상
③ 현혹현상
④ 항상현상

해설 착시현상 : 환경의 변화에 영향을 받아 사실과 다르게 받아들이는 현상 → ①
착각현상 : 미등의 고저차에 의해 원근감이 발생하는 현상으로 미등의 위치가 높을수록 멀어보인다.
현혹현상 : 맞은편 차량의 전조등 불빛으로 인해 눈부심이 발생하여 순간적으로 시력이 상실되는 현상
항상현상 : 조건이 바뀌어도 친숙한 대상은 항상 동일하게 지각하게 되는 현상

정답 30 ② 31 ①

문제 32 의미 교통환경 범주에 포함되는 것은?

① 중앙분리대　　② 구배　　③ 갓길정비　　④ 차로 구분

해설 교통환경의 구조 - 물질적 교통환경 + 사회적 교통환경
1. 도로교통환경
   - 도로구조, 도로폭, 노면상태, 중앙분리대, 구배(경사), 갓길정비, 인도와 보도
2. **의미교통환경**
   - 안전시설, 신호, 표지, 표시, **차로 구분** → ④
3. 대인교통환경
   - 운전자, 보행자 등이 창조해내는 교통참가의 상호관계

문제 33 치사율에 대한 설명으로 옳은 것은?

① 사고 발생 건수에 비례한다.
② 치사율이 높다는 것은 사망자 수를 많이 동반하는 의미도 된다.
③ 사망자 수와 반비례한다.
④ 중상 이상의 범위로 한정한다.

해설 치사율
1. 사망자 수를 사고발생 건수로 나누고, 그것에 100을 곱해 산출한 수치

$$치사율 = \frac{사망자\ 수}{사고발생\ 건수} \times 100$$

2. **치사율이 높다는 것은 사망자 수를 많이 동반**하는 치명적인 교통사고를 의미하게 된다. → ②
3. 주간의 교통사고 치사율 3.2%에 비해 야간은 5.6%로 치사율이 높아진다. 특히, 주행속도가 높은 고속도로에서의 야간 교통사고 치사율은 15.8%로 교통사고의 치명도가 월등히 높다.

문제 34 야간 교통사고에 대한 내용으로 적절하지 않은 것은?

① 위험 예측 능력이 저하되는 측면이 있다.
② 집중력이 외부 요인 등으로부터 침해받기 쉽다.
③ 도로교통 환경이 어둡다는 조건이 절대적인 영향의 기준이 되는 것은 아니다.
④ 교통 신호나 안전표지 등의 교통법규를 무시하는 운전 행동으로 표출되는 양상이 보편적이다.

정답 32 ④　33 ②　34 ③

해설 야간 교통사고
1. 도로교통 환경이 어둡다는 조건으로 인하여 → ③ 운전중에 필요한 정보가 부족하여 위험예측 능력이 저하되고 → ①, 집중력이 침해받게 되며, → ② 교통신호, 일단정지 등의 교통법규를 무시하는 운전행동으로 표출된다. → ④
2. 야간에는 교통량이 적으므로 교통법규를 무시하게 되고, 긴장이 이완되어 운전에 필요한 적정수준의 긴장을 유지하기 어려운 상태에서 운전자는 과속운전의 유혹을 느끼게 된다.
3. 야간 교통사고의 치사율을 높여 주는 가능성이 운전자 자신, 안전시설, 도로환경 등 여러 분야에 걸쳐 있지만, 주어진 도로상황에서 야간 교통사고를 줄이기 위해서는 도로조명시설의 설치와 개선으로 도로환경의 미비점을 보완하고 교통안전시설의 효율성을 높이며, 나아가 운전자의 불안을 해소하고 지각능력을 보완해 주는 일이 최선의 방법이다.
→ 야간 교통사고는 어두움이라는 전제 때문에 많은 요인들이 영향을 받기 때문에, 도로교통 환경이 어둡다는 조건이 절대적인 영향의 기준이 된다고 보아야 한다.

문제 35 법적 우선권의 개념에서 교차로에서의 가장 우선순위 통행은?

① 폭이 넓은 도로에서 진입하는 차량
② 직진하고자 하는 차량
③ 우회전하고자 하는 차량
④ 교차로에 먼저 진입한 차량

해설 도로교통법 제26조(교통정리가 없는 교차로에서의 양보운전)
① 교통정리를 하고 있지 아니하는 교차로에 들어가려고 하는 차의 운전자는 이미 교차로에 들어가 있는 다른 차가 있을 때에는 그 차에 진로를 양보하여야 한다. → 선진입 우선
② 교통정리를 하고 있지 아니하는 교차로에 들어가려고 하는 차의 운전자는 그 차가 통행하고 있는 도로의 폭보다 교차하는 도로의 폭이 넓은 경우에는 서행하여야 하며, 폭이 넓은 도로로부터 교차로에 들어가려고 하는 다른 차가 있을 때에는 그 차에 진로를 양보하여야 한다. → 대로우선
③ 교통정리를 하고 있지 아니하는 교차로에 동시에 들어가려고 하는 차의 운전자는 우측도로의 차에 진로를 양보하여야 한다. → 우측 우선
④ 교통정리를 하고 있지 아니하는 교차로에서 좌회전하려고 하는 차의 운전자는 그 교차로에서 직진하거나 우회전하려는 다른 차가 있을 때에는 그 차에 진로를 양보하여야 한다. → 직진·우회전 우선
→ 1. 선진입, 2. 대로, 3. 우측, 4. 직진·우회전 순으로 우선권을 갖는다.

정답 35 ④

문제 36 **교차로에서의 심리적 우선권을 옳게 설명한 것은?**
① 법적 우선권과의 관계에 있어 항상 일치하는 것이 아니다.
② 심리적 우선권의 기준으로서는 교통량보다는 도로 폭이 더욱 중요한 요인이 되고 있음을 시사하고 있다.
③ 교차로에 우선 진입한 차량에게 통행 우선권이 있음은 심리적 혹은 법적 우선권에 관계없이 절대적인 부분이다.
④ 심리적 우선권이란 속도 개념에서 '사회적 속도'와 동일한 맥락을 가진다.

> 해설 동서 방향 좁은 도로, 남북 방향 넓은 도로가 만나는 교차로에서 남에서 북으로 직진과 동에서 서로의 직진의 경우, 동에서 서로의 직진이 우측 차량이므로 법적 우선권을 갖는다. 하지만, 남에서 북으로의 직진이 넓은 도로라서 심리적인 우선권을 가지게 된다. 이러한 예에서 알 수 있는 것은 **법적 우선권과 심리적 우선권의 관계는 항상 일치한다고 볼 수 없다**는 것이다. → ①

문제 37 **대인 교통환경 중 '운전 중 의사소통'이란?**
① 운전 상황에서 상대방과의 의사소통을 가능하게 해주는 역할뿐만 아니라 각종 다양한 경우나 목적 때문에라도 자동차의 경적은 운전하는데 매우 중요한 요소가 된다.
② 복잡한 교통 상황에서 운전자가 자신의 생각을 상대방에게 정확하게 시기적으로 적절하게 알려주는 행위는 안전운전에서의 가장 기본적인 매너이다.
③ 경적뿐만 아니라 수신호, 반복적인 상향등 점멸, 비상점멸등의 활용도 항시적으로 효율적인 의사소통의 수단이 되기도 한다.
④ 자동차가 많아지고 교통이 복잡해지면 복잡해질수록 경적에 의한 의사소통 효력은 증가한다.

> 해설 대인교통환경 – 운전중 의사소통
> 1. **복잡한 교통상황에서 운전자가 자신의 생각을 상대방에게 정확하게 시기적으로 적절하게 알려주는 행위는 안전운전의 가장 기본적인 매너이다.** → ②
> 2. 운전상황에서 상대방과의 의사소통을 가능하게 해 주기 때문에 자동차의 경적은 운전을 하는 데 매우 중요한 요소가 될 수 있다. → ①
> 3. 도로교통에서의 의사소통은 언어를 사용하기보다는 자동차의 부속장치, 즉 브레이크 램프, 경적, 방향지시기 등을 이용한 비언어적 의사소통으로 주로 이루어지고 있으며 → ③, 그 중에서도 경적은 비언어적 의사소통 수단으로서 중요한 역할을 담당하고 있다.
> 4. 자동차가 많아지고 교통이 복잡해지면 경적에 의한 의사소통 효력이 감소되고 → ④, 그 경적이 소음으로 변해버릴 가능성이 많아진다.

정답 36 ① 37 ②

문제 38 운전 중 의사소통 수단으로서의 '경적 사용'의 의미가 나머지 셋과 다른 하나는?

① 의도의 명시
② 인사의 의미 및 의도
③ 배려에 대한 의사 표시
④ 장난 혹은 놀림의 문제

해설 연화(蓮花, 1986) : 경적사용의 의미 분류

행동의 의미	구체적 건수	%	
감정표출	26	15.7	
1. 공격적 감정표출 및 공격적 행동	(10)	(6.0)	
2. 불쾌감 표출	(16)	(9.6)	
명령	28	16.9	
1. 요구	(20)	(12.0)	
2. 의뢰	(8)	(4.8)	
명시	69	41.6	
1. 존재명시	(21)	(12.7)	
2. 의도명시	(20)	(12.0)	→ ①
3. 행동명시	(28)	(16.9)	
연락	11	6.6	
예의	32	19.3	
1. 인사	(8)	(4.8)	→ ②
2. 배려	(9)	(5.4)	→ ③
3. 감사, 사죄	(7)	(4.2)	
4. 장난, 놀림	(8)	(4.8)	→ ④

문제 39 교통법규 위반에 대한 일반 운전자의 태도를 올바르지 못하게 기술한 것은?

① 지킬 필요가 없으면 지키지 않아도 된다는 태도
② 교통 참가자의 자기 자신의 잘못을 인정하려는 용기의 부족
③ 운전조작 기술에 대한 과신으로부터 교통법규에 대한 태도가 잘못 형성되는 경향
④ 지나치게 형식적인 법규가 많아 지키면 손해라는 태도

해설 교통법규 위반에 대한 일반운전자의 태도
1. **불합리한 법규가 많아** 지키면 손해라는 태도이다. → ④
2. 지킬 필요가 없으면 지키지 않아도 된다는 태도가 존재하고 있다. → ①
3. 교통참가자가 자신의 잘못을 인정하려는 용기가 부족하다. → ②
4. 운전조작 기술에 대한 과신에서 교통법규에 대한 태도가 잘못 형성되어지는 경향도 있다. → ③
→ 법규에 대해 **불합리**하다고 생각하는 것과 **형식적**이라고 생각하는 것은 다르다.

정답 38 ① 39 ④

문제 40 타인이 교통법규를 위반하는 경우 이에 동조하여 교통법규를 위반하게 되는 심리적 배경이 아닌 것은?

① 자신의 판단이나 행동을 남과 비교해보려는 욕구
② 다수의 행동을 따르지 않으면 직접, 간접으로 제재를 받는다는 생각
③ 타인의 인정을 받고 사랑을 받으려는 친애욕구(affiliation need)
④ 익명성이 보장되지 않는 상황에서의 불안한 심리상태

해설 동조현상이 일어나는 이유
1. 사람은 누구나 자신의 판단이나 행동을 남과 비교해보려는 욕구 → ① 를 가지고 있다. 그래서 자기가 확실히 알지 못하는 일이 있을때, 남이 하는대로 따라가려는 경향이 있다.
2. 다수의 행동을 따르지 않으면 직접, 간접으로 제재를 받는 일이 많다. → ② 집단 안에는 공식적 또는 비공식적 규범이 있어서 이에 이탈하면 압력을 받고, 그래도 이탈하면 집단으로부터 축출될 위험이 있다.
3. 타인의 인정을 받고 사랑을 받으려는 친애욕구(affiliation need) → ③ 가 있으며, 남에게 인정, 사랑을 받는 첫 단계는 남과 같은 태도와 행동을 갖는 것으로부터 출발한다.

문제 41 게슈탈트 심리학의 지각 체제화 중 '유도 원리'에 사용되는 법칙은?

① 입체적인 시각 변화 법칙
② 상대적 상충의 원리
③ 시각의 연장선상의 법칙
④ 부드러운 연속 법칙

해설 부드러운 연속(good continuation)
- 게슈탈트(gestalt) 심리학의 지각체제화 중 유도원리에 사용되는 법칙
1. 부드러운 연속이란 잘 연결되어 하나의 선분으로 쉽게 지각되는 것
2. 분리대와 가드레일과 같은 시설물이나 도로 시선유도 표시 등이 유도원리 이용의 예
3. 인간 본래의 행동경향성과 그것을 방해하는 교통환경과의 갈등상황을 해소시켜 주는 역할
4. 교통규제에 대한 운전자의 반발심리도 약화시켜 줌

문제 42 교통 표지에 대한 교통심리적 측면에서의 가장 우선적인 관심은?

① 시인성　　② 정보 전달성　　③ 명확성　　④ 가공성

해설 교통표지에 대한 심리학적 관심(중요도 순)
1. 시인성(중에서도 유목성) → ①
2. 행동에의 영향

정답　40 ④　41 ④　42 ①

문제 43 도로 안내표지의 구성 요소로 권고할 수 있는 사항으로 틀린 것은?

① 다양한 정보가 제시되어 그 중 선택할 수 있는 폭이 넓어야 한다.
② 제공되는 정보는 먼저 제공된 정보와 연계성이 있어야 한다.
③ 도로 정보는 예고 기능을 가져야 한다.
④ 도로 정보는 도로 지도와 대응하여 비교 가능하여야 한다.

해설 도로안내표지의 구성요소(Schoppert, Moskowitz, Burg, Hulbert(1960))
1. 안내정보는 다양한 선택 가능성과 연계되어 있어야 하고, 하나의 의미로 해석이 가능한 정보이어야 하며, 또 이용 가능한 시간내에 파악 가능한 정보이어야 한다.
2. 제공되는 정보는 먼저 제공된 정보와 연계되어 있어야 하고 → ②, 또 닥쳐올 정보에 대한 예비정보가 되어야 한다.
3. 도로정보는 예고기능을 가져야 하고 → ③ 그것이 의사결정에 필요한 정보이어야 한다.
4. 도로정보는 도로지도와 대응하여 비교 가능하여야 하고 → ④ 눈에 잘 띄어야 한다.
5. 예기하지 않은, 혹은 통상적인 상식을 벗어나는 방향 변화가 필요한 장소에 방향지시표지가 있어야 한다.

문제 44 교통 신호기에 의한 교통 제어의 기본 이념을 기술한 것 중 적절하지 않은 것은?

① 도로참가자 상호간의 충돌과 교차를 없게 하여 교통사고를 방지하고, 나아가 자동차의 속도를 적정한 수준에서 콘트롤하여 안전하고 원활한 교통흐름을 확보하는 것이다.
② 교차로에서 교통량을 적절하게 배분하고, 노선 전체와 지역내 도로망의 교통류를 적절하게 배분함으로써 교통흐름의 효율성을 향상시킨다.
③ 도로 옆에 거주하는 사람들의 안전한 운행 경로를 확보하고 자동차의 통과 속도를 적절히 통제하여 자동차 교통과 거주 생활 환경과의 조화를 확보하는 것이다.
④ 대중교통 수단의 통행 확보, 응급 시의 차량 통행 확보 및 통행에 관한 정보 수집과 전달, 교통정리에 필요한 경찰 인력의 경감을 위해 신호 제어기가 필요하다.

해설 교통신호기에 의한 교통제어의 기본 이념
1. 도로참가자 상호간의 충돌과 교차를 없게 하여 교통사고를 방지하고, 나아가 자동차의 속도를 적정한 수준에서 콘트롤하여 안전하고 원활한 교통흐름을 확보하는 것이다. → ①
2. 교차로에서 교통량을 적절하게 배분하고, 노선 전체와 지역내 도로망의 교통류를 적절하게 배분함으로써 교통흐름의 효율성을 향상시킨다. → ②
3. 도로 옆에 거주하는 사람들의 안전한 **횡단 교통로를** 확보하고, 자동차의 통과속도를 적절히 통제하여 자동차 교통과 거주생활 환경과의 조화를 확보하는 것이다. → ③
4. 대중교통수단의 통행확보, 응급시의 차량통행 확보 및 통행에 관한 정보수집과 전달, 교통정리에 필요한 경찰인력의 경감을 위해 신호제어가 필요하다. → ④

정답 43 ① 44 ③

문제 45 교통사고의 발생과 관련하여 사회문화적 배경이나 가치 규범 등이 직접적으로 영향을 미치는 요소가 아닌 것은?

① 교육
② 의식 및 태도
③ 단속
④ 도로·안전 시설 및 차량 조건

해설 교통사고, 교통행동, 교통상황과 사회문화적 배경과의 관계

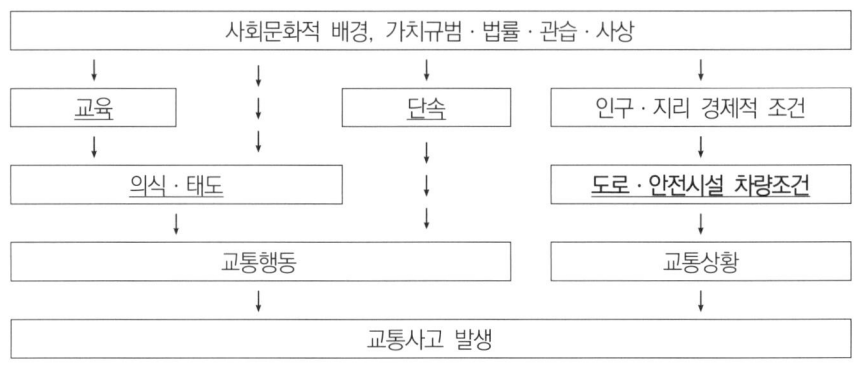

→ 교육, 단속, 의식·태도는 직접적으로 영향을 미치지만, 도로·안전시설 및 차량조건은 간접적으로 영향을 미침을 알 수 있다.

문제 46 교통사고의 개인 요인 및 교통 환경과의 상호 관계란?

① $B = f(P, E)$
② $P = f(B, E)$
③ $E = f(P, B)$
④ $P = \frac{1}{2} f(B, E)$

해설 교통사고의 개인 요인 및 교통 환경과의 상호 관계
$B = f(P, E)$
1. 사고행동 B는 개인적 요인(P)과 환경적 요인(E)의 함수관계에 있다.
2. 개인적 요인(P) : 지능, 성격, 감각운동기능, 연령, 경험, 훈련, 질병, 피로 등 심신상태, 지위, 대우에 관련된 동기나 의욕에 의해 형성
3. 환경 요인(E) : 가정, 직장사회의 인간관계, 조명, 온도 등 기상관계, 작업강도, 근로시간, 휴식 등 작업요소, 그리고 장비성능에 의해 형성

문제 47 인간의 환경요인이 아닌 것은?

① 조건반사
② 기상관계
③ 근로시간
④ 인간관계

정답 45 ④ 46 ① 47 ①

해설 교통사고의 개인 요인 및 교통 환경과의 상호 관계

$B = f(P, E)$

1. 사고행동 B는 개인적 요인(P)과 환경적 요인(E)의 함수관계에 있다.
2. 개인적 요인(P) : 지능, 성격, 감각운동기능, 연령, 경험, 훈련, 질병, 피로 등 심신상태, 지위, 대우에 관련된 동기나 의욕에 의해 형성
3. 환경 요인(E) : 가정, 직장사회의 인간관계 → ④, 조명, 온도 등 기상관계 → ②, 작업강도, 근로시간, 휴식 등 작업요소 → ③, 그리고 장비성능에 의해 형성

문제 48 운전행동의 심리과정에서 '피드백'이 조율되어야 하는 상황은?

① 교통 환경과 정보의 감지 및 인지 사이
② 동작 및 운전 조작과 자동차의 움직임 사이
③ 자동차의 움직임에서 교통환경 사이
④ 욕구 및 동기와 인격 및 태도의 사이

해설 운전행동의 심리과정

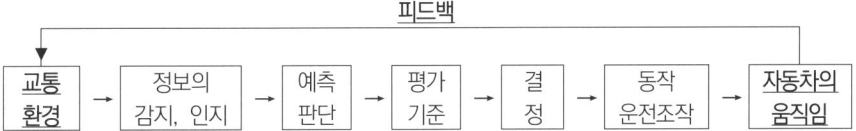

문제 49 매슬로우(Maslow)의 기본 욕구가 아닌 것은?

① 자기실현 및 통제의 욕구
② 안전과 안정의 욕구
③ 존경의 욕구
④ 생리적 욕구

해설 매슬로우(Maslow)의 인간이 추구하는 욕구
1. 생리적 욕구 → ④
2. 안전과 안정의 욕구 → ②
3. 애정과 소속감의 욕구
4. 존경의 욕구 → ③
5. 자기실현의 욕구 → ①
   → 자기실현의 욕구는 있으나 '**통제의 욕구**'는 없다.

문제 50 **매슬로우의 욕구위계 5단계를 하위부터 상위까지 바르게 나열한 것은?**

① 생리적-안전-사회적-존경-자아실현 ② 생리적-사회적-안전-존경-자아실현
③ 생리적-안전-사회적-자아실현-존경 ④ 생리적-사회적-안전-자아실현-존경

해설 매슬로우(Maslow)의 인간이 추구하는 욕구
1. 생리적 욕구
2. 안전과 안정의 욕구
3. 애정과 소속감의 욕구(사회적 욕구)
4. 존경의 욕구
5. 자기실현의 욕구

문제 51 **주관적 위험 모니터를 활성화시키지 못하고 위험에 빠져드는 원인을 잘못 기술한 것은?**

① 운전 능력의 과대평가
② 경험 형성 과정에서의 객관적 위험 축소
③ 운전 과제를 쉽게 생각함
④ 동승자의 입장에서보다 운전자의 입장에서 주관적 위험의 감소

해설 주관적 위험 모니터(위험감수성)를 활성화시키지 못하고 위험에 빠져드는 원인(Klebelsberg, 1982)
1. 속도의 과소평가, 운전능력의 과대평가, 물리력의 과소평가, 좋지 않은 체험의 억제 → ①
2. 경험 형성과정에서의 주관적 위험 축소 → ②
3. 운전 과제를 쉽게 생각함 → ③
4. 동승자의 입장에서보다 운전자의 입장에서 주관적 위험의 감소 → ④
5. 잘못된 운전학습

문제 52 **위험 지각 차원의 유형 중 '교통 상황 의존형'은?**

① 주관적 위험 수준이 객관적 위험 수준보다 높은 상황
② 대표적으로 타자의 교통 행동이 있다.
③ 객관적 위험 수준이 주관적 위험 수준보다 높은 상황
④ 잠재적 위험 수준이 현재적 위험 수준보다 높은 상황

해설 운전자의 위험지각 차원을 교통참가자 의존형, 도로환경 의존형, 교통상황 의존형으로 분류 (이원영, 김인석, 김원중(1997))

정답 50 ①   51 ②   52 ④

1. 교통참가자 의존형
 1) 교통상황의 위험을 교통참가자의 행동특성(타자의 교통행동 – 차로변경, 끼어들기, 진출입 등)에 의해 지각하려 한다. → ②
 2) 주관적 위험요인에 많은 관심을 가지고 있다.
 3) 주관적 위험수준 〉 객관적 위험수준 → ①
2. 도로환경 의존형
 1) 도로 및 기상조건과 같은 밖으로 드러난 것을 위험요소로 크게 평가한다.
 2) 도로의 결빙, 차로의 도색상태, 가변차로 구간, 터널의 진입부 등에서 위험요인을 많이 찾으려 하고 있다.
 3) 가시적인 객관적 위험요인을 중요하게 생각하는 경향이 크다.
 4) 객관적 위험수준 〉 주관적 위험수준 → ③
3. **교통상황 의존형**
 1) 눈에 보이는 위험보다는 운전자와 도로환경 속에서 발생할 수 있는 잠재적 위험을 중요하게 생각하는 경향이 있다.
 2) 잠재적 위험수준 〉 현재적 위험수준 → ④

문제 53 주관적 안전 확률이 1.0 이하임에도 불구하고 성공에 대한 확신이 없이 수행하는 것은?

① Risk ② Hazard ③ Danger ④ Damage

해설 risk와 hazard로 위험을 나누어 교통행동을 설명(Cohen, Dearnaley, Hansel(1956))
1. **Risk**
주관적 안전확률이 1.0 이하임에도 불구하고 성공에 대한 확신 없이 수행하는 것 → ①
주관적 안전확률이기 때문에 사람에 따라서는 risk가 되기도 하고 risk가 아닐 수도 있다.
2. hazard
수행(performance)의 성공과 실패에 달려 있다.
수행실패 확률이 hazard의 지표가 된다.

문제 54 보행자 무단 횡단 사고의 원인 행동 중 그 비율이 가장 적은 것은?

① 주변 차량을 피하려다가 발생하는 사고
② 신호만 주시하는 것
③ 차량이 피해주겠지 하는 막연한 기대감
④ 느린 보행

정답 53 ① 54 ②

해설 보행자 무단횡단 사고의 사고원인 행동

보행자 행동	빈도	%	운전자 행동	빈도	%
1. 좌·우관찰불량 (차량 못봄 포함)	89	26.0	1. 발견지연	142	28.1
2. 뛰어서 횡단중	65	19.0	2. 과속	139	27.5
3. 갑자기 출현	69	20.2	3. 관찰불량	78	15.4
4. 음주보행	36	10.5	4. 급제동	44	8.7
5. 신호에 맞춰 횡단중	17	5.0	5. 보행자 못봄(예상 못함)	49	9.7
6. 차량속도 판단실수	15	4.4	6. 보행자가 피하겠지	14	2.8
7. 차량이 피하겠지	15	4.4	7. 신호만 주시	10	2.0
8. 느린 보행	14	4.1	8. 주변차량 관찰불량	10	2.0
9. 기타(중앙선 부근 주춤거림, 시야장애 등)	22	6.4	9. 기타(빗길, 시야장애, 경적, 중앙선침범, 주변차 판단 등)	19	3.7
계	342	100.0	계	505	100.0

→ 신호만 주시하다가 발생되는 사고가 2.0%로 그 비율이 가장 적다.

문제 55 **청소년 운전자의 특징에 대한 설명으로 틀린 것은?**

① 민첩성이나 정확성 등이 다른 연령에 비하여 매우 뛰어나다.
② 상황과 행동에 의한 위험 발생 가능성에 대한 인식은 부족하다.
③ 자기 과시성 운전 행동은 위험 행동으로 직결될 소지가 높다.
④ 신체적 장점이 월등히 많기 때문에 이를 통하여 교통사고의 발생 비율을 크게 낮추고 유지시킬 수 있다.

해설 청소년 운전자의 특징
1. 청소년은 신체, 운동반응, 지능 등에 있어서 다른 연령층에 비하여 뛰어나다. 즉, 운전조작의 민첩성, 정확성이 다른 연령에 비해 뛰어나다는 것을 의미한다. → ① 이러한 신체적 장점이 있음에도 불구하고 교통사고를 많이 유발시키고 있다. → ④
2. 청소년은 안전하게 운전해야겠다는 기본적 태도가 결여되어 있고
3. 상황과 행동에 의한 위험발생 가능성에 대한 인식이 부족하며, → ②
4. 교통사회에서 규칙의 중요성을 무시하고, 자신의 욕구충족, 쾌감의 만족에 치우치고 있다.
5. 상대방이 자신을 방해하면 돌발적·감정적 충동을 일으켜, 공격적인 운전행동을 하게 된다.
6. 자기통제 능력이 부족하며, 자신을 강하게 보이게 하든지, 멋있게 보이기 위해서 위험행동을 취하기 쉽다. → ③

● 정답 55 ④

문제 56 청소년 운전자의 사고 원인으로 적절하지 않은 것은?

① 상황에 적합하지 않은 과속운전
② 상황 판단이 지나치게 낙관적인 것
③ 빈번한 부적절한 운전 행동
④ 상황을 지나치게 확신하는 운전 조작

해설 청소년의 사고원인
1. 상황에 적합하지 않은 과속운전 → ①
2. 상황판단이 낙관적 → ② 이어서 부적절한 운전행동 → ③
3. 상황에 **적합하지 않은** 운전조작 → ④

문제 57 대표적인 문제 운전 행태가 아닌 것은?

① 인도를 주행하는 운전
② 횡단보도를 이용하여 좌회전하는 운전
③ 반대 차로의 갓길을 주행하는 운전
④ 차로 변경을 지그재그식으로 난폭하게 하는 운전

해설 대표적인 문제 운전
1. 횡단보도를 이용하여 **U턴하는** 운전 → ②
   이륜차가 횡단보도나 인도를 지날 때는 시동을 끄고 끌고 가야만 하는데도 서행하면서 달리는 행동은 사고의 위험도 클 뿐 아니라 교통법규를 어기는 행동이다.
2. 인도를 주행하는 운전 → ①
   본인은 혼잡한 거리에서 빨리 가는 방법으로 알고 있는지 모르지만 보행자에게는 불안하고 위협적인 존재가 되고 있음을 기억해야 한다.
3. 반대차로의 갓길을 주행 → ③
   사고의 위험은 항상 있을 수 있음을 생각할 때 반대차로의 갓길을 주행한다는 것은 중앙선을 침범하여 정면충돌하는 대형사고와 같은 위험성을 내포하고 있다.
4. 차로변경을 지그재그식으로 난폭하게 하는 행위 → ④
5. 헬멧을 완전하게 착용하지 않거나 아예 착용하지 않고 운전하는 이륜차

문제 58 고령운전자의 특성으로 옳은 것은?

① 시각적 감도는 60대에 가장 많이 감소한다.
② 빠르게 움직이는 차량에 대한 인지능력이 상승한다.
③ 눈부심 현상의 회복에 더 많은 시간이 소요된다.
④ 수평 시야각은 20대와 동일하다.

정답 56 ④   57 ②   58 ③

해설 고령운전자의 특성
1. 시각적 감도는 50대에 가장 많이 감소한다.
2. 빠르게 움직이는 차량에 대한 인지능력이 저하된다.
3. 눈부심 현상은 60대가 20대에 비해 약 3배 이상 증가하고, 야간 <u>눈부심 현상 회복에 더 많은 시간이 소요된다.</u>
4. 50세에 <u>수평 시야각이 170도에서 140도까지 낮아져</u> 인지 범위가 좁아진다.

문제 59 위험량을 일정하게 유지하려는 안정 상태를 취하며 위험성을 재평가하는 것은?

① 위험 보상설
② 주관적 안전과 객관적 안전
③ 위험 항상성 이론
④ 위험 축소설

해설 **위험 항상성 이론**(risk homeostasis theory)
1. Wilde(1982)는 위험인식을 주관적, 객관적으로 나누지는 않지만, 운전자 본인이 느끼는 위험인식을 주관적으로 간주하고, 안전대책이나 시설개선으로 형성된 환경을 객관적 위험으로 파악하여 위험항상성이론(risk homeostasis theory)으로 운전행동을 파악하고 있다.
2. 안전대책이 객관적인 위험을 감소시키게 되면, 위험인식에 변화가 없는 한 안전은 증가하게 된다. 그러나 이러한 안전대책의 효과는 단기간에 끝나고, **위험량을 일정하게 유지하려는 안정상태(risk homeostasis)를 취하며 위험을 재평가**하게 된다. 즉, 개인의 위험목표 수준(target level of risk)의 변화가 일어나게 된다. 특정 안전대책으로 인하여 사고가 감소하게 되는데, 시간이 지나게 되면 '이 도로는 이전같이 위험하지 않구나' 하고 인식하게 되는데, 이에 운전자는 '신중하게 운전할 필요가 없구나' 라고 태도를 바꾸게 되어 사고는 다시 증가하는 경향이 있다.
3. 장기적인 안목으로 볼 때 운전자가 받아들이는 위험도를 감소시켜야만 비로소 안전이 달성된다고 할 수 있다.

문제 60 도로 공학적 개량에 의해 안전이 높아졌지만, 운전자가 도로 공학적 개량의 효과를 과대평가할 경우란?

① 주관적 안전과 객관적 안전이 동일한 경우
② 주관적 안전이 객관적 안전보다 클 경우
③ 주관적 안전이 객관적 안전보다 적을 경우
④ 주관적 안전과 객관적 안전이 모두 실질적으로 부재한 경우

해설 주관적 안전과 객관적 안전
1. 주관적 안전과 객관적 안전이 동일한 경우
   1) 커브길을 물리적 한계에 다다른 속도로 통과하는 일. 이 경우를 위험한 상태라고 하지 않지만 안전면에서 여유가 없어진 상태를 의미하며, 운전 물리학적 가능성을 완전히 이용하고 있다.

정답 59 ③   60 ②

2) 노면 동결로 인한 객관적 안전의 저하가 주관적 안전의 저하를 동반하는 경우, 운전 물리학적인 가능성을 완전히 이용하고 있지만 한계치를 넘지 않았다.
3) 도로공학적 개량으로 인한 객관적 안전의 상승이 동시에 주관적 안전의 증가를 동반할 경우 운전물리학적 안전가능성은 증가하였으나, 운전형태의 변화로 인하여 안전이 상실된다.

2. **주관적 안전이 객관적 안전보다 클 경우**
 1) 안전을 잘못 인식한 결과로 예측미스가 발생하여 커브길에서의 물리적 한계치를 넘어선 운전
 2) 노면 동결로 인한 객관적 안전 저하가 발생하였음에도 불구하고 주관적 안전이 감소하지 않을 경우, 물리적인 한계치를 넘어서고 만다.
 3) <u>도로공학적 개량에 의해 객관적 안전이 높아졌지만, 운전자가 도로공학적 개량의 효과를 과대평가 할 경우, 커브가 개량전보다 더욱 위험할 수 있다.</u>
3. 주관적 안전이 객관적 안전보다 적을 경우
 1) 커브가 비교적 높은 물리적 한계치를 가질 경우, 운전자의 안전 면에서 여유를 가지게 된다.
 2) 노면 동결로 저하된 객관적 안전의 영향이 물리적 한계치를 실제 감소 이상으로 평가할 경우, 운전자는 안전 면에서 여유를 가지게 된다.
 3) 도로공학상의 노선개량으로 인하여 객관적 안전이 높아졌음에도 안전도의 효과를 인식하지 않고 종전과 같이 운전하게 되면, 안전성이 향상된다.

문제 61 '주관적 위험 모니터'와 관계된 것은?

① 위험 항상성 이론 ② Zero-Risk-Theory
③ 위험 보상설 ④ 상대적 위험 이론

해설 Zero-Risk Theory
1. Näätänen과 Summala(1976)에 의하면 **주관적 위험 모니터(subjective risk - monitor)**는 운전자가 가지고 있는 동기보다 더 내면의 위험인식 형태를 의미한다.
2. '주관적위험' 이라는 용어 대신 '주관적 위험 모니터' 라고 부른 것은 주관적 위험을 전혀 느끼지 않으면서 운전하고 있는 상태에서 설명이 가능하도록 하기 위함이다. 이것은 운전자가 일정수준의 주관적 위험을 취하려고 한다는 견해와는 매우 대조적이다. 실제 운전중 위험하다고 느끼는 것이 그렇게 빈번하지 않다는 것을 의미한다. 실제 위험을 느끼고 행동변화를 요구할 경우에 주관적 위험 모니터가 관여하게 되며, 그렇지 않을 경우에는 주관적 위험과 상관없이 운전이 이루어지고 있다는 것을 의미한다.
3. 교통사고가 많다는 사실은 '주관적위험 모니터'를 활성화시키는 빈도가 적다는 것을 의미한다.

문제 62 주관적 위험 모니터를 활성화시키는 빈도가 적다는 의미는?

① 교통사고 다발 ② 간헐적인 교통사고
③ 불규칙적인 교통사고 ④ 규칙적인 교통사고

정답 61 ②   62 ①

해설 Zero-Risk Theory
1. Näätänen과 Summala(1976)에 의하면 주관적 위험 모니터(subjective risk-monitor)는 운전자가 가지고 있는 동기보다 더 내면의 위험인식 형태를 의미한다.
2. '주관적위험' 이라는 용어 대신 '주관적 위험 모니터' 라고 부른 것은 주관적 위험을 전혀 느끼지 않으면서 운전하고 있는 상태에서 설명이 가능하도록 하기 위함이다. 이것은 운전자가 일정수준의 주관적 위험을 취하려고 한다는 견해와는 매우 대조적이다. 실제 운전중 위험하다고 느끼는 것이 그렇게 빈번하지 않다는 것을 의미한다. 실제 위험을 느끼고 행동 변화를 요구할 경우에 주관적 위험 모니터가 관여하게 되며, 그렇지 않을 경우에는 주관적 위험과 상관없이 운전이 이루어지고 있다는 것을 의미한다.
3. 교통사고가 많다 라는 사실은 '주관적위험 모니터'를 활성화시키는 빈도가 적다는 것을 의미한다.

문제 63 음주운전과 관련하여 음주 후의 주행 시간과 주행 거리를 종합해 볼 때 유추할 수 있는 사실이 아닌 것은?

① 목적지로부터 가까운 거리일수록 음주운전에 쉽게 노출되는 경향이 있다.
② 익숙한 도로일수록 음주운전에 쉽게 노출되는 경향도 있다.
③ 늘 운전하였던 차량의 익숙함에서 오는 음주운전의 유형도 있다.
④ 시간 등 효율성의 측면에서 주변 사람들의 부추김 및 안일함이 심화될수록 음주운전의 가능성이 높아진다.

해설 음주운전의 심리과정
음주 후 주행시간과 주행거리를 종합하면 운전자는 목적지 가까운 곳 → ① 에서, 그리고 항상 익숙한 차량과 도로 → ②, ③ 에서 음주운전을 하고 있음을 알 수 있다.

문제 64 음주운전으로 인하여 야기되는 운전 중 제반 능력의 저하에 대한 내용으로 틀린 것은?

① 순간적인 판단을 요하는 운전이 어려워진다.
② 음주와 관련된 사고는 고속 주행 시 많이 발생한다.
③ 논리적인 사고력이 왜곡된 상태로 민첩해진다.
④ 청력과 평형감각이 자동차의 기계적인 조작을 잘못하게 되어 사고를 유발할 수 있다.

해설 음주운전으로 야기되는 운전 중의 제반 능력 저하
1. 논리적인 사고력이 떨어진다. → ③
2. 시간과 공간의 파악능력이 저하되고 위험대처 능력이 저하되어 순간적인 판단을 요하는 운전이 어려워진다. → ①

정답 63 ④   64 ③

3. 야간시력, 좌우시력이 저하되는데, 음주로 인한 사고는 야간에 많음을 감안할 때 야간시력의 저하는 사고의 큰 원인이다.
4. 거리판단 능력과 속도판단 능력이 저하된다. 음주운전자는 자기 자동차의 속도를 정확히 판단할 수 없다. 그래서 음주관계 사고는 고속주행 때 많이 발생한다. → ②
5. 청력과 평형감각이 자동차의 기계적인 조작을 잘못하게 되어 사고를 유발할 수 있다. → ④
   → 논리적인 사고력이 왜곡된 상태가 되지만 민첩해지지는 않는다.

문제 65 혈중 알콜 농도가 0.15%일 때 사고 발생 비율의 증가 폭은?

① 25배 증가 ② 30배 증가 ③ 5배 증가 ④ 10배 증가

해설 혈중 알코올 농도의 변화에 따른 교통사고 유발비율
(Borkenstein, Crowther, Shumate, Ziel, Zylman(1964)
혈중 알코올 농도 0.06% : 사고발생 비율이 2배 증가
혈중 알코올 농도 0.10% : 사고발생 비율이 6배 증가
혈중 알코올 농도 0.15% : 사고발생 비율이 25배 증가 → ①

문제 66 운전자의 직접적인 과속 요인으로 보기 어려운 것은?

① 안전 불감증(보행자의 갑작스러운 출현과 관련한)
② 음주로 인한 일시적 흥분 상태
③ 심리적으로 불안정한 상태
④ 직선 도로에서의 과속 운행(젊은 층의 경우 특히)

해설 과속의 직접적인 요인
1. 도로조건, 특히 **커브길 등**에서의 과속운행을 꼽을 수 있다. 자기도 모르게 커브길을 감속하지 않고 통과하고 싶은 충동이 있는데, 특히 젊은층에서는 그것으로 쾌감을 느끼기도 한다. → ④
2. 안전불감증(설마 보행자가 있을까, 설마 차가 나올리는 없겠지 하는 생각)과 위험이 있음직한 곳을 빨리 벗어나고 싶은 심정에서 과속하는 경향이 있다. → ①
3. 육체적으로 피곤하거나 단조로움에 빠지게 되면 자기도 모르는 사이에 머리에서 생각하는 것과는 달리 손발이 따로 움직이는 현상이 일어나게 되고, 엑셀레이터를 밟고 있는 발의 감각이 무뎌져 과속하게 되는데, 이것은 자신이 자동차의 움직임을 지배할 수 없기 때문에 과속운전이 되고 만다.
4. **음주로 인한 일시적 흥분 상태**에서도 과속운전을 하게 되는데, 특히 음주운전 상태에서는 판단능력이 떨어지기 때문에 더욱 위험하다. → ②
5. **심리적으로 불안정한 상태**, 즉 가정불화, 회사에서의 스트레스, 이혼 등과 같은 심적 갈등을 겪고 있을때 운전하게 되면 불안정한 심리상태가 운전자의 판단능력을 저하시키고, 주의의 집중력을 떨어뜨리게 되어 평상시의 속도로 운전하더라도 그 속도는 자신이 제어할 수 없는 속도가 되어 결과적으로 과속운전이 되고 만다. → ③

정답 65 ① 66 ④

6. 자동차의 성능을 시험해 보고 싶은 마음, 그리고 다른 자동차와의 경쟁은 자신도 모르게 과속하게 되고 무리한 차로변경을 하게 된다.

문제 67 과속의 습관성이 내포하는 의미로 보기 어려운 것은?

① 가속하면 할수록 빨리 갈 수 있는 욕망을 충족시켜준다.
② 과속의 습관화는 궁극적으로 과속을 깨닫지 못하는 지경으로 진행된다.
③ 아무런 장해가 없는 한산한 도로에서의 비중은 경우에 따라 달라지는 문제를 가지고 있다.
④ 시원한 쾌감에 좌지우지되는 운전자들이 습관적 과속을 하고 있는 경우가 대부분이다.

해설 과속의 습관화
1. 과속이 습관화된 운전자는 조금만 늦게 가게 되어도 안절부절 못하고 불안해하며 중앙선을 무리하게 침범하여서라도 추월하고자 한다.
2. 과속이 습관화된 사람은 느끼지 못하겠지만, 사고의 가장 큰 원인은 과속이다. → ②
3. 속도를 높이면 높일수록 빨리 갈 수 있는 욕망을 충족시켜 주고, → ① 시원한 쾌감을 느낄 수 있을지 모르지만 안전은 보장할 수 없다. → ④
4. 과속운전의 경우에는 핸들이나 브레이크 조작에 조그만 오류만 있어도 걷잡을 수 없는 위험상태에 자동차가 휘말리고 만다.
5. **일반국도나 한산한 시가지도로에서 무시무시할 정도의 빠른 속도로 달리는 운전자가 적지 않다.** → ③

문제 68 과속 방지를 위한 세 가지 운전 행동에 포함되지 않는 것은?

① 경적 사용의 억제
② 정확한 방향지시기의 활용
③ 차로 변경 횟수의 감소
④ 상향등 반복 점멸 사용의 최소화

해설 과속방지운전을 위한 세가지 운전행동
1. 경적사용의 억제 → ①
2. 정확한 방향지시기 사용 → ②
3. 차로변경 횟수의 감소 → ③

정답 67 ③　68 ④

문제 69 어린이 교통안전교육에 대한 내용으로 적절하지 않은 것은? (단, 교통심리적 측면에서)

① 어린이 자신이 생명의 존엄성을 이해하는 것에서부터 출발하여야 한다.
② 어린이의 교통사고 피해는 어린이와 운전자 쌍방의 과실로 일어난다고 보아야 한다.
③ 피해자가 되지 않기 위한 교육과 가해자가 되지 않기 위한 기초적인 교육이 동시에 이루어져야 한다.
④ 어린이 교통안전교육은 운전면허 취득 적령기에 대비하여 그 소양을 보강하는 측면이 있다.

해설 어린이 교통안전교육
1. 교통안전교육은 어린이 자신이 생명의 존엄성을 이해하는 것에서부터 출발하여야 한다. → ①
2. 어린이의 교통사고 피해는 어린이와 운전자 쌍방의 과실로 일어난다고 보아야 한다. → ②
3. 피해자가 되지 않기 위한 교육과 가해자가 되지 않기 위한 기초적인 교육이 동시에 이루어져야 하며, → ③ 이러한 교육은 어린이 교통안전교육에서 시작되지 않으면 교통사고 방지의 근원적인 대책이 불가능하다는 사실에 유의하지 않으면 안된다.
4. 어린이의 교통안전교육은 현재의 교통위험으로부터 자신을 보호할 수 있는 능력을 길러줌과 동시에, 10년 혹은 20년 후의 운전자로서의 올바른 태도와 행동의 기초를 형성하게 해 준다는 것이 중요하다. → ④ 즉, 어린이는 성장·발달하고 있는 인격체라는 인식에 바탕을 두고, 위험으로부터 자신을 적극적으로 대피할 수 있는 능력을 길러주어서 교통사고의 피해자가 되지 않도록 해야 하고, 나아가 장차 성장하여 운전자가 되었을 경우 교통사고의 가해자가 되지 않고, 교통안전의 사회적 책임을 다할 수 있는 인간을 교육한다는 것이 중요하다.
→ 면허 취득 적령기에 대비하여 소양을 보강하는 동시에 현재의 교통위험으로부터도 자신을 보호할 수 있는 능력을 길러주어야 한다.

문제 70 2세부터 7세까지의 아동에 대한 4단계 교통안전교육 프로그램의 구성 중 '제 4 훈련 단계'의 내용으로 틀린 것은?

① 유치원 혹은 학교까지의 길을 혼자 통학하기
② 더욱 안전한 통학로의 선택 주체는 자기 자신
③ 경계선에서 왼쪽을 보고, 오른쪽을 보고난 후, 다시 왼쪽을 보는 훈련
④ 신호 고장, 건설 현장과 같은 특수한 상황에서의 적절한 행동 모색하기

해설 Limbourg와 Günther(1979)의 4단계 교통안전교육 프로그램
- 2세부터 7세까지 아동에 대해 4단계 학습목표로 구성된 교통안전교육 프로그램을 개발

정답 69 ④   70 ③

1. 제 1훈련 단계 (2세부터 3세까지) : 아동의 교통안전교육의 기본 학습목표
   - 보도통행
   - 보도 가장자리에서의 정지행동
   - 보도, 연석 그리고 차도의 구분
2. 제 2훈련 단계 (4세부터 5세까지) : 도로의 단독횡단
   - 보도 가장자리 연석에서의 좌우확인
   - 사방이 잘 보이는 횡단장소 찾기
   - 차로를 직선횡단하는 행동
3. **제 3훈련 단계** (5세부터 6세까지) : 시계가 좋은 곳에서의 도로횡단
   - 사방이 잘 보이는 경계선에서의 정지
   - **경계선에서 왼쪽 보고, 오른쪽을 보고난 후, 다시 왼쪽을 보는 훈련** → ③
4. 제 4훈련 단계 (6세에서 7세까지) : 통학 준비행동
   - 유치원 혹은 학교까지의 길을 혼자 통학 → ①
   - 더욱 안전한 통학로를 자신이 선택 → ②
   - 신호고장, 건설현장과 같은 특수상황에서의 적절한 행동 모색 → ④

문제 71 운전 적성에 관한 교통심리적 관점 중 관계없는 것은?

① 운전 행동에 관련된 심신 기능과 심리 구조를 운전 적성으로 규정하는 경우
② 운전 행동을 사회성과 인간관계의 적격성으로 보는 경우
③ 운전자의 운전 외적 기량 및 측면을 운전 적성으로 보는 경우
④ 운전 상황이 주는 부담을 견디어 낼 수 있는 능력을 운전 적성으로 보는 경우

해설 운전적성에 관한 다양한 관점(長山, 1982)
1. 운전행동에 관련된 심신기능과 심리구조를 운전적성으로 규정하는 경우 → ①
2. 교통사고의 발생과 관련되어진다고 생각되는 심신기능과 심리구조를 운전적성으로 규정하는 경우
3. 운전동작 및 운전조작 능력을 운전적성으로 보는 입장
4. 운전행동을 사회성과 인간관계의 적격성으로 보는 입장 → ②
5. 운전상황이 주는 부담을 견디어 낼 수 있는 능력을 운전적성으로 보는 입장 → ④

정답 71 ③

저자소개

저자 : 양재호

■ 학력
　인천대학교 건설환경공학과 박사(교통공학전공)
　한양대학교 도시공학과 석사(교통공학전공)
　한양대학교 교통공학과 학사

■ 경력
　現) 인천대학교 건설환경공학과 겸임교수
　現) 트랜스에듀 대표강사
　現) 대한교통학회 종신회원
　現) 한국도로학회 종신회원
　現) 한국ITS학회 종신회원
　現) 대한국토도시계획학회 정회원

　인천광역시 공공디자인위원회 교통분야 심의위원
　인천광역시 교통연수원 교재편찬위원회 심의위원
　인천광역시 교통연수원 외래강사
　인천광역시 교통영향평가 심의위원
　인천광역시 주민참여예산제도 건설교통분과 예산위원
　서울특별시 금천구 도시계획위원회 심의위원
　서울특별시 민방위교육 교통안전분과 심의위원
　경기도 제안심사위원회 심사위원
　인천도시공사 기술자문위원
　한국교통안전공단 인천지사 외래교수
　서울특별시교통연수원 외래강사
　경기도교통연수원 외래강사

　인천대학교 공학기술연구소 연구교수
　한양대학교 교통물류공학과 연구교수
　인천교통공사 교통연수원 전임교수
　인천대학교 도시과학연구원 연구원
　인천교통공사 사원

■ 저서
　교통용어정보사전(골든벨, 2014)
　교통기사 필기·실기(예문사, 2015)
　교통경찰 특별채용 구술실기(예문사, 2015)
　화물운송종사자격시험 핵심문제(예문사, 2015)
　버스운전자격시험 핵심문제(예문사, 2015)
　화물운송종사자격시험 3일만에끝내기(예문사, 2016)
　버스운전자격시험 3일만에끝내기(예문사, 2016)
　서울도시철도공사 교통공학 교통계획(예문사, 2016)
　No.1교통기사 필기(예문사, 2016)
　No.1교통기사 실기(예문사, 2016)
　교통경찰특채 합격비법서(트랜북스, 2016)
　2017 교통경찰특채 합격비법서(트랜북스, 2016)
　서울메트로 필기시험 교통공학(서원각, 2017)
　No.1 양재호의교통기사필기(예문사, 2017)

　No.1 양재호의교통기사실기(예문사, 2017)
　No.1 양재호의도시계획기사필기(예문사, 2017)
　No.1 양재호의도시계획기사필기기출해설편(예문사, 2017)
　2018 양재호의 교통기사 필기(예문사, 2018)
　2018 양재호의 교통기사 실기(예문사, 2018)
　No.1 양재호의도시계획기사필기(예문사, 2018)
　No.1 양재호의도시계획기사필기기출해설편(예문사, 2018)
　화물운송종사자격시험 3일만에 끝내기(예문사, 2018)
　버스운전자격시험 3일만에 끝내기(예문사, 2018)
　대구도시철도공사 필기시험 교통공학 기출문제
　복원 및 해설(14,15,16,17년도)(이클래스마켓,2018)
　경기도교통시설직 기출문제 복원 및 해설
　(15,16,17,18년도)(이클래스마켓,2018)
　2017년도 상반기 교통안전공단 연구교수 6급 교통
　필기시험 기출문제 복원 및 해설(이클래스마켓,2018)
　양재호의 버스운전자격시험(트랜북스, 2019)
　양재호의 화물운송종사자격시험(트랜북스, 2019)
　양재호의 택시운전자격시험(트랜북스, 2021)
　양재호의 도시계획기사 필기 기출편(트랜북스, 2021)
　양재호의 도시계획기사 필기 이론편(트랜북스, 2021)
　양재호의 교통기사 필기 기출편(트랜북스, 2021)
　양재호의 교통기사 필기 이론편(트랜북스, 2021)
　양재호의 교통기사 실기 (트랜북스, 2021)
　양재호의 버스운전자격시험(트랜북스, 2021)
　양재호의 화물운송종사자격시험(트랜북스, 2021)
　양재호의 도시계획기사 필기 기출편(트랜북스, 2022)
　양재호의 도시계획기사 필기 이론편(트랜북스, 2022)
　양재호의 교통기사 필기 기출편(트랜북스, 2022)
　양재호의 교통기사 필기 이론편(트랜북스, 2022)
　양재호의 교통기사 실기(트랜북스, 2022)
　공무원 도시계획 기출문제 해설(트랜북스, 2022)
　공무원·공기업 교통공학 기출문제 복원 및 해설(트랜북스, 2022)
　양재호의 도시계획기사 필기 기출편(트랜북스, 2023)
　양재호의 도시계획기사 필기 이론편(트랜북스, 2023)
　양재호의 교통기사 필기 기출편(트랜북스, 2023)
　양재호의 교통기사 필기 이론편(트랜북스, 2023)
　양재호의 교통기사 실기(트랜북스, 2023)
　양재호의 도시계획기사 필기 기출편(트랜북스, 2024)
　양재호의 도시계획기사 필기 이론편(트랜북스, 2024)
　양재호의 교통기사 필기 기출편(트랜북스, 2024)
　양재호의 교통기사 필기 이론편(트랜북스, 2024)
　양재호의 교통기사 실기(트랜북스, 2024)
　양재호의 교통기사 필기 이론편(트랜북스, 2025)
　양재호의 도시계획기사 필기 이론편(트랜북스, 2025)
　양재호의 교통기사 필기 기출편(트랜북스, 2025)
　양재호의 도시계획기사 필기 기출편(트랜북스, 2025)
　양재호의 화물운송종사자격시험(트랜북스, 2025)
　양재호의 교통기사 실기(트랜북스, 2025)
　양재호의 버스운전자격시험(트랜북스, 2025)

• 동영상강의 : 트랜스에듀
　http://transedu.net/main/index.asp

• 네이버 카페 :
　https://cafe.naver.com/trafficsafetymanager

양재호의 도로교통안전관리자

발 행 일		2025년 06월 15일 1판 1쇄 발행
저 자	|	양재호
발 행 인	|	조정연
기획/제작/마케팅	|	양재호
발 행 처	|	트랜북스
주 소	|	인천광역시 남동구 청능대로 596
홈 페 이 지	|	https://smartstore.naver.com/tranbooks
I S B N	|	979-11-93643-21-1 (13530)
값	|	39,000원

※ 이 책은 대한민국 저작권법의 보호를 받는 저작물입니다.
 트랜북스의 허락 없이 이 책의 일부나 전체를 어떠한 형태로도 가공, 수정 및 재배포 할 수 없으며, 특히 교재를 활용한 동영상강의 등의 2차 가공을 엄격히 금합니다.
※ 낙장 및 파본은 구입하신 서점에서 바꿔드립니다.